国家出版基金项目
NATIONAL PUBLICATION FOUNDATION

"十三五"国家重点出版物出版规划项目
国家社科基金重大招标项目成果（批准号：12&ZD111）

20世纪 中国美学史

第四卷

从"美学热"到美学的复兴

A History of Chinese
Aesthetics in the 20th Century

主　　编　　高建平

本卷主编　　张　　冰

编写者　　高建平　　张　冰　　安　静
　　　　　李　健　　李世涛　　江　飞
　　　　　孙晓霞　　韩锺恩　　张之薇
　　　　　顾　林　　李媛媛　　韩　伟
　　　　　段吉方

江苏凤凰教育出版社
Phoenix Education Publishing, Ltd

图书在版编目(CIP)数据

20世纪中国美学史. 第四卷/高建平主编. —南京:江苏凤凰教育出版社,2022.4

ISBN 978 - 7 - 5499 - 9161 - 7

Ⅰ.①2… Ⅱ.①高… Ⅲ.①美学史-中国-20世纪 Ⅳ.①B83 - 092

中国版本图书馆 CIP 数据核字(2022)第 056772 号

书　　名	**20 世纪中国美学史(第四卷)**
主　　编	高建平
本卷主编	张　冰
策 划 人	王瑞书　章俊弟
责任编辑	王　岚
装帧设计	夏晓烨
责任监制	谢　勰
出版发行	江苏凤凰教育出版社(南京市湖南路 1 号 A 楼　邮编 210009)
苏教网址	http://www.1088.com.cn
照　　排	南京前锦排版服务有限公司
印　　刷	南京爱德印刷有限公司
厂　　址	南京市江宁区东善桥秣周中路 99 号
开　　本	787 毫米×1092 毫米　1/16
印　　张	37.75
版　　次	2022 年 4 月第 1 版
印　　次	2022 年 4 月第 1 次印刷
书　　号	ISBN 978 - 7 - 5499 - 9161 - 7
定　　价	206.00 元
网店地址	http://jsfhjycbs.tmall.com
公 众 号	苏教服务(微信号:jsfhjyfw)
邮购电话	025 - 85406265,025 - 85400774,短信 02585420909
盗版举报	025 - 83658579

苏教版图书若有印装错误可向承印厂调换
提供盗版线索者给予重奖

目　录

第十一章　审美文化研究热潮与文化研究的兴起

第十二章　美学在世纪之交的复兴

导　论

有关"新时期"的起点,学界一般有两种表述方式:其一,是把时间定格在1976 年 10 月的"文化大革命"(以下简称"文革")结束;其二,是从 1978 年 12 月中国共产党十一届三中全会的召开算起。这两种说法各有其合理性。由于早在十一届三中全会召开之前,美学、艺术和文学领域就出现了理论与实践层面的解冻,因此,我们这里所说的"新时期",是从"文革"结束时算起。对新时期美学的描述,需要与新时代政治、社会、艺术和文学等的发展放到一起来考察。这一时期的美学,无论是热潮的掀起,还是此后经历的低潮以及再复兴,都与上述因素直接相关。在我们看来,新时期 20 余年的美学发展,大致经历了三个阶段:自"文革"结束即 20 世纪 70 年代末到 20 世纪 80 年代中后期,是美学大繁荣、大发展时期;20 世纪 80 年代末到 90 年代,是美学发展相对的低谷和沉寂期;20 世纪 90 年代末到 21 世纪初,在新的语境下,美学出现了复兴的新局面。

一、20 世纪 70 年代末到 80 年代中后期：引领时代风潮的"美学热"

回顾整个新时期,甚至整个 20 世纪,美学从来没有像在 80 年代那样受到万众瞩目:一本美学著作的出版,动辄售出数万册至数十万册;一位美学家,如同今日活跃在各种媒体上的偶像明星,有着大量的崇拜者;从学术象牙塔的高校校园、研究机构到乡间田野和工厂车间,大家都会讨论严肃艰涩的美学问题……那是一个思考的时代,也是一个激情洋溢的时代,那是美学的黄金时代,然而就一个学科而言,那也是一个社会赋予它的历史使命超出其学科负荷的时代。

新时期上承"文革"10 年,"文革"曾经给我国政府与人民带来深重的伤害,因此,尽管它结束了,还是遗留下来很多历史问题。与我们议题相关的部分主要有:"文革"带给人民的心灵创伤需要通过适当方式得到抚慰,这是新时期伊始的情感任务;"文革"结束后,党和政府在经历了短暂的徘徊期后,选择了对内搞活、对外开放的新的治国理政思路,因此需要在思想观念上作出回应和准备,这是新时期伊始的意识形态任务。谈到这一时段,我们习惯提到两个词语,即"拨乱反正"和"思想解放",它们是对当时社会思想精髓的提炼,同时也是亟须解决的历史任务。在那一特殊的历史时期,能够被时代挑选出来,成为思想领域排头兵的,都与解决上述历史问题直接相连。美学在当时得到社会的普遍关注,成为时代弄潮儿,自然是与它有效配合和解决这些历史问题息息相关。因此,对 20 世纪 80 年代"美学热"兴起的描述和考察,需要从其学科性质与社会需求之间的互动关系说起。

就学科内在肌理而言,美学符合了当时社会思想吁求的诸多想象,契合了时代社会心理,因而受到普遍的欢迎与关注。

首先,从词源义来看,美学是感性学,它的研究领域是感性。这种学科指向与新时期希望冲破禁区、彰显感性的集体社会心理恰好契合。最早将美学学科引入中国的,是一些来华的西方传教士,只不过当时对这一学科的译名没有统一,有人把它译作"审美之理""佳美之理"等。德国传教士花之安把它译作了"美学",但没有获得通用。美学学科译名的统一受到日本的影响。明治维新时期,日本政治家中江兆民翻译法国学者的美学著作时,采用了汉字"美学"来翻译这门学科。20 世纪初的中国学者从日本接受了这种译法,并把它引进国内,于是这门新学科就成了"美学"①。这一译法与该学科诞生时的语义指向之间有偏差,然而正是这种偏差形成了美学在中国独有的张力和魅力。美学诞生于德国,学界一般把鲍姆加登《美学》第一卷的出版时间,即 1750 年视为美学的诞生时间,但美国著名分析美学家比尔斯利对此给出了不同看法,在他看来,鲍姆加登"在《对诗的哲学沉思》(1735)一书中造出了'美学'这个词,为一门专门学科的研究命名"②。无论是诞生于哪一个具体时间,这门学科由鲍姆加登倡导,在18、19 世纪获得了知识界的广泛认同,经康德、席勒、黑格尔等美学家的发展,最终成为有相对完整体系的新学科。就内在知识逻辑来看,美学学科的建立是西

---

① 有关"美学"译名在中国的确立,请参见本套书第一卷第一章"美学学科的初建"。

② [美]门罗·比尔斯利著,高建平译:《美学史:从古希腊到当代》,高等教育出版社 2018 年版,第 257 页。

方思想语境内部的反叛,鲍姆加登呼吁重视和研究感性,为感性寻找到立论依据和学科定位,这是从大陆理性主义哲学运思范式中突围的一种方式。然而,他所确立的重视感性的新传统,在 20 世纪 80 年代却被中国知识界用来反驳"左"倾思潮,为走出"左"倾政治设立的情感禁区提供理论支持。借助研究感性的美学,国人就可以持之有据地探讨感性与情感。这对于长期受到压抑的国人来说,不啻是一种情感的释放。

其次,美学对感性的研究,属于思辨性研究,它是感性与理性的有机结合。这种特质非常符合 20 世纪 80 年代知识界对精神创伤的情绪反应。由于长时间经受精神压抑,国人需要寻找到突破口,宣泄情感,但总要痛定思痛,因此在情感纾解的时代,除了言说伤痛外,实际上也需要内省与反思,需要为情感上的旧伤口和新期待提供学理论证。美学从哲学中脱胎,是从理性维度对感性展开研究,因此与生俱来地带有思辨性。中国知识界通过美学来表达情感,这使得他们的讨论不至于沦为单纯的情绪宣泄,而是上升到理性哲思,并进而为从学理上反思历史和国民性奠定基础。

再次,美学是一门非常具有包容性的学科,这种包容性可以规避学科自身的孤立性,极易进入其他领域,或与其他领域相通。这种特质恰好满足了新时期思想解放整体性的需要。鲍姆加登在为美学下定义的时候说:"美学(美的艺术的理论,低级知识的理论,用美的方式去思维的艺术,类比推理的艺术)是研究感性知识的科学。"①从这个定义就能够看出,这门学科研究范围十分广泛,它既包括纯艺术的理论,也包括艺术,还涉及低级认识。广泛的研究范围使美学的研究对象自学科诞生之日起就成为一个有争议的话题。20 世纪 80 年代,中国学界对此也曾经争论过。但吊诡的是,这种研究对象的含混,同时也为这门学科带来了生机,使其具有巨大的包蕴性和弹性空间,既可以作抽象的形上思辨,也能够与具体艺术门类相结合,走向实践,同时还可以与其他相关学科,如文化学、心理学、社会学、政治学等学科交叉,给其他学科的发展提供多维视角,甚至还可以走进生活,为生活中与美有关的现象提供思考的路径。与之相应,新时期进行的思想解放是一个复合运动,它并非只是发生在某一具体领域的现象,而是渗透在社会政治、经济、意识形态等各个角落,因此它需要借助具有包

---

① 北京大学哲学系美学教研室:《西方美学家论美和美感》,商务印书馆 1980 年版,第 142 页。

容性和广泛性的思想观念或学科,相对宽泛地解释或探讨诸种社会问题。美学的这种包蕴性,恰好能够适应当时社会思想解放的总体性特征,使之在宽泛的意义上发挥卓有成效的作用。

最后,美学具有超越性,这一特质是它当时在知识界备受青睐的重要因素。美学的超越性是审美自律性的集中表现。康德主义者在设定这一法则时,其对立面是现实功利性,因而这种超越性可以解释成对现实的超越和非功利等。美学的这一特质恰好能够为 20 世纪 80 年代中国社会走出"左"倾思潮提供坚实的理论基础。借助这一思想诉求和学科立场,中国学者可以实现美学、文学、艺术等相对于"左"倾政治的独立。于是,在 80 年代,审美超越性在中国实现了意味深长的逆转。它强调的内容之一是对现实的超越,强调与现实无涉的自足,然而在当时的中国,它所起到的作用却正是诊治时弊,因而与当时社会密切相关。审美超越性暗含远离政治,然而当时的中国学者却试图通过这一现代美学特质,解决摆脱"左"倾意识形态过度干预的问题,为文学和艺术争得自由空间,这本身就是一个极具政治性的话题。

美学能够被时代挑选出来,受到从知识分子到普通民众的垂青,担当思想解放的重要角色,还与 20 世纪五六十年代"美学大讨论"奠定的良好基础有关。"文革"期间,特殊的政治语境把文艺变成图解政治概念的工具,设置了很多禁区,同时也炮制了很多违背艺术发展规律的观念。"文革"结束后,历史仿佛又回到了原点。新时期的美学建设,在某种程度上绕过了"文革"10 年,上承"十七年"美学建设的历史成果。"十七年"时期的美学发展,与当时的政治形势同步,属于新中国成立时意识形态领域建设的重要组成部分。新中国成立之初,社会意识形态领域亟须解决的问题是统一思想认识,完成向马克思主义的转变,或者说,用马克思主义基本原理整合和构建新的意识形态,实现马克思主义的中国化。在美学领域,最明显的表现就是 20 世纪五六十年代的"美学大讨论"。这场讨论从认识论立场对美是主观还是客观这个问题作了非常充分的论辩,形成了著名的四大派,即以吕荧、高尔泰为代表的主观派,以蔡仪为代表的客观派,以朱光潜为代表的主客观统一派和以李泽厚为代表的社会性与客观性相统一的客观社会派。这四种观点,随着时代的变化,在 20 世纪 80 年代之后,经历了不同命运,但就学理性而言,它们基本上囊括了在主客观论辩框架下可能存在的主要选择项,奠定了新时期之后美学发展的基础。相对于学术界的其他争论,当时的美学讨论,虽也常常出现互相扣帽子、政治立场攻讦等现象,但总体而言,还属于比较单纯的学术争论,参与者并没有因观点分歧受到太多政治上的波及或批判,这也在一定程度上为新时期之后美学热潮的出现保存了学术实力。还值得关注的一点是,在大讨论的后期,即自 20 世纪 50 年代末开始,文学和艺术的特殊性得到一定程度的重视,学界开始了对形象思维的讨论。虽然由于 60 年代中期之后特殊的政治环境,对形象思维的理论探讨戛然而止,但这一概念中所暗示的艺术、文学的独立性,正是新时期文艺界和美学界思想解放亟须的资源和立场。也正因为这样,新时期美学的破冰之旅,是以形象思维的重新出场拉开帷幕的。而在 20 世纪五六十年代的"美学大讨论"中形成的不同于其他争论的相对于时代政治语境的超越和活跃,也给学者们留下了良好印象,这在一定程度上,鼓励了进入新时期的学者从美学视角对社会和现实问题展开讨论。

新时期的美学,在那个特殊的历史关口,充当了思想先锋:形象思维大讨论,促成了对文学与艺术独立性的体认;人性、人道主义的讨论,深化了对人的本质和美的本质的理解;美学翻译运动,拓展了国人的学术视野,有效补充了新时期美学建设的资源;对《1844 年经济学哲学手稿》(以下简称《手稿》)中美学思想的争论,将美学问题与社会关切紧密联系;等等。在 20 世纪中国美学史上,这一段历史无论如何高度评价都不过分。就学科自身发展而言,它唤起了国人对美学的兴趣,激励了一大批青年学子走近美学。20 世纪 80 年代中期之前,美学一波又一波的浪潮,如"形象思维年""《手稿》热""方法论年"等,为美学拓展自身视野、建设自身体系奠定了坚实的基础。更重要的是,那个时候,美学关心的话题,实际上也是社会普遍关注的话题,是知识界拨乱反正和思想解放的重要内容。在与时代关切保持同步的语境下,美学获得了无限荣光。然而,也正是在这种荣耀中,暗藏了美学走入萧条的因子。当美学与时代关切同步,它自然会成为历史的幸运儿,反之,当它回归学科自身,与时代不能同步时,就应该是它完成了历史使命,逐渐淡出历史舞台的时候。

二、20 世纪 80 年代末到 90 年代:美学在低谷中求索

当回首审视新时期近 30 年美学发展时,学界普遍认为,在 20 世纪 80 年代

末,美学逐渐淡出了社会关注的中心,回归到这个学科应有的位置。相对于20世纪70年代末到80年代中期的热闹与荣光,80年代末开始的回归显得有些冷清和寥落。在这个意义上,我们将之视为低谷期。这种情形的出现,有学科自身的原因,但主要还是由于社会大环境的变迁。

20世纪70年代末开始的思想解放运动,担负着双重使命:一方面,它反思和批判"左"倾思潮和"左"倾政治带给国人的伤害,拨乱反正,慰藉人们的心灵,努力使人们在思想和心理上恢复正常的秩序;另一方面,它呼唤新思维和新的社会规则,为改革开放、为"以经济建设为中心"的新建设思路鸣锣开道。美学承担的主要是前一方面的使命。然而,主导社会前进的力量,却是后一方面。十一届三中全会之后,党和政府实行了"对内搞活,对外开放"的政策,在短时期内,中国经济飞速发展,取得了令世人瞩目的成就。伴随着经济浪潮的到来,人们的观念也发生着翻天覆地的变化。从80年代中后期开始,经济观念成了主宰这个社会的主流观念,一切向钱看。举国上下都忙于如何赚钱,从城市到乡村,从政界到文人圈,人们纷纷"下海"经商,在商海中搏击成为一股无法阻挡的潮流。90年代之后,市场经济取代计划经济,成为社会经济体制运转的主轴,在将改革开放的成果进一步巩固和推向纵深的同时,也更深层次地改变了曾经以农业立国的中国大地。经济腾飞使整个社会发生了突飞猛进的变化,改革红利随处可见,人们更加坚定地相信经济能够解决这个社会上出现的各种问题。物质实用主义很快成为主导价值取向。同样的,在经济飞速发展的同时,人们的生活也进入了快节奏,工作需要出效率,吃饭是快餐。日常生活的更新也在加速,各种生活物品不断更新换代,从计算机、笔记本电脑、手机等电子产品到各式家具、牙膏、牙刷、洗衣粉等日用品,漫天的广告告诉人们的是它们在技术上的不断向前。新的生活模式需要新的思想体系与之相适应,而讲求对现实利害的超越以及耽于沉思冥想的美学显然与飞速变化和讲求实用主义的中国大地格格不入。二者之间的龃龉在80年代中期就已初露端倪,但当时并不特别明显,80年代末90年代初,随着中国经济发展带来的社会财富积累,人们对金钱的追逐开始变得明确而直接,这种龃龉变得清晰可见。在这种物质欲望扩张和横行的语境中,人们把目光主要聚焦于实际的经济效益与富足享乐的日常生活,美学的边缘化局面直接摆在了研究者的面前,成为难以扭转的文化趋势。

不仅如此,从学科内部关联来看,曾经与美学联系紧密的文学和艺术,也逐渐分道扬镳,走上各自独立发展的道路。与经济领域的情形相类似,美学与它们之间的隔膜也可以追踪到 20 世纪 80 年代中期。"文革"结束后的最初几年,经济带给社会的巨大冲击力尚未得到充分显现,而拨乱反正,从思想意识上清算"左"倾思潮带给社会和个体的伤害,则是当务之急。美学的发展,与当时的政治导向以及文学、艺术等各个领域的发展和诉求基本同步。美学界在进行拨乱反正、反思和控诉,文学、艺术界同样如此。"伤痕文学""反思文学""人道主义艺术"等,都是那个时代的标志性内容。美学满足了时代的需求,且能够从学理层面为文学和艺术提供支持,因而大行其道,得到社会各阶层的关注,这是 80 年代"美学热"得以出现的原因之一。然而,随着改革和思想开放程度的加深,中国越来越融入世界,人们打开了知识视野,一个多元化时代迅速到来。在文学和艺术领域,经过 80 年代的翻译运动,大量外国著作和思潮进入中国,拓宽了国人的思考空间,加深和重构了作家、艺术家对文学和艺术的本质理解,更新了他们的创作模式和表现手法。同时,新的经济和社会模式也带来了新的问题,作为时代敏感神经的文学和艺术很快感受到了这种变化,并用自己特有的方式作出回应。于是在 80 年代中期,正当美学进行学科试验,探索人文学科与自然科学的合作时,在文学领域却出现了先锋文学、寻根文学、实验戏剧等,而在艺术领域,出现了新潮的"85 美术运动"。著名艺术评论家高名潞在总结"85 美术运动"时指出,"85 美术运动的针对性则是面对开放后的西方文化的再次冲击,反思传统,检验上一个创作时代(上一个运动),其指向性,则是中国美术的现代化"①。他的这一观点指出了"85 美术运动"的两个突出面向:其一,"85 新潮"受到西方文化的影响和冲击;其二,这一运动与前一个运动,即所谓的"人道主义艺术"不同,后者立足于对"文革"创伤的清算,前者则是中国美术现代化,即其现代性的探索。这种探索,不仅在艺术领域中进行,1985 年前后文学领域中的各种实验也属于现代性探索的有机组成部分。文学与美术的发展,究竟在多大程度上与当代社会的发展同步是一个值得探究的问题,然而,从它们在 1985 年前后出现的变化能够看出,它们的发展与美学正在进行的学科探索之间已经有很大的距离。

美学在 20 世纪 80 年代出现热潮,究其实,是以它与社会关切的话题,以及

① 高名潞:《中国前卫艺术》,江苏美术出版社 1997 年版,第 107 页。

与文学、艺术的紧密联系为前提的;然而,从80年代中期开始,正如前述,美学无论是与社会普遍聚焦,还是与文学、艺术之间的关系,都出现了疏离,这种疏离,使它在一定程度上失去了学科发展的社会基础和实践基础。这种情况的出现,是由多重因素造成的。除经济大潮对整个社会观念的冲击这一因素外,就学科而言,一个突出的因素则是其学科固有的封闭性。中国美学是在本土文化受到西方影响和冲击的基础上逐渐建立起来的。对中国美学建设作出巨大贡献的先行者,如王国维、蔡元培、朱光潜、宗白华等人,都深受康德主义影响。这就使中国美学在建构的过程中,有着浓郁的康德主义色彩。新时期之初,出于对"左"倾思潮和政治的反拨,康德主义的审美无利害以及艺术自律等观念变得特别有吸引力,获得了极为广泛的认同。"伴随着国际上反理性主义美学思潮、文艺思潮的发展,和西方20世纪各种哲学、美学、文艺学、语言学代表著作的译介和阐释,在我国美学界、文艺理论界,开始出现了'要康德,不要黑格尔'的倾向。"[①]这方面可以李泽厚为代表,1981年,他曾经在一次讲座中说:"今年国际上有个会议的议题之一就叫'要康德,还是要黑格尔?'我的回答:都要!但如果必须选择其一,那就要康德,不要黑格尔!"[②]李泽厚的美学思想融合了康德思想与马克思主义哲学,其突出意义在于把康德主义转变为强有力的推动现实的力量。在李泽厚的影响下,"雄心勃勃的后学们从康德开始了他们20世纪80年代的新长征"[③]。这种话语背景使得新时期的美学成了康德主义与马克思主义的微妙结合。然而,尽管康德主义美学命题中的审美无功利、主体性以及审美超越性等思想曾经在80年代激动人心,但这种价值取向也暗示出了现代美学的短板,即如果过分强调美学与现实、与生活、与政治等无关,必然会导致学科自身的封闭性,与活泼生动的社会发生脱节。80年代美学在中国的发展也恰好验证了这一情况。随着美学对自足性的强调,它越来越从社会中抽离,回归到学科内部的发展。在80年代早期,对形象思维的讨论,对人性、人道主义的讨论等,很快就淡出学科视野,代之而起的是美学学科自身的体系建设和开拓等问题,如关于美本质和美的定义的思考、新的美学方法等。就一个学科而言,这

---

① 李衍柱:《文学理论:思辨与对话》,复旦大学出版社2016年版,第111页。
② 上海市美学研究会、上海市社会科学院哲学研究所美学研究室:《美学与艺术讲演录》,上海人民出版社1983年版,第54页。
③ 丁耘:《启蒙主体性与三十年思想史》,见赵士林主编:《李泽厚思想评析》,上海译文出版社2012年版,第3页。

些问题当然是基础性问题,值得讨论,然而,相对于新时期伊始美学与社会,与文学、艺术的紧密联系,这种讨论显得不接地气,缺少了深厚的现实和社会根基。

事实上,自 20 世纪 80 年代中期开始,美学就已经出现与社会关注、与文学和艺术脱节的现象,但当时还鲜有人意识到美学的边缘化危机已经悄然来临,要注意到这一现象,还需要滞后一段时间。因为事物达到峰值后,在走向低谷的过程,同样还需要一段时间。美学边缘化的迹象,虽然在 80 年代中期就开始显露,但由隐在到浮出地表,进而衍变成新的文化现象,还需要几年的时间。正是由于这种滞后,让我们把美学的边缘化与低谷期的出现,定格在 80 年代末 90 年代初。而这种边缘化,真正被学界意识到,则需要更长的时间,即已经是 90 年代之后的事情了。需要指出的是,学界之所以会在 90 年代之后才意识到美学走入低谷,还与两方面因素有关:其一,是美学已经实实在在被社会抛向边缘,成为象牙塔内的智力游戏;其二,是 80 年代末 90 年代初特殊的政治与社会状况,使 90 年代的知识界从 80 年代的浪漫激情中走出来,开始反思这种激情中无法避免的浮躁和乌托邦色彩。

20 世纪 90 年代,美学学科遭遇了前所未有的冷清局面。很多美学研究者从美学领域淡出,开始从事其他方面的研究。高建平曾经在其论文中回忆 90 年代后期他刚回国时的情况,来到书店,书架上只能找到一两本美学著作,这种萧条给他留下了深刻印象。[1] 然而那时的美学研究者并不是完全没有作为,他们也在尽可能地使美学重回中心,有的放矢。这表现在 90 年代中期前后审美文化研究的兴起。"审美文化"这一术语早在 80 年代就有学者使用,较早使用者如潘一,他在论文中对青年审美文化的现象、产生条件、特质等作了分析,指出"青年审美文化的产生正是文化分化和整合的某种结果"[2],他的分析,主要还是立足于青年特殊文化圈,与 90 年代审美文化研究之间有理论联系,但二者并非同义。因此,在我们看来,审美文化,作为一个受到关注,且有着自己独立价值诉求的新的美学生长点,则出现在 90 年代之后。这种情况的出现,与当时学者的反思以及期望美学从既有的康德主义体系中突围有关。80 年代,美学领域

---

① 高建平:《"美学的复兴"与新的做美学的方式》,载《艺术百家》2009 年第 5 期。
② 潘一:《青年审美文化研究纲要》,载《当代青年研究》1984 年第 11 期。

对康德主义审美自律观念的认同与召唤,最终导致了美学将自身封闭于象牙塔之内,越来越与社会脱节。审美文化研究则反其道而行之,以大众文化与变化中的日常生活为研究对象,试图重建美学与社会之间的联系。

20世纪90年代之后审美文化研究的兴起,除了与走出美学学科发展瓶颈的直接诉求有关,至少还关涉如下几方面因素。其一,它是80年代"文化热"的延续。80年代是一个文化上的特殊时期,古与今、中与西、传统与现代等交汇在一起,使那时的中国成了各种思想的操练场。在重重对立、冲突和杂糅中,一股从文化视角反思中国与应对当下的潮流兴起。"文化:中国与世界"编委会编辑出版了大量书籍,"现代西方学术文库""新知文库"等系列丛书,深深影响了当时的学子。李泽厚在同期出版的一些著作,如《美的历程》《华夏美学》《美学四讲》等,也都带有浓郁的文化意味。他在80年代美学界特殊的地位,自然会使这种隐含的文化意蕴在其后学中得到延伸。除此之外,反思传统文化的系列丛书也大量涌现。在这股潮流下,思想领域的各种研究在一定程度上都带有些许文化色彩。其二,新的文化现象和社会生活出现在人们面前。1992年,邓小平南方谈话后,中国很快建立了市场经济体制,出现了新一轮经济大发展,百姓日常生活发生了巨大变化,商品审美化倾向日趋明显,大众文化迅速崛起,这无疑会给寻求突围、重返社会的美学提供机遇。其三,知识分子内部学源背景更新带来兴奋点的转移。80年代的美学研究者,都经历过"文革",都受到过苏联思想的深刻影响,他们对政治有着难以名状的敏感,话语体系也主要是在苏式马克思主义框架内打转。90年代之后的学者,则成长于80年代西学大放异彩的时代,弗洛伊德、斯特劳斯、海德格尔、福柯、杰姆逊……才是他们熟悉的名字。他们对各种"后"学,如后现代、后殖民、后结构主义等如数家珍,受这些思想影响,他们质疑80年代新构建起来的美学体系,如进入90年代之后的实践美学与后实践美学之争,同时,对权力、文化政治、性别诗学等充满兴趣,因而用新的视角和理论解读当下的中国,成了他们的自觉选择。在他们的努力下,审美文化研究成了90年代最亮丽的一道美学风景。

三、20世纪90年代末到21世纪初:美学在与世界再次相遇中复兴

经历了20世纪90年代近10年的沉寂,在新的千禧年钟声即将敲响之际,

中国美学逐渐走出了此前的低回逡巡,重新介入社会,应对和诠释新的文化和审美现象,展露出复兴的态势。这次复兴,是在与世界再度相遇的背景下发生的。这次相遇,与此前单向度接受西方影响不同。经济全球化带来了世界某种程度上的一体化,使得中国与欧美发达国家在文化和社会语境方面取得了一定的同步性,因而,当中国美学研究者从其西方同行那里获得更多灵感和更加开阔的视野之时,也获得了与世界平等对话的机会。

这次美学复兴,被学界称为第三次"美学热"①。就具体内容来看,它是与文化研究,尤其是日常生活审美化现象的出现和学理探究联系在一起的。在 20 世纪 90 年代末和 21 世纪之初,科技更新的加速以及经济迅猛发展给中国和世界都带来了巨大变化,从发达的资本主义国家到类似于中国这样的后发国家,从价值观念到日常生活,从都市到乡村,全球似乎都迎来了一个崭新的天地。高新科技改变了人们的生存方式和感知模式,把世界变成了一个"村落"。距离不再是问题,人们完全可以早晨在世界的这个地方,晚上来到另一个国度,即使身在两地,也同样可以通过互联网对话交流,产生同时性体验。跨国企业的工厂建在世界各地,把相同的产品输送到全世界各个角落。很多国际知名品牌不再是某一个国家或地区的专属品,而可能会有很多产地。同样的,很多产品,它的生产部件也不再局限于一个区域,很可能是多个国家合作的结果。当这些产品几乎同时出现在世界各个角落的时候,也就意味着一个共享时代的到来。知识界把这个时代称作"全球化"时代。法国哲学家鲍德里亚、英国社会学家费瑟斯通等人则喜欢从另外一个角度来诠释这个时代,他们将之命名为"消费社会"。这个社会的特征之一就是"日常生活审美化"。

对日常生活审美化的描述,国内比较重视的是费瑟斯通的定义:"我们可以在三种意义上谈论日常生活的审美呈现。首先,我们指的是那些艺术的亚文化,即在第一次世界大战和本世纪(20 世纪)20 年代出现的达达主义、历史先锋派及超现实主义运动。在这些流派的作品、著作及其活生生的生活事件中,他们追求的就是消解艺术与日常生活之间的界限。""第二,日常生活的审美呈现还指的是将生活转化为艺术作品的谋划。""日常生活的审美呈现的第三层意

---

① 姚文放:《新中国的三次"美学热"》,载《学习与探索》2009 年第 6 期;高建平:《日常生活审美化与美学的复兴》,载《天津师范大学学报》2010 年第 6 期。

思,是指充斥于当代社会日常生活之经纬的迅捷的符号与影像之流。"①在这三种含义中,国内学界关心的,主要在第二和第三种指向上。这主要是因为,第一种主要属于艺术圈内的理论尝试,而后两种才是消费社会的表征。对日常生活审美化的讨论,其意义是多重的。首先,它是 90 年代审美文化研究的一种延续,在 20 世纪末又与源自西方的文化研究在某种程度上纠缠到了一起。其次,它抓住了时代发展的文化特质,重塑了美学与社会之间的关系,同时也改变了美学在中国的象牙塔式发展态势。随着国内经济的繁荣,中国的都市生活与文化在某种程度上也具有了消费主义特征,出现了大量的日常生活审美化现象,对这种现象的美学关注,开启了美学诠释社会的新思路,同时也使美学重新返回社会,进入社会话语视野。再次,它突破了旧有的接受西方影响的模式。中国对西方的接受,是在被动情况下开始的历程。因此,从一开始,就存在着与西方的不对等。世纪之交,这种局面发生逆转。这一方面是由于中国强大的经济实力,使其在某种程度上成为世界经济发展的火车头,使原本强势的西方也无法忽视这股新生力量,因而产生了解和平等对待中国文化的冲动,而中国知识分子也从这种经济强盛中确立了文化自信;另一方面则是因为随着经济的高速发展,中国以城市为主导的优势地区,也在迅速转型,出现消费社会的症候,因而原本仅仅产生在发达资本主义世界的文化现象,如今也在中国都市出现。正是因为这样,对日常生活审美化现象的讨论,不是对一个西方美学命题的新一轮追逐,而是美学介入和思考中国现实的一种尝试。也正因此,中国学者才获得了与西方同行面临相同问题的机会。

但美学这次重建与社会之间的联系,与 20 世纪 80 年代的"美学热"情形有很大不同。80 年代的美学热潮与思想解放运动直接相连,是为了配合党和政府的拨乱反正历史任务而出现的,它面对的是民生凋敝的社会和心灵千疮百孔的人民,是对"左"倾政治的强烈批判,它的社会性更多地体现在一种政治意义上。然而,20 世纪末的美学复兴,虽然也以建立美学与生活、社会的紧密联系为价值标的,但它没有 80 年代"美学热"的政治诉求。它对政治也感兴趣,但这种兴趣,不是具体的党派政治,而是比较宽泛的文化政治。并且,80 年代的"美学热",就学科内容构成而言,是康德主义的中国式解读,是试图用康德主义的审

---

① [英]迈克·费瑟斯通著,刘精明译:《消费文化与后现代主义》,译林出版社 2000 年版,第 95—98 页。

美无功利和艺术自律命题对抗极端的艺术工具论,而20世纪末的美学复兴,恰好走了相反的路径。从其价值诉求来说,它恰好是走了反康德主义潮流。在中国语境中包含了两个方面的意义。从学科来看,它是美学研究者反思80年代美学发展路径,试图走出康德,重建美学与生活的联系,解决学科困境的一种努力。从关注的中心内容来看,它也恰好是寻求审美与生活之间的联系,反对康德主义的艺术与生活的二分,与世界范围内的反康德主义取得了一致。从精英与大众之间的关系来看,80年代"美学热"秉持的是精英主义立场,仍然将大众视为被启蒙的角色。而新一轮的美学复兴,则是文化精英主动放弃自身立场,并不试图启蒙大众,而试图与大众和解,认同大众的文化与价值,希望通过这种方式,理解和解释社会,重建美学与社会、大众之间的关系。

但是,伴随着这种复兴,同样存在另外一种论调,即对美学终结和艺术终结的有趣回应。日常生活审美化,从学科内部来看,它意味着审美的泛化,艺术与生活距离的消弭,是对现代美学价值圭臬的反叛。因此,西方学者往往将之视为审美和艺术终结的表现形态。20世纪末,中国学术界也曾经就审美文化研究对传统美学研究领域的偏移提出质疑。这种质疑是建立在假设存在着一个美学领地的前提之上的,且将学者们对大众文化的研究单纯看作是青年一代学者对西方理论的着迷,还没有从美学和艺术学科危机与突破的立场来思考。随着西方艺术终结的讨论进入中国,学界很快意识到可以把审美文化研究放到一个更加广阔的背景中获得解释,它是消费时代的美学呈现。这带来了一个非常有趣的现象:20世纪末,中国美学研究者寻找到了新的理论生长点,重建了美学与艺术、社会之间的联系,又与文学和艺术实践领域的研究者达成和解,使后者重新接受了美学的研究和指引,正是在这种情况下,美学出现了复兴的局面;吊诡的是,此时美学正在讨论的话题却是日常生活审美化及美学和艺术的终结,它所体现的恰好是艺术和美学学科的危机。中国美学通过一个耐人寻味的话题实现了它的复兴。

20世纪末,除了对日常生活审美化和艺术终结的讨论颇引人注目外,中国与西方交流的模式发生转变也是值得一提的事。前面我们提到,这一时期中西方交流与20世纪两次大的西方文化对中国产生影响的运动不同,无论是五四时期还是新时期,知识界都是借西方思想,试图为中国问题找寻理论资源,希望从西方思想家那里,获得解决中国问题的办法。这种影响是单向度的。然而,在 20 世纪末,中国与西方再度相遇,这种相遇,不再是单向度的,而是二者越来越趋向于平等的交流与对话。于 20 与 21 世纪之交,钱中文在文艺学领域提出对话理论和新理性精神,这一概念极能够代表那个时代中国学者的诉求,即不是单方面向西方学习,而是在交流沟通中确立自身文化和理论话语的合法性,在尊重差异的前提下,寻求互相理解,求同存异。这一立场获得了中国知识分子的普遍认同。在美学领域,高建平提出"美学在中国"和"中国美学"的区别,主张建立复数美学的思想。这都是在试图为中国思想和美学争取合理有效的空间。在这种思路和价值诉求召唤下,中国学者与西方展开了广泛交流。这表现在多个方面,如很多西方理论界召开的世界哲学大会、美学大会会专门设置"东方"或"中国"板块,中国学者当选为国际美学学会主席,中国美学界承办世界美学大会,中国学者与西方学者合编有关中国美学方面的论文集等。这些一方面使西方学者更加了解中国,另一方面也恰好说明,中国美学和文化已经作为一股不可忽视的力量,获得世界性认可。而中国美学的复兴与繁荣,也恰好是在这种大背景下实现的。

第一章

形象思维全国大讨论的
重新登场

文艺是时代的晴雨表。在"文革"结束后,中国社会所经历的重大变化,首先是在文艺战线上表现出来的。最先发声的是一大批批判"文革"、呼唤新时期的文艺作品,如郭沫若的《水调歌头·粉碎"四人帮"》、贺敬之的《中国的十月》以及卢新华的《伤痕》等。紧接着,文艺界的拨乱反正工作开始,批驳"四人帮"的"文艺黑线专政论",重提"双百"方针。在这一系列重大方针调整之前,第二次形象思维全国大讨论在紧锣密鼓的筹划中逐步展开。20世纪五六十年代的中国"美学大讨论"终于"形象思维",而新时期的"美学热"始于"形象思维",这并不是偶然的巧合。从延安时期开始,文艺就被放置在从属于政治的地位,新中国成立后的社会主义现实主义成为社会意识形态运作的必要保障,其最高的理想是在艺术作品中创造出"典型形象"。而实现典型的方法,则是参照文艺界领导人周扬支持的形象思维理论。在"文革"前夕,形象思维因其与"修正主义"的渊源和反马克思主义认识论而被画上终止符,当时的"典型"被异化为"三突出"理论,观念先行,主题先行,由概念而生形象成为一种必然。正所谓解铃还须系铃人,新时期到来之际,"文革"前终结的中国美学讨论的形象思维必须首先被重新解读和梳理,然后才能翻转文艺界乃至整个中国的社会风气。于是,在形象思维讨论之后,久违的"双百"方针才能顺利重新登场,后来的写本质、写真实、人性人道主义讨论才能有空间。在这里,形象思维话题像一道闸门,只有先把它打开,之后的更加具有抽象性的问题才能进一步展开。第一次形象思维讨论的终结是一个历史的选择,第二次形象思维讨论的开始则重新创造了历史。

第一节　形象思维大讨论的前期准备与隆重登场

一、《人民日报》《诗刊》与《人民文学》的准备工作

1977 年 11 月 12 日,《人民日报》邀请茅盾、刘白羽、张光年、贺敬之等人参加座谈会,批判"四人帮"炮制的"文艺黑线专政"论。11 月 25 日,《人民日报》加"编者按"发表座谈会的报道,同时登载茅盾的发言《贯彻"双百"方针,砸碎精神枷锁》和刘白羽的发言《从"文艺黑线专政"到阴谋文艺》;12 月 7 日,又登载了张光年的发言《驳"文艺黑线专政论"——从所谓"文艺黑线"的"黑八论"谈起》。在"编者按"中,还对所谓的"文艺黑线专政"论进行了揭露。这次座谈会召开后不久,《解放军文艺》编辑部召开驻京部队部分文艺工作者座谈会,揭露江青勾结林彪炮制"文艺黑线专政"论的阴谋。出席座谈会的有魏巍、丁毅、时乐濛、杜烽、唐诃、陆柱国、严寄洲、黄宗江等。在这一阶段的准备过程中,文艺界的主要任务是批判"文艺黑线专政"。1977 年 12 月 14 日,中共中央宣传部邀集在京诗歌界、文艺界的著名作家、学者,到《诗刊》社学习,座谈毛泽东给陈毅同志谈诗的一封信。① 会议首先在小范围内举行,12 月 25 日、26 日后扩大召开,出席会议的达到 300 多人。在这次座谈会上,贺敬之、臧克家、冯牧、唐弢、蔡仪、谢冕等 60 多位学者发表感言。此次座谈会认为,毛泽东信件的发表,是"整个文艺战线和我国文化生活中的一件大事"。当年的这份《座谈会纪要》首先肯定了形象思维的社会意义,"它是我们打碎'四人帮'强加于文艺界的种种精神枷锁,批判'四人帮'反马克思主义的种种谬论的极其锐利的思想武器"。郑季翘在 1966年发表于《红旗》第 5 期的文章《文艺领域里必须坚持马克思主义的认识论——对形象思维论的批判》,在此时成为众矢之的,座谈会将这篇文章作为"四人帮"言论的组成部分,表示了"极大愤慨"。反驳郑季翘文论的言论,其实也依然充斥着政治斗争的味道,"否定了形象思维,也就否定了作家深入生活、掌握丰富

① 《诗刊》社:《毛主席仍在指挥我们战斗——学习〈毛主席给陈毅同志谈诗的一封信〉座谈会纪要》,载《诗刊》1978 年第 1 期。

的艺术原料的极端重要性,其结果,只能导致作家脱离工农兵的火热斗争,使文学艺术脱离人民生活这个唯一的源泉。归根结底,也就实际上否定了文学艺术"。

在有关形象思维的座谈会召开之后,《人民文学》编辑部于 1977 年 12 月 28～31 日,邀请在京的作家、诗人、文学评论家、翻译家和文学编辑等 100 多人举行座谈会,就深入批判"四人帮"炮制的"文艺黑线专政"论,以及如何繁荣社会主义文艺创作等问题,展开了热烈讨论。时任国家主席华国锋为《人民文学》题词:"坚持毛主席的革命文艺路线,贯彻执行百花齐放、百家争鸣的方针,为繁荣社会主义文艺创作而奋斗。"[1]这次座谈会的主要内容是批判"四人帮"留下的历史遗毒,重新高扬"百花齐放、百家争鸣"的方针,复兴党的文艺事业。

从两次会议的内容来看,《诗刊》社有关形象思维的讨论为《人民文学》的讨论奠定了话语方向转变的基础。如果说形象思维讨论的是一个具体的理论话题,那么,《人民文学》召开此次座谈会的主要目标就是确立新时期文艺创作的重大方针。

二、"形象思维"的正式登场和讨论热潮

经过前期一系列紧锣密鼓的充分准备,在国家最高领导人批示之后,1977 年 12 月 31 日,《人民日报》与《光明日报》第一版刊登《毛主席给陈毅同志谈诗的一封信》,并附上毛泽东手迹。这封信原本写于 1965 年 7 月 21 日,起因是陈毅把自己写的几首诗寄给毛泽东,请他修改。毛泽东把修改过的《西行》附上,并提出了诗歌创作的一些意见。毛泽东在信中说:"又诗要用形象思维,不能如散文那样直说,所以比、兴两法是不能不用的……宋人多数不懂诗是要用形象思维的,一反唐人规律,所以味同嚼蜡……要作今诗,则要用形象思维方法,反映阶级斗争与生产斗争……"1978 年第 1 期的《诗刊》和《人民文学》也同时刊登了这封信,肯定了形象思维在文学创作中的重要作用。报纸版面分为两个部分,上半部分以仿宋体字排印信件内容,下半部分影印了毛泽东的亲笔信件。在报纸的右侧上方,配以"毛主席语录"——"百花齐放,推陈出新;古为今用,洋

---

① 王振川:《中国改革开放新时期年鉴·1978 年》,中国民主法制出版社 2015 年版,第 26 页。

为中用"。两份报纸的排版设计完全一致。在这一期的《人民日报》上,还刊登了12月30日来自中宣部关于文艺界座谈会的消息。这次会议产生了广泛持久的影响,为清理"四人帮"在社会上造成的恶劣影响开辟了道路。

1978年第1期的《诗刊》与《人民文学》同样刊登了毛泽东的这封信,《诗刊》还发表了《座谈纪要》与林默涵的《读毛主席谈诗的信》、臧克家的《论诗遗典在》,《人民文学》还刊发了《中国文联主席郭沫若同志的书面讲话》《中国作家协会主席茅盾同志的讲话》以及作家杜埃的《调整和贯彻好党的文艺政策》等文章。这两次会议的主要议题是肯定形象思维在艺术创作中的重要作用,重新将毛泽东"百花齐放,推陈出新"和"古为今用,洋为中用"的思想作为文艺指导方针,彻底扭转"四人帮"所造成的万马齐喑的局面。至此,形象思维不再是文艺学中的一个具体学术问题,而成为整个时代扭转话语风气的契机。

随着中央高层对形象思维理论的倡导,全国立刻展开了形象思维大讨论,众多学术期刊1978年第1期都选择形象思维作为刊物的主要话题。《文学评论》刊登了王朝闻的《艺术创作有特殊规律》、蔡仪的《批判反形象思维论》、唐弢的《谈"诗美"——读毛主席给陈毅同志谈诗的一封信》、王元化的《释〈比兴篇〉"拟容取心"说——关于意象:表象与概念的综合》等4篇文章谈论形象思维。有学者统计,仅在1978年1月,在全国报刊上发表形象思维问题的署名文章有58篇以上,报道有87篇以上;仅1月,在报纸上用"诗要用形象思维"7个字的同题作文在8篇以上。自2月至年底,不到1年时间,在《红旗》杂志、《哲学研究》《文学评论》以及主要大学学报和各省文艺刊物上发表的"形象思维"专论在60篇以上。以"形象思维"为主题的论文集,在全国范围内涌现出来,1978年5月,出版了复旦大学中文系文艺理论教研组编辑的《形象思维问题参考资料》;1978年6月,湘潭大学文艺理论教研室、湘潭市文化馆编印的《形象思维资料集》出版;1978年9月,由四川大学中文系资料室编辑的《形象思维问题资料选编》正式出版;1979年1月,由中国社会科学院编辑,将近50万字的巨著《外国理论家、作家论形象思维》问世。正因如此,1978年被称为文艺界的"形象思维年"。① 这种热潮延续到了1979年,由中国社会科学院哲学研究所美学研究室与上海文艺出版社文艺理论编辑室合编的《美学》(俗称"大美学")的创刊号上,

---

① 刘欣大:《"形象思维"的两次大论争》,载《文学评论》1996年第6期。

刊登了 4 篇有关形象思维的文章：朱光潜的《形象思维：从认识角度和实践角度来看》[①]，赵宋光的《论音乐的形象性》[②]，张瑶均的《电影艺术与形象思维》[③]和王敬文、阎凤仪、潘泽宏的《形象思维理论的形成、发展及其在我国的流传》[④]。其中，最后一篇文章是关于形象思维讨论的总结与回顾。

三、全国形象思维讨论初期的特点

纵览形象思维第二次讨论启动初期的这些文章，我们可以在总体上归纳一下它们的特点。

第一，从哲学基础而言，本次大讨论与 20 世纪 50 年代的形象思维讨论有着相同的哲学基础，都以哲学反映论作为立论的根本，还没有走出艺术作为认识反映的园囿，艺术的任务还在于塑造典型形象。在 20 世纪 50 年代的论争中，无论是形象思维的赞同者还是否定者，都有一个共同的结论：形象思维的研究离不开马克思主义认识论，这一点从苏联到中国都是相通的。也就是将文学看作是对现实生活的一种反映，这种反映与机械的认识论相对立，允许作家进行主观创造，根据现实生活状况在艺术世界里合成一个新的"形象"，形象的形成过程就是形象思维的展开过程。艺术家所创造出来的形象要符合现实主义作品的理想，最高目标是创造出一个"典型"。在这次讨论的初期依然如此。例如，孟伟哉的论文《形象思维二题》中谈道："艺术的特征却是它的形象性，艺术实践中的直接任务却是创造鲜明而生动的典型。"[⑤]我们知道，典型寄托着现实主义文学作品的审美理想，是现实主义作品所追求的目标。典型不是所有类型作品的终点，比如唐弢提出的"诗美"，就不能以"典型"来衡量。囿于当时的理

① 朱光潜：《形象思维：从认识角度和实践角度来看》，见中国社会科学院哲学研究所美学研究室和上海文艺出版社文艺理论编辑室合编：《美学》第 1 期，上海文艺出版社 1979 年版，第 1—11 页。

② 赵宋光：《论音乐的形象性》，见中国社会科学院哲学研究所美学研究室和上海文艺出版社文艺理论编辑室合编：《美学》第 1 期，上海文艺出版社 1979 年版，第 135—151 页。

③ 张瑶均：《电影艺术与形象思维》，见中国社会科学院哲学研究所美学研究室和上海文艺出版社文艺理论编辑室合编：《美学》第 1 期，上海文艺出版社 1979 年版，第 166—173 页。

④ 王敬文、阎凤仪、潘泽宏：《形象思维理论的形成、发展及其在我国的流传》，见中国社会科学院哲学研究所美学研究室和上海文艺出版社文艺理论编辑室合编：《美学》第 1 期，上海文艺出版社 1979 年版，第 185—215 页。

⑤ 孟伟哉：《形象思维二题》，载《解放军文艺》1978 年第 3 期。

论局限,几乎多数理论家在谈到形象思维时,一个强大的惯性结论就是"典型"。这一点在 1978 年早期关于形象思维的讨论中尤其明显。其实,并非参与讨论的学者们没有注意到这个问题,在孟伟哉的这篇论文中,就谈到了音乐在创作过程中想要表现的主题和感情,想要描绘的情景和形象,其实这些也是不能用"典型"一而括之的。在这篇文章中,孟伟哉试图提出一个"语言"的中介,以此来作为思维的媒介,将形象思维过渡到"用语言来思维",这就为突破"典型"论创造了契机。浦满春的文章《形象思维探讨——学习〈毛主席给陈毅同志谈诗的一封信〉》中也说道,"文艺创作必须运用形象思维的方法。因为文学艺术反映现实不同于科学,它不是用概念而是通过形象反映现实生活,要塑造出个性鲜明的典型形象"①。司钟的文章《高尔基对形象思维的论述》也认为,形象思维中的想象,"就是把现实生活中的事物,加以夸张,使之更加典型化,更加突出地反映出事物的本质特征"②。

　　第二,从形象思维这个话题的时代意义来看,形象思维理论一跃而成为古今中外美学发展的主纲,几乎所有的艺术理论、美学现象、审美理想都可以统摄到形象思维理论的大旗之下,这不仅是中国社会科学院主编《外国理论家、作家论形象思维》③一书的初衷,也是众多文章立论的基础。如郭绍虞、王文生的文章《我国古代文艺理论中的形象思维问题》开篇提出:"毛主席肯定的这一原则也适用于一切以形象来反映生活的文艺,因而具有普遍的理论意义和深刻的实践意义。"④文章以形象思维为总纲,梳理了我国文艺理论中对形象思维认识的发展过程。王朝闻在《创作、欣赏与认识》一文中提出:"《毛主席给陈毅同志谈诗的一封信》,不仅是指导我们诗歌创作的一个重要文献,也是怎样提高川剧和整个文艺创作的指导思想。"⑤唐弢的文章《谈"诗美"——读毛主席给陈毅同志谈诗的一封信》,主要以毛泽东所谈的"诗味"为出发点,讨论艺术独特的审美特性。作者认为,"诗美,无论是音乐美或者图画美,都是诗人通过形象思维对他

① 浦满春:《形象思维探讨——学习〈毛主席给陈毅同志谈诗的一封信〉》,载《红旗》1978 年第 2 期。

② 司钟:《高尔基对形象思维的论述》,载《北京师范大学学报》1978 年第 1 期。

③ 除了这本集子以外,还有其他类似的集子,都将形象思维看成自古以来中外艺术家所赞同和运用的艺术创作规律。例如,由上海文艺出版社出版的《形象思维问题参考资料》(第三辑),用编者的话来说,这部集子辑录的是"古今中外代表性作家、艺术家运用形象思维进行创作的体会"。

④ 郭绍虞、王文生:《我国古代文艺理论中的形象思维问题》,载《上海文学》1978 年第 2 期。

⑤ 王朝闻:《创作、欣赏与认识》,载《四川文艺》1978 年第 3 期。

熟悉的生活的概括……尤其重要的是,只有对复杂多样的生活作了深入的比较、考察、思索,不仅有自己切身的经验,而且有自己切身的感受,这种经验和感受随着时间钻入毛孔,流进血管,成为诗人本身的细胞与神经,这时才会有既新且深的形象"①。这就将所有的艺术规律都归结为形象思维的创作过程。叶林在文章《驰骋吧,舞蹈形象思维》中认为,"形象思维是文艺的基本特征,是中外古今一切艺术的根本规律"②。这其中并不是没有问题,而是大家都把各种问题的特殊性压抑下去,将所有的艺术规律都集中到形象思维的话题之中。叶林在文章中,把舞蹈视作一种形体艺术,其形象的动态性,主要表现在人体的律动、姿态和表情,这就不一定适合用形象思维来解释了。孟伟哉在论文《形象思维二题》中也谈到,思维的工具是语言,那么就需要解决语言的抽象性与人物形象性之间的矛盾。

承认形象思维,意味着承认艺术创作的独特性,政治不能够代替艺术,一般的认识论规律不能够代替艺术的规律,这就蕴含了艺术走出政治的契机。其实,从王国维的无功利艺术观与梁启超的小说救亡论开始,文艺与政治的关系在中国美学现代性进程中就打了一个结,成为相互较量的二元对立因素。在20世纪30年代,形象思维由左联文艺理论家冯雪峰引入中国,他所依据的资料是法捷耶夫关于形象思维的阐释,而不是别林斯基提出的形象思维,二者强调的形象思维的内涵是不同的。40年代,随着延安精神的传达,政治成为艺术首先需要高举的大旗。50年代,阿垅提出艺术即政治。50年代中期的胡风事件就是用政治打压文艺的历史教训,而60年代的"文革"更是以政治清洗文艺的极端错误,而当时对形象思维的赞同,也被戴上了"反马克思主义"的政治帽子。到了70年代后期,形象思维不再是一个理论禁区,而是国家最高领导人支持的理论。由此延伸出对艺术的肯定,寻找艺术的独特规律成为可以探索的话题。

第三,承接上述内容,在形象思维话题解禁的同时,我们还可以看到与第一次形象思维讨论所不同的特点,也体现了文艺作为时代风气之先的重要转变。

从对形象思维展开论述所引证的资料来看,更多的学者重新引证别林斯基关于形象思维的论述,而不是原来"拉普"领导人法捷耶夫关于形象思维意识形

---

① 唐弢:《谈"诗美"——读毛主席给陈毅同志谈诗的一封信》,载《文学评论》1978年第1期。
② 叶林:《驰骋吧,舞蹈形象思维》,载《舞蹈》1978年第1期。

态化的论述。此外,维柯、黑格尔等很多之前被称为"腐朽的、资产阶级的"文艺理论家关于艺术想象的相关论述开始解禁。

伴随形象思维讨论的,还有对"四人帮""文艺黑线专政"论的批判,反对"四人帮"的"主题先行"和"三突出"理论,反驳郑季翘的文章,美学界普遍认为郑季翘的文章为"四人帮"的言论提供了理论支持。现在艺术界要支持"双百"方针,反对"四人帮"的倒行逆施,郑季翘早年的文章也成为众矢之的。如《文学评论》1978年第1期刊发的蔡仪的文章《批判反形象思维论》,就是专门反驳郑季翘文章的论文。蔡仪的理由在于,思维不只是抽象,概念也可以有形象。他说:"思维作用对于感性材料的加工改造所形成的东西,既有抽象性重的,也有形象性重的,前者一般称为概念,也不能认为只是抽象的;后者一般称为意象,也不是毫无抽象的。"①在蔡仪看来,形象思维也不否认抽象的作用,"所谓形象思维并不否认在它的思维活动过程中有抽象作用……所谓形象思维或抽象思维,是指思维活动的某一过程就其主要倾向而说的,至于思维活动的某一过程中的抽象作用或具象作用,两者……却总是相反相成、相须为用的"②。与很多理论家一样,蔡仪也非常认同创造性想象在艺术创作中的重要性。蔡仪的这篇文章,主要是从学理上反对郑季翘的观点,反对"文革"时期的"三突出"创作方法。此外,还有像浦满春的论文《形象思维探讨》③,此文以一节的篇幅反驳郑季翘的观点。此时,形象思维成为一个不证自明的真理。学者、作家、艺术家、新闻工作者等各个领域、各条战线上饱受"四人帮"摧残的人们,将压抑了10余年的生活热情、学术热情与工作热情,全部迸发出来,投射在形象思维的讨论中。早在毛泽东信件发表之前,文艺界就进行了一系列的准备工作,形象思维是文艺界拨乱反正的一个有机组成部分。在这些步骤之中,只有形象思维得到了毛泽东亲笔信件的支持,有这样一个"明证",人们将所有言说的底气也全部集中到其中。

形象思维讨论不仅是一个文艺理论问题,由于它涉及艺术的创作规律、艺术的审美鉴赏规律等重要的美学问题,关于形象思维的讨论直接开启了我国新时期的第二次美学热。以下三节分别以当时美学热的代表人物蔡仪、朱光潜和李泽厚等人的形象思维观为主要分析对象,以此来作为时代讨论的侧记。

---

① 蔡仪:《批判反形象思维论》,载《文学评论》1978年第1期。
② 同上。
③ 浦满春:《形象思维探讨》,载《红旗》1978年第2期。

第二节　与抽象思维平行
——蔡仪在新时期论形象思维

一、蔡仪论述形象思维问题的渊源及其在新时期的理论成果

蔡仪关于形象思维最早的论述,可以追溯到20世纪40年代的《新艺术论》。他提出:"艺术的认识,固然是由感觉出发而通过了思维,却是没有完全脱离感性,而且主要地是由感性来完成,不过这时的感性已不是单纯的个别现实的刺激所引起的感性,而是受智性制约的感性。"①在"具体的概念"中,蔡仪想要证明,形象可以思维,这个思维过程不能脱离智性的制约,也要经过比较、分析、综合,只不过不那么明显。本来,蔡仪的这些思考已经融入新中国成立之后由中宣部组织、蔡仪作为主编的《文学概论》之中,但由于时代的原因而未能出版。

在20世纪50年代,蔡仪发展了他的美学体系,"具体来说,可用两个关键词来概括,即'客观'和'典型'"②。蔡仪认为,美是客观的,并不依赖人而存在,美只是人认识的对象。但是,美是需要人来感受和评判的,因此,蔡仪又将"典型"这个概念引入他的理论体系。事物的美在于它的典型,文学和艺术就是要创造出能够代表一类典型的事物和人物。问题因此而来,什么是典型,如何判定典型,成了蔡仪与当时众多美学家们争论的内容。到了新时期,蔡仪依然坚持他的观点,在认识论的体系中考察美与典型,将50年代的思考结果融合到新时期他关于形象思维的解读中来。

在新时期,蔡仪就"形象思维"的话题发表了多篇文章,分别是《批判反形象思维论》③《诗的比、兴和形象思维的逻辑特性》④《再谈形象思维的逻辑特

---

① 蔡仪:《新艺术论》第二章第二节,见《蔡仪文集》第1卷,中国文联出版公司2002年版,第40页。
② 高建平主编:《当代中国文艺理论研究(1949—2009)》,中国社会科学出版社2011年版,第442页。
③ 蔡仪:《批判反形象思维论》,载《文学评论》1978年第1期。
④ 蔡仪:《诗的比、兴和形象思维的逻辑特性》,载《诗刊》1978年第3期。

性》①《形象思维的逻辑规律》②《形象思维的历史渊源和当前问题——一论形象思维问题》③《艺术的典型形象》④。在蔡仪主编、出版于 1979 年的《文学概论》中，有两章提到"形象"，特别是在第六章《文学创作过程》中，专门论述了"创作过程中的思维活动"⑤，此外，从 1979 年到 1980 年，蔡仪在中国社会科学院研究生院专门讲授过形象思维问题，讲稿发表于 1985 年出版的《蔡仪美学讲演集》中。⑥ 可见，在新时期，蔡仪关于形象思维的思考是持续的。作为新中国一代开山立派的美学家，蔡仪认为美就是典型，而实现典型的方法要通过形象思维。蔡仪说："文学创作的中心环节是形象塑造……主要就是人物形象的典型化。"⑦"关于文学创作的典型化，主要是从文学反映社会生活这个角度来考察的。不过从这个角度来考察文学创作的典型化，是为了说明典型化的客观根源，还只是问题的一方面；另一方面就是还得从作者的主观认识活动来说明，则是要考察形象思维问题了。"⑧

二、立论基础：概念的两个维度与思维的两个作用

蔡仪在《批判反形象思维论》一文中，明确表示支持形象思维理论，并以高尔基在《谈谈我怎样学习写作》一书中关于形象思维的界定来论证自己的观点。我们知道，高尔基提出，作家创作有两个过程，第一个是抽象化的过程，第二个是具体化的过程，这就是典型化过程的两个阶段。前一个过程是认识，是抽象化的；后一个过程是表现，是具体化的。这里的抽象化不是抽掉形象，而是抽取形象；这里的具体化，是将抽取出来的形象集中到一个人身上。"高尔基的这个说法，终不失为关于人物典型化的一种普遍方式。"⑨在《文学概论》第六章"文学

① 蔡仪：《再谈形象思维的逻辑特性》，载《上海文学》1978 年第 4 期。
② 蔡仪：《形象思维的逻辑规律》，载《求索》1987 年第 5 期。
③ 蔡仪：《形象思维的历史渊源和当前问题——一论形象思维问题》，载《河北学刊》1987 年第 5 期。
④ 蔡仪：《艺术的典型形象》，载《文艺理论与批评》1992 年第 4 期。在这里所列举的文章中，后三篇文章刊出时间靠后，分析蔡仪在新时期关于形象思维的论述，主要依据前三篇文章。
⑤ 蔡仪主编：《文学概论》，人民文学出版社 1979 年版，第 232—237 页。
⑥ 蔡仪：《蔡仪美学讲演集》，长江文艺出版社 1985 年版。
⑦ 同⑤，第 227 页。
⑧ 同⑤，第 231 页。
⑨ 同⑤，第 228 页。

的创作过程"中,蔡仪详细展开了形象思维的过程。

作家认识生活也从感性开始,往往由于某种社会生活现象或者某个人物的言行,而产生兴趣,留下了深刻的印象或表象。作者所得到的这些印象,还只是一种感性认识。这个印象也许只是一时存在于作者的头脑里,并不发生别的作用;也许它还是作者受到一些启发和感奋,因而想到过去所经验过的一些事件或人物的印象,也就是在某种共同点之上把它们联系起来,并把它们所具有的共同特点综合起来,形成一个新的形象……这种情况正表明艺术形象从感性认识逐步上升为理性认识,成为一种形象思维活动。①

在这个过程中,蔡仪认为形象思维"始终不离开感性印象的生活素材,并且是以形象与形象的关系为线索而形成的"②。

蔡仪之所以赞同高尔基的两段论,是由于他认为概念具有抽象和形象两方面特征,这一点与他在 20 世纪 50 年代的思考是一致的。以此类推,那么作为思考概念的思维也应该对应两个方面,分别是抽象作用和具象作用,"一方面是把许多表面的偶然的东西抽象掉,另一方面也有要把它'取'而加以概括化的东西"③。这两个方面分别形成了概念和意象。前者偏重抽象而具有普遍性,后者偏重具象而具有形象性。在蔡仪看来,两者实质上都是由思维的概括作用而形成的,本质上都是思维概括作用的体现,并且可以互相推移。形象思维就是要用形象来思维,但是,与其他学者对形象思维定位不同的是,蔡仪认为,这里的形象不是我们所看到的形象,而是"由思维活动的概括作用所形成的形象,即思维中的形象"④。它天然地具有理性和逻辑性的特征,也要经过去粗取精、去伪存真、由此及彼、由表及里的改造制作工夫。那么,形象思维与抽象思维的区别又在哪里呢?蔡仪认为,这样对思维进行划分,是因为思维的方式或者偏重形象,或者偏重抽象,但总是相反相成、相须为用的。显然,在这里蔡仪并没有论述清楚"形象"是如何在思维过程中发挥逻辑作用的,而且理论基础也显得薄弱。然而,这不是一篇文章能够完全说清楚的问题,因此,在 1978 年后来两篇关于形象思维的文章中,蔡仪主要论述了有关形象思维逻辑性的问题。

---

① 蔡仪主编:《文学概论》,人民文学出版社 1979 年版,第 233—234 页。
② 同上,第 234 页。
③ 蔡仪:《批判反形象思维论》,载《文学评论》1978 年第 1 期。
④ 同上。

三、论述的重点：形象思维如何具有逻辑性

蔡仪结合毛泽东的信，用中国古典诗词中的赋、比、兴三种方法，来解释形象思维为什么具有逻辑性，这是《诗的比、兴和形象思维的逻辑特性》与《再谈形象思维的逻辑特性》两篇文章的主要内容。在蔡仪看来，赋，能够敷陈其事而体物浏亮。首先，语言能够描绘事物的情状，也就是具有鲜明的形象性；其次，语言还能够点出景物带给人的心理感受，或暖或寒。这些都可以表明作者对于景物的认识是具体的，作者的思维是形象的。比，能够以此物比彼物，也就是采用打比喻的方法，用一物来比拟另外一物，也是通过形象来比拟形象，因而也属于形象思维的方法。兴，先言他物而引起所咏之辞，兴中带比，也属于形象思维的范畴。因此，赋、比、兴分别构成了形象思维的三种方式。

蔡仪认为以上的论证只说明了形象思维的方式，证明了语言的表述可以具有形象性，而逻辑是从何而来的呢？蔡仪进一步论证了这个问题。因为比和兴"要认识彼物和此物的能够相比的基础，即两者的共同性。这种认识就是理性思维的认识"①，而赋天然地属于理性思维，这是"不成问题"的。形式逻辑的判断和推理都建立在概念与概念之间的关系上，投射到客观对象上来说，判断和推理联系的纽带是事物和事物之间的关系。事物之间只有存在共同性，才能得出这个判断。在一个形式逻辑的判断中，主词(S)和宾词(O)之间由系词(L)联系起来。主词和宾词之间具有共同性，这是形象的；同时，主词和宾词之间，也不可能包罗万象，只能抽取其中的一个属性，因而这个判断又体现出了抽象性。② 由于比和兴不仅要用分析的方法来求得事物之间的共同性，而且要用综合的方式把两物关联起来，"使之综合成为一个完全突出的崭新的形象""主要由于思维的具象作用、综合作用最后形成，这种诗句是形象的，这种思维也就是形象思维"。③ 比和兴在蔡仪看来显然具有这种特性，因而比兴所体现出来的形象思维具有逻辑特性。

蔡仪还讨论了创造性想象和夸饰等艺术手法，但他认为这些手法的命名

---

① 蔡仪：《诗的比、兴和形象思维的逻辑特性》，载《诗刊》1978 年第 3 期。
② 蔡仪：《再谈形象思维的逻辑特性》，载《上海文学》1978 年第 4 期。
③ 同上。

"对于文艺理论根本问题的解答没有什么意义",归根到底还是需要将艺术看作一种认识,"必然有它的逻辑性",①无论是形象思维还是抽象思维都离不开正确的世界观的指导。

蔡仪关于形象思维的论述,主要目的在于证明形象思维与抽象思维一样,具有逻辑性,符合马克思主义的认识论。蔡仪所针对的对象,基本上还是停留在对郑季翘文章的反驳。由于当时理论资源相对匮乏,蔡仪在文章中反复使用的论据,也仅限于形式逻辑的三段论,只不过在不同的文章中反复展开,并结合具体的诗歌例证来阐释。"文革"之后,无论是社会文化心理还是学术争鸣,都迫切需要更加新鲜的理论元素来丰富和发展,蔡仪的论述显得软弱无力,而且蔡仪立论的前提是概念的形象方面和抽象方面,这本身就是含混不清的,因此,对形象思维的研究陷入无法自圆其说的困境。

第三节 从"形象的直觉"到"实践"
——朱光潜在新时期论形象思维

一、形象的直觉:朱光潜对美学的最初定义

形象思维与朱光潜美学思想之间的联系,可以追溯到更为久远的 20 世纪 30 年代。朱光潜在他的《文艺心理学》一书中,以"形象的直觉"为核心概念开始了自己的美学建构。他将知识分为两类,一类是直觉的(intuitive),一类是合理的(logical)。朱光潜认为,美学是一种知识论,西方语言中的"aesthetic",与其叫作"美学",还不如叫作"直觉学"。朱光潜说,"因为中文'美'字指事物的一种特质,而 aesthetic 在西文中是指心知物的一种最单纯最原始的活动,其意义与 intuitive 极相近"②。朱光潜将美学定位为直觉学,受到了克罗齐的影响,也就是说,艺术的形象中渗透着作者的感性,而美学研究的对象,就是对感性的完善。这种观点在美学大讨论中,朱光潜没有据他所钟爱的"感性直观"直接展

---

① 蔡仪:《再谈形象思维的逻辑特性》,载《上海文学》1978 年第 4 期。
② 朱光潜:《朱光潜全集》第 1 卷,安徽教育出版社 1987 年版,第 208 页。

开,但是在他所提出的著名的"物甲"和"物乙"之间,其实还有一些话没有说完。如何从"物甲"过渡到"物乙",美感是如何产生的,这些都是问题;而这一点,也恰恰成为李泽厚批评朱光潜理论的切入点。关于形象思维,朱光潜在形象思维的第一次大讨论中并没有公开发表文章。只是在郑季翘的夫人华迦女士所写的《郑季翘批判形象思维理论始末》①中提到,关于《文艺领域里必须坚持马克思主义的认识论》一文,在正式发表之前,受中宣部部长陆定一指示,由周扬在北京召开讨论郑季翘文章的座谈会。在这次会议上,朱光潜表达了自己对于形象思维的看法。朱光潜认为思维就是开动脑筋,既包括感性认识,也包括理性认识,感性阶段是形象思维,理性阶段是抽象思维。这也从侧面印证了朱光潜对形象思维的定位——感性直观,其实也就是审美的直觉。当时,朱光潜的这些观点并没有形成文字公开发表过。

二、统摄西方美学史的"形象思维"

由中国社会科学院哲学研究所美学研究室和上海文艺出版社文艺理论编辑室合编的《美学》创刊号上,刊登了三篇关于形象思维的文章,第一篇是朱光潜的《形象思维:从认识角度和实践角度来看》。这篇文章后来收录到了朱光潜1979 年版的《西方美学史》中。《西方美学史》是我国第一部研究西方美学史的专著,上卷出版于 1963 年 7 月,下卷出版于 1964 年 8 月。1979 年 6 月和 11月,上、下卷先后出版了第二版。作者在全书结束语中,增加了"形象思维"这一节,这就是作者发表于 1979 年《美学》上的《形象思维:从认识角度和实践角度来看》。这篇文章对《形象思维与文艺的思想性》一文中提到的关键内容展开论述,而且与新时期朱光潜的"实践观"有着密切联系。

在这篇文章中,朱光潜继续坚持他以往的观点,认为形象思维就是想象,它们所指的"都是一回事",而且是西方美学近代以来讨论的主题之一。在文章的第二部分——"从西方美学史来看形象思维",朱光潜将"形象思维"作了一种扩大化的解释,以"想象"甚至是"原始思维"代替了"形象思维",认为"想象"这个词"最早出现在住在罗马的一位雅典学者菲罗斯屈拉特斯(170—245)所写的

---

① 华迦、冯宝兴:《郑季翘批判形象思维理论始末》,载《当代文学研究资料与信息》2006 年第 3、第 4 期。

《阿波罗琉斯的传记》中";而"原始思维"出现得则更早,朱光潜的例证是黑格尔的《美学》第二卷,在论象征型艺术中涉及希腊、中世纪欧洲以及古代埃及、印度和波斯的宗教和神话部分,由此可见,"形象思维是各民族在原始时代就已用惯了"①。从西方美学发展的历史来看,朱光潜认为,"形象思维古已有之,而且有过长期的发展和演变,这是事实,也是常识"②。尽管朱光潜在这里并没有解释清楚,"形象"为什么能够"思维",但在这里的意义并不仅仅是壮大形象思维支持者的声势,而是从他的美学体系中来考量形象思维的重要意义。

三、从"实践"的角度看形象思维

朱光潜在新时期最重要的收获,是从马克思主义实践观的角度整合他的美学思想。当时影响巨大的《谈美书简》③,便是这一时期的重要著作。在第一篇《代前言:怎样学美学》中,他谈到了马列主义和毛泽东思想的重要性:"在我所走过的弯路和错路之中,后果最坏的还是由于很晚才接触到马列主义、毛泽东思想。"这样做的要求"首先就要从一切具体的现实生活出发"。④ 在第三篇《谈人》一文中,朱光潜解释了他的"生活"——"生活是人从实践到认识,又从认识到实践的不断反复流转的发展过程"⑤。实践是什么呢?文艺之于社会又有着怎样的意义呢?朱光潜在《关于马克思主义与美学的一些误解》中进行了回答。

> 实践是具有社会性的人凭着他的"本质力量"或功能对改造自然和社会所采取的行动,主要见于劳动生产和社会革命斗争……应用到美学里来说,文艺也是一种劳动生产,既是一种精神劳动,也并不脱离体力劳动;既能动地反映自然和社会,也对自然和社会起到改造和推进作用。作为一种意识形态,文艺归根到底要受经济基础的决定作用,反过来又对经济基础

---

① 朱光潜:《形象思维:从认识角度和实践角度来看》,载《美学》1979 年第 1 期。
② 同上。
③ 朱光潜:《谈美书简》,见《朱光潜美学文集》第 5 卷,上海文艺出版社 1989 年版。
④ 同上,第 8—9 页。
⑤ 同上,第 19 页。

和政法的上层建筑发生反作用。①

　　这段话对理解朱光潜关于"形象思维"的讨论具有重要意义。朱光潜将文艺也看成实践的一种类型，而且特别强调文艺对现实的改造作用，也就是说，文艺不仅仅是反映现实，它同样具有实践层面的意义。而实践最重要的意义，在于"人"——"在这过程中，自然日益受到人的改造，就日益丰富化，就成了'人化的自然'；人发挥了他的本质力量，就是肯定了他自己……人在改造自然之中也改造了自己。"②"人"成为朱光潜美学的最终归宿，在当时的社会语境中，强调人的主体性精神成为时代主流，李泽厚、汝信、周扬等重要学者，都在新一轮的美学启蒙之中高扬起"人"的大旗，从这个意义上说，朱光潜强调人在马克思主义哲学中的重要地位，毫无疑问有开风气之先的重要意义。

　　在此前提下，我们谈论形象思维在朱光潜美学思想中的重要地位也有了具体的内容。朱光潜在《形象思维与文艺的思想性》一文中，明确提出了形象思维与人的实践的密切关系：

　　　　在第三封信《谈人》里我已约略谈到认识和实践的关系以及感性认识和理性认识的关系，现在不妨回顾一下，因为形象思维与此是密切相关的。③

　　朱光潜引用马克思《关于费尔巴哈的提纲》，认为人的思维是一个实践问题，而不只是一个认识问题。朱光潜说："马克思主义创始人分析文艺创造活动从来都不是单从认识角度出发，更重要的是从实践角度出发，而且分析认识也必然是要结合到实践根源和实践效果。"④

　　不仅如此，朱光潜还提出，如果从实践的角度来看，把文艺创作看作一种生产劳动，那么文艺创作从人类的远古时期就已经存在。劳动是一个综合五官的发展过程，这一点恩格斯在《劳动在从猿到人转变过程中的作用》中已经进行了

① 朱光潜：《谈美书简》，见《朱光潜美学文集》第5卷，上海文艺出版社1989年版，第29页。
② 同上。
③ 同上，第63页。
④ 朱光潜：《形象思维：从认识角度和实践角度来看》，载《美学》1979年第1期。

非常详细的论述。由此推论,作为审美活动的文艺创作也是一个综合五官的过程,因此审美活动不能以某种单一的感觉来解读。"过去美学家们在感官之中只重视视觉和听觉这两种所谓'高级器官'和'审美感官',就连对这两种也只注意到它们的认识功能而见不出它们与实践活动的密切联系。"①从朱光潜的角度来看,我们认识形象思维不能仅从审美感受来研究,而应该从生活实践的角度进行探讨。这样的结论一方面在驳斥"四人帮"的主题先行和观念先行,另一方面从哲学的高度论证了审美的综合性和实践性。

按照朱光潜的看法,如果承认形象思维从远古就已经存在,那就必须承认形象思维之于人的重要意义。劳动过程将猿改造成了人,那么作为审美活动的形象思维则使人成为人本身。朱光潜引用马克思的《巴黎手稿》论证了这一点:"他不仅造成自然物的一种形态改变,同时还在自然中实现了他所意识到的目的。"②在这个意义上说,"形象思维……是一种改造主体自己的实践活动,意识之外还涉及意志,涉及作者对自己自由运用身体的和精神的力量这种活动所感到的乐趣"③。

众所周知,年届六旬的朱光潜以真诚的心态重新学习了马克思主义,对俄文的掌握达到能够阅读和翻译的程度,此时他以马克思主义哲学来解读形象思维,其用心程度是令人敬佩的。与李泽厚的"积淀"说相类似,形象思维在朱光潜这里也被解读成自人类诞生以来的重要活动,毋宁说此时的形象思维就等于艺术审美活动。李泽厚认为,在形象思维形成与展开的过程中积淀的是人类的情感,应从"情本体"的角度来界定人;朱光潜则从形象思维的形成与展开过程解读出人类的实践活动,从实践的高度来肯定人。他们的根本不同之处在于,朱光潜对"实践"的界定更为宽泛,将文艺活动也看成是人的实践活动,而李泽厚与此相反,他仅将人的物质生产活动看成是实践活动,人所从事的艺术审美活动在李泽厚这里成为生产实践的结果。后期实践美学常常诟病李泽厚的实践美学缺乏对个体的关怀,忽视感性活动的重要意义,其实朱光潜的观点未尝不是一种有益的补充。到1980年,李泽厚宣布形象思维不是认识,正如机器人不是人一样,似乎在这里也埋下了伏笔。相反,朱光潜将"形象思维"作为基本

---

① 朱光潜:《形象思维:从认识角度和实践角度来看》,载《美学》1979 年第 1 期。
② 同上。
③ 同上。

要点收入《西方美学史》的后记,足见朱光潜对形象思维的重视,在实践意义上的形象思维,当然也不会被朱光潜放弃。这就是朱光潜与李泽厚对形象思维理解的根本不同。

第四节　从"以情为本体"到"走出认识论"
——李泽厚在新时期论形象思维

一、从"个性"到"情感":李泽厚 1978 年论形象思维的重要突破

李泽厚在 20 世纪 80 年代所提出的"主体性实践哲学",是从建构人类心理情感本体的角度出发的。在其主体性实践哲学中,情感这个本体或审美心理结构作为人类内在自然人化的重要组成部分,物化的对应者就是艺术品。从这个意义上说,艺术的本质就是人类共同的心理情感本体的物化。那么,对艺术的研究就不仅具有形式上的意义,其内涵是对人类情感心理结构的研究,也就是对情本体的研究。情本体和工具本体成为主体性实践哲学的两个基础。在第一次有关形象思维的讨论中,李泽厚的美学思想与形象思维之间已经建立起了密切的联系:李泽厚早在 20 世纪 50 年代就将形象思维展开的过程界定为"个性化与本质化的同时进行"①。在这个过程中,形象思维起到了非常重要的作用:"只有对形象作出精细的推敲琢磨,才能使它更真实更准确地概括和反映出生活中美好的、本质的东西。而形象思维所以被看作是思维,其意思和价值也全在此;去粗取精,去伪存真,由此及彼,由表及里,以达到或接近本质的真实。""形象思维还有一个主要特征:这就是它永远伴随着美感感情态度。"②而在 1978 年,李泽厚对形象思维的定位经历了从强调"个性"到强调"情感"的重要转变。

1978 年,李泽厚关于形象思维的第一篇文章是《形象思维的解放》,发表于 1 月 24 日的《人民日报》。在文章中,李泽厚与当时众多的学者一样,首先要表

---

① 李泽厚:《试论形象思维》,载《文学评论》1959 年第 2 期。
② 同上。

达一个文艺工作者久违的兴奋,因此关于形象思维的存在不需要更多的证明,由于"这封信中三次提到形象思维,指出不管古诗今诗,都要用形象思维的方法去创作,否则将味同嚼蜡。可见,形象思维问题实际关系文艺的本质特征"。与此相对应,批判"四人帮"成为谈论形象思维的首要切入点。形象思维在李泽厚看来,"总是'浮想联翩',富有情感,整个创作过程不能脱离开感性形象的具体想象活动"。① 由于"四人帮"破坏的是艺术的独特性,能够体现艺术独特性的要义当然首先是"个性",而不是体现社会历史的"本质"。可见,在《形象思维的解放》一文中,李泽厚强调的是形象思维过程的"个性化"。如果不遵循这个规律,必然会出现艺术上的雷同。这就是李泽厚批判的"四人帮"文艺:"艺术形象成了他们反动思想的传声筒,所有情节、场景、人物都是凭概念对号入座的形象图解。"②为了强调这种个性化,李泽厚特意指出"人的形象思维"。正因为人的千差万别,才构成了艺术创作的各具特色,"用形象思维的方法,一般不大容易产生这种千篇一律的概念化的作品,也就不能够为他们那个反动纲领和概念服务"③。

接着,在《形象思维的解放》中,李泽厚提出了形象思维的情感维度,只是此时李泽厚对情感的强调,还没有作为标志性的结论进行展开。在该文的论述过程中,重点反驳的是郑季翘终结第一次形象思维讨论的公式:表象(事物的直接映像)—概念(思想)—表象(新创造的形象)。李泽厚明确提出,"综合想象的过程,也即是形象思维的过程",而思维不能独立离开这个想象过程,"思维能够在暗中起引导、规范和制约的作用,它根本不是一个脱离形象想象的抽象概念的阶段"。这就明确了逻辑思维和形象思维的关系。在文章中,李泽厚表达了他对艺术创作过程与艺术作品本身的情感态度,"没有爱憎感情的文艺创作和作品,即上述那种概念外化的形象图解,又怎么能打动人呢?"④我们可以将这段简短论述看成是他"情本体"最初的朦胧表达。

那么,李泽厚为什么将"个性"作为他第一篇谈论形象思维文章的切入点呢?虽然,李泽厚在这篇文章中,模糊地提出了"使情成本体"论,而且提出了艺

---

① 李泽厚:《形象思维的解放》,载《人民日报》1978 年 1 月 24 日。
② 同上。
③ 同上。
④ 同上。

术理想不仅要有典型,还应该有"意境",对现实主义一统艺术格局的状况有所突破,但限于文章发表的时间 1978 年 1 月 24 日,距离刊发《毛主席给陈毅同志谈诗的一封信》不到 1 个月,再加上报纸文章的篇幅局限,李泽厚在这篇文章中不可能展开论述自己的"使情成本体"论。他要完成的重要任务,是借文艺理论批判"四人帮"给整个社会所造成的万马齐喑的局面,助力社会风气的扭转和变革,因此,表达一个理论工作者的欢欣,批判郑季翘的公式成为主要着力之处。而"文革"以来对个体生命所造成的摧残与漠视,对个人情感的伤害成为捎带之笔。在"个人"与"情感"二者之间,李泽厚当然首要选择"个人"。因为他的主要目标是批判"四人帮"。"四人帮"的文艺理论最为臭名昭著之点当属"三突出",在这里,最具个性化的文艺创作成为集体制造的流水线,戏曲也以"样板"而著称,文艺变成了专制的工具,千篇一律、千人一面成为必然结局。面对"四人帮"遗留下的危害,突出"个性"自然成为谈论形象思维的切入性话题。而且,也与李泽厚在 20 世纪 50 年代所提出的"形象思维是个性化与本质化同时进行"的观点相一致。

李泽厚此时对形象思维的哲学定位,依然没有走出马克思主义哲学认识论的园囿,提出坚持形象思维并不是反马克思主义认识论,而是坚持真理。在这一点上,李泽厚与当时中国绝大多数学者的观点是一样的。李泽厚将艺术看作是一种认识,说得更明确一些,其实是一种哲学认识。唯物主义认识论坚持从物质到意识的认识论路线,在马克思主义认识论框架内,认为物质世界是客观存在的,认识是人对客观现实的反映。于是,在文章中,从马克思主义认识论的角度强调艺术的重要作用是李泽厚的不二选择:"文艺作品反过来又作为阶级斗争的武器,使人民'惊醒起来,感奋起来,推动人民群众走向团结和斗争,实现改造自己的环境'。"在这里,李泽厚对形象思维的论述与第一次讨论还非常相近,还没有对形象思维为什么能够成为艺术的独特规律,以及这种独特规律是怎样的等问题展开论述。

李泽厚在之后发表的《形象思维续谈》①中,再次强调了形象思维所蕴含的情感维度,借形象思维表达了他对"积淀"说(此时李泽厚用的词是"沉淀")的初步设想。在 20 世纪 50 年代,李泽厚提出了形象思维的两个特点:一个是"个性

---

① 李泽厚:《形象思维续谈》,载《学术研究》1978 年第 1 期。

化和本质化同时进行",一个是"始终伴随着情感"。在这篇文章中,李泽厚将上述两个特征联系起来,认为形象思维是"以情感为中介,本质化与个性化同时进行",然后分析了形象思维与逻辑思维的关系,借此展开了他的"使情成本体"理论。

李泽厚认为,逻辑思维是形象思维的基础。由于这个观点与很多学者的看法不同,李泽厚为了说明这一点,提出了"美感"问题。首先,美感的产生与形象思维有很大的关联。美感的一个基本特征是直觉性。从表面看,一个人是否对一个事物产生美感,是一个个人化的感受问题。看一个东西美不美,一个人并不会通过概念推理来判断,而是直觉地感受到它美不美。但是,从深层看,个人的美感"是有其阶级的、社会的、文化教养等方面的原因。在美感直觉中,潜伏着功利的、理智的逻辑基础"①。在这里,李泽厚指出美感在个人化的感受中潜伏着社会的理智因素,这与他后来展开的"积淀"说已经有非常密切的联系了。其次,从美感的构成因素来看,美感包含着知觉、情感、想象和理解。在情感和想象的自由运动中,理解在暗中起作用。艺术能够引起美感,原因就在于它不是用概念道破,而是"使想象、情感和理解产生了合规律性的自由运动"②,从而产生审美享受。

艺术家的创作与美感产生的过程非常类似,这就是艺术家的形象思维。艺术家将生活中分散的美感集中起来,展开艺术想象,进入创作过程,其中看似是个人化的创作,但蕴含和沉淀了"深厚的逻辑基础和原因",与美感产生的过程是类似的。这样,李泽厚以个人化的美感态度"沉淀"着社会化的理智因素,将艺术创作与美感感受联系了起来,而形象思维是创作过程中重要的思维特征。用他的话说,"形象思维的这个规律,不过是美和美感的本质特征在艺术创作中的体现""美是具体形象性和客观社会性的矛盾统一,美感是个人直觉性和社会功利性的矛盾统一,展示和表现在形象思维、艺术创作中,便是个性与共性、偶然和必然的矛盾统一"③。可以看到,李泽厚借形象思维表达了他后来影响甚大的"积淀"说。

那么,"沉淀"的内容是什么呢?是情感。与逻辑思维的演算不同,形象思

---

① 李泽厚:《形象思维续谈》,载《学术研究》1978 年第 1 期。
② 同上。
③ 同上。

维要以"情感作为媒介或中介,才能使形象彼此联系起来"①,这样才能把现实生活中的复杂性和多面性作为整体表现出来。心理学中的"联觉"、文艺创作中的"移情"都是以情感为中介的。形象思维的过程以情感为中介,"想象和理解处在自由的运动中,这就同时把情感客观化,使理解沉淀在情感之中,具有理性的内容"②。这种情感性的因素不光在作者创作中发挥作用,在审美鉴赏的过程中,情感更重要的价值在于使人产生"情感的力量",其中包含社会伦理理智的功能,这就是审美教育。可见,情感贯穿在艺术创作与审美鉴赏过程中。在这个过程中,美感始终发挥着重要的作用,将多种心理因素融为一体。从这个意义上讲,形象思维便不再是一个简单的思维问题,而是一个美学问题,这就为形象思维走出狭义的"认识论"奠定了基础。这一点,成为1978年形象思维讨论最重要的成果之一。

二、走出认识论:李泽厚论形象思维的重要转变

1979年9月18日上午,北京市哲学会美学组在北京师范大学举行了关于形象思维的讨论会。李泽厚、孟伟哉、郭拓、王方名、张帆、郑涌等学者在讨论会上发言。在这次讨论会上,会议首先将形象思维确定为一个学术问题,而不是政治问题。其次,会议的一个重要内容是讨论形象思维和认识论的关系。李泽厚的发言可以看成是他发表于1980年《形象思维再续谈》的前奏,这篇文章中的很多观点在此次发言中都有表达。在发言中,李泽厚对过去形象思维的讨论进行了总结,认为基本上有"取消论"和"平行论"两种观点③,这两派都把艺术创作当作认识问题进行探索;而他认为艺术不应该仅仅是认识,甚至主要不是认识。艺术是要通过形象来表现那些用概念语言表达不出来的东西。因而,研究形象思维应该从艺术心理学、审美心理学和美学方面展开,而不应该通过认识中的思维规律来研究。艺术中的情感要客观化、对象化,借自然景物或别的东

---

① 李泽厚:《形象思维续谈》,载《学术研究》1978年第1期。

② 同上。

③ 李毓英整理:《北京市哲学会美学组关于形象思维讨论的一些问题》,载《哲学动态》1979年第12期。需要说明的是,"取消论"就是"否定说",总体意思是不承认形象思维的存在。"平行论"或"平行说"含义一致,李泽厚在发言和文章中的表述有别。为尊重历史,沿用不同的说法。

西把它表达出来。李泽厚认为应该通过艺术心理学来研究,王方名认为应该通过人类思维发展史来研究,孟伟哉认为,还应该通过艺术家的创作实践来研究,郑涌则认为,应该通过"形象思维"这个词的来源及其不同含义发展的历史情况去研究。会议最后总结出,形象思维仅从一般认识论的意义进行研究是不够的,还需要从艺术心理学、艺术社会学和艺术哲学角度进行探讨。①

《形象思维续谈》一文为李泽厚否定形象思维论埋下了伏笔。在文章开篇,李泽厚一反前述赞同形象思维的常态,而是说"'形象思维'这个词,本身看来似乎就有矛盾,因为在一般习惯中,思维一词通常狭义(严格意义使用),主要是指脱离开表象(即形象)的概念、判断、推理。所以,有人说形象和思维联在一起就不通,主张用'艺术想象'来替代它"②。文章的第二部分主要借美感来论述形象思维的重要意义,而美感的重要特征,在李泽厚看来就是它的"直觉性",并借此初步论述了后来影响甚大的"积淀"说,"形象思维以情感为中介,使想象和理解处在自由的运动中,这就同时把情感客观化,使理解沉淀在情感之中,具有理性的内容"③。李泽厚在这篇文章中表达了一个重要的结论:"形象思维并不仅仅是一个思维问题。"④"思维"在这里更多含有"认识"的意味。这可以看成是李泽厚在 1980 年正式提出"艺术不仅是一种认识"的前奏。我们可以如下一段文字作为证明。1979 年 12 月,李泽厚在《关于形象思维》的文末附上了一段"补记":

> 关于逻辑思维应否干预形象思维,我在本书《形象思维再续谈》一文中对自己的提法略有修正。该文指出,形象思维并非思维,艺术不是认识,并肯定创作过程中的非自觉性,反对逻辑思维过多地干预形象思维,因为我认为,这正是我们文艺作品数十年来的一个主要毛病。⑤

在《形象思维再续谈》中,李泽厚既不同意"否定说"——郑季翘、高开、韩凌、舒炜光、王极盛等学者的观点,因为这种观点会抹杀艺术的独特性,导致创作中的概念化和公式化;也不同意"平行说"——认为形象思维是与逻辑思维对

① 李毓英整理:《北京市哲学会美学组关于形象思维讨论的一些问题》,载《哲学动态》1979 年第 12 期。
② 李泽厚:《形象思维续谈》,载《学术研究》1978 年第 1 期。
③ 同上。
④ 同上。
⑤ 李泽厚:《关于形象思维》,见李泽厚:《美学论集》,上海文艺出版社 1980 年版,第 268 页。

立的观点,即蔡仪与何洛等学者的观点。李泽厚认为,这两派观点的一个共同
结论,是将艺术看成一种"认识"和"反映";而他在文章中明确提出,艺术带给人
的,不是认识和反映,而是审美感染力,"艺术包含认识,它有认识的作用,但不
能等同于认识"①,美学也不仅是认识。形象思维并不是独立的思维方式,而是
艺术想象。

否定形象思维是"思维",一个必然的结果就是否定艺术是一种认识。由此
出发,李泽厚更加强调艺术的情感特征,"我们只讲艺术的特征是形象性,其实,
情感性比形象性对艺术来说更为重要。艺术的情感性常常是艺术生命之所
在"②。这里的理论立场与之前他对艺术的定位是不同的。刚开始,李泽厚提出
形象思维的过程是"个性化与本质化同时进行",最早提出的时间是 1959 年,新
时期之后,他逐渐强调艺术的情感因素,可以说到 1980 年,李泽厚完成了放弃
"思维"而"转向情感"的历程。对于如何研究艺术中的情感,李泽厚提出应更多
地用心理学知识,而非哲学的认识论。在文章的第二部分,李泽厚引用科林伍
德的"情感表现"说、鲍桑葵的"使情成体"说和苏珊·朗格的"情感符号"说等国
外美学理论,来强调艺术中的情感作用。李泽厚也论及"比兴""移情""艺术想
象"等艺术心理学概念来论证自己的观点。在文章的最后,李泽厚重点论及"创
作中的非自觉性",而这一点正是形象思维在传入我国时被忽略的内容。

在李泽厚这篇文章发表之后,由于他的激进观点,引来不少批评和回应,同
年,在《文学评论》第 5 期上刊登了何洛、周忠厚的《评〈形象思维再续谈〉》,叶伯
泉的《创作中的非自觉性质疑》两篇文章。这两篇文章基于先前形象思维讨论
的依据——哲学认识论来质疑李泽厚的观点。囿于时代理论局限,反驳文章并
没有抓住李泽厚观点的重心——艺术走出认识论的呼声,因此,在今天看来这
些文章其实与李泽厚讲的是不同的内容。无论如何,"李泽厚的这篇文章,可以
看成是'形象思维'讨论的分水岭。从这一篇文章起,'形象思维'的讨论就开始
走下坡路"③。

---

① 李泽厚:《形象思维再续谈》,载《文学评论》1980 年第 3 期。
② 同上。
③ 高建平:《"形象思维"的发展、终结与变容》,见高建平主编:《当代中国文艺理论研究(1949—2009)》,
  中国社会科学出版社 2011 年版,第 162 页。

第五节　形象思维研究的转型

形象思维研究的转型当然不是在 1980 年骤然发生的,而是在全国大讨论中学者们的不断碰撞与探索中出现的。这里所说的转型,主要是指在 1980 年出现了比较明显的关于形象思维研究转型的标志性文章。

一、从形象思维到原始思维的研究

在形象思维的争鸣过程中,关于"形象思维是否存在"这个问题,不同的学者给出了不同的答案。其中有一种观点认为,形象思维是先于逻辑思维的一种思维形式,它是自人类诞生以来就存在的。这类学者有的以心理学作为依据,认为人类童年的思维方式就是形象思维,儿童的身心发展证明了这一点,他们都是先以形象为思考的依据,然后慢慢发展出抽象思维。由于童年时期非常类似于人类发展过程中的早期状态,于是人类早期的形象思维研究逐步进入学者视野,他们从而提出应该对原始思维展开研究。这种观点在形象思维的第二次大讨论中,最早由朱光潜在《形象思维:从认识角度和实践角度来看》一文中提出。朱光潜说:"现代瑞士儿童心理学家庇阿杰也从研究儿童运用语言方面论证了儿童最初只会用形象思维。"[1]与此同时,朱光潜用黑格尔《美学》第二卷中的论象征性艺术涉及的希腊、中世纪欧洲以及古代埃及、印度和波斯的宗教和神话部分,来论证"形象思维是各民族在原始时代就已经用惯了"[2]。1979 年 9 月 18 日上午,北京市哲学会美学组在北京师范大学举行了关于形象思维的讨论会,在会上,王方名的主要论点也是从原始思维出发来探讨人类形象思维的起源和发展。1980 年,朱光潜在反驳郑季翘的第二篇有关形象思维的文章《必须用马克思主义认识论解释文艺创作》[3]时,进一步论证了他的关于人类早期发展过程中的形象思维问题,这篇文章是《形象思维在文艺中的作用和思想性》。

---

[1] 朱光潜:《形象思维:从认识角度和实践角度来看》,载《美学》1979 年第 1 期。
[2] 同上。
[3] 郑季翘:《必须用马克思主义认识论解释文艺创作》,载《文艺研究》1979 年第 1 期。

朱光潜认为，"各民族在原始时期，人在婴儿时期，都不会抽象思维而只会形象思维，抽象思维在各民族中是长期发展的产物，人在婴儿时期也要经过几年的生活经验和学习才能学会。从马克思所高度评价的摩尔根的《古代社会》和维柯的《新科学》到近代瑞士的庇阿杰等人的儿童心理学著作，都提供了无数实例"①。朱光潜和郑季翘论争的焦点首先在于，二人关于"思维"的定义是不同的。按照当时所理解的"马克思主义的"和"科学的"认识论，只有概念才能思维，而形象不是概念，因此形象思维之于郑季翘来说并不成立，它只是艺术的一种表现方式。而朱光潜则认为，思维是人类的一种实践方式，从远古时代已经存在，人类儿童时期也表现出运用形象思维的现实，因此，作家当然可以有形象思维，而且按照马克思所说的"掌握"世界的多种方式来看，艺术不一定是要认识世界，也可以直接由形象来表现真理。

　　进入 20 世纪 80 年代以后，人类学得到了长足发展，很多重要的著作被翻译成中文，大大推动了形象思维转向原始思维的研究。第一次全国美学会议于 1980 年 6 月 4～11 日在昆明召开。在本次会议上，形象思维是其中的讨论话题，争论的中心主要围绕形象思维是不是一种独立的思维方式和艺术创作（包括认识过程和思维过程）的特殊规律。对这一问题的看法，大体上可以分为三种，肯定、否定和保留。肯定者认为，形象思维是独立的思维方式和艺术创作的特殊规律。相对于以往，新的观点认为现代人的思维是以抽象思维为主导，抽象思维与形象思维相互渗透、协同工作的思维方式。这种观点的依据是，在新的生理解剖学中，人脑左右半球结构不同，左半球负责抽象思维，右半球负责形象思维，这是从猿到人长期生产劳动的进化结果。这种观点将形象思维基本等同于原始思维。1981 年，丁由翻译的列维-布留尔的《原始思维》②出版，1986 年，朱光潜翻译的维柯的《新科学》③问世，掀起了原始思维研究的热潮，90 年代之后文学人类学也由此迅速发展起来。

---

① 朱光潜：《形象思维在文艺中的作用和思想性》，载《中国社会科学》1980 年第 2 期。
② ［法］列维-布留尔著，丁由译：《原始思维》，商务印书馆 1981 年版。
③ ［意］维柯著，朱光潜译：《新科学》，人民文学出版社 1986 年版。

二、从形象思维走向艺术与科学关系的思考

从形象思维走向艺术与科学关系的思考,为20世纪80年代中期科学主义批评方法的盛行奠定了基础。1980年,《中国社会科学》第3期发表了刘欣大的《科学家与形象思维》和沈大德、吴廷嘉的《形象思维与抽象思维——辩证逻辑的一对范畴》两篇文章之后,引起了学界的广泛关注。刘欣大的文章《科学家与形象思维》论述了一个观点,科学家也同样离不开形象思维,这就把形象思维的适用范畴由艺术推向了科学。原来理论界讨论形象思维的独特性,蕴含着这样一个前提,即形象思维是艺术所独有的思维形式,而现在这篇文章显然要推翻这一前提,阐明科学家与形象思维结下了不解之缘。沈大德与吴廷嘉的文章也同样包含这层意思。《科学家与形象思维》在结尾部分提出,《毛主席给陈毅同志谈诗的一封信》公开发表一年半以来,被诸多原因阻断了十多年的关于形象思维的讨论又活跃起来了,很多同志热心探讨形象思维的特征,从多方面阐述形象思维的功能,但仍然囿于文艺领域。于是,作者呼吁,希望哲学家、心理学家、脑和神经系统研究工作者、作家、艺术家、文学史和文艺理论工作者通力协作。沈大德与吴廷嘉在1980年6月下旬致信科学家钱学森,并附上了自己的文章。钱学森在7月1日回信,提出了在研究思维规律科学中一些值得重视的问题。钱学森在信中表示,他认同思维是一种实践,但并不认为思维仅局限于形象思维和抽象思维,还应该包括"灵感"。此外,研究思维的方法,不应该仅是哲学上的理论思辨,还应该包括实验、分析和系统的方法。

到这里,学界对形象思维的研究已经发生了根本性的变化。新时期最初关注形象思维问题,是把它作为探讨艺术独特性的切口,更深层次来说,在于扭转"文革"之后的社会风气,从形象思维入手来清理"四人帮"的余毒,反拨"两个凡是"给社会造成的影响。当时学术界一方面对形象思维问题的解放欢欣鼓舞;另一方面也在积极探索着艺术的独特性,而且当时的一个重要印象是,似乎古今中外的文艺理论家、艺术家都在谈论形象思维。无论是几乎一边倒的"赞同派",还是少数学者的反对声音,大家都还在艺术哲学的领域对形象思维的有无、过程、特征、意义等诸多重要问题努力思考着。从1979年开始,从形象思维逐步引申出"思维"的内涵与特点,学者们的注意力逐渐由艺术转向思维科学。

可以说刘欣大和沈大德与吴廷嘉的文章共同推进了这一话题的方向,特别是沈大德与吴廷嘉的文章,中间很大一部分论据来自生理解剖学关于大脑皮层的结构分析。而钱学森的回信,更加促使形象思维走向心理学中对人类认知关系的探讨。可以说,1980 年的形象思维讨论文章,越来越具有"(自然)科学"的内涵,由此带动了关于艺术与科学关系的思考。

三、由形象思维的讨论带动文艺心理学的研究

"形象思维"从别林斯基提出这个概念起,就包含了创作心理的维度,而且别林斯基也正是希望通过形象思维来突出艺术的独特性。别林斯基在《当代英雄》中提出:"艺术家……必须首先看到许多人物出现在自己的面前,他的剧本或者小说就是由这些人物的相互关系所形成的……"①作家的创作过程是如何展开的,单靠哲学的思辨是不能解决这些问题的,因此必然会牵涉创作心理的问题。从最初作家结合自己创作经验的叙述,到引证巴甫洛夫的第一、第二信号系统,再到毛泽东给陈毅同志回信中对"比、兴"手法的强调,心理学的维度呼之欲出。本来,从"形象思维"这一概念表述来看,"思维"本来就应该是心理学研究的范畴。而"形象"则是这种心理过程展开的中介。然而,关于形象思维的讨论,基本处于哲学认识论的思辨领域,还没有和现代心理学很好地接轨。"形象思维"既得不到心理学的系统研究,也没有被完全否定,还处于一种悬置的状态。在第一次形象思维的大讨论中,心理学的呼声还不是非常明显。随着时代的进步,在第二次大讨论期间,我国出现了几部重要的心理学著作,如金开诚的《文艺心理学论稿》②、滕守尧的《审美心理描述》③以及彭立勋的《美感心理研究》④,为形象思维的心理学转型打开了大门。这几部著作相对而言还缺乏现代心理学系统的研究手段,也并没有专门针对形象思维而展开。因此,"形象思维"这个话题还是一个值得深入开采的富矿,需要综合多个学科进行研究。

---

① [俄]别林斯基:《当代英雄》(1840 年),见中国社会科学院外国文学研究所主编:《外国理论家、作家论形象思维》,中国社会科学出版社 1979 年版,第 58 页。
② 金开诚:《文艺心理学论稿》,北京大学出版社 1982 年版。
③ 滕守尧:《审美心理描述》,中国社会科学出版社 1985 年版。
④ 彭立勋:《美感心理研究》,湖南人民出版社 1985 年版。

四、形象思维热带动对中国古典美学的研究

由于得到毛泽东亲笔信件的支持,特别是在信中所提出的"比、兴"二法对诗歌创作重要性的强调,这一次形象思维讨论对中国古典美学研究的促进作用非常大,其规模远不是第一次形象思维讨论所能及的。在第一次形象思维的讨论中,对中国古典美学研究的影响是小范围的,从最早的陈涌用中国古典美学的部分理论证明形象思维,到后来的李泽厚提出形象思维的民族性问题,其他类似的研究基本没有见到。张文勋从形象思维出发,系统考察蕴含在中国古典美学中的二元张力——思想政治要求和艺术独特规律。作者体现出来的态度是折中的,"我们既要大力反对那种片面强调所谓'艺术特征'而取消政治思想性的倾向;也要防止那种把政治思想性简单化,忽视文学艺术的特征的倾向"①。在第二次形象思维的讨论中,几乎所有的文章都涉及中国古典美学中的"比、兴"问题,而且将之作为艺术创作的必然规律。单独以"形象思维"与"比、兴"设题对二者的关系进行探讨的文章也不在少数。其中影响比较大的一篇文章是郭绍虞和王文生的《我国古代文艺理论中的形象思维问题》。张文勋的文章是以形象思维为准绳,对我国古代文艺理论中或者过于强调作品的思想性、或者过于强调艺术的特殊性进行批评,进而肯定二者兼顾的理论。郭绍虞和王文生的文章则不同,他们对中国古代文艺理论进行梳理的目的,是要证明中国古典美学中早已蕴含形象思维的内容,这个过程是一个"由低级到高级、由知之不多到知之较多的发展过程"②。这篇文章的一个创新是,首次用中国美学的术语表达了形象思维的内涵,即其产生的原因是"感悟造端""缘事而发";其过程是"联类感物""神与物游";艺术创作者的情感是"登山则情满于山,观海则意溢于海",艺术鉴赏的结果是引起读者"味之者无极,闻之者动心"。作者在行文中的态度是肯定形象思维对于艺术独特性的重要意义。

对形象思维的研究当然不止于 1980 年,其后各种期刊依然陆续刊登着有关形象思维的文章,例如《文汇报》1982 年 8 月 23 日刊发了黄药眠的《"形象思

---

① 张文勋:《我国古代文学理论家对文学艺术特征的认识》,见《形象思维散论》,云南人民出版社 1979 年版,第 77 页。

② 郭绍虞、王文生:《我国古代文艺理论中的形象思维问题》,载《上海文艺》1978 年第 2 期。

维"小议》,李传龙于 1986 年出版了专著《形象思维研究》①。《形象思维研究》在认识论的基础上推进了形象思维在心理学范畴的研究,文中试图用心理学术语对形象思维进行理论领域的拓展,这本专著还从符号学维度对形象思维展开研究,如将形象分为实有性的、或然性的、虚幻性的、假定性的等八类。虽然作者本人并没有明确指出这一点,但是,毕竟也为形象思维确立新的研究方向奠定了基础。1998 年,李欣复出版了厚重的《形象思维史稿》②,研究人类形象思维的生成发展史,是在最广义的形象思维内涵的意义上进行立论的。这部专著虽然没有针对文学艺术领域的"形象思维"进行论述,但也为综合各学科力量研究形象思维问题树立了榜样。到了 21 世纪,高建平提出了形象思维的符号学转型,提倡美学从最初哲学二元对立的认识论走向主客统一的新的认识范式,足以说明形象思维问题的意义还有待深入开掘。我们说 1980 年是形象思维研究的落潮与转型之年,主要基于几个重要的学术标志。从 1980 年李泽厚发表《形象思维再续谈》一文开始,形象思维伴随着中国美学研究一道,探索着走出哲学认识论的道路,此后,形象思维不再是学术热点,而是以隐含的方式转入原始思维、艺术与科学以及文艺心理学等诸多话题。

　　第二次形象思维大讨论的社会意义在于,它扭转了"文革"以后的社会风气,探索用艺术、美救疗"文革"留给社会的创伤,甚至被视为改革开放"实践标准"讨论的排头兵;其学术意义在于,直接为后来的美学热奠定了重要的学术基础和社会心理基础,为新时期文艺美学的发展作出了不可磨灭的贡献。无论何时再来书写我国新时期的美学史,关于形象思维的讨论都是一个绕不开的话题。然而,历史不可能总围绕一个话题进行,形象思维最终不会再是学术热点,但这并不代表这个问题不再有研究的价值。形象思维的符号学转型,形象思维的认知美学方向,形象思维所带来的中国美学的认识论超越,特别是在 21 世纪的图像时代,直到今天依然具有巨大的现实意义。

---

① 李传龙:《形象思维研究》,中国文联出版公司 1986 年版。
② 李欣复:《形象思维史稿》,山东教育出版社 1998 年版。

第二章

"美学热"的掀起与
20世纪80年代初期的
美学新图景

"美学热"一词是对 20 世纪 80 年代初中期出现的美学繁荣景象的一种描述,它大概在 80 年代中期成为一个通行术语。从文献考察来看,这一词语的使用最初出现在 1981 年北京市哲学会美学组讨论美本质等问题的会议综述里。综述作者李毓英总结道:"大家一致认为当前出现的'美学热'是个值得肯定的现象,这对美学工作者是很大的鼓舞。这种'美学热'的出现不是偶然的……"①这说明在这次讨论会上,就有学者采用了这一说法,并获得在场学者的认同,所以最终反映在综述中。国内目前常把这一提法归于李泽厚。② 在时间标注为"1980 年 12 月"③的《美学译文丛书》序中,在讨论目前翻译外国美学书籍的迫切性和基本构想时,李泽厚说:"但我想,值此所谓'美学热',大家极需书籍的时期,许多人不能读外文书刊,或缺少外文书籍,与其十年磨一剑,慢腾腾地搞出一两个完美定本,倒不如放手先翻译,几年内多出一些书。"④在我们提供的两段文献中,可以发现,最初"美学热"都是对 20 世纪 80 年代美学盛况的一种描述。后来,这一提法也被延伸使用,新中国成立后的几次美学热潮都可以称为"美学热"。李泽厚后来也是这样使用这一术语的。他曾在接受采访时说:"建国(编者注:新中国成立)以来,'美学热'出现了两次,50 年代美学讨论算一次,现在算一次。"⑤姚文放在《新中国的三次"美学热"》⑥中,把 20 世纪五六十年代的"美学大讨论"、80 年代的"美学热"和 90 年代延至 21 世纪的日常生活审美化都视为"美学热"。夏中义在《朱光潜美学十辨》中把 1956~1962 年

---

① 李毓英:《北京市哲学会美学组讨论美的本质等问题》,载《国内哲学动态》1981 年第 11 期。

② 笔者对此种观点存疑,原因请参看本页注释 3。

③ 实际上,在《美学译文丛书》刚刚出版时,李泽厚在序中并没有采用"美学热"一词,而是用的"美学饥荒",例如,1982 年出版的《美感》、1983 年出版的《艺术问题》,都用的是这一短语,待及 1984 年出版《艺术与视知觉》《艺术》等著作时,序言已经改成"美学热"一词,因此,这一术语只是在《美学译文丛书》序中出现,并非出现在 1980 年末,而是出现在 1984 年前后,这与这一术语在学界的流行差不多同步。

④ 李泽厚:《美学译文丛书》序,见[美]鲁道夫·阿恩海姆著,滕守尧、朱疆源译:《艺术与视知觉》,中国社会科学出版社 1984 年版,第 2 页。

⑤ 李泽厚:《走我自己的路》,生活·读书·新知三联书店 1986 年版,第 50 页。

⑥ 姚文放:《新中国的三次"美学热"》,载《学习与探索》2009 年第 6 期。

的"美学大讨论"时期称为"第一次'美学热'",在页下注中,他把 1979 年到 20 世纪 80 年代初期称为"第二次'美学热'"①。本文所讨论的"美学热"则仅指 20 世纪 70 年代末到 80 年代中期思想界出现的美学热潮。

　　本章重点想要解决如下几个问题:第一,探究 20 世纪 80 年代"美学热"掀起的原因;第二,对"美学热"语境下出现的美学新图景作总体扫描,即对 20 世纪 70 年代末直至 80 年代中期美学状况作出归纳;第三,在总体扫描中,我们将重点以美学家本人的思想为中心,考察老一辈美学家在新语境下的新发展,兼及 80 年代其他著名美学家的思想等,期冀通过这种扫描,为 80 年代的"美学热"提供粗略的全景图,为接下来各章节的讨论奠定基础。

---

① 夏中义:《朱光潜美学十辨》,商务印书馆 2011 年版,第 237 页。

第一节　20 世纪 80 年代"美学热"掀起的原因

谈及 20 世纪 80 年代"美学热"出现的原因,蒋孔阳将其总结为"80 年代经济建设的繁荣""'实践是检验真理的唯一标准'的讨论带来的思想解放"和"十一届三中全会以后改革开放的政策"[①]等。这是从"美学热"出现的外部因素着眼。祝东力认为"可以把美学兴盛的动因归结为"三项,"(20 世纪)五六十年代的学术准备""'文革'记忆"和"新时期的人性复归理念",[②]他强调的是时代语境的聚合,并适当注意到了美学学科的内在逻辑发展。

在我们看来,20 世纪 80 年代之所以会出现"美学热",无论是从学科内部发展来看,还是从社会语境变迁的外部因素来看,都存在着极其复杂的原因,因而应该是内外部因素合力的结果,是时代和社会对美学学科所作出的历史选择,同时也是美学学科在一定程度上符合社会文化心理需求的表现。第一,从社会文化语境的变迁来看,"文革"以后,国家政策逐渐出现宽松的态势,这为思想界畅所欲言提供了很好的契机。解放思想,不仅是民心所向,同时也是主流国家意识形态的有意倡导,这种倡导为美学出现在历史前台提供了有利条件。第二,整个社会潮流趋向思想解放,民心思变是当时时代的主旋律,人们要找寻到恰当的突破口,释放这种心理诉求和紧张,美学学科名称中的"美"字可以从通俗意义上满足这一需求和想象。第三,从中国文化传统来看,新意识形态的构建,往往从文艺和美学方面首先体现出来,在这种传统中还包含着如下内容,即中国文化传统中文学和艺术的功利化定位,这也就意味着,中国的文学和艺术一直与社会发展和变革息息相关,联系十分紧密。这一倾向从近代开始越发明显。在这种思维定式中,一旦社会有诉求,通过文学和艺术来传达风气之先,就成为人们的惯性选择。第四,从美学学科构成来看,它实际上包括哲学、心理学、文学和艺术等方面的知识,这种多方面、多层次的知识,对研究者素养提出了很高的要求,但对于 80 年代的社会心理来说,这种多方面的知识构架,也会产生一个意想不到的效果,即可以在美学下面容纳更多内容,通过美学或直接

---

① 蒋孔阳著,郑元者编:《蒋孔阳学术文化随笔》,中国青年出版社 2000 年版,第 221 页。

② 祝东力:《精神之旅——新时期以来的美学与知识分子》,中国广播电视出版社 1998 年版,第 88 页。

或间接地来表达人们的心理诉求。第五,马克思主义美学属于介入性质的美学,中国化之后,与中国传统中对文学艺术的工具化诉求相结合,构成了从新中国成立到"文革"结束的中国美学主潮。新时期以来,美学的康德主义传统被学者们迅速捕捉到,成为走出"左"倾的有效途径,遇合了当时社会的普遍心理。这使 80 年代"美学热"呈现出一个特别重要的现象:即中国社会选择美学作为思想解放的突破口,这种选择本身是工具性的,带有强烈的政治倾向,这既是中国文化传统,尤其是近现代文化传统的延续,同时也是新时代的新需求;但他们选择发展的美学,却又是康德主义的现代美学,这种美学强调无功利性,所以,中国当代美学的发展,是用一种无功利性的现代美学完成对"左"倾思潮的解构任务,这实质上又是极具功利性的行为。从这些分析中我们可以知道,20 世纪80 年代美学能够成为时代急先锋,是众多因素的合力。在这当中,我们希望重点强调这一学科内在特质与时代之间的遇合。在接下来的分析中,我们将重点讨论这种遇合。

一、思想解放的时代需求与美学的遇合

李泽厚在一次谈话中指出,从新中国成立到 20 世纪 90 年代的美学发展,"它真正的意义、价值,恐怕更要从文化上、思想史上来看待"①。这一观点指出了一个非常重要的方面,即新中国成立后的美学发展,实际上从来都不是一个单纯的学科问题,而是与时代思潮紧密结合在一起的。这也意味着,无论是 50年代的"美学大讨论",还是 80 年代的"美学热",背后都存在或隐或显的时代推手。

李泽厚的这一观点其实还可以继续延伸。中国现代美学的确立和发展,都可以从思想史和文化史的角度来看,都与时代和社会诉求直接相关。20 世纪早期,美学家蔡元培提出"以美育代宗教",是针对中国社会缺少宗教语境的现实诉求;30 年代鲁迅提倡功利主义美学,呼吁美学、艺术为民族革命服务,这些都体现出中国现代美学从确立之初,就与时代风雨紧密相连。同样,20 世纪 80 年代"美学热"的出现也与时代风云息息相关,它幕后明确的时代推手是后"文革"

---

① 李泽厚、王德胜:《关于哲学、美学和审美文化研究的对话》,载《文艺研究》1994 年第 6 期。

语境。"纯粹从叙述的角度看,无论对发动者个人还是对整个承受了它的社会来说,'文革'只能被看成是一场悲剧。"①这一悲剧是极"左"思潮发挥到极致带来的必然后果。它带给整个社会和民族的精神伤害是无法估量的。"文革"结束后,民心强烈渴望新变,期冀执政者调整过去在庸俗马克思主义指导下的大政方针。这种变的需求体现在方方面面,包括经济、政治、精神、社会生活等各个领域,但制约这些改变的其实仍是人的思想观念。因此,思想解放运动在"文革"结束后很快被提上日程。在众多可以转化成时代思想和精神的学科中,哪一个可以被挑选出来,成为时代弄潮儿,需要这一学科能够满足思想解放的内在指向。

在我们看来,思想解放首先是感性的解放。赵士林在谈到 80 年代"美学热"时指出:"任何解放都首先是感性的解放,都不能不落实到感性的解放……伴随着基本国策的重大改变,意识形态重心、伦理价值取向、社会文化氛围、国人精神面貌都逐渐地发生着深刻的变化。这些变化都很快就在感性的世界——情感的世界张扬开来。"②确实如此。走在新时期思想解放最前头的是文学,它所宣扬的正是感性的合法性与情感的释放。在"文革"后的两年徘徊期里,刘心武发表了《班主任》,这是新时期的第一篇小说,从情感上开始清算"文革"给亲历者带来的精神伤害。随后,卢新华的《伤痕》、张洁的《爱,是不能忘记的》、张弦的《被爱情遗忘的角落》、刘心武的《爱情的位置》、张抗抗的《爱的权利》等作品纷纷涌现,在文学世界里,为亲情和爱情等人类正常情感的安放重新找到了位置。随后在整个社会文化生活领域,都出现了感性解放的趋势:"从中世纪式的禁欲主义到弥漫国中的春心烘动,迪斯科、披肩发、流行歌曲、朦胧诗、裸体画、伤痕文学、星星画展……抗议、暴露、颠覆、挑战、戏弄、转型,一切'新感性'的'新的崛起',都在 1979 年和 1980 年发生了!"③这些感性体验重新回到人们的视野,但如何使它们获得合法地位,或者说如何从学理上为其正名,是新时期思想界的一个课题。

其次,思想解放是人性的复归和解放。在极"左"思潮笼罩下的中国,人性

① [美]R. 麦克法夸尔著,[美]费正清编,俞金尧等译:《剑桥中华人民共和国史》下卷,中国社会科学出版社 1992 年版,第 113 页。
② 赵士林:《对"美学热"的重新审视》,载《文艺争鸣》2005 年第 6 期。
③ 同上。

等话题完全是思想禁区。新时期之后,朱光潜曾经在文章中指出,由于"右的和左的干扰","对文艺创作和理论凭空设置了一些禁区",为了使文艺和美学与"四个现代化"建设合拍,他呼吁"解放思想,冲破禁区"。他列举了与人性话题相关的几大禁区——"'人性论'这个禁区",与人性论密切联系的"'人道主义'禁区","由于否定了'人性论','人情味'也就成了一个禁区"。① 然而,当他指出这些是禁区,不能够被人们讨论时,这个时候禁区就已经被跨越了。对人性的讨论是思想上的破冰之旅。人性是复杂的多面体。朱光潜认为人性主要是指人的自然属性。② 周原冰认为,虽然马克思没有否定人的自然属性,但马克思"显然是把人性和人道同人的社会关系紧密地联系的;他也没有否认人的'自然本质',但他显然认为,仅靠'自然本质',不足以说明人同生物界的区别"③。言下之意则是,他主张人性是自然属性和社会属性的统一,但以社会属性为根本。人性究竟是人的自然性,还是社会性的,抑或是二者合一,在 20 世纪 80 年代曾经引起激烈讨论,最终获得相对统一的观点是二者合一。但无论将其归结为哪一种,在以极"左"思潮和"文革"为潜在对话语境的情形下,讨论本身就是一种解放。

人的感性是人性的重要组成部分,我们在这里之所以把感性单独列出来叙述,是强调感性同样是新时期以来的关键词,强调它,能够开掘出思想解放的不同面向,寻找思想解放与美学之间更多的契合点。人的感性,主要强调的是人的情感面向,它主要发生于大众文化、艺术和文学实践领域,它既是思想解放的重要内容,又是推动思想解放的原生力量,二者共振交织在一起。人性复归面向,我们强调的是它的理性维度,它对应的哲学和美学命题是人的异化。知识界通过对人性及其异化的讨论,超越了极"左"时代只谈人的阶级性的单向度立场,重新定义了人的本质,丰富了对人性的理解。

从思想解放对美学的作用来看,"美学热"具有双重意义:一方面,它受思想解放的时代潮流影响;另一方面,它自身就是思想解放的重要组成部分。它之所以能够成为其中一分子,一个非常重要的因素就是它与思想解放吁求的遇合。感性解放,需要理论为其提供存在的合法性,但哲学的形而上特质,在一定

---

① 朱光潜:《关于人性、人道主义、人情味和共同美问题》,载《文艺研究》1979 年第 3 期。
② 同上。
③ 周原冰:《人性和人道》,载《解放日报》1981 年 1 月 14 日。

程度上限制了它向实践领域的延伸。美学,就其传统而言,是研究感性认识的学科,因此,它的"感性"特质恰好可以与思想解放的感性面向形成呼应,为思想解放提供一定的学理基础。王岳川曾经有一段话描述从感性角度审视中国当代美学的发展:"80 年代一个重要的人文景观,是全民族的'美学热'。美学热不仅是理论的自我甦生,而且是被压抑的感性生命解放的勃发形式。当思想解放以美学热的方式表征出来时,美学实际上成为当代新生命意识存在的浪漫诗意化的表达——对人自身感性存在意义的空前珍视和浪漫化想象。"①他的这段话恰好指出了"美学热"对人的感性存在解放的意义。思想解放中的人性解放面向,一定程度上规定了美学在新时期的出场方式。20 世纪 70 年代末,美学出场中的一个关键面向就是讨论共同美的问题,这一话题本身是人性、人道主义哲学观念的重要组成部分。这就使美学与哲学、与当时的思想解放潮流紧密地结合在一起。

二、现代美学的学科特质与时代需求的遇合

思想解放中的感性解放面向以及对人性的重新定位,都与现代美学学科的内在特质存在遇合关系,这决定了从新时期一开始,美学就获得了前所未有的受到全社会瞩目的重要地位,社会上出现了空前的美学热潮。

卜松山曾经指出:"中国现代美学主要是在与德国传统美学碰撞中形成的。鉴于翻译和接受的困难,德国传统美学——从唯心主义到马克思主义——的引入推迟了 100 至 150 年,因此,二十世纪中国美学思想带有十八、十九世纪德国哲学范畴的印记。"②卜松山描述的主要是 20 世纪 80 年代及其之前的中国现代美学状况。这一特质对美学与时代吁求的遇合非常关键。德国传统美学是西方现代美学的开端。鲍姆加登这位"美学之父"在建立这门学科时,就把研究对象定位为感性认识。后来康德等哲学家虽然批判了鲍姆加登的美学体系,但仍坚持在认识论的框架内讨论美学。上文我们曾经提到,思想解放首先是感性的解放,尽管这一"感性"与德国古典哲学和美学所指的"感性"并非完全同义,并

---

① 王岳川:《中国镜像——90 年代文化研究》,中央编译出版社 2001 年版,第 30 页。
② 卜松山:《以美学为例反思西方在中国的影响》,载《青岛海洋大学学报》(社会科学版)1998 年第 1 期。

且也有着完全不同的话语背景,但语词相似足以构成演绎一种理论的理由。鲍姆加登所言的感性,是相对理性而言的,是大陆理性主义传统对感性压制带来的反拨,并且,他对感性的认可与思考还是在认识论框架之内完成的,虽然提升了感性的地位,但实质上还是理性主义运思方式。但中国对"感性"的强调,正如前文所言,是针对极"左"思潮对人的普遍和正常情感的刻意回避和压抑的反制,它指向的不是一种低级认识,而是情感,进一步说,就是构成一个丰富立体的人的七情六欲。虽然思想和时代语境不同,并且,这一语词的具体指向也有很大差异,但在 80 年代,正是"感性"这一语词带来的感召力量,让当时的学者和大众感到兴奋,并走近美学,出现了工厂女工购买和阅读美学著作的既让人叹息又意味深长的情景。

在中国,美学的感性面向还与"美"字有关。在传统文化中,美既不是非常重要的范畴,也不是代表极高境界的范畴,相反,它往往是被否定的对象。尽管儒家强调"尽善尽美",但在美善之间,善一直是核心范畴,美只是处于补充性的从属地位。孔子欣赏《韶》乐,否定《武》乐,并不是认为《武》乐不美,而是因为它没有达到儒家的"善"。在中国艺术中,值得追求的艺术境界是"神""妙""逸"等范畴,"美"一般被指派给外在感性形式,只是愉悦人的感官而已。"五色令人目盲,五音令人耳聋"①,在大多数情况下,"美"与"俗"相联系,并被否定。鲍姆加登命名的"Aesthetica"这一学科最终在中国被翻译成"美学",有着一段值得探究的历史。但当它被翻译成中文的"美学"时,在汉语语境中,它又出现了新的转换,即指向可以娱人的外在感性形式。因此,美学的感性面向又具有了一重意义,即对被传统剥夺的外在感官娱乐形式在生活中位置的肯定。这种肯定,对于反拨极"左"思潮和突破传统"禁区"有着重要意义,它指出了感官娱乐与享受的合法性。

现代美学的第二种特质,即超越性,这是康德主义的核心理念。西方现代美学中的康德主义传统一直是非常重要的传统。中国现代美学是在接受西方思想的基础上构建起来的,因此,在构建之初,就受到审美无利害和超越性命题的深刻影响。中国知识界对审美超越性的解读主要体现在两个方面:其一,朱光潜等美学家对超越性的倡导;其二,借助西方美学思想对传统文化的重新定

---

① 陈鼓应:《老子注译及评介》,中华书局 1984 年版,第 106 页。

位和整合。中国现代美学的确立,最初是由王国维、蔡元培、梁启超等前辈学人倡导,但贡献最大的是后来者朱光潜。朱光潜在 20 世纪 30 年代主要引介的是康德主义美学,尤其对"心理距离"说情有独钟。距离说的提出者是英国学者布洛,它强调审美主体与对象之间保持一定距离,超越于现实功利之外,从而确保主体与对象之间形成审美关系。朱光潜的推介,使知识界对审美超越性和无功利性有了更深的理解,对中国现代美学体系的建立影响非常深远。随着西方美学的进入,中国学者有意识地根据西方思想对中国传统思想进行整合和构建。从王国维开始,包括朱光潜,他们都在中西比较的视野中把中国传统文化解释成具有审美特质。例如,朱光潜在《文艺心理学》中,就把布洛的"心理距离"说解释成中国道家潇洒出尘的人生态度,从而把后者的确保无利害审美关系成立的条件转变成一个人该持有的人生态度,开掘出中国传统思想的审美维度。也是在这种思路中,中国艺术获得了对照性定位。

中国艺术,特别是绘画,在传统文化中具有较为特殊的地位,相对于文学,它明显远离政治。"中国文学,正如钱锺书和徐复观所指出的,源于中国古代意识形态教材'五经'。尽管文学后来成为一种独立的艺术形式,'五经'的痕迹仍然可见,文学为社会和为政治服务的目的一直是很有影响的观念。然而,这种影响在绘画中要弱得多。绘画中很早就有一句口号,即作画是为了自娱。"[①]这种自娱精神使绘画远离了儒家正统的实用主义观念,而与康德主义的无功利性暗合。因此,正好可以借此将二者对接。当然,这种对接是通过把道家精神解读成审美性质,然后把中国艺术精神解释成道家精神来完成的。在这一点上,徐复观的观点非常具有代表性。他指出:"老、庄思想当下所成就的人生,实际是艺术的人生;而中国的纯艺术精神,实际由此一思想系统所导出。"[②](着重号为原文所有)所谓"纯艺术精神",就是相对自足、远离功利的审美精神,也就是道家精神。20 世纪之后,从审美超越性角度解读道家思想逐渐成为主流观念,获得了知识界的普遍认同,成了中国知识界理解美学、传播美学的重要途径。

这种观念对于新中国成立后在极"左"条件下仍能够相对保持美学研究的学术品格非常有益。李泽厚、聂振斌等人在解释"美学热"出现的原因时,都曾

---

① 高建平:《中国艺术的表现性动作——从书法到绘画》,安徽教育出版社 2012 年版,第 35 页。
② 徐复观:《中国艺术精神》,春风文艺出版社 1987 年版,第 41 页。

提到美学的超越性,认为正是这种超越性,使 20 世纪 50 年代的美学大讨论在极"左"条件下仍能够获得一定的自由空间,坚持讨论的学术性走向,进而为 80 年代美学讨论打下良好基础。这种美学超越性的价值还在于,新时期伊始,人们有着强烈的走出"左"倾思潮的吁求,而"左"倾思潮的突出表现是政治上的"左"倾激进主义,美学的超越性恰好符合时代社会心理,美学的自足性成为远离政治的极佳理由。

"美学热"在 20 世纪 80 年代出现,当然不仅仅是由于以上分析到的理由。正如我们在本节最前面所提到的,出现的原因还包括经济繁荣,国家政策宽松,整个社会呈现出积极、乐观、向上和包容的健康状态等,但上述理由是美学学科特质与思想解放遇合中较为明显和极为关键的方面。在此我们需要补充的是,虽然美学在一定程度上符合了时代的思想解放需求,但二者之间并不是完全重合的关系。也就是说,美学终究只是一门学科,它有着自身学科的规定性,它无法承载思想解放需求的全部内容,也会与后者之间出现分歧和疏离。这就带来"美学热"中的一些现象。其一,当时人们对美学感兴趣,其实并非是对这一学科感兴趣,在某种程度上是对美学望文生义,是一个语词带给人们的想象。于是出现一种情形,即非专业人士接触到美学著作之后,往往感到与其心理期待甚远。"许多听了美学课的大学生对美学颇感失望:这就是美学啊!什么'理念的感性显现'、什么'人本质的对象化'、什么'合规律性与合目的性',美学课真的一点也不美,搞的人一头雾水。"[1]其二,美学具有双重性,它既是思想解放的一部分,同时又因为思想解放潮流而站到了历史前台。因此,在 70 年代末美学重新出场的时候,它的出发点并不在于一门学科的建制,而在于当时思想解放的舆论需求。这能够解释一种情况,即新时期美学是从讨论"共同美"和"形象思维"开始的,很显然,这并不是美学学科建设中最重要或最基本的问题,而是当时最迫切需要的意识形态建设问题。其三,美学追求超越性,它也因为这一点而被时代选择出来,成为大家情绪宣泄的突破口,成为 80 年代走出"左"倾路线的强有力的理论支撑。但这一挑选行为本身是极具现实功利主义目的的,与现实政治有着直接联系,因此成了历史的一种吊诡。其四,随着美学趁着热潮的东风获得巨大发展,其学科性特征愈来愈明显,愈来愈走向象牙塔,也愈来愈

---

① 赵士林:《对"美学热"的重新审视》,载《文艺争鸣》2005 年第 6 期。

背离它被时代挑选出来的初衷,并最终带来它自身的沉寂。

第二节 "美学热"图景扫描

"美学热"作为 20 世纪 80 年代思想界的重要景观,有其发展的预热期、高潮期和沉寂期。本节我们重点考察前两个阶段,通过对它们的扫描,尽可能还原当时热烈的美学场景,凸显美学在该阶段的特殊价值和意义,并使读者对 80 年代"美学热"形成整体观感。

一、"美学热"的出场

"美学热"拉开序幕,是从毛泽东私人信件的发表以及何其芳的一篇回忆毛泽东的散文开始的。虽然那个时候毛泽东已经逝世,但他对 20 世纪中国发展的卓越贡献和丰富深刻的思考,使他仍然是新时期伊始绕不过去的身影。并且从国家形势来看,当时整个社会氛围都还处于徘徊之中,如何在思想上走出这种逡巡状态,从毛泽东相关言论出发自然是有效而合理的方式。1977 年《人民文学》第 9 期发表了何其芳的遗作《毛泽东之歌》。在这篇回忆性散文中,何其芳谈到 1961 年毛泽东对他说过的一段话:"各阶级有各阶级的美,不同阶级之间也有共同美。'口之于味,有同嗜焉。'"这一说法对走出"文革"时期得到大肆宣扬并被机械化了的阶级论和阶级人性论非常重要。毛泽东的领袖身份和权威话语,为当时知识分子重新认识阶级和阶级性以及讨论不同阶级之间的共通性等,提供了合法依据。这段话可以解读出很多层意思,但无疑对人的理解是其中最重要的面向,并且也最能够传达当时人们的思考和心声。对人的理解,知识界并没有直接从哲学上的论证入手,而是选择了这段话里的一个关键词,即"共同美"。于是,"共同美"作为思考人的突破口,成了思想解放在理论层面的报春花。有关"共同美"的讨论,还意味着美学讨论在新时期的恢复,以及由于特殊的时代需要,美学被推到了历史前台。

与毛泽东的这段谈话公开发表差不多同时,1977 年 12 月 31 日,《人民日报》头版刊发《毛主席给陈毅同志谈诗的一封信》,《诗刊》在 1978 年第 1 期也刊登了这一封信。当时《湖南师院学报》《安徽师范大学学报》《文学评论》《武汉师范学院学报》《山东师院学报》《郑州大学学报》《人民戏剧》《中山大学学报》《四川大学学报》《青海民族学院学报》(藏文)等多家杂志先后转载了这封信。在这封信里,毛泽东三次提到形象思维,并明确指出写诗需要形象思维。他指出,"诗要用形象思维,不能如散文那样直说,所以比、兴两法是不能不用的""宋人多数不懂诗是要用形象思维的,一反唐人规律,所以味同嚼蜡""要作今诗,则要用形象思维方法,反映阶级斗争与生产斗争,古典绝不能要"[1]。这封信写于1965 年 7 月 21 日,正是形象思维得到热烈讨论之时,此后形象思维论受到了批判并销声匿迹,此时公开发表此信,推动了新时期对形象思维的大讨论,从而为"美学热"的出场准备了条件。

在毛泽东相关思想的鼓舞下,中国知识界感受到了前所未有的振奋,短时期之内,围绕"共同美"、形象思维问题发表了大量论文,编辑出版了大量书籍,随之美学发展呈井喷态势,被描述成以"美学热"为代表的美学黄金时代来临。当时针对"共同美"的话题,刊登了不少文章。首先是 1978 年《复旦学报》复刊号[2]上发表的邱明正《试论"共同美"》,次年,该杂志第 1 期发表陈东冠的文章《"共同美"在哪里? ——与邱明正同志商榷》,第 4 期发表胡惠林的文章《怎么没有"共同美"?》,第 6 期发表杨振铎的文章《要辩证地认识共同美》。1979 年,《文艺研究》第 3 期发表朱光潜的文章《关于人性、人道主义、人情味和共同美问题》,《学术月刊》第 7 期发表邱锡昉的文章《"美的意识从诞生的时候起,便具有鲜明的阶级性"吗?》,《北京师范大学学报》第 5 期发表钟子翱的《论共同美》。1980 年,计永佑在《文艺研究》第 3 期发表《两种对立的人性观——与朱光潜同志商榷》,陆荣椿在《社会科学辑刊》第 3 期发表《也谈文艺与人性论、人道主义问题——兼与朱光潜同志商榷》等。而楼昔勇则已经开始发表综述当时正在讨论的有关问题的文章,[3]指出讨论涉及的几个主要问题,如有没有"共同美"、"共同美"的含义是什么、"共同美"表现在哪些方面、产生"共同美"的原因是什么等。这些文章表明,1978～1980 年,有关讨论已经形成一定气候,争鸣氛围也开始出现,美学延续了五六十年代相对健康的辩论氛围。更重要的是,"共同美"

---

① 毛泽东:《毛主席给陈毅同志谈诗的一封信》,载《诗刊》1978 年第 1 期。
② 《复旦学报》于 1978 年 8 月复刊。
③ 楼昔勇:《关于"共同美"的讨论》,载《文艺理论研究》1980 年第 2 期。

话题,正如朱光潜在文章中指出的,与之相连的是人性、人道主义、人情味问题,是对人的思考,这种思考,意味着不能把"共同美"单纯理解成一个美学问题,而应该放到更为广阔的哲学语境和思想语境中来考察,它是时代向知识界提出的理论命题。同时,正如很多学者指出的,这个问题又曾经被"左"倾思潮人为划入禁区,因此,对它的讨论,就有了跨越禁区、解放思想的意味。这也正如我们在上一节中所强调的,从新时期美学出场伊始,美学就与当时的思想解放运动紧密联系在了一起,因而极大增强了这门学科的时代使命感和历史厚重感。

与之同时,有关形象思维的讨论也如火如荼地开展起来。从 1977 年底到 1978 年初,知识界先是以学习毛泽东相关思想的方式开始了对形象思维的讨论。《湖南师院学报》是较早刊发《毛主席给陈毅同志谈诗的一封信》的刊物之一,它刊发于 1977 年第 4 期,同期还发表了两篇学习该信精神的文章,一篇为韩罕明《指路的明灯 克敌的武器——学习〈毛主席给陈毅同志谈诗的一封信〉的初步体会》,一篇为马积高《光辉的指示 锐利的武器——学习〈毛主席给陈毅同志谈诗的一封信〉的体会》。除此之外,《教学与研究》1977 年第 4 期发表了王伟民的文章《说"比""兴"》。根据国家哲学社会科学学术期刊数据库统计,1978 年,以学习这封信为题的文章共有 70 余篇,并集中发表于当年学术刊物的第 1 和第 2 期,学者当时久被压抑而得到释放的学术热情可见一斑。除此之外,直接讨论形象思维的论文也集中出现。仅在 1978 年,李泽厚的《形象思维续谈》[1]、蒋孔阳的《形象思维与艺术构思》[2]、何洛的《形象思维的客观基础与特征》[3]、刘熁的《论形象思维》[4]、周忠厚的《形象思维和马克思主义的认识论》[5]、童庆炳的《略论形象思维的基本特征》[6]、蔡仪的《批判反形象思维论》[7]等 100 余篇与形象思维相关的论文在国内各大期刊发表。1979 年这方面的文章继续增长,发展态势十分惊人。不仅如此,在极短时间内,学者们编选出版了大量有关形象思维的书籍和参考资料。例如,甘肃师范大学中文系文艺理论组编《"形象

---

① 李泽厚:《形象思维续谈》,载《学术研究》1978 年第 1 期。
② 蒋孔阳:《形象思维与艺术构思》,载《文学评论》1978 年第 2 期。
③ 何洛:《形象思维的客观基础与特征》,载《哲学研究》1978 年第 5 期。
④ 刘熁:《论形象思维》,载《北京大学学报》1978 年第 1 期。
⑤ 周忠厚:《形象思维和马克思主义的认识论》,载《文学评论》1978 年第 4 期。
⑥ 童庆炳:《略论形象思维的基本特征》,载《北京师范大学学报》(哲学社会科学版)1978 年第 3 期。
⑦ 蔡仪:《批判反形象思维论》,载《文学评论》1978 年第 1 期。

思维"学习参考资料》(1978 年),湘潭大学文艺理论教研室编《形象思维资料集》(1978 年),哈尔滨师范学院中文系形象思维资料编辑组编《形象思维资料汇编》(1979 年),复旦大学中文系文艺理论教研组编《形象思维问题参考资料》(第一辑、第二辑)(1978 年、1979 年),尤其是中国社会科学院外国文学研究所组织了一批专家在短时间内翻译出《外国理论家、作家论形象思维》(1979 年)。这些成果的出现,表明中国知识分子沐浴在思想解放的春风里,迸发出了前所未有的学术激情。并且,关于形象思维的讨论具有多重意义:其一,对形象思维的讨论,虽然最初主要是在马克思主义认识论框架内,但随着讨论的展开,逐渐开掘出该概念内含的心理学维度,这对于"左"倾机械唯物论是一次强有力的突破,它意味着这一讨论与思想解放同步,是其中的重要组成部分;其二,它意味着对文学和艺术特殊性的承认,为文学和艺术摆脱"左"倾政治观念束缚,争取相对自由空间提供了学理依据;其三,这种对特殊性的体认,背后隐约可见康德主义的审美无利害观念,这就使对一种思维方式的讨论转变成一个美学问题,成为新时期"美学热"的先声。

"共同美"和形象思维问题,实质上是以美学问题介入当代社会现实,表达出知识界对现实的关切,因此,其思想史意义重于学科自身理论建设意义,是思想解放的排头兵。确保这种讨论顺利进行的,或者说激发出知识界灵感的,是毛泽东的话语。后者的权威使这两个美学问题的讨论以"解经"的方式获得了新的意义。又由于所引述的两段话属于毛泽东日常生活中与人交流的内容,这种非正式性又与他本人以国家领袖身份发布的政策指导性话语之间有所疏离,这种弹性空间使这种"解经"活动显得更加灵活生动,很自然地把思想解放以及美学学科建设所需要的内容迅速填充了进来。

二、"美学热"语境下的美学学科发展

自新时期伊始到 1985 年前后,美学引领着时代,一方面起到了解放思想的积极作用,另一方面也为本学科建设开拓了多个领域。李泽厚在回顾 20 世纪 80 年代"美学热"时指出:"在学术层面上……这十多年来中国美学是在向广度发展。原来在 20 世纪 50 年代,美学主要讨论一些哲学性的问题,如美的本质、自然美等等。到了七八十年代,各种各样的美学都提出来了,包括技术美学以

及各个艺术部类如书法、工艺等等,都在做美学研究,铺的面很广,不再只是 50 年代所讨论的那些问题了。所以,我在《美学四讲》中说,美学在中国现在已是一个'家族'。"①也就是说,新时期以来,美学获得了长足进步,不再仅仅集中在几个本质问题上,也不再局限于认识论视野,而是全面开花,在美学基础理论、门类美学、方法论、美育、美学史等多个面向都有所开拓。

蒋孔阳在《美学新论》中把"美学热"的表现归纳为四种:手稿热、方法论热、心理学热和应用美学热。②《中国高校哲学社会科学发展报告》指出,美学热体现在"美的本质这一传统话题在更为广泛、深入的基础上得到探讨;审美心理研究异军突起、方兴未艾;部门美学研究蓬勃发展,使美学研究更趋横向扩张;审美教育研究得到重视,美学史的研究有了长足的进步"③。周小仪则指出,美学热的表现包括"共同美"讨论、手稿热、主体性美学等几个方面④。这些总结都在一定程度上描绘出了当时的美学研究图景。根据本书的基本构架,我们作出如下描述:

第一,总体而言,美学学科各项工作迅速恢复和展开。首先,美学研究机构成立。1978 年夏,中国社会科学院哲学研究所成立美学研究室,河北大学成立美学研究社。北京大学哲学系美学教研室成立于 1960 年,在"文革"中解散,1979 年开始恢复美学原理专题课。更重要的学术组织是中华全国美学学会。1980 年 6 月 4～11 日,第一次全国美学会议在云南昆明召开,在会议的最后一天,成立了中华全国美学学会,通过了《中华全国美学学会简章》,选举朱光潜为会长,王朝闻、蔡仪和李泽厚为副会长,李泽厚同时兼任学会秘书长。参加第一次全国美学会议的 38 所高校还同时成立了中华全国美学学会高等学校美学分会,推举马奇为会长,王世德、杨辛为副会长。在此后的一两年中,各省市地方美学学会也相继筹备或成立。例如,1981 年 1 月 20～23 日,上海市美学研究会成立,蒋孔阳任会长。其次,个别高校和科研机构开始招收美学专业研究生,中华全国美学学会还举办了美学进修班。中国社会科学院文学所文艺理论研究

① 李泽厚、王德胜:《关于哲学、美学和审美文化研究的对话》,载《文艺研究》1994 年第 6 期。

② 蒋孔阳:《美学新论》,安徽教育出版社 2007 年版,第 470—471 页。

③ 孙正聿编:《中国高校哲学社会科学发展报告:1978—2008·哲学》,广西师范大学出版社 2008 年版,第 61 页。

④ 周小仪:《审美的命运:从救赎到物化》,见陈平原主编:《现代中国》第 2 辑,湖北教育出版社 2002 年版,第 84 页。

室和哲学所美学研究室、四川大学中文系文艺学教研室等于 1978 年开始招收美学研究生,四川大学 1979 年还在中文系高年级学生中组织成立了美学研究组。1980 年下半年,根据昆明全国美学会议的建议,由教育部、中华全国美学学会高校分会和北京师范大学联合举办了全国高等院校美学教师进修班,参加者有来自全国 26 所高校的 30 名正式学员,还有在京院校、科研单位和文艺团体百余名走读生和旁听生,该进修班于 1981 年 1 月结业。再次,美学专业书刊大量涌现。当时,代表性的刊物有:1979 年,中国社会科学院哲学所与上海文艺出版社文艺理论编辑室合编的辑刊《美学》①(俗称"大美学")出版,这是"文革"之后最早出版的美学专业刊物之一。与之差不多同时,中国社会科学院文学所文艺理论研究室编辑的《美学论丛》②也出版面世。《美育》1981 年创刊,由湖南人民出版社主持出版。《美学评林》1982 年创刊,由蔡仪主编。《美的研究与欣赏》1982 年创刊,由西南师院(现西南大学)、重庆市文联和重庆出版社联合出版。《美学文摘》1982 年创刊,由四川省社科院文学研究所主持,重庆出版社出版。《美学译文》1980 年创刊,由中国社会科学院哲学所美学研究室编译,主要介绍国外美学信息。《美学与艺术评论》1984 年创刊,由蒋孔阳主持。除此之外,还有《美术史论丛刊》(1981 年创刊)、《世界艺术与美学》(1983 年创刊)、《外国美学》(1984 年创刊)、《美学新潮》(1985 年创刊)等。这些专业刊物的面世,对当时如饥似渴地渴求美学知识的学子来说,是难得的学术盛宴。这些刊物,传达了国内美学诸派别对美学基本问题的观点和态度,讨论了当时最热门的美学话题,如形象思维、门类美学等,同时也介绍了国外美学的发展动态,对于开拓美学初学者和专业人士的视野有着积极的意义。

第二,"手稿热"。它是指 20 世纪 80 年代初期学界对马克思早期著作《1844 年经济学哲学手稿》(下文简称《手稿》)的解读热潮。对它的解读,包括两个领域,其一是美学,其二是纯粹的哲学领域。我们关注的是其中美学层面的讨论。由于该《手稿》写于巴黎,因此又称《巴黎手稿》。这部《手稿》主要内容原本涉及的是经济学与哲学,但由于马克思在其中表达了很多关于人的本质、人与自然的关系等方面的思考,因此,可以生发出很多美学观念。中国学者从美

---

① 《美学》从创刊到停刊,历时 8 年,共出版 7 期。
② 《美学论丛》从创刊到停刊,历时 14 年,共出版 11 辑。

学角度关注《手稿》,最早可以追溯到 20 世纪 30 年代梁实秋、周扬的著作。在 20 世纪 50 年代美学大讨论时,蔡仪、朱光潜、李泽厚、吕荧等美学家都引用了《手稿》中的话。到了新时期,关于《手稿》的讨论与文学思潮中对人性、人情、人的共通性、人道主义以及哲学上对人的本质、异化等问题的思考交织在一起,成为思想解放中特别突出的声音。可以这样说,《手稿》既参与了中国当代美学的建构过程,同时也是它的主干部分。它的贡献具体体现在两个方向上:其一,对人性、人的本质力量的探索上;其二,对实践美学的构建上。从前一个方向来看,学界重点挖掘的是其中的"人的本质力量""异化"等命题,结合中国本土情况进行阐发。从后一个方向来看,学界重点挖掘的是"自然的人化""劳动创造了美""美的规律""两个尺度"等命题。在这些观念的基础上,80 年代中期,以李泽厚为代表的实践美学体系基本完成。有论者总结了《手稿》对于中国当代美学构建的意义:"作为 20 世纪 80 年代的重要思潮,'手稿热'的发生是'文革'后美学话语寻求突破的策略性表达,也是当时整个社会文化语境转向在美学上的折射。我们也许可以这样理解:新时期伊始的那场关于'人性''人情''人道主义'与'异化'问题等各种关涉到人的价值的人文话语的建构,终于在《手稿》中找到了依据,并且在对《手稿》的阐释中得到了系统的表达。同时,在对《手稿》的激烈争论中,'实践美学'确立了在中国美学界不可撼动的地位,成了中国美学的主流,其美学话语中的关键词'实践''主体性''自由'等积极地配合了'思想解放运动',从而在美学和主流意识形态之间架起了一座沟通桥梁。"[①]当然,《手稿》所带来的影响是多方面的,并不仅仅限于"实践美学"。

第三,"方法论热"。它是指 20 世纪 80 年代中期美学界和文艺界出现的科学主义潮流。这股潮流的出现基于如下前提:其一,20 世纪西方以量子力学、相对论和电子技术等新科技浪潮带给社会深刻的变革,以其为基础的控制论、信息论和系统论(即所谓的"老三论")等新兴学科更新了既有知识体系,很快渗透进社会科学和人文学科领域,带来了思维方式上的深刻革命;其二,从五四时期开始,中国知识界开始引进西方科学,即所谓的"赛先生",试图用科学精神更新国家意识形态,用科学技术推动社会进步。这一传统对 20 世纪的中国影响

---

① 包妍、程革:《经典文献对本土话语的拯救——1980 年代"手稿热"探源》,载《东北师范大学学报》(哲学社会科学版)2014 年第 2 期。

深远。新时期之后,随着改革开放政策的执行,西方先进科学技术迅速进入中国,党和政府在一定程度上也积极倡导科学精神,这对整个国家的思想走向和知识体系的构建有着不言而喻的意义;其三,新时期之后,西方理论的大量涌入,很快打开了学者们的视野,传统单一的社会—历史范式美学已经无法满足人们求新逐变的审美需要;其四,新时期之后,随着国家政策的宽松、经济的发展,文学和艺术迎来了新一轮繁荣。文学和艺术作品花样翻新,风格多变,使用传统的美学和文学理论很难进行有效阐释,因此,引进新方法势在必行。对方法论的引入,最初是在哲学领域。《哲学研究》1980 年第 1 期,第一篇文章以本刊评论员的身份呼吁"积极开展科学方法论的研究",呼吁哲学应该"概括和总结科学发展的新成就,以丰富和发展自己的内容,然后再反过来指导各门具体科学"①。在这篇文章中,作者介绍了包括"老三论"在内的科学方法,指出了这些自然科学方法对丰富马克思主义方法论的价值和意义。哲学的讨论很快蔓延到其他人文科学和社会科学领域。1984 年 11 月,中国社会科学院文学所召开座谈会,讨论文学研究的方法。1985 年,在厦门、扬州、武汉等地召开了三次方法论方面的学术会议,把方法论研究推向高潮,因此,1985 年又被称为"方法论年",涌现出林兴宅、黄海澄、肖君和等一批优秀学者。

第四,"门类美学热"。门类美学属于美学与其他领域横向联系所产生的亚美学体系。蒋孔阳曾经依据美学联系的领域,将门类美学分成三个部分:与艺术相联系,则有音乐美学、舞蹈美学、绘画美学、电影美学等;与人类科技活动相联系,则有技术美学、生产美学、工业美学、生物美学、体育美学等;与社会生活相联系,则有环境美学、服装美学、家具美学、生活美学等。② 本书中所言及的门类美学则主要指第一种,即与艺术发生联系而出现的美学门类。这些门类美学主要是在"美学热"潮流中建立起来的以各门艺术为研究对象的亚美学体系。对门类美学的重视,自美学在新时期恢复讨论伊始就已经出现。在 1980 年 6 月第一次全国美学会议上,参会者对一些门类美学如建筑美学、舞蹈美学、戏曲美学等就非常关注,与对形象思维的讨论、对美的本质的讨论等一样,门类美学也成为会议的重要议题之一。研究门类美学的意义在于:其一,在中国传统文

---

① 本刊评论员:《积极开展科学方法论的研究》,载《哲学研究》1980 年第 1 期。
② 蒋孔阳:《蒋孔阳全集》第 4 卷,安徽教育出版社 1999 年版,第 171—172 页。

化中,并不缺少各门艺术方面的理论,但有意识地从美学角度来构建其思想体系,是80年代"美学热"的产物和表征;其二,门类美学属于美学与各门艺术交叉生成的新学科,在某种程度上属于美学原理与其在实践领域的结合,因此,门类美学的出现,是美学的下移,也是对美学理论与生俱来的抽象性的补充,使其更为有效地与生活相连;其三,艺术活动是性灵的产物,传统艺术理论相对倾向于经验总结,美学理论的介入,对于各门类艺术自身体系建设,具有重要意义。

第五,"美学史热"。对中国美学史的研究,同样是"美学热"的表征和产物。20世纪以来,虽然王国维等近代美学家也曾经对中国古典美学有所关注,但当时尚未形成气候。在50年代的美学大讨论中,只有少量论文关注到古典美学。1961年,中宣部组织召开全国高校文科教材编选工作会议,部署了全国高校文科80多个专业的教材编写工作,并成立全国文科教材办公室,宗白华受命主持《中国美学史》的编写工作,最终并没有完成。新时期之后,《中国美学史》的编写及相关问题才重新被提上日程。1979年,宗白华在《文艺论丛》第6辑中发表了《中国美学史中重要问题的初步探索》一文,对中国美学史学习方法及基本内容作了简单鸟瞰,提出了很多具有建设性的见解。1980年左右,中国社会科学院哲学所美学研究室开始集体编写《中国美学史》,文学所侯敏泽开始独撰《中国美学史》。北京大学在宗白华主持下于"文革"前编选的《中国美学史资料选编》得到重新修订,后很快出版,成为80年代中国美学研究者的主要参考资料。1983年10月17~22日,由江苏省美学学会、《江苏画刊》编辑部、江苏省社科院文学研究所联合主办的"中国美学史学术讨论会"在无锡召开,这是国内第一次中国美学史讨论会,参加者有洪毅然、王世德、吴调公等学者。在80年代,国内一些比较有影响的中国美学史著作,如《美的历程》(李泽厚)、《中国美学史(先秦两汉编)(魏晋南北朝编)》(李泽厚、刘纲纪)、《中国美学史大纲》(叶朗)、《中国美学思想史》(敏泽)等都先后出版。这股中国美学史热潮的突出特征表现在三个方面:其一,它是以西学为参照系,借助西方美学思想和观念构建中国美学体系。这种构建的背后,还存在着一种民族主义勃兴和对话意识,即这种构建,并不是用中国资料证明西方美学思想,而是利用西方美学的体系性和学理性特质,整合中国传统美学资源,试图与西方文化进行对话。其二,它与时代哲学和美学思潮一直联系紧密。在80年代初期,中国美学史的构建往往会突出唯心主义和唯物主义的非美学判定,实践美学勃兴,则在美学史写作中突出实践性和审美功利主义等。其三,到目前为止,对中国美学史的写作,基本上是在三个面向上进行,即思想意识史、范畴史和文化史。例如,李泽厚本(《中国美学史》)可视为思想史范式,叶朗本(《中国美学史大纲》)可视为范畴史范式,陈炎本(《中国审美文化史》)可视为文化史范式等。

第六,"翻译热"。20 世纪 80 年代的翻译运动与思想解放和改革开放政策的实施同步进行。在"文革"结束后,百废待举,整个思想界需要新的思想来更新既有观念,打破僵化格局。与之同时,随着经济的发展,中国社会也在不断发生着翻天覆地的变化,新的变化需要得到有效的解释。就美学学科建设而言,50 年代的美学大讨论,虽然在一定程度上统一了知识界对美的本质在意识形态层面的认识,但整个构建还有很长的路要走。新时期之后,整个美学界积极吸收外来思想营养,构建中国美学体系。在 1980 年召开的全国美学会议上,李泽厚就曾指出,现在很多爱好美学的年轻人没有基本的美学知识,原因在于他们不了解目前国外美学研究达到了怎样的水平。因此"目前的当务之急就是应该组织力量尽快地使国外美学著作大量翻译过来"[1]。在这一认识和号召下,80 年代初,李泽厚主持翻译了《美学译文丛书》,集中翻译出版了一大批国外 20 世纪下半期的美学著作,如阿恩海姆《艺术与视知觉》、苏珊·朗格《艺术问题》、贝尔《艺术》、桑塔耶纳《美感》等。商务印书馆也在《汉译世界学术名著》丛书系列中大量引进美学著作,如黑格尔《美学》[2]、鲍桑葵《美学史》等。蒋孔阳、伍蠡甫等人在上海也积极引介西方美学和文论,如伍蠡甫的《西方文论选》(上下)和《现代西方文论选》、蒋孔阳翻译的李斯托威尔《近代美学史评述》等。80 年代的翻译运动,与 20 世纪其他时代的翻译活动有着诸多不同。它规模大,差不多把西方 2000 多年来的思想发展都浓缩在中国差不多 10 年的引进活动中。它有着强烈的社会诉求,可以说,它是为了新时期以来社会思想和文化转型而展开的运动。在这种引进过程中,它还有一个突出特点,即以西方为师,这决定了中西方在某种程度上的不平等地位,并且预示了中国美学的后期发展必然会出现历史性反弹,即强调本土意识。

---

① 李泽厚:《美学译文丛书》序,见苏珊·朗格:《艺术问题》,中国社会科学出版社 1983 年版,第 1 页。

② 黑格尔《美学》由人民文学出版社于 1958 年初出版,1979 商务印书馆出版了修订本。

第七,"实践美学热"。20世纪80年代"美学热"形成的最大理论成果和最具有中国学人原创性的美学实绩是实践美学的构建。这一美学思想主要来源于马克思早年著作《手稿》。早在50年代的美学大讨论中,李泽厚的美学思想就显现出实践美学的萌芽。最早以实践为题来思考美学的美学家是朱光潜。在《新建设》1960年4月号上,他发表了《生产劳动与人对世界的艺术把握——马克思主义美学的实践观点》一文,在该文中,他大量引用了《论费尔巴哈的提纲》《手稿》等著作中的相关思想,指出:"客观世界和主观能动性统一于实践。所以在美学上和在一般哲学上一样,马克思所用的是实践观点,和它相对立的是直观观点。"①新时期之后,李泽厚在其当时发表或出版的论文、著作以及一些演讲,如《美学的对象与范围》②《中国美学及其它》③《美感的二重性与形象思维》④《批判哲学的批判》《美的历程》等中,逐渐形成了自己对实践美学的独特理解。相对于其他美学研究者从"人的本质力量对象化"的观点出发,李泽厚把他在50年代解释自然美产生根源的"自然的人化"观点作了更加广泛的阐释,将其分成广义和狭义两种,并作了内在自然与外在自然的细分,从而将其实践美学观奠基于这一命题基础之上,最终形成了"美是自由的形式"的著名主张。除李泽厚外,后期的朱光潜、杨恩寰、梅宝树、王朝闻、赵宋光、蒋孔阳、刘纲纪、杨辛、甘霖等人的美学观念也都可以归入这一美学体系之内,这一庞大的美学阵容足以体现实践美学在80年代声势浩大。虽然他们可以统一在实践美学的旗帜下,但实际上他们的观点之间还是存在或多或少的差异。例如,朱光潜对实践的理解,内里是其主客观统一论,赵宋光为强调实践的行动性,提出"立美",蒋孔阳把人的情感意志等也放到了实践的内涵之中等。虽然存在这些差异,但就总体而言,他们都赞成从实践维度来阐释美的发生,也都是从马克思主义经典著作中汲取养分。可以这样说,他们的差异在一定程度上恰好构建了实践美学五彩缤纷的花园。

---

① 朱光潜:《生产劳动与人对世界的艺术把握——马克思主义美学的实践观点》,见新建设编辑部:《美学问题讨论集(六)》,作家出版社1964年版,第177页。
② 李泽厚:《美学的对象与范围》,载《美学》1981年第3期。
③ 李泽厚:《中国美学及其它》,见刘纲纪、吴樾编:《美学述林》,武汉大学出版社1983年版。
④ 李泽厚1981年在全国高等院校美学教师第二期进修班上的演讲,载上海市美学研究会、上海社会科学院哲学研究所美学研究室编:《美学与艺术讲演录》,上海人民出版社1983年版。

第三节　三派美学家思想在 20 世纪 80 年代的新开拓

20 世纪 80 年代"美学热"最重要的成果之一便是实践美学的确立。由于实践美学在当代拥有极其重要的思想史地位,因此在本书中,我们将专门辟章,讨论实践美学和李泽厚的美学思想。但是,50 年代美学大讨论中的其他三派,除吕荧于 1969 年去世外,还有主客观统一派的朱光潜、客观派的蔡仪和同样是主观派的代表人物高尔泰①。到了 20 世纪 80 年代,虽然朱光潜和蔡仪两位美学家都已经年迈,但仍然保持着旺盛的学术创造力,高尔泰却正当盛年,延续了他哲学、文学艺术交相辉映的理论特色,为美学再次提供了深邃的思索。并且,在新的历史条件下,由于国家整体氛围宽松,以及新的思想资源的加入,他们为中国美学发展又作出了新的贡献。这些都是不可忽略的 80 年代美学新景观。

一、朱光潜在 20 世纪 80 年代的美学贡献

1976 年"文革"结束时,朱光潜已是 79 岁的耄耋老人,正忙于翻译艾克曼的《歌德谈话录》。在两年后给友人的一封信中,他谈到 81 岁的自己:"仍很忙。下年须带文艺批评方面的研究生,虽已年逾八十,脑力虽衰,但精神仍很振奋。"②这种"振奋"自然源自思想解放的社会氛围。在生命最后 10 年光阴里,他笔耕不止,还在源源不断地生产着直至今天美学界仍在受益的美学著述。

在那段日子里,朱光潜主要的美学工作体现在两个方面。其一是翻译工作。20 世纪 80 年代"美学热",其中最重要内容之一便是"手稿热",有感于当时《手稿》翻译存在的问题,他重新翻译了该书的部分章节,发表于《美学》第 2 期。同时他还重新校译了《关于费尔巴哈的提纲》,附于《美学拾穗集》书后。他翻译的《歌德谈话录》于 1978 年由人民文学出版社出版。此外,他还翻译了维科的

---

① 高尔泰,又写作"高尔太"。高尔泰在 1956 年发表《论美》时,排版工人将"泰"字误排成"太",因而误写作"高尔太",由于《论美》一文流传甚广,这一名字也一直沿用。在本书中,我们统一用"高尔泰"。
② 朱光潜:《致章道衡》,见《朱光潜全集》编撰委员会:《朱光潜全集》第 10 卷,安徽教育出版社 1993 年版,第 438 页。

《新科学》,这是他最后一部译著,从 1980 年开始翻译,1982 年完成,但出版则是由商务印书馆在他辞世 2 个月后的 1986 年 5 月完成的。其二是发表了一些有分量的论文,推动了当代美学的发展。例如,《研究美学史的观点和方法》发表于《文学评论》1978 年第 4 期,《文艺复兴至十九世纪西方资产阶级文学家艺术家有关人道主义、人性论的言论概述》发表于《社会科学战线》1978 年第 3 期,《上层建筑和意识形态之间关系的质疑》发表于《华中师范学院学报》1979 年第 1 期,《关于人性、人道主义、人情味和共同美问题》发表于《文艺研究》1979 年第 3 期,《形象思维:从认识角度和实践角度来看》发表于《美学》1979 年创刊号,《形象思维在文艺中的作用和思想性》发表于《中国社会科学》1980 年第 2 期,《马克思〈经济学—哲学手稿〉中的美学问题》发表于《美学》1980 年第 2 期,《朱光潜教授谈美学》发表于《美育》1981 年第 1、第 2 期等。除此之外,1980 年他还出版了最后两本著作:《谈美书简》由上海文艺出版社出版,《美学拾穗集》由百花文艺出版社出版。前者写于 1979 年,后者是他"文革"结束后著述的合集。

论及晚年自己的思想,朱光潜在给蒋孔阳的信中说:"写了三篇短文介绍马克思主义的美学基本观点,可以代表我近来有所改变的美学观点。主客观统一的观点仍坚持不变,不过所举的理由较过去较清楚,较充足。"[1]在致阮延龄的信中,他又说道:"我对美学的见解近来有些转变,写过一篇长文,题为《形象思维:从认识角度和实践角度来看》,以补拙著《西方美学史》的总结章。"[2]根据朱光潜的自我评述,我们知道,在对美的本质问题上,他的观点与 20 世纪 50 年代美学大讨论时期相比,并没有发生变化,即他仍然坚持美是主客观的统一。他所言的理由"较过去较清楚,较充足",与他的资料选择有关。在 50 年代,他的主客观统一说的思想灵感,他自己认为是马克思主义关于文艺的基本原则,即"文艺是一种意识形态或上层建筑"[3],自然形态的是"物",社会意识形态的是"物的形象"。这表明,那时他美学思想主要的学术资源是马克思《〈政治经济学批判〉序言》等。新时期之后,对美是主客观统一的观点,他往往没有特别论证,而是以

① 朱光潜:《致蒋孔阳》,见《朱光潜全集》编撰委员会:《朱光潜全集》第 10 卷,安徽教育出版社 1993 年版,第 467 页。
② 朱光潜:《致阮延龄》,见《朱光潜全集》编撰委员会:《朱光潜全集》第 10 卷,安徽教育出版社 1993 年版,第 445 页。
③ 朱光潜:《论美是客观与主观的统一》,见文艺报编辑部:《美学问题讨论集》第 3 集,作家出版社 1959 年版,第 5 页。

此为视点,解释其他马克思主义著作,例如《手稿》《关于费尔巴哈的提纲》《资本论》、毛泽东《实践论》等。这些著作参与到他的美学观念中,应该就是他觉得"较过去较清楚,较充足"的原因。

但除此之外,他还认为,自己的观点有了改变,谈及这一点时,他专门提到了自己的论文《形象思维:从认识角度和实践角度来看》。从表面上看,这是一篇"时文",在讨论形象思维时代的一篇相关文章而已,但既然他谈到这里涉及自己思想的变迁,那么我们就不能把它单纯看作一篇讨论形象思维的论文。结合同时期他的其他著述,我们发现,朱光潜的美学观念的改变体现在如下两个方面:

首先,对形象思维作了新的解读,为 20 世纪 80 年代美学讨论打下坚实的学理基础。形象思维在五六十年代就有所讨论,很多学者都参与其中,然而,耐人寻味的是,那时的朱光潜并没有表示出对这个话题的兴趣。在《西方美学史》的写作中,他也没有对此作过多关注。但是新时期之后,在《西方美学史》再版之时,他则加入了有关形象思维的内容,并把最后一章"关于三个关键性问题的历史小结"改为四个,即把形象思维加入其中,作为西方美学史中的关键词来对待。关于这次修改,他在给编辑的信中也提道:

> 拙著《西方美学史》已校改完,另包挂号寄奉,新增加的有下列几篇:
>
> 一、序论第二部分:研究美学史的观点与方法(谈到学习历史唯物主义的一些甘苦)。
>
> 二、第二十章总结部分:
>
> 1. 形象思维:从认识角度和实践角度来看。
>
> 2. 马克思和恩格斯关于典型人物性格的五封信。
>
> 增加的有三万多字,原来正文略有删削和修改。①

从这封信中,我们能够了解到在他晚年的思考中形象思维所占有的分量。

朱光潜对形象思维的解读较为独特的地方在于,他把形象思维和想象相

---

① 朱光潜:《致蒋璐》,见《朱光潜全集》编撰委员会:《朱光潜全集》第 10 卷,安徽教育出版社 1993 年版,第 444 页。

连,认为形象思维就是指想象,从而为形象思维开辟出心理学维度,构建出可以贯串中西方美学史的发展历程。他说:"形象思维就是想象,是人类思维的一种方式。它从现象出发,来反映本质和规律。文艺必须用形象思维,才能够创造出富于思想性的反映出生活真实的作品。"①把形象思维等同于想象,是普遍被其他学者所诟病的观点,但朱光潜用这种混淆,发掘出形象思维在当时思想界的特殊意义。想象,就其含义而言,是"表象运动",其实质是一心理学术语。朱光潜用想象解释形象思维,很自然地就把后者转换成一个心理学命题。并且更重要的是,如果把形象思维作为一个关键词,回溯中西方美学史,那么就能够发现讨论者并不多,因此,其话语资源就会有很多局限,但如果将其等同于想象,那么中西方美学史上的大量内容就都可以放到这一题目下来讨论,因为想象无疑是美学史中的重要内容之一。无论是西方柏拉图对艺术的攻击,黑格尔对象征型艺术的论述,还是中国传统文论中刘勰的"神思"、陆机的《文赋》,都可以转换成形象思维的前身。也正因为这样,朱光潜才能够把菲罗斯屈特拉斯在《阿波罗琉斯的传记》中的一段论及想象的话、培根在《学术的促进》里对想象的触及等都放到了自己的论文中,并且还指出,英国自经验主义之后,没有不重视想象的。也还是在这一特殊理解下,朱光潜才可以指出,"马克思肯定了形象思维"②,因为在《〈政治经济学批判〉导言》里马克思在讨论神话时,提到了想象和幻想。这种历史的清理,就使形象思维不再是我们在特定时代提取出来的有价值命题,而是转变成贯穿于整个美学史的大问题。这种提升和定位,或许才是朱光潜的目的所在。正如他在论文中的论断:"'形象思维'古已有之,而且有着长期的发展和演变。"③

朱光潜对形象思维问题进行讨论时的第二个关键点在于将它与实践联系起来。这里所说的"实践"源自马克思的《关于费尔巴哈的提纲》和《手稿》中的"劳动"概念,所以它是指"人的感性活动"。朱光潜指出:"马克思主义创始人分析文艺创造活动从来都不是单从认识角度出发,更重要的是从实践角度出发,

① 朱光潜:《形象思维在文艺中的作用和思想性》,载《中国社会科学》1980 年第 2 期。
② 朱光潜:《形象思维:从认识角度和实践角度来看》,见《朱光潜全集》第 5 卷,安徽教育出版社 1989 年版,第 472 页。
③ 同上,第 471—472 页。

而且分析认识也必然是要结合到实践根源和实践效果。"①朱光潜对当代美学贡献的一个突出表现正在于此,即他是较早将美和实践联系在一起的美学家。早在 20 世纪 60 年代,他就有意识地将二者相联系,写出了《生产劳动与人对世界的艺术掌握——马克思主义美学的实践观点》这篇论文,并且在论文开篇,他就提到了马克思在《关于费尔巴哈的提纲》第一条中那段强调实践的著名文字②。在我们所引的这段话中,能够见出朱光潜对当代美学的超越。50 年代的美学大讨论基本上是在认识论的框架内进行的。新时期之初的形象思维讨论,也差不多延续了这一思路。但朱光潜明确指出,马克思主义创始人是以实践为基点,即使是在分析认识活动的时候,也仍然以实践为根基。他以马克思著作中蜜蜂建造蜂房和人的建造活动的区别为例,认为"马克思的这段教导对于美学的重要性无论如何强调也不为过分,它会造成美学界的革命"③。因为"建筑师用蜡仿制蜂房,不是出于本能,而是出于自觉意识,要按照符合目的的意识和意志行事。在着手创作之前,他在头脑中已构成作品的蓝图,作品已以观念的形式存在于作者的观念或想象中,足见作品正是形象思维的产品"④。把形象思维等同于想象,马克思主义经典文献中的相关论述就可以自然地进入当时的语境,于是,实践、想象和形象思维就被顺理成章地联系在了一起,把形象思维讨论提升到了更高的视界,也为它与之后的实践美学之间提供了勾连线索。

其次,重新翻译和解释马克思主义经典著作,为《手稿》的讨论和人性、人道主义讨论中的美学维度提供基础。新时期之初,国内学界曾经有一种论调,认为马克思主义经典文献中缺少系统完整的美学体系,他们并没有写过专门的美学著作。对于这一观点,朱光潜进行了驳斥。他认为马克思主义美学的完整体系是"经过长期发展而且散见于一系列著作中的,例如从《手稿》《德意志意识形态》《关于费尔巴哈的提纲》《政治经济学批判》直到《剩余价值论》《资本论》和一系列通信"⑤。造成马克思主义美学没有体系错觉的是《马克思恩格斯论文艺》

---

① 朱光潜:《形象思维:从认识角度和实践角度来看》,见《朱光潜全集》第 5 卷,安徽教育出版社 1989 年版,第 474 页。

② 朱光潜:《生产劳动与人对世界的艺术掌握——马克思主义美学的实践观点》,见《美学问题讨论集》(六),上海文艺出版社 1964 年版,第 176 页。

③ 同①,第 475 页。

④ 同①,第 476 页。

⑤ 朱光潜:《谈美书简》,见《朱光潜全集》第 5 卷,安徽教育出版社 1989 年版,第 255 页。

选本的语录式摘录,这种支离破碎的选本并不是学习马恩美学思想的捷径。他为此呼吁要全面阅读和理解马克思主义经典文献,尽量不要断章取义,"任何一篇文章或一个论点都不能就它本身孤立地看,要找到它的来龙去脉",要掌握好一两门外语,因为"经典著作的各种译文不一定都很正确""应深入研究,作出自己的判断"。① 正因为这样,他重新翻译了《关于费尔巴哈的提纲》《手稿》部分章节等。

不仅如此,他还通过对这些原典的重译,把当时正在讨论的人性问题和实践美学等联系在一起。将马克思主义创始人的著作与实践观、实践美学相联系,通过前文有关形象思维与实践相连的论述可见一斑,此处我们对马克思主义经典著作与人性问题的联系略作分析。在谈到《手稿》时,朱光潜对它的定性是:"这部手稿是既从人性论又从阶级斗争观点出发的。"② 为了突出人性观念,在他本人翻译的《手稿》译文中,他把多处翻译成"人性"。例如,国内目前通用的刘丕坤本为:饮食男女等等也是真正人类的机能;③朱译:吃、喝、生殖之类固然也是些真正的人性的功能;④刘丕坤本:私有财产的积极的扬弃,作为人的生活的确立,是一切异化的积极的扬弃;朱译:私有制的彻底废除,作为人性的生活的占有,就是一切异化的彻底废除。这些细微改变,一定程度上增强了阅读者对文本中有关人性部分的理解。

二、蔡仪在 20 世纪 80 年代的美学贡献

王善忠在分析蔡仪美学在新时期的发展态势时指出:"近 10 多年来,蔡仪的美学著述甚丰,其影响也越来越大。"⑤这种越来越大的影响与蔡仪 20 世纪中后期以来对中国美学的贡献有关,也与他在新时期依然勤奋写作有关。在老一辈美学家中,应该说,"文革"结束后,他的著述是最多的,在学术活动方面也十分活跃。这可以从如下几个方面得到证实:从著述情况来看,他的著作有《新美学》(改写本)(第一卷、第二卷),由中国社会科学出版社于 1985 年、1991 年分别

① 朱光潜:《关于马列原著译文问题的一封信》,载《中国社会科学》1981 年第 3 期。
② 朱光潜:《美学拾穗集》,见《朱光潜全集》第 5 卷,安徽教育出版社 1989 年版,第 413 页。
③ [德]马克思著,刘丕坤译:《1844 年经济学哲学手稿》,人民出版社 1979 年版,第 48 页。
④ 同②,第 445 页。
⑤ 王善忠:《蔡仪美学思想论》,载《文学评论》1992 年第 4 期。

出版;《蔡仪美学演讲集》,由长江文艺出版社于 1985 年出版,其中第二、第三辑都是新时期以来的讲演合集;《蔡仪美学论文选》,由湖南人民出版社于 1982 年出版,其中有一半以上的文章为新时期之后所写。在教材建设方面,60 年代,蔡仪承担了《文学概论》教材的主持编写工作,该教材 1979 年由人民文学出版社出版。新时期之后,他主编的美学教材有《美学原理提纲》,由广西人民出版社于 1982 年出版;《美学原理》,由湖南人民出版社于 1984 年出版;《美感教育》,由漓江出版社于 1984 年出版等。在主持专业出版物方面,《美学论丛》是新时期出版的第一本美学专业出版物,共出版 11 辑,《美学评林》共出版 7 辑,《美学讲坛》共出版 2 辑。除此之外,他还主持了《美学知识丛书》的编写,共 10 册,由漓江出版社于 1984 年出版等。在论文方面,关于形象思维、关于《手稿》的讨论、关于美的本质和美的规律,他都曾写下颇有影响的论文。例如,自 1978 年始,关于《手稿》,他曾经写下《〈经济学—哲学手稿〉初探》,发表于《美学论丛》1981 年第 3 辑;《马克思思想的发展及其成熟的主要标志——〈经济学—哲学手稿〉再探(上篇)》《论人本主义、人道主义和"自然人化"说——〈经济学—哲学手稿〉再探(下篇)》,分别发表于《文艺研究》1982 年第 3、第 4 期,并收录于同年出版的《蔡仪美学论文选》;《〈经济学哲学手稿〉三探》发表于《美学论丛》第 6 辑,其基本要点发表于《江汉论坛》1983 年第 6 期,标题为《〈经济学—哲学手稿〉的基本概念也是马克思主义的吗?》;《关于〈经济学—哲学手稿〉讨论中的三个问题》发表于《学术月刊》1983 年第 8 期。关于形象思维,实际上蔡仪是较早承认形象思维,并从形象思维角度来解释艺术特殊性的美学家。新时期伊始,他在《文学评论》1978 年第 1 期发表《批判反形象思维论》;此后他还写了《形象思维的逻辑规律》,发表于《求索》1987 年第 5 期;《形象思维的历史渊源和当前问题》发表于《河北学刊》1987 年第 5 期等。除此之外,他比较重要的论文还有《马克思究竟怎样论美?》,发表于《美学论丛》第 1 辑;《谈美学的哲学基础问题》发表于《文艺研究》1989 年第 4 期等。

从以上著述可以看出,新时期之后,蔡仪主要的研究工作集中在《新美学》的改写与《手稿》的研究上。毛崇杰曾经有过这样一段评价:"朱光潜、蔡仪、李泽厚是我国美学界观点不同的三位代表人物。他们在新时期美学思想的变化和发展从表面上看,以李泽厚变化最大,朱光潜次之,蔡仪变化最小;而在根本上,三者都没有实质性的改变,可以说各自在旧有的理论基地上做着加固、砌高或修补的工作,这当然也是发展。"①这段话指出新时期之后蔡仪美学思想的基本情况,即变化最小,基本上是修补工作。这从蔡仪改写《新美学》可以看出。虽然改写后的两卷本比起新中国成立前的旧版《新美学》,资料上更加充实,观点论述也更加充分,但整体观点未变,蔡仪仍然坚持美是客观的,美感是认识,美的领域分为社会美、自然美和艺术美。但很明显,在这种修补的工作中还是可以见出新时期美学发展和论争的痕迹。在改写本中,他大幅度调整了结构安排。例如,旧版第一章为"美学方法论",在第一节中就提出"怎样把握美的本质""是由客观事物出发,还是由主观精神出发",但在改写本中,第一编第一章是"美学史的回顾",增加了美、美感和艺术的历史线索回顾,从而充实了著作的文献部分。除此之外,蔡仪还为马克思的美学思想单独辟章,作为著作的第二章,其中包括"马克思论现实美和艺术美""马克思论美的规律"和"马克思论艺术"。这种安排,一方面使其坚持马克思主义历史唯物主义方向的学术立场得到明确展示,另一方面也是时代美学的重要内容,20 世纪 80 年代,关于美的规律和社会美问题,都是美学界争论的热点。

除了改写《新美学》外,蔡仪关于《手稿》特立独行的观点也是值得关注的。新时期之后,实践美学异军突起,迅速成为当代美学中最璀璨的明星。这一美学派别的核心命题,来自《手稿》。实践美学认为,马克思基本哲学观的理论基石是实践。实践即劳动,是人类认识自然和改造自然的活动,人类社会中的其他精神现象或者说意识形态以此为根源,因此,美的本质和根源也是实践。在阐发这些观念的过程中,实践美学发掘出《手稿》中"人的本质力量对象化""自然的人化""劳动创造了美""两个尺度"和"美的规律"等命题,以它们为基本框架,构建了实践美学的基本内容。但在蔡仪看来,许多问题还有讨论的空间。首先,对《手稿》性质的定位问题。在《手稿》中,马克思多次赞扬肯定费尔巴哈的哲学观点,这表明,此时马克思的思想倾向是人本主义的,在通过文本细读后,蔡仪得出结论说:"从《手稿》的全面论述的思想实质来看,还不能说有什么历史唯物主义的萌芽,更不能说有什么科学共产主义理想,或其中的主要倾向、根本观点就是什么马克思主义的。"②其次,对于实践的理解。蔡仪认为,王阳明

---

① 毛崇杰:《朱光潜、蔡仪、李泽厚在新时期(1977—1986)美学思想的变化和发展》,见《美学论丛》第 10 辑,文化艺术出版社 1989 年版,第 46 页。

② 蔡仪:《关于〈经济学—哲学手稿〉讨论中的三个问题》,载《学术月刊》1983 年第 8 期。

曾经提出"知行合一",孙中山曾经提出"知易行难",英国经验主义哲学家以及存在主义等对实践也都有所论述,因此,不能够把"实践"看作是马克思独有的理论特色和根本观点。他还指出,毛泽东在《实践论》中所提出的"实践的观点是辩证唯物论的认识论之第一的和基本的观点"[1],这一观点是在认识论框架内,在辩证唯物主义的前提下说的,如果单纯强调实践,强调主体对对象、对客观的改造,则会抹煞唯物主义和唯心主义的区别。[2] 再次,蔡仪主张对"劳动创造了美""自然的人化"等概念也不应该断章取义,而应该回到《手稿》文本。"劳动生产了美"下一句是"但是给劳动者生产了畸形"。很显然,畸形与美相对,因而是丑,这就意味着劳动不仅可以生产美,也会生产丑。因此他得出结论说:"由此可知,不能把马克思前一句话作为马克思论美的根据。"[3]并且他还指出,用"劳动创造了美"和"自然的人化"来解释美的产生,存在着过泛的问题。"所谓劳动创造的东西太广泛了,自人造卫星到扫把、便壶,哪一种都是有价值的,有用的,但却未必都是美的。如果只是根据它是人的劳动创造的这一点就规定它美,那么,山货店都成了美术馆了。"[4]

蔡仪在当代美学史中的价值,当然不是以上罗列出的这些许具体观点可以体现的。在我们看来,他的价值还在于,在实践美学逐渐一统天下、占据主流之时,他用他一以贯之的坚持,保持住了当代美学多元化的争鸣局面,用他敏锐的学术眼光和缜密的哲学思维,为 20 世纪 80 年代沉浸在激情中的思想提供了一丝冷静。毛崇杰在论文中曾经引用了如下一段话:"正如我国当前一位深有影响的美学家深深感到:'如果没有蔡仪,中国美学界就不会这样热闹。'"毛崇杰接着说:"这个话无论其寓义是褒,是贬,倒是说出了一定的历史事实。"[5]新时期以来,由于多种原因,蔡仪的美学观念颇受冷遇。随着时间的流逝,当时的社会语境逐渐被历史淘尽,他美学体系的独树一帜和严密完整,获得了越来越多的重视和肯定。

---

① 毛泽东:《毛泽东选集》第 1 卷,人民出版社 1991 年版,第 284 页。

② 蔡仪:《蔡仪美学讲演集》,长江文艺出版社 1985 年版,第 138—139 页。

③ 同上,第 136 页。

④ 同上。

⑤ 毛崇杰:《朱光潜、蔡仪、李泽厚在新时期(1977—1986)美学思想的变化和发展》,见《美学论丛》第 10 辑,文化艺术出版社 1989 年版,第 79 页。

三、高尔泰在 20 世纪 80 年代的美学研究

在《当代中国美学研究概述》中,赵士林说:"朱光潜、宗白华、李泽厚、蔡仪、高尔泰,5 位先生本属两代学人。朱、宗、蔡年已耄耋,为美学界耆宿,新中国成立前均有重要美学论著出版;李、高按时下说法,则尚为中年知识分子。然大器早成,50 年代即脱颖而出,分别成就两个重要美学派别。"[①]在这里,赵士林将高尔泰与李泽厚、宗白华、蔡仪、朱光潜并列,足见对高的推重。虽然这种并举存在争议,[②]但高尔泰大学刚刚毕业时,年仅 22 岁,就在美学界展露才华,引起各方注意却是不争的事实。20 世纪 80 年代,辽宁人民出版社出版了一套《当代中国美学思想丛书》,一共介绍了 7 位当代美学家,其中之一就是高尔泰。

与其他美学家不同,高尔泰多才多艺,能写会画。新时期之后,随着政策的落实,他恢复了工作,先是在兰州大学哲学系任教,随后被借调到中国社会科学院哲学研究所,在这几年中,他迸发出了旺盛的学术和创作热情,写了两部深受大家喜爱的小说,研究中国山水画,还参与当时的美学讨论。他出版的美学著作有《论美》,由甘肃人民出版社于 1982 年出版;《美是自由的象征》,由人民文学出版社于 1986 年出版。他发表的论文有:《中国古代山水画探源》,发表于《西北师范大学学报》1978 年第 2 期;《异化辨义》,发表于《国内哲学动态》1979年第 4 期;《关于人的本质》,发表于《西北师范大学学报》1981 年第 2 期;《美学研究的中心是什么——与蒋孔阳同志商榷》,发表于《哲学研究》1981 年第 4 期;《美是自由的象征》,发表于《西北师范大学学报》1982 年第 1 期;《中国哲学与中国艺术》,发表于《西北师范大学学报》1982 年第 2 期;《艺术概念的基本层次》,发表于《美术》1982 年第 8 期;《人道主义与艺术形式》,发表于《西北民族大学学报》1983 年第 3 期;《唯物史观与人道主义》,发表于《学习与探索》1983 年第 4 期;《"人应当成为人"》,发表于《文艺理论研究》1986 年第 6 期;《关于艺术的一些思考》,发表于《社会科学战线》1986 年第 3 期;《美学可以应用熵定律吗?》,发表于《文学评论》1988 年第 1 期等。从他的这些著作和论文可以看出,新时期之

---

① 赵士林:《当代中国美学研究概述》,天津教育出版社 1988 年版,第 1 页。
② 例如朱光潜、李泽厚等人只承认有"三派",并不认为有"四派",即他们并不认为主观派可以自成一派。

后,他的美学研究主要集中于三个方面:关于异化和人道主义、美的本质和定义、中国古典美学研究等。

首先,关于异化和人道主义的思考。异化和人道主义问题是哲学问题,却又与美学有着千丝万缕的联系。在高尔泰那里,对异化和人道主义的观照,在某种程度上是他对现实社会反思的一部分,同时也是他美学思想的有机组成部分。丁枫在论述高尔泰的美学逻辑时说:"高尔泰实际是从美作为人的一种感受出发,经由对人的探索,达到了近乎人本主义的美学。在高尔泰看来,研究美也就是研究美感,研究美感也就是研究人。所以美学是人学,美的哲学也就是人的哲学。"①高尔泰的美学观念差不多也是来自对《手稿》的阐发,因此,从这一逻辑中就能够看出异化和人道主义在他美学思想中所占有的基础性位置。新时期之后,从人的观点出发来思考哲学和美学问题,是他越来越清晰的思路。在他看来,异化首先是一个经济学事实。"人类历史上的异化现象,首先是一个经济学上的事实。从字面上来解释,它是指原来属于自己的东西现在不属于自己了。拉丁文'异化'一词和'出卖''转让'是同义词。在《经济学—哲学手稿》中,马克思曾强调指出这一点。"②异化是《手稿》中的核心概念之一,但大家更多的是从哲学角度来思考,往往忽略了它内指一种经济现象。从字源学角度解释,就明确了异化所属的最初范畴。他认为,马克思的异化,首先是一种经济结构属性,是人必须被迫服从私有制这一历史发展的必然趋势。然而问题在于,如果异化只是一种经济现象,那么高尔泰本人的人学美学观点就无法展开,二者之间缺少必然的关联。于是他又从"出卖""转让"这一基础义出发,作了更加细致的延伸。在一次学术讲座中,他指出,"这种'出卖'和'转让'不同于一般的'出卖'和'转让',而是一种主体的'出卖'与'转让',亦即主体的客观化"③。由对"出卖""转让"的细分,明确其含义为主体的客观化、物化,这就为他的美学观与《手稿》中的人学思想之间搭建了桥梁,从而回到了他的主观论美学和从人的角度出发的基本哲学运思路径。人的自由本质一直是他的出发点和归宿,因此他对异化的理解也秉持了这一特色。在他看来,劳动是人类的本质,是实现自

---

① 丁枫:《高尔泰美学思想研究》,辽宁人民出版社 1987 年版,第 39 页。
② 高尔泰:《异化辨义》,载《国内哲学动态》1979 年第 4 期。
③ 高尔泰:《异化及其历史考察》,见《人是马克思主义的出发点——人性、人道主义问题论集》,人民出版社 1981 年版,第 164 页。

由的手段,劳动产品既是人目的的树立,又是人目的的成果,因此是对人的本质的具体肯定。正是由于劳动及其产品的这种特殊性,"所以马克思把劳动异化看作人的异化的前提,把产品异化看作是人的异化的主要形式,把人受其同类压迫和被社会必然性所支配看作是人的自我的完全丧失"①。异化作为私有制的普遍形式,其实质是人自我的丧失,在马克思看来,只有扬弃了私有制,才能够扬弃异化。不仅如此,异化作为对人的自由本质的否定,对它的扬弃,还是人道主义的体现。高尔泰指出:"对于无产阶级和社会主义来说,阶级斗争不是最终目的,消灭私有制本身也还不是最终目的,这些不过是为了解放生产力,为了实现人的解放的一种手段而已。"②这就意味着,阶级斗争的消失,私有制的消灭,都不是人类最终的目的,人类最终目的是解放自身。因此,作为人类社会的最后阶段,共产主义的目的是实现人的解放。在高尔泰看来,这是人道主义的最高表现。所以他引用马克思的话说,共产主义就是一种人道主义。

其次,关于美的本质和定义的思考。高尔泰在新时期之后,提出了"美是自由的象征"这一著名定义。他指出,这一定义可以通过三段论的方式获得诠释。"美是人的本质的对象化,人的本质是自由;所以美是自由的象征。这一自上而下的三段论式,恰好表述了一个我们自下而上地得到的信念。"③如何来理解这一三段论,是高尔泰美学思想的核心。在他看来,人的本质力量对象化表明的是一个物化的过程,也就是说,是人将自身客观化。"自在的客观存在不可能'物化',因为它自身本来就是物。'物化'的事物只能是人的属性。"④但"对象化"只是美的第一个层次,它所对应的,是"没有物化",也就是将人与其他自然物区别开来。但接下来的问题是,宗教、工业、货币、法律等都是人对象化的产物,在这其中的划分,则是美的第二个层次,高尔泰把人的对象划分为两种,物化为美和物化为丑。所谓美,是对人本质的肯定,而丑则是对人本质的否定。他对人本质的规定是自由。也就是说,美是对人自由的肯定,因而是自由的象征。这是美的第三个层次。通过这一三段论式论证,他完成了自己对美的定义的理解。在这其中,还有两个关键术语,其一是自由,其二是象征。在他那里,

---

① 高尔泰:《异化现象近观》,见《人是马克思主义的出发点——人性、人道主义问题论集》,人民出版社1981年版,第75页。
② 同上,第74页。
③ 高尔泰:《论美》,甘肃人民出版社1982年版,第34页。
④ 同上,第139页。

自由是"认识和把握了的必然性"①。就主体而言,它是一种主体心理结构,就客体而言,它则是一种手段。高尔泰强调,必然性并不是与自由对立,而是包含在自由之中。虽然在人类发展历程中,它是不断被扬弃的环节,但也正因此,它变成了自由的构成要素。象征则是信息和符号的意思,他说:"美的形式是自由的信息,是自由的符号信号,或者符号信号的符号信号,即所谓象征。美是自由的象征,所以一切对于自由的描述,或者定义,都一概同样适用于美。"②在这里,很明显,美是自由的表达形式,是自由对象化而外现出来的信息。

就总体而言,高尔泰对美本质的理解与他 20 世纪 50 年代写《论美》时区别不大,但论述方式确实发生了一些变化。在 50 年代,他强调美的主观性,在《论美》的开头,他就直接提出:"有没有客观的美呢? 我的回答是否定的,客观的美并不存在。"③他所秉持的立场是审美相对主义立场,并将美等同于美感,因为是先有感受,才有美,美是感受的呈现形式。但在 80 年代之后,他大量运用《手稿》里关于人的本质的思想,强调人的自由本质,对美是主观的观点和审美相对主义的立场存而不论,作为自己整个思考的背景。我们强调这一点,是想说明,虽然在新时期之后,高尔泰提出了"美是自由的象征",并且论述其这一思想是从《手稿》及其他马克思主义经典著作中来,但实际上都没有改变他早年持有的美学观念。

第四节 20 世纪 80 年代其他著名美学家思想扫描

在 20 世纪 80 年代的美学热潮中,实践美学独领风骚。从宽泛的意义上来说,新时期的所有美学家都与实践美学有千丝万缕的联系。关于这种理论关联,我们将在第五章中专门研究。除此之外,80 年代还有几位美学家需要我们专门观照。本节我们选择的是叶朗、周来祥和胡经之三位美学家。在 50 年代的美学大讨论中,这三位美学家都已经不同程度地登上了美学的历史舞台,并崭露头角。80 年代,他们正值壮年,在美学发展的新机遇中,或是在实践美学中开辟出属于自己的路,或者借助新的美学资源提出对美的新理解。他们用自己

---

① 高尔泰:《论美》,甘肃人民出版社 1982 年版,第 34 页。
② 同上,第 36 页。
③ 同上,第 1 页。

的实绩,为新时期以来中国美学的发展作出了积极贡献。

一、叶朗:"美在意象"

20 世纪的中国美学,是在西学东渐的语境下构建起来的。因此,大多数当代中国美学家都受到西学的深刻影响,因此也更习惯于从西方美学的相关设定进入问题。然而,与大多数美学家不同,叶朗却从中国古典美学做起,他对美本质的思考也是从这里开始的。

在 20 世纪 80 年代,叶朗以其对中国古典美学方面的研究引起知识界的关注。1982 年,北京大学出版社出版了他的《中国小说美学》;1985 年,上海人民出版社出版了他的《中国美学史大纲》。此外,他还参与了《中国美学史资料选编》《西方美学家论美和美感》这两本至今常被学者引用的文献资料的选编工作。这种学科背景,很容易使人们认为他是单纯从事古典美学研究的学者。然而,实际情况是,从一开始进入美学领域,他就立足于美学学科在中国的建设问题,思考美本质的本土文化特性。这对于当时的美学界来说,具有非常特殊的意义。

20 世纪 80 年代,西学强势进入中国思想界,给学界带来一股新风,提供了更多认识世界、思考美学和艺术的方式及角度。更多学者选择用西方美学的思路来思考中国美学问题,一定程度上出现了西方出思想、中国出材料的现象。但在叶朗看来,中国美学的构建不能够完全照搬西方的思想体系,而应该有自己的独立系统。他说:"中国美学和西方美学分属两个不同的文化系统。这两个文化系统当然也有共同性,也有相通之处,但是更重要的,是两个文化系统各自都有极大的特殊性。中国古典美学有自己独特的范畴和体系。西方美学不能包括中国美学。不能把中国美学看作是西方美学的一个分支,或一种点缀。更不能把中国美学看作是西方美学某个流派的一个例证,或一种注释。"①这种清晰的本土意识,在时代语境下,有着非常重要的学术史意义。他对当时美学界研究美学的方式提出了明确质疑。在他看来,虽然中西美学存在一致性,但其区别是更为本质的。他曾对中西美学的核心范畴作出区分:"在中国古典美学体系中,'美'并不是中心的范畴,也不是最高层次的范畴。'美'这个范畴在中国

---

① 叶朗:《中国美学史大纲》,上海人民出版社 1985 年版,第 2 页。

古典美学中的地位远不如在西方美学中那么重要。"①美是什么的问题一直是西方美学家们思考的核心,于是出现了不同的美的定义。但在中国古代典籍中,直接谈到"美"字的却很少,并且很多谈到美的地方,也并不是将其看作是审美理想或者最高范畴。例如,《论语》中"尽善尽美"、《孟子》中"充实之谓美""牛山之木尝美矣"等与现代美学中美的范畴之间实际上存在很大距离。因此"一些人""把力量集中于到古代思想家著作中寻找那些谈到美的段落"②的做法是不可取的。

有鉴于此,叶朗提出,中国美学构建的核心范畴应该是"意象"。在《中国美学史大纲》的"绪论"里,他就提出了这一观点。"中国古典美学体系是以审美意象为中心的。"③从其著述来看,对"意象"的理解,从提出到现在,他的思考是在不断发展的。在《中国美学史大纲》中,他主要着眼于美学史体系的建设,把重心放在审美范畴上,只不过在众多的范畴中,他认为"意象"是核心。《现代美学体系》是他主编的美学教材类著作,因此可以认为其中体现出的是他本人的美学观念。在这部著作中,他明确指出,美学研究的对象是审美活动,而审美活动作为人类的一种精神活动,它包括很多内容,有着不同的侧面,例如审美设计学、审美艺术学、审美形态学、审美文化等,但其中还是存在核心要素。"从全书的体系来看,最核心的范畴乃是审美感兴、审美意象和审美体验。我们的体系可以称为审美感兴、审美意象、审美体验三位一体的体系。"④从中我们可以知道,此时他不再把意象仅仅作为中国古典美学的核心范畴,而是将其作为一门学科构建的核心要素,在此基础上,构建具有中国本土特质的美学学科体系。并且,他还把审美意象拓展成三个部分:感兴、意象和体验,这三部分三位一体,形成一个动态的过程。这在一定程度上又拓展了意象可以包含的内容。待及21 世纪之后,在叶朗独立写作的《美学原理》⑤中,他则直接提出了"美在意象"的命题。此时的意象理论又有了进一步发展,它不再仅仅是审美活动的核心环节,同时还通向了审美人生,从而也把他的美学思想推向了现实领域,成为人应该去追求的人生境界。新近出版的叶朗自选集名为《意象照亮人生》,这一名称

---

① 叶朗:《中国美学史大纲》,上海人民出版社 1985 年版,第 3 页。

② 同上。

③ 同上。

④ 叶朗:《现代美学体系》第 2 版,北京大学出版社 1999 年版,第 30 页。

⑤ 《美学原理》一共有两个版本,一名《美学原理》,一名《美在意象》。两本书都由北京大学出版社出版,前者出版于 2009 年,后者出版于 2010 年。

充分体现了他的美学取向。

从这些发展我们能够发现,叶朗认为"意象"至少具有两方面指向。首先,在狭义的范畴层面,意象是中国古典美学中的范畴之一,它与"气韵""意境""意兴""兴象""神韵"等一样,都属于中国传统美学中的范畴。只不过在众多范畴之中,他认为,意象是核心范畴。就广义而言,意象是审美活动的核心要素,是审美活动能够顺畅进行的关键。他认为审美活动主要由审美感兴、审美意象和审美体验共同构成,很明显,审美感兴是兴发阶段,它的归宿是形成审美意象,而审美体验的获得,需要以审美意象为基础。因此,虽然这三个要素是三位一体,但很明显,审美意象才是其中的关键部分,其他两个因素都受其制约。其次,对于意象的具体内涵,叶朗的观点受王夫之情景理论影响非常明显。他指出:"在中国传统美学看来,意象是美的本体,意象也是艺术的本体。中国传统美学给予'意象'的最一般的规定,是'情景交融'。"①也就是说,意象是指一种情景交融的审美世界。有关意象的理论,在中国古典美学中探讨极多,从《周易》的"立象以尽意"命题,到魏晋南北朝的"得意忘象""窥意象而运斤",再到唐代"兴象""境生于象外"等命题,对意象理论的探讨不绝于缕。然而,在这些命题中虽然都存在着主体情思与物象的辩证关系问题,但都没有完全落实到情与景的关系上。对情景关系作出探讨,在中国古典美学中,最有代表性的观点是王夫之在《姜斋诗话》中提出的。"情景名为二,而实不可离。神于诗者,妙合无垠。巧者则有情中景,景中情。"②"情景虽有在心在物之分,而景生情,情生景,哀乐之触,荣悴之迎,互藏其宅。"③在他的这些观点中,关键之处在于对情景关系的理解。从表面看来,情景有在心在物之别,但实际情况却是二者名二实一,情是由景起,无景无情,景是情中景,并不是纯粹的客观物象。叶朗对意象的理解,基本上是从王夫之这里"接着讲"。王夫之所认为的情中景、景中情,在一定程度上取消了"象"的客观性,但并没有取消它的具象性。在叶朗看来,意象的特点正在于此。"美(意象世界)不是一种物理的实在,也不是一个抽象的理念世界,而是一个完整的、充满意蕴、充满情趣的感性世界。"④审美意象不是客观世界,因为它不

① 叶朗:《美学原理》,北京大学出版社 2009 年版,第 55 页。

② 王夫之:《姜斋诗话》,人民文学出版社 1961 年版,第 150 页。

③ 同上,第 144 页。

④ 叶朗:《意象照亮人生》,北京大学出版社 2011 年版,第 14 页。

能够脱离主体而存在,但它又不是完全主观的,它与外在自然存在联系。他的这种主客互融的交感理论,典型地继承了中国古典美学,尤其是王夫之的思想。

　　除此之外,叶朗还认为,他的意象观是对现代美学家朱光潜、宗白华等人的继承。他曾多次提到,朱光潜曾经在《论美》一书的"开场话"中就指出:"美感的世界纯粹是意象世界。"①他的"物乙"所指的就是一个意象世界。深究朱光潜的观点,例如,"美感的世界纯粹是意象世界"这句话在《论美》一书中,只是半句,下半句为"超乎利害关系而独立",因此,该论断的思想根源是康德主义的无利害思想,强调美感世界的主观性,此处的意象世界更准确的理解应该是主观世界。这种理解也更加符合朱光潜的早期思想。至于其"物乙",虽然是指主客观统一的"物的形象",但仍然倾向主观,与叶朗所理解的意象,虽然较《论美》中的理解更加接近,但应该还不是一回事。但叶朗的这种阐释,就使其意象美学观具有了深厚的历史性。客观而言,叶朗对朱光潜、宗白华美学思想的继承,主要还是他们对审美态度与人生境界之间的关联。叶朗最终与这两位美学家一样,认为审美能够实现对功利性现实的超越,使人回归到自由的精神家园。他说:"美(意象世界)是对'自我'的有限性的超越,是对'物'的实体性的超越,是对主客二分的超越,从而回到本然的生活世界……也就是回到人的精神家园,回到人生的自由境界。"②

　　叶朗美学研究的意义在于,首先,在一个受西学强势影响的学术语境下,他坚持用本土范畴来构建美学学科。其次,在一个把走出"左"倾政治作为主旋律,对于学科建设尚无暇顾及的时代,他强调美学的学科建设。再次,他坚持"接着讲"的治学模式,将自己的美学观念与朱光潜、宗白华等人的观念相连。

二、周来祥:美是和谐

　　在某种程度上可以说,周来祥是新时期以来美学领域著作最丰的美学家之一。1984 年,他出版了《美学问题论稿》(陕西人民出版社出版)、《文学艺术的审美特征和美学规律》(贵州人民出版社出版)、《论美是和谐》(贵州人民出版社出

① 朱光潜:《论美》,见《朱光潜全集》第 2 卷,安徽教育出版社 1987 年版,第 6 页。
② 叶朗:《意象照亮人生》,北京大学出版社 2011 年版,第 15 页。

版),1987 年出版了《论中国古典美学》(齐鲁书社出版),1996 年出版了《再论美是和谐》(广西师范大学出版社出版)、《古代的美　近代的美　现代的美》(东北师范大学出版社出版),1998 年出版《周来祥美学文选(上、下)》(广西师范大学出版社出版),2007 年出版《三论美是和谐》(山东大学出版社出版);主编的著作有《中国美学主潮》(山东大学出版社 1992 年出版)、《西方美学主潮》(广西师范大学出版社 1997 年出版)、《美学概论》(文津出版社 2002 年出版)、《中华审美文化通史》(安徽教育出版社 2007 年出版)等。这些美学著述阐释了他对美本质的理解,即美是和谐。

周来祥"美是和谐"的观点虽然是新时期以来美学领域取得的重要成果之一,但这一观点的提出却是在 20 世纪 60 年代。他本人曾经说过,"1961 年在《美学原理》编写组的一次讨论会上,我第一次提出了美是和谐说"①。这一观点在当时引起了一些美学研究者的关注,但随着"文革"的开始,没有能够得到继续阐发。新时期之后,在新美学资源的参与下,周来祥对这一思想作了全面而系统的解释。

1984 年,在《论美是和谐》这本著作中的同名文章里,他明确提出:"究竟什么是美呢? 我认为美是和谐,是人和自然、理性和感性、自由和必然、实践活动的合目的性和客观世界的规律性的和谐统一。"②这一定义是在该篇文章的伊始处用着重号方式提出的,在随后的阐述中,他把西方美学史分成五大线索和派别,即从柏拉图的理念论到中世纪神学再到理性主义的完善说、亚里士多德的美在和谐到经验主义的美在快感再到狄德罗的美在关系说、德国古典美学的美在自由说、车尔尼雪夫斯基的美在生活说、马克思的人的本质力量对象化理论等,通过这些来确证美是和谐观点的合理性。但很明显,这五大派别对美的理解存在很大差异,因此,如果它们都是和谐,那么必然存在着对和谐理解的多重指向。然而在这篇讨论美的学科发展和本质探索的文章中,周来祥并没有作出进一步的明确区分。《古代的美　近代的美　现代的美》中的首章"美的本质的探索"在某种程度上是对《论美是和谐》③一文的改写,在梳理完西方美学史之

---

① 周来祥:《古代的美　近代的美　现代的美》,东北师范大学出版社 1996 年版,第 1 页。
② 周来祥:《论美是和谐》,贵州人民出版社 1984 年版,第 74 页。
③ 《论美是和谐》是周来祥出版于 1984 年的著作,其中第四篇文章名为"论美是和谐",此处指的是这篇文章。

后,他添加了"美是和谐的逻辑分析"一节,指出:"和谐是一个深刻的美学和哲学范畴。它起码包括这样紧密联系的四层含义:1. 形式的和谐。人、物、艺术、外在因素的大小、比例及其组合的均衡、和谐(形式美)。2. 内容的和谐。即主观与客观、心与物、情感与理智的和谐(内容美)。3. 形式与内容的和谐统一。4. 内容的和谐又被决定于主体与客体、人与自然、个体与社会的和谐自由的关系,这种和谐自由的关系集中体现为完美的、全面发展的人(在艺术中则体现为理想的典型和意境)。"①这四层次划分,是对其和谐观念的细化。从中还可以知道,在这一阶段的思考中,周来祥更加强调了和谐指向中内容与形式两个层面的统一,补充了早期定义中过于倾向内容层面的定位,并明确把美和人生联系起来,纠正了早期定义审美和艺术特质不明显,而更像哲学一般规定的弊病。再者,经过这次细化和扩容,其美是和谐观念就更加符合西方美学史的发展,或者按照他所一贯倡导的,在某种程度上达到了逻辑与历史的统一。

周来祥的美是和谐的观念,并非像同时期其他美学研究者所做的,只是单纯地给出一个有关美是什么的简单答案,而是承载了他本人的思想特质和美学诉求,因此,除具体指向外,还有很多值得我们探究的地方。首先,就其根源而言,这一观念来自《手稿》中"人的本质力量对象化"的思想。对于美的本质,周来祥坚持从两个方面来解释:其一,从根源角度来看,他认为美根源于实践;其二,从特征和定义的维度来看,美是和谐。从对根源的解释可以见出他思想与实践美学之间的关联,以及他思想内在的时代美学肌理。但具体定义,又使他与实践美学出现疏离。实践美学,正如很多学者已经指出的,在某种程度上是把根源当作本质,但周来祥的审美本质观没有出现这种情况,他虽然也是从"人的本质力量对象化"命题出发,但是把它理解成主客体之间的一种关系,基于这种关系属性,他才进一步提出了美是和谐的观点。他在此基础上,将这种关系拓展成内容与形式、人与自然、感性与理性、心与物等多重并立要素的统一。因此,他的这一观点是在马克思"人的本质力量对象化"命题基础上的推进。其次,与大多数国内美学研究者单纯讨论美的本质不同,周来祥试图把他的美学定义放到美学历史中去考察,努力使自己的美学观念与美学史的发展相一致,用后者来支持前者,用前者来阐释后者。为此,他带领一批自己的学生撰写了

---

① 周来祥:《古代的美 近代的美 现代的美》,东北师范大学出版社 1996 年版,第 48—49 页。

《中国美学主潮》和《西方美学主潮》,用和谐美思想重构了中西方美学的发展历程。尽管他的这种构建存在着或多或少的问题,但这种尝试本身对当代中国美学的建设无疑是非常有意义的。再次,周来祥的美是和谐观最大特色是其论证方法,即辩证思维,因此他喜欢把自己的和谐美叫作"辩证和谐美"。他的辩证和谐观念来自黑格尔。在新时期美学家中,受到黑格尔主义影响的很多,但周来祥是非常有特色的一位。这恰好集中体现在他的辩证和谐观上。在他看来,无论是西方,还是中国的美学史发展,都经历了同样的进程:古代和谐美阶段,近代崇高美阶段和现代辩证和谐美阶段。他对古代、近代和现代有明确规定。古代是指奴隶社会和封建社会时期,近代是指资本主义时期,现代是指社会主义时期。这种划分,会使我们清楚地意识到,他在有意识地把中国和西方纳入同一个言说体系之中。在他看来,"古代的美偏重于和谐美,近代的美(广义的)偏重于对立的崇高,我们现代的美则是对立的和谐统一"①。根据他的解释,古典和谐美,是人与自然、主体与客体之间一种朴素的、无冲突的和谐,近代则体现出人与自然、主体与客体之间的对立,由于美是和谐,因此近代崇高美具有过渡性,它的发展指向是和谐统一。当它实现了发展目标,同时也就意味着过渡到了美学的现代阶段。很明显,在这一美学发展历程的背后,是黑格尔的辩证法,是他的否定之否定的辩证规律。古代和谐美是美发展的初始阶段,崇高美,作为美发展的更高阶段,是对古典阶段原始和谐美的扬弃,而现代对立和谐美一方面是向古典和谐美的复归,另一方面也是对崇高美的扬弃,保留了其审美属性中的对立性,却发展到了更高的和谐阶段。这种解释模式,是黑格尔哲学辩证法的具体应用,同时也是他美学思想的主要特色之一。

除美是和谐观念外,周来祥一些具体美学观念也引起了学者的关注。例如,他对中西方美学特质的讨论。"这些看法发表之后,被不少同志接受和发挥。短短几年之内,已被有些同志说成是当前普遍流行的观点了。"②他对中西方美学的区别主要归结为如下几点:从体系上来看,周来祥认为,西方偏重再现,中国偏重表现;从对普遍性、必然性的理解上来看,虽然"东方和西方都强调描写普遍性、必然性的事物,强调类型性的典型化原则。但由于西方再现艺术

① 周来祥:《美学问题论稿》,陕西人民出版社 1984 年版,第 3 页。
② 周来祥:《论中国古典美学》,齐鲁书社 1987 年版,第 3 页。

特别发展(戏剧、小说),相应地发展了艺术典型的理论;我国由于表现艺术更为繁荣,相应地创造了艺术意境的理论"①;从真善美关系来看,西方美学强调美真合一,中国美学强调美善合一。这些观点在 20 世纪 90 年代流传甚广,在一定程度上成了中国学者审视西方美学,确立本土美学特质,实现与西方同行对话的基础。虽然我们并不能说,这些有关中西美学差异的观点完全是由周来祥所推动,但很明显,他的论述特别清晰完整,是当时相关观点中的突出代表。

三、胡经之的文艺美学思想

在 20 世纪中国美学史上,"文艺美学"的出现堪称一个重要的学术事件。它不仅标志着中国美学研究的转折,同时也标志着有民族特色的中国美学建设开始步入正轨。因此,最早提出发展文艺美学并着手学科创建的胡经之是 20 世纪中国美学研究不能绕开的人物,对他的文艺美学的研究实绩必须给予客观的评价。

1978 年,胡经之读到台湾学者王梦鸥的《文艺美学》,受到启发。这本书讨论文学、美学和文学批评等问题,论述虽然简略,然而,"文艺美学"这个名称却引起胡经之的关注。王梦鸥的"文艺美学"仅仅是个书名,提法具有随意性,能不能将"文艺美学"作为一个学科来发展,以区别于哲学美学或其他美学? 这引发了胡经之的思考。

其实,"文艺美学"这一概念早在 20 世纪三四十年代就出现了。李长之在《苦雾集》的一篇对话体文章《文艺史学与文艺科学》中就曾经这样说过:"但是文艺教育须以文艺批评为基础,而文艺批评却根于'文艺美学'。文艺美学的应用是文艺批评,文艺批评的应用才是文艺教育。"②这篇文章原本是李长之为他自己翻译的德国美学家和文艺理论家玛尔霍兹的一本著作《文艺史学与文艺科学》所写的序言。在李长之看来,文艺美学就是德国人所说的诗学。那时,由于李长之是右派,他的书是禁书,胡经之并没有读到他的书,直到 2004 年,胡经之才看到李长之的相关讨论。

1980 年 6 月,中华全国美学学会成立大会在昆明召开,这是新中国成立以

---

① 周来祥:《论中国古典美学》,齐鲁书社 1987 年版,第 172 页。
② 李长之:《李长之文集》第 3 卷,河北教育出版社 2006 年版,第 140 页。

来的第一次美学盛会。朱光潜等老一代的学者参加了这次大会。大会成立了全国高校美学分会。在全国高校美学分会成立大会上,胡经之建议,高校文学、艺术系科的美学教学,不应该停留在讲授哲学美学原理上,而应开拓和发展"文艺美学"。接着,他就将"文艺美学"发展为一门学科简单陈述了自己的想法。这一建议引发了热烈的讨论,得到了朱光潜、伍蠡甫、蒋孔阳等美学家的热忱鼓励。

回到北京大学之后,胡经之积极准备开设文艺美学课程。1980 年秋天,新学期伊始,在北京大学的课程表上,增加了一门新的课程——文艺美学。这是新中国大学教育史上第一次开设这门课程。胡经之成为主讲文艺美学的第一人。这一年,胡经之开始招收硕士研究生,他在文艺理论专业下面开辟一个新的专业方向"文艺美学"。于是,中国的硕士研究生招生目录中,第一次出现了"文艺美学"。

1981 年,胡经之的文艺美学研究正式登场,他从艺术形象的美学思考切入,探讨了文艺美学学科存在的依据,构筑了比较完整的文艺美学体系,尤其注重对艺术生命意义的发掘。

(一) 关于艺术形象的美学思考

胡经之的文艺美学研究是从反思艺术形象开始的。1981 年,他发表了《论艺术形象——兼论艺术的审美本质》长文,比较深入地论述了艺术形象问题。在这篇文章中,胡经之并没有受 20 世纪 80 年代以前关于文学形象研究的左右,而是从艺术形象和非艺术形象切入,思考艺术形象的审美特性,进而揭示文学艺术的审美本质。在胡经之看来,艺术形象是一个审美物象,但艺术形象并非仅仅是个审美物象,它以审美物象作为自己的构成形式,借助于审美物象来表达特定的精神内容,这一精神内容就是审美意象。因此,审美意象成为胡经之关注的焦点。胡经之认为,审美意象隐藏于作家、艺术家的内心深处,要想使审美意象成为艺术形象,必须经过符号化。他说:"审美意象,乃是包含着审美认识和审美感情的心理复合体。"[①]也就是说,在审美意象中,既包含着审美认识又包含着审美感情。审美认识是对现实对象的审美价值和审美属性的认识,这种认识并非单纯的理解、思维,还有感知、直觉等。而审美感情是与审美认识纠

---

① 胡经之:《论艺术形象——兼论艺术的审美本质》,见《文艺论丛》第 12 辑,上海文艺出版社 1981 年版,第 14 页。

结在一起的,它是人对现实对象的审美属性能否满足人的审美需要作出的反应。审美认识和审美感情的融合完善了审美意象。审美意象对审美认识和审美感情的偏重和选择形成了不同的艺术类型。突出审美感情的艺术以抒情为主,形成抒情性艺术;突出审美认识的艺术以造型为主,形成造型艺术。造型艺术的审美意象以形寓情,抒情性艺术的审美意象使情具形。胡经之以大量的诗歌、音乐作品为例加以论证,凸显了他对这一问题的认识与众不同。胡经之对审美意象的特征、结构方式和符号化的探讨,在学术界产生震动,一定程度上深化了艺术形象的理论内涵。这篇文章发表之后很快被收入中国社会科学院文学研究所编的《中国新文艺大系·理论卷》(1976~1982),后又被收入美国著名美学家布洛克与朱立元共同编选的《中国当代美学》一书,被译介到西方。

(二) 文艺美学学科存在的依据

文艺美学是什么? 这是胡经之在开拓这一学科之初一直思考的问题。在中西方规范的学科中,有文艺学、诗学、美学,这些学科虽然互有交叉,但基本独立。那么,文艺美学是一个什么学科? 1982 年初,胡经之发表了《文艺美学及其他》《"文艺美学"是什么》等论文,对这一问题作出解答。

胡经之说:"文艺美学,顾名思义,当是关于文学艺术的美学。它的研究对象,自然是文学艺术。"①既然文艺美学研究的是文学艺术的美学问题,那么,它与文艺学、美学之间到底有怎样的联系与区别? 胡经之特别强调,他所说的文艺学,不是西方所谓狭义的文学学,而是包括文学学和艺术学在内的广义的文艺学。中国古代向来就有把文学和艺术放在一起考察的传统。胡经之很看重这种传统。文艺学以文学艺术为研究对象,文艺美学也以文学艺术为研究对象,那么,它们的区别又在什么地方呢? 在胡经之看来,文艺学是对文学艺术作全面、综合、系统的研究,它主要由文艺理论、文艺历史、文艺批评三个门类组成。文艺批评不是一般意义上的认识活动,而是一种评价活动,它是作者与读者之间的桥梁,是作者与欣赏者反馈关系的中介。文艺历史属于历史学科,研究的是文学艺术的历史发展,探讨文学艺术的发展规律。文艺理论运用的是逻辑的方法研究文学艺术,把所有的文学艺术门类作为一个整体来对待,探索文

---

① 胡经之:《文艺美学及其他》,见《美学向导》,北京大学出版社 1982 年版,第 26 页。

学艺术共有的性质、功能、规律。这三个门类实际形成了三个学科,它们之间相互联系,且相互影响。文艺理论与哲学、社会学、心理学、美学等学科的关系非常密切。文艺理论的研究侧重于不同学科间的联系,便形成了文艺理论的不同学科,产生了文艺哲学、文艺社会学、文艺心理学、文艺美学等。因此,胡经之认为,文艺美学属于文艺学,是文艺学的一个组成部分。"文艺美学从美学上来研究文学艺术,深入到文学艺术的审美方面,揭示文学艺术的特殊审美性质和特殊的审美规律。"①然而,胡经之又说,文艺美学又可归入美学。既然这样,那么,文艺美学和美学的联系与区别又在什么地方呢? 为了解答这一问题,胡经之考察了中西方美学思想的发展历史。他发现,在中西方美学思想的发展历程中,美学虽然是属于哲学的一个部门,却始终与文艺理论纠缠在一起,这是因为,美学的研究对象包括文学艺术。直到 18 世纪,美学才成为哲学中的一个独立门类,一个独立学科。在胡经之看来,西方的所谓美学,其实又是审美学,"它不只研究美,而是研究整个审美"②。西方美学尤其是德国古典美学是从哲学上来研究审美的,这种研究,可以称之为"哲学美学"。当然,哲学美学也关注文学艺术,有人甚至把美学归结为艺术哲学。胡经之认为,美学研究的不只是艺术审美,还应广及人文审美(包括生活审美)和自然审美等人类全部的审美活动。文艺美学则集中研究文学艺术的创造及审美,它要揭示的是文学艺术自身与其他审美活动相区别的特殊规律。这就基本上把文艺美学的独特性发掘出来,给它确定了一个比较明确的研究对象。那就是:文学艺术特殊的审美性质和审美规律。

文艺美学研究的是文学艺术特殊的审美性质和审美规律,并不意味着它要分解文学艺术各个门类,而是把文学艺术作为一个整体来对待,对之进行系统研究。文学艺术本身就是一个系统,这个系统由三方面构成,即文学艺术创造、文学艺术作品、文学艺术接受(消费)。这三个方面都有自己的审美规律。文艺美学就是要系统地研究文学艺术的作品、创造和接受这三方面的审美规律。这就是文艺美学的研究对象和内容。

1989 年,胡经之出版了《文艺美学》,1999 年修订再版。在修订再版的绪论中,胡经之对文艺美学是什么问题的思考又深入一步。他强调,文艺美学是诗

---

① 胡经之:《文艺美学及其他》,见《美学向导》,北京大学出版社 1982 年版,第 32 页。
② 同上,第 34 页。

学和美学的融合,它与人的现实处境和灵魂归宿联系在一起。胡经之说:"以追问艺术意义和艺术存在本体为己任的文艺美学,力求将被遮蔽的艺术本体重新推出场,从而去肯定人的活生生的感性生命,去解答人自身灵与肉的焦虑。"①文艺美学要解决的核心问题是艺术的意义和艺术本体之真,揭示艺术活动系统的奥秘,把握多层次的审美规律,深拓艺术生命的底蕴。这适应了文艺美学现代化的需求,研究目标更加明确。

胡经之将"文艺美学"从一个名词提升到学科的高度,这就意味着"文艺美学"的背后存在着一个完整的理论系统,这是一个等待人们去开拓的学术领域,其研究前景非常广阔。

(三) 构筑比较完整的理论系统

既然文艺美学不同于文艺学、美学,那么,文艺美学应该有怎样的理论构成? 对此,胡经之进行了非常艰苦的斟酌与思考。这一思考的成果,一直到1989 年《文艺美学》出版才得到完整的揭示。从这一思考的最终成果来看,它确实不是文艺学和美学的原理,也不是两者的简单相加,而是一个独特的理论系统。对此,胡经之自己有一个表白:

在我的思考中,曾想以艺术形象作为我分析的出发点,由艺术形象的特性引出艺术的内容、形式、构成、形态等等,然后再转入创作活动和欣赏活动。这是从静态分析走向动态考察的行程,常见的教科书就是采用这种方法。但我经过几番思考,还是放弃了这条路程,而顺着另一脉络展开去。我想,与其面面俱到,四平八稳,还不如有感即发,无感不发,有话即长,无话即短。审美活动、艺术本体、审美体验等问题,别人说得不多,而我有话要说,为何不由此入手展开? 而别人在过去已谈得不少的批评、鉴赏等问题,我又何必多说! 于是,我先从分析审美活动着手,剖析艺术把握世界的方式,进而探究审美体验的特点,寻求艺术的奥秘,然后才转入艺术美、艺术意境等的论述。这是从动态分析走向静态考察的路程。也许,这不是最

---

① 胡经之:《文艺美学》,北京大学出版社 1999 年版,第 1 页。

好的方法,但既然我已沿着这条脉络展开我的思路,那就让它去罢!①

胡经之对文艺美学理论问题的逻辑思考,基本都体现在这本书的逻辑结构之中。从中,我们能够清晰地看出他对文艺美学独特的理解与创造。全书由十一个重要问题组成,依次是:审美活动、审美体验、审美超越、艺术掌握、艺术本体之真、艺术的审美构成、艺术形象、艺术意境、艺术形态、艺术阐释接受、艺术审美教育。对每一个问题的探讨,胡经之都倾注了创造的心血。这些问题,与文艺学的作品、创造、接受的三维构成和美学对审美活动、审美意识、审美本质等问题的形而上思辨存在巨大的差异。这基本印证了胡经之对文艺美学的看法,即:文艺美学以文学艺术为研究对象,既可归入文艺学,又可归入美学。

然而,胡经之的这个文艺美学的理论构成有什么独特之处? 又具有怎样的价值呢?

首先,它是一个逆向思维的产物。就像胡经之所说,一般的教科书对理论问题的分析往往采用的是从静态走向动态的考察方法,而《文艺美学》却反其道而行之,先从动态分析着手,然后进入静态的研究。这种逆向思维是一种创新。在胡经之看来,审美活动、审美体验、审美超越、艺术掌握是动态的,艺术本体之真、艺术的审美构成、艺术形象、艺术意境、艺术形态是静态的,而艺术阐释接受、艺术审美教育是动态还是静态的呢? 在我们看来,仍然是动态的。实际上,胡经之的文艺美学的理论体系是一种"动态——静态——动态"的结构。这就使得这一理论的构成充满灵性,具有鲜活的生命之动。

其次,它对艺术本体和艺术意义非常重视。这是当时的文艺学、美学原理严重忽略的方面。胡经之说:"文艺美学将从本体论高度,将艺术看作人把握现实的方式、人的生存方式和灵魂栖息方式。"②这就是说,文艺美学的研究应该以人为中心,追问人的生命意义。而人的生命意义是蕴涵在艺术本体之中的。要想完整发掘人的生命意义,必须追问艺术本体,探讨艺术意义。

再次,它将文艺学和美学熔于一炉。胡经之文艺美学的理论体系把审美活动作为自己立论的逻辑起点,论述了审美体验、审美超越、艺术掌握、艺术本体

---

① 胡经之:《文艺美学》,北京大学出版社 1999 年版,序,第 3 页。
② 胡经之:《文艺美学》,北京大学出版社 1999 年版,第 1 页。

等问题,这些,都是既关乎文艺学又关乎美学的问题。然而,文艺美学既不是文艺学,也不是美学,同时,既可属于文艺学,又可归为美学,处于文艺学和美学中间。胡经之将之熔于一炉,使之相互融化渗透,在融化渗透中,寻求文学艺术的独特规律,彰显了自己的个性。

(四) 注重对艺术生命意义的发掘

文艺美学最重要的价值是对艺术生命意义的发掘,这是贯穿胡经之文艺美学研究的一根耀眼的红线;也是当时文艺理论、美学研究中最为缺乏的。胡经之对文艺美学各问题的讨论都交织着这一主题。艺术生命关系着艺术本体问题,它凝视的是文学艺术的终极存在,探求的是文学艺术的根本属性。由于它紧密关联着人的生存价值与生命意义,又与认识论相互交织、密不可分,对矫正机械的认识论有一定的作用。

在对艺术生命意义的追问中,德国哲学家、美学家海德格尔对胡经之有很大启发。海德格尔把诗(艺术)与思高度哲理化,认为一切思都是诗,而一切文学艺术的创造都是思,把诗看作思的存在方式。胡经之正是从这里切入进入艺术生命意义的思考。他说:"人类正是通过真正意义上的创造,通过'思着的诗'或'诗化的思'使自己的本真存在在语言之中进入敞亮,获得生命的价值和意义。因此,艺术的根本目的是通过审美之途,通过赋诗运思,感悟人生生命意蕴所在,并在唤醒他人之时也唤醒自己,走向'诗意的人生'。"[①]

艺术的本真存在是感悟人的生命意蕴,走向诗意人生,这就是艺术的生命意义之所在。把握艺术的生命意义,只有依靠审美。因此,胡经之一开始就把自己的目光聚焦于审美活动。他着意强调审美活动的主客体交流与契合是人类自由的实践活动,认为只有当人类的活动转化为自由的实践活动时,人类才有审美需要,人类的活动才有审美的意义。审美活动中的主客体交流是一个非常复杂的心理流程,从这一过程的实质看,主客体的交流是交互的。在胡经之看来,这种交流有两个特殊的过程:一是来自艺术家自身,二是来自客观的材料。这些材料本身有自己的运动秩序,有自己的规定性和发展规律,在交流的过程中被社会化,获得审美的定性,从而,使得主客体在交流的过程中相互制约又相

---

① 胡经之:《文艺美学》,北京大学出版社 1999 年版,第 17 页。

互创造。审美活动使人的内心世界本身达到了平衡。然而,平衡是相对的,不平衡是绝对的,无论平衡还是不平衡都会促使人去改变世界,最终获得审美的感悟。

胡经之的这一思考虽然没有绕开中西美学史上关于主体与客体的二元论认识,却有超越的地方。这超越之处就是还原审美活动中的主客体的交互性,认定这种交互性是一种平衡。这一思想还贯穿在他对其他问题的讨论中。在研究审美超越时,胡经之把自己的视角放在对文艺的审美特征、文艺与审美的关系以及艺术的审美价值等问题的思考上。尤其是对艺术价值的讨论,他一反传统将美仅仅看作形式或者将美确定为机械的伦理道德内容的做法,认为艺术价值不仅在于完成作品,更在于完成人的灵魂塑造。在思考审美掌握时,胡经之关注的不仅是人与世界的审美掌握方式,更把这种审美掌握与艺术家的意象思维联系在一起。而最为精彩的莫过于他对审美体验的认识,他把审美体验置于中西文艺理论、美学的大背景中加以讨论,发掘了审美体验的心理动力,揭示了审美体验的心理奥秘,归纳出审美体验的层次性和拓展性,从中,我们能够完整看出他对艺术生命意义的理解。

胡经之对艺术生命意义的追问还表现在他对艺术意境的思考上。艺术意境是中国古典文艺学和美学的一个重要范畴,它的理论内涵非常复杂。胡经之并没有将这一理论静态化,而是将它放置到一个动态的背景中进行分析。他指出,中国古代的"言志"说、感物说、比兴说、言不尽意说等等,都与意境的发生有着千丝万缕的联系。在胡经之看来,审美意境的构成有三个层面,那就是:境、境中之意、境外之意。境是象内之象,它是"审美对象的外部物象或艺术作品中的笔墨形式和语言构成的可见之象";境中之象是"审美创造主体和审美欣赏主体情感表现性与客体对象现实之景与作品形象的融合(包括创造审美体验和欣赏的二度体验)";境外之象是无形之象,它不是一种能够独立存在的境,而存在于前两种境之中,却是审美意境的极致。它秉承了宇宙之气的生命心灵,具体表现为天、地、人之间的和谐关系,达到了"天人合一"的妙境。这种对意境的思考视角是非常独特的。①

胡经之的文艺美学产生于改革开放之初,是对文艺学、美学研究的拨乱反正。它极大地改变了中国文艺学、美学的生态,因此,具有很高的思想史价值。

---

① 胡经之:《文艺美学》,北京大学出版社 1999 年版,第 260—261 页。

第三章

人性、人道主义与审美
问题的讨论

第一节　人性、人道主义和审美问题
的讨论与新语境的出现

在中国现代文艺史上,以鲁迅为代表的左翼阵营(包括"左联")与自由主义作家、"第三种人"就进行过关于人性与阶级性的讨论。他们各执一词,前者过于强调、夸大阶级性,忽视、淡化或否认人性及其在审美中的表现,在阶级斗争激烈、大敌当前和民族矛盾尖锐的情况下,这种观点当然有其合理性,但从肯定阶级性走到了否定人性的极端,其缺陷也是相当明显的,不仅把情感、审美的丰富性简单化,也无法解释人性与审美的复杂关系、人性广泛存在于审美的现象;后者强调人性及其对审美的作用,在一定程度上提高了审美的丰富性,解释了审美的复杂性,却走到了否认阶级性的另一个极端,有意模糊、否认阶级性,这样就无法说明审美与社会的复杂关系,尤其是那些夹杂着社会矛盾、民族矛盾和阶级斗争的审美现象。在国共两党殊死斗争的特定时代,他们代表各自的集团、利益,其理论都有其合理性、适用性和片面性,但是,在列强压迫和侵略中国、民族冲突空前激烈、大敌当前的形势下,过分强调人性甚至以人性消解人的社会性、掩饰社会矛盾确实有些不合时宜。

新中国成立以后,中国进入了相对和平、正常的历史时期,阶级斗争、民族矛盾已经今非昔比,也为深入探讨人性问题提供了可能。但是,由于夸大了阶级与阶级斗争的存在及其作用,"以阶级斗争为纲"的影响甚大,政治压制了正常的学术探索,学界习惯于把人性和人道主义作为资产阶级、修正主义思想进行批判,人性甚至成为"禁区"。可贵的是,巴人、王淑明、钱谷融、周谷城等理论家勇敢地提出了这个问题并进行了一定的探索,针对山水诗、"共鸣"等具体审美现象说明了人性及审美表现人性的合法性,并在一定程度上涉及人性与阶级性的关系。遗憾的是,"文革"爆发后,这些极为有限的探索也被迫终止。新中国成立后,在"三大改造"基本完成后,阶级斗争不应该成为社会的主要任务和日常生活的主要内容,应该恢复审美、艺术等文化现象在日常生活中的合理地位。在这种背景下,强调审美适当地关注人们共通的思想、感情、行为,有助于扩大审美的范围,全面而深刻地表现社会、个人,增强审美的表现力和感染力,并充分发挥审美满足人们精神需求的作用。但令人遗憾的是,人性却遭受了批判,学界对此噤如寒蝉,有学者甚至为此付出了沉重的代价。

20 世纪 70 年代末,随着"四人帮"被粉碎、中国共产党十一届三中全会的召开、拨乱反正的深入,中国进入了改革开放的新的历史时期,时代的变迁为讨论人性、人道主义问题提供了相对正常、宽松的环境。在这种历史背景下,面对新的审美、社会问题,学界重新进行了深入的、更为注重学理的探讨。当然,此前的讨论为这次讨论作了一定的铺垫,其成果、教训都为这次讨论提供了一定的参照。

新时期以来,人性、人道主义讨论涉及的论题较多,时间跨度较大,且主要集中于 20 世纪 70 年代末到 80 年代,所以,本章以这个时期的讨论为重点展开叙述。其中,有些论题属于一般哲学理论、马克思主义理论的基本问题,但这些问题与美学的联系密切,甚至是美学研究的基础,鉴于此,本章也涉及了这些论题。此外,20 世纪 90 年代,人性与审美关系的讨论主要涉及市场经济引发的资本与精神生产、感性与理性、现实性与超越性的紧张与平衡问题。21 世纪以来,这个问题又转化成新的形式,学界围绕人性与文艺评价的标准、文艺的永恒性等问题展开了讨论。为此,本章也根据实际情况兼顾了这两个时期的论述。

第二节　人性、人道主义、异化及其与审美关系的讨论

从 20 世纪 70 年代末开始,政治上的"拨乱反正"带来了各行各业的复苏,文化事业与学术研究逐渐正常化,哲学界、美学界、文艺理论界集中讨论的第一个理论问题就是人性、人道主义和异化问题。1977 年,何其芳引述了毛泽东关于共同美的观点,即"各个阶级有各个阶级的美,各个阶级也有共同的美。'口之于味,有同嗜焉'"①。这个观点为讨论人性提供了契机。1978 年,美学家朱光潜发表了《文艺复兴至十九世纪西方资产阶级文学家艺术家有关人道主义、人性论的言论概述》(《社会科学战线》1978 年第 3 期)一文,尝试谈论这一议题。

---

① 何其芳:《毛泽东之歌》,载《人民文学》1977 年第 9 期。

之后，汝信、王若水等学者逐渐介入这个问题，①他们大都谨慎地从研究国外的理论入手。1980 年，讨论才逐渐转向从马克思主义角度来研究这些问题，并把讨论引申到对现实的理论思考。其中，汝信、王若水等学者的文章引起了广泛的关注和讨论，讨论在 1984 年达到了高潮。据统计，1978～1983 年，发表的相关文章就有 600 多篇。而且，学界还多次召开专题性研讨会，《人民日报》《哲学研究》《文学评论》《文艺研究》等重要理论报刊都刊发了大量的文章，人民出版社及时出版了论文集《人是马克思主义的出发点》（1981 年）、《关于人的学说的哲学探讨》（1982 年）、《人性、人道主义问题讨论集》（1983 年）和《关于人道主义和异化问题论文集》（1984 年），北京三联书店出版了《为人道主义辩护》（1986 年），这几部论文集也对研究起到了推波助澜的作用。这次讨论也由此成为新时期以来，参与人数最多、规模最大、持续时间最长、发表成果最多的一次讨论。这次讨论显然具有强烈的现实针对性，即对"文革"中践踏人格、人的价值、人的尊严的抗议，也是从理论上对这些灾难的反思。而且，随着《班主任》等"伤痕文学"作品的涌现，这些作品所展示的"文革"的种种惨象与畸形，成为文艺创作界、文艺理论界反思"文革"的动力，甚至比单纯的抽象理论探索更具冲击力。随后，这股力量与哲学界、美学界汇合，共同参与了理论上的讨论。也就是说，否定、反思"文革"已经成为知识界的共识，并由此结成了一个清理与反思"文革"的"知识共同体"，这个共同体成为这次讨论的中坚力量。此外，这次讨论还明显受到存在主义等国外理论思潮、西方"马克思学"和西方马克思主义等学术因素的影响。

　　在这次讨论中，不少论者都是以马克思早期的思想，特别是《手稿》中的思想为根据，来论述马克思主义与人道主义的关系。这就涉及如何评价这部著作以及如何看待马克思思想的发展。汝信、王若水等学者都肯定了这部著作的理论价值及其在马克思主义思想史上的地位，他们认为，马克思在《手稿》中就人的问题阐发了"极其深刻的思想"，诸如"这种共产主义作为完成了的自然主义，等于人道主义""共产主义则是以扬弃私有财产作为自己的中介的人道主义"，这与成熟的马克思思想有着密切的联系，它代表了马克思对人道主义的看法，

---

① 详见汝信：《青年黑格尔关于劳动和异化的思想》，载《哲学研究》1978 年第 8 期；墨哲兰：《巴黎手稿中的异化范畴》，载《国内哲学动态》1979 年第 8 期；王若水：《关于"异化"的概念》，载《外国哲学史研究集刊》1979 年第 1 期。

也能够以此为根据来研究马克思主义与人道主义的关系。① 周扬从整体上清理了人道主义与早期、晚期马克思主义的关系：

> 马克思在他的早期著作中，曾经肯定地谈到人道主义。不能否认，这个时期他还未完全摆脱黑格尔、费尔巴哈的错误影响。1845 年以后，马克思、恩格斯都曾对"真正社会主义者"的人道主义呓语进行批判。在他们成熟时期的著作中，也确实不再用人道主义这个词了，这些都是毋庸回避的事实。不承认马克思主义有一个发展过程，看不到马克思早期著作与后来成熟时期著作的区别，是不正确的；但是，否认马克思早期著作与后来成熟时期著作的联系，把两者完全对立起来，认为后期马克思从根本上抛弃了人道主义，也同样是不正确的。即使马克思在早期著作中讲的人道主义，也是和费尔巴哈的人道主义不同的……马克思从费尔巴哈那里吸取了一些东西，但并没有停留在费尔巴哈的水平上，他超越了费尔巴哈；马克思批判了费尔巴哈的人道主义，但未从根本上否定人道主义。后来唯物史观和剩余价值论的创立，使马克思的人道主义思想放在更科学的基础上，而不是抛弃了人道主义思想。②

邢贲思、蔡仪等学者认为，马克思的这部探索性的著作明显受到黑格尔和费尔巴哈的人本主义的影响，并不成熟，也不能代表马克思后来的思想；在《神圣家族》中，异化已不是中心内容了，《关于费尔巴哈的提纲》初步地概述了其唯物史观，《德意志意识形态》标志着历史唯物主义理论的建立，后两部著作已经否定了费尔巴哈和《手稿》中的人本主义思想，以此为根据并不能说明马克思主义与人道主义的关系；夸大这部著作的价值，实际上就等于夸大了"青年马克思"在马克思思想发展中的地位，这在西方的"马克思学"和一部分中国学者的研究中都有所反映。这些基本判断必然导致对一些具体问题看法的分歧。

---

① 详见汝信：《青年黑格尔关于劳动和异化的思想》，载《哲学研究》1978 年第 8 期；墨哲兰：《巴黎手稿中的异化范畴》，载《国内哲学动态》1979 年第 8 期；王若水：《关于"异化"的概念》，载《外国哲学史研究集刊》1979 年第 1 期。
② 周扬：《关于马克思主义的几个理论问题的探讨》，载《人民日报》1983 年 3 月 16 日。

哲学界、美学界、文艺理论界都参与了这次讨论,他们的讨论既有共同点,又有区别。他们讨论的侧重点不同:哲学界偏重于在理论上的讨论,主要探讨人性、人道主义、异化等理论问题及其与马克思主义的关系,他们的讨论显得抽象些;美学界、文艺理论界也从理论上探讨人性、人道主义和异化问题,但这不是他们关注的重点,他们主要关注审美、文艺与这些问题的关系,审美和文艺作品应不应该表现这些主题,如何表现这些主题,以及表现这些主题的得失和审美价值,他们的讨论具有很强的针对性和现实性,也很具体。他们的共同点和联系也颇多:相同的主题有助于他们共同进行理论上的探索,也促使他们相互影响、相互借鉴对方的成果;都把马克思主义作为其理论资源和立论的根据,甚至还策略性地运用马克思主义的话语来表达自己的看法。这次讨论可以总称为人道主义讨论,人道主义又包含了人性、异化两个主题。为了论述的方便,我们把讨论涉及的内容归纳为几个问题,也包括关涉美学问题基础的基本理论问题,以全面反映当时讨论的实情。

一、人性的含义、人性与阶级性的关系及其与审美、文艺的关系

(一) 人性的含义及其与审美、文艺的关系

20 世纪 70 年代末,随着政治上“拨乱反正”的展开,文艺界也开始检讨新中国文艺的得失,重新反思文艺的基本问题,特别是文艺与政治的关系问题。《上海文学》1979 年第 4 期发表了署名评论员的文章《为文艺正名——驳“文艺是阶级斗争的工具”说》,反对把文艺作为阶级斗争的工具,并引发了文艺与政治关系的讨论,这个事件也为人性、人道主义讨论开辟了道路。在这种背景下,人性及其与阶级性的关系,特别是审美、文艺应该如何认识和表现人性与阶级性的关系,又一次成为美学界、文艺理论界关注的重点。探讨这个问题首先面临的是对人性的理解,对人性的不同理解,决定了对人性与阶级性关系的阐释,也决定了如何理解审美、文艺与人性和阶级性关系的阐释。这里仅介绍讨论中几种有代表性的观点。

1. 人性是人的自然属性

这种观点以朱光潜为代表。他在文章中开宗明义:“什么叫做‘人性’？它

就是人类自然本性。"人性指的是《手稿》中所说的"人的肉体和精神两方面的本质力量"①。在阶级社会中,尽管人要受到阶级性的制约,但人能够通过类似的经历、感受、审美经验积淀起倾向于一致的思想感情,这集中地表现为人情味。审美、文艺就应该表现这种人性、人情味。

2. 人性是人的社会属性

人性是人的社会属性,即人的社会关系或社会性。在阶级社会中,人性主要表现为阶级性,但也有一些非阶级性。王元化认为:"构成人的本质的东西,恰恰是那种为人所特有的、失去了它人就不能成其为人的因素。而这种因素,就是人的社会性。"②马奇认为:"人性就是人的社会性,它受社会的经济、政治、道德、宗教各方面的影响,是一个很复杂的东西。在阶级社会里,人的社会性不全是阶级性,也不只是人的共同性。如果认为人性只是人的共同性,人的共同性又是自然性,其结果,人性就只能是动物性,而社会性也就只是阶级性了。"③实际上,他们认为,人性是由人的自然性与社会性、阶级性和共同人性所构成的,其中,在阶级社会中,人的社会性、阶级性占主导地位。因此,这种人才是现实中真实的人,文艺应该表现这些人性。与此相似,还存在着一种"社会关系总和"的人性观。马克思在《关于费尔巴哈的提纲》中指出:"人的本质,并不是单个人所固有的抽象物,在其现实性上,它是一切社会关系的总和。"这种人性观通过引用马克思的论述得出了"人性是社会关系总和"的结论,审美、文艺应该关注和描绘人的社会关系,并反映其本质。

3. 人性是人的阶级性

毛星认为,人性是人的社会性,在阶级社会中,社会性就是阶级性。因此,人的本质和本性是阶级性。④ 在阶级社会中,二者是对等的、一致的。因而,审美、文艺只要表现了阶级性,也就等于表现了人性,没有抽象的、超越阶级性的思想感情。

4. 人性是人的自然属性与社会属性的统一

王润生认为:"马克思是把人性和需要这两个概念联系在一起的,需要由人

---

① 朱光潜:《关于人性、人道主义、人情味和共同美问题》,载《文艺研究》1979 年第 3 期。
② 王元化:《人性札记》,载《上海文学》1980 年第 3 期。
③ 马奇:《马克思〈1844 年经济学—哲学手稿〉与美学问题》,见全国高校美学研究会、北京师范大学哲学系编:《美学讲演集》,北京师范大学出版社 1981 年版,第 89 页。
④ 毛星:《关于文学的阶级性》,载《文学评论》1979 年第 2 期。

性所决定,而决定需要的人性当然包括自然属性和社会性这两个方面。"①胡义成也是这样认为的,但他的分析更为细致:从人性的层次上看,作为社会成员,人是社会性和动物性的对立统一;作为阶级的成员,人是阶级性和超阶级性的对立统一;作为阶级成员的具体的人,人是阶级性的人和具有个性特点的人的对立统一体;作为民族成员的具体的人,人是具有民族特点、全人类共性以及特定阶级性的对立统一体。但"人性、民族性、阶级性和超阶级性等概念,都不具有直接现实性。它们的直接现实,只能是具体人的个性"②。因此,审美、文艺要反映活生生的人,以人为凝结点,既要反映出人的社会性、阶级性和民族性,也要反映出人的生物性、超阶级性、个性、全人类性。

5. 人性是共同人性与阶级性的统一

钱中文认为,人性"主要指共同人性而言,它和阶级性一样,是现实的人的根本特征"③。持类似观点的计永佑认为,借助于个性可以表现二者:"共同的人性是全民的社会现象,而这种全民性的共同人性,体现在具体的人的个性中,它又与一定阶级的人性联系在一起。"④鉴于此,审美、文艺应该关注并描绘具体的人的个性,并通过个性反映出全民的共同人性和阶级性。刘大枫认为,阶级社会导致了人性的异化。他还细致地分析了人性中"异化"的部分和未被"异化"的部分:对于前者,应该认为"'异化'了的部分人性尚且仍是人性而不是阶级性了";对于后者而言,"也有可能以个性的形式存在""带着阶级性的人性,绝不是说就是阶级性,而是彼此之间同中有异、异中有同的人性""人性和它的表现形态人情是始终存在的"⑤。因此,审美、文艺就应该表现人性、人情和人的个性,在表现它们的过程中也就自然地表现了渗透于人性中的阶级性了。

(二) 人性与阶级性的关系

从这些讨论中,可以发现人性与阶级性之间的关系主要表现为:1. 在阶级社会中,阶级性等同于人性;2. 在阶级社会中,人性是共同人性加阶级性,人性

---

① 王润生:《人的自然本性、社会性和阶级性——与胡绳生、袁杏珠同志商榷》,载《辽宁大学学报》(哲学社会科学版)1980 年第 3 期。

② 胡义成:《人、人情、人性》,载《社会科学》1980 年第 1 期。

③ 钱中文:《论人性共同形态描写及其评价问题》,载《文学评论》1982 年第 6 期。

④ 计永佑:《两种对立的人性观——与朱光潜同志商榷》,载《文艺研究》1980 年第 3 期。

⑤ 刘大枫:《人性的"异化"并非人性的泯灭》,载《南开学报》1981 年第 2 期。

大于并包含了阶级性;3.在阶级社会中,人性与阶级性是对立统一的关系,即它们是普遍与特殊、共性与个性、一般与个别的关系;4.人性与阶级性是不同的范畴,前者是为了区别人与动物,后者是为了区别社会的不同集团,因此,它们之间是并列的关系,不能把它们联系起来看待。在前三种情况下,阶级性与人性呈现出相互渗透、融合、吸收、转化的状况。既然如此,审美、文艺就应该描绘、表现出人性与阶级性的这种复杂状态。

二、人道主义、异化及其与马克思主义的关系

人道主义、异化问题主要是哲学和政治学的问题,但是,它们与人性、阶级性、马克思主义关系密切,也与审美现象、文艺有着密切而复杂的关系,而且,澄清这些问题,有助于全面而科学地把握马克思主义。鉴于此,这里有必要涉及这个议题。

对人道主义的讨论首先遇到的问题就是如何界定人道主义。学界在理解人道主义时的分歧倒不大,新时期较早研究异化问题的学者汝信的界定已为多数学者接受:"狭义的人道主义指的是欧洲文艺复兴时期新兴资产阶级反封建、反宗教神学的一种思想和文化运动;广义的人道主义则泛指一般主张维护人的尊严、权利和自由,重视人的价值,要求人能得到充分的自由发展等等的思想和观点。""用一句话来简单地说,人道主义就是主张要把人当作人来看待。人本身就是人的最高目的,人的价值也就在于他自身。"[1]实际上,学界的主要分歧在于对人道主义的评价和其他一些问题上,这些分歧主要表现为:

(一) 如何理解马克思主义与人道主义的关系

马克思主义与人道主义的关系,不仅仅是一个理论问题,它还涉及人道主义在中国的合法性,以及中国是否应该实行人道主义的实践问题。这样,一些学者就从人道主义与马克思主义的关系入手,试图以此为突破口,展开了对人道主义的讨论。汝信明确肯定马克思主义包含了人道主义的原则:

---

① 汝信:《人道主义就是修正主义吗? ——对人道主义的再认识》,载《人民日报》1980 年 8 月 15 日。

我认为不能把马克思主义笼统地和人道主义绝对地对立起来，更不能不加分析地一概把人道主义当作修正主义来批判。当然，不应该把马克思主义融化在人道主义之中，或是把马克思主义完全归结为人道主义，因为马克思主义不仅仅是研究人的问题。但是，马克思主义应该包含人道主义的原则于自身之中，如果缺少了这个内容，那么它就可能会走向反面，变成目中无人的冷冰冰的僵死教条，甚至可能会成为统治人的一种新的异化形式。

马克思主义的人道主义和过去的人道主义学说虽有一定的批判继承的关系，但却有着根本的区别。特别是，在一系列重大原则问题上，马克思主义者是和资产阶级人道主义者相对立的。因此，决不能把马克思主义的人道主义和其他人道主义流派混淆起来，而应把它看作人道主义的一种高级的科学的形式。①

他在同一篇文章中还指出了马克思主义的人道主义区别于资产阶级的人道主义的四个重要特征。汝信的观点引发了持续的争论。王若水与汝信的观点大致相同："不能把马克思主义全部归结为人道主义，但是马克思主义是包含了人道主义的。马克思始终是把无产阶级革命、共产主义同人的价值、人的尊严、人的解放、人的自由等问题联系在一起的。这是最彻底的人道主义。"②蔡仪、杨柄、陆梅林等学者较早对此作出了理论上的回应，其中，蔡仪的看法很有代表性：人道主义"在思想实质上和马克思主义是根本矛盾而不相容的"③。在后来的讨论中，王若水、周扬都表达了与汝信大致相同的观点，周扬认为："我不赞成把马克思主义纳入人道主义的体系之中，不赞成把马克思主义全部归结为人道主义；但是，我们应该承认，马克思主义是包含着人道主义的。当然，这是马克思主义的人道主义。"④在讨论相持不下的情况下，胡乔木对此作出了权威性的结论，他把人道主义划分为"作为世界观和历史观的人道主义"（"同马克思主义的历史唯物主义是根本对立的"）和"作为伦理原则和道德规范的人道主

---

① 汝信：《人道主义就是修正主义吗？——对人道主义的再认识》，载《人民日报》1980 年 8 月 15 日。
② 王若水：《为人道主义辩护》，载《文汇报》1983 年 1 月 17 日。
③ 蔡仪：《论人本主义、人道主义和"自然人化"说——〈经济学—哲学手稿〉再探（下篇）》，载《文艺研究》1982 年第 4 期。
④ 周扬：《关于马克思主义的几个理论问题的探讨》，载《人民日报》1983 年 3 月 16 日。

义"(即社会主义的人道主义),其关系是:

> 作为世界观和历史观,马克思主义和人道主义,历史唯物主义和历史唯心主义,根本不能互相混合、互相纳入、互相包括或互相归结。完全归结不能,部分归结也不能。人道主义并不能说明马克思主义,不能补充、纠正或发展马克思主义,相反,只有马克思主义才能说明人道主义的历史根源和历史作用,指出它的历史局限,结束它所代表的人类历史观发展史上一个过去了的时代。①

他还指出了产生分歧的原因:

> 历史唯物主义观察和解决人的问题的基本方法论原则,就是从一定的社会关系出发来说明人、人性、人的本质等等,而不是相反,从抽象的人、人性、人的本质等等出发来说明社会。这是马克思主义的历史唯物主义同资产阶级人道主义的历史唯心主义的一个根本分歧,也是我们现在这场争论中的一个根本分歧。②

有论者从历史角度质疑了胡乔木的判断,认为胡乔木所讲的历史没有主体,其历史主体是没有价值和抽象的。③

(二) 马克思主义的出发点是什么?

这个问题是马克思主义的基本问题,对于整体上理解、掌握马克思主义极为重要。汝信较早地提出了马克思主义的出发点问题:"至于马克思主义学说本身,则不仅不忽视人,而且始终是以解决有关人的问题作为自己的出发点和中心任务的。"④王若水表达得更为直接:"总之,人既是马克思主义的出发点,又是马克思主义的归宿点。"⑤这个观点也引起了争议,其中,陆梅林和丁学良还对

---

① 胡乔木:《关于人道主义和异化问题》,载《人民日报》1984年1月27日。
② 同上。
③ 陈卫平、高瑞泉:《评新时期十年的五次哲学争论》,载《华东师大学报》1989年第1期。
④ 汝信:《人道主义就是修正主义吗? ——对人道主义的再认识》,载《人民日报》1980年8月15日。
⑤ 王若水:《关于人道主义》,载《新港》1981年第1期。

此进行了直接的辩论。陆梅林认为，汝信讲的"人"是马克思说的那种"一个生活在不论哪种社会形式中的人"。而且，这个错误还导致了唯物史观的缺失，并混淆了马克思主义和人道主义。应该从"那些使人们成为现在这种样子的周围生活条件"出发来观察人，这样，马克思主义的出发点则应该是具有社会人的一定性质，即"他所生活的那个社会的一定性质，因为在这里，生产，即他获取生活资料的过程，已经具有这样或那样的社会性质"。陆梅林还认为，"马克思和恩格斯从马克思主义之所以叫作马克思主义时起，始终坚持了这个出发点、这个基本前提的"①。丁学良直接质疑了陆梅林的看法："作为马克思主义出发点的，不仅仅是劳动阶级经济上遭受剥削的问题，而且是一切人在资本主义社会里都得不到健康完整的发展、人的世界相对于物的世界的贬值、整个人类价值受到严重损害的问题，也就是说，是一切人都遭受深重奴役的大问题。""马克思从来也没有改换过自己学说的根本出发点，没有否定过它的中心任务就是为了彻底解决人的问题。马克思把有关人的问题的解决作为自己的出发点和中心任务，这不是出于主观任意的原因，而是决定于近代历史发展的必然。"②这样看来，马克思主义的"出发点"具有"方法论意义上的出发点"和"社会使命意义上的出发点"两种含义，陆梅林论述的也是"社会使命意义上马克思主义的出发点问题"，但是，"陆梅林同志并没有对出发点的不同含义进行精确的区分，没有仔细辨析马克思恩格斯著作中论到'出发点'时，究竟说的是哪种意义上的出发点，而只是瞩目于字眼上的一模一样，结果就把马恩关于方法论意义上的出发点的言论，援引了来为他争论第二种含义上的出发点作证，从而导致了理解上的困难"，这样，"就会发觉陆文的这个结论是值得商讨的"。③ 在讨论中，许明把"人的物质生产活动"作为马克思主义的出发点。其依据是：既然我们讨论的是"马克思主义的出发点"而不是"马克思的出发点"，就有必要从历史唯物主义中寻找其出发点；成熟的马克思主义（即历史唯物主义）确立于 1845 年，其标志是《德意志意识形态》的出版。④ 胡乔木对此所作的结论是"人类社会，人们的社会关系（首先是生产关系），这就是马克思主义的新出发点"⑤。

① 陆梅林：《马克思主义与人道主义》，载《文艺研究》1981 年第 3 期。
② 丁学良：《〈马克思主义与人道主义〉一文质疑》，载《文艺研究》1982 年第 2 期。
③ 同上。
④ 许明：《人的物质生产活动是马克思主义的出发点》，载《学术月刊》1982 年第 4 期。
⑤ 胡乔木：《关于人道主义和异化问题》，载《人民日报》1984 年 1 月 27 日。

(三) 如何理解人的解放和人性的复归与马克思主义出发点的联系?

这个问题是马克思主义的重要问题,涉及马克思主义的最高目标是否是人的解放的问题,这个问题对于把握马克思主义的人学思想也是极为关键的。

不少学者认为,人的解放是马克思主义的最高目标。对此,学界也存在着分歧。陆梅林认为:

> 这种说法并不符合马克思主义理论的真谛,并未把握住科学社会主义的要义。这种说法恰恰模糊了科学社会主义和空想社会主义的本质区别……在恩格斯看来,恰恰应当颠倒过来,首先无产阶级要求得自身的解放,然后才能解放全人类。这是马克思和恩格斯的共同思想。①

而且,在陆梅林看来,马克思还

> 指明了今后人类历史发展的实际进程:通过工人的解放而解放全社会,解放全人类。也就是说,首先是工人阶级的解放,然后才是全人类的解放。当然,马克思后来还说过,无产阶级不解放全人类,也就不能彻底解放自己。这就把马克思的共产主义和人道主义者的共产主义划分开来了。②

丁学良质疑了陆梅林的看法,他认为,在对马克思主义的最高目标、最终目的的理解上,陆梅林的论述是"自相矛盾"的:一方面,陆文似乎告诉人们,马克思主义与空想社会主义的目标不同,前者以无产阶级的解放为目标,后者以人的解放、全人类的解放为目标;另一方面,人们还可以从陆文中得出这样的结论:"马克思主义并不否定解放全人类的目标,马克思主义反对的是空想社会主义实现这一目的的程序(即不是首先解放无产阶级,然后再实现全人类的解放,而是要求同时解放一切人);马克思主义也是把人的解放、彻底解放全人类作为自己的最终奋斗目标的。"③丁学良认为,后一种说法是正确的,陆文误解的原因

---

① 陆梅林:《马克思主义与人道主义》,载《文艺研究》1981 年第 3 期。
② 同上。
③ 丁学良:《〈马克思主义与人道主义〉一文质疑》,载《文艺研究》1982 年第 2 期。

在于,他机械地、狭隘地理解了"解放"的内容,即仅仅把"解放"理解为"政治和经济的概念,而没有把人的解放理解为一个完整的、具有多方面内容的过程……共产主义不仅是人的政治经济的解放,而且是人的一切感觉和特性的彻底解放"。丁学良认为,从文化史,特别是文艺复兴运动以来的文化史的角度来看,"全面发展的人"就是"人道主义的基本标记",而不能说,马克思主义的解放人的目标没有人道主义精神。①

与人的解放相联系的另一个问题则是人性的复归。汝信认为,共产主义的目的不仅仅是为了解放工人阶级,而是为了谋求全人类的解放,正是在这种意义上,马克思才在《手稿》中提出了"人的复归"的命题,他显然赞同这种提法。在后来的讨论中,对于这个提法以及这个问题的解释存在着不同的看法。一种观点认为,提"人性的复归"是必要的,也就是回归到人性被异化前的原始状态(也可以说原始共产主义社会),这是马克思成熟的思想,而且,这种"复归",实质就是发展。它的特点是在保留人在历史发展中所积累的全部物质财富和精神财富的基础上,回复到私有制产生之前的人与人之间的自由平等关系。这种复归后的人性要比'人之初'的人性具有无比的丰富性。所以马克思把这种"复归"或"发展"称作"积极的扬弃"。②

但是,有不少论者或者反对这种提法,或者反对把它作为马克思的成熟思想,或者对"人性的复归"的含义进行了不同的解释。在黄药眠看来,"将来的共产主义社会,同原始的共产社会,已有很大的不同,难道要我们将来的人复归到原始共产社会? 所以我认为这个提法不够恰切。我只同意人性也是历史发展的"③。许明基本上否定了这个命题:"'人的本质异化和复归'不能成立,不仅因为成熟的马克思主义著作中没有这个命题,批判了这个命题,而更因为在实践中是解释不通的。"④他分析了其结论的根据和这个命题的困境:第一,"这个命题的基本前提是确立人的本质"。第二,"如按照'复归'论,势必认为阶级社会是对人性的泯灭和堵塞"。第三,"即使坚持'现实的人'是出发点,但是,人的本质的现实性不能不是一种历史性。这就出现了无法解决的难题:如要坚持'人

---

① 丁学良:《〈马克思主义与人道主义〉一文质疑》,载《文艺研究》1982年第2期。
② 孙月才:《"人的复归"刍议》,载《文汇报》1983年6月28日。
③ 黄药眠:《人性、爱情、人道主义与当前文学创作倾向》,载《文艺研究》1981年第6期。
④ 许明:《人的物质生产活动是马克思主义的出发点》,载《学术月刊》1982年第4期。

是出发点',设定一个人的本质,再演绎出人的本质异化和复归,那么,人就无法是'现实的人';如果坚持'人是现实的',那么,人的本质的预先设定就不可能,人的本质的异化和复归就成了一句空话,整个立论的内容就要被推翻"①。

三、异化与马克思主义、社会主义的关系

异化与人性、阶级性密切相关,这次讨论还涉及了异化理论与马克思主义、社会主义的关系。马克思在借鉴黑格尔、费尔巴哈的异化概念的基础上,发展出对这个概念的解释。实际上,这次讨论对"异化"概念本身没有多少分歧,学界大都认为,异化就是使原本属于自己的东西疏远、脱离自身,并变成了异己的、与自己敌对或支配自己的东西。但是,在异化理论是否科学、是否是马克思的成熟思想等问题上,学界产生了严重分歧。一种观点是,"异化"思想在马克思思想的发展过程中发挥了重要作用:

> 马克思把费尔巴哈讲的生物的人、抽象的人变成了社会的人、实践的人,从而既克服了费尔巴哈的直观的唯物主义,并把它改造成实践的唯物主义,又克服了费尔巴哈的以抽象的人性论为基础的人道主义,并把它改造成以历史唯物主义为基础的现实的人道主义,或无产阶级的人道主义。在这一转变过程中,"异化"概念的改造起了关键的作用。②

而且,这个概念本身也是应该肯定的:

> "异化"是一个辩证的概念,不是唯心的概念。唯心主义者可以用它,唯物主义者也可以用它。黑格尔说的"异化",是指理念或精神的异化。费尔巴哈说的"异化",是指抽象的人性的异化。马克思讲的"异化",是现实的人的异化,主要是劳动的异化……那种认为马克思在后期抛弃了"异化"概念的说法,是没有根据的。③

---

① 许明:《人的物质生产活动是马克思主义的出发点》,载《学术月刊》1982 年第 4 期。
② 周扬:《关于马克思主义的几个理论问题的探讨》,载《人民日报》1983 年 3 月 16 日。
③ 同上。

另一种观点与此相反：

> 总之，对异化概念，要区别两种情况。一种是把异化作为基本范畴和基本规律，作为理论和方法，一种是把异化作为表达特定的历史时期中某些特定现象（包括某些规律性现象）的概念。马克思主义拒绝前一种异化概念，而只在后一种意义上使用这一概念，并且把它严格限制在阶级对抗的社会，特别是资本主义社会。①

此外，还有一种观点强调了马克思的异化思想的复杂性：

> 把马克思的异化理论简单地看成是马克思主义的重要组成部分，甚至是核心部分，是不对的。但把它看成是黑格尔的思辨哲学和费尔巴哈的人本主义的混合，也是一种简单化的片面观点，无论如何，马克思是努力从经济事实出发去寻求人类社会发展的客观规律，同黑格尔和费尔巴哈已经有了明显的区别。马克思的异化理论是马克思主义形成过程中的产物，不可避免地带有二重性。②

关于异化问题的讨论还引申出社会主义是否存在异化现象的问题。王若水对此持肯定态度："现在我想提个问题：在社会主义社会里还有没有异化呢？实践证明还有。尽管我们消灭了剥削阶级，但还有些问题没有解决，有些新问题又产生了。"其表现是"思想上的异化，政治上的异化，经济上也存在异化"。③ 在后来的讨论中，有论者肯定了社会主义也存在异化现象，但应具体分析，不能滥用这个概念。黄枬森认为，任何社会都不可能避免异化现象（主要指对抗性的异化），社会主义也同样如此，警惕异化现象，尽量减少、减轻异化现象和盲目性，这样的异化和异化概念对社会主义是有现实意义、理论价值的。但

---

① 胡乔木：《关于人道主义和异化问题》，载《人民日报》1984年1月27日。
② 何玉林：《黄枬森等在纪念马克思逝世一百周年学术报告会上的发言摘要》，载《人民日报》1983年3月14日。
③ 王若水：《文艺与人的异化问题》，载《上海文学》1980年第9期。

是,异化现象与马克思所说的异化劳动("资本家攫取工人的剩余价值")是不同的,社会主义的异化现象表现为矛盾、对抗性的矛盾和阶级矛盾。为此,他强调:"我不反对用异化概念来表现社会主义社会中的某些现象,但不应滥用,尤其不应不管具体含义随便使用,这只能引起思想混乱。"①有论者坚决反对"社会主义异化论",胡乔木在总结这次讨论时得出的结论就很有代表性:"他们脱离开具体的历史条件、把异化这种反映资本主义特定社会关系的历史的暂时的形式,变成了永恒的,可以无所不包的抽象公式。然后,又把它运用于分析社会主义,从而提出社会主义的异化问题。他们就是用这种方法把社会主义社会同资本主义社会混为一谈。"②事实证明,否认社会主义存在异化的学者主要进行了理论上的推演,确实对当时出现的异化现象缺乏足够的重视,对以后即将出现的异化也缺乏预测,从而出现了偏颇。现在看来,社会主义同样存在着异化或异化现象,我们应该正视这种现象并号召人们抵制它们,并最大限度地减少其危害。

四、审美和文艺与人性、异化、人道主义的关系

这次讨论不但涉及了人性、人道主义的基本理论,而且还涉及了审美和文艺与人性、异化、人道主义的关系,这些问题主要是从基本理论研究、审美创造、审美评价、文艺创作和批评中反映出来的。

(一) 审美、文艺与人性的关系

朱光潜是新时期最早为审美、文艺表现人性正名的理论家之一,他在文章中呼唤文艺要写人情,重视"对人性的深刻理解和描绘"③。范民声翻案性地重新评价了《论人情》。④ 遭受过批判的王淑明也表明了自己的看法:"在文艺作品中只要写人,就应该表现出完整的人性。如果只承认人的阶级性,不承认非阶

---

① 何玉林:《黄枏森等在纪念马克思逝世一百周年学术报告会上的发言摘要》,载《人民日报》1983年3月14日。
② 胡乔木:《关于人道主义和异化问题》,载《人民日报》1984年1月27日。
③ 朱光潜:《关于人性、人道主义、人情味和共同美问题》,载《文艺研究》1979年第3期。
④ 范民声:《重评巴人的〈论人情〉》,载《东海》1979年第11期。

级性,在文艺创作中就必然会造成公式化、概念化。"①当时,这些观点起到了突破禁区、解放思想的作用。

在讨论人性时,理论家们已经指出,审美、文艺应该关注并描绘人的自然属性、人的社会属性、人的阶级性、人的自然性与社会性的统一、人的共同性与阶级性的统一,以及人性与阶级性的渗透、转化。从当时的讨论看,美学界、文艺界已经克服了过去认识人性的局限,努力把握复杂的、多维的、动态的人性,并要求审美、文艺充分地开掘、描绘、反映人的复杂性,以塑造出符合实际存在的、真实的、生动的人物形象。其中,有些现象比较突出:人性是阶级性的人性观,已经失去了支配地位,美学界、文艺界开始反思其局限及其对创作的不良影响,这些反思为正确对待人性扫清了障碍,也有利于审美创造、文艺创作;人性是人的社会属性、人性是人的自然属性与社会属性的统一、人性是人的共同人性与阶级性的统一等人性观,以其理论的说服力、现实的正当性获得了广泛的支持,审美创造、文艺创作反映或印证了这些探索成果,推动了审美、文艺的发展;学界开始正视、重视人的自然属性,不但承认其合理性,而且也肯定了它对人的日常行为的影响,并要求审美、文艺关注和表现这些人性因素。

在这些观念的影响下,审美、文艺对共同人性的表现逐渐增多。当时,审美、文艺对人性的描绘主要表现在:重视表现人的本能、生命欲求、动物性等自然属性;重视表现不同阶级、阶层的共同性或共通性,如对自然的欣赏、追求爱、要求情感满足等等;重视表现人在追求真善美的过程中的人性亮点;重视人性对狭隘的阶级性的超越。但不可否认的是,当时对人的自然属性的描绘也出现了一些矫枉过正、片面的、极端的问题。在过去的审美创造、表现中,人的自然属性往往遭到极端漠视、压制和批判,出于对这种状况的不满和反拨,也由于受到自然主义、生命哲学、精神分析学等国外文化与审美思潮的影响,审美创造、文艺创作空前重视人的自然属性。这当然有其合理性,但是,有的作品热衷于不遗余力地挖掘与展示人的性本能、破坏本能、欲望、冲动等因素,极端地反对社会、文化、文明、伦理、道德,导致人沦为动物、生物,丧失了人的社会性、特性和超越性。这种倾向很快就遭到了一些批评,诸如,"只承认人的自然属性,否定其社会属性,固然是违背马克思主义的;而承认了人的社会属性,但把人的自

① 王淑明:《人性·文学及其他》,载《文学评论》1980年第5期。

然属性抽象化、永恒化,把它与社会属性相割裂、相对立的二元化的人性观,也不符合马克思主义"①"有的作品还提倡抽象的人道主义,抽象的'爱',根本抹煞是非、善恶的界限,抹煞正义与邪恶、革命与反革命的界限,把一切都加以颠倒,或企图用抽象的人道主义,抽象的爱的说教来解决社会矛盾"②。此外,某些审美创造者也没有处理好阶级性与人性、人情的关系。一些作品片面地夸大人性、追求极端纯粹的人性和超越阶级性的人性,并由此走向了否定人的阶级性、社会性的偏颇,有的理论家还干预了这种倾向,要求在描写人情时仍然要作具体分析:"当然,我并不认为,一切'人情',都无一例外地包括这两个部分。事实上,这两部分在一个具体的'人情'中所处地位和所起作用是很不相同的,必须具体分析。"③

人性及其与阶级性的复杂关系、文艺的审美性都决定了文艺表现阶级性时的复杂性和特殊性:不同文艺门类表现阶级性的程度、层次、侧重点都有所不同,文学、影视、绘画可能直接些,音乐、舞蹈可能间接些;文艺对阶级性的表现与不同的创作方法有关,现实主义作品可能直接些、明白些,浪漫主义、现代主义作品可能含蓄些、隐蔽些;阶级社会中的审美、文艺可能更重视阶级性,和平时期的审美、文艺可能更重视人性和人情。尽管如此,如果审美、文艺极端地强调阶级性或人性,可能都会损害审美、文艺的表现效果,也不利于科学地分析审美、文艺和文艺史等现象。因此,美学、文艺理论应该总结正确处理阶级性与人性关系的规律,使审美、文艺在二者的平衡中得以发展,也应该从这个角度出发去研究审美、文学艺术家、文艺作品、文艺批评和文艺发展史等现象。总之,这次讨论促进了对人性的全面认识,有助于克服以往片面的、机械的倾向,科学地对待人性及其描绘、表现;及时纠正了夸大人的自然性和过分表现人的自然性的泛滥,有利于审美、文艺表现健全的人性;合理地界定了阶级性,纠正了以往无限夸大阶级性的偏颇,有利于审美、文艺表现阶级性及其对人的思想行为的影响,也有利于塑造人物、重新研究与此有关的审美和文艺现象。

① 张韧、杨志杰:《从〈啊,人……〉到〈人啊,人!〉——评近几年文学创作中的人性、人道主义问题》,载《文学评论》1984 年第 2 期。
② 何玉林:《黄枬森等在纪念马克思逝世一百周年学术报告会上的发言摘要》,载《人民日报》1983 年 3 月 14 日。
③ 胡义成:《人·人情·人性》,载《社会科学》1980 年第 1 期。

（二）审美、文艺与异化的关系

把审美、文艺与人性的关系再向前延伸一步，就成为审美、文艺与异化的关系。如果承认社会主义社会存在着异化（思想异化、政治异化和经济异化）或异化现象，那么，审美、文艺就应该关注、揭露、鞭挞和表现这些异化或异化现象，以尽量减少它们及其影响。相反，如果否认社会主义社会存在着异化或异化现象，那么，审美、文艺也就无所谓再去表现这些现象了。学界存在着社会主义社会有无异化或异化现象的分歧，这样的分歧必然会影响到审美、文艺，并在审美观、文艺观上表现出来。俞建章认为，阶级是人类社会特定历史时期的社会现象，阶级是从人中派生出的现象，阶级性是人性的异化。审美、文艺应该表现人性的异化和复归："如果说，人的异化现象发生在社会主义社会同发生在资本主义社会有什么不同，那就是，由于排除了生产资料私有制，在今天的社会中，人的异化过程也是这种异化被自觉地认识、被积极地扬弃的过程，是人自觉地向合乎人性人的自身复归的过程。"[①]

与此相反，计永佑认为，社会主义社会不存在异化和异化劳动，这样，"异化论既然不能正确地解释我们的社会主义社会的现实生活，当然也无从正确地指导我们的社会主义社会现实生活的文艺创作，也无从正确地体现社会主义文艺的客观规律""也无助于正确地反映与区别两种不同性质的矛盾""也无助于正确地处理文艺作品的歌颂与暴露问题"[②]。事实证明，社会主义社会仍然存在着异化或异化现象，审美、文艺也应该表现它们。

（三）审美、文艺与人道主义的关系

新时期以来，随着《班主任》等"伤痕文学"作品的出现，描写人性、人道主义的作品越来越多，通过《啊，人……》《人啊，人！》《爱，是不能忘记的》等作品的名称就可见一斑。出于对"文革"的反思和对现实生活中无视人的价值等现象的抗议，这些作品的出现是必然、必要而合理的。这些作品与学界就人性、人道主义、异化问题展开的讨论相呼应，它们借助于感性、情绪、情感、感受触及人的问

---

① 俞建章：《论当代文学创作中的人道主义潮流》，载《文学评论》1981年第1期。
② 计永佑：《异化论质疑》，载《时代的报告》1981年第4期。

题,甚至以其具体性、感染力获得了更大的冲击力和影响。因此,文艺理论界、美学界大都对审美和文艺作品中的人道主义主题持肯定态度。其中,一部分论者继续朝着"文学是人学"的方向发展,钱谷融重新论证了人道主义之于文学的意义:"文学既以人为对象,既以影响人、教育人为目的,就应该发扬人性、提高人性,就应该以合于人道主义的精神为原则。"他还从文学评价标准的角度肯定了人道主义:"人道主义原则是评价文学作品的一个最基本、最必要、也可以说是最低的标准。"①美学家高尔泰与钱谷融的观点不谋而合,他从艺术本质的角度肯定了人道主义与艺术的密切联系:"历史上所有传世不朽的伟大文学艺术作品,都是人道主义的作品,都是以人道主义的力量,即同情的力量来震撼人心的……艺术本质上也是人道主义的。"②

另一部分论者则从新时期文艺中寻找人道主义的合理性。何西来从文学潮流嬗变的角度指出:"人的重新发现,是新时期文学潮流的头一个,也是最重要的特点,它反映了文学变革的内容和发展趋势,正是当前这场方兴未艾的思想解放运动逐步深化的重要表现。"其三个标志为"从神到人""爱的解放""把人当作人",重新发现人,在文学上表现为人性、人情、人道主义的重新提出。③

但是,也有论者反对把人道主义与社会主义文学联系起来。王善忠反对用人道主义作为标准来衡量社会主义文学:"社会主义文学首先是把共产主义思想作为自己的核心,其次它主要塑造无产阶级英雄和社会主义新人形象。这两个特点就不是人道主义所具有的,因为这是两种不同质的潮流,决不能混同或互通。"④洁泯则反对以人道主义潮流来概括新时期的文学创作:"在文学思想上,把近几年来的文学成就,都归结为'人道主义的潮流',将充满着时代精神和革命激情的文学成绩,都划到抽象的人道主义里面去……把抽象的人、抽象的人道主义作为准绳来解释历史的变化和文学的变化,必将得出谬误的结论,最后将导致背离马克思主义和社会主义。"⑤这两种观点截然对立。后来,人道主义与审美的关系又被转化为性格问题、主体性问题得到了讨论,它们分别以刘再复的《论文学的主体性》(《文学评论》1985 年第 6 期)、《性格组合论》(上海文

① 钱谷融:《〈论"文学是人学"〉一文的自我批判提纲》,载《文艺研究》1980 年第 3 期。
② 高尔泰:《人道主义与艺术形式》,载《西北民族学院学报》1983 年第 3 期。
③ 何西来:《人的重新发现——论新时期的文学潮流》,载《红岩》1980 年第 3 期。
④ 王善忠:《社会主义文学与人道主义问题》,载《文学评论》1984 年第 1 期。
⑤ 洁泯:《文艺批评面临的检验》,载《光明日报》1983 年 12 月 8 日。

艺出版社 1986 年出版)为代表。持人道主义审美观的刘再复高度肯定了人道主义之于新时期文学的意义:"我们可以找到一条基本线索,就是整个新时期的文学都围绕着人的重新发现这个轴心而展开的。新时期文学作品的感人之处,就在于它是以空前的热忱,呼唤着人性、人情和人道主义,呼唤着人的尊严和价值。"①他还从四个方面为人道主义进行了辩护,人道主义由此在社会主义文学中取得了合法地位:"毫无疑问,我们的社会主义文学应当成为最富有人情、人性、人道主义精神的文学。那种以反对抽象的人道主义为名,硬把社会主义描绘成非人道主义的文学,将给社会主义文学带来极大的错误和不幸。"②

(四)"共同美"问题

20 世纪 70 年代末,在何其芳披露了毛泽东关于共同美的意见后,与人性、人道主义讨论相联系,美学界、文论界围绕"共同美"问题展开了广泛而热烈的讨论,也可以说,"共同美"讨论是这次讨论中与审美有直接关联的一次讨论。其中,很少一部分学者否定存在共同的美,也否定了"共同美"提法的科学性。他们认为,作为一种社会现象和人类实践的产物,美或审美活动与人的功利性、主观意识和主观倾向关系密切,不存在完全自然的、无功利的审美,不存在"共同美",这种提法也不科学。③ 有的学者同时否定了"共同的美"和"共同的美感"的存在,即不可能有超阶级的美感,也无法理解超阶级的"共同美",它们都不存在,而且,"共同美"不能够反映审美本质和艺术本质,它没有理论价值。④ 有的学者还认为,美感有阶级的差异性和共同性,但美不存在阶级的差异性和共同性,因为后者是客观的,所有客观的美都是"共同美",这样,丧失了最初含义的"共同美"也就没有存在的必要了。⑤

多数学者都肯定了共同的美或美感的存在,在许多具体问题的理解上却出现了差异、分歧。

分歧最大的就是对"共同美"中"美"的含义的理解。多数学者认为"美"指

---

① 刘再复:《文学的人道主义本质的回复和深化》,载《新华文摘》1986 年第 11 期。

② 同上。

③ 开强:《阶级性　人性　共同美——中文系文艺理论教研组举行学术座谈会》,载《西南民族大学学报》(人文社科版)1980 年第 2 期。

④ 潘家森:《"共同美"研究简介》,载《哲学动态》1980 年第 2 期。

⑤ 同上。

美感,它显然是主观的,指在一定条件下不同阶级的人对某一事物产生的相似或相同的审美感受和审美评判,或者说,在一定条件下不同阶级的人都能够感受到某一事物的美,并产生美感。少数学者认为"共同美"中的"美"指美而非美感,强调的是审美对象引发了共同美感的美,主要基于客体自身的属性。还有一部分学者认为"美"包含了美感、美,"共同美"则是"共同的美"加上"共同的美感",显然是主客观的统一,既有客观的美,又有人、社会的因素。钟子翱就是这样看待"共同美"的:"不同阶级的人,在一定的条件下,对同一个审美对象都产生美感,感到它美。"①实际上,这样的分歧也出现在对毛泽东关于"共同美"的那段话的理解上。② 对"美"的理解的分歧必然导致对"共同美"的不同解释,与三种"美"的含义相对应,"共同美"可以分别理解为共同的美感、共同的美、共同的美感和美。

在具体的研究中,洪毅然针对研究的混乱提出,必须区分并深入研究不同阶级的审美者主观的"审美意识"的共同性和客观事物的"美"(或客观的"美之存在")的共同性,避免把它们混淆起来。他强调,讨论"共同美"应该承认并遵守一个前提:"事物的美或不美,是客观的;人们的美感和关于美或不美的观念、概念等审美意识,是主观的。"③在他看来,审美意识包括美感,以及美的观念、概念(审美理想、审美标准等),阶级社会的审美意识必定是阶级性和共同(共通)性的统一,它们是特殊与一般的关系,反对只强调一方而否定另一方,这样必然会割裂特殊与一般的联系。他认为,事物的"美"的阶级性和共同性都是客观的:"都不是取决于人们的审美意识之主观性,而乃取决于事物实际上处在什么人们之什么样的生活实践关系中,它们自己实际上作为什么人们之什么样的'生活事物',及其因之而实际上所具有普遍的什么样具体形象意义等客观条件。"④因此,必须反对两种倾向:强调"美之存在"的普遍性、共同性、客观性而否认其阶级性;强调它的阶级性而掩盖、淡化、否定其普遍性、共同性、客观性。同时,还应该科学地对待"美之存在"的客观的阶级性:如果否认其客观的阶级性,就会把人的审美意识的阶级性混淆为"美之存在"的阶级性,走向唯心主义;

---

① 钟子翱:《论共同美》,载《北京师范大学学报》(社会科学版)1979 年第 5 期。
② 潘家森:《"共同美"研究简介》,载《哲学动态》1980 年第 2 期。
③ 洪毅然:《简论美和审美意识的阶级性和共同性》,载《甘肃社会科学》1980 年第 2 期。
④ 同上。

或者把"美之存在"的客观性片面地绝对化、孤立起来,使之与人的实践、生活绝缘,变成绝对同质化的不可能存在的"共同美",并走向形而上学机械唯物主义。这样,也就区分了"审美意识"和"美之存在"的阶级性和共同性。针对有学者过分强调"共同美"的同质性,张松泉指出,"共同美"是相对的而不是审美感受的绝对相同,它"是指不同阶级对同一审美对象在某些方面、某些基本点上的相似、相近和一致,并不是在一切问题上的完全等同"①。也就是说,它是绝对的差异性和相对的同一性的统一,"阶级社会中的审美活动,一般地说,总是表现为不同阶级的差异性和各个阶级的同一性的辩证统一,差异性是绝对的,同一性是相对的"②。他着重研究了共同美中的差异性的主要表现:不同阶级的审美体验的侧重点不同,相似或相近的审美评价中仍然夹杂着不同阶级的评价的特点;不同阶级的审美趣味不同。实际上,人性和阶级性的关系构成了共同美问题的哲学基础:"在阶级社会里,不同阶级的人既在阶级性上相互区别,又在人性上相互联结,因此,阶级性是不同阶级的个性,而人性则是各个阶级的共性,人类阶级社会就是两者对立统一的整体。"③这样,我们就应该承认共同美、反对人性论,也应该承认阶级性和差异美,并进行具体而细致的分析。

实际上,"共同美"是一种广泛存在的客观现象,它涉及美的创造、欣赏和接受,以及古今中外的审美共鸣的各个方面与环节,大量存在于自然、社会和文艺领域,在自然美、形式美、社会美中都有不同程度的表现。在阶级社会中,在肯定美的阶级性的同时,也应该承认"共同美"的存在。其中,就形式而言,"共同美"可能存在于下述两种形式中:第一,充分地表现了内容的有独立审美价值的文艺形式,包括艺术思维的形象形式、艺术语言、艺术结构、艺术技巧、表现手法等因素,它们是没有阶级性的客观存在。④ 第二,高度审美性的文艺形式。就内容来说,"共同美"可能存在于下述情况中:政治、阶级倾向和斗争不明显,或者说没有阶级性的作品,如自然美、形式美和有的文艺作品;进步或民主的文艺家一定程度地克服了其所属阶级的倾向性,创作了表现进步阶级或人民情感、愿望、思想的阶级性作品,或者表现了爱国主义、民族之情、高尚的道德情操的作

---

① 张松泉:《共同美问题初探》,载《学习与探索》1980 年第 2 期。
② 同上。
③ 同上。
④ 同上。

品,它们虽然有阶级性,但最终超越了创作者所属的剥削阶级的局限而获得了大范围的认同,产生了"共同美",受民众支持、拥护、认同的人民性是其基础;不同阶级的思想情感相互传播、影响、渗透、吸收也可能产生"共同美";美的观念、审美活动是历史性和时代性的统一,传统的继承可能产生"共同美";在激烈与缓和并存的阶级斗争中,不同阶级有斗争也有妥协,也有共同的利益,反映不同阶级共同利益、实践的作品可能产生"共同美"。这些"共同美"现象的根源就在于"不同阶级审美者,与同一审美对象有某种相同、相似的审美联系"①。此外,一个民族相同的语言、历史、生活、传统导致了相同或相似的审美心理结构、民族性格、认同和习惯,并可能产生"共同美",张松泉称之为"民族的美":"同一民族的不同阶级也有共同美,也就是民族的美。"②人类相同的生理和心理机能、心理积淀、审美机制,诸如性爱、亲情、喜怒哀乐等不同民族的生活、情感的相似性,也可能产生"共同美"。因此,"共同美"涉及的范围很广:"不仅是同时代同民族不同阶级之间的审美现象,而且也是不同时代不同民族不同阶级之间的审美现象。"③同样,导致"共同美"的原因也是复杂的、多种多样的,"既有审美者方面的原因,也有审美对象方面的原因,更有审美对象与审美者关系方面的原因"④。

美学界关于"共同美"的讨论有非常重要的理论意义、现实意义,不但有助于我们澄清美学的基本理论问题,深入研究美的创造、欣赏和接受,促进美学的发展,还有助于研究文艺的创作和接受,有效地吸收、继承传统文艺,更好地接受域外文化。

人性、人道主义讨论开始于 20 世纪 70 年代末,一直持续到 80 年代中期,并达到高潮。随着政治力量对这次讨论的介入,特别是以胡乔木代表中央意识形态主管部门发表的《关于人道主义和异化问题》⑤一文为标志,讨论受到影响,这方面的文章逐渐减少。事实上,人道主义讨论不仅仅存在着思想观念的分

---

① 钟子翱:《论共同美》,载《北京师范大学学报》(社会科学版)1979 年第 5 期。
② 张松泉:《共同美问题初探》,载《学习与探索》1980 年第 2 期。
③ 潘家森:《"共同美"研究简介》,载《哲学动态》1980 年第 2 期。
④ 同①。
⑤ 胡乔木吸收了知识界的一些意见,并代表意识形态主管部门对这些问题作了权威性的结论,这就是影响甚广的《关于人道主义和异化问题》,此文首先发表于《人民日报》1984 年 1 月 27 日,后来又发表于中央理论刊物《理论月刊》1984 年第 2 期,之后人民出版社又在 1984 年出版发行了《关于人道主义和异化问题》的单行本。

歧，还掺杂了政治、人事等方面的因素。因此，这次讨论始终与政治密切相关，在广泛而热烈的讨论背后，始终存在着政治力量隐秘的干预，学术与政治的矛盾几乎贯穿始终，这种现象在胡乔木代表意识形态主管部门对这些问题所作的权威性结论和讨论中以及所发生的一些重要事件中都有所反映。结果，周扬等倡导或支持人道主义的几位重要理论家被迫作了公开、非公开的检讨，学术讨论还导致了一些人事方面的变动，由此可见政治对这次讨论的巨大影响。[①] 客观地说，在这次讨论中，虽然反对共同人性、人道主义的学者仍然为数不少，但是，赞同共同人性、人道主义的学者更多，这些论者则因其强烈的现实针对性和历史合理性获得了更多的同情与道义上的支持。实际上，人性、人道主义不仅仅是抽象的理论问题，更是历史和现实的实践问题。李泽厚就从这个角度肯定了支持共同人性、人道主义的学者所占据的制高点："没能具体地科学地考察中国这股人道主义思潮的深厚的现实根基、历史渊源和理论意义，也就是说，这批判没有注意到这股人道主义思潮有其历史的正义性和现实的合理性。批判离开了这个活生生的现实，仍然是就理论谈理论，从而这批判也抽象、空泛、贫弱，离开了正在前进中的中国社会实践，它当然不能取胜。"[②]之后，一方面，少量的这方面的讨论还在继续；另一方面，这些问题又被转化为其他问题得到了讨论。

第三节　人性、人道主义及其与审美关系讨论的意义

客观地说，人性、人道主义讨论是当时社会文化发展的合乎逻辑的产物，有其必然性和合理性。随着讨论自由度的加大，这次讨论取得了不少成绩，不但具有了相当高的理论价值，而且还直接间接地推动了政治、社会的发展，还对审美、文艺创作产生了一定的指导意义和影响。从这些方面看，我们理应重视这次讨论及其留下的遗产。

---

① 关于这次讨论的详情和周扬参与讨论的情况可以参考《忆周扬》（王蒙、袁鹰主编，内蒙古人民出版社1998 年出版）、《晚年周扬》（顾骧著，文汇出版社 2003 年出版）、《知情者眼中的周扬》（徐庆全著，经济日报出版社 2003 年出版）、《唐达成文坛风雨五十年》（溪流出版社 2005 年出版）等著作，以及其他一些回忆性文章或学术论文。

② 李泽厚：《中国现代思想史论》，东方出版社 1987 年版，第 209 页。

一、人性、人道主义讨论的政治意义

粉碎"四人帮"以后,随着清理"文革"流毒的逐渐展开,各行各业都开始进行拨乱反正的工作。学术界一方面要清除"以阶级斗争为纲"的极"左"思想的余毒,另一方面还要继续反思"文革"、极"左"思潮的思想根源。美学界也是如此,美学工作者逐渐清理、纠正了新中国成立后(特别是"文革"时期)的极"左"思想在美学领域的表现,尤其是一些错误的美学思想、理论命题、范畴,废弃了一些不合时宜的提法。在这个过程中,美学也在某种程度上参与了当时的政治,甚至成为当时政治活动的一个有机组成部分。20 世纪 70 年代末以来,中国逐渐打破了长期的闭关锁国的封闭状态,开始与国外交流,在开放的同时还开始了国内各行各业的改革,也由此重新启动了现代化工程。而且,美学界还根据社会现实和审美、文艺的实际发展状况,提出了一些新的理论。随着社会的变革、发展,一方面,现实变化要求文艺、审美、文化顺应时代潮流,反映社会生活中的这些变革和人们的精神风貌,并引发它们的巨变;另一方面,社会的发展也为它们提出了新的时代课题,扫除封建的、落后的消极思想的影响,克服不作为的惰性思想,为改革开放扫清前进道路上的障碍,也要求文艺、审美、文化针对社会现实生活的实际状况提出并解决新的问题,以特有的方式参与社会变革,服务改革开放的全局和时代的需要。可以说,在当时的语境中,改革开放是最大的政治,时代要求美学服务政治,美学也以特有的方式参与、服务政治。这是新时期美学建设的政治语境,也是理解当时美学界关于人性、人道主义讨论所必须考虑的。

关于人性、人道主义的讨论具有非常重要的政治意义。许多美学学者都直接或间接地反对"以阶级斗争为纲"的提法,尤其反对夸大当时社会的阶级矛盾、阶级斗争的种种思想,有助于引导人们冲破极"左"思想的束缚,解放思想,促使人们摆脱"文革"式狂热的阶级斗争的思维模式、思想和行为,走出"文革"带来的心理阴影,并由此获得了巨大的政治意义;诸如高尔泰等美学家对美、人道主义的呼唤和探索,实际上是对自由的呼唤和张扬,包含着对"文革"的专制和强权政治的控诉,以及对当时社会现实中存在的僵化、教条政治的不满,美学观念的背后是强烈的政治诉求和指向,高尔泰当时还创作了一些"文革"题材的小说,这些小说反映了普通人在畸形政治下的命运变迁,形象地贯彻、体现了他的美学观;有许多讨论者积极呼唤、探索人的共性及其审美表现,并要求适当地关注阶级性及其与共同人性的关系,反对夸大阶级性,是对新中国成立后特别是"文革"时期过分地强调阶级性、阶级斗争的反拨,也包含着对不合常态的火药味异常激烈的阶级斗争的不满和对合乎人情味的、闲适的社会生活的期待;"文革"的梦魇、封闭的思想、落后的现实都从反向倒逼社会变革,改革开放已经成为绝大多数中国人的共识。人性、人道主义讨论还从特定的人的角度展示了美学界对现代、现代化的憧憬,从而使这次讨论在针砭封建愚昧、呼唤现代文明等方面获得了特殊的政治意义。

人性、人道主义讨论与当时兴起的人的解放的思潮高度吻合,或者说,这次讨论就是这股思潮的有机组成部分。美学研究者倡导人的自由而全面的发展,张扬人的个性;呼唤适应现代社会、充满现代气息的现代人;反对封建思想、专制思想对人的奴役,提倡人的自由;呼吁社会尊重人的天性、个性,为人的成长提供、创造应有的条件和氛围;为人的感性、欲望、自然性正名,吁求审美的人。现代化首先要求人的现代,没有现代思想、现代人,现代化就无从谈起。这次讨论从特定的美学角度、理论角度促进了人的解放,续写了五四运动发现人、解放人的传统,对于纠正"文革"的弊端、促进人的全面发展、塑造现代人起到了不可替代的作用。

二、人性、人道主义讨论促进了对马克思主义、马克思主义的人学思想的研究

这次讨论内容广泛,不但研究了人性、阶级性、异化、人道主义这些基本问题及其关联,还梳理了中国现当代哲学史、美学史、文论史关于这些问题研究的得失,在基本理论的研究方面取得了一定的成绩,并结合中国当时的实际尝试推动这些理论与实践的结合,尤其是把这些理论探索与审美表现结合起来,促进了美学研究和社会的共同发展。作为新时期参与讨论人数最多、规模最大的一次讨论,当然很难做到让参与者取得完全一致的看法,但是,确实形成了一些多数人能够接受的共识,诸如正视人作为动物的自然属性、承认其存在的合法性、反对夸大它的作用并防止其泛滥,尤其要处理好人的自然属性与社会性之

间的关系,同时,要把这些理论探索的成果落实到审美表现中;承认阶级社会中人的阶级性及其审美表现,但也不能否定共同人性及其审美表现,谨慎地处理好和平时期,特别是社会主义建设时期的阶级矛盾、阶级性及其审美表现的问题,还要纠正新中国成立后,特别是"文革"时期的实践和理论中过分强调阶级性及其审美表现的错误;人道主义及其审美表现在历史上曾经发挥过反封建、提高人的精神境界的积极作用,现在仍然具有合理性和存在的必要,也应该成为我国社会主义精神生态中的一个重要的参考标准,并在审美领域适当地、丰富地予以表现。这些讨论还促进、丰富了中国的人学研究,推进了美学、文艺对人的重视和表现。

这次讨论非常关注马克思主义、马克思主义人学的基本思想,学界以马克思主义的经典论著为根据,系统地研究了诸如青年马克思的思想及其在马克思主义思想史上的意义、马克思主义的基本思想、马克思主义的出发点、马克思主义的归宿以及阶级观、异化、社会主义、共产主义等马克思主义的基本问题。这些讨论有较大的分歧,在交锋、对话中澄清了一些误解,纠正了一些错误,也形成了一些共识,有助于全面而深入地理解、把握马克思主义思想。而且,讨论还与学术界关于马克思《手稿》的讨论结合在一起,学术界依据《手稿》和马克思主义的其他论著,关注并系统地研究了诸如马克思主义的人性观、马克思主义对人道主义的理解、人的异化、人的解放、人性的复归等马克思主义的人学思想。虽然理解这些问题时存在着较大的分歧,但多数学者倾向于认为,马克思主义重视人的阶级性、社会性及其审美表现,但并没有否定、排斥人的自然属性和不同阶级之间的共通性及其审美表现;马克思主义肯定人道主义的历史和现实意义,并在一定层面上倡导人道主义。马克思主义、人道主义都追求人的全面和自由发展,但二者有着重大的差别,人道主义主要停留在对不人道的思想行为的抽象抗议、抗争上,主要诉诸观念、思想、感情层面的呼吁和温和的行动,这样并不足以从根本上解决问题;马克思主义则把全人类的解放和自由发展作为自己追求的目标,依靠阶级斗争、最终消灭阶级差别和阶级的方式,从而解放所有的人,并由此超越人道主义。鉴于此,审美不但应该关注并表现一般意义上的人道主义,更应该关注并表现马克思主义所讲的人道主义,以及当下社会主义社会的人道主义。

学术界还就异化、人性的复归、人的解放等问题展开了激烈的讨论,多数学者认为，人的解放是马克思终生关注的问题，但青年马克思确实较为直接，较多地关注异化、人性的复归等问题。例如，写作《手稿》时马克思的思想较为复杂，一方面他受费尔巴哈的影响，仍然拖着人本主义的尾巴；另一方面在这部著作中有其后来多数重要思想的萌芽、雏形。成熟的马克思也关注这些问题，但他不是一般性地泛泛地谈论这些问题，而是把这些问题纳入了其历史唯物主义和辩证唯物主义的框架，更为重视阶级分析、社会结构分析，从生产力与生产关系、经济基础与上层建筑之间的矛盾和变化入手分析这些问题，为解决这些问题提供了坚实的基础和切实有效的途径。审美领域应该表现人的异化、人性的复归、人的解放这些主题，但也有个度的问题，或如何科学地把握的问题，否则，就可能仅仅以人性的异化与复归的简单化倾向来看待复杂的社会、审美现象，把问题简单化，再次引发新的混乱。

这次讨论取得了重要的理论成果，有助于人们正确地认识和把握人性、人道主义、异化和马克思主义的人学思想等问题，以及审美与人性、人道主义、异化的关系。这次讨论促进了学界的交流，尽管无法消除根本性分歧，但仍然有利于澄清误读、误解和认识上的混乱。这次讨论推动学界从理论上科学地理解马克思主义及其人学思想，也有助于克服对《手稿》的过度阐释。而且，这次讨论以反思的方式介入历史，在一定程度上克服了以往的机械主义、教条主义倾向，能够帮助我们在理论和实践层面思考新中国成立后，特别是"文革"时期在处理人的问题方面的缺陷，从而汲取教训，避免重蹈覆辙。

三、这次讨论推进了对一些具体美学问题的研究，为美学研究奠定了基础

美学界从现实出发，勇敢地突破禁区，就人性、阶级性、人道主义、异化、人的解放及其审美表现问题展开了广泛而深入的讨论，从理论上澄清了一些问题，形成了一些共识，促进了人们对现实和历史问题的认识，还推动了这些问题与审美关系的研究。在"共同美"问题上，美学界以毛泽东的有关谈话为契机，深入地研究了"共同美"现象，极大地推进了对这个长期困扰美学界的难题的解决，有助于破除"极左"思想的影响，正确地看待这种审美现象。

作为新时期美学的主要讨论之一，这次讨论在纠正错误、片面认识的基础

上还形成了一些共识,为新时期以来的中国当代美学建设奠定了理论基础,也可以说,这些研究已经成为中国当代美学研究的有机组成部分;同时,也指导或潜移默化地影响了审美领域和文艺创作领域,并取得了积极的成果。

20 世纪 90 年代之后,中国的现代化建设日益深入,政治已经回归其常态和正常的位置,政治、阶级斗争对人们日常生活的影响也日趋减弱,人们更为注重闲适、幸福、愉悦的生活,人性的侧重点也有所转移。这时,全球化以更快的速度迅猛发展,资本的流通也随之加速,经济成为时代的主题和日常生活的重心,由此而生发的是金钱、商品、市场、感官刺激、畸形的欲望、过度享乐等对健全人性的侵蚀,这对审美形成了更大的挑战,提出了更高的要求。人性与审美的关系问题又被转化为如何在感性与理性、精神性与物质性、现实欲望与超越性等各种因素的平衡中寻求人性合理的满足和健康的发展,此时,如何发挥审美对健全人性的形塑和影响,就成为中国当代美学界面临的重要任务,也成为这个时期美学、文艺研究的主要议题。关于这些问题有一些讨论,但大都针对一些具体问题,也不很系统。尽管这些问题非常重要,但不可能在短时间内解决。而且,在新世纪又有愈演愈烈之势,这需要在相当长的时期内从理论、实践层面展开深入的探索和研究。

20 世纪末以来,人性、人道主义与审美的关系又转换成新的形式得到了讨论。1996 年,复旦大学出版社出版了章培恒主编的《中国文学史》,章培恒在导论中提出了该书评价作家、作品的"人的一般本性"标准,他主要从人的自然性理解人性,他强调"个人的全面而自由的发展"应该最大限度地解放人的"原欲",即"本能的个人欲望",充分实现人性的社会就是不压抑人的欲望、保障"每个人的个人利益都得到了最充分的满足"的社会。① 《中国文学史》贯彻了以"人性"评价中国古代文学现象的标准,与此相似,在中国现代文学研究领域,也出现了类似的情况。为了克服中国现代文学阐释中过于强调文学社会价值的局限,并适应全球化的趋势,黄修己基于"全人类性"的标准提出了"中国现代文学全人类性的阐释体系"。其主要内容为,"以人性论为理论基础,研究现代文学在特定的时代背景下,如何反映或表现人类共有的人性""承认人类共同的价值底线,以此为标准来衡量、评价现代文学的得失,解释它的历史"。这样,就可能

---

① 章培恒、骆玉明:《中国文学史新著》,复旦大学出版社 2007 年版,序,第 4—5 页。

建构一个"超越了民族、国家、阶级集团的价值观,是持不同的社会价值观的人们都能理解、接受,都能在这个思想层面上沟通的""反映了全人类公共利益需求""为人类公认为价值原则和行为原则"。① 邓晓芒则用"永恒普遍人性"解释文艺作品的永恒性问题,他理解的文艺的本质是"将阶级关系中所暴露出来的人性的深层结构展示在人们面前,使不同阶级的人也能超越本阶级的局限性而达到互相沟通"②,这样,历史上所有描写不同阶级之间矛盾、斗争的文艺作品都"丧失"了其本质。针对这些现象,王元骧对此进行了辨析。他认为,马克思的"人性"概念包含了社会性,不能仅仅理解为人的自然的欲望、本能,它还是一个理想而不是现实的尺度,章培恒、黄修己、邓晓芒对"人性"的理解都不同程度地偏离了这两点,不过,其错误又有差别。而且,如果偏离这两点,必然导致文艺评价中的两种错误倾向:第一,"由于把人性抽象化、自然化而导致对文学社会内容、思想意义的贬损和否定";第二,"由于把'人性'与社会性相分离,必然导致文学评价标准的迷乱和思想导向的失误"。③ 具体而言,他们的错误各有侧重。章培恒不但错误地理解了马克思对爱尔维修和边沁的思想的接受,而且对马克思关于人性的理解也是错误的。实际上,马克思批判了"原欲"及其支配的状态,当然也反对把一切社会关系、社会规范都视为对人性的压抑,而且,他反对将"人的机能"沦为"动物的机能",并批判资本主义异化劳动"使动物的东西变成人的东西,而人的东西成为动物的东西"。鉴于此,章培恒的错误理解,必然导致他依据"人性"标准评价文艺现象的错误、偏颇,尤其是他对人物的欲望、本能及其描写的不合适的评价。④ 黄修己根据"人性"提出的超越性的"价值观"不但很难在现实中存在,而且更难被接受、认同,既然如此,也就谈不上反映"全人类公共利益需求"的"全人类性的价值底线"了。同时,即使阅读同一作品,不同读者的侧重点也未必相同。据此,王元骧反对对"人性"及其派生的"概念"进行过度的阐释和运用,他认为:"我们也不能因为文学作品为不同阶级所阅读就认为有人类公认价值原则的存在,更不能认为只有表现了共同人性和人类公认价值原则的作品才能为不同阶级读者所接受,否则都难免会把复杂的问题简单

---

① 黄修己:《全球化语境下的中国现代文学研究》,载《文学评论》2004 年第 5 期。
② 邓晓芒:《艺术作品的永恒性》,载《浙江学刊》2004 年第 3 期。
③ 王元骧:《关于文学评价中的"人性"标准》,载《文学评论》2006 年第 2 期。
④ 同上。

化。"①再从黄修己的批评实践看,他排斥那些反映、描绘社会矛盾的文艺作品,推崇五四时期一些"颂扬宽广的人间爱"的"问题小说",这种做法也存在很大的问题,这些问题也都源于其关于人性的错误思想。邓晓芒依据"人性"解释文艺的永恒性,试图割断文艺与现实(尤其是阶级状况)之间的关系,从读者对作品价值的感受性认同中寻找文艺的永恒性,则混淆了审美意识和日常意识,用日常意识层面的沟通标准评价作品,实际上排斥了那种普遍的必然的原则,使文艺接受沦为感受性认同的低层次的、缺乏客观性的、随意的评价,也就无从认识作品的永恒性。介入这次讨论的学者不多,但是,讨论中提出的问题很有意义、深度,也由此凸显了这次讨论的重要性。这次讨论有利于认识审美、文艺、文艺批评的基本问题,尤其是在新的历史条件下出现的人性与审美关系的新变化,也有利于纠正以前的错误认识,进而达成共识,其理论意义自然非常重要。而且,这次讨论还涉及了对诸如文艺的永恒性、文艺批评的标准、中国文艺作品的评价等具体与人性有关的审美问题的辨析和重新理解,探索了在新语境中如何理解它们的问题,为我们认识这些问题提供了新的视角、思路,同时也有助于消除在理解这些问题上的分歧。

　　人性、人道主义问题及其与审美、文艺的复杂而重要的关系,中国当代美学家应予以高度重视,结合当下的社会、文化实践给出有实际意义的答案,以有效指导和促进审美、文艺、健康人性的共同发展。我们应该珍视并继承新时期以来人性、人道主义讨论所留下的这笔丰富遗产,有结论的应该继承、发扬,错误的应该纠正、扬弃,不能适应时代发展的应该结合新的形势和时代要求进一步探索、调整,使其焕发出新的活力。为此,中国美学界仍然需要从这份遗产中获得资源、汲取力量,重新阐释这个问题在新语境中的变化,从理论和实践层面完成这个重要、艰巨的历史使命。

---

① 王元骧:《关于文学评价中的"人性"标准》,载《文学评论》2006 年第 2 期。

第四章

《1844 年经济学哲学
手稿》中美学问题的讨论

在 20 世纪中国美学史上，马克思的《1844 年经济学哲学手稿》（下文简称《手稿》）①具有特殊的意义，不但影响了中国学界对马克思主义美学的理解，还成为中国当代美学建设的重要理论资源，发挥了不可替代的作用。据考证，早在 20 世纪 30 年代，《手稿》就进入了中国学者的视野，蔡仪 1933 年在日本求学时就接触并思考了这部著作（当时叫作《神圣家族》）中的某些内容。② 1957 年，《手稿》③第一个中译本出版后，就为中国学界所关注，在 20 世纪五六十年代的美学大讨论中，李泽厚尝试运用《手稿》研究美学问题，特别是自然美问题。在新时期的美学研究中，随着新的《手稿》译本④的出版，朱光潜亲自翻译的一些重要章节在李泽厚主编的《美学》上发表，《马克思恩格斯全集》第 42 卷所收录的新译文的出版，《手稿》发挥的作用就更大了。《手稿》不但成为实践美学立论的根据和理论基础，还影响了许多美学理论的建构，促成了具体美学问题的解决。关于《手稿》的研究在 1982 年形成了一个热点、高潮，马列文论研究会举办的哈尔滨会议、中华全国美学会举办的天津会议、中国社科院文学所举办的南宁会议、江苏省美学会举办的苏州会议等专门对《手稿》开展专题性研讨。⑤ 之后，《手稿》的研究一直持续不断，时有论文、论著发表、出版。

《手稿》是马克思主义思想发展史上的一部重要理论著作，并因它与美学的密切关联及其丰富的美学思想而备受美学界的关注。20 世纪八九十年代和 21 世纪，中国美学界围绕《手稿》的美学思想进行了广泛而深入的讨论，涉及了众多论题。本章论述以 20 世纪 80 年代为主，兼及其他时期。

————————

① 关于《手稿》，译名有《巴黎手稿》《1844 年经济学—哲学手稿》《1844 年经济学哲学手稿》，本书除已发表论文题目仍保留原使用译名外，其余一律统一采用新近译法，即《1844 年经济学哲学手稿》。
② 杜书瀛：《家族记忆》，中国戏剧出版社 2008 年版，第 198 页。
③ ［德］马克思著，何思敬译，宗白华校：《经济学—哲学手稿》，人民出版社 1957 年版。
④ ［德］马克思著，刘丕坤译：《1844 年经济学—哲学手稿》，人民出版社 1979 年版。
⑤ 东方牧、周均平：《近年来关于马克思〈1844 年经济学—哲学手稿〉中的美学思想问题讨论综述》，载《山东师范大学学报》1983 年第 2 期。

第一节 关于《手稿》的学术价值及其在马克思主义思想史中地位的讨论

关于《手稿》的理论意义及其在马克思主义思想史中的地位、价值,这个问题非常重要,不但涉及对这部著作价值的认识,还涉及更为根本的对马克思主义、马克思主义发展史的理解。而且,关于《手稿》的基本判断是研究其美学思想的基础,也必然影响到对其美学思想的理解和评价。事实上,国外马克思主义学界或学派,如前欧美、苏联和东欧等国家的学界和存在主义、结构主义等学派,对这部著作的评价存在着很大的分歧,并与"两个马克思"的判断联系在一起,使这个问题显得异常复杂。由于种种影响,中国学术界对这个问题的认识也存在着很大的分歧,主要有两种代表性的观点。

一派以蔡仪等学者为代表,他们否认《手稿》是马克思主义的成熟之作,也对《手稿》中美学思想的价值持保留意见。蔡仪认为,写作《手稿》时的马克思受黑格尔、费尔巴哈的影响很大,他抽象地谈人,他的社会观、历史观的性质是人本主义,仍然保留了费尔巴哈人本主义的弱点,"表明他的人生观、社会观或历史观是唯心主义的,表明他的唯物主义是不彻底的"[1]。而且,《手稿》中的唯物主义没能达到马克思历史唯物主义的高度,也不能解释实践并由此作为唯物主义的基础。鉴于此,《手稿》是青年马克思向成熟的马克思主义发展过程中的过渡性著作,是不成熟的,它当然也不能代表马克思主义的基本思想和马克思主义思想的高峰。而且,《手稿》的不成熟性也要求我们应该慎重地运用其中对美的相关问题的判断,而不宜过分夸大其作用,更不能机械地照搬、套用其结论。在"文革"之前,蔡仪的思想基本上都是如此,对《手稿》的评价不高,但他在 20 世纪 80 年代仍然写了诸如《马克思究竟怎样论美?》《〈经济学—哲学手稿〉初探》《马克思思想的发展及其成熟的主要标志》《论人本主义、人道主义和"自然人化"说》等长文,更为系统地、深入地阐发了他的这些基本思想。尽管如此,他仍然从《手稿》中吸收了不少思想用来建构其美学理论和对具体美学问题的研

---

① 蔡仪:《〈经济学—哲学手稿〉初探》,见蔡仪主编:《美学论丛》第 3 辑,中国社会科学出版社 1981 年版,第 9 页。

究。毛崇杰、钱竞等学者都比较认同蔡仪的基本判断,并由此出发研究了青年马克思的思想。毛崇杰认为,青年马克思的主导思想仍然是人本主义的思想:

> 在写作《手稿》时,(马克思)还受着费尔巴哈的唯物主义人本主义影响,这种人本主义与唯心主义人本主义区别在于坚持了自然观的唯物主义,因此,在"出发点"上没有抛弃作为"劳动材料"的自然界;但同时也还没有找到社会关系对人的规定而笼统含糊地也以"主体的人"为出发点。这种人本主义使马克思从人本学(人类学)上去为人寻找本质力量,如"感觉、情欲"等,另一方面又以这种人的本质力量去肯定对象世界的客观实在性。①

另一派以朱光潜、李泽厚、马奇、刘纲纪等学者为代表,他们充分肯定了《手稿》的理论价值及其在马克思主义发展史上的意义。他们认为,《手稿》深刻地阐述了人性、人的本质、哲学的出发点、实践、自然的人化、人道主义、异化、资本主义、共产主义和人的解放等重要问题,它们是马克思对这些问题的独特回答,也反映了马克思主义的基本观点;《手稿》有丰富的美学思想和重要的美学价值,应该把它作为基本的理论依据来研究马克思主义美学、美学的基本理论和具体的美学问题,有些学者还运用马克思主义的实践观建构了实践论美学。朱光潜充分肯定了《手稿》的人性观、人道主义:"马克思正是从人性论出发来论证无产阶级革命的必要性和必然性,论证要使人的本质力量得到充分的自由发展,就必须消除私有制。"②他甚至把马克思主义解释为一种人道主义,把它们等同起来,他还吸收了《手稿》的人学思想和美学思想,并用来建构其美学理论。在"文革"之前,李泽厚就充分肯定了《手稿》的美学价值,20 世纪五六十年代美学大讨论时,他就运用《手稿》的思想,特别是"自然的人化"等思想来论证美的社会性、客观性。80 年代初期,李泽厚没有专门研究《手稿》的文章,也没有直接参与《手稿》的讨论,但他仍然发表了不少对《手稿》的看法,他的基本美学观、美的本质观、"积淀说"和对美感的解释都吸收了《手稿》的思想,他本人也成为实

---

① 毛崇杰:《怎样看待马克思主义实践观点——兼评"实践美学"》,见中国社会科学院文学所编:《马克思哲学美学思想论集——纪念马克思逝世一百周年》,山东人民出版社 1982 年版,第 271 页。
② 朱光潜:《关于人性、人道主义、人情味和共同美问题》,载《文艺研究》1979 年第 3 期。

践论美学的重要理论家。在"文革"之前就不同意蔡仪《手稿》观的马奇连续写了三篇长文,这些文章都被收入马奇所著的《艺术哲学论稿》,即《马克思〈1844年经济学—哲学手稿〉与美学》《马克思〈1844年经济学—哲学手稿〉中的美学问题》《对〈1844年经济学—哲学手稿〉的理解》,对于《手稿》,他没有直接反驳其他人,而是从正面系统地阐述了自己的思想,即写作《手稿》时期的马克思的思想已经成为马克思主义了,《手稿》的思想是马克思主义的初始形态,已经具备了马克思主义三个组成部分的雏形,应该把《手稿》作为马克思主义看待,也应该重视其包含的美学思想。陆梅林与马奇的思想比较接近,他认为写作《手稿》时马克思的唯物史观已经形成:"马克思早在《1844年经济学—哲学手稿》中即已初步形成物质生产实践观。关于唯物史观和新美学的基本前提的思想,就是从这部《手稿》生发滥觞起来的。马克思的这种唯物史观的思想,在此之前即露端倪,唯在这部《手稿》中发挥得比较清楚。"[①]刘纲纪写作了专门探讨《手稿》美学思想和反驳蔡仪观点的文章《略论"自然的人化"的美学意义》《关于马克思论美》,这两篇文章都收入《美学与哲学》,他肯定《手稿》是成熟的马克思主义著作,同时,作为马克思主义的唯物主义,历史唯物主义以实践为基础,与实践的观点不能分离,蔡仪理解的唯物主义属于旧唯物主义或机械唯物主义,不是马克思主义的唯物主义。而且,他还分析了《手稿》中具体的美学问题及其对美学建设的意义,尤其是其实践思想对中国实践论美学的建设性,否定了用实践观点研究美学是重蹈苏联修正主义覆辙的看法,但他反对用以《手稿》为代表的人道主义来概括马克思主义,即马克思主义包含了人道主义,但不能把二者等量齐观。蒋孔阳也运用《手稿》的思想来解决美学问题,并为实践美学作出了独特的贡献。

关于《手稿》的这两种基本观点和评价存在着巨大的差异、分歧,这样的分歧又深刻地影响了对《手稿》中具体美学问题的理解。

第二节 "自然的人化"

"自然的人化"(亦称之为"人化的自然"或"人的本质的对象化")是《手稿》

[①] 陆梅林:《马克思主义美学的崛起——〈1844年经济学哲学手稿〉读后》,见程代熙编:《马克思〈手稿〉中的美学思想讨论集》,陕西人民出版社1983年版,第137页。

中的一个重要命题,并对新时期的美学产生了重要的影响。这个命题主要围绕人与自然的关系展开,马克思在《手稿》中从主客观两个方面阐述了这个命题。从客观方面讲,人必须依靠自然,进而利用、改造自然为人类所用,人类的生产、实践活动的介入,使人类获得了区别于动物族类的属性,也使自然成为实践的对象(或者说创造、观照、审美的对象):

> 人则使自己的生命活动本身变成自己的意志和意识的对象。他的生命活动是有意识的。这不是人与之直接融为一体的那种规定性。有意识的生命活动把人同动物的生命活动直接区别开来。正是由于这一点,人才是类存在物。或者说,正因为人是类存在物,他才是有意识的存在物,也就是说,他自己的生活对他是对象。仅仅由于这一点,这种生产是他的能动的、类的生活……通过这种生产,自然界才表现为他的作品和他的现实。因此,劳动的对象是人的类生活的对象化:人不仅像在意识中那样在精神上使自己二重化,而且能动地、现实地使自己二重化,从而在他所创造的世界中直观自身。①

从主观方面看,人的感官、感受力、审美能力的产生和发展离不开实践(特别是"人化了的自然界"),没有后者就不可能有感知、感受:

> 只是由于人的本质的客观地展开的丰富性,主体的、人的感性的丰富性,如有音乐感的耳朵,能感受形式美的眼睛,总之,那些能成为人的享受的感受,即确证自己是人的本质力量的感觉,才一部分发展起来,一部分产生出来。因为,不仅五官感觉,而且所谓的精神感觉、实践感觉(意志、爱等等),一句话,人的感觉、感觉的人性,都只是由于它的对象的存在,由于人化的自然界,才产生出来的。五官感觉的形成是以往全部世界历史的产物。②

---

① [德]马克思著,中共中央马克思恩格斯列宁斯大林著作编译局译:《1844 年经济学哲学手稿》,人民出版社 1985 年版,第 53—54 页。
② 同上,第 83 页。

当然,如果没有"人化了的自然界"对主观的影响,就根本不可能产生审美主体和审美活动。马克思主要是从人类实践的角度来谈论这个问题的,但是,审美是人类的一种特殊的实践类型,"自然的人化"也应该适用于审美活动,这也是中国当代大多数美学研究者如此关注这一命题并积极运用它解决美学问题的原因。

基于对《手稿》的基本判断,蔡仪对"自然的人化"的评价也不高,并由此引发了广泛的关注和争议。蔡仪认为,《手稿》的"人类化了的自然界"和"对象化了的人"的前提是"私有制的扬弃""一切人的感觉和属性的完全的解放",而不是一般的人类实践。这样,"人类化了的自然界"是马克思对废除了私有制的社会的人与自然关系的表述,是特殊社会形态中的人类实践。据此,蔡仪得出了独特的判断:"我们认为《手稿》中所谓'自然的人化'和'人的本质对象化'的语句,根本不是表现马克思主义思想的,而是表现人本主义原则的。这种人本主义虽然从唯物主义观点出发,却终于走上了'物我交融、物我同一'的主观唯心主义的道路上去了。"[1]蔡仪这个观点的依据是:马克思在《手稿》中论述人的本质时,把人的本质从劳动经过"有意识的生活活动"最后归结为感觉,这样,就可以把人的本质力量进一步具体化为"五官感觉"以及"所谓的精神感觉、实践感觉",人的自然性也就成了人的本质,马克思就像费尔巴哈那样把人的本质经过"理性、意志、心情"最后归结为爱;马克思在看待人和自然的关系时,不仅主张用自然来规定人和人的本质,也重视用人和人的本质来规定自然,所以,他主张"人的本质对象化""自然的人化"这样的自然和人互化的理论,这表明《手稿》中的人本主义原则实际上已经"化"为道道地地的主观唯心主义了。[2] 而且,蔡仪还否认《手稿》有"自然人化"和"人的本质的对象化"的提法:"所谓'自然界的人化'和'人的对象化',我们翻来覆去地查,也没有找到明确的出处。"[3]蔡仪对"自然的人化"的这种态度和判断源于他对《手稿》的基本思想的判断,也可以说,是其对《手稿》的总体判断在这个问题上的具体表现。

与蔡仪的判断不同,多数美学研究者都从正面肯定了"自然的人化"的美学价值和理论意义。

在 20 世纪 50 年代的美学讨论中吸收了"自然的人化"思想的李泽厚继续

---

① 蔡仪:《论人本主义、人道主义和"自然人化"说》,载《文艺研究》1982 年第 4 期。
② 同上。
③ 蔡仪:《美学论著初编》(下),上海文艺出版社 1982 年版,第 924 页。

肯定、发掘、拓展了这一命题的意义和价值。他认为,首先,"自然的人化"有助于认识美的产生、发展和美的本质,即:

> 通过漫长历史的社会实践,自然人化了,人的目的对象化了。自然为人类所控制改造、征服和利用,成为顺从人的自然,成为人的"非有机的躯体",人成为掌握控制自然的主人。自然与人、真与善、感性与理性、规律与目的、必然与自由,在这里才具有真正的矛盾统一。真与善、合规律性与合目的性在这里才有了真正的渗透、交融与一致。理性才能积淀在感性中,内容才能积淀在形式中,自然的形式才能成为自由的形式,这也就是美。①

其次,李泽厚扩大了这个命题的适用对象和范围,他认为这个命题也应该包括诸如天空等未经人类直接改造、加工并留下了人工痕迹的自然和自然现象,并进行了广义、狭义的区分。他经过长期的思考和多次阐释,赋予了这个命题历史的视野和实践的维度,对此作出了独特的解释:

> 其实,"自然的人化"可分狭义和广义两种含义。通过劳动、技术去改造自然事物,这是狭义的自然人化。我所说的自然的人化,一般都是从广义上说的,广义的"自然的人化"是一个哲学概念。天空、大海、沙漠、荒山野林,没有经人去改造,但也是"自然的人化"。因为"自然的人化"指的是人类征服自然的历史尺度,指的是整个社会发展达到一定阶段,人和自然的关系发生了根本改变。"自然的人化"不能仅仅从狭义上去理解,仅仅看作是经过劳动改造了的对象。狭义的自然的人化即经过人改造过的自然对象,如人所培植的花草等等,也确乎是美,但社会越发展,人们便越要也越能欣赏暴风骤雨、沙漠、荒凉的风景等没有改造的自然,越要也越能欣赏像昆明石林这样似乎是杂乱无章的奇特美景。这些东西对人有害或为敌的内容已消失,而愈以其感性形式吸引着人们。人在欣赏这些表面上似乎与人抗争的感性自然形式中,得到一种高昂的美感愉快。所以,所谓"被掌握的规律性",也是从广义上讲的。和谐、小巧、光滑、对称是掌握了的规

---

① 李泽厚:《批判哲学的批判》,人民出版社 1979 年版,第 403 页。

律性。不和谐、巨大、杂乱在这里也是作为一种掌握了的规律性。艺术家就经常运用这种规律性。所以,应该站在一种广阔的历史视野上理解"自然的人化"。①

程代熙也持类似的看法,他的角度稍有不同,他强调要分别从客体和主体的角度去看待"人化的自然",就前者而言,马克思的"人化的自然"指人类生产的除了他自身之外的"整个自然"(或者说"第二自然");就后者而言,它有两个意义,"(一)它,即'人化的自然'是人的'作品';(二)它又是人的现实。说它是人的'作品',是说它是人生产劳动的对象,是劳动的产物。至于说它是人的现实,则是如马克思所说,人能够'在他创造的世界中直观(按:似乎应译为'观照'——引者)自己'。说得稍微明确一点,'人化的自然'是人的力量、意志和意识的表现"②。而且,还要辩证地看待"人化的自然",马克思主义辩证地看待人与自然的关系,既把人作为自然的组成部分,又把自然作为人的组成部分,同样,"人化的自然"也体现着客体(自然)和主体(人)的辩证统一。鉴于此,程代熙把未经人类直接改造、加工的自然也视为"人化的自然"。

最后,李泽厚把"感官的人化"和这个命题联系起来并予以发展,他在《美感谈》中指出:

> 人化的自然有两个方面,一个方面是外在自然,即山河大地的"人化",是指人类通过劳动直接或间接地改造自然的整个历史成果,主要指自然与人在客观关系上发生了改变。另一方面是内在自然的人化,是指人本身的情感、需要、感知以至器官的人化,这也就是人性的塑造。③

"感官的人化"不但包括了外部的自然的人化,也应该包括人的内在自然的人化,这样,就增加了人的感官、生理和心理等主体方面的因素,把审美主客体都考虑进来,进一步拓展了这个命题的内涵、适用性和意义。事实上,对"自然

---

① 李泽厚:《美学四讲》,三联书店(香港)有限公司1989年版,第56—57页。
② 程代熙:《试论马克思、恩格斯"人化的自然"的思想》,见程代熙编:《马克思〈手稿〉中的美学思想讨论集》,陕西人民出版社1983年版,第368页。
③ 李泽厚:《美感谈》,见李泽厚:《李泽厚哲学美学文选》,湖南人民出版社1985年版,第384页。

的人化"这个命题的重视、发展,贯穿了李泽厚的整个美学研究,对其美的发生、美的本质、美感、美的功能等问题的研究都产生了深刻的影响。

20 世纪 80 年代,马奇发表了几篇研究《手稿》的长文,他主要从实践角度充分肯定了这个命题的重要美学价值:"生产实践是产生美的事物的根源,也是形成和发展人的审美能力、审美意识的根源,又可以说是产生艺术以及欣赏艺术的能力的根源。"①

朱狄及时回应了蔡仪的看法。朱狄认为,蔡仪说的《手稿》没有"自然界的人化""人的对象化"乃翻译的差异所致,如果不拘泥于字面,就能够找到这样的表达。同样,更应该从基本思想出发研究马克思的美学,而不能仅仅拘泥于字面的表述。而且,异化是一个历史的概念,对象化是一个超历史的概念,不能像蔡仪那样因为异化会伤害美的创造和欣赏就否定异化社会中人和自然的对象化关系:"对象化是处在异化概念笼罩之外的一个超历史的概念,它并不随异化的扬弃而扬弃,相反,只要有人类社会,人和自然的关系就是一种对象化了的关系……"②刘纲纪非常重视《手稿》及其"自然的人化"思想的价值,他与蔡仪展开了激烈的争论,格外引人注目。他高度肯定了马克思的"自然的人化"思想之于马克思的历史唯物主义和美学思想的巨大意义,即它是"马克思所创立的历史唯物论的哲学前提,同时也是马克思美学思想的前提"③。刘纲纪认为,应该重视"自然的人化"的两层意义,它包含了在实践中形成的人与自然的关系,即自然怎样人化、人化怎样形成;它还是人类自由的感性形式的表现,并由此获得了美学的意义。这样,就应该从两方面看待"自然的人化"的美学意义:

　　一方面是可以直观到的感性自然的形式,另一方面是处处透过这种感性自然形式所表现出来的人的自由。这种感性自然的形式是一种合规律、合目的的形式。所谓合目的在美学上已越出了满足肉体生存需要的实际目的,而且即使在这种目的的范围之内,也不在目的的实现所带来的实际

---

① 马奇:《艺术哲学论稿》,山西人民出版社 1985 年版,第 176 页。
② 朱狄:《马克思〈1844 年经济学—哲学手稿〉对美学的指导意义究竟在哪里?——评蔡仪同志〈马克思究竟怎样论美?〉》,见程代熙编:《马克思〈手稿〉中的美学思想讨论集》,陕西人民出版社 1983 年版,第 116 页。
③ 刘纲纪:《略论"自然的人化"的美学意义》,见刘纲纪:《美学与哲学》,湖北人民出版社 1986 年版,第124 页。

利益,而在从目的的实现中所表现出来的人的自由……同时,"自由不在于幻想中摆脱自然规律而独立,而在于认识这些规律,从而能够有计划地使自然规律为一定的目的服务",因此体现了人的自由的感性自然形式又必然是合规律的。①

换言之,人类能够从感性自然形式中得到一种自由和美,这种自由来源于直接的实践,而实践则是发挥人自由的意志和情感的结果。此外,美还表现在"感性物质的形式中的人的自由",具体来说,

> 这种自由是指劳动以及与之相关的人的其他的活动,不仅仅是用以维持人的肉体生存需要的手段,而成为多方面地发展人的个性、才能和力量的手段。它的感性物质的形式作为人的创造性的自由的活动的表现具有了观赏的价值。这个自由的领域所在,即是美的领域所在。这样看来,"自然的人化"作为人的实践创造所取得的自由的感性现实的成果去观察,就叫作"美"。②

也就是说,自由的实践一定会转化成实在的感性物质形式,这种有观赏价值的物质形式就是美的形式,也是美赖以存在之处。在刘纲纪看来,蔡仪错误理解这个问题的原因在于,蔡仪没能正确地研究出马克思是在何种意义上讲劳动是人的对象化,又是在何种意义上讲私有制中的劳动是人的异化。刘纲纪理解的马克思的原意是:

> 我认为,当马克思说劳动是人的对象化的时候,他是从人与自然的关系来看劳动的。从人与自然的关系来看,劳动都是人改造自然以满足人的物质生活和精神生活需要的活动,因而都是人的对象化的活动。这是普遍的,适用于一切社会(包括私有制社会)的。但当马克思谈到私有制下的劳动时,他又指出这种劳动是异化劳动。这时,马克思是从人和他的劳动以

---

① 刘纲纪:《略论"自然的人化"的美学意义》,见刘纲纪:《美学与哲学》,湖北人民出版社 1986 年版,第 135 页。
② 同上,第 136 页。

及劳动产品的关系来看劳动的……但是当马克思说私有制下的劳动是人的异化时,他并未否定私有制下的劳动从人与自然的关系来看也同样是人的对象化。他不但没有否认这一点,而且还充分地肯定和论证了这一点,因为这正是马克思揭露劳动异化的前提。只有肯定了从人与自然的关系上看,劳动本来是人的对象化,才能有力地揭露和批判私有制把劳动变成了人的异化。如果从人与自然的关系上看,劳动本来就是人的异化,那就不存在什么批判异化劳动的问题。不论私有制下的或消灭了私有制的社会下的劳动都是人的对象化,所不同的是前者是在异化的形式下存在着,后者则消除了异化。①

鉴于此,蔡仪对马克思的"自然的人化"和"人的对象化"的理解是有偏颇的,不符合马克思的原意,还导致他完全否定这个思想之于马克思美学的巨大的重要性。

周长鼎也充分肯定了"自然的人化","自然的人化"思想是马克思对现实自然界的极为深刻的理解,标志着马克思主义的"历史自然观"开始形成,也标志着马克思已经开始迈向辩证唯物主义和历史唯物主义。②

有些学者把"人化的自然"与"人的本质力量对象化"联系或等同起来,为理解这个命题提供了新的可能。

蒯大申则从范畴的角度理解马克思的"人化的自然",把它归为本体和关系的范畴,自然从人类出现前的"自在"状态发展为人类"观照和实践的对象",并与人类的历史发生了关联。这样,它的含义就与"人的本质力量对象化"等同了:"所谓'人化'就是人的本质力量的对象化,就是人的意志、目的在对象身上的实现。"③"人化的自然"包括了相互联系、不可分割的两个向度:人改造自然,并使它服务于人的存在、发展,导致了客体的主体化;人类的实践也影响、改造了人类自己,生成、发展着人的本质力量,导致了主体的客体化。主体和客体是对立统一的辩证关系,既有不同和对立的质的规定性,又相互依赖、互相转化。

---

① 刘纲纪:《关于马克思论美》,见刘纲纪:《美学与哲学》,湖北人民出版社 1986 年版,第 43—44 页。
② 周长鼎:《正确看待马克思的"自然人化"理论》,见《马列文论研究》第 8 辑,中国人民大学出版社 1987 年版,第 139 页。
③ 蒯大申:《马克思"人化的自然"思想的美学意义》,载《江淮论坛》1981 年第 5 期。

其哲学意义是"人化的自然"的一个方面,它之于美、美学和马克思的美学思想的意义则更为重大:

> 美是主体与客体的关系发展的一定阶段上的产物。在客体方面,自然已经不是人类史前的自然,而是向人生成的自然;在主体方面,人的感觉已经不是动物性的感觉,而是在对象身上日益展开的,日益社会化,日益"人化"的感觉。只有在这个时候,美才应运而生。因此,美不仅仅在客观,也不仅仅在主观,而在两者的对立统一之中。美不仅仅在"自然",也不仅仅在"人",而是在"人化的自然"之中。主体与客体,"自然"与"人",不管失去了哪一方,美就成了一种子虚乌有的东西。美是人的本质力量对象化的结果,是人的社会实践的结果。①

这样,对于马克思的基本美学思想、认识美的本质甚至整个美学学科,"人化的自然"都是极为重要的命题,无疑应该肯定其学术价值。蒯大申从关系的视角研究"美"很有价值,也发现了这个思想之于实践论美学思想的意义,但他把"人化的自然"等同于"人的本质力量对象化"似乎不妥。施昌东接受了蒯大申论美的前提和部分观点,进而修正、发挥了对美感和美的认识,即人类在创造性的实践活动或结果中发现了其积极的本质力量、生活的价值,收获了追求的期待、愿望和目标,观照到了其信仰、气质、意志和人格等精神性的因素,由此感到了喜悦,这种喜悦就是美感,也可以从这里得到美的本质,美是人的积极的本质力量对象化的结果。② 施昌东的论述很有针对性,正确地把丑、消极、落后排除出了美的领域,但对美感的解释有些狭隘,也不应该把美的本质等同于人的本质力量(包括积极的本质力量)的对象化。尽管如此,他们还是有意无意地泛化、夸大了这个命题的作用,应该实事求是地看待这个命题的适用性,马奇的看法有助于纠正这种偏颇:"人的本质力量的对象化、自然的人化,可以说是美的根源的所在,不宜说它们就是美的本质,美的定义。"③何国瑞具体地分析了"人的本质力量对象化"的两种不同类型,即人的劳动的对象化和耳朵等五官感觉

① 蒯大申:《马克思"人化的自然"思想的美学意义》,载《江淮论坛》1981 年第 1 期。
② 施昌东:《关于美的本质问题》,载《学术月刊》1981 年第 9 期。
③ 马奇:《艺术哲学论稿》,山西人民出版社 1985 年版,第 176 页。

的对象化。他认为,这两种类型存在着辩证唯物主义和唯心主义之别:

> 其中第一种"劳动的对象化",讲的是主体通过物质实践改造客观世界,在对象上体现主体的目的。这是辩证唯物主义的,是可以通过感性经验加以证明的。第二种"全面本质的对象化",则要加以分析了……有的则是唯心主义的,如人凭视觉、听觉、嗅觉等难道也能"把自己的生命贯注到对象上去",从而引起自然物质改变么? 这种"感觉的对象化"来源于费尔巴哈。①

蒯大申、施昌东都涉及了"人的本质力量对象化"的美学价值,林清奇把这个问题转化为以下两个问题:"人的本质力量对象化"与美的关系,人与现实之间的关系是否是审美关系? 在第一个问题上,林清奇与施昌东的看法一致,认为"人的本质力量对象化"是产生美的前提和基础,但人的本质力量对象化的结果并非都是美。在第二个问题上,林清奇和蒯大申一样都从关系的范畴看待人与现实的关系,即它们是对象性的关系,但又不能把这种关系简单地等同于人与现实的审美关系,原因是:

> 人与现实的对象性关系也是一个大范畴,它与人对现实的审美关系之间,也是一般与个别,普遍与特殊的关系。这就是说,人与现实的审美关系要以人与现实的对象性关系为基础,没有对象性关系,就没有审美关系。②

中国美学界关于"人化的自然"的讨论形成了明显对立的两派,其根源主要是对马克思写作《手稿》时的思想是否成熟的不同判断。大致说来,指认马克思的思想是人本主义的一派否定了这个命题的意义,相反,把马克思的思想视为历史唯物主义的一派自然会肯定这个命题的意义。在这两派中,后一派明显占据了优势,多数学者都持这样的看法,其响应者也颇多。

美学界讨论"人化的自然"有重要的学术价值。这次讨论关注了马克思的

① 何国瑞:《要用马克思主义方法研究〈1844 年经济学哲学手稿〉中的美学思想》,见《马列文论研究》第8 辑,中国人民大学出版社 1987 年版,第 236—237 页。

② 林清奇:《马克思〈1844 年经济学—哲学手稿〉中的美学思想探讨》,载《山西师范学院学报》(哲学社会科学版)1983 年第 1 期。

人本主义思想、人学思想的得失,不少学者极为重视马克思的人本主义思想、人学思想之于美学研究的重要价值,并尝试根据这些思想来研究美的本质、美感、美的创造和欣赏、美的功能、形式美等基本美学问题,从特定角度促进了对具体美学问题的研究,也有利于从整体上推进中国当代美学的建设。

阐释"人化的自然"这个命题,必然涉及对其基础"实践"的理解。蔡仪等学者把"实践"定性为人本主义思想的产物,自然就否定了"实践"概念以及建立在其基础上的"人化的自然"命题及其美学意义。相反,肯定《手稿》及其唯物主义思想、肯定"实践"概念的李泽厚等学者也就自然地肯定了这个命题及其美学价值,并在阐发这个命题的过程中构建、发展了中国当代美学史上极有影响的实践论美学。实际上,"实践"概念和"人化的自然"已经成为实践论美学的基础。

从现在来看,"人化的自然"显然是一个现代性的哲学和美学命题,它主要强调人类对自然的征服、改造和利用,以满足人类的愿望、需求、生存、发展,而没有从自然与人类平等、互补、和谐共存、共同发展的角度看待问题,有严重的人类中心主义倾向。新时期中国美学界对这个命题的研究也同样存在这样的局限性,这是由当时的时代状况、现实导致的,也是不可能避免的,因为改革、发展生产力、促进物质文明建设是当时全民的共识和现实的必然选择,思想观念也应该适应、服务于此。21 世纪以来,人类的生存环境逐渐恶化,全球性的环境问题日益突出,随着国外的影响和国内生态主义的出现,中国学界开始反思这种局限性,直至生态美学的产生、发展,美学层面的反思才逐渐展开、深入,并由此开始反思这个命题的局限性。

第三节 "两个尺度"

马克思在论述人与动物的区别时谈到了"两个尺度",《手稿》直接关涉"两个尺度"的文字是:

通过实践创造对象世界,改造无机界,人证明自己是有意识的类存在物,也就是这样一种存在物,它把类看作自己的本质,或者说把自身看作类存在物。诚然,动物也生产。它也为自己营造巢穴或住所,如蜜蜂、海狸、蚂蚁等。但是动物只生产它自己或它的幼仔所直接需要的东西;动物的生产是片面的,而人的生产是全面的;动物只是在直接的肉体需要的支配下生产,而人甚至不受肉体需要的支配也进行生产,并且只有不受这种需要的支配时才进行真正的生产;动物只生产自身,而人再生产整个自然界;动物的产品直接同它的肉体相联系,而人则自由地对待自己的产品。动物只是按照它所属的那个种的尺度和需要来建造,而人却懂得按照任何一个种的尺度来进行生产,并且懂得怎样处处都把内在的尺度运用到对象上去;因此,人也按照美的规律来建造。①

美学界对"(物)种的尺度"和"内在的尺度"的理解出现了很大的分歧。事实上,《手稿》的不同译本对"内在的尺度"的翻译也不尽相同:何思敬译本和《马克思恩格斯全集》第 42 卷都将其翻译为"内在尺度",刘丕坤译本将其翻译为"内在固有的尺度",朱光潜则将其翻译为"本身固有的(或内在)尺度"。

有学者建议首先要从语义和翻译的角度澄清其含义,他们就"内在尺度"的翻译进行了讨论。朱光潜把"物种的尺度"翻译为"物种的标准",把"内在的尺度"翻译为"本身固有的(或内在)尺度"。程代熙结合马克思的用词,从词源学的角度细致地分析了它们的含义,马克思习惯用生物学术语论述人类,他用德文 guttung 谈论人类自身,其拉丁语词源是 genus,俄语翻译成 род,其意思与中文的"属""类"贴近;他从"物种"的角度论述人类时用拉丁词 Species,俄语翻译成 Бпд,接近于中文"种""物种"的意思。而且,马克思是严格使用"尺度"这一术语的,作为哲学和美学的术语,它对事物的质和量都有相应的要求,即它是事物特定的质和相应的量的对立统一。也就是说,事物特定的质和相应的量相互关联、匹配,量的变化具有一定的限度,如果超出了这个限度,必然引发事物的质变,限度则是由特定的质规定的。通过分析马克思的用法,程代熙认为,马克思的原本意思是,不同对象有各自不同的规律,人们根据这些不同的规律(或者说具体对象自身所固有的尺度),进行实践活动,进而达到目的。他在《关于美的规律》一文中引用马克思论述"美的规律"译文时,对《马克思恩格斯全集》第

---

① [德]马克思著,中共中央马克思恩格斯列宁斯大林著作编译局译:《1844 年经济学哲学手稿》,人民出版社 1985 年版,第 53—54 页。

42 卷中的译文稍作改变,把"内在尺度"改为"对象固有的尺度",原因在于,"尺度"(亦称之为"规律")是独立于人的意志的客观存在,它理应是对象的尺度,是对象客观的本质特征。[1] 墨哲兰对此提出了不同的看法:

> "dem"是第三格(给予格),而不是第二格(所属格),不能译成"客体的内在标准"或"对象所固有的尺度",而应译成"内在尺度用于对象"或"把内在尺度运用到对象上去"。[2]

这样,对格的不同理解导致了对内在尺度主体的不同解释,人而非对象才是内在尺度的主体。同样,"美的规律"不是客观的自然规律,而是包括了主体的人的创造自由的规律。之后,他们就此继续争论,但都没能说服对方。20 世纪 90 年代,翻译的争论再度出现,陆梅林对比原文和俄文、英文进行了重译,他认为,俄文、英文的翻译是贴切的,可以据俄文翻译为中文"并且处处对对象运用固有的尺度",原因是,根据俄文的语法,这里的"尺度"是对象固有的,形容词"所固有的"要求把名词变成第三格(即"给予"格),但之前的"对象"一词已经是第三格了;英文翻译(the inherent standard of the object)明确使用了"属于"(inherent),可以确定该尺度是属于"对象"的。据此,陆梅林认为,"两个尺度"都指对象客体的尺度。[3] 曾簇林、朱立元等学者也参加了讨论,但都无果而终。从语义和翻译角度厘清这个术语的意思,是正确把握"两个尺度"的基础和必不可少的环节。但是,仅仅依靠这种方法并不能解决所有的问题,而且,鉴于美学界理解上的巨大分歧,仍然有必要纵观马克思的整个思想和整体论述进行更细致的研究。

美学界关于"两个尺度"的理解主要有四种看法。

第一种,"物种的尺度"和"内在的尺度"相同说,即二者的内容大致相同,都指对象自身固有的尺度,差异是叫法的不同和对象的细微区分。蔡仪就是这样认为的,他把"尺度"界定为"测定事物的标准""标志""特征"或"本质",进而把

---

① 程代熙:《关于美的规律——马克思美学思想札记》,载《学习与探索》1980 年第 2 期。

② 墨哲兰:《人的本质与美的规律》,见程代熙编:《马克思〈手稿〉中的美学思想讨论集》,陕西人民出版社 1983 年版,第 465 页。

③ 陆梅林:《〈巴黎手稿〉美学思想探微》,载《文艺研究》1997 年第 1 期。

二者等同起来:"'物种的尺度'和'内在的尺度',无论从语义上看或从实际上看,并不是说的完全不同的两回事。物种的特征既有外表的也有内在的。而所以说到'内在的',不过是因为事物的内在的特征,比之外表的特征更难于掌握些。"①王庆璠也持有类似的看法:

> 这两个尺度实质上都是从不同角度去阐发同一个东西,都是指为对象所固有的尺度。前一个尺度指为对象所固有的尺度自不待言。而说"随时随地都能用内在固有的尺度来衡量对象",则是强调人这个生产主体的能动性,他能用为对象所固有的尺度去衡量自己的创造物,合乎"内在固有的尺度",就肯定它;否则,或修改,或重作,总要使这一创造物是符合对象固有尺度的成功的产品。"内在固有的尺度"即是为对象所固有的尺度。早在费尔巴哈的著作中,他就坚决反对了以人为万物尺度的主观唯心主义思想。《手稿》是以费尔巴哈的唯物主义哲学为前提的,坚持了同样的唯物主义立场。因此,有人把此处的"内在固有的尺度"当作人主观所有的尺度,是不正确的。尺度既然是为对象所固有的尺度,它当然是客观的、不以人的意志为转移的存在。②

第二种,"物种的尺度"和"内在的尺度"不同说,这种看法把"物种的尺度"解释为作为客体的对象的尺度,把"内在的尺度"解释为作为主体的人的尺度。以李泽厚为代表的多数学者都是这样认为的,尽管这类学者的看法大致相同,但各自的侧重点、解释仍然有细微的差别。具体而言,李泽厚对"物种"作了宽泛的解释,把"物种的尺度"理解为"客观世界本身的规律",把"内在固有的尺度"理解为"实践的目的性",也就是人的"内在目的"。③ 刘纲纪把"物种的尺度"和"内在的尺度"分别理解为狭义的动物的尺度和人所要求的尺度:

> 马克思所说的物种的尺度和内在的尺度决不是一个东西。前者指的

---

① 蔡仪:《马克思究竟怎样论美?》,见蔡仪主编:《美学论丛》第 1 辑,中国社会科学出版社 1979 年版,第 51 页。

② 王庆璠:《马克思主义美学的哲学基础到底是什么?——与郑涵同志商榷》,载《文学评论》1983 年第 1 期。

③ 李泽厚:《美学三题议》,见李泽厚:《美学论集》,上海文艺出版社 1980 年版,第 163 页。

是动物所属的物种的尺度,后者指的是和动物不同的人自身所要求的尺度。之所以称之为"内在的尺度",就因为它不是外在的物种所具有的尺度,而是人根据他的目的、需要所提出的尺度。如果说这内在的尺度是物种自身所具有的尺度,那么马克思就决不会说什么"把内在的尺度运用到对象上去"这样的话。[①]

夏放强调了"物种的尺度"的客观属性,"该物的机械、物理、化学的属性","内在的尺度"指"在实践中人的尺度与物的尺度达到统一而言的。这种统一是一个客观的实践过程"[②]。换言之,"内在的尺度"是人实践中运用"人的尺度"时所导致的它和"物的尺度"之间的取舍、协调、相互适应和统一,"人的尺度"大于并包含了"内在的尺度"。杜书瀛也是这样理解"两个尺度"的。[③]

第三种,"物种的尺度"指主体、人的属性,"内在尺度"指作为客体的对象的属性或特性,朱光潜是这种看法的代表。在朱光潜看来,"物种的尺度"是包括人在内的动物的标准,"内在尺度"则是客体的对象的客观规律或标准,二者具有很大的差异:

> 前条指的是每个物种作为主体的标准,不同的物种有不同的需要,例如人造住所和蜜蜂营巢各有物种的需要,标准(即尺度)就不能相同。蜜蜂只知道按自己所属的那个物种的需要和标准,而人的普遍性和自由就在于人不但知道按自己的物种的需要和标准去制造高楼大厦,而且还知道按蜜蜂的需要和标准去仿制蜂巢。这就是前一条要求。后一条比前一条更进了一步。对象本身固有的标准就更高更复杂,它就是各种对象本身的固有的客观规律。[④]

朱光潜说的是广义的有其"需要和标准"的动物,实际上也包括比一般动物更高级的人,人能够达到主体的高度并有普遍性和自由。彭吉象也持这种观点:"所

---

① 刘纲纪:《关于马克思论美》,见刘纲纪:《美学与哲学》,湖北人民出版社1986年版,第52—53页。
② 夏放:《"美的规律"和人的尺度》,见程代熙编:《马克思〈手稿〉中的美学思想讨论集》,陕西人民出版社1983年版,第496—498页。
③ 杜书瀛:《两个"尺度"与文学创作》,载《文学评论》1987年第5期。
④ 朱光潜:《朱光潜美学文集》第3卷,上海文艺出版社1983年版,第469—470页。

谓'物种尺度'是指人和动物在各自所属的物种里作为主体的标准。"①

第四种,"物种的尺度"和"内在的尺度"异中有同说,即二者各有不同,但又有共同之处,都是主客观的辩证统一。马奇最早运用这种思路来阐释"内在的固有的尺度",它包括客观的"物的尺度"和人对客体的主观认识:"所谓'用内在固有的尺度来衡量对象',就是劳动者认识和运用自然规律。比如原始人用石头作投掷、打击工具,而不用土块,因为在实践中他逐渐懂得石头比土块坚硬。"②持同样看法的陆贵山对此进行了细致的分析:

> 马克思提出"按照任何物种的尺度"和"用内在固有的尺度",旨在论述人在生产过程中的认识和实践的深化。"物种的尺度"较之于"内在固有的尺度"而言,显然是指物种的"外在的尺度"。由于"人也是一种物种存在",那么,"按照任何物种的尺度",也应理所当然地包括人——即主体的尺度;同理,"内在固有的尺度"不仅指对象的客观规律性,而且也包括主体的内在需要和"本质力量"。马克思意在阐明:作为社会的人的生产实践活动,不仅能够"按照任何物种的尺度",即不仅能够根据对象外部的感性特征和主体的外在的狭隘的肉体生活的需要,而且还能够"用内在固有的尺度",即依照事物的内部规律来塑造物体,同时体现出自身的"内在固有的尺度"即"人的本质力量"。③

也就是说,尽管马克思说的"物种的尺度"侧重于外在的特征,"内在的尺度"侧重于内在规律,但"两个尺度"都具有对象的尺度和主体的人的尺度,都是主体和客体相互对立、作用、协调、适应的辩证的统一。具体而言,"物种的尺度"包括了作为客体的对象的外在特征和作为主体的人的狭隘的生物需求;"内在的尺度"包括了客体的内在规律和主体的"人的本质力量"。而且,"两个尺度"与人的实践、认识是密切联系在一起的,任何物质实践和精神活动都同时需要"人

---

① 彭吉象:《从"劳动创造了美"看美的本质——学习马克思〈1844 年经济学—哲学手稿〉的体会》,载《北京大学学报》(哲学社会科学版)1983 年第 1 期。
② 马奇:《马克思〈1844 年经济学—哲学手稿〉与美学问题》,见全国高校美学研究会、北京师范大学哲学系编:《美学讲演集》,北京师范大学出版社 1981 年版,第 79 页。
③ 陆贵山:《试论"按照美的规律来塑造"》,载《学术月刊》1982 年第 6 期。

的尺度"和"物种的尺度"。陆贵山强调了主客观的辩证统一,还有一些学者也运用同样的思路来解决问题。何国瑞沿袭了这个思路,结论也大致相同,但他认为把"物种的尺度"理解为"自然物"似乎不妥:"'物种的尺度'指的是质量统一的客观自然物,但它必须为主体所认识为主体所需要,才能按照它来进行生产;'内在固有的尺度'指的则是体现了主体的目的意象,但它也是根据自然物种提炼、加工、想象、综合而成的。"①

综上所述,中国美学界对"两个尺度"进行了深入而广泛的探讨,但无论翻译还是理解都是异见纷呈、难有共识。分歧的焦点主要在于"内在的尺度"指的是主体的人的尺度还是客体对象的特征?从讨论的情况看,多数学者都把它视为主体的尺度、人的尺度。实际上,马克思在《手稿》中是把这个问题与"美的规律"联系在一起论述的,对"两个尺度"的理解必然影响到对"美的规律"的理解,对前者理解的分歧也必然导致对后者理解的分歧。中国美学界对"美的规律"的理解仍然是分歧重重,下面转入学界关于"美的规律"的讨论。

第四节 "美的规律"

马克思在论述人与动物的区别时涉及了"美的规律",但没有明确的界定和解释,这为理解其准确的含义留下了讨论的空间,也是导致学界分歧的重要原因。

20 世纪 70 年代末,蔡仪就发表了长文《马克思究竟怎样论美?》,该文集中阐述了他对"美的规律"的理解。在这篇文章中,蔡仪提出,理解"美的规律"必须强调两点:第一,美的规律、美都是客观的。"原来美的规律之所以说是美的规律,首先就有这样的意义:任何事物,无论是自然界事物或社会事物,也无论是人所创造的艺术品,凡是符合美的规律的东西就是美的事物……那也就是说,事物的美不美,都决定于它是否符合于美的规律。那么美的规律就是美的事物的本质,或者说是美的事物之所以美的本质。"②第二,美的规律是美的本质

---

① 何国瑞:《关于马克思的"美的规律"》,载《零陵师专学报》1984 年第 2 期。
② 蔡仪:《蔡仪文集》4,中国文联出版社 2002 年版,第 146—147 页。

和规律。"简单来说,美就是一种规律,是事物之所以美的规律。"①根据他的理解,美的规律就是通过鲜明的形象反映出美的事物的本质特征,也就是典型:"就是以非常突出的现象充分地表现事物的本质,或者说,以非常鲜明、生动的形象有力地表现事物的普遍性……我认为美的规律就是典型的规律,美的法则就是典型的法则。"②蔡仪强调"美的规律"是一种客观存在的自然规律,他的观点得到了王善忠、张国民等人的支持。王善忠和蔡仪一样强调"美的规律"的客观性:"而所说的'美的规律',应是指美在于客观事物本身,或者说,在客观事物中存在着规定事物之所以美的客观规律。"③张国民细致地区分了"美的规律"的客观性和反映它时的主观性:"马克思提出'美的规律'论,只是客观的美的规律性在他的头脑中的反映,只是他发现了美的规律,并作理论的概括。"④

刘纲纪不同意蔡仪对"美的规律"的解释,早在1980年,他就撰文间接地阐明了自己的观点。刘纲纪的主要看法是:

第一,马克思是从人的生产与动物的生产的本质区别出发去探求美的规律的,也就是从人类所特有的改造世界的实践活动出发去探求美的规律的。第二,马克思是从人类历史发展的广阔的视野内来观察美的规律的。他所说的美的规律,指的是从根本上决定着一切美的现象的本质的规律,不同于我们一般所理解的使某一事物成为美的那些较为具体的规律。第三,马克思所谓的美的规律,就他所讲到的物质生产劳动的范围来看,即就人对自然的改造的范围来看,是物种的自然尺度同人所提出的内在尺度这两者的统一。这个统一,从哲学上看,也就是客观的自然的必然性同人的自由的统一。表现在人对社会的改造上,则是社会发展的客观的必然性同人的自由的统一。所以,从哲学的最高的概括来看,美的最根本、最普遍的规律,即是必然与自由的统一。而且这个统一,是在人的生活实践中获得了完全感性具体地实现的,是从完全感性具体的对象上表现出来,并为我

---

① 蔡仪:《蔡仪文集》4,中国文联出版社2002年版,第147页。
② 同上,第151页。
③ 王善忠:《也谈"美的规律"》,见程代熙编:《马克思〈手稿〉中的美学思想讨论集》,陕西人民出版社1983年版,第484页。
④ 张国民:《如何认识马克思的"美的规律"论》,见中国社会科学院文学所编:《马克思哲学美学思想论集——纪念马克思逝世一百周年》,山东人民出版社1982年版,第187页。

们所感知的。第四，马克思所说的美的规律同他所说的"人的本质的对象化"在根本上是一致的……所以马克思所说的"人的本质的对象化"即是人的自由的对象化，也就是现实的感性具体的对象所具有的必然性同人的自由两者的统一。这个统一，是一切美之为美的本质所在。因而也就是美的最根本、最普遍的规律。一切使某一事物成为美的具体规律，都不过是这种统一的具体的表现形态。①

刘纲纪强调，应该从人类实践出发研究美的规律，美的规律指包括了物质生产和精神生产的、超越了某个或某类具体对象的美的规律，它是最根本的规律，美的规律感性地呈现了必然与自由的统一，这些都是"美的规律"应该涉及的东西。此外，他还结合"人的本质的对象化"研究"美的规律"，为探讨这个问题提供了新的可能。遗憾的是，他没有直接从正面给出严格意义上的答案，也没有回答如何处理各个层次的美的规律的关系，尚有继续研究的空间。

朱狄也不同意蔡仪对"美的规律"的理解。朱狄强调，《手稿》的主要研究对象不是美学，只是偶尔涉及美学，它并非严格意义上的美学著作。针对蔡仪的论述，朱狄根据自己对《手稿》主要内容的理解，提出了一种不同的思路，即应该从人类生产实践活动和动物行为的差异、人类生产实践的特点入手来理解"美的规律"：

（正是因为）马克思是在区别人的生产有别于动物的生产这一前提下来谈美的规律的问题的，因此孤立地离开人之所以为人的实践活动的前提来探索美的规律就未必是正确的。马克思在讲到美的规律问题时我以为重点仍然并非在讲美的问题，他无非预先在说恩格斯在后来才说的话，就是："人离开动物愈远，他们对自然界的作用就愈带有经过思考的、有计划的、向着一定的和事先知道的目标前进的特征。"按照美的规律去进行创造的历史前提是人有向着一定的和事先确定的目标前进的能力。人之所以能够建立对整个自然界的统治，就在于能认识和正确运用自然规律。②

---

① 刘纲纪：《关于马克思论美》，见刘纲纪：《美学与哲学》，湖北人民出版社1986年版，第54—55页。
② 朱狄：《马克思〈1844年经济学—哲学手稿〉对美学的指导意义究竟在哪里？——评蔡仪同志〈马克思究竟怎样论美?〉》，见程代熙编：《马克思〈手稿〉中的美学思想讨论集》，陕西人民出版社1983年版，第127页。

也就是说,马克思在《手稿》中谈及"美的规律"时,他的着眼点不是人类的审美活动,而是人类的物质实践活动,此时马克思谈到的"生产"指的是物质生产而不是艺术生产、审美的创造。鉴于此,马克思的立意在于,人类的生产实践活动是不同于动物的有意识、有目的的活动,人类实践活动的这种特点能够使人类"按照美的规律来塑造物体"。

朱狄提供了新的思路,但没有就此展开细致的探讨,蒋孔阳由此出发,深入而细致地分析了人类实践活动的特点以及依据"美的规律"进行的实践的特殊性和"美的规律"的含义。蒋孔阳认为,自由、自觉是人类劳动实践的根本特征,前者意味着人类的劳动是一种不违背自然规律的创造活动,后者意味着人能够意识到其劳动的行为及其目的。因为人类的劳动有这两种特性,所以,人类才能够"依照美的规律来塑造物体"。蒋孔阳细致分析了"美的规律"的应有之义,即"美的规律"应该与人类的劳动实践(尤其是劳动的目的性)密切相连,也应该与不同客观对象的规律(包括美的规律)相符合,还应该是具体的,并寓于事物的物质形式或形象之中。这样,他理解的"美的规律"就有了特定的含义:

> 人类在劳动实践的过程中,按照客观世界不同事物的规律性,结合人们富有个性特征的目的和愿望,来改造客观世界,不仅引起客观世界外在形态的变化,而且能够实现自己的本质力量,把这一本质力量自由地转化为能够令人愉悦和观赏的形象。由于人类的劳动过程是人与自然相互交往和相互影响的过程,因此,哪里有人与自然(现实)的关系,哪里有劳动,哪里就应当有美的规律。①

与蔡仪主要关注"美的规律"的客观性不同,马奇则强调了人的实践活动、人、主体与"美的规律"的密切联系:

> 马克思是从人类最基本的实践出发讲到美的规律的,因而,美的规律肯定与"按照任何物种的尺度来进行生产""用内在固有的尺度来衡量对象"有关,显然不能把美的规律和实践的关系分割开来,马克思这里讲的人

---

① 蒋孔阳:《美的规律——蒋孔阳自选集》,山东教育出版社 1998 年版,第 13 页。

之不同于动物之点，都是从主体的角度来说的，当然也不能说美的规律跟人的活动无关……①

虽然马奇与刘纲纪、朱狄、蒋孔阳等学者的思路相近，马奇的结论却很独特，并与其他人有很大的差别：

> 我认为美的规律不只是真和善相统一的规律，而是在真和善的基础上，以真、善为内容的形式的规律。美的规律就是关于形式、美的形式、造形的规律。人类具有按照美的规律造形的能力，但不等于说任何时候任何人都能够按照美的规律来造形。②

马奇把"美的规律"界定为以真、善为内容的形式的规律，虽然它偏重于形式方面，但这种形式中也积淀了真和善："作为审美对象的形式，尽管表现为'不顾任何实用的考虑'的形式，却积淀着真和善的意义。"③马奇一方面强调"美的规律"偏重于形式，另一方面也承认"美的规律"是真和善（即内容）统一的规律，那么，"美的规律"究竟倾向于内容还是倾向于形式呢？他显然倾向于形式，但他在关于形式的论述中也包含了内容，他的论述确实存在着矛盾。

还有些学者主要从人、人的本质的角度研究"美的规律"。潘知水认为马克思的人的本质与"美的规律"密切联系，人类在实现其本质——生产实践的过程中创造了美。他强调从人的能动性和受动性介入"美的规律"：前者表现在人类认识、改造世界的过程中，意味着人的实践的自由自觉性和超越了其物种本能的灵活性、全面性；后者意味着作为感性存在的人是受动的、对象性的存在物，具体表现为人在物质方面、精神方面对自然的依赖以及人的需求、追求活动和对象的丰富性。就它们与美的关系而言，能动性更具认识意义，受动性更具生理、心理意义。鉴于此，"美的规律"涉及人实现其本质过程中的认识、生理、心理等方面，美的创造包括了欲望、需求、情感、体验、感知、想象等因素。这样，"美的规律"与人、人本质的实现密不可分："马克思的美的规律总结了美的创造

---

① 马奇：《艺术哲学论稿》，山西人民出版社1985年版，第179—180页。
② 同上，第181页。
③ 同上，第183页。

原则。美的创造实现了人的能动性与受动性、理性与感情、物质与精神、对象与主体的统一。"①张涵同样关注人与"美的规律"的关系,他把"美的规律"宽泛地理解为人的实践活动的重要规定、体现,并从物质生产、精神生产和人的塑造三个方面理解"美的规律":

> (1)"美的规律"首先是由自然物种内在"固有的尺度"和人的物种内在"固有的尺度"通过人的社会实践而生成的一种新的"尺度";(2)"美的规律"只是在人的社会实践发展到一定的阶段和层次上才出现的,并具体地表现在人的物质生产、精神生产和人的塑造等各个领域中;(3)贯彻这各个领域的是人的积极而独特的社会个性。②

何国瑞更进一步,把"美的规律"理解为包括美的创造在内的人的生产中体现出来的规律:

> 《手稿》中这段话,本是马克思用来论述人的生活活动的特点,论述人的"类"的本质的。在他看来,人与动物不同。动物只是被动地适应自然界,动物的所谓"生产",只不过是自身的繁殖和维持自身及后代的生命的一些本能活动;人则能有意识地改造自然界,能按照"两个尺度"来生产,以满足肉体和精神的需要。因此,这所谓"美的规律",实际就是生产的规律。人们在生产中是可以创造出美的事物来的。人为美离不开按照"两个尺度"来生产。③

这样,他直接否定了与人的创造没有关联的"自然美"和"美的规律"的关系,当然,也就不能把"美的规律"作为所有美的规律和本质。

高少峰针对当时研究的困境,提出了一种新的思路,即结合马克思关于人的本质特征的论述和"两个尺度"来综合理解"美的规律"。高少峰认为,马克思《手稿》中关于人的本质特征的研究以生产实践为出发点,并揭示了人的自由

---

① 潘知水:《马克思"美的规律"刍议》,载《国内哲学动态》1981年第10期。
② 张涵:《关于"美的规律"的读书札记》,载《社会科学》1982年第7期。
③ 何国瑞:《关于马克思的"美的规律"》,载《零陵师专学报》1984年第2期。

性、有意识性、有目的性、创造性的特征,它直接影响了对"美的规律"的理解。而且,也应该把"美的规律"与"两个尺度"联系起来。他认为,"两个尺度"也与人的劳动实践活动、人的本质关系密切,为此,应该首先研究人的劳动实践活动的特点,"人能够发现、认识并运用自然界的客观规律进行生产";人的劳动实践活动"也改造作为主体的自然(人本身)",包括人的身体、精神、美感等。实际上,"两个尺度"都生成于人的生产实践活动:"任何物种的尺度和人的尺度,都既不是客观现成存在于整个自然界,也不是人的主观意识所固有的。"①这样,有必要从人的生产实践、人的本质的实现的角度,历史地来理解"美的规律":

> "美的规律"总是被时代和人的实践所规定了的,它不是什么永恒的东西。对任何物种尺度的认识都是被历史所规定,人的内在尺度也被历史所规定。在历史发展的长河中,人的本质随着社会的不断前进而不断发展。人类不断地发现物种的新尺度,不断地提高、丰富人的认识能力(包括审美能力),而被提高了的人的认识能力(包括审美能力),又推动人们去发现更新的物种尺度。②

也就是说,要历史地、发展地看待"美的规律",它不是既定的、一成不变的、普遍适用的规则,一旦把握、运用了"两个尺度",也就获得了"美的规律",同时,也就历史性实现了人的本质。陈望衡沿用了同样的思路,把"物种的尺度"和"内在固有的尺度"的结合作为"美的规律":

> 从语义上来看,"内在固有的尺度"这一句的主语应该是"人",主语的省略是承前省。那么,"内在固有的尺度"应理解为人的尺度,而不应理解为物的尺度。"物种的尺度"讲的是客体的特征,"内在固有的尺度"讲的是主体的特征,两者的结合,才能构成"美的规律"。③

---

① 高少峰:《怎样理解"美的规律"》,载《福建论坛》1982 年第 5 期。
② 同上。
③ 陈望衡:《试论马克思实践观点的美学——兼与蔡仪先生商榷》,见程代熙编:《马克思〈手稿〉中的美学思想讨论集》,陕西人民出版社 1983 年版,第 219 页。

20 世纪 90 年代后期,陆梅林发表了《〈巴黎手稿〉美学思想探微》,再次引发了讨论。陆梅林认为,"美的规律"指"美之所以为美的规律",也"为美的事物本身所具有",它还是"二者(内容和形式——引者注)的有机统一"。他重新强调了"美的规律"的客观性,即"美的规律"是客观的规律,是不以人的主观意志、感受、感知为转移的客观存在,无论人能不能够、愿不愿意承认它,它都是存在的。而且,作为物的一种客观属性,物的审美价值是"正面""积极"的,它产生于审美判断,并表现于审美关系,人与物、主体与客体之间的辩证关系。① 朱立元不同意陆梅林对"美的规律"的含义及其客观性、价值和审美价值的理解。朱立元认为,"美的规律"应该是指"事物(包括人)何以成为美的事物、何以具有审美特性、何以成为审美对象的规律",从《手稿》能够间接归纳出马克思论述"美的规律"的思路及其所应包含的内容,即它是"属人的规律",仅仅对于人类有意义;它关涉不同于动物本能活动及人的物质实践活动,人的自由自觉的生产实践为美的创造和欣赏提供了可能,物质实践是"美的规律"的基础;马克思突出了人的生产的全面性、自由性、自觉性、目的性,这种能动性使生产实践与"美的规律"建立了一种内在的因果关系,并使前者成为后者最深刻的基础。他也反对把"美的规律"作为自然规律。② 应必诚的理解也不同于陆梅林对"美的规律"看法,他把"美的规律"视为人的实践的一种规律,它和认知方面的真、功利方面的善共同构成了人的实践,它是人的本质力量的对象化,并把主体与客体、主体人的尺度与客体对象的尺度统一起来,它理应包括人的尺度的规律。而且,"美的规律"还与审美、美有密切关系,即审美超越了实践,不但有能动性,还需要感性的人:

> 美是在真和善的基础上,人的更高的追求。这就是要通过实践在对象中表现出人本身。求真求善都离不开主体人,从中我们可以看到人和人的能动性,但它还不是人本身,即活生生的人本身。所以美是人的本质力量的对象化,但只有对象中有人,有人性,有人格,有人的个性和情感,有人的感性生命的表现,一句话有活生生的人本身,才能成为审美感受、观照体验

---

① 陆梅林:《〈巴黎手稿〉美学思想探微》,载《文艺研究》1997 年第 1 期。
② 朱立元:《对马克思关于"美的规律"论述的几点思考——向陆梅林先生请教》,载《学术月刊》1997 年第 12 期。

的对象,才具有审美的价值。[①]

　　应必诚理解的"美的规律"主要指人的审美实践的规律,当然也包括审美的人的尺度,他试图做更大的综合,但他没有指出审美的人与"美的规律"的具体关联,其论述也沦为大而化之的笼统的原则,缺乏明确的结论,与 80 年代的一些论述也比较相似。

　　之后,杨曾宪回应了陆梅林、朱立元的争论。杨曾宪认为,马克思的《手稿》不是美学著作,他没有建立并完成其美学理论,因此,我们应该严谨、科学地对待马克思的探索,而不应该轻言"马克思美学",也不应该以"马克思主义美学"自居,更不应该用自己演绎的"马克思主义美学"吓唬、打压别人。而且,无论马克思美学是否已经成熟,它都不应该成为当今美学研究的"逻辑起点和理论归宿",当代美学研究可以吸收马克思主义或其他研究方法,但必须反对"经典推演",即拘泥于经典文本,仅仅停留于对它的推理、演绎、阐释,避免走向"六经注我"的困境。杨曾宪从区分思辨美学、诗化美学和社会科学美学、自然科学美学的角度批评了陆梅林、朱立元的观点,他认为,陆梅林以阐释《手稿》中"美的规律"为基础建立了其美学理论,其研究方法就"不可取",朱立元有时也混淆了这两种美学。从这个基本判断出发,杨曾宪论述了对"美的规律"的看法。第一,不应该继续把"合规律性、合目的性统一"作为对马克思"美的规律"的阐释。第二,美学是研究美的本质、美的规律的学科,现在仍然需要研究美的规律。第三,美的规律包含两层意义:本质意义上的"美的规律"指"意义存在和灵魂探求的规律",关注终极价值和灵魂的安放,需要永远的探索;科学美学意义上的"美的规律"关注形而下的获得美的途径、欣赏美的方式,应该有"共度性""可复验性"和"真理性"。虽然杨曾宪也在谈美的规律,但他选取了其泛化的意义,与马克思所说的"美的规律"并没有在相同的维度上,只是借助于马克思《手稿》中"美的规律"的提法,既没有具体的界定,也否认应该从《手稿》中寻找、研究其具体的含义。实际上,他已经回避了这个问题。[②] 针对朱立元、应必诚对陆梅林的反驳,曾簇林撰文支持陆梅林,他肯定"美的规律"是审美性的对象的内在本质

---

① 应必诚:《〈巴黎手稿〉与美学问题》,载《中国社会科学》1998 年第 3 期。
② 杨曾宪:《关于美学方法、学科定位及审美价值的几点浅识——兼向陆梅林、朱立元先生请教》,载《学术月刊》1998 年第 5 期。

及其表现相统一的客观规律,认为:"美的规律是对象客体自身矛盾运动的表现,是对象客体自身固有的特征,属于客观的规律,只有客观性。"①而且,他还批判了中国美学界从主观角度理解"美的规律"的倾向,我国美学界"由于陷入对所谓'两个尺度'的误读而造成对'内在尺度'的误读,以致把对象客体所固有的、客观的'美的规律',误解为主客观统一的规律,即把对象客体所固有的、客观的规律,说成主客观统一的主体活动的规律,也就是把'人也按照美的规律来建造'与'美的规律'作了混同。"②这次讨论好像是 20 世纪 80 年代讨论的重演,仍然是两种基本观点的对立、分歧。但是,也涉及了如何理解审美价值的新内容,杨曾宪对于美学研究方法、美学学科定位的反思也很有新意。

20 世纪 80 年代绝大多数学者都肯定了马克思提出的"美的规律"的美学价值,与之相反,有极少数学者否认这个命题与审美有关联,自然也就否定了其美学价值。毛庆其认为"美的规律"并非马克思关于美的一个命题,或者说,它并非审美的规律,实际上,"美"的本意指美好、完善,"规律"的本意指为达致美好而完善的目标所应遵循的规则。毛庆其从五个方面论证了他的结论:"美"的字义是"善""好""良";从美学概念方面讲,客观唯心主义、主观唯心主义都犯了把"美"作为一个实体的错误;马克思眼中的人和动物的区别在于,人类有意识,其生产能够超越肉体的、本能的制约,并能够依据任何物种的尺度;从艺术的起源看,原始人最初的制造活动都源于生存,审美只是次要、附加的因素,不能把原始人所有的物质活动都泛化为审美;艺术从生产中独立出来以前,人类制造活动的目的主要是实用,艺术独立后,人的制造活动的主要目的才有了审美和实用的区别。尽管毛庆其进行了细致的论证,但对马克思的"美的规律"的"美"的解释确实存在着问题,进而导致结论也有问题。③ 实际上,20 世纪 90 年代仍然有类似看法,尽管持这样观点的学者为数很少。在刘晓文看来,马克思的"美的规律"阐发的是人类不同于动物的特征,而非美的问题,而且,从审美的视角看,人类生产的产品并非都是美的。同时,"美的规律"包括"种的尺度"和"内在尺度",但"美的规律"并不等于"两个尺度","两个尺度"是"美的规律"的必要前提。这样看来,"美的规律"与美的关系不大,它指人类生产的规律,绝非美的规

① 曾簇林:《马克思关于"美的规律"的客观性》下,载《湘潭大学学报》1998 年第 5 期。
② 同上。
③ 毛庆其:《论马克思"美的规律"的概念涵义》,载《学术月刊》1982 第 10 期。

律,美的规律也不是"两个尺度"的统一。^① 李祥林的观点更极端,他认为,"美的规律"是马克思在区分人和动物时提出的,它反对的是古罗马思想家泽尔斯、启蒙运动哲学家赖马鲁斯和拉美特利所提出的观点,即动物也同人一样有美感。这样,马克思的意思是人有美感,动物没有美感,美的规律指美感的规律,而不是美的本质问题。而且,李祥林考察了国内 20 世纪 80 年代关于美的规律的研究后,判定这些研究没有新意,仍然是五六十年代研究的翻版,并以此重申了其看法:"只要心平气和地坐下来仔仔细细地研读马克思原著,摒弃任何主观性的先入之见,就能看出,马克思在《1844 年经济学哲学手稿》中提出'人也要按照美的规律来塑造',所要论证的根本不是所谓美的本质问题。"^②这些观点并没有引起学界的重视和深入讨论,而且,响应者也很少。

纵观 20 世纪八九十年代的讨论,我们可以发现,美学界争论的焦点主要有两点:"美的规律"关涉的是自然领域还是社会历史领域?"美的规律"是客观的还是主客观统一的?这两个问题又与学界对"两个尺度"的不同理解密切相关,更增加了这两个问题的复杂性。从讨论的实际情况看,多数学者都支持或坚持后一种观点。实际上,根据《手稿》的论述,马克思主要是在比较人的物质生产与动物的本能性生产的时候才提到"美的规律"的,据此我们不难发现:"美的规律"与人的物质生产或物质实践活动的关系最直接,换言之,"美的规律"首先是物质生产的一种规律;人的物质生产活动必然体现着作为生产主体的人的因素,它也因此成为一种主体和客体相互作用的活动、一种社会历史现象。当然,审美生产、艺术生产与人的物质生产既有相同和相通之处,又有不同之处。如果承认这些并由此出发,根据具体的文本,再结合马克思关于"美的规律"的其他相关论述和他对"两个尺度"的论述(直接的字面上的联系、意义上的联系都无法回避),就可能研究出马克思的"美的规律"的含义。实际上,多数学者也正是按照这种思路展开研究的。这也是后一种观点占据上风的主要原因,但也应该承认,持这种观点的有些学者(比持前一种观点的学者更多)确实存在着过度阐释的问题,甚至有学者把自己的观点或自己发挥《手稿》的观点强行加在马克

① 刘晓文:《"两个尺度"与"美的规律"——读马克思〈1844 年经济学哲学手稿〉札记》,载《重庆师院学报》(哲学社会科学版)1990 年第 3 期。
② 李祥林:《马克思为何提及"美的规律"——对国内〈手稿〉美学研究的一点反思》,载《探索与争鸣》1993 年第 2 期。

思的名下,这是不足取的。我们也应该承认,持前一种观点的学者虽然较少,但他们对某些具体问题的阐释还是有所推进的。同时,我们还可以发现,在这两派之外,还存在着诸如完全否定"美的规律"与美学有关系等看法,但大多只是自说自话,影响也非常有限。

第五节 "劳动创造了美"

在《手稿》中,"劳动创造了美"是马克思在论述异化劳动时提出的命题,具体来说,这个命题是马克思在批判国民经济学对资本主义社会中工人及其劳动的异化的分析中提出来的。马克思说:

> 国民经济学以不考察工人(即劳动)同产品的直接关系来掩盖劳动本质的异化。
>
> 当然,劳动为富人生产了奇迹般的东西,但是为工人生产了赤贫。劳动创造了宫殿,但是给工人创造了贫民窟。劳动创造了美,但是使工人变成畸形。劳动用机器代替了手工劳动,但是使一部分工人回到野蛮的劳动,并使另一部分工人变成机器。劳动生产了智慧,但是给工人生产了愚钝和痴呆。①

换言之,这个命题并非马克思直接从审美的角度提出的,但劳动确实是马克思考察人类审美活动的一个重要维度,而且,这个命题也从宽泛意义上揭示了美的产生。但是,劳动包含了异化劳动,异化劳动与美的关系又非常复杂。这样,这个命题就必然涉及几个相关问题,它有无美学价值? 劳动与美的关系究竟如何? 异化劳动能否创造美? 这些问题也是《手稿》讨论中涉及的重要问题。

许多学者都肯定了"劳动创造了美"的美学意义。郑涌充分肯定了劳动之

---

① [德]马克思著,中共中央马克思恩格斯列宁斯大林著作编译局译:《1844 年经济学哲学手稿》,人民出版社 1985 年版,第 49—50 页。

于历史唯物主义、马克思的美学思想的意义:"《手稿》正是在政治经济学中寻求对市民社会的解剖,把'劳动'、劳动的'异化'和异化的'扬弃'等作为现代的社会的范畴,揭示资本主义社会的各种关系和结构,从资本主义社会本身的内在联系说明资本主义历史,以此作为他建立历史唯物主义的起点。"①刘纲纪高度肯定这个命题是美学史上一个标志着美学的重大变革的命题。即使否定异化劳动能够创造美的施昌东也充分肯定了劳动之于美的重要意义,他还把"劳动创造了美"作为马克思主义美学的基本观点予以充分肯定:"美首先是由人类的劳动创造出来的;美及其表现即艺术,都起源于劳动。这是马克思主义美学的一个基本观点。"②栾栋认为,"劳动创造了美"是马克思主义美学的纲领,也是理解马克思主义美学的最佳途径,解决了研究美的前提、美的本质、美感和研究思路等问题,其意义重大、不可替代。具体来说,这个命题的意义在于:

　　马克思把人的本质力量的核心深刻地揭示了出来,同时也把为什么劳动在实质上是美的问题清楚地告诉了人们:人们在劳动中相互创造、相互补充、相互证实,从而生动具体地证实了,实现了"我"和"你"的完整的人的本质。这一过程是人的本质力量在对象、产品、环境、资料、生产关系以及由此制约的社会关系诸方面感性显现的过程。所以,马克思说这样的劳动能使人完整地感受到人的本质,直观到人的本质力量的活生生的形象,享受到由之产生的人的乐趣——美感。③

也就是说,基于辩证唯物主义和历史唯物主义的立场和方法,马克思首先科学地界定、分析了研究美的起点。他从劳动这种人类最基本、最重要的实践活动入手研究美,把美界定为人的本质力量的对象化,这样,美就成为社会实践的产物,并由此区别于把美作为绝对精神显现的客观唯心主义美学和把美作为纯主观的主观唯心主义美学。其次,马克思在人与自然的关系中引入了劳动的中介环节,阐发了三者之间的关系,以及劳动发挥的独特作用。马克思还揭示了劳

---

① 郑涌:《历史唯物主义与马克思的美学思想》,见《马克思美学思想论集》,中国社会科学出版社 1985 年版,第 188 页。

② 施昌东:《"美"的探索》,上海文艺出版社 1980 年版,第 63 页。

③ 栾栋:《美学的钥匙》,陕西人民出版社 1983 年版,第 246—247 页。

动与社会的关系、劳动的作用,作为社会化的实践,劳动不但是人的本质,还是决定人与人关系的基础。同时,马克思不但关注一般劳动,还关注特定社会(即私有制社会)中特殊的异化劳动,并由此解释人及其社会活动。最后,马克思把作为实践的劳动与美联系起来,得出了劳动创造美、美感的结论。

在这个问题上,也有一种意见否定"劳动创造了美"。他们或者质疑它是美学命题,或者否定这个命题及其美学意义。蔡仪对《手稿》有一个基本的判断,即马克思当时仍然深受费尔巴哈的人本主义的影响,其唯物主义具有不彻底性,尚没有达到历史唯物主义的高度。据此,蔡仪认为,马克思的劳动、实践等概念也是人本主义、唯心主义的,建立在这些概念上的"劳动创造了美"的命题自然也就失去了意义。潇牧从可能性的角度理解"劳动创造了美",并否定了它作为美学基本命题的合法性:"'劳动创造了美'一语,仅仅是在劳动能够创造美的涵义上提及的,而绝非是从美根源于劳动的角度来阐发的。他仅仅是肯定了异化劳动也可以产生美的产品,绝非是把'劳动创造了美'作为美学基本命题提出。"①阎志强认为,应该根据"劳动创造了美"的语境和文本中的具体位置理解它的实际含义。马克思在《手稿》中首先研究了资本主义的经济结构和经济规律,然后从批判资产阶级的国民经济学开始,进而研究了异化劳动和私有制的本质,这是"劳动创造了美"的语境。根据"劳动创造了美"的出处看,它的意思应该是:

> 正是在论述私有制下劳动同它的产品的直接关系时,《手稿》提出"劳动创造了美,但是使工人变成畸形"。很明显,这句话与《手稿》在括号内所说的"按照国民经济学的规律,工人在他的对象中的异化表现在……工人的产品越完美,工人自己越畸形……"是一个意思,只不过一是说的劳动与它的产品的关系,一是说的工人与他的生产对象的关系罢了。因为《手稿》指明了"劳动同它的产品的直接关系,是工人同他的生产的对象的关系"。②

---

① 潇牧:《美的本质疑析》,载《学术月刊》1982年第7期。
② 阎志强:《"劳动创造了美"与"美即劳动产物"说》,载《徐州师范学院学报》(哲学社会科学版)1983年第1期。

阎志强根据这些情况,否认了这个命题指涉美的本质、起源等美学问题:

> "劳动创造了美"(按朱先生的译法则是"劳动生产出美")这句话,既与"劳动创造了宫殿""劳动用机器代替了手工劳动"等构成排比的格式,又与"但是使工人变成畸形"表明了完全相反的结果。《手稿》在这句话里所包含的意义很明确:在私有制下的异化劳动,虽然生产了很多美的(完美的、美好的)产品,但是却使工人在繁重劳动的折磨下变成了残废、畸形的人。这里根本没有涉及美的本质与起源问题,丝毫不能为"美就是劳动产物"说与"美起源于劳动"说提供任何理论根据。①

王善忠反对抽象地夸大这个命题的美学意义并具体分析其学术价值:"把'劳动创造了美'的'美'理解为'美的产品'或'美的东西'是符合本段落内容的,也与其他例子相协调。如若像某些人那样,把'劳动创造了美'单独抽取出来,而根本不考虑它在原段落中的地位和情况,而作任意的解释,是难以准确地、完整地理解马克思主义的理论的。"②何国瑞非常极端,完全否定这个命题与美有关联:"马克思在这里说到'劳动创造了美……'的话,基本上就是采用的'国民经济学的语言',只不过稍做文字异动,去掉了它的绝对化的毛病。他根本没有提出什么美学命题的意思。"③

施昌东从这个命题得出了"美起源于劳动""美首先是由劳动创造出来的""'美'是劳动的产物"等结论,有学者以他的论述为引子发表了对这个命题的看法。涂途认为,劳动可能产生美,也可能产生非美的东西,劳动和美的关系、劳动的结果和美的关系不都是因果的、必然的。鉴于此,他强调主体要认识、把握、运用"美的规律",客观上也需要为创造美提供相应的条件、材料、手段等,这样的创造才可能产生美。同时,他还强调历史、社会因素对创造美的具体的影响,反对超历史、抽象地研究美:

---

① 阎志强:《"劳动创造了美"与"美即劳动产物"说》,载《徐州师范学院学报》(哲学社会科学版)1983 年第 1 期。

② 王善忠:《怎样理解"劳动创造了美"》,载《学术月刊》1983 年第 5 期。

③ 何国瑞:《要用马克思主义方法研究〈1844 年经济学哲学手稿〉中的美学思想》,见《马列文论研究》第8 辑,中国人民大学出版社 1987 年版,第 233 页。

　　在不同的社会经济形态中,劳动的表现形式也不同;不同的社会制度下的劳动,具有不同的社会属性。这样,又从根本上决定着人类劳动的性质,从而也影响着劳动所产生的成果的美丑。超历史、超社会地去看待劳动和美的关系,肯定只能得出片面的、错误的论断。①

他反对把劳动与美简单等同起来,澄清了一些笼统的、含混的说法,有利于人们探索美的复杂性,也有利于破除对领袖言论的盲目信从。李春青在质疑施昌东的结论时阐发了其看法。李春青根据美从被认识到被创造的时间顺序,认为美首先是认识和发现的结果,然后才是根据规律创造的结果。鉴于此,他强调还应该进一步区分发生学意义上的美的产生和具体的按照"美的规律"所创造的美:"美最初是怎样产生的"和"人们根据美的规律来造成东西"。这样看来,施昌东的错误源于他没有进行必要的区别,结果,他混淆了发生学意义上的美的产生与具体事物的美的产生。

　　我们可以得出结论:美是随着人类意识的形成,随着包括人类在内的自然作为人的对象而存在,在原始人的劳动、战争以及全部其他社会活动中被发现的,从这个意义上看也可以说,美是在劳动中产生的。从施昌东同志的结论和所举大量例子看,他所说的劳动创造美,不同于我们所说的美在劳动中产生。施昌东同志的意思很明显,美就像制造一件工具,建一所房子一样创造出来的;而我们所说的在劳动中产生美,则指人们在劳动中通过彼此接触,通过与自然接触,逐渐地认识了客观事物的美的属性。而且,据施昌东同志的观点,美的唯一源泉就是劳动,而我们则认为美的源泉是客观世界,劳动的意义不过是对美的发掘而已。②

李春青把"美作为客观事物的一种社会属性",并据此修正了施昌东的结论,即美产生于劳动之中,美的唯一源泉是客观世界。

　　判断"劳动创造了美"是否有价值必然涉及异化劳动能否创造美的问题(或

---

① 涂途:《"美起源于劳动"说异议》,载《江汉论坛》1982 年第 4 期。
② 李春青:《怎样理解"劳动创造了美"——兼与施昌东同志商榷》,载《河北师范学院学报》(哲学社会科学版)1982 年第 1 期。

者说,异化劳动与美的关系),换言之,不能正确地回答后者就无法正确地回答前者。马克思在《手稿》中分别分析了劳动、人的本质、产品、人与人的关系的异化后,阐述了他对异化劳动的基本看法:"我们已经看到,对于通过劳动而占有自然界的工人说来,占有就表现为异化,自主活动表现为替他人活动和他人的活动,生命过程表现为生命的牺牲,对象的生产表现为对象的丧失,即对象转归异己力量、异己的人所有。"[①]实际上,多数学者都承认自由、自觉的劳动能够创造美,但问题是,异化劳动对于美的创造和欣赏大都是不利的。因此,必须研究异化劳动与美的关系,当时,美学界主要研究了私有制社会中的异化与美的关系。美学界对于私有制社会中异化劳动能否创造美的问题,主要有两种看法:异化劳动不能创造美,异化劳动能够创造美。

一部分学者认为,异化劳动不能创造美。早在20世纪60年代,李泽厚就曾撰文,非常明确地否定异化劳动能够创造美:

> 但在阶级社会里,劳动成果被剥削,劳动本身也歪曲为敌对自己的"疏远化"的活动……因此,自然作为肯定劳动实践的现实,作为劳动活动的对象化的自由形式,作为劳动实践的历史成果,对社会普遍地必然地具有娱乐观赏关系的大自然的形式美,对劳动者就反而是异己的,没关系的,不成为美。[②]

对《手稿》价值评判完全对立的朱光潜、蔡仪也不认为异化劳动能够创造美。朱光潜认为,马克思在继承改造黑格尔和费尔巴哈的异化思想的基础上,批判了资本主义私有制中的异化劳动使劳动者丧失劳动成果、人的本质力量、人的族类的特征的异化现象,这样,异化劳动当然就不能产生美。[③] 蔡仪更为关注马克思与黑格尔和费尔巴哈的异化思想的联系,尤其是马克思论述异化劳动时所受的唯心主义、人本主义的影响:

---

① [德]马克思著,中共中央马克思恩格斯列宁斯大林著作编译局译:《1844年经济学哲学手稿》,人民出版社1985年版,第59页。
② 李泽厚:《美学论集》,上海文艺出版社1980年版,第176页。
③ 朱光潜:《马克思的〈经济学—哲学手稿〉中的美学问题》,见程代熙编:《马克思〈手稿〉中的美学思想讨论集》,陕西人民出版社1983年版,第59页。

马克思提出劳动的异化,这劳动既是指的生产的实践活动,这个论点,单从表面的意义来看,是唯物主义的;但是所谓劳动的异化,同时却又表示这是指劳动作为人的本质来看待,作为人的族类的本质来看待,也就是作为"把人类和动物的生活活动区别着"族类特征来看待的……而且马克思自己就曾在《手稿》里屡次赞扬人本主义思想,甚至把人本主义、自然主义作为共产主义思想要求其实现。①

这样,既然马克思说的异化劳动有悖于实现人的本质、人的族类的本质,那么它当然就不能创造美了。

多数学者认为,异化劳动能够创造美。朱狄肯定异化劳动可以创造美:"马克思认为即使在异化劳动中创造出来的美也是实存的,就像宫殿一样,它耸立在历史的道路上。它的美是具体的,并不仅仅只是对过去的一种感伤的回忆。"②朱狄还以劳动者的美感为证据支持其观点:"我们不能设想我们现在所看到的古代的美的艺术,对它的创造者来说完全是非美的,如果殷周青铜器的制造者并没有审美的感觉,他们的产品怎么可能是美的呢? 所以对异化的概念还必须放到一定历史条件下去分析,才有合理地解释一切复杂的历史现象的可能。"③也就是说,被剥削的劳动者可能有美感,异化劳动可以创造美,美的欣赏也可以存在于私有制社会中。同属于肯定派的蒋孔阳细致地分析了异化劳动创造美的具体原因:第一,尽管异化劳动是特殊形态的、被异化了的劳动,但它还是劳动,具有人类一般劳动的性质。第二,纵观人类社会发展史,异化劳动导致了劳动的分工,尤其是物质生产、精神生产的分工,分工则为创造美提供了可能和积极的条件,否则,精神文明、美就无从谈起。第三,人类的异化劳动不可能与自由的劳动完全绝缘,而且,异化劳动的产品也可能是美的,因为遭受压迫和剥削的劳动从一定意义上讲也是人的本质的表现(特殊表现)。第四,异化劳动有可能反向地推进美的发展,严重的异化引发了文艺家的关注,进而产生反

① 蔡仪:《〈经济学—哲学手稿〉初探》,见程代熙编:《马克思〈手稿〉中的美学思想讨论集》,陕西人民出版社 1983 年版,第 291—292 页。
② 朱狄:《马克思〈1844 年经济学—哲学手稿〉对美学的指导意义究竟在哪里? ——评蔡仪同志〈马克思究竟怎样论美?〉》,见《美学》第 3 期,上海文艺出版社 1981 年版,第 89 页。
③ 朱狄:《美学问题》,陕西人民出版社 1982 年版,第 23 页。

异化的文艺作品。① 应当说,蒋孔阳虽然在探讨马克思的思想,但进行了较大的发挥,也主要是他本人的看法。

朱狄、蒋孔阳主要从正面肯定异化劳动能够创造美,实际上隐含着问题的另一个方面,承认异化劳动常常摧残或不利于美的创造,甚至产生丑或不美的东西,这个问题也可以表述为,异化劳动既创造美又摧残美。针对这种现象,尤其是蔡仪的"否定说",刘纲纪特别强调,尽管异化劳动是资本主义制度下的劳动,异化劳动可能扼杀和摧残美,但不能据此否认创造美的事实,而且,异化劳动也是劳动的重要组成部分。为此,他列举并分析了异化劳动创造美的事实及其特殊原因:

> 首先,那对劳动者自身来说是否定着他的自由的劳动,从对自然的改造上来说仍然是人创造性地支配自然的活动。创造的成果虽然是以劳动者自己的牺牲为代价,但它体现了人类改造自然的伟大力量,从而成为美的对象……其次,劳动者的异化了的劳动创造出了被不劳动的剥削者所占有的自由时间,从而使统治阶级中的少数人有可能专门进行美与艺术的创造。从这方面看,异化劳动也间接地创造着美。但是,异化劳动在人类历史上又极大地阻碍着美的创造。②

同时,刘纲纪还独特地发现从异化劳动中可能获得作为美的前提的自由。因为异化劳动和一般劳动一样,也必须使个体结合进整体性的社会,必须协调、合作,才能从自然中获取自由。因此,尽管程度不一、效果不同,异化劳动和一般劳动都能够从自然中获得自由,正是这种自由为美的创造提供了必不可少的前提,同时,自由也构成美的重要内容或本质。刘纲纪由此肯定私有制条件下的异化劳动能够创造美,公有制下的劳动就更是如此了,这也成为肯定"劳动创造了美"的重要依据。

主张辩证分析异化劳动的马奇也肯定了异化劳动对于审美的积极意义,并把异化劳动作为创造美的前提和基础:"从劳动者在物质生产领域的劳动活动

---

① 蒋孔阳:《美的规律——蒋孔阳自选集》,山东教育出版社 1998 年版,第 32—37 页。
② 刘纲纪:《略论"自然的人化"的美学意义》,见刘纲纪:《美学与哲学》,湖北人民出版社 1986 年版,第131 页。

来看,异化劳动对于劳动者既有摧残劳动者的肉体和精神的一面,即妨碍美的创造和发展的一面,同时也要看到它还有创造和发展美的一面,因为异化劳动下的劳动活动仍然是一般生产劳动,是改造自然的活动,是人的本质力量的对象化,尽管劳动者不能把劳动当作自己的体力和智力的活动来享受,仍然是美的创造和发展的前提和基础。"[1]钱念孙则恰当地把异化劳动的这个特点明确地概括为异化劳动创造美的"矛盾两重性",即创造美、发展美的肯定性和摧残美、制造丑的否定性,不但细致地分析了这种特点,而且还进一步分析了异化劳动能够创造美的基础及其在大工业中的表现:

> 一、从异化劳动与正常劳动的关系来看,尽管两者是相对立的事物,异化劳动是对正常劳动的否定,但是它在否定中却将正常劳动的积极成果保留了下来,在否定中体现着发展的连续性,包含着肯定的因素。因为当异化劳动出现时,它并没有抛弃以前劳动所取得的成果,而是保留和继承了其生产力的发展水平及其一切劳动财富,使生产力得到持续上升。这一点,是我们理解异化劳动状态下美的创造问题的基础。二、人在异化劳动中支配自然、创造美的情况是复杂的,尤其在近代大工业生产中,一般都要分设计和操作两大阶段。就具体操作这一阶段而言,从事体力劳动的劳动者往往并不能充分发挥自己的本质力量,甚至带有很大的被迫性和痛苦感。然而,由于他们总得按照设计者的要求来进行操作,所以,虽然操作过程对他们来说没有创造性,是痛苦的、被迫的;但就整个生产程序来说,却又是合规律性和合目的性的。可是,从总体上看,异化劳动所生产的产品,总是凝聚着人的本质力量,体现着人的聪明才智的。因而,我们不能否认异化劳动可以创造美。[2]

他的分析结合现实,尤其是大工业的实际情况,有助于深入理解异化劳动与美的复杂关系。朱立元则从具体劳动(或对象化的劳动)和抽象劳动的视角辩证地分析了异化劳动的积极、消极作用:"一方面,它的对象化的、具体劳动的

---

[1] 马奇:《马克思〈1844 年经济学—哲学手稿〉中的美学问题》,见《艺术哲学论稿》,山西人民出版社 1985 年版,第 188 页。

[2] 钱念孙:《关于〈1844 年经济学哲学手稿〉中美学问题的讨论》,载《中国社会科学》1983 年第 2 期。

方面决定了劳动产品对人具有直观的、感性的、审美的性质,即具有积极的美学意义,它是劳动者在异化劳动中仍然具有美感的物质基础;另一方面,它的异化的、抽象劳动的方面则决定了劳动产品对人的审美和创造美具有消极的、摧残的性质。"①

与其他问题相比,美学界关于"劳动创造了美"的讨论相对缓和些。事实上,包括劳动在内的人类实践确实与美有着非常密切的关系。在原始社会中,美的生产与人类的物质生产活动是直接联系在一起的,也可以说,美是人类物质生产的副产品。后来,随着社会分工的出现和发展,美的生产逐渐从人的物质生产中独立、分化出来,成为专门的领域和独特的一种生产,但是,美的创造和欣赏仍然离不开人类的物质生产及其成果,物质生产能够直接或间接地产生美,即使最为特殊的私有制社会中的异化劳动虽然总体上不利于或伤害到美的生产,但在特殊的条件下仍然可以产生美。因此,"劳动创造了美"的命题对于以历史唯物主义、辩证唯物主义为基础的马克思主义美学当然具有非常重要的意义,而且,这个命题也有利于从人类的物质生产和实践活动中认识美的根源、产生、发展等问题。当然,不能靠这个命题一劳永逸地解决所有的问题,还要进一步有针对性地分析这个命题及其涉及的具体美学问题。

纵观中国当代美学史,《手稿》的作用和影响都是非常深刻而重要的。其中,中国美学界在 20 世纪七八十年代展开的讨论占据了显著的位置。这次讨论被称为"手稿热",《手稿》的研究有了很大的拓展,其深度和广度都具有标杆意义,讨论存在着不少分歧,尤其是两种基本判断的对立仍然没能消除,但在有些具体的问题上也取得了一定的共识。《手稿》讨论不但关涉了哲学、美学等学术问题,还因与 20 世纪七八十年代的中国现实的密切联系而获得了强烈的现实意义。当时,思想界针对"文革"对人、人性的戕害,强烈呼唤对人、人性的尊重,长期遭受压制的人道主义思想受到极大的欢迎。作为中国的主流意识形态,马克思主义的权威性、合法性都是无可置疑的,借助马克思来宣传人道主义无疑是切实可行的途径和有效策略,而《手稿》也确实存在着人本主义、人道主义的因素,为宣传人道主义提供了可能,这样做还有针对性地批判了"文革"的暴行和现实生活中存在的种种反人性的思想行为。而且,国外也存在着诸如

---

① 朱立元:《历史与美学之谜的求解》,学林出版社 1992 年版,第 244—245 页。

"青年马克思""两个马克思"等争论。在此背景下,突出或放大马克思思想中的人本主义因素,呼唤人道主义,就成为当时思想界和美学界的主流,也具有现实的合理性,当然,也不能否认由此导致的对马克思思想的有意无意的误读、曲解甚至歪曲,更应该对此进行学理上的辨析、甄别、清理。

这次《手稿》讨论不但涉及许多具体的美学、哲学问题,还涉及对马克思主义、对《手稿》的全面理解。讨论之所以激烈、分歧很大,原因在于对马克思主义、对《手稿》的基本评价存在着巨大的差异,也在于所讨论的具体问题的复杂性,而且,对马克思主义、《手稿》的基本评价必然在具体的研究中表现出来。同时,讨论的具体问题也都是相互联系的。这次讨论很有针对性,虽然多数讨论关涉的是具体问题,但都直接或间接地深化了对《手稿》、马克思主义、马克思主义美学的全面而科学的理解和评价,也有助于澄清对《手稿》和马克思主义的误读、误解;《手稿》讨论直接或间接地促进了实践论美学的产生和发展;人本主义确实是马克思《手稿》的思想,讨论引发了对马克思人学思想的重视,美学界直接或间接地运用这些思想来解决美的本质等美学基本问题,也从特定角度促进了对这些具体美学问题的研究。

之后,随着文化语境的改变和美学界关注重心的转移,相关的讨论逐渐减少,换言之,《手稿》研究的高潮已经过去了。沉寂了几年之后,20 世纪 90 年代中后期,讨论又有所升温,讨论主要围绕"美的规律"展开,但大都重复了 80 年代的观点,缺乏新意,进展并不大,值得注意的是,有极少数论者开始否定"美的规律"及其美学意义,其影响非常有限,但有论者以此为契机开始反思中国当代美学研究的局限性,则具有积极意义,值得肯定。

进入 21 世纪以后,仍然有讨论《手稿》的文章发表,但对其基本美学理论问题的研究则大为减少,已经很难与 20 世纪八九十年代相提并论了。这个时期的研究又有了新的变化,主要围绕两个议题展开。一个是研究《手稿》的生态思想、生态美学思想。受到国外生态主义、后现代主义、现代性理论的影响,有学者开始研究《手稿》的生态思想。阎丽杰认为,不同于西方的反对经济增长的生态中心主义和用技术掌控、榨取自然的技术中心主义,马克思《手稿》中的生态美学思想有其独特的内涵。第一,作为自然的产物,人类不能离开自然界,人自身就是自然界的存在物,人与有机物、无机物这些自然界的其他存在物共同构成了自然的整体,人和自然、人和其他存在物的关系理应是平等、平衡、相互依存、彼此和谐的。如果破坏了这种动静态的平衡,就可能遭到自然的报复和其他存在物的报复。第二,以私有制、不平等为基础的资本主义社会的异化劳动不但通过剥削加剧了人与人之间的不平等,而且还过度地压迫、压榨大自然,导致了各种形式的对立、冲突、矛盾。第三,必须重建人与人、人与自然之间的和谐,从而达到理想的生态环境。其中,人的主观能动性能够发挥重要的作用。人类应该在尊重自然及其规律(包括"美的规律")的前提下,发挥其主观能动性,使人类的智慧、道德关怀渗入自然和自然界,也应该吸收自然、自然界的精华,构建二者之间的和谐。① 与此同时,也有学者开始反思《手稿》(尤其是"自然的人化"等命题)中人类中心主义等局限性。另一个是《手稿》的身体美学思想。随着市场经济引发的欲望的泛滥、感性的膨胀,以及"身体写作""身体美学"的出现,有论者研究了《手稿》的人的全面发展的思想、身体美学思想。董希文分析了《手稿》的身体美学思想主旨,即马克思提出的身体美学出于现实革命实践的需要,身体自由是人的自由的重要组成部分,具有人类解放的意义;作为社会范畴,身体美关注人的社会性,追求人的自由,但这种自由始于人的自然属性并具有精神超越性,而且,重视人的各个方面的全面和谐的发展;身体美具有超越性,要摆脱外部的束缚、限制,但不是绝对的、无条件的自由,要符合"美的规律"。董希文还揭示了身体美学思想对于当下身体文化建设的三个重要意义。第一,有助于研究"身体转向"的根本原因,从马克思实践论的视角看,作为消费社会、消费文化的伴生物,当下的"身体转向"有其必然,但不容忽视的是,它深受流行时尚、资本的控制,在追求展示价值的狂欢中迷失了主体、自由,导致了新的异化。第二,有助于认识"身体书写"的两面性,应该重视人的自然属性,描写感性欲望、展示身体,更应该以此为手段提升、关注社会层面的人,而不应该仅仅停留在动物的层面。第三,有助于走出充斥于消费社会的诸如健身瘦身、医学美容之类的身体塑造的误区。② 还有学者以《手稿》的思想为参照研究当代美学、文艺、文化中的"身体崇拜"。这些研究开拓了新的研究领域,较有新意,但都不是很深入、系统,其影响也很有限。此外,还有一些少量的、零散的关于《手稿》基本美学理论问题的研究。同时,仍有不少学者以《手稿》的美学观点进

---

① 阎丽杰:《论马克思〈手稿〉中的生态美学思想》,载《辽宁大学学报》(哲学社会科学版)2009 年第 5 期。
② 董希文:《马克思〈手稿〉中的身体观念及其当代美学意义》,载《文艺理论研究》2009 年第 4 期。

行文艺、文化评论。因此,客观地说,《手稿》的影响尚在。

综上所述,我们完全可以毫不夸张地说,《手稿》及其美学问题讨论极大地推动了中国当代美学、中国马克思主义美学的建立和发展,是值得我们重视的美学遗产。

第五章

实践美学的历史内涵
与多元发展

萌生于 20 世纪五六十年代的"美学大讨论"、奠基于马克思《手稿》的"实践美学",在 70 年代末至 80 年代的"美学热"中得到不断发展和完善,逐渐形成了一个在当代中国美学史上最具影响力的主导思潮和流派,有力地推动了当代中国的美学发展和思想启蒙。学界一般认为,"实践美学"是指坚持以马克思主义的实践唯物主义和实践观点作为哲学基础和主要视点的美学流派,以李泽厚的实践美学为代表,包括朱光潜"整体的人"实践美学、王朝闻"审美关系论"美学、杨恩寰"审美现象论"实践美学、周来祥"和谐论"美学、刘纲纪"创造自由论"美学、蒋孔阳"创造论"实践美学等。80 年代末 90 年代初,伴随着"实践论"向"生存论"的转向,实践美学受到以杨春时"超越美学"、潘知常"生命美学"、张弘"存在美学"、王一川"体验—修辞美学"等为代表的"后实践美学"的质疑和挑战,与此同时,邓晓芒与易中天的"新实践美学"、张玉能的"新实践美学"、朱立元的"实践存在论美学"也随之在实践美学内部孕育而生。如果说"新实践美学"是试图在实践美学内部对旧实践美学进行改造和完善的美学新形态的话,那么,"后实践美学"则试图从外部对实践美学进行发展和超越。三者的一致性在于,都坚持本体论的视角,都不同程度地以一种"西式话语"来建构理想的"现代中国美学"。正是由于新实践美学和后实践美学从内外、正反两方面极大地丰富和发展了实践美学,它们之间既彼此批判又相互吸纳,不断由对抗走向对话,从而使实践美学呈现出与时俱进、多元开放的面貌,使中国当代美学呈现出多元共存、不断创新的发展态势。

第一节　李泽厚的主体性实践美学

李泽厚是实践美学最具代表性的人物,如果说 20 世纪五六十年代是李泽厚实践美学的"萌芽和雏形"时期,那么,"文革"之后到 20 世纪末的 20 年,则是李泽厚实践美学"形成和发展""深入和分化"以及"新发展"的关键时期。[①] 通过深入发掘和整合中国思想文化传统、马克思的实践哲学、康德的批判哲学等思想资源并对它们进行"转换性创造",李泽厚建立起以"内在自然的人化""积淀""文化心理结构""人的自然化""西体中用""实用理性""乐感文化""儒道互补""儒法互用""两种道德""历史与伦理的二律悖反""情本体"等原创范畴为核心的"人类学本体论哲学"体系,[②]以及以此为基础的主体性实践美学体系,为"实践美学"的发展壮大和"现代中国美学"的真正建立作出了突出贡献。

一、人类学本体论哲学视域下的美学命题

1970 年代至 1980 年代末,李泽厚通过运用马克思的实践观点对康德哲学进行批判和改造,广泛吸收皮亚杰的发生认识论、荣格的集体无意识、格式塔心理学等西方理论资源,较早提出了"自由形式""主体性""积淀""文化心理结构""建立新感性"等学说;1990 年代,他深入中国儒家传统文化寻找实践美学的理据,从"实用理性和乐感文化"中提炼生发出"情本体""人的自然化"等思想精髓,以美学作为"第一哲学"来克服现代人的日趋严峻的道德颓丧和精神危机。这些面向现实、在人类学本体论哲学视域下不断孕生的美学命题,使李泽厚的"实践美学"成为既具有学术价值更具有现实价值的思想体系,为中国新时期思想启蒙和解放以及现代人性的建构和发展提供了重要动力和指引。

---

① 徐碧辉:《中国实践美学 60 年:发展与超越——以李泽厚为例》,载《社会科学辑刊》2009 年第 5 期。

② 在李泽厚的理论表述中,"人类学本体论哲学"和"主体性实践哲学"异名而同实,其共同点在于强调人类的超生物族类的存在、力量和结构,差异在于两方面:前者更着眼于包括物质实体在内的主体全面力量和结构,后者更侧重于主体的知、情、意的心理结构方面;主体性更能突出个体、感性与偶然。参见李泽厚:《哲学答问》,见《实用理性与乐感文化》,三联书店 2008 年版,第 122 页。

（一）美的本质＝美的根源＝人类实践的历史成果

与以"认识如何可能"作为第一课题的康德"先验"哲学不同，李泽厚的人类学本体论哲学明确以"人类如何可能"作为第一课题，因为在他看来，"'认识如何可能'只能建立在'人类（社会实践）如何可能'的基础上来解答。只有历史具体地剖析人类实践的本质特征，才能解答人类认识的本质特征"[1]。同样，"审美如何可能""道德如何可能"也都来源和从属于"人类如何可能"。通过批判康德的唯心主义"批判哲学"，李泽厚提出人类制造和使用工具的物质生产活动，即"实践"，是使"人类"成为可能的本体：这是人类学本体论哲学的核心观点，也是其"人类学本体论的美学"的逻辑起点。换言之，"实践"是"人之所以为人"（"人是什么"）、美之所以为美的根本、根源、充分而必要的最后条件，像"人类如何可能"一样，"美如何可能"的问题也必须从"实践"这一根源上来回答，也就是说，美学大讨论时期所争论的"美的本质"问题必须从人类学的、实践论的哲学角度才能获得合理解答。

在李泽厚看来，"只有从美的根源，而不是从审美对象或审美性质来规定或探究美的本质，才是'美是什么'作为哲学问题的真正提出"。[2] 而这"根源"即是他在"美学大讨论"中率先引入的"自然的人化"。他坚持了自己在《美学三题议》(1962)中以"自然的人化"（实践）来解释美的本质的看法，又进一步强调了"美的本质"与"人的本质"的密切关联，他说："美的本质和人的本质不可分割。离开人很难谈什么美。我仍然认为不能仅仅从精神、心理或仅仅从物的自然属性来找美的根源，而是要用马克思主义的实践观点，从'自然的人化'中来探索美的本质或根源。"[3]通过引入格式塔的同构说，他以"自然的人化"解释和回答了自然形式与人的身心结构之所以发生同构反应的根本原因，"美的根源出自人类主体以使用、制造工具的现实物质活动作为中介的动力系统。它首先存在于、出现在改造自然的生产实践的过程之中"[4]，正是"实践"使主体方面的审美心理结构得以萌发和形成，同时使客体方面成为美的根源。

---

[1] 李泽厚：《批判哲学的批判：康德述评》，三联书店 2007 年版，第 263 页。
[2] 李泽厚：《华夏美学·美学四讲》，三联书店 2008 年版，第 275 页。
[3] 李泽厚：《美的对象与范围》，见《美学》第 3 期，上海文艺出版社 1980 年版，第 17 页。
[4] 同[2]，第 280 页。

在《批判哲学的批判》(以下简称《批判》)中,李泽厚明确表明了"实践"作为"美的根源"的"人类学"意义:

> 通过漫长的历史的社会实践,自然人化了,人的目的对象化了。自然为人类所控制改造、征服和利用,成为顺从人的自然,成为人的"非有机的躯体",人成为掌握控制自然的主人。自然与人、真与善、感性与理性、规律与目的、必然与自由,在这里才具有真正的矛盾统一。真与善、合规律性与合目的性在这里才有了真正的渗透、交融与一致。理性才能积淀在感性中,内容才能积淀在形式中,自然的形式才能成为自由的形式,这也就是美。[①]

在这里,李泽厚坚持了"美是现实肯定实践的自由形式"的早期观点,从"自然的人化"的角度再次认定了"美是自由的形式",是合目的性(善)与合规律性(真)相统一的实践活动和过程本身,也就是说,"自由(人的本质)与自由的形式(美的本质)……是人类和个体通过长期实践所自己建立起来的客观力量和活动""自由形式作为美的本质、根源,正是这种人类实践的历史成果"。[②] 这事实上意味着"实践"才是美的最终根源和真正本质,这种人类学本体论哲学的美学观也就因此与康德"美是道德的象征"以及高尔泰"美是自由的象征"、朱光潜"主(意识)客观统一"等其他哲学美学观区别开来。[③]

(二) 主体性的两个"双重":工艺社会结构与文化心理结构,群体与个体

如前所述,早在美学大讨论中,李泽厚就已提出人是实践的"主体",但由于时代和个人的局限而未揭示出其"主体性"的内涵。直到发表了《批判》,李泽厚

---

① 李泽厚:《批判哲学的批判:康德述评》,三联书店 2007 年版,第 164 页。
② 李泽厚:《华夏美学·美学四讲》,三联书店 2008 年版,第 283 页。
③ 为了与朱光潜把人的主观意识、情感、思想也当作"人的本质力量"的美学观明确区别开来,李泽厚在后期有意放弃了早期使用的"人的本质对象化"的说法,而只说"自然的人化""自由的形式";又多次在论著和访谈中强调自己的"美是自由的形式"与高尔泰的"美是自由的象征"在"哲学意义"上的不同。前者参见李泽厚:《华夏美学·美学四讲》,三联书店 2008 年版,第 284 页;后者参见李泽厚:《与高建平的对谈》,见《世纪新梦》,安徽文艺出版社 1998 年版,第 270 页。

才从康德哲学中发掘出"主体性"的理论价值,以贡献于马克思主义哲学。在"主体性哲学论纲系列"文章中①,他立足于使用—制造工具的物质实践,对"主体性"概念进行了全面深入的阐释,真正建立起以作为主体的人(人类和个体)为探究对象的"主体性实践哲学"。他认为康德哲学的功绩不是提出了具有唯物主义色彩的"物自体",而是在唯心主义的先验论体系中第一次全面地提出了"主体性"问题。正是紧紧扣住"主体性"这一现代哲学的核心命题,但又从实践而非认识论(如笛卡儿)角度来讲人的主体性,他提出了主体性实践哲学的美学观念。

在《康德哲学与建立主体性的哲学论纲》(以下简称《论纲》)中,他表明人类的主体性就是人性,是"相对于整个对象世界,人类给自身建立了一套既是感性具体拥有现实物质基础(自然),又是超生物族类、具有普遍必然性质(社会)的主体力量结构"②。并以此为特定视角,沿着《批判》的思路对康德的认识论、伦理学和美学又分别作了批判,再次强调了《批判》中所反复强调的观念——要以使用和制造工具来规定"实践",并将其提高到作为马克思主义哲学核心和主题的"唯物史观"的高度;③而在《关于主体性的补充说明》中又明确提出"主体性"的"两个双重"的内容和含义,更全面地解析了主体性的深刻内涵:

> 第一个"双重"是:它具有外在的工艺—社会的结构面和内在的文化—心理结构面。第二个"双重"是:它具有人类群体(又可区分为不同社会、时代、民族、阶级、阶层、集团等等)的性质和个体身心的性质。这四者相互交错渗透,不可分割。而且每一方又都是某种复杂的组合体。④

① 包括《康德哲学与建立主体性的哲学论纲》(1980)、《关于主体性的补充说明》(1983)、《关于主体性的第三个提纲》(1985)、《第四提纲》(1989)等,而《人类起源提纲》(1964)则是"主体性哲学论纲系列"的第一论纲,文中明确强调了"工具的重大意义",认为"在使用工具、制造工具的实践基础上,动作思维、原始语言日益成为巫术礼仪的符号工具,建构起根本区别于动物的人类的原始社会"。这成为人类学本体论哲学的"工具本体论""实践论"的先声。参见李泽厚:《人类起源提纲》,《实用理性与乐感文化》,三联书店 2008 年版,第 193—199 页。

② 李泽厚:《实用理性与乐感文化》,三联书店 2008 年版,第 202 页。

③ 李泽厚认为,"唯物史观是马克思主义哲学的核心和主题。唯物史观就是实践论。实践论所表达的主体对客体的能动性,也即是历史唯物论所表达的以生产力、生产工具为标志的人对客观世界的征服和改造,它们是一个东西,把两者割裂开来的说法和理论都背离了马克思主义"。参见李泽厚:《实用理性与乐感文化》,三联书店 2008 年版,第 207 页。

④ 李泽厚:《关于主体性的补充说明》,见《实用理性与乐感文化》,三联书店 2008 年版,第 217 页。

　　不难看出，李泽厚利用和改造了结构主义哲学的思维和方法，按照客观与主观、群体与个体的二分法对"主体性"作了结构分析：其一，外在的工艺社会结构和内在的文化心理结构分别构成了主体性的客观方面（社会存在）和主观方面（社会意识），客观方面是指人类主体的物质现实的社会实践活动，即后来所概括的"工具本体"，"这个本体首先是物质的社会力量或物质力量，即人掌握工具、科技进行生产活动的现实。没有它，整个人类不再生存。一切人类文明、文化无法存在或延续"①。这是对"人活着"的说明。主观方面的文化心理结构"主要不是个体主观的意识、情感、欲望等等，而恰恰首先是指作为人类集体的历史成果的精神文化、智力结构、伦理意识、审美享受"②，即后来所概括的"心理本体"，也即"人性"之所在，这是对人"如何活"（认识论）、"为什么活"（伦理学）、"活得怎样"（美学）的说明。其二，同时存在着人类主体性和个体主体性这两个层面的主体结构，这就与只强调人类总体性的黑格尔哲学或只强调个体性的萨特哲学，或根本否认个体主体性的结构主义语言学派哲学等流行哲学区别开来。由此，人类普遍心理的结构形式和个体心理的创造功能成为人性主体性要探究的两个基本课题。

　　归根结底，李泽厚认为：人类群体的工艺—社会的客观结构是主体性的本质现实和历史原动力，起根本决定作用，这是因为"社会群体的生产实践是人类的第一个历史事实"，即"'人活着'是第一个事实。'活着'比'为什么活着'更根本，因为它是一个既定事实"③。因此，无论是在《美学三题议》还是在《论纲》等系列文章中，"实践""理性""人类""社会"等作为主体性实践哲学的内容被反复强调；也正是按照这一"事实"逻辑，李泽厚在1990年代提出"吃饭哲学"来对抗"斗争哲学"，提出"西体中用"来对抗"中体西用"。当然，与美学大讨论时期几乎完全偏重于主体性客观方面的"客观社会论"不同，《论纲》及其补充文章明确以主体性的主观方面为讨论主题，即"从马克思的工艺—社会结构走向康德的文化—心理结构"④，因为在他看来："美的本质是人的本质的最完满的展现，美的哲学是人的哲学的最高级的峰巅；从哲学上说，这是主体性的问题，从科学上

---

① 李泽厚：《关于主体性的第三个提纲》，见《实用理性与乐感文化》，三联书店2008年版，第234页。
② 李泽厚：《批判哲学的批判：康德述评》，三联书店2007年版，第89页。
③ 李泽厚：《第四提纲》，见《实用理性与乐感文化》，三联书店2008年版，第241页。
④ 刘再复：《与李泽厚的美学对谈录》，见《李泽厚美学概论》，三联书店2009年版，第105页。

说,这是文化心理结构问题。"①文化心理结构问题也就是人性问题,包括人类群体的文化心理结构("大我")和个体文化心理结构("小我"),他着重讨论了后者,比如"个体主体性""个体实践""个体自由"等问题,从而进一步丰富和完善了"主体性"的意涵。

在李泽厚看来,黑格尔和马克思主义的哲学在一定程度上以纯粹的认识论、逻辑学掩盖或抹煞了人的现实存在及其创造历史的主体性、偶然性。在这一批判的基础上,他提出了一种基于"存在"立场的实践论,认为,"人的本质不能脱离人的存在""实践就其人类的普遍性来说,它转化为人类的逻辑、认识结构;另一方面,实践总是个体的,是由个体的实践所组成、所实现、所承担的。个体实践的这种现实性也就是个体存在,它的行为、情感、意志和愿望的具体性、现实性。这种现实性是早于和优于认识的普遍性的"②。可见,在强调普遍的、人类的"社会存在"的意义和价值时,现实的、个体的"个人存在"的意义和价值也是不容忽视或阉割的,重视个人实践也就是重视个体的感性现实、自由选择及其历史偶然。"实践"的本体意义正在于:使人类群体具有了超生物族类的普遍形式,即主体性的人性结构,具体表现为"理性的内化"(智力结构)、"理性的凝聚"(意志结构)和"理性的积淀"(审美结构),即作为人类学本体的"心理三结构";又使它们具体落实在个体心理上并使其"以创造性的心理功能而不断开拓和丰富自身而成为'自由直观'(以美启真)、'自由意志'(以美储善)和'自由感受'(审美快乐)"③。不难看出:李泽厚赋予了审美的主体心理结构比认识论和伦理学的主体心理结构更高的、更特殊的意义,这是因为后两者还具有某种外在的、片面的、抽象的理性性质,而审美则实现了"总体与个体的充分交融,即历史与心理、社会与个人、理性与感性在心理、个体和感性自身中的统一"④。也正是在这个意义上,李泽厚认为审美是主体性系统的归宿,是超道德的、高于或能替代宗教的本体境界,也即中国文化传统所追求的"天人合一"的人生最高境界,从而赋予美学以"第一哲学"的地位。

---

① 李泽厚:《康德哲学与建立主体性的哲学论纲》,见《实用理性与乐感文化》,三联书店 2008 年版,第 215 页。
② 同上,第 209 页。
③ 李泽厚:《关于主体性的补充说明》,见《实用理性与乐感文化》,三联书店 2008 年版,第 221 页。
④ 同上,第 229 页。

问题是：在主体性的人性结构的形成过程中，总体与个体、历史与心理、理性与感性、社会与自然、内容与形式的交融统一是如何实现的？换言之，总体、历史、理性、社会、内容是如何具体地落实在个体、心理、感性、自然、形式中的？李泽厚的回答是：积淀。

(三) 积淀论：审美心理结构的历史生成

"积淀"是李泽厚所独创的并被学界广泛接受的一个范畴。就逻辑演进来看，从"美学大讨论"时期的《论美感、美和艺术》《意境杂谈》到《典型初探》，再到新时期的《批判哲学的批判：康德述评》，"积淀"概念相应地经历了从"积累"到"沉淀"再到"积淀"的演变；[①]就思想资源来看，"积淀论"不仅继承了中国本土美学语境中前辈理论家黄药眠的"积累说"思想，[②]同时对西方理论资源如康德"先验论"、贝尔"有意味的形式"论、皮亚杰"发生认识论"、荣格"集体无意识"论以及苏珊·朗格"情感结构"说等进行了批判吸收和创造性的改造。他从主体性实践哲学出发，用"客观社会性"解读康德的"普遍必然性"，用人类生活实践所历史形成的文化心理结构来逐一解读康德的先验形式，提出了"积淀说"，回答了康德所悬置的思辨理性与实践理性的来源问题。需要注意的是，"积淀"不仅是一个哲学范畴，也是一个美学范畴，"'积淀'思想的提出和阐释，提供了一把打开自然的人化之谜的钥匙，是李泽厚哲学、美学思想的理论秘密之所在"[③]。

何谓"积淀"？李泽厚自己说道，"积淀"有广义和狭义之分，"广义的积淀指所有由理性化为感性、由社会化为个体、由历史化为心理的建构行程，它可以包括理性的内化（智力结构）、凝聚（意志结构）等等；狭义的积淀是指审美的心理情感的构造"[④]。可见，积淀是使社会与个体、历史与心理、理性与感性相统一的中介，积淀的过程实质上就是人性建构的过程，也就是文化心理结构或者说心理本体生成的历史过程，换言之，所谓"人性"（human nature）也就是文化积淀而成的心理结构形式。无论是广义的还是狭义的"积淀"，都是通过"自然的人

---

① 李泽厚在 1964 年曾写的《积淀论论纲》(未刊残稿)可认为是"积淀论"的最早雏形。参见李泽厚、刘绪源：《该中国哲学登场了？》，上海译文出版社 2011 年版，第 20—21 页。

② 李圣传：《从"积累说"到"积淀说"——李泽厚对黄药眠文艺美学思想的继承与发展》，载《文学评论》2013 年第 6 期。

③ 赵士林：《李泽厚美学》，北京大学出版社 2012 年版，第 64 页。

④ 李泽厚：《华夏美学·美学四讲》，三联书店 2008 年版，第 406 页。

化"——尤其是"内在自然的人化"——的过程来实现的。①

狭义的"积淀"即审美,因为它使主体在(内在)"自然的人化"中建立起理性与感性相统一的审美心理(情感)结构,使直观的感受成为自由的感受,使客体在(外在)自然的人化中成为自然性与社会性相统一的美的对象,使自然的形式成为自由的形式,换言之,美的自由形式和审美的自由感受正是"自然的人化"所能达到的最理想、最完满的境界。相较于"理性的内化"(自由直观)、"理性的凝聚"(自由意志),作为"理性的积淀"②的自由审美无疑享有比认识、道德更合乎目的性的自由、更合乎人的生命的主体性;③因此,他在论及主体性人性结构时主张"以美启真""以美储善",强调"美学和艺术中享有的自由正是科学中可以依靠和借用的钥匙和拐杖",强调"潜在的超道德的审美本体境界,储备了能跨越生死不计利害的道德实现的可能性"。④ 按其所言:"它(理性的积淀)不再是一般压倒个别,而是沉积着一般的个性潜能的充分培育和展现。自由审美可以成为自由直观(认识)、自由意志(道德)的钥匙。从而理性的积淀——审美的自由感受便构成人性结构的顶峰。"⑤由此可见:审美虽然只是人性总结构中关乎人性情感的某一种子结构,却由于实现了个体与总体的融合,尤其是个体潜能得到创造性表现,而占据了人性结构的顶端。⑥

在《美学四讲》中,李泽厚进一步将"积淀"(狭义)从审美本体论延展至艺术本体论,将其再分为"原始积淀""艺术积淀""生活积淀",以对应艺术作品的三个层面:形式层、形象层和意味层。在他看来,"原始积淀"是产生最早的美的形式和审美感受的一种最基本的积淀,也就是说,在原始人漫长的社会性的劳动

① "人性建构""文化心理结构""心理本体""内在自然的人化"这四个范畴在李泽厚的"人类学历史本体论哲学"中是名异而实同的。

② 李泽厚后来改用"理性融化"代替"理性的积淀"(即"狭义的积淀"),用"理性内构"代替"理性的内化"。参见李泽厚:《实践美学短记之二》,《华夏美学·美学四讲》,三联书店 2008 年版,第 421 页。

③ 李泽厚认为,因为人的生命力量展开在心理情感本体中,"艺术和审美才不属于认识论和伦理学,它不是理智所能替代、理解和说明,它有其非观念所能限定界说、非道德所能规范约束的自由天地。这个自由天地恰好导源于生命深处,是与人的生命力量紧相联系着的"。参见李泽厚:《华夏美学·美学四讲》,三联书店 2008 年版,第 387 页。

④ 李泽厚:《关于主体性的补充说明》,见《实用理性与乐感文化》,三联书店 2008 年版,第 224、第 229 页。在《实践美学短记之二》中,李泽厚又结合"人自然化"的最高境界(既执着人间,又回归天地)而提出"以美立命"的主张,参见李泽厚:《华夏美学·美学四讲·附录》,三联书店 2008 年版,第 428 页。

⑤ 李泽厚:《关于主体性的补充说明》,见《实用理性与乐感文化》,三联书店 2008 年版,第 229 页。

⑥ 相关图示可参见赵士林:《李泽厚美学》,北京大学出版社 2012 年版,第 46 页。

实践中,外界合规律的自然形式与主观合目的性相统一而积淀为美的形式,同时,原始人对这种形式规律的把握,对自然秩序的感受也积淀为审美心理结构,而这种原始积淀中生成的原始美感经由原始巫术礼仪才积淀为艺术形式,从这个意义上说,他认为"审美先于艺术""审美起于劳动,艺术起于巫术,二者并不同源"①。而呈现更为内在的人性结构的艺术形象层,则由于情欲与观念的交错而不断变异,展现为一种"由再现到表现,由表现到装饰,再由装饰又回到再现与表现"②的流变,这种艺术与审美"二律背反"、否定之否定的演变过程就是"艺术积淀";生活积淀则通过引入新的社会氛围和人生把握而革新、变换着原有的原始积淀、艺术积淀,使艺术"透过形式的寻觅和创造而积淀着生命的力量、时代的激情,从而使此形式自身具有生命、力量和激情"③,即具有包括、超越形象层、感知层的"意味"和"有意味的形式"中的"意味"的某种更深沉的人生意味,这就是"生活积淀"。

总之,艺术发展的历史,就是人类心理(情感)本体不断充实、更新、扩展和成长的历史,也正是积淀的历史。"这艺术社会学与审美心理学的融合统一,恰好是马克思讲的人的心理以及五官是世界历史的产物,亦即'自然的人化'这一哲学命题所揭示的具体科学途径。"④所谓"人的心理以及五官"的"自然的人化"也就是李泽厚所命名的"内在自然的人化",正是以此为基础,美感论由早期的"美感二重性"拓展至"新感性"的建立和培育。

(四) 建立"新感性":"内在自然的人化"与美感"四要素""三形态"

"自然的人化"是贯穿李泽厚早期和后期实践美学的核心范畴和理论基石。它在人类社会劳动实践过程中形成,又同时为美和美感的诞生提供了最根本的基础和可能,可以说,"自然的人化"是主客同步、彼此交融的双重历史实践过程,即外在自然的人化和内在自然的人化过程。1990 年代,李泽厚在此基础上又进一步阐释了各自的"硬件"和"软件"所指。概而言之,"外在自然的人化"意味着自然经由人类的劳动实践被直接或间接地改造(硬件)而"向人生成",自然

①　李泽厚:《华夏美学·美学四讲》,三联书店 2008 年版,第 375 页。
②　同上,第 389 页。
③　同上,第 406 页。
④　同上,第 365 页。

与人之间的关系发生改变(软件);后者意味着人类主体自身——感官的人化(硬件),以及内在的情感、需要、感知、愿欲等心理状态的人化(软件),即人性的塑造;前者使美得以产生,是美的本质,后者使人类具有了特殊的审美能力和审美情感,是美感的本质。总之,美感就是"内在自然的人化",具有双重性,即"一方面是感性的、直观的、非功利的,另一方面又是超感性的、理性的、具有功利性的"①,这也就是他早在处女作《论美感、美和艺术》(1956)中就提出的"美感的矛盾二重性"——个人心理的主观直觉性和社会生活的客观功利性,"积淀"说的创生正是为了回答后者(社会、历史、理性)是如何表现在前者(个体、心理、感性)中的。

所谓"新感性"也就是"自然的人化"或者说积淀的历史成果,是由人类自己历史地建构起来的心理本体。如其所言:"社会的、理性的、历史的东西累积沉淀成了一种个体的、感性的、直观的东西,它是通过'自然的人化'的过程来实现的。这样,美感便是对自己存在和成功活动的确认,成为自我意识的一个方面和一种形态。它是对人类生存所意识到的感性肯定,所以我称之为'新感性'。"②这种超生物性的、积淀了理性的"新感性",既是感性的,又是超感性的,相对于纯粹生物性的感性以及认识领域、伦理领域所表现的"感性中的理性"来说,无疑是新颖而独特的:这是其后期实践美学解释美感的基本途径。需要注意的是,马尔库塞也曾提过"新感性",但李泽厚认为他误读了马克思的《手稿》,导致他把"新感性"当作一种纯自然的东西,主张性即爱、性的快乐本身就是爱;而在他看来,"从整个文化历史看,人类在社会生活中总是陶冶性情——使'性'变成'爱',这才是真正的'新感性',这里边充满了丰富的、社会的、历史的内容",换言之,"新感性"既是从人类理性向个体感性的积淀,也是社会性、历史性向个体心理结构的积淀,从这个意义上说,"'新感性'的建构便成为丰富复杂的社会性与个体性的交融、矛盾和统一"③。显然,"建立新感性"是"美感二重性"理论在新时期的进一步发展与深化,正如"内在自然的人化"是"自然的人化"理论在新时期的进一步发展与深化。

和自然的人化一样,"新感性"的建立也是一个深刻而复杂的问题。从审美

---

① 李泽厚:《华夏美学·美学四讲》,三联书店 2008 年版,第 320 页。
② 同上,第 320 页。
③ 同上,第 321 页。

心理学角度来说,它至少包括两方面的子问题:一是美感过程和心理结构是如何完成的? 二是人(人类和个体)拥有怎样的审美能力? 对于前者,李泽厚从经验现象上作了细致的描绘;对于后者,他提出了"审美能力形态学"。在《美学四讲》中,李泽厚以图示表明了美感过程和心理结构,①直观地显示了其关于"美感心理数学方程式"的猜想②。他将瞬间的审美过程细分为准备、实现和成果三个阶段,尤其是将"美感二重性"发展为"美感四要素",即在康德"审美判断"所强调的"理解""想象"之外加上了"感知"和"情感"两个因素,并以此为最重要的常项提出了"美感心理数学方程式"。所谓美感也就是感知、理解、想象、情感等基本心理要素和功能共同活动的结果,按其所言,"审美愉快(美感)不只是一种心理功能,而是多种心理功能(感知、理解、想象、情感等等)的总和结构,是复杂的、变项很多的数学方程式。这些变项被组织在一种不同种类、性质的动态平衡中,不同比例的配合可以形成不同类型的美感"③。这种"数学方程式"就是"审美心理结构的数学方程式",审美心理四要素(功能)如同 DNA 基因双螺旋似的交错融合,形成了异常复杂的审美心理结构(即"美感双螺旋"结构),其成果就是使人们具有了不同于日常情感心理的独特的"审美感情"。

在李泽厚看来,这种"审美感情"既不是日常经验、感情的"中和"(瑞恰兹、杜威),也不是对对象形式(色彩、线条、音响)的反应(克莱夫·贝尔、罗杰·弗莱),而是"与这种艺术形式相对应的主观感情结构",其特殊性在于"这个作为心理结构的审美感情已经不同于作为这种心理结构因素之一的一般情感,它使这种一般情感在理解、想象诸因素的渗透制约下得到了处理,也即是所谓'情感的表现'、'情感的逻辑形式'"④。这也就是积淀了理性的感性——"新感性"的特殊情感性所在。当然,要研究复杂的人类(审美)心理结构,必须从它的物态化成果——艺术作品入手,因为"心理结构创造艺术的永恒,永恒的艺术也创

① 李泽厚:《美学四讲》,三联书店 2008 年版,第 305 页。
② "美感心理数学方程式"这一猜想最早出现在《美的历程》(文物出版社 1981 年版)中,他认为:"人性不应是先验主宰的神性,也不能是感官满足的兽性,它是感性中有理性,个体中有社会,知觉情感中有想象和理解,也可以说,它是积淀了理性的感性,积淀了想象、理解的感情和知觉,也就是积淀了内容的形式,它在审美心理上是某种待发现的数学结构方程,它的对象化的成果是本书第一章讲原始艺术时就提到的'有意味的形式'。"参见李泽厚:《美的历程》,天津社会科学院出版社 2001 年版,第 350 页。
③ 李泽厚:《华夏美学·美学四讲》,三联书店 2008 年版,第 336 页。
④ 同上,第 339 页。

造、体现人类传流下来的社会性的共同心理结构"①,而且"各种不同类型、不同风貌、不同韵味的艺术作品所引起的相对应的各心理因素、功能的不同配置排列,便有各种不同的审美感受"②,所以,李泽厚认为,美学研究中大有可为的领域就是,从艺术作品中,研究由不同形式的不同配置而产生的不同心理效果,探测不同比例的心理功能的结合。

需要注意的是,李泽厚这样从哲学角度来谈美感问题只是个人的理论猜想,其科学性还必须寄希望于审美心理学的未来发展来加以实证,如其所言:"审美心理学,将从真正实证科学的途径来具体揭示我们今天只能从哲学角度提出的文化心理结构、心理本体、情感本体的问题。我相信,迟早这一天将会到来,也许在下个世纪,也许在下下个世纪。"③当然,毋庸置疑,李泽厚通过对康德美学的重新阐释以及审美过程和心理结构复杂性的补充揭示,为"审美心理学"的建立打下了坚实的基础。

在李泽厚看来,"新感性"的建立还应着眼于审美过程和结构的完成,也就是"成果阶段"人的审美能力(审美趣味、观念、理想)的拥有和实现,这是人的感知心意和内在精神的塑造建立。由此,他把审美分为"悦耳悦目""悦心悦意""悦志悦神"三个方面,建立起展现人(人类和个体)的审美能力多种形态的"审美能力形态学"。"悦耳悦目一般是在生理基础上但又超出生理的感官愉悦,它主要培育着人的感知。悦心悦意一般是在理解、想象诸功能配置下培育人的情感心意。悦志悦神却是在道德的基础上达到某种超道德的人生感性境界。"④三者分别强调了生理性与社会性、感性与理性、感性与超感性的统一和积淀,既有所区别,但又不可截然分开,因为它们都助成着也标志着人(人类和个体)的人性的成长,心理的成熟。从耳目愉悦的范围、对象和内容的日益扩大,到心意愉悦的心意的培育、心灵境界的提升,再到志神愉悦对宇宙规律性以合目的性的领悟感受,审美能力从低到高逐步提升,审美愉悦逐渐臻于"天人合一"之至境,都标志着积淀的人性、内在的自然、建立新感性、人类所独有的心理—情感本体在不断丰富和发展。总之,从美的哲学角度看,悦耳悦目、悦心悦意、悦志悦神

---

① 李泽厚:《美的历程》,天津社会科学院出版社 2001 年版,第 349 页。
② 李泽厚:《华夏美学·美学四讲》,三联书店 2008 年版,第 340 页。
③ 同上,第 308 页。
④ 同上,第 349—350 页。

都是"自然的人化""积淀"的结果，都是建立"新感性"的目标；从审美心理学角度看，三者从质的角度细致描述了审美心理的层次。此外，这美感三形态又与"人的自然化"、自觉塑造心理—情感本体等美学问题密切相关，预示着在新时代"建立新感性"的未来方向。

（五）"人的自然化"：走向"情本体"

"人的自然化"是李泽厚在马克思主义实践论基础上的独特创造，是对"自然的人化"继续充实和补充的结果。在《关于主体性的第三个提纲》（1985）中，李泽厚第一次提出"人的自然化"命题；在《美学四讲》和《己卯五说》中，李泽厚对"人的自然化"进行了更详细的阐释。他认为，"人的自然化"是"自然的人化"的对应物，是整个历史过程的两个方面，包含三个层次或三种内容：一是人与自然环境、自然生态的关系，人与自然界友好和睦，相互依存；二是把自然景物和景象作为欣赏、欢娱的对象；三是人通过某种学习，使身心节律与自然节律相吻合呼应，而达到与"天"（自然）合一的境界状态。① 可见，他以目的从属于规律的个体感性与自然的三层（种）直接交往，补充和纠正了规律服从于目的的人类生产实践和理性形式结构。如果说"自然的人化"是工具本体的成果的话，那么，"人的自然化"就是情感（心理）本体的建立。

李泽厚立足于个体和心理（情感）本体而专门提出"人的自然化"问题，以"天人合一"作为人（人类和个人）最理想的存在状态，是出于对工具本体主导下的个体存在意义、人类发展远景的现代反思和时代要求。从其人类学本体论哲学来说，"自然的人化"过程形成了强大的工具本体，它一方面满足了人类生存和发展的物质需要，带来了物质文明的极大繁荣、工艺科技的飞速发展，另一方面也造成"人为物役"，加剧了"人性"（个体的心理情感）的异化，人们或多或少都受控于语言、知识、权利以及商业文化等外在力量，由此个体自身的存在意义问题被凸显出来。如何克服诸如荒谬、无聊、"忧""烦""畏"、无家可归等生存疑难？ 如何战胜死之必然而好好活下去？ 在李泽厚看来，"只有'人自然化'才能走出权力—知识—语言。人才能从 20 世纪的语言—权力统治中解放出

---

① 李泽厚：《华夏美学·美学四讲》，三联书店 2008 年版，第 300 页。

来……既不退回到动物世界,也不沦为权力—知识—语言的社会奴隶"①。也即
"人自然化"能够使个体回归感性,回归自然,最终走向"天人合一"的审美至境。
"人自然化"何以有如此强大的"解毒"功效?这是因为它的目标在于"要求人回
到自然所赋予的人的多样性中去,使人从为生存而制造出来的无所不在的权
力—机器世界中挣脱和解放出来,以取得诗意生存,取得非概念所能规范的对
生存的自由享受,在广泛的情感联系和交流中,创造性地实现人各不同的潜在
的才智、能力、性格"②。

先有个体的解放和自由,才会有全人类的解放和自由。但要实现个体的解
放和自由,李泽厚认为又必须"靠人类的物质实践、靠科技工艺生产力的极大发
展和对这个发展所作的调节、补救和纠正来达到"③。这也正是李泽厚"人的自
然化"的个体与尼采之"超人"的根本区别所在。换言之,"人的自然化"与"自然
的人化"的统一才是李泽厚所讲的"天人合一",是儒、道互补的中国美学精神。
因此,李泽厚从未简单否定工具本体或自然的人化的重要性乃至"异化"的必要
性,恰恰相反,他所强调或希冀的是:异化的消退或人(人类和个人)的自由必须
以工具本体的成长发展作为前提和基础,我们"不必去诅咒科技世界和工具本
体,而是要恢复、采寻、发现和展开科技世界和工具本体中的诗情美意"④;也不
必顺从于"必然"对自我命运的主宰,而应高扬个体主体性,参与和影响总体的
历史,"将人道主义、伦理主义具体地注入历史,使生产人性化,生活人道化,交
往人情化,从而使个体主体性从各种异化下挣脱和发展起来"⑤,逐步消除外在
于人的异己力量,完成"社会的人化",最终实现"天人合一"的人类社会,即创造
一个"在工具本体上生长出情感本体、心理本体,保存价值性、田园牧歌和人间
情味"⑥的审美世界。这是李泽厚乐观主义的社会理想,也是其哲学美学服务于
社会建设与人性建构的远景目标所在。

最终,在经历一系列的理论追索和阐发之后,"情本体"顺理成章地成为其
人类学历史本体论哲学、主体性实践美学以及"人的自然化"理论的"最后实在"。

---

① 李泽厚:《己卯五说》,三联书店 2008 年版,第 263 页。
② 同上。
③ 李泽厚:《华夏美学·美学四讲》,三联书店 2008 年版,第 289 页。
④ 同上,第 303 页。
⑤ 李泽厚:《哲学答问》,见《实用理性与乐感文化》,三联书店 2008 年版,第 132 页。
⑥ 同③。

在李泽厚看来,"情感本体,是华夏美学的精髓,这是一种哲学精神,也是一种美学精神"①。在《华夏美学》中,他整理出以儒家为主体的美学,并将"情"视为儒学之根本,但未多作论证;在《美学四讲》的结尾,他发出了"情感本体万岁,新感性万岁,人类万岁!"②的深情呼唤;后来在《第四提纲》中才明确提出了"情感本体"概念,并在 21 世纪以来的《实用理性和乐感文化》中对其进行了深入阐释。这一命题一经提出便引起极大争议,其中争议最大的问题莫过于:"情"能否作为哲学之"本体"? 或者说"情本体"还是不是哲学?

首先,李泽厚有意识地规避形而上学的哲学之弊,对西方哲学中的"本体"概念作了解构式的重新界定。在他看来,"所谓'本体'不是 Kant 所说与现象界相区别的 noumenon,而只是'本根''根本''最后实在'的意思。所谓'情本体',是以'情'为人生的最终实在、根本"③。可见,所谓"情本体"并非传统形而上学意义上的"本体"或"本质",或者说,"情本体"就是无本体,其"形而上"就在"形而下"之中,因为"'情'是'性'(道德)与'欲'(本能)多种多样不同比例的配置和组合,从而不可能建构成某种固定的框架、体系或'超越的''本体'"④。显然,这种以现象为体、"理"(宇宙规律)"欲"(一己身心)交融的"情本体"哲学,既不同于解构一切价值的"动物的哲学"、专攻语言的"机器的哲学"或海德格尔"向死而生"的"士兵的哲学"等西方现代哲学,也不同于以"性"或"理"为本体的从程朱到阳明到现代新儒家(如牟宗三)的中国哲学,它既承继了"本体"哲学思维,又意在解构或超越西方本体论哲学,它既贯彻了由"巫史传统"所决定的"一个人生、一个世界的华夏精神",又意在将传统的道德形而上学引向审美形而上学。这种"不中不西"又融汇中西的"情本体"真正体现了"体用不二"的特殊"本体"性。

其次,把个体性的"情"作为最后实在,既源于中国传统文化—哲学—美学—艺术的思想启示,也是"情感"自身的独特性以及后现代社会"人性建设"的必然要求。在李泽厚看来,自原典儒学之后直到牟宗三、冯友兰的哲学,"情"都没有地位,而在原典儒学中"情"却是根本或出发点。无论是"逝者如斯夫""汝

① 李泽厚:《与高建平的对谈》,见《世纪新梦》,安徽文艺出版社 1998 年版,第 275—276 页。
② 李泽厚:《华夏美学·美学四讲》,三联书店 2008 年版,第 407 页。
③ 李泽厚:《关于情本体》,见《实用理性与乐感文化》,三联书店 2008 年版,第 54 页。
④ 李泽厚:《世纪新梦》,安徽文艺出版社 1998 年版,第 27 页。

安乎"(孔子),还是"恻隐之心"(孟子),"情"(情感、情境)都被视为人道甚至天道之所生发;尤其是郭店楚墓竹简的发现更佐证了这一判断,所谓"道始于情""礼生于情""情生于性""性自命出,命自天降"等①,皆强调人道、天道之重"情"。而在物态化的艺术中,"情"同样是其"本体""生命"之所在,如他所说:"艺术所展现并打动人的,便正是人类在历史中所不断积累沉淀下来的这个情感的心理本体,它才是永恒的生命。"②总之,李泽厚试图回归或接续这一重"情"之中国传统,并以人道为基础和根本,走一条"由人而神,由'人道'现'天道'、从'人心'建'天心'的路"③。换言之,"道在伦常日用之中",而"道"又由"情"生,我们只有停留、执着、眷恋于感性的、偶然的、伦常日用中的"情",个体的生命、生存、生活才是本真的、合乎人道—天道的生命、生存和生活,人生的意义和价值正在于此。

在后现代社会,人在工具理性的强力支配下容易变成机器,而在反理性主义的诱惑下又容易变成动物,无论是成为纯理性的机器还是成为动物感性、欲望的奴隶,人都并非真正的、自由的人。在李泽厚看来,人之所以为人,在于拥有历史积淀的文化心理结构(人性),而"人生的意义在于情感"④,这是因为"人的情感既不是理性的、纯精神性的,也不是生理的、纯动物性的,它是'理'与'欲'的融合……从而理性就不是一种主宰、控制、规范,更不是一种外在的约束,而是溶化在情感之中,成为人的情感本身的一种因素、成分或特色。这正是人的情感不同于动物的情感之所在"⑤。"'情'是多元、开放、异质、不定、复杂,它有万花齐放的独特和差异,却又仍然是现实的"⑥,正因为这种"情感"是人类/个体所特有的、现实的东西,是"普泛而伟大的情感真理",所以,以"情"为本体成为他所设定的后现代社会重建人性、重建价值的中心任务。如其所言:"在我这里,因为美学和哲学是统一的,所以价值重建就是人性重建,而人性重建就是把人的情感调整到不是动物性的奴隶、不是机器性的奴隶,使情感真正取得'自

---

① 荆门市博物馆编:《郭店楚墓竹简》,文物出版社 1998 年版,第 203、第 203、第 179、第 199 页。

② 李泽厚:《华夏美学·美学四讲》,三联书店 2008 年版,第 165 页。

③ 李泽厚:《哲学纲要》,北京大学出版社 2011 年版,第 211 页。

④ 李泽厚:《世纪新梦》,安徽文艺出版社 1998 年版,第 243 页。

⑤ 同上,第 300 页。

⑥ 李泽厚:《历史本体论·己卯五说》,三联书店 2008 年版,第 123 页。

由的形式'的本体地位。"①由此推演,美学后来被李泽厚推上了"第一哲学"的本体地位。

再次,就内涵而言,这种"情感"既非西方基督上帝之情,亦非中国仁义道德之情,而是植根于日常生活的、与自然和他人之间共建共享的真情、情境。如其所言:

> 既无天国上帝,又非道德伦理,更非主义理想,那么,就只有以这亲子情、男女爱、夫妇恩、师生谊、朋友义、故国思、家园恋、山水花鸟的欣托、普救众生之襟怀以及认识发现的愉快、创造发明的欢欣、战胜艰险的悦乐、天人交会的归依感和神秘经验,来作为人生真谛、生活真理了。为什么不就在日常生活中去珍视、珍惜、珍重它们呢?为什么不去认真地感受、体验、领悟、探寻、发掘、敞开它们呢?②

可见,"情本体"所希冀的是,在解构的"后现代"社会,每个人都应当实现自己的潜能,珍重自己在人世间的情感生存,享受(感受)以情感和生活为本的独一无二的人生,它既不是道德(伦理),也不是认识(知识),也不同于宗教,而是美学。每个人在这真情实感、具体情境中进入天地(审美)境界,获得"美"的自由享受,便可以"启真""储善""立命",即建立起审美形上学和世界观,走向"诗意栖居"。一言以蔽之,现实人生是"最终所指";生存之"美","美在深情"。从哲学上来说,这种建立在实践基础上又格外重视人(尤其是个体)之存在的思想,无疑受到了海德格尔存在哲学的影响,或者更准确地说,是"以 Heidegger 所揭示的死亡这无定的必然所造成的'烦''畏',即个体存在的心理本体的基础上,再次回到人际世间的各种具体情境中"③。如果说《批判》是"由马克思回到康德",即由人类生存的总体回到个体和个体心理,那么,《己卯五说》则是"从海德格尔回到黑格尔",即把海德格尔没能说清的抽象的"Being"("无")具体落实于人世情感("有")中:这两重"回到"的统一,使李泽厚美学实现了由"实践本体论"向"实践生存论"的再次转换。

---

① 李泽厚:《世纪新梦》,安徽文艺出版社 1998 年版,第 313 页。
② 同上,第 30—31 页。
③ 李泽厚:《历史本体论·己卯五说》,三联书店 2008 年版,第 97 页。

二、主体性实践美学的理论价值、文化意义和美学史地位

(一) 理论价值

毋庸置疑,李泽厚以"活"("实践""生生")为圆心、以"生命的同心圆"结构建立起了一个"体现出高度的首尾连贯和内在自洽"①的人类学历史本体论或主体性实践哲学体系及其美学部分——实践美学。总体来看,其实践美学思想"经历了从实践认识论到实践本体论(人类学历史本体论),再到实践生存论,尤其是个体生存论的变化过程。他所关注的对象,从对美感及美感与美的关系,转换到人类整体生存的基础即人类生存所必需的物质生产活动,最后走向探讨人的生存方式、生存境界和生存意义"②。按照李泽厚在《美学四讲》中对"美学"的学科设定和自我总结,他的这种"实践美学"既是一种"哲学美学",也是一种"马克思主义美学",更是一种"人类学本体论的美学"。其实践美学的理论价值正集中体现在这三个方面:

1. 哲学美学

从哲学角度探讨美和艺术,不仅是 20 世纪之前西方美学的主流,也是 20 世纪中国美学的主流③,还是李泽厚矢志不渝的美学追求。与其他美学家相比,李泽厚的特殊身份在于,他首先是一位哲学家、思想家,其次才是一位美学家,哲学使其能够从总体上解释世界和把握人类的精神现象(包括审美活动),其实践美学的理论魅力正在于它是对人类审美现象进行哲学思辨的产物,是以"实践"为美的核心范畴的哲学美学。在《美学四讲》这部总结自己美学思想或者说哲学美学思想的著作中,他公开将"哲学美学"置于理论美学、各实用美学之上,即美学学科金字塔的顶端,这不仅意味着他有意承继西方古典美学传统(美学是哲学的分支之一),更意味着他深刻认识到美的哲学思辨是任何心理学、社会学的科学研究都无法替代的。按其所言:"美的哲学所要处理、探寻的问题,深刻地涉及了人类生存的基本价值、结构等一系列根本问题,涉及了随时代而发

---

① 周瑾:《生命的同心圆——李泽厚〈哲学纲要〉评注》,载《社会科学论坛》2012 年第 12 期。
② 朱志荣:《论实践美学发展的必然性》,载《湖北大学学报》(哲学社会科学版)2008 年第 3 期。
③ 一般来说,前期以蔡仪的认识论哲学美学为代表,后期以李泽厚的实践论哲学美学为代表。

展变化的人类学的本体论。"①正因如此，尽管现代西方哲学美学理论日益苍白，尽管美学的分化和科学化（如实用美学、科学美学等）日益丰富，但李泽厚依然强调要保留哲学美学这块"自由天地"，并作"人类学"的开拓。

就李泽厚哲学美学的发展过程来看，从前期引入马克思的"自然的人化"、立足于历史唯物主义"实践"哲学，提出"美是客观性与社会性的统一""美感二重性"等核心命题的实践认识论哲学美学，到后期引入康德的"主体性"立足于主体性实践哲学，提出"美是自由的形式""美感三形态""积淀""艺术三层次"等核心命题的实践本体论哲学美学体系，李泽厚始终将哲学的指导性、彻底性贯穿在美学研究中，居高临下般地考察和追寻美之所以为美的根源、人之所以为人的"最后实在"。由此也可见出，其哲学美学的最大特色在于敢于变通、具有明确的"人生"指向和强烈的现实关怀：当新中国成立后几乎所有哲学家都持从黑格尔经费尔巴哈到马克思的发展线索时，李泽厚却敢于提出"宁要康德，不要黑格尔"②，并提出从康德经席勒再到马克思的发展线索，从而形成了一种独具个性的主体实践哲学理论；同时，他从马克思的人类总体的宏观历史角度出发，树立起"为人生"的哲学观，即主张哲学是"人生之诗""研究人（人类及个体）的命运，或者更准确一点说，哲学是对人的命运的关怀、思考和谈论"，其使命"主要是去探求人生的真理或人生的诗意"。③　而之所以选择变通、指向"人生"，关键在于他具有强烈的现实关怀，其论著似乎"全在讲过去，但起点却出于对现实的思考"，④与其说他关心的是思辨抽象的哲学，不如说他关心的是现实社会的问题，诸如如何走出"文革"意识形态的阴影、如何坚持以"实践"为本大力发展生产力、如何正确理解"人性"、建立"新感性"等与中国现实和人民生活密切相关的当代问题。以现实问题意识指引哲学美学的研究，以哲学美学的思考方式积极介入和干预社会，这是其哲学美学之所以能够在中西哲学美学谱系中脱颖而出，能够在当时乃至此后获得超学院、超美学的广泛社会影响的根本原因。

----

① 李泽厚：《华夏美学·美学四讲》，三联书店 2008 年版，第 246 页。

② 1981 年 9 月，在北京人民大会堂召开了"纪念康德《纯粹理性批判》出版 200 周年和黑格尔逝世 150 周年学术讨论会"，李泽厚在会上提出了这一石破天惊之论。

③ 同①，第 243、第 246、第 244 页。

④ 李泽厚：《李泽厚十年集·第四卷·走我自己的路》，安徽文艺出版社 1994 年版，第 75 页。

2. 马克思主义美学

马克思主义美学是流行和统治 20 世纪中国现代美学的主导美学,也是李泽厚自身持之以恒的学术追求,尽管他不得不承受海内海外诸如"反马克思主义""死守马克思主义"的两面批评。他始终坚持历史唯物主义的"实践"论,强调艺术的社会功利性,并要求从时代意识出发发展马克思主义哲学。一方面,他强调实践论就是马克思主义唯物史观,强调以使用和制造工具来界定"实践",强调工具本体(主体性的客观方面)对于人类存在和心理本体(人性)的历史生成的基础意义,从而提出外在自然的人化、内在自然的人化以及人的自然化等新命题,进一步深化了马克思自然人化理论;另一方面,他批判地吸收了欧美流行的分析哲学的美学、艺术本体论的美学等美学理论和派别的思想。他明确指出,"马克思主义美学主要是一种讲艺术与社会的功利关系的理论,是一种艺术的社会功利论"[1],这种社会功利论也成为其马克思主义美学艺术论的主题,强调艺术对塑造人性的社会功能;同时,通过对马克思主义美学的哲学基石——反映论的认识论——进行反思和批判,认为,"马克思主义及其美学必须随时代的需要和特质来发展自己,否则就难以生存"[2]。换言之,就是要根据时代意识来发展马克思主义哲学和美学,把马克思主义理论研究从特定历史时代(如"美学大讨论"时期)对批判性、革命性、实践性的关注,转移到适应新的历史时代的需要上来,把马克思主义哲学从"革命的哲学"转变为"建设的哲学",即从人类总体的宏观历史角度来建设新的文明(包括物质文明和精神文明)。为此,李泽厚积极吸收卢卡奇、葛兰西等西方马克思主义哲学以及皮亚杰、阿恩海姆、贝尔、朗格、荣格等现代美学成果,尤其批判吸纳了康德的主体性哲学思想资源,并融合丰富的中国思想史资源进行转换性创造,不仅使其马克思主义美学体系得到了更新和完整化,也丰富和拓展了正统马克思主义。

总之,一方面,马克思主义的基本思想保证了李泽厚美学在 1980 年代的思想文化氛围中能被广泛接受和备受赞赏;另一方面,他善于兼容并包、勇于开拓创新,形成了独特的美学体系,受到外国美学界的关注。从这个意义上说,李泽厚的实践美学正是马克思主义美学在新时代的发展,或者说是马克思主义美学

---

① 李泽厚:《华夏美学·美学四讲》,三联书店 2008 年版,第 249—250 页。
② 同上,第 254 页。

中国化的代表成果之一，正如有学者所总结的："李泽厚的实践美学是 20 世纪后期中国马克思主义美学的重要组成部分……同是马克思主义美学，毛泽东美学表现为政治功利主义，或曰社会学、社会功利主义美学，蔡仪美学表现为唯物主义认识论美学，李泽厚美学呈现为历史唯物主义美学，朱光潜后期美学则同时具有唯物主义认识论和历史唯物主义的因素。他们都从各自不同的角度理解和运用马克思主义，形成自己的理论特色，作出自己的贡献，汇为一体，形成20 世纪后期马克思主义美学之大观。"①

3. 人类学本体论的美学

在李泽厚看来，美学不应当定于一尊，而应当是多元化的，不能把美学仅仅规定为艺术理论，或仅仅从理性、语言的世界中寻求人类未来，但也不能把什么都看成是美学，而应当从人类本体论或主体性实践哲学角度来对待和研究美与艺术，因为它所思考和探究的正在于使现代人"从机械化的理性桎梏和语言世界中逃脱，从一个破碎的解构废墟上重新站起"②，重建人性，重获命运。正是凭借如此开放的气度和深沉的人文情怀，李泽厚最终建立起这种"以人为本"的人类学本体论的哲学和美学。

与当时诸多美学家视康德为唯心主义哲学家而有意回避不同，李泽厚恰恰从康德哲学的终点（"第四批判"）出发，通过确立"人活着"这一根本出发点，继而追问人"如何活""为何活"和"活得怎样"等问题，来回答康德"人是什么"之问。他将康德的先验的认识、道德和审美等主体性结构统统建基于马克思的历史唯物主义实践论之上，又借用康德的主体性思想对重视理性、群体规范、客观社会性的马克思主义作了修正和改造，提出马克思未曾谈论的"知""情""意"三方面心理结构问题，尤其突出强调了感性的、个体自由的、主观创造性的一面③，并从人类历史出发提出"积淀论"来解释文化心理结构（包括智力、意志和审美三种形式结构）即人性的历史生成问题，阐明了美学领域人类普遍化的艺术形式的历史形成，以及"历史建理性、经验变先验、心理成本体"的由人类到个人的转换之理。这种人类学本体哲学不仅强调人类就是本体，同时强调以使用—制

---

① 薛富兴：《李泽厚实践美学的特征与地位》，载《湖南社会科学》2003 年第 6 期。

② 李泽厚：《华夏美学·美学四讲》，三联书店 2008 年版，第 260 页。

③ 李泽厚认为，马克思是重视个体的，强调人的感性的实践的，但其所说的、被后人误解为对"人"的定义的"人是一切社会关系的总和"这句话，忽略了作为生物存在的感性个体。参见李泽厚：《与高建平的对谈》(1993)，见《世纪新梦》，安徽文艺出版社 1998 年版，第 255 页。

造工具界定实践,即用"人类如何可能"取代康德的"认识如何可能",用实践本体论取代实践认识论,在此基础上建立起"人类学本体论的美学"或者说"主体性实践美学",实现了对早期"实践认识论美学"的修正和超越。如果说马克思是对康德、黑格尔作了扬弃改造的话,那么李泽厚则既借用马克思主义对康德作了扬弃改造,使其从先验(唯心)哲学成为实践(唯物)哲学;又借用康德对马克思主义作了扬弃改造,使其从"革命的哲学"真正成为"建设的哲学",因此李泽厚将自己的哲学公式概括为"康德←→马克思",而不是"黑格尔←→马克思"。这种十分别致的"马克思与康德的互动"模式实现了工具本体与心理本体、人类主体性与个体主体性的融合,也实现了对"文革"时代革命的或"现代新儒家"的道德形而上学和主观唯心论的反拨;而随着同步进行的中国思想史研究的深入展开,他又以孔子为代表的厚生贵生的中国传统融合和补充了马克思和康德的思想,正如文森特·利奇在《诺顿理论和批评选集》中所表明的,"通过融合中西视角,李泽厚以'人的自然化'弥补了马克思的'自然的人化',又以基于中华民族长期经验和实践的唯物论的'实用理性'弥补了康德的'先验理性'"①,使其哲学回归到或扎根于重"生"重"情"的"中国哲学的传统精神",从而生发出"两种道德"(宗教性道德与社会性道德)论的伦理学、"儒法互用"的政治哲学②以及"美学是第一哲学"的审美本体论,"情本体"则是贯穿这三者的主线。这正是"人类学本体论"或"主体性实践"哲学的主要内容和特色所在。

人类学本体论哲学(主体性实践哲学)具有不同于其他哲学美学、马克思主义美学的独特角度,按李泽厚自己所言:"从这个角度谈美,主题便不是审美对象的精细描述,而将是美的本质的直观把握。由这个角度去谈美感,主题便不是审美经验的科学剖解,而将是提出陶冶性情、塑造人性,建立新感性;由这个角度去谈艺术,主题便不是语词分析,批评原理或艺术历史,而将是使艺术本体

---

① Vincent B. Leitch, ed., *The Norton Anthology of Theory and Criticism*, New York & London: W. W. Norton & Company, 2010, p. 1745.

② 李泽厚虽未专门研究过政治学或政治哲学,但在人类学历史本体论基础上提出了诸多有影响的政治哲学观点,如,"历史与伦理的二律背反"(1980)、"历史在悲剧中前行"(1999)、"两德论"(1994)、"经济发展个人自由社会正义政治民主"四顺序论(1995、1999)、"要社会理想,不要理想社会"(1994)、"欧盟是走向世界大同之道"(1992、2002)等。参见李泽厚:《哲学纲要》,北京大学出版社 2011 年版,第 120 页。

归结为心理本体,艺术本体论变而为情感作为本体的生成扩展的哲学。"①可见,这也是"人类学本体论的美学"区别于西方现代分析美学、艺术本体论美学以及中国其他实践美学的独特性所在。其最大价值在于:回到"人"(尤其是个人)本身,既高度重视工具本体和技术美学,又将审美和艺术与陶冶性情、塑造文化心理结构(即建立心理—情感本体)、建设精神文明关联起来,不仅使马克思主义美学有了新面貌,而且为发展整个美学开辟了一条新路,为人类最终实现变"工具"为"目的"、由"必然王国"进入"自由王国"创造了可能。所谓"回到人本身",一方面意味着回到"人活着"这一首要事实,这决定了工具本体(工艺—社会结构)或者说"自然的人化"(人的实践活动和客观自然的规律性的统一,即美的本质)在人类文明发展史中的首要地位,由此决定了与美的本质直接相关的技术美学在美学中比自然美、艺术美更重要。② 另一方面意味着回到作为感性存在的人,即消除了主客二元对立的审美主体,"'活'不只是'如何活'和'为什么活',而是'活'在对人生、对历史、对自然宇宙(自己生存环境)的情感的交汇、沟通、溶化、合一之中,人从而不再是与客体世界相对峙(认识)相作用(行动)的主体,而是泯灭了主客体之分的审美主体,或'天地境界'"③。也即从"如何活"(自由直观的认识论)、"为什么活"(自由意志的伦理学)进到"活得怎样"(自由享受的美学),由马克思的人类学实践宏观视角(社会—工具本体)回到康德的普遍必然的文化—心理本体,从人类主体性回到个体主体性,这是与人类学历史本体论哲学的独特路径——"从理性(人类、历史、必然)始,以感性(个体、偶然、心理)终"④相一致的,而作为个体性的审美和审美心理对应物的艺术不仅培育自我人性,也将历史地积淀为人类的文化—心理本体。总之,人类学本体论的美学最后归结于情(审美)本体,只有在日常情感或情感物态化的艺术中抵达审美境界或者说充分实现了"人的自然化"的生活才是美的生活,只有美的生活才真正是人的生活,即美的本质与人的本质融为一体的生活:这成为李泽厚所设想的后现代社会中"人"(人类和个人)的最后归宿,也成为开辟美学的未来新路——"生活美学"的一个契机。

---

① 李泽厚:《华夏美学·美学四讲》,三联书店 2008 年版,第 266 页。
② 李泽厚:《美育与技术美学》,见《杂著集》,三联书店 2008 年版,第 186 页。
③ 李泽厚:《世纪新梦》,安徽文艺出版社 1998 年版,第 29 页。
④ 同上,第 30 页。

(二) 文化意义

时势造美学。在中国,美学从来就不是仅限于美学专业范围内的纯粹理论,而具有更为广阔深远的文化意义;尤其是在 20 世纪 80 年代"美学热"的特殊时代氛围中,美学更是顺应时势地"成为一种当时所特有的公共话语"①,扮演着"新启蒙"的精英文化角色,而李泽厚实践美学则当仁不让地成为这一精英文化中的"精英"、公共话语中的"话语"。1994 年,在被王德胜问及"美学热"过渡到"文化热"的原因时,李泽厚曾这样说道:"因为美学在中国绝不仅仅是一个美学问题,它既联系中国传统,也联系现代化,也就是传统与现代化的关系和冲突等等问题,所以它使人们走向文化的思考。当然,一部分美学工作者转向对文化问题的讨论,也是一个原因。"②事实上,李泽厚实践美学具有超美学文化意义的原因正在于此。他以"实践"为根本圆心,以"人类学"为哲学框架,一方面联系中国传统,从思想史、美学史、艺术史中找寻实践理性和乐感文化的精神,揭示中国人的文化性格和人生智慧;另一方面联系中国的现代化进程,从传统与现代的现实冲突中寻求使社会和谐、人性完满的可能,从而由纯粹的美学问题逐步转向涉及伦理、宗教、政治等的文化问题。由此,其美学研究也由基本的美的本质、审美心理、艺术美等美学的本体问题,转向了"美学在道德滑坡、信仰缺失、正义缺席、价值崩溃、人性异化的后现代世界中的贡献"这一美学的社会—文化功能问题。归根结底,他希望美学"要在当代社会、当代文化的价值重建过程中起到一种人文精神的引导作用",而所谓"美学的人文精神"在他看来就是告别旧的"社会工程的乌托邦",建设新的"关于人性建设的乌托邦","这个乌托邦就是要设想一种比较好的人性,而情感在其中具有核心地位。这正好与中国强调生命的传统哲学接上头,与强调人与自然和谐这样一种'天人合一'的人文精神接上头。而这也是可以对后现代的世界作出贡献的"③。美学在后现代社会的文化意义和现实使命正在于斯。就此论,与其说李泽厚是一位哲学家,不如说他是一位有强烈人文情怀的文化学者,为 1990 年代"文化热"、文化研究(尤其是审美文化研究)的兴起做好了"预热"工作。

---

① 高建平:《美学的当代转型:文化、城市、艺术》,河北大学出版社 2013 年版,第 17 页。
② 李泽厚:《与王德胜的对谈》,见《世纪新梦》,安徽文艺出版社 1998 年版,第 304 页。
③ 同上,第 314 页。

　　正如李泽厚说要将"美学热"当作一种文化现象来研究一样,李泽厚的主体性实践美学同样不能仅仅从美学理论本身来解释,而应当作为一种文化现象来探究,如同他所发起并担任主编的《美学译文丛书》①,不能仅仅视为美学翻译资料书,而应当置入当时的文化启蒙中考察其思想史的意义。事实上,李泽厚主体性实践美学在 20 世纪八九十年代所作的贡献,也正在于发挥了这样"一种人文精神的引导作用",掮住了后"文革"时代文化启蒙的闸门,开启了"美学热"向"文化热"的过渡或转换。正是这种自觉的文化气魄和文化学要求,使得主体性实践哲学—美学思想一经提出,就在哲学界、美学界产生了巨大震动和影响。

　　就国内影响而言,作为一种与当时"思想解放"的文化氛围有着高度契合的人文思想,李泽厚主体性实践美学适时地引领和促进了 1980 年代文化的启蒙、人性的解放、命运的反思,比如,为"实践是检验真理的唯一标准"提供了强有力的哲学—美学注脚,从而为"真理标准大讨论"推波助澜;亲身参与当时关于人道主义、异化以及人性论问题的讨论,并将其进一步推向深入;在"反精神污染运动"之前写作《画廊谈美》支持"星星画展",不顾诗歌界对朦胧诗的非议,称赞其是"新文学的第一只飞燕"②;为刘再复提出"文学主体性"观念提供直接启示,开启了文学创作和理论领域对人的主体精神的热切关注和深度研讨;等等。③ 尤为重要的是,主体性实践美学对启"真"储"善"的"美"的追求、对主体性的倡扬、对人(人类和个人)的心理—情感的强调、对华夏文明历史的尊重,为经历"文革"而人性异化的人们(尤其是青年人)追求一种美的人生理想、人生境界,重新探索民族、国家以及自己的命运,指出了一条建构"主体性""建立新感性"、同步建设"两个本体"和"两个文明"的中国特色现代化道路,意义深远。

　　就国外影响而言,李泽厚坚持"人类视角,中国眼光",有意识地发掘出中国哲学、美学的独特价值,贡献于世界,为 21 世纪人类把握自己命运、为中国文化的世界传播以及中西文化的深入对话提供了可能。④ 2010 年,李泽厚成为作品

---

① 该丛书由李泽厚在 1980 年 6 月第一次全国美学会议前后发起并任主编,由滕守尧实际操作,原计划出版 100 种,实出 50 种(1982—1992),涉及中国社会科学出版社、光明日报出版社、辽宁人民出版社、中国文联出版公司、知识出版社等五家出版社。

② 李泽厚:《画廊谈美》,载《文艺报》1981 年第 2 期;李黎:《读〈诗与美〉》,载《读书》1986 年第 1 期。

③ 刘再复:《论文学的主体性》,载《文学评论》1985 年第 6 期、1986 年第 1 期。

④ 关于中国哲学在世界舞台上能否登场、如何登场等问题,参见李泽厚、刘绪源:《该中国哲学登场了?》,上海译文出版社 2011 年版;《中国哲学如何登场?》,上海译文出版社 2012 年版。

入选世界公认的权威性理论著作《诺顿理论和批判选集》(第二版)的唯一华人,这不仅表明了李泽厚个人"走进世界",也"代表了当代中国哲学、理论及批评'走进世界'的重大业绩,成为华夏学人的骄傲"①。编委会之所以从其《美学四讲》中选择收录"形式层与原始积淀"一节,不仅仅因为它详细阐释了李泽厚"最负盛名、最具独创性"的"积淀"理论,更在于它运用中国的"气"这一与人的生理及物质材料和形式结构皆相关的概念,来探讨处理材料以产生艺术魅力的一些方式,并与"身体""劳动"一起被置于美学推论的中心,通过"融合中西美学理论而形成一个看似简单实则日趋复杂的艺术理论,使人联想到维柯、休谟、席勒、黑格尔、皮埃尔·布迪厄和巴巴拉·哈默·史密斯等西方美学家的著作"②。换言之,积淀论作为中西思想对话交融的产物,既实现了世界对中国文化(传统的和现代的)的认同与接纳,又表明了跨国界、跨文化、跨学科的多元融合正是未来理论(不仅仅是美学理论)的必然走向。

当然,在今天中西对话的全球化语境中,两种文化的差异性以及中国文化传统的独特性也是必须首先认清和明确的。早在 1994 年与西方马克思主义代表理论家杰姆逊的对话中,针对西方(尤其是美国)"美学的政治化"问题,李泽厚就特别强调了与之截然不同的中国义化传统中的美学,表明了中国人对美感和美的特殊理解,他说:"对于中国人来说,美感就像某种超越现实世界的个体和精神自由,就如我们在道家中看到的。美是一种生活方式,而不是仅供观看的东西……美的范围不只是艺术,而是社会和宇宙。"③这似乎是对《美的历程》《华夏美学》和《美学四讲》最精辟的思想概括。美不仅存在于艺术之中,更应存在于社会和宇宙之中,把美(而非语言)"当作一种生活方式",在美感(而非宗教)中获得超越现实的个体精神的自由,抵达最高的"天人合一"的审美境界。李泽厚将这一中国传统美学思想纳入自己的实践美学之中,赋予"审美"以建构主体的心理本体、建立新感性的文化使命,其实践美学也由此成为回答现代人"活得怎样"的一种终极关怀理论。由此也就不难理解,他为何多次赞赏蔡元培的"以美育代宗教"说,认为"它很有哲学意义""很符合中国国情,即不是通过宗

① 贾晋华:《走进世界的李泽厚》,载《读书》2010 年第 11 期。
② Vincent B. Leitch, ed., *The Norton Anthology of Theory and Criticism*, New York & London: W. W. Norton & Company, 2010, p.1745.
③ 李泽厚:《与杰姆逊的对谈》,见《世纪新梦》,安徽文艺出版社 1998 年版,第 232 页。

教而是通过审美达到对最高人生境界的追求"。① 在这一点上,李泽厚事实上与主张"人生艺术化"的朱光潜殊途同归。这种审美本体论与其说是他的一种乌托邦想象,不如说是他诚心为日益"解构"的世界、人类和个人开出的一剂陶冶性情、建构人性、把握命运的中国药方。当然,人必须先靠"吃饭"活着才谈得上"活得怎样",因此李泽厚始终强调"吃饭哲学""工具本体""西体中用",主张把引进西方先进工艺、发展科技生产力作为中国进入现代社会的关键("西体"),再"转化性地创造"出最适合中国国情的政治、经济、文化等模态和形式("中用")。无论"西体中用"(对中国而言),还是"中体西用"(对西方而言),"体""用"都不能分割,正如中西两种文化只有在多元的全球化文化生态中彼此求同存异、取长补短,才能真正实现"以文化人",使各自国民真正享受"美"的生活。

(三) 美学史地位

颇有意味的是:李泽厚在"美学热"中获得了极大的声名和地位,被誉为"青年导师";与此同时,他又一直首当其冲地经受着学界的诸多质疑和批评。概括来说,批判者对其主体性实践美学的批评主要集中在五个方面:1."哲学"与"美学"之间的矛盾;2. 二元对立的思维矛盾;3. 狭隘地理解和界定"实践"概念;4. 将"美的本质"与"美的根源"相等同;5."双重(多重)本体"的观点。对于这些质疑和批评,李泽厚在各种学术文章、对话访谈、研讨会中或多或少都有所反驳和澄清,而这些话题至今仍可以继续讨论。无论如何,李泽厚及其主体性实践美学在现代中国美学史上占有重要地位,这主要表现在两个方面:

1. 超越了"西方美学在中国"②的特定框架,开创了现代"中国美学"的独特话语和学科体系

从理论上来说,自 20 世纪初"美学"概念进入中国以来,现代意义上的"中国美学"便诞生了。然而,最早的中国现代美学家(留学欧美或日本)只能通过翻译和译述西方美学经典著作来塑造中国美学,"中国美学"事实上成为"美学在中国"或者说"西方美学在中国"。尽管如此,深受康德、叔本华、尼采影响的王国维,试图借"境界"说在这些西方文论和美学思想之外提出某些中国思想;

① 李泽厚:《杂著集》,三联书店 2008 年版,第 185 页。
② 高建平最早对"美学在中国"即"西方美学在中国"(Western aesthetics in China)和"中国美学"作了概念区分和阐释。参见高建平:《全球化背景下的中国美学》,载《民族艺术研究》2004 年第 1 期。

作为康德《判断力批判》译者的宗白华,执着于探究中西艺术、美学、哲学的差异,"他们对中国文学艺术的独特特征的研究,对于中国艺术与中国哲学的关系的研究,使他们成为超越'西方美学在中国'的框架的重要的先驱"①。不容否认,这些现代美学家都不愿将中国美学变为西方美学的翻版或附庸,都试图通过"以西释中"或中西美学比较的方式来建构中国现代美学,但他们终究无法跨越这一建设现代中国美学的必经过程,也未能真正建立起具有中国特性的"中国美学"。

作为新中国出现的第一代美学家,李泽厚一登场便处于马(德国)列(苏联)美学及其深刻影响的"中国美学"的"包围"中,而对中国思想史和艺术的兴趣和研究,②又使其葆有了强烈的中国文化情怀、审美趣味和审美精神,这些特殊性使得他在实践美学(尤其是后期)的建构中,能够立足于"美学"本体,于中国现实与中国文化的大格局内,笼西方哲学、美学、心理学等思想之优长,于中国传统哲学、美学、艺术学之形内,并使二者之间形成对话和互动,从而超越中西二元对立思维模式,超越"西方美学在中国"的特定框架。比如,他指出中国美学的"灵魂"所在:"'天行健,君子以自强不息'的儒家精神、以对待人生的审美态度为特色的庄子哲学,以及并不否弃生命的中国佛学——禅宗,加以屈骚传统,我以为,这就是中国美学的精英和灵魂。"③他以此为中国美学史的基本线索;同时又将马克思的"自然的人化"、贝尔的"有意味的形式"、荣格的"深层结构"、皮亚杰的"格局与同化"以及朗格的"同型同构"等西方观念融注于《美的历程》《华夏美学》《中国美学史》以及《美学四讲》之中,以"生生""儒道互补""天人合一"等释说"实践""工具本体与心理本体的统一""自然的人化与人的自然化的统一"等,不仅提出了"自然的人化""人的自然化""主体性""积淀""工具—社会结构""文化—心理结构""新感性""情本体"等一系列带有西方哲学印记的美学话语和命题,更开创性地提出了"龙飞凤舞""屈骚传统""佛陀世容""盛唐之音""儒道互补""美在深情""实用理性""乐感文化"等一系列具有中国特性的哲学—美学话语和命题。可以说,李泽厚建立起一种融合中西、贯通古今的现代"中国美学"新范式,为中国美学在世界美学阵营中占据一席之地作出了重要贡献。

---

① 高建平:《全球化与中国艺术》,山东教育出版社 2009 年版,第 37 页。
② 李泽厚学术研究的起点是中国思想史,其发表的第一篇学术论文是《论康有为的〈大同书〉》(《文史哲》1955 年第 1 期),出版的第一部学术著作是《康有为谭嗣同思想研究》(上海人民出版社 1958 年版)。
③ 李泽厚:《宗白华〈美学散步〉序》,载《读书》1981 年第 3 期。

2. 奠定了中国当代美学学科的建构基础和发展方向，培养和影响了一大批美学研究者

研究表明，"现代学科意义上的中国美学是 20 世纪初由西方传入的。早期的美学理论体系和学科规范均承袭西方美学传统，三四十年代美学学科的建构在中国化、'本土化'的过程中发生了转向（这一转向以蔡仪的《新美学》为标志），80 年代的实践美学将这一转向继续向纵深推进，一直延续至今天的美学学科建构当中"①。事实上，五六十年代孕育而生的李泽厚早期实践美学，不仅批判了机械化的蔡仪美学，而且填补了这中间"美学中国化（或本土化）"的空白，奠定了以其为代表的实践派美学在中国现代美学学科建设中的基础地位，标志之一便是王朝闻主编《美学概论》的出版；②而作为 80 年代实践美学中流砥柱的李泽厚，从哲学视角研究美学，坚持马克思主义美学的立场和方法，最终确立了"以人为本"的人类学本体论问题域，不仅开创了独特的话语谱系，还针对美学学科提出了诸如"哲学加诗""第一哲学""审美存在论"以及"多元化""大众化""美育"等诸多看法，③不但确立了当代中国美学学科的概念范畴、框架结构、话语系统，而且为后来"后实践美学"的超越、"新实践美学"的更新提供了发展方向，标志之一是他提出的"美感二重性""审美心理数学方程式"等观点，有力地推动和影响了八九十年代美学的分支之一"审美心理学"的发展。④

无论是在"自上而下"的"第一次美学热"（即美学大讨论）时期，还是在"自下而上"的"第二次美学热"时期，李泽厚都凭借其深邃透彻的哲学思辨和美学理论感染和征服了大批年轻的美学爱好者。从某种意义上说，主体性实践美学不仅成就了李泽厚的美学史功绩，更为现代中国美学的继承和革新储备了专门人才。这种影响是无形的、精神上的，却是最为深远的，即使是试图打破李泽厚

---

① 柳改玲：《中国现代美学学科视野的建构及其延伸——以李泽厚的实践美学为例》，载《中外文化与文论》2013 年第 1 期。

② "实践派美学的基本思路和总体架构，以权威的高等院校教科书的形式，凝聚在王朝闻主编的《美学概论》中。此书 1961 开始编写，1981 年由人民出版社正式出版，当年参加过此书编写工作的有李泽厚、刘纲纪、马奇、洪毅然、周来祥、李醒尘、朱狄、叶秀山、杨辛等众多国内美学名家，汇聚了当时美学研究的最高水平。恰如编者所说，'尽可能反映出一门学科已有的研究成果，力求较系统地阐述本学科的基本知识'。此书奠定了国内后来多种《美学概论》或《美学原理》教科书的基本框架。"参见代迅：《去西方化与再中国化：全球化时代中国美学研究的问题与方法》，载《社会科学战线》2008 年第 2 期。

③ 李泽厚对美学学科的看法主要见于：《美学的对象与范围》，载《美学》1980 年第 3 期；《什么是美学》，1981 年《美育》创刊号；《华夏美学·美学四讲》第一节"美学"，三联书店 2008 年版，第 233—244 页。

④ 彭立勋：《20 世纪中国审美心理学建设的回顾与展望》，载《中国社会科学》1999 年第 6 期。

实践美学"神话"的后实践美学者,也无法回避或根本否认对这种"影响的焦虑"。

第二节 蒋孔阳、王朝闻、杨恩寰、刘纲纪等人的实践美学

诚如李泽厚所言:"实践美学是一个开放的词,可以有各种各样不同的实践美学。"①作为复数概念的"实践美学",除了李泽厚的主体性实践美学之外,还包括诸如蒋孔阳的"创造论"实践美学、王朝闻的"审美关系论"实践美学、杨恩寰的"审美现象论"实践美学、刘纲纪的"创造自由论"实践美学等"各种各样的实践美学"。他们既共同坚持以马克思主义实践观为基础,又通过不同角度的理解、阐发和创新而形成了观点有别、风貌各异的实践美学,丰富和充实了整个实践美学的谱系结构,使之呈现出一种开放、多元、共存的发展格局。换言之,正是由于他们"多声部的合唱",才使得实践美学成为现代中国美学史上最具影响力的主导思潮和流派,为"新实践美学"的内部"改良"和"后实践美学"的外部"革命"提供了基础和标靶。

一、蒋孔阳的"创造论"实践美学②

就个人学术史来看,蒋孔阳的"创造论"实践美学先后经历了萌芽、发展和成熟三个阶段,即从"美学大讨论"时期发表的《简论美》(1957)和《论美是一种社会现象》(1959),到"美学热"时期发表的《美和美的创造》(1980)、《美的规律与劳动的关系》(1983)、《美的规律与文艺创作》(1983)、《美在创造中》(1986)等一系列研究"美的规律""美的创造"的文章,再到"美学热"退潮后出版的总结其美学思想的论著《美学新论》(1993),一步步形成了"以实践论为基础,以创造论为核心的审美关系说",即形成了"中国当代美学研究的总结形态"③——"创造

---

① 王柯平主编:《跨世纪的论辩——实践美学的反思与展望》,安徽教育出版社 2006 年版,第 115 页。
② 也可称为"创造美学",最早见于张玉能 1991 年在"蒋孔阳美学思想研讨会"上提交的论文《创造美学的建构和发展——蒋孔阳美学理论体系综览》(《学术月刊》1991 年第 8 期)。
③ 童庆炳:《中国当代美学研究的总结形态》,载《文艺报》1994 年 4 月 23 日。

论"实践美学体系,不仅在实践美学的阵营中标新立异、贡献卓著,而且在 20 世纪中国美学史上留下了独特而深刻的印记。

(一)实践:物质劳动与精神劳动的统一

蒋孔阳从一开始便以物质劳动和精神劳动的统一来界定"实践",这与李泽厚坚持以使用和制造工具的物质生产劳动来界定"实践"明显不同。在其美学处女作《简论美》中,通过批判唯心主义和旧唯物主义的美学观,他明确指出:

> 从社会生活实践的观点来探求美,我们就可以看出来:美既不是人的心灵或意识,可以随意创造的;但也不是可以离开人类社会的生活,当成一种物质的自然属性而存在。它是人类在自己的物质与精神的劳动过程中,逐渐客观地形成和发展起来的。[①]

不难看出,这其中包含了三层意思:1. 实践既包括物质劳动,也包括精神劳动;2. 实践创造美,美是客观的;3. 美是社会历史的产物。一方面,蒋孔阳早年文学创作实践的经验和文学基本理论的研究,[②]使其和朱光潜一样将"精神劳动"(尤其是文学艺术)视为"实践"的必要组成部分,而不是像早期李泽厚等实践论者那样,从认识论的角度将其视为第二性的社会意识范畴而排除在外;另一方面,通过文学阅读和理论学习而初步形成的苏联化马克思主义历史唯物论思想,[③]又使蒋孔阳赞同并吸收了李泽厚的"客观社会论"观点,强调美的客观性、普遍性、社会性、历史性和动态性。这种不拘一格的"比较综合"能力由此也可见一斑。

---

① 蒋孔阳:《简论美》,见文艺报编辑部编:《美学问题讨论集》第 2 集,作家出版社 1957 年版,第 269 页。

② 在此之前,蒋孔阳已先后在《合川日报》《中学生》《大公报·星期文艺》《中国青年》《芜湖日报》《大江报》《文艺月报》《解放日报》等报刊上发表诗歌、评论等多篇;并在复旦大学结合"文学引论""写作"等课程的教学编写了《文学的基本知识》(中国青年出版社 1957 年版),发表了《论文学艺术的特征》(《复旦大学学报》1956 年第 2 期)等。参见高楠:《蒋孔阳年谱简编》,《蒋孔阳美学思想研究》,辽宁人民出版社 1987 年版,第 288—290 页。

③ 蒋孔阳于 1954 年 5 月被派往北京大学学习,听了苏联专家毕达可夫的文艺理论课,初步接触到苏联季摩菲耶夫的文艺理论体系,后将其融入《文学的基本知识》《论文学艺术的特征》这两部著作中;此前他还翻译了库尼兹的《从文艺看苏联》(原名《苏联文学史》,商务印书馆 1950 年版),在大量阅读苏联小说之后,他还发表了《学习苏联小说描写英雄人物的经验》(《人民文学》1951 年第 9 期)。参见高楠:《蒋孔阳年谱简编》,《蒋孔阳美学思想研究》,辽宁人民出版社 1987 年版,第 289—290 页。

同时,蒋孔阳又从《手稿》中获得启示,强调劳动实践的历史过程使审美主客体同时形成。按其所言,"无论是作为审美对象的现实,或是作为主体的人的审美能力,都是社会历史的产物,都是人们在劳动实践的过程中,客观地形成起来的。正因为它们都是人类社会的产物,所以,它们都不属于自然的范畴,而属于社会的范畴;美不是自然的现象,而是社会的现象"①。这一观点后来在他的《论美是一种社会现象》一文中得到了进一步阐发。② 而在"文革"后发表的《美和美的创造》一文中,他坚持强调劳动实践的内涵在于"人的本质力量的对象化",特性在于"创造",结果在于创造了物质的和精神的"两种产品"与双重满足,即"人通过劳动所得到的,不仅是物质上的满足,同时也是精神上的享受。劳动所创造的,不仅是物质的产品,而且也是劳动者的思想和感情、聪明和智慧等这样一些本质力量的实现。就在这些本质力量的实现的过程中,人感到了愉悦和庆幸,因而也感到了美。马克思说'劳动生产了美',就是这个意思"③。由此可见,劳动实践("人的本质力量的对象化")不仅创造了美,而且创造了"美感"。这种从现实生活的经验、现象以及马克思原典出发规定"实践"内涵、统一对立二元(主体与客体、物质劳动与精神劳动、物质满足与精神享受)、统一美和美感的思路,使其有效避免了美学大讨论中"存在决定意识""不是唯物就是唯心"的认识论干扰,还原和凸显了精神与物质、主体与客体之间同生共在、辩证统一的关系。以实践中形成的人与现实之间的这种"关系"为前提,蒋孔阳才提出了美学研究的出发点——"人对现实的审美关系"。

(二)"人对现实的审美关系"

蒋孔阳对"人与现实的关系"的关注和强调同样得益于马克思"实践本体论"的启示。马克思以唯物史观的"实践"来解决人与世界之间的根本关系,"实践"作为一种关系本体而存在,从这个意义上说,所谓"实践本体论"其实也就是"关系本体论"。因此,在蒋孔阳看来,马克思在《德意志意识形态》中提出只有人才意识到"关系",并从人与自然的关系中全面地来研究人,是马克思划时代

---

① 蒋孔阳:《简论美》,见文艺报编辑部编:《美学问题讨论集》第2集,作家出版社1957年版,第270—271页。

② 参见蒋孔阳:《论美是一种社会现象》,载《学术月刊》1959年第9期。1961年9月修改后收入新建设编辑部编:《美学问题讨论集》第五集,作家出版社1962年版,第118—154页。

③ 蒋孔阳:《美和美的创造》,江苏人民出版社1981年版,第49页。

的意义。由此，他认为，"正是人与自然以及人与人的关系，构成了人与现实的关系。现实包括自然，也包括社会"①。一方面，作为关系的主体（人）与客体（现实），在内容上各自都非常丰富复杂："人"具有自然性与物质性、社会性与精神性、历史性与历史感，并在它们的交互影响下形成了人的生理和心理结构，"现实"包括从自然到社会、从物质到精神、从过去到现在的存在的一切现象；另一方面，"人与现实的关系"本身更为丰富复杂，其中最根本的是实用关系；随着人类生产力和感觉能力的不断提高，审美关系才慢慢从实用的、认识的、工艺的、道德的等关系中独立出来并无处不在。而人之所以要和现实发生审美关系，则是由于人的本质具有审美需要，而人的本质又是人在漫长的劳动实践过程中逐渐形成的。蒋孔阳认为，相较于其他关系，人对现实的审美关系有四个特点：一是通过感觉器官来和现实建立关系；二是审美关系是自由的；三是审美关系是人作为一个整体来和现实发生关系，人的本质力量能够得到全面的展开；四是审美关系还特别是人对现实的一种感情关系。② 由此，他揭示出审美关系的四个特性：感性性（形象性和直觉性）、自由性、整体性以及感情性；此外，他还强调人对现实的审美关系是不断变化和发展的，即动态性。总之，他认为，"人对现实的审美关系，是美学研究的出发点。美学当中的一切问题，都应当放在人对现实的审美关系当中，来加以考察"③。可见，"人对现实的审美关系"是其实践美学研究的根本问题或者说本体所在。

"人对现实的审美关系"这一命题的提出，意味着蒋孔阳深刻认识到：美学研究不应偏重于客观的实体或主观的实体，而应落脚于审美活动结构中审美主体与审美客体及其所形成的审美关系三位一体的动态、立体的子结构之上。这种以"审美关系"为本体的美学思想，无疑是对西方哲学和美学史上传统形而上学的"实体（实在）本体论"的否定，对马克思"实践（关系）本体论"（人类本体论）的顺应，不仅实现了对主客二元对立的消解或超越，而且为探讨美和美感准备了合情合理的理论空间。按其所言，"美是普遍地客观地存在于人类社会生活之中的。有生活的地方，就有美；有人的地方，也就有美感"④。无论是普遍性、

---

① 蒋孔阳：《美学新论》，人民文学出版社 1993 年版，第 5 页。
② 同上，第 11—15 页。
③ 同上，第 3 页。
④ 蒋孔阳：《简论美》，见文艺报编辑部编：《美学问题讨论集》第 2 集，作家出版社 1957 年版，第 276 页。

客观性的"美",还是属人的"美感",二者历史地、动态地共存于社会生活——人与现实的各种关系的总和——之中。这虽然在根源上有混淆"美"与"美感"的危险,但对于凸显作为实践主体、审美主体的"人"无疑具有积极意义,值得肯定。

需要注意的是,在《简论美》中,蒋孔阳还提出"美"并非"人对现实的审美关系"的唯一特性,在他看来,"人和现实的美学关系,并不限于美;现实的美学特性,除了美之外,还有悲剧、喜剧、崇高、滑稽、丑恶等",但他同时也认为,这些"其他的美学特性,却都必须直接或间接地为美服务,直接或间接地肯定美"①。关注与美相关的重要的美学范畴,而不将"美"绝对化,这是与李泽厚的思路相一致的,正如后者在《关于崇高与滑稽》一文中所表明的,"美学范畴是与美的本质相联系的,它们是美的本质的具体展开。对美的本质的不同哲学理解,自然会对诸美学范畴作不同或相反的揭示"②。正因如此,蒋孔阳在《美和美的创造》中从"人对现实的审美关系"出发对"喜剧""崇高"等美学范畴进行简要说明,又在《美学新论》第五编中专门讨论了"崇高""丑""悲剧性""喜剧性"四大"审美范畴",③从而深化了对"美的本质"和美感问题的理解。当然,从"人对现实的审美关系"出发,以"创造"为核心探讨"美的本质"、美感以及美的规律问题,才是蒋孔阳实践美学最主要的、最有特色和贡献的内容。

(三)"创造美学"与"美学创造"

以实践论为哲学基础,立足于人对现实的审美关系,蒋孔阳建立了以"创造论"为核心的"创造美学",主要包括美论、美感论和艺术论三部分,提出了"美在创造中""美是多层累的突创""美感与美同时诞生、同步存在""美感是多种因素的因缘汇合"等诸多具有创造性的命题和学说,实现了对实践美学的新的"美学创造"。

1. 创造美学:美论、美感论与艺术论

蒋孔阳之所以以"创造"作为其美学理论体系(包括美论、美感论、艺术论)

---

① 蒋孔阳:《简论美》,见文艺报编辑部编:《美学问题讨论集》第 2 集,作家出版社 1957 年版,第 276 页。1979 年之后,他将"美学关系"改称为"审美关系"。
② 李泽厚:《美学论集》,上海文艺出版社 1980 年版,第 198 页。
③ 参见蒋孔阳:《谈谈喜剧性》,载《文艺理论研究》1990 年第 4 期;《论崇高》,载《东方丛刊》1992 年第 3 辑。

的核心范畴,主要有理论和实践两方面原因:就理论而言,马克思在《手稿》中提出"人类也按照美的规律来造形""劳动生产了美""由他来创造的世界中直观着自己的本身"等"创造"观。在综合这些观点的基础上,蒋孔阳提出,"劳动充满了创造性的喜悦,劳动的规律成了美的规律。人类就是这样依照美的规律来劳动,并通过劳动来创造美的"[①]。简言之,"劳动创造美"。在这里,劳动实践被赋予了"使人的本质力量对象化"的目的性、自由性和创造性特征,不仅改造客观世界,同时也改造主观世界;不仅为主体生产对象,同时也为对象生产主体:这就为回答美的本质、美感等问题提供了可能。就实践而言,蒋孔阳与其他实践美学家不同,他首先是以作家和文学研究者身份进入学界并遭受批判的,通过对文学艺术的创造实践和批评研究,他亲身体味到"文学艺术的创作,比较起人类其他的生产活动,是最富有目的性和创造性的,是最自由的美的活动"[②]"艺术创作是人类最能创造美的一种劳动""美是艺术的基本属性"[③]。总之,无论是物质劳动,还是精神劳动(文艺),都是"美的创造"。

(1)美论:"美在创造中"与"美是多层累的突创"

就美论而言,蒋孔阳以"美在创造中"对"美的本质"问题作了最为简洁的回答。在《美和美的创造》一文中,他曾对"美是什么"的本质问题作了这样的界定,"美是一种客观存在的社会现象,它是人类通过创造性的劳动实践,把具有真和善的品质的本质力量,在对象中实现出来,从而使对象成为一种能够引起爱慕和喜悦的感情的观赏形象。这一形象,就是美"[④]。即美是人类的劳动实践创造的一种形象,这依然是对"美"的一种实体性的、绝对性的定义。而在1986年发表的《美在创造中》一文中,他通过对古今中西美学史的梳理而提出"美的相对性",主张"打破关于美的形而上学的观点,从变化和运动当中,从多层次的结构当中,来探讨和研究美"。[⑤] 在他看来,美的本质问题既无法否认,也无法回避,与其进行形而上学的定义,不如对形成美的主客观条件进行形而下的科学探究:

---

① 蒋孔阳:《美和美的创造》,载《学术月刊》1980年第2期。

② 蒋孔阳:《简论美》,见文艺报编辑部编:《美学问题讨论集》第2集,作家出版社1957年版,第277页。

③ 同①。

④ 同①。

⑤ 蒋孔阳:《美在创造中》,载《文艺研究》1986年第2期。

　　我们探讨美的本质问题,应当打破传统美学的一些观念,把美看成是某种固定不变的实体,无论是物质的实体或精神的实体,把美看成是由某种单纯的因果所构成的某种单一的现象。与此相反,我们应当把美看成是一个开放性的系统,不仅由多方面的原因与契机所形成,而且在主体与客体的交相作用的过程中,处于永恒的变化和创造的过程中。美的特点,就是恒新恒异的创造。①

　　在这里,蒋孔阳沿着早期"美是一种社会现象"的思路,对"美"进行了"现象还原",即不再追问"美"的某种实体性的、固定的"本质",而是探究"美"何以成为一种复杂的、变动的现象。受当时"方法论"热、《手稿》热的影响,他把"美"视为"一个开放的系统",并揭示其特点在于"恒新恒异的创造"。之所以是"开放"的、"恒新恒异"的,原因在于"天下没有固定不变的美",无论宇宙还是人类社会,无论自然美还是社会美,都在不断地变化和创造过程中,作为一种社会现象的"美"也同样如此。所谓"美在创造中",也就是"美在恒新恒异的创造中"。

　　那么,美究竟是如何创造出来的呢? 哪些因素、条件影响美的创造呢? 蒋孔阳通过细致分析多个经验性的例证(如欣赏中山陵、仰望星空等),证明了一个新的最具独创性也是最核心的命题——"美是多层累的突创"。②

　　首先,这一命题的理据在于马克思主义唯物辩证法的量变质变规律。在他看来,美的创造不是无中生有,而是由各种因素先通过联系、矛盾和冲突形成量变,然后由量变发展到质变。他从创造论或者说生成论的视角对美的内容和表现形式作了明确阐发:就内容而言,美是多种因素、多种层次在时空中相互作用、相互积累而形成的复合结构("多层累"),蕴含了人类的各种文化成果、心理因素及功能,因此具有多层次、多侧面的特点;就美的表现形式而言,它是突然出现的经由量变而突然变化的质变("突创"),具有纯粹性、完整性、直观性的特点,其结论在于,"美一方面是多层因素的积累,另方面又是突然的创造,所以它能把复杂归于单纯,把多样归为一统,最后成为一个完整的、充满了生命的有机

---

① 蒋孔阳:《美在创造中》,载《文艺研究》1986 年第 2 期。
② 关于"多层累的突创"说的来源主要有五种:顾颉刚的历史"层累"说、李泽厚的"积淀说"、唯物辩证法的质量互变规律思想、达尔文的生物进化论以及杜威的"突创论"。参见朱志荣:《论蒋孔阳先生的"多层累的突创"说》,载《学术月刊》2003 年第 12 期;姚文放:《"多层累的突创"说探源——蒋孔阳创造美学与杜威"突创"论的相关性》,载《学术月刊》2013 年第 10 期。

的整体"①。比如在"仰望星空"的例子中,他指出,星空之所以"美",正是各种因素和条件(诸如星球群的存在、太阳光的反射、黑夜的环境、文化历史所积累下来的关于星空的种种神话和传说以及观赏者所具备的心理素质、个性特征和文化修养)积累突创的结果。

由此,蒋孔阳将"美"这一复合结构置于"双重关系"即时空关系和审美主客体关系之中,进一步考察其多层次性与突创性。一方面,"美"的复合结构可解析为四个层次,即"自然物质层""知觉表象层""社会历史层"和"心理意识层"。其中,自然物质层决定了美的客观性质和感性形式,知觉表象层决定了美的整体形象和感情色彩,社会历史层决定了美的生活内容和文化深度,心理意识层决定了美的主观性质和丰富复杂的心理特征。因此,美是内容与形式、客观与主观、物质与精神、感性与理性相统一的复合体;另一方面,这一复合体又是一个处于不断创造过程中的复合体,这是因为"在空间上,它有无限的排列与组合;在时间上,它则生生不已,处于永不停息的创造与革新。而审美主体与审美客体的关系,则像坐标中两条垂直相交的直线,它们在哪里相交,美就在哪里诞生"②。可见,"美"是一个在时空中多层次积累的、由主客体共同创造的有机结构或开放系统,任何简单化、固定化的观点都无法揭示出美的这种丰富性、复杂性、突然性和创造性。

(2) 美感论:"火光之喻"与"因缘汇合"

如果说蒋孔阳是将审美对象的"美"放在主客体关系中加以考察形成其"美论"的话,那么,他同样也将审美主体的"美感"放在主客体关系中加以考察,并将"美在创造中"的思想也贯彻其中,从而形成了与众不同的"美感论"。时时不忘美与美感的关系,处处不离主体与客体的关系,正是其美感论的特点。比如,在《美学新论》"美感论"部分的开篇,他就这样说道:"如果说,美是人的本质力量的对象化,是人的本质力量在客观对象上的自由显现,那么,美感则是这一本质力量得到对象化或者自由显现之后,我们对它的感受、体验、观照、欣赏和评价,以及由此而在内心生活中所引起的满足感、愉快感和幸福感,外物的形式符合了内心的结构之后所产生的和谐感,暂时摆脱了物质的束缚后精神上所得到

---

① 蒋孔阳:《美在创造中》,载《文艺研究》1986 年第 2 期。
② 同上。

的自由感。"①美感与美相辅相成,正如与审美主体、审美客体在实践中同时形成。换言之,他始终在审美主体与审美客体、美感与美的密不可分的相互关系中来探究"美"和"美感"。

那么,美感与美究竟是何种关系呢? 蒋孔阳以"火光之喻"作了形象生动的说明。在他看来,美感"离不开美,但范围要比美更为广阔、丰富和复杂。这就好像光,虽然来源于火,但却不等于火,而且要比火更为丰富和广阔一样"②。"火光之喻"的提出好像一下子也点燃了其"美感论"的思想火光,据此他又提出了"循环"说和"同时同在"说。一方面,火生成光,光亦生成火,火与光互为因果,彼此循环,也就是说,"美本身在不断地创造中,它既有客观的原因,也有主观的原因,美感就是创造美的主观原因,这样,美感又成了创造美的原因之一。它们二者相互循环,我们很难说,有了美就产生美感"③。另一方面,火与光的产生没有先后,火在即光在,光生即火生,也就是说,"美和美感都是人类社会实践的产物。在实践的过程中,它们像火与光一样,同时诞生,同时存在"④。"火光之喻"的意义是不言而喻的,它不仅打破了认识论哲学的思维逻辑,更重要的是将美学研究建基于"生活和历史的实践"之上,如其所言,"从哲学的认识论和思维的逻辑顺序来说,是先有存在后有思维,先有物质后有意识,先有美后有美感,但从生活和历史的实践来说,我们却很难确定先有那么一个形而上学的、与人的主体无关的美的存在,然后再去由人去感受和欣赏它,再由美产生出美感来。我们只能说:美和美感都是人类社会实践的产物"⑤。不能像美学大讨论时期那样完全以认识论的思维逻辑在美与美感之间强分先后,简单地将美感视为美的反映,而应当尊重生活、尊重实践、尊重历史,认识到二者各自的复杂性、变动性以及它们之间关系的同时性:这无疑是一种"突破认识论框架的成功尝试"⑥。

至于"美感是如何诞生的"这一关键问题,蒋孔阳同样从发生学角度将其归

---

① 蒋孔阳:《美学新论》,人民文学出版社 1993 年版,第 251 页。

② 同上。

③ 同上。

④ 同上,第 252 页。

⑤ 同上,第 251 页。

⑥ 朱立元:《美感论:突破认识论框架的成功尝试——蒋孔阳美学思想新探》,载《文史哲》2004 年第 6 期。

结于"实践"——制造和使用工具的劳动实践。在他看来："人通过制造和使用工具的劳动实践，把主体的意识如目的、愿望、聪明、才智等，灌注到客体的对象中去，从而使对象成为主体意识的自我实现，或者对象化，就在这对象化的同时，人观照和欣赏到自我的创造，感到了自我不同于动物并超越动物的本质力量。这时，他所得到的，不仅是物质实用上的满足，同时也是心理上和精神上的满足。于是，美感就诞生了。"①可见，通过综合运用马克思的"自然的人化""人的本质力量的对象化"等历史唯物主义实践论思想，他认为：美感的诞生不是一蹴而就的，也不是一劳永逸的，而是"有一个极其漫长的发展和演变过程"②。制造和使用工具的劳动实践最初产生的是"那些能成为人的享受的感觉，即确证自己是人的本质力量的感觉"③，在此"感觉"基础上产生的美感主要是一种低级的满足感④；而随着人类制造的工具不断发展、实践能力的不断提高，人日益成为自由的人，美感便进入最高阶段——自由感，按其所言，"只有当人类制造的工具进一步发展，提高了征服自然的能力，从自然的必然中逐步解放出来，超越了自我的限制和自然的限制，这时，他方才能够把生命的创造力量和本质力量，自由地在客观对象中展现出来，既感到了自我与外界的和谐，又感到了自我的解放和自由。只有这时，他们的美感才不仅是满足感、愉快感和幸福感，而且同时还是和谐感和自由感。这是美感的最高阶段。只有充分发展了的人，也就是真正自由了的人，才有这样的美感"⑤。可见，美感是在主体与客体的双向互动关系中由低到高不断生成的。

　　蒋孔阳以"实践"作为美和美感的创造根源，又主张美感与美"同时诞生、同步存在"，但并没有将美与美感相混淆或等同，恰恰相反，他明确指出："从美到美感，这当中有许多中介环节，离开了这些中介环节，有了美并不一定能够产生美感。"⑥而要探究这些"中介环节"，就必须借助于更为深入的、科学的心理学研

①　蒋孔阳：《美学新论》，人民文学出版社 1993 年版，第 254—255 页。

②　同上，第 256 页。

③　[德]马克思著，中共中央马克思恩格斯列宁斯大林著作编译局译：《马克思恩格斯全集》第 42 卷，人民出版社 1985 年版，第 125 页。

④　早在《简论美》中，蒋孔阳便认识到美感、美与感觉的密切关系。他说："美是通过感觉来把握的，所以它和感觉分不开。""人的感觉能力像人的思维能力一样，都是人在劳动的实践过程中，长期地发展起来的。"参见文艺报编辑部编：《美学问题讨论集》第 2 集，作家出版社 1957 年版，第 273—274 页。

⑤　同上，第 258—259 页。

⑥　同上，第 251 页。

究。在蒋孔阳看来,"由于美感是一种心理活动,所以人类对于心理学研究所达到的高度,常常决定了美感研究所达到的高度"①。因此,他既坚持马克思主义历史唯物主义的实践观,同时又对西方 18 世纪以来从心理学角度研究美感的"审美心理学"持肯定态度。如果说美是"多层累的突创",那么,美感就是审美能力、审美环境、审美心理、审美态度等"多种因素的因缘汇合"。

(3) 艺术论:艺术创造与"美的规律"

艺术论在蒋孔阳的实践创造论美学体系中占据举足轻重的地位。和李泽厚一样,蒋孔阳也把艺术作为美学研究的主要对象,主张"通过艺术来研究美"②,不同在于后者主要从哲学美学的角度观照艺术美本身,而前者则从创造美学的角度阐明艺术美是如何创造出来的,即艺术创造与"美的规律"的关系问题。

在蒋孔阳看来,劳动不单创造了人,创造了美,也创造了艺术,"艺术的本质与劳动的本质,从根本上来说,应当是相通的、一致的,它们都是'人的本质的对象化'"③,都按照美的规律来进行创造,只不过劳动创造的是"物体",而艺术创造的是"形象"。那么,艺术又是如何按照美的规律来创造的呢? 通过融合中国古代画论("外师造化,中得心源")与马克思《手稿》中的"两个尺度"说,他对此进行了阐释:

> 所谓"外师造化",就是要懂得"任何物种的尺度";而"中得心源",则是人类"内在固有的尺度"……外师造化,中得心源,既要深入生活,对周围现实有细致周密的观察和感受,又要有内心的修养和高尚的情操,对人生具有炽烈的同情心。这是对文艺工作者提出的两个最基本的要求。④

可见,蒋孔阳以内外"两个尺度"对创造主体("人")的内在素养和外在能力作了具体要求,从理论上说,解释了生成艺术美的首要主体条件;从方法上说,实现了中西思想跨文化、跨学科的互证与互释。值得注意的是,他同时也指出

---

① 蒋孔阳:《美学新论》,人民文学出版社 1993 年版,第 262 页。
② 蒋孔阳:《美和美的创造》,江苏人民出版社 1981 年版,第 10 页。原题为《什么是美学? ——美学研究的对象和范围》,首发于《安徽大学学报》(哲学社会科学版)1979 年第 3 期。
③ 同①,第 239 页。
④ 同①,第 240—246 页。

中西思想的差异性，"'外师造化，中得心源'的提法，是把造化与心源看成各自独立的两个方面；而马克思所提的两个'尺度'，则是在劳动实践的过程中统一起来，成为'美的规律'。这一'美的规律'，既是劳动的特点，又是文艺创作的特点，它们都是人的本质力量的对象化，都是人的自我实现和自我创造"[①]。"实践"作为本体，不仅实现了实践主客体之间的对立统一，更重要的是，创造了"人"（人类和个体）的劳动（包括艺术创作）所应遵从的"美的规律"，为整个"创造美学"夯实了基础，确立了法则。

2. 美学创造：生成论、关系论、综合比较论、人本论

不容否认，以实践为基础，以人对现实的审美关系为出发点，以创造论为核心、美论—美感论—艺术论三位一体并彼此呼应的"创造论"实践美学体系，为"实践美学"开创了新的领地，在美学史上作出了自己的独特贡献。这种"美学创造"主要表现在以下几个方面：

（1）以"生成论"突破本质主义窠臼。蒋孔阳坚决贯彻马克思主义的历史唯物主义哲学观念，将惯常的追问方式从"美是什么""美感是什么"转换为"美是如何生成的""美感是如何生成的"，即从一种动态的、历史的、发生的视角探究美生成的多种因素或必要条件：这无疑是一种突破本质主义的思路。这种思路的直接表现就是——放弃"定义"，代之以"描述"。在《美学新论》中，他分别从"美在创造中""人是'世界的美'""美是人的本质力量的对象化""美是自由的形象"四方面来论"美"，不难看出：这些话语都不是一种对"美"或"人"的一种本质性定义，而是一种多角度的规定和描述；即使像"美是××"（包括核心命题"美是多层累的突创"）这样的判定语，其实也只是对"美是一种开放性的系统"的说明。同样，所谓"美感是多种因素的因缘汇合"以及"满足感""愉快感""幸福感""和谐感""自由感"之类，也只是对美感的描述而非定义。总之，"创造美学"的创造性之一在于把美和美感视为丰富复杂（多层累积或多种因素汇合）的研究对象，多向度地揭示和描述其生成的多种主客观条件，使其最终突破本质主义窠臼，摈弃唯一的、封闭的、恒定的美和美感，而追求一种复数的、开放的、生成的美和美感。

（2）以"关系论"突破实体论。按上所述，"关系论"是蒋孔阳构建美学的理

---

① 蒋孔阳：《美学新论》，人民文学出版社 1993 年版，第 246 页。

论基石,事实上也是一种结构主义思维的美学表现。在《美学新论》的第一编"总论"部分,他就把"人对现实的审美关系"确立为美学研究的出发点;在第二编"美论"部分,他又一连串地探究了与"美"紧密相关的十种"关系":"美和美的东西""美与形式""美与愉快""美与完满""美与理念""美与关系""美与生活""美与距离""美与移情""美与无意识",几乎将古今中外代表性的"美论"一网打尽。正是以主体("人的本质力量")与客体("对象")的"关系"为本体,"以'美在关系'为其中心线索",创造美学实现了"对于传统美在客观与美在主观的实体论美学的重要突破,开启了中国美学界研究美在经验的先河"[1]。这种"关系论"实践创造美学成为 20 世纪 90 年代中国美学的一种别开生面的创造。

(3) 以"综合比较论"实现创新。在美学研究和学科建设问题上,蒋孔阳主张采取"综合比较"的方法,以求创新:这正是其成功经验的总结。他说:"目前,我们正处在一个古今巨变、中外汇合的时代,各种思想和潮流纷至沓来,我们面临多种机遇和选择。这就决定了,我们不能故步自封,我们要把古今中外的成就,尽可能地综合起来,加以比较,各取所长,以为我所用。学者有界别,真理没有界别,大师海涵,不应偏听,而应兼收,综合比较百家之长,乃能自出新意,自创新派。"[2]其创造美学之所以能自成一派,正在于他综合比较了古今中外的美学思想和研究方法,[3]并根据自己的实践经验,将其熔铸为自己的新方法(唯物论、辩证法与历史主义三合一),创造出自己的新理论(创造论实践美学)。无论是对"美学大讨论"时期四派理论的客观评价和比较吸收,还是综合比较"中西艺术与中西美学"以建立中国化的"马克思主义美学思想体系",[4]蒋孔阳真正做到了突破性、创新性、科学性、时代性的融合,不仅实现了其所服膺的"真理占有我,而不是我占有真理"(马克思语),而且为中国现代美学的建设提供了理念和方法的指引。

(4) 以"人本论"服务人生。以上在理论、方法、理念等方面的重要创造,最终都可归结于蒋孔阳对美学学科特性和根本任务的认识。他始终坚持"人的本

---

① 曾繁仁:《蒋孔阳教授在 20 世纪中国美学史上的杰出贡献》,载《社会科学战线》2014 年第 4 期。

② 蒋孔阳:《美学新论》,人民文学出版社 1993 年版,第 47 页。

③ 参见蒋孔阳:《德国古典美学》,商务印书馆 1980 年版;《近代美学史评述》,上海译文出版社 1980 年版;《先秦音乐美学思想论稿》,人民文学出版社 1986 年版。

④ 参见蒋孔阳:《建国以来我国关于美学问题的讨论》,载《复旦学报》(社会科学版)1979 年第 5 期;《美学新论》第六编"中西艺术与中西美学",人民文学出版社 1993 年版,第 415—492 页。

质力量的对象化""人类也是依照美的规律来造形"等马克思的实践观,并表明:"照马克思看来,美学其实是一门关于人的科学。我们研究美学的任务,就在于充分地发挥人之所以不同于动物、人之所以为人的本质力量。这样,美学研究的任务、目的是为了艺术,但又不限于艺术。它在提高艺术美学质量的过程中,丰富和提高了整个的人生。美学的根本任务,是在为整个人生服务!"①事实上,其实践创造论美学正是以此为根本任务的,处处体现了"以人为本"的人本主义精神和情怀。在他看来,"人对现实的审美关系"是美学研究的出发点和根本问题,人本身就是"世界的美","世界的美是人创造的,离开了人,世界再没有美";②人是实践的主体、创造的主体、审美的主体,人的这种"主体性"始终贯穿在上述创造美学的所有命题中。胡适曾在《中国哲学史》开篇说道:"凡研究人生切要的问题,从根本上着想,要寻一个根本的解决。这种学问,叫做哲学。"③如果说,胡适选择的是以哲学来根本解决人生的切要问题,那么,蒋孔阳则选择以美学来"研究人生切要的问题",在这一点上,他与主张将美学作为"第一哲学"的李泽厚是殊途同归的,共同创造了一种"为人生"的实践美学。

毋庸置疑,创造论实践美学也存在着一些有悖于马克思主义实践观的缺陷,如:不加区别地对待美和美的对象,常以审美对象的创造取代美的创造;宽泛地理解"劳动"和"人的本质力量",把人类所有的劳动都当成了"人的本质力量的对象化",将艺术劳动等同于生产劳动,也就无法阐明美的本质及审美活动的特殊性;没有彻底贯彻实践论,以主体意识来解释"两个尺度",以艺术生产的规律来阐释"美的规律";等等。当然,瑕不掩瑜,创造美学的美学创造与历史贡献是不容否认的,它已经并将继续为建设中国现代美学发挥重要作用。

二、其他诸家美学思想扫描

除一"北"(李泽厚)一"南"(蒋孔阳)两家"实践美学"之外,其他诸家在"美学热"时期亦各自发声,其影响力和历史价值同样不可小觑,值得关注。

---

① 蒋孔阳:《美学研究的对象、范围和任务》,见《美和美的创造》,江苏人民出版社1981年版,第10页。原题为《什么是美学? ——美学研究的对象和范围》,首发于《安徽大学学报》(哲学社会科学版)1979年第3期。
② 蒋孔阳:《美学新论》,人民文学出版社1993年版,第148页。
③ 胡适:《中国哲学史大纲》,商务印书馆2011年版,第1页。

(一) 王朝闻的"审美关系论"实践美学

身为艺术家,王朝闻(1909—2004)最大的特点在于善于总结自己的审美和艺术经验。他在自己丰富的审美感受、艺术体验基础上,坚持马克思主义的唯物辩证法,并将马克思主义美学思想与中国传统艺术美学思想熔为一炉,建立起一种主体与客体相统一、创造与欣赏相统一的"审美关系论"实践美学。①

正如学界所评价的:"从早年到晚年,王朝闻都是马克思主义实践观的最坚决的坚持者。他始终把实践看作是审美与艺术创造的唯一源泉。"②早在《美学概论》(1963年、1964年编写)这部集中反映主编王朝闻美学思想的著作中,他就采用了马克思主义实践观来回答争议最大的"美的本质"问题,认为:"美既是主客观统一的产物,同时又是客观的。"③而在1980年代,王朝闻又以此为基础,着重从艺术创作和欣赏的角度对"审美关系"问题进行了专门研究,先后出版了《审美谈》(1986)、《审美心态》(1989)两部总结性的美学著作。在他看来,"审美关系"就是美(包括现实美与艺术美)的欣赏者(审美主体)与美的对象(审美客体)之间的关系,"是一直比较复杂的带有情感特征的关系,它们(主体与客体)之间在相互依赖、相互作用和相互创作中,产生审美的快感"④。

综合来看,"审美关系"具有以下几个特点:其一,审美关系是审美主体(创造者、欣赏者)与审美客体(自然、艺术)之间形成的一种复杂的、感性的情感关系;其二,审美关系之所以能形成,条件在于:主体要有审美能力、需要,客体要有与之相适应的属性、特征,二者相互依赖;其三,在审美关系中,缺少客体就没有审美感受,缺少主体就没有审美体验,主体与客体相互作用而产生美和美感;其四,在审美关系中,审美主体的能动作用和重要地位需要突出强调,审美是审美主体以自己的经验、情感、想象、感悟对审美客体的"创造";对于艺术欣赏者的审美而言,则是"再创造"。作为雕塑艺术家,王朝闻根据自己欣赏和创作的审美经验对审美主体的复杂心理因素作了许多细致分析,为审美心理学提供了

---

① 周来祥将王朝闻的美学思想命名为"体验美学"。参见周来祥:《中国化的马克思主义的体验美学——我看王朝闻美学思想》,载《文艺理论与批评》2009 年第 4 期。

② 刘纲纪:《中国马克思主义美学的建设者与开拓者——王朝闻美学研究的当代意义》,载《文艺研究》2005 年第 3 期。

③ 王朝闻:《美学概论》,人民出版社 1981 年版,第 2 页。

④ 简平:《王朝闻传》,宁夏人民出版社 2009 年版,第 275 页。

诸多有益的理论;其五,在审美关系中,审美主体又被审美客体(形式和内容)所制约和限定。比如艺术品作为"以点代面""以一当十"的客观对象,既为审美主体提供了想象和创造的条件,也限定着这种想象和创造,因此,对艺术的审美体验是主体(艺术欣赏者和艺术创造者)与客体(艺术品)"相互创作"或"合作"的结晶。正如周来祥评价王朝闻时所言:"不管是研究审美体验还是研究艺术的本质特征,不管是剖析具体的曲艺欣赏还是概括研究雕塑艺术的美学特征,不管是宏观的思考还是细微的个案研究,他都首先把它放在审美关系中来思考。审美关系是他的理论基点,也是他审视问题的思维框架。"[①]

与李泽厚相比,王朝闻偏重于对审美和艺术现象的具体研究,其美学是"艺术家的美学"而非"哲学家的美学",这既是其特色所在,亦是其局限所在;而与同样聚焦于"创造""审美关系"的蒋孔阳相比,王朝闻更强调创作与欣赏、主体与客体的辩证统一,尤其是欣赏者(观众)的再创造、主体性问题。其不足在于,虽然他在研究审美关系时反复强调生活实践对主体审美能力的形成和发展至关重要,但并没有将审美感受、美的欣赏与"美是人类生活实践创造的产物"观点相关联并进行阐发,尽管这一观点早在《美学概论》中就已提出。

(二) 杨恩寰的"审美现象论"实践美学

杨恩寰(1928—　　)虽然从 1980 年代才正式开始研究美学,但其前期长达20 年的心理学、文艺学、哲学等学科的教学和研究工作,为其后来完成颇具影响的实践美学著作《美学引论》(1992)奠定了坚实的基础。综合来看,杨恩寰实践美学的特色在于:

首先,立足于马克思主义历史主体性的实践哲学。通过深入研读《手稿》,紧扣"劳动创造了美""美的规律"以及美感问题,他探讨了"马克思的历史主体性思想""实践观"与美学的关系问题,[②]最终认为:"历史主体性的实践哲学是历史唯物主义的基础和核心,从总体上把实践哲学确定为美学的哲学基础,是合乎逻辑的。美的根源不在自然中,也不在意识中,而在主体实践引起的自然改

---

① 周来祥:《中国化的马克思主义的体验美学——我看王朝闻美学思想》,载《文艺理论与批评》2009 年第 4 期。

② 杨恩寰:《历史主体性思想与美学问题——学习马克思〈1844 年经济学—哲学手稿〉札记》,载《辽宁大学学报》(哲学社会科学版)1982 年第 4 期;《马克思主义实践观和美学》,载《辽宁大学学报》(哲学社会科学版)1983 年第 4 期。

变中,即人和自然的实践关系中,人化的自然中,故而实践是美的根源。美的本质不是自然的本质,也不是人的本质,而是通过实践达到的自然的本质与人的本质的统一。"①由此,马克思主义历史主体性的实践哲学成为其美学研究的理论和方法论的基础,他据此对当时美学研究中的几种代表性的实践观点(高尔泰、蔡仪、蒋孔阳、李泽厚)进行了客观评价。②

其次,厘清"实践"概念的内涵,强调实践要顺应自然即"人的自然化"。根据马克思主义历史主体性实践哲学,他认为:"实践作为一个哲学概念,不能作直观的、抽象的理解,而应把实践放在人与自然的关系中,放在人类历史过程中加以理解,换句话说,应作历史的逻辑的理解。"③因此,他既反对李泽厚狭隘地将"实践"定义为"使用和制造工具的活动",又反对把人的一切活动都称为"实践",而主张将其界定为"制造和使用工具与符号的活动";同时强调其层次性,即"制造和使用工具的活动"是基础性、本源性的,"制造和使用符号的活动"是派生性的。由此,"实践"就把科学、艺术、审美等人类的精神文化活动都涵纳其中了。其他美学家由于对"实践"概念理解和使用的偏颇,又造成了对实践的工具性即改造和征服自然的畸重,对此弊端,他强调实践不仅造成"自然的人化",也造成人类对自然的适应和顺从,即"人的自然化",因此,人的生理、心理、精神的自然化不能被忽视。在这里,他与李泽厚一样,都表现出对人类未来生存与发展的强烈关切。

最后,以"审美现象"为中心,"为实践美学贡献了一个全新的逻辑框架"④。对美学研究对象这一美学基础理论问题,杨恩寰通过"三个提纲"进行了逐步深入的思考。⑤在"第三提纲"即《美学引论》中,他"以'审美现象'(经验的审美对象与对象的审美经验)为起点和轴心,向客体和主体延伸,外向客体,论及审美对象、审美客体(审美属性)、审美存在系统、美本体;内向主体,论及审美经验、审美机制、审美个性,并展开为审美欣赏、审美批评、审美创造,落实在审美教

① 杨恩寰:《杨恩寰学术思想自述》,载《美与时代》下旬 2013 年第 11 期。
② 杨恩寰:《评美学研究中的几种实践观点》,载《辽宁大学学报》(哲学社会科学版)1985 年第 2 期。
③ 杨恩寰:《马克思主义实践观和美学》,载《辽宁大学学报》(哲学社会科学版)1983 年第 4 期。
④ 汪裕雄:《实践论美学的更新与拓展——评〈美学引论〉》,载《马克思主义美学研究》1999 年第 1 辑。
⑤ 杨恩寰美学基础理论研究的"第一提纲"即《基础美学》(统稿,1986 年,未出版),"第二提纲"即《美学教程》(统稿,中国社会科学出版社 1987 年版),以及围绕其中的"审美教育学"和"审美心理学"两个专题完成的《审美教育学》(主编,辽宁大学出版社 1987 年版)和《审美心理学》(独著,人民出版社 1991 年版)。

育;进而横向扩展审美文化,纵向追溯审美起源,这样使美学理论框架显示为一个系统权变的开放体系"①。这一内外发散、纵横拓展的"理论美学",坚持以历史唯物主义的实践论为基础,综合认识论和价值论来揭示审美现象的历史根源和本质,有力地推动了实践美学在"美学热"退潮期的更新和发展。

(三) 刘纲纪的"创造自由论"实践美学②

如果说"劳动"是刘纲纪(1933—2019)实践美学的基础,那么马克思主义哲学意义上的"自由"则是其核心所在。针对美的本质问题,刘纲纪提出,"美是人在改造世界的实践创造中所取得的自由的感性具体表现"③。这一融汇了马克思主义实践论思想和黑格尔"美是理念的感性显现"思想的观点,既与李泽厚的"美是自由的形式"不同,也与高尔泰的"美是自由的象征"有别,李氏强调的美是合规律性与合目的性即真与善统一的结果,高氏则把美当作主观精神的寄托。刘纲纪将这一观点贯穿在《美学与哲学》《艺术哲学》《美学对话》以及《中国美学史》(与李泽厚合著)等系列美学著作中,形成了其独具特色的"创造自由论"实践美学。综合来看,其内涵或者说独特性主要表现在:

1. "创造"与"自由"是从实践到美之间的中介。与其他诸多实践美学家一样,刘纲纪也坚持马克思"劳动创造了美"的观点,从美的发生学来理解劳动实践的意义,但在劳动(实践)与美之间增加了"创造""自由"两个中介环节,即"实践—创造—自由—美"。他认为,劳动是人类生活与动物生活的根本区别,而劳动的特性即在于创造性,这种"创造性"既表现在人类凭借"本质力量的对象化"改造了客观世界,也表现在人类在改造自然的过程中通过掌握和应用自然规律实现了人的目的、要求、愿望和理想,即劳动创造实现了"合规律性与合目的性的统一",完成了"从必然到自由的飞跃",而劳动创造的成果即人的物质生活与精神生活(艺术与审美)。由此,他说:"自由是创造的产物,创造是自由的表现,

① 杨恩寰:《杨恩寰学术思想自述》,载《美与时代》下旬 2013 年第 11 期。

② 刘纲纪最初认为自己的实践美学可以更准确地命名为"社会实践本体论",以与卢卡奇的"社会存在本体论"以及李泽厚的"人类学本体论"相区别(参见刘纲纪:《艺术哲学》,湖北人民出版社 1986 年版,第 248 页);21 世纪以来又重新命名为"实践批判存在论",意在避免"本体论"一词的神秘性和争议性,并将审美、艺术和人的存在问题联系起来(参见刘纲纪:《马克思主义美学研究与阐释的三种基本形态》,见《马克思主义美学研究》第 4 辑,广西师范大学出版社 2001 年版,第 13 页)。

③ 刘纲纪:《美学与哲学》,湖北人民出版社 1986 年版,第 2 页。

两者是内在地联系在一起的。"从这个意义上说,实践(劳动)本质上就是人的自由创造活动,"创造美的劳动,指的是人改造自然的创造性的自由的活动",而劳动又是人与动物的本质区别,因此可以说"创造—自由是人的本质";说"劳动创造了美"也即意味着,美既是劳动(实践)创造的历史产物,又是人的自由—创造本质的具体表现。继而他认为,最能实现人的这种自由—创造本质的无疑是艺术,如其所言,"正是人类劳动自身所特有的创造性质引起了'快乐',于是才产生了再度体验这种'快乐'的模仿,产生了和物质生产劳动不同的,看来好像不过是一种'游戏'的艺术",这种"快乐"即"美感","再度递延这种'快乐'的模仿"即美的艺术,换言之,艺术是"人的自由的感性表现""处在自由的最高位置上"。① 这实际上也就强调了"自由"或"创造性"正是美和艺术的特质所在。

2. 美是自由的感性显现,是个人与社会高度统一的表现。"美是自由的感性显现"是刘纲纪实践美学的核心命题,这其实隐在地统一了"美"的"内容"与"形式"两个方面:"内容"的特性在于"自由","形式"的特性在于"感性"。究竟何谓"自由"呢? 在《美——从必然到自由的飞跃》一文中,刘纲纪曾对美学意义上的"自由"作了三点规定:一、这是已经超越了物质生活需要满足范畴的自由;二、这是创造性地掌握和支配了客观必然性的自由;三、这是个人与社会达到了高度统一的自由。可见,"自由"不是为所欲为,而是人超越了基本的生存需要而走向更高的审美需要,是个体与社会的统一,是合规律性与合目的性的统一。其中,他认为第三点尤为重要,因为个体必须在与他人、自然的社会关系中肯定自己,"社会性"不仅是对"人"(个人或人类)的本质规定,也是对"美"的本质规定,换言之,"美是人的社会性的完满实现"②。同时,美的自由又必然是感性形式所表现的自由,这是因为:社会性终究要具化为个体性,个体的自由终究要表现在某个具体的、人化的、社会性的对象上。"美是人在改造世界的实践创造中产生的自由的情感,在他所改造了的物质世界的感性形式上的表现"③,这意味着美是"自由情感的对象化",对个体而言,他是"从对象上直观着人的自由",在劳动实践中感性具体地体验着"对象化了的自由情感",由此,美的自由便转换为美感的自由,二者都根源于实践本体。

---

① 刘纲纪:《美学与哲学》,湖北人民出版社 1986 年版,第 192 页。
② 同上,第 17 页。
③ 同上,第 142 页。

总之,刘纲纪将马克思主义哲学本体论理解为"实践本体论"(后称之为"实践批判存在论"),并以此作为美学基础,创造性地发挥了"自由"的美学意义,表现出与李泽厚、蒋孔阳、杨恩寰等共同的研究倾向,这与其说是偶然,不如说是1980 年代中期以后思想界转变的历史结果,是中国现代美学研究和学科发展过程中的历史必然。当然,也不容否认,对"自由"的这些理解都完全是理性主义的,因此,在"感性至上"的 1990 年代遭到"后实践美学"的批判也就在所难免。

第三节 "实践美学""新实践美学"与"后实践美学"之争

"实践美学"在 20 世纪 80 年代顺时应势地成为新时期美学思潮的主流,而李泽厚的主体性实践美学则被视为"主流的主流",二者被绑定在一起成为"后实践美学"所批判的靶的,这既是历史的选择,也是美学自身发展的必然结果。学界普遍以"实践美学与后实践美学之争"来笼统地概述 20 世纪 80 年代中后期至今围绕"实践美学"展开的一系列论争,[①]这是不确切的。因为这在一定程度上遮蔽了"实践美学"与"新实践美学"的显著差异,也忽视了"后实践美学"与"新实践美学"在对待"实践美学"态度上的差异。事实上,这场持久论争主要包括"实践美学与后实践美学之争"和"新实践美学与后实践美学之争"两个部分,前者重在批判和超越"实践美学",后者则重在继承与改造"实践美学",二者共同推进了"实践美学"的发展,其影响甚至决定了当下中国美学的格局和方向。

一、"实践美学"与"后实践美学"之争

20 世纪 80 年代末 90 年代初,杨春时在日益明晰的现代语境中冷静深入地思考"超越实践美学如何可能"。他相继发表了《超越实践美学》《走向"后实践美学"》等系列文章,既对"实践美学"提出了批评,又展开了与"新实践美学"的

[①] 如章辉:《论实践美学与后实践美学之争》,载《文学评论》2005 年第 6 期;周均平主持:《关于实践美学与后实践美学论争(笔谈)》,载《甘肃社会科学》2005 年第 2 期;李世涛:《对实践美学和后实践美学的评价及其论争》,载《甘肃社会科学》2005 年第 4 期;林朝霞:《实践美学与后实践美学在论争中发展》,载《学术月刊》2007 年第 4 期;孙媛:《新世纪以来实践美学与后实践美学的论争》,载《漳州师范学院学报(哲学社会科学版)》2013 年第 3 期;等等。

论战,既提出了"后实践美学"这一集体概念和美学方向,又构筑起自己的以"生存—超越"论为核心的"超越美学",并成为"后实践美学"学派中最具影响力的一种理论形态。在这些论文中,他不止一次地说道:"中国美学进一步发展和现代化,要求超越实践美学。"①"希望中国美学能够在'后实践美学'阶段走向世界、走向现代化。"②正是这种强烈的以建设为目的的"现代"焦虑,促使这位曾经的"实践美学"学派中的一员作出了"超越实践美学、建立超越美学"的选择。

在第一篇宣言性文章《超越实践美学》(1993)中,杨春时就指出:"实践美学既具有历史合理性,又具有历史局限性。因此,对其应采取扬弃、改造、发展和超越的态度,在这个基础上建立现代的美学理论体系。"③在随后的纲领性文章《走向"后实践美学"》中,他对"实践美学"历史局限和理论不足的批评由"五项"累增为"十项"。在他看来,"实践美学"之所以存在这些局限和不足,在于背负了太多的传统美学、古典美学的重担,不仅与现代精神、当代世界美学的发展格格不入,更束缚了中国美学的进一步发展,换言之,只有挣脱"实践美学"的襁褓,才能发展中国美学,"步入现代美学领域",与当代世界美学同步。为此,他一方面宣判"实践美学"已经"完成了自己的历史使命",认定"一种叛逆性的、新的美学思潮"将成为中国美学发展的新的历史趋势,并将这种包括体验美学、生命美学等在内的思潮命名为"后实践美学";另一方面,在"后实践美学"的整体框架下,他以"生存"作为美学的逻辑起点,从生存方式的角度来界定审美,从而构筑起以"生存本体论"为基础的"生存—超越美学"体系。他认为,相较于"实践","超越"的优势在于:"实践"是生存的低级形式,"超越"才是生存的最高本质,所谓"审美"既是超越现实的一种自由生存方式,也是一种超越理性而直接领悟生存意义的解释方式。在另一篇文章中他说得更为明确:"审美是超越性的活动,即超越现实的生存方式和超越理性的解释方式,审美具有超越现实、超越实践、超越感性和理性的品格。正是这种超越才使人获得了精神的解放和自由。"④一言以蔽之,"超越性是审美的本质特征,超越即自由",⑤这是"生存—超越美学"的核心要义,也是与其他美学体系的区别所在。杨春时不仅以"生存"

---

① 杨春时:《超越实践美学　建立超越美学》,载《社会科学战线》1994 年第 1 期。
② 杨春时:《走向"后实践美学"》,载《学术月刊》1994 年第 5 期。
③ 杨春时:《超越实践美学》,载《学术交流》1993 年第 2 期。
④ 杨春时:《新实践美学不能走出实践美学的困境——答易中天先生》,载《学术月刊》2002 年第 1 期。
⑤ 杨春时:《20 世纪中国美学论争的历史经验》,载《厦门大学学报》(哲学社会科学版)2000 年第 1 期。

作为其超越美学的基础,也以此作为整个"后实践美学"的基础,并得到了大多数"后实践美学"论者的认同。也就是说,他认为,以"生存本体论"取代"实践本体论",以超越性、精神性、个体性的"自由"取代现实性、物质性、人类性的"自由",是从"实践美学"走向"后实践美学"的必由之路。

然而,杨春时又并未否定或割断"后实践美学"与"实践美学"、"超越"与"实践"之间的内在关联,恰恰相反,他明确强调"'后实践美学'虽然试图超越实践美学,但仍然不可避免地受到实践美学的影响,有意无意地接受了其许多合理成果。因此,在这个意义上,'后实践美学'只是在实践美学基础上的新发展,是对实践美学的继承、批判、扬弃与超越"①,强调"审美的超越性应当建立在实践观的基础上,并以此与西方某些唯心主义美学所主张的超越性相区别"②。对这种关联性的重视,一定程度上也表明了"后实践美学"对"实践美学"的"突破"或"超越",并非一种颠覆性的变革,而是一种批判性的转变:这无疑是一种既尊重传统又有利于缓释"现代"焦虑的历史唯物主义态度。有意思的是,杨春时对"实践美学"的批判不仅拉开了"实践美学与后实践美学之争"的序幕,也拉开了"新实践美学与后实践美学之争"的序幕,由此,"后实践美学"开始了双线作战,其中,其"队友"潘知常在前一论战中发挥了冲锋陷阵的重要作用。

1990 年代,潘知常提出"生命美学",与"实践美学"的支持者刘纲纪先后在《文艺研究》《学术月刊》《光明日报》等报刊上展开争论,产生了很大影响。在潘知常看来,"实践美学"是一种见"物"不见"人"的无根的"冷美学",忽略了人类自身的生命活动和生存体验,而"真正的美学一定是光明正大的人的美学,生命的美学"③,进而提出"现代意义上的美学应该是以研究审美活动与人类生存状态之间关系为核心的美学"④,并认为生命活动是"美学的现代视界","生命美学"于是诞生。"所谓'生命美学',意味着一种以探索生命的存在与超越为指归的美学",换言之,"生命美学"追问的是"生命存在与超越如何可能这一根本问题"⑤,而"审美活动"正是这一问题的答案。他认为,"一旦我们既在人类生命活动与审美活动的同一性的基础上深刻揭示出它们之间的相异性,又在人类生命

---

① 杨春时:《走向"后实践美学"》,载《学术月刊》1994 年第 5 期。
② 杨春时:《超越实践美学 建立超越美学》,载《社会科学战线》1994 年第 1 期。
③ 潘知常:《美学何处去》,载《美与当代人》(即《美与时代》)1985 年第 1 期。
④ 潘知常:《众妙之门——中国美感心态的深层结构》,黄河文艺出版社 1989 年版,第 4 页。
⑤ 潘知常:《生命美学》,河南人民出版社 1991 年版,第 13 页。

活动与审美活动相异性的基础上揭示出它们之间的同一性,我们也就最终揭示出审美活动与人类生命活动的关系,揭示出审美活动的本体意义、存在意义、生命意义,从而完成马克思主义美学大厦的建构"①。在这里,审美活动被视为一种具有超越性的、自由性的生命活动,一种本体意义上的生命存在,"存在即生命""生命即审美",反之亦然:这是"生命美学"的要义所在。总之,潘知常试图将实践哲学规定下的"物的美学"彻底还原为生命哲学、存在哲学规定下的"人的美学""生命的美学",以实现"超越实践美学"的目标。

作为始终坚守"实践美学"的代表人物,刘纲纪的态度在某种意义上也代表了"实践美学"学派的共同心声,他与潘知常、杨春时的论争一定程度上也代表了"实践美学"与"后实践美学"的根本分歧所在。在《马克思主义实践观与当代美学问题》一文中,一方面他"并不认为包含在(实践美学)这一概念下的各种观点都是正确的,也不认为实践美学已经很好地解决了美学中的各种问题",因而主张"实践美学"应随时代发展而要有新的大的发展;另一方面,他又认为"后实践美学"放弃马克思主义实践观这一哲学前提是错误的,因为"正是马克思主义的实践观点的提出使传统的美学宣告终结,为一种真正新的美学的产生开辟了广阔的道路"②,言外之意就是,"后实践美学"的批评是有益的,但宣判马克思主义"实践美学"的终结则为时过早,"实践美学"还大有可为。这一态度是包容的,但也是坚定不移的。③

针对刘纲纪的批评,杨春时、潘知常分别从各自的"超越美学""生命美学"立场发表了一系列商榷文章。④ 综合来看,双方争论的焦点主要在于三对关系:一是实践活动与审美活动的关系,二是感性与理性的关系,三是主体与客体的关系。尽管论战双方都承认马克思主义实践原则对于美学研究的指导作用,然

① 潘知常:《生命的诗境》,杭州大学出版社 1993 年版,第 173 页。
② 刘纲纪:《马克思主义实践观与当代美学问题》,载《光明日报》1998 年 10 月 23 日。
③ 在 10 年后的访谈中,刘纲纪说:"我对'后实践美学'的出现是持欢迎态度的,因为他们对实践美学的批评可以推动持实践美学观的同志们想想,实践美学有哪些弱点? 哪些东西还没有讲清楚? 或者我们自以为讲清楚了,可别人还是不清楚。这样,就有利于实践美学的发展。"参见刘纲纪、李世涛:《我参与的当代美学讨论——刘纲纪先生访谈录》,载《文艺理论研究》2009 年第 4 期。
④ 参见潘知常:《实践美学的本体论之误》,载《学术月刊》1994 年第 12 期;《生命美学与实践美学的论争》,载《光明日报》1998 年 11 月 6 日;《再谈生命美学与实践美学的论争》,载《学术月刊》2000 年第 5 期;《实践美学的一个误区:"还原预设"——生命美学与实践美学的论争》,载《学海》2001 年第 2 期;《生命美学与超越必然的自由问题——四论生命美学与实践美学的论争》,载《河南社会科学》2001 年第 2 期;杨春时:《审美的超实践性与超理性——与刘纲纪先生商榷》,载《学海》2001 年第 2 期。

而在如何理解这一原则上却各持己见,各有偏重:刘纲纪再次强调了实践对于美的本质、审美活动的决定作用,主张以重建理性与感性的统一与和谐来克服感性、理性的局限性、对立性;而杨春时则再次强调了审美的超实践性、超理性、超现实性,主张以超理性来克服感性与理性的对立;潘知常强调了"审美如何可能",主张应对"超越必然的自由即自由的主观性、超越性"问题进行考察。归根结底,三者都是体系性的哲学美学,之间的分歧根源于哲学"本体论"的差异:刘纲纪坚持"实践美学"学派集体所坚持的以"实践"为本体,而杨春时坚持以"生存"为本体,潘知常则坚持以"生命"为本体;而无论"实践美学",还是"后实践美学",都无法规避本体论哲学以概念范畴构造整套理论体系的弊病。总之,这次论战可谓"实践美学"与"后实践美学"之间正面遭遇的阵地战,其意义诚如旁观者阎国忠所言:"与五六十年代那场讨论不同,当前美学的论争虽然也涉及到哲学基础方面问题,但主要是围绕美学自身问题展开的,是真正的美学论争,因此,这场论争同时将标志着中国(现代)美学学科的完全确立。"①

二、"新实践美学"与"后实践美学"之争

杨春时对"实践美学"的批判以及"后实践美学""超越美学"构想的提出,还引起了"实践美学"拥趸者(如邓晓芒、易中天、张玉能、朱立元等)的反驳和拓展,而后者又并非旧调重弹,而是旧曲新唱,由此形成了论争的另一极:"新实践美学"与"后实践美学"之争。这一论争主要以《学术月刊》《社会科学战线》为阵地,从 20 世纪 90 年代初一直延续到今天。首先必须说明的是,"新实践美学"概念存在狭义和广义之分:狭义既指最早产生的邓晓芒、易中天的"新实践美学",其系统的理论阐释见于他们的合著《走出美学的迷惘——中西美学思想的嬗变与美学方法论的革命》(1989),又指 20 世纪 90 年代产生但直到 21 世纪才命名的张玉能的"新实践美学",其系统的理论阐释见于《新实践美学论》(2007);广义是指相对于"实践美学""后实践美学"而言的美学新思潮,涵括上述两种狭义的以及朱立元倡导的"实践存在论美学"。由此,从美学史来看,"新实践美学"(广义)与"后实践美学"之争实际上包含三部分:一是邓晓芒、易中天

---

① 阎国忠:《关于审美活动——评实践美学与生命美学的论争》,载《文艺研究》1997 年第 1 期。

"新实践美学"与杨春时"后实践美学"之争,二是张玉能"新实践美学"与杨春时"后实践美学"之争,三是朱立元"实践存在论美学"与杨春时"后实践美学"之争。而在论争中,又因为始终交织着对第三方(即"实践美学")的批评、辩护与发展,从而使得这些论争显得更为丰富,也尤为复杂。

(一)邓晓芒、易中天"新实践美学"与杨春时"后实践美学"之争

邓晓芒、易中天以马克思主义哲学和中西美学思想为资源,在马克思主义实践美学观的基础上,建立了自成体系的"新实践美学"。尤其是在《走出美学的迷惘——中西美学思想的嬗变与美学方法的革命》最后一章提出了"美学之谜的历史解答(新实践论美学大纲)"①,也即"新实践美学"体系的三大哲学原理:艺术发生学的哲学原理、审美心理学的哲学原理和美的哲学原理。其中,"美的哲学原理"又包括三大原理,即实践论美学的"第一原理:美的本质定义""第二原理:艺术与美的辩证法"和"第三原理:审美标准"。在21世纪与"后实践美学"的论争中,②他们又进一步对这一体系进行了充分阐释和完善。综合来看,"新实践美学"和"后实践美学"论争的焦点问题,或者说"新实践美学"之"新"主要表现在:

其一,对"实践"概念的新理解。邓、易认为,"在马克思看来,实践既不是一种纯主观的东西,也不是一种纯客观的东西,而是一种'主客观的统一'。最基本的实践,即作为人类的现实本质和整个社会存在基础的实践,是人的社会物质生产劳动。在这种劳动中,主观自觉性、目的性和伴随而来的'自由感',是产生于肉体的客观物质需要,又体现为能动地改造客观世界的物质活动,因此,生产劳动是'主观统一于客观'的活动"③。也就是说,实践首先是一种物质与精神(尤其是情感)相统一的活动。据此,邓晓芒不仅批评了康德、黑格尔式的唯心

---

① 本书再版时更名为《黄与蓝的交响——中西美学比较论》(人民文学出版社,1999);后修订再版(武汉大学出版社,2007),本章更名为"美学之谜的历史解答(新实践论美学大纲)"。

② 论争的论文主要有:易中天:《走向"后实践美学",还是"新实践美学"——与杨春时先生商榷》,载《学术月刊》2002年第1期;杨春时:《"新实践美学"不能走出实践美学的困境——答易中天先生》,载《学术月刊》2002年第1期;邓晓芒:《什么是新实践美学——兼与杨春时先生商讨》,载《学术月刊》2002年第10期;杨春时:《实践乌托邦批判——兼与邓晓芒先生商榷》,载《学术月刊》2004年第3期;邓晓芒:《评美学上的"厌食症"——答杨春时先生》,载《学术月刊》2005年第5期。

③ 邓晓芒、易中天:《走出美学的迷惘——中西美学思想的嬗变与美学方法论的革命》,花山文艺出版社1989年版,第402页。

实践观("客观统一于主观"),更批评了将劳动中的主观意识"消融于"或"等同于"客观的李泽厚等人的"实践美学",表明了"新实践美学"的"人学"实践观,"旧实践美学正是由于企图把这些主观因素从物质生产劳动中清除出去,才导致了机械主义和行为主义,从而失去了建立美学的合理根据。在这方面,旧实践美学和蔡仪派的'机械唯物主义美学'才真正是'没有本质的区别'。新实践美学则是对这一切旧唯物主义美学的根本超出,因为它把人当人看,把人的活动当作人的活动(而不仅仅是动物的活动)来看,并试图从人的最根本的物质生产活动中发现人的全面丰富的本质要素,以从中引出人的一切人化活动、包括审美活动的根据"[1]。

其二,对审美"超越性"的新理解。邓认为,"后实践美学"的弊病在于把"现实性"与"超越性"完全对立起来,而他们根据对"实践"的理解认为,实践本身就具有自我超越的因子,人类精神生活的超越性正是从现实的实践活动中升华出来的,"超越性并不只是审美所特有的属性,而是包括人类真、善、美在内的一切精神生活的属性;至于说审美的'超越感性与理性的品格',则并不一定是绝对必要的品格,审美也完全可以与感性和理性和谐共存"[2]。易也认为,"超越也好,自由也好,种种生存方式也好,都不是人的天赋、本能或自然属性。它们只能来源于实践并指向实践……当然,实践并不万能,也并不理想,它并不像旧实践美学设想的那样,可以造就一个尽善尽美的人间天堂,一劳永逸地解决人类生存的所有问题"[3]。在杨、潘论述的基础上,"后实践美学"的支持者章辉博士对"审美超越"概念又作了两层划分,一层是一般超越的"形而上学内涵",表现在宗教活动、哲学思辨和审美体验等精神领域,另一层是基于一般超越之上的审美超越,是指审美活动对人的生存意义的终极性建构,是一种情感超越。[4] 对此,邓晓芒在反驳文章中认为其"审美超越"无法与其他形式的超越(宗教超越、哲学超越等)划清界限,进一步表明了"新实践美学的审美超越原理",即从艺术发生学的哲学原理出发,阐明了艺术的超越性及其体现在不同时代、阶级和民族之间所发生的"共同美"之上;并从哲学人类学和现象学的高度对审美超越特

① 邓晓芒:《什么是新实践美学——兼与杨春时先生商讨》,载《学术月刊》2002 年第 10 期。
② 同上。
③ 易中天:《走向"后实践美学",还是"新实践美学"——与杨春时先生商榷》,载《学术月刊》2002 年第 1期。
④ 章辉:《论审美超越——兼向邓晓芒先生请教》,载《人文杂志》2003 年第 6 期。

有的心理机制进行了前所未有的分析。①

其三,对"美的本质"的现象学新定义。邓、易以"美的本质定义"为新实践美学的第一原理,并以此贯穿在对艺术社会学、审美心理学乃至中西美学历史的论述中。他们给"美的本质"下了三个定义:

> 定义 1:审美活动是人借助于人化对象而与别人交流情感的活动,它在其现实性上就是美感。
> 定义 2:人的情感的对象化就是艺术。
> 定义 3:对象化了的情感就是美。②

可见,这三种定义分别是对美的特殊性、个别性和一般性所作的本质规定,构成了一个不可分割的命题系统:美感是人类最直接、最明显、最普遍的审美事实,是理解一切艺术和美的前提;艺术和美是审美活动的两个本质环节的对象化表现。在这里,"新实践美学"虽然仍运用了"实践美学"所钟情的马克思"对象化"这一表述,但又依据对"实践"的现象学理解,突出强调了"情感"作为"人的本质力量"在"美"的生成过程中的决定作用。

在最早提出"新实践美学"基本提纲的《关于美和艺术的本质的现象学思考》(1986)中,邓晓芒便表明"美的本质问题,以及直接由此而得到确定的艺术的本质问题,只有在运用现象学方法所建立的'意识形态学'中才能得到彻底的解决",也就是说,"将一切意识形态所赖以产生和存在的客观物质实体本身用'悬挂法'存而不论"。③ 这种"回到美学本身"的本体研究态度和现象学方法,使其能够避免成为美的"客观性"的权威证明,而将美和艺术当作精神现象来研究,寻找其自身的特殊规律。如其所言,"所有这些定义中的'对象化'一词,都是来自实践本身的现象学结构:实践就是人的本质力量的对象化。正是在这样

---

① 邓晓芒:《新实践美学的审美超越——答章辉先生》,载《河北学刊》2008 年第 4 期。二人之间的进一步争论可参见章辉:《实践美学若干问题再探讨——兼与邓晓芒先生商榷》,载《湖北大学学报》2009 年第 6 期;邓晓芒《关于新实践美学原理的再思考——再答章辉先生》,载《湖北大学学报》2009 年第 6 期。

② 邓晓芒、易中天:《走出美学的迷惘——中西美学思想的嬗变与美学方法论的革命》,花山文艺出版社 1989 年版,第 472 页。

③ 邓晓芒:《关于美和艺术的本质的现象学思考》,载《哲学研究》1986 年第 8 期。

一种现象学的理解中,实践论美学首次克服了自然主义和心理主义的局限性,把在李泽厚的旧实践论美学那里互不相容的'工具本体论'(自然主义的理解)和'情感本体论'(心理主义的理解)的二元对立扬弃了"①。而内含于"实践"的"情感",不仅使"人与对象、工具和产品之间保持一种超认识、超功利的精神联系",而且"情感的对象化"或"对象的情感化"使人与人之间实现情感的传达或共鸣成为可能,因此,"美感"实质上就是"对情感的情感",即"人们借一个对象来达到情感的相互共鸣所产生的情感""审美是传情的唯一手段"。② 由此,"新实践美学"也被称为"传情说"。它不仅强调了"情感"的个体性、社会性,丰富了"审美活动""美感"的内涵,而且凸出了美和艺术的情感性特征,表明了自我与他者之间存在一种带有胡塞尔"主体间性"色彩的相同情感的相互交流印证,这为杨春时后来倡导"主体间性"美学提供了启示。

尽管由于论战双方在概念上始终纠缠不清而自说自话,导致双方之争成为一场遭遇战而非阵地战,但不难看出,邓晓芒、易中天的"新实践美学"具有批评吸收、综合创新的独特意味:虽然他们对李泽厚、杨春时都有所批评,但与前者一样都坚持了"实践"的本体意义,区别在于他们以"主客观的统一"定义实践,而前者则以客观来定义实践;他们又与后者一样都认为要有坚实的哲学基础和可靠的逻辑起点来创造具有权威性的现代美学体系,区别在于他们选择了"实践",而后者则选择了"生存"。而三者之所以具有对话的可能,关键在于他们都同意"美的本质就是人的本质",这种"人类学"的共同倾向无疑又是李泽厚在新时期以"人类学本体论"率先开拓的。总之,相较于"后实践美学"或"实践美学",邓、易"新实践美学"的独特之处在于既坚持马克思的实践本体论,又充分吸收了胡塞尔和海德格尔的现象学方法和成果,以"传情"说为中心对实践美学、审美超越等问题作了深入而富有突破性的研究。

(二) 张玉能"新实践美学"与杨春时"后实践美学"之争

在与"后实践美学"的论争中,张玉能、朱立元作为"实践美学"主将之一蒋孔阳的弟子,不仅继承了"实践美学"的"实践本体论"遗产并为之辩护,又各自

---

① 邓晓芒:《"传情说"与文艺的思想性》,载《甘肃社会科学》2011 年第 3 期。
② 邓晓芒、易中天:《走出美学的迷惘——中西美学思想的嬗变与美学方法论的革命》,花山文艺出版社 1989 年版,第 451—452 页。

从不同角度对其进行了深化、弥补和拓展,事实上形成了两种"新实践美学"。

张玉能在与杨春时的跨世纪论争中,始终本着"坚持实践观点,发展中国美学"的立场,不仅着力批评了杨对"实践美学"的种种"误会和曲解",比如"把实践美学硬性划在古典美学的理性主义范畴之内""对实践美学的一些主要范畴术语,如实践、人的本质、自由等的理解是不准确的、似是而非的"等,而且指出"超越美学"的哲学基础——生存本体论和解释学认识论是唯心主义和唯我主义的,因而难以成立。① 其间,他还声援邓晓芒、易中天,对杨春时的"实践乌托邦批判"以及"主体间性"概念等进行批评;② 并对"后实践美学"支持者章辉的批评进行了反驳。③ 在这些你来我往的论争中,他逐渐形成了建构实践美学范畴体系的信心和决心,最终于 21 世纪出版了"对实践美学讨论进行系统总结"的专著《新实践美学论》,试图建构起"一个有中国特色的新实践美学的美学范畴(美的范畴)体系"。④ 综合论争的关键问题和其理论内涵,可以看出其"新实践美学"之"新"主要表现在:

其一,重新界定"实践"概念并进行分类学研究。张玉能从实践唯物主义哲学基础出发,重新界定本体论意义上的实践概念,认为:"人类的实践是人们为了实现自己的生存而进行的处理人与自然、社会、他人之间关系的感性的、现实的活动。因此,实践也理应区分为三大类型:物质生产、精神生产、话语实践。物质生产主要是以物质的手段处理人与自然的关系,以解决人们的实际生存的问题;精神生产主要是以意识(精神)的手段处理人与社会的关系,以解决人们的生存发展的问题;话语实践则是在物质生产和精神生产的基础上,主要以语言为手段处理人与他人的关系,以解决人与人之间的交往以及与之相关的现实生存和生存发展的问题。"⑤由此,他强调实践是一个关系本体(而非实体本体或

① 张玉能:《坚持实践观点,发展中国美学——与杨春时同志商榷》,载《社会科学战线》1994 年第 4 期。

② 杨春时:《实践乌托邦批判——兼与邓晓芒先生商榷》,载《学术月刊》2004 年第 3 期;张玉能:《实践的自由是审美的根本——与杨春时同志商榷》,载《学术月刊》2004 年第 7 期;杨春时:《实践乌托邦再批判——答张玉能先生》,载《汕头大学学报》(人文社会科学版)2007 年第 4 期;张玉能:《主体间性是后实践美学的陷阱——与杨春时教授商榷》,载《汕头大学学报》(人文社会科学版)2004 年第 3 期;杨春时:《主体性美学与主体间性美学——兼答张玉能先生》,载《汕头大学学报》(人文社会科学版)2004 年第 6 期。

③ 章辉:《告别实践美学——评两种实践美学发展观》,载《学术月刊》2005 年第 3 期;张玉能:《新实践美学的告别——答章辉博士》,载《吉首大学学报》(社会科学版)2006 年第 1 期。

④ 张玉能等:《新实践美学论》,人民出版社 2007 年版,导言,第 7 页。

⑤ 张玉能:《实践的自由是审美的根本——与杨春时同志商榷》,载《学术月刊》2004 年第 7 期。

先验本体)概念,对实践美学而言,这种本体性意味着"人的现实存在只能是实践,在实践的整体中,物质生产、话语实践、精神生产是内在地统一的,组成了以物质生产为核心、以话语实践为中介、以精神生产为显象的交互作用的立体网络系统,而其最具有显象的敞亮的光辉的,则是审美活动及其价值显现——美"①。不难看出,他在继承前人"物质生产""精神生产"两分法的基础上,又创造性地发掘出马克思主义语言观的实践本体论意义,接通分析哲学、现象学哲学和存在主义哲学等现代语言本体论,突出"话语实践"在审美活动中的重要作用。这种对实践内涵的独特理解和扩充,与其说是马克思主义经典原著给他的理论启示,不如说是 20 世纪西方哲学和美学的"语言学转向"给他的思想启示。除了按表现形式来分类,他还根据发展程度将实践分为获取性实践、创造性实践和自由(创造)性实践,三者既有主客体间性又有主体间性;其中,自由性实践使人与自然之间产生了审美关系,美和美感正是这自由实践的产物,即"自由的实践"使人的本质充分实现,使人获得超越实用的、伦理的、宗教的等功利目的的美感,从这个意义上来说,"超越性"的审美和自由始终存在于"实践"的人世间,而不是存在于"后实践美学"所言的超现实的彼岸世界。

其二,深入解析实践结构的多层累性、开放性、多功能性及其与美学问题的关系。所谓"多层累性"是指实践结构由诸多要素立体交叉、多层累积而成,包含物质交换层、意识作用层和价值评估层三层,层递累积,相互交错;前者决定美的外观形象性,由工具操作系统(决定美的外观形式)、语言符号系统(决定美的感性可感性)和社会关系系统(决定美的理性象征性)三方面构成;中者决定美的情感超越性,由无意识系统(决定美的精神内涵性)、潜意识系统(决定美的超越功利性)和意识形态(决定美的情感中介性);后者决定了美的自由性,由合规律的评估系统(决定美的合规律性)、合目的的评估系统(决定美的合目的性)及合规律和合目的相统一的评估系统(决定美的合规律和合目的的统一性)。所谓"开放性"是指实践过程是一个不断矛盾运动、变化发展的恒新恒异的创造过程,这一过程呈现出受动和主动、物质和精神、共时与历时相统一的特征,而审美活动正是这一实践过程自我矛盾运动的结果,按其所言,"在这个过程中,由于实践的合规律与合目的的统一生成的审美目的,由于实践的超越物质,感

---

① 张玉能等:《新实践美学论》,人民出版社 2007 年版,第 28 页。

性、直接功利目的而生成的审美超越性(超感性的理性象征性、超直接功利目的的非功利性),由于实践的共时的群体确定性和历时的个体不确定性的统一生成的审美图式,在实践过程的运动之中生成出了显示实践自由的审美活动。因此,审美活动即自由的活动,因此,审美活动具有合规律与合目的的相统一性,超越感性功利的理性象征性,融合个体差异性的社会共同性"①。所谓"多功能性"是指"实践,主要有肯定性的建构功能、转换性的转化功能、否定性的解构功能,它们对应着实践的自由、准自由和不自由、反自由,也就在审美领域相应地产生柔美(优美)、刚美(崇高)和幽默、滑稽、丑"②。将美的诸多范畴与实践的多个功能联系起来进行考察,有利于人们避免像"实践美学"那样因过分关注实践的建构功能而陷入"工具理性""人类中心主义"的漩涡,也有利于人们避免像"后实践美学"那样盲目舍弃现实、追求超越而陷入神秘玄妙之境。

其三,坚决主张多维动态地发展实践美学。张玉能不仅从本体论维度发展实践美学,还从价值论维度来发展实践美学。他认为,实践美学的价值论维度是实践美学内在的、有机的组成部分,是对自然本体论美学和认识论美学的客体主义和主客二分思维方式、理性主义和人类中心主义的超越,而且还是实践美学与时俱进的自我超越,可以统一真善美,使实践美学成为培养和造就全面自由发展的人的主要途径。③ 也就是说,开放实践美学的价值论维度不仅对实践美学的发展至关重要,而且对人类自身自由全面的发展乃至世界全面和谐的发展具有重要意义。同时,正如他将"实践""美""美感"视为动态发展的过程一样,他同样以动态发展的眼光来看待马克思主义实践美学,因此,他既反对杨春时、章辉等人将"实践美学"视为古典形态的美学,以西方现当代美学为尺度来衡量或曲解"实践美学",又认为后现代美学对"实践美学"发展具有重要价值和意义,主张在后现代语境下拓展"实践美学"。他不仅详细论证了马克思主义"实践美学"与西方后现代美学的同步发展,而且指出在后现代语境下拓展实践美学的三条道路④:这对于主张要"终结"或"告别"实践美学的"后实践美学"来说,无疑是最有力的反击。

---

① 张玉能等:《新实践美学论》,人民出版社 2007 年版,第 39 页。
② 同上,第 40 页。
③ 张玉能:《实践美学的价值论维度》,载《三峡大学学报》(人文社会科学版)2005 年第 3 期。
④ 张玉能:《后现代主义与实践美学的同步》,载《江汉大学学报》(人文社会科学版)2002 年第 4 期;《后现代主义与实践美学的回答》,载《华中师范大学学报》(人文社会科学版)2002 年第 1 期。

总之,张玉能的"新实践美学"不仅直接继承了蒋孔阳"美在创造中""美是恒新恒异的创造""美是多层累的突创"等思想,而且沿着其综合比较与哲学体系化的思路,广泛吸收了马克思主义实践唯物主义哲学、系统论、结构主义、人类学、符号学、社会学、精神分析心理学以及后现代主义哲学、美学等理论营养,多角度、多层次地深入分析了实践本体的结构、类型、过程和功能等,揭示出"实践"与美的特征、审美活动的特征等美学问题之间的复杂关系,体系精密繁复,分析辩证周全,既有力地回应了"后实践主义"者的种种批评,又有效地丰富和发展了"实践美学"。

(三) 朱立元"实践存在论美学"与杨春时"后实践美学"之争

如果说张玉能专注于构建一个中西融通的美的范畴体系并打出"新实践美学"旗号的话,那么,朱立元则埋首于建构一个具有"新实践美学"之实而以"实践存在论美学"为名的美学体系。在与杨春时的论争中,①通过重新研读马克思主义经典著作以及蒋孔阳先生的著作,尤其是通过研究西方现当代哲学、美学,特别是现象学存在论思想,②他对实践美学、后实践美学的认识发生了重要转变:一是对李泽厚的主流派实践美学由全面辩护转变为反思其局限性;二是对"后实践美学"由完全批判转变为部分接受其同样的西方思想资源的影响。在这三种中西思想资源中,马克思实践观及其所包含的存在论思想被当作核心和基础,始终贯穿于"实践生存本体论"美学的代表性著作《走向实践存在论美学》(2008)、《马克思与现代美学革命》(2016)中,也体现在《美学》教材及其两次修订中(2001、2007、2015)。综合论争的关键问题和其体系内涵,可以看出"实践存在论美学"的独特创新主要表现在以下三个方面:

其一,坚持马克思实践的唯物主义,确立现代存在论的哲学根基和人本主义内涵。针对某些批评者有意切断马克思"实践"概念与从亚里士多德到康德(德国古典哲学)的整个西方哲学对"实践"概念的理解之间在语义上的血脉联系,朱立元坚持在西方思想史的背景下考察马克思"实践"概念的完整内涵,深入解析了亚里士多德、康德、黑格尔以至马克思等人的实践概念,尤其是通过对

---

① 朱立元:《"实践美学"的历史地位与现实命运——与杨春时同志商榷》,载《学术月刊》1995年第5期;杨春时:《再论超越实践美学》,载《学术月刊》1996年第2期。
② 朱立元:《我为何走向实践存在论美学》,载《文艺争鸣》2008年第11期。

马克思主义美学史上第一个重要文献——《巴黎手稿》进行文本细读,充分说明实践是马克思唯物史观的核心范畴之一,与整个西方思想史上"实践"概念的基本含义及其演变有着不可分割的联系,指明马克思的实践观是"吸收和改造了从亚里士多德到康德、黑格尔的实践观点的基础上形成的,并以此作为建构自己的实践唯物主义即唯物史观的思想资源和理论起点的"①。继而,针对批评者在某种程度上遮蔽和贬低马克思实践唯物主义哲学变革的革命性意义,朱立元再三强调应从存在论根基处重新认识和解读马克思哲学变革的性质和意义,认为马克思以"实践"为核心建构的唯物史观掀起了一场影响深远的哲学革命,创建了实践的唯物主义即历史唯物主义,"实践的唯物主义是对绝对唯心主义和直观唯物主义的双重扬弃和超越""为美学确立了现代存在论的哲学根基""为现代美学确立了人本主义的基本尺度"。②不难看出,朱立元对马克思的实践概念、"实践的唯物主义"内涵以及实践唯物主义的存在论维度等作了层层深入、鞭辟入里的阐发,不仅仅是为了全面、准确地理解马克思理论的精髓要义,更是为了借此来回应中国自身的美学问题和社会问题(比如金钱和商品拜物教对心灵的腐蚀,日益严重的环境污染和生态破坏等)。实践存在论美学坚持马克思实践的唯物主义,将美学研究的中心定位为现实"人",使美学的研究视角、开拓思路、理论展开回归到实践中的"人"本身,既有利于颠覆传统美学的形而上学二元对立的僵化思维,突破自然中心主义或人类中心主义的狭隘视野,更有利于推动当代中国美学话语体系和理论范式的重建,建构人与自然和谐共生的现代生态美学,因而是合乎历史规律的,也是合乎人本主义诉求的。

其二,坚持"两个本体"合二为一,确立"一个对象"审美活动。在辨析"本体论"范畴的五种误释的基础上,朱立元着重通过分析海德格尔的本体论(存在论)表明"把现代生存论或存在主义哲学硬行与本体论分割开来,排除在本体论视野之外,乃是一个极大的错误③。由此,他肯定海德格尔生存论哲学所引领的这一现代本体论思路的正确,在此启发下,回过头来重新发现和揭示出由于种种原因被遮蔽的马克思实践观的存在论维度,最终主张"从存在论(本体论)

---

① 朱立元:《马克思与现代美学革命——兼论实践存在论美学的哲学基础》,上海交通大学出版社 2016 年版,第 13 页。
② 同上,第 169—187 页。
③ 朱立元:《当代文学、美学研究中对"本体论"的误释》,载《文学评论》1996 年第 6 期。

的角度把实践的内涵理解为人最基本的存在方式,理解为广义的人生实践,从而实现实践论与存在论的有机结合"①,于是,实践与存在都是对人生在世的本体论(存在论)的陈述,存在论与本体论合二为一,原本以"实践"为本体的实践美学就变成了以"实践"和"存在"为本体的实践存在美学,它虽然仍以实践论作为哲学基础,但其哲学根基已从认识论转移到了存在论上。正因如此,朱立元一再表明,"实践存在论美学虽然受过海德格尔存在论的某些启发,但真正使我们获得和转移到存在论根基,并非海德格尔的,而是马克思的存在论"②,而不是某些批评者所指责的"对马克思主义学说的'海德格尔化'"。因为我们不难看出:实践存在论美学既不同于只强调存在的"存在美学",也不同于只强调"生产实践"的李泽厚"实践美学",而是使实践立足于存在论根基上,强调:在存在论意义上,实践是人的基本存在方式;在实践论意义上,存在中具有基本的实践品格。由"两个本体"合二为一出发,"审美活动"(审美关系的现实展开)也就具有了实践和存在的双重意义。按其所言,"审美活动是人超越于动物、最能体现人的本质特征的基本存在方式之一和基本的人生实践活动之一"③"审美活动是在对象之中的活动,是主、客合一的活动"④。由此,审美活动取代美和美的本质而成为实践存在论美学研究的主要对象和逻辑起点。坚持实践与存在"两个本体"合二为一,明确"一个对象"审美活动,使实践存在论美学超越了主客二分的认识论思维框架和实践概念的狭隘理解,一定程度上修正和拓展了"实践本体"一元论美学。⑤

其三,以动态生成观取代现成论,坚持"关系在先"原则。在朱立元看来,现成论是认识论思维方式的又一显著特征,它使得"美"被预设为一个现成的、固定不变的客观对象,由此追问"美(的本质)是什么"等问题,这是"实践美学"始终无法摆脱的痼疾。美的首要问题应是美的存在问题即"美存在吗""美如何存

---

① 朱立元:《我为何走向实践存在论美学》,载《文艺争鸣》2008 年第 11 期。

② 朱立元:《马克思与现代美学革命——兼论实践存在论美学的哲学基础》,上海交通大学出版社 2016 年版,第 30 页。

③ 朱立元:《走向后实践美学》,苏州大学出版社 2008 年版,第 295 页。

④ 朱立元:《美学》,高等教育出版社 2001 年版,第 59 页。

⑤ 需要注意的是,朱立元的"两个本体"论不同于李泽厚的"两个本体"(工具本体与心理本体)论,后者之"本体"是意在解构西方哲学形而上学"本体"概念的"根本""最后实在",而这正是前者所批评的误释之一。朱立元对李泽厚"两个本体"论的学理批评参见朱立元:《试析李泽厚实践美学的"两个本体"论》,载《哲学研究》2010 年第 2 期。

在"等存在论问题,只有以生成论取代现成论,才能解决这些美学基本问题。朱立元认为,"动态生成观是实践的唯物主义存在论必然的、革命性的逻辑推演,它取消了现成的主客体存在的自明性,同时跳出了二元对立的思维方式,使哲学理论不再停留于主体与客体、感性与理性、思维与存在、物质与精神等简单、僵硬的非此即彼的二分法的问题模式之中,与辩证法具有精神上的一致性"①。换言之,马克思实践的唯物主义存在论中包含着深刻的"动态生成"的辩证观念和思维方法,按照"动态生成"观,既没有现成存在的、永恒不变的主体,也没有现成存在的、永恒不变的客体,所谓的主体与客体都是在实践活动中现实地生成的,并继续处在变化的过程中。按照这种双向生成的实践的唯物主义的动态生成观,朱立元主张,美永远是一种"现在进行时",审美关系、审美活动以及美都是生生不息的过程,将随人类和人类文明的存在和发展而永远生成下去:这是历史与逻辑的双重证明。之所以将"审美关系"放在首位,这体现了"关系在先"的原则。"在时间上,审美关系的建构与审美主客体的生成是同时、同步的,没有先后之分;但是,从逻辑上讲,则是审美关系在先,审美主客体在后,审美关系是审美主客体的确定者,审美关系之前和之外,无所谓审美主体和审美客体。这就是'关系在先'原则。"也就是说,审美主客体以及美都在具体的审美关系中生成,没有审美关系及其现实展开的审美活动,就没有审美主客体,也就没有美,美只能在现实的审美关系和活动中生成。以生成论取代现成论,坚持"关系在先"原则,使实践存在论美学很好地继承和发扬了蒋孔阳的实践生成论、审美关系论思想,又在一定程度上回应了"后实践美学"在批评"实践美学"时所提出的"实践美学并未彻底克服主客二分的二元解构""美首先是自我主体的创造物"等观点。

总之,朱立元的"实践存在论美学"始终坚持马克思主义的基本立场,用马克思主义的实践论改造海德格尔的存在论,用海德格尔的存在论解读马克思主义的实践论,既揭示出马克思主义的存在论维度及其美学意义,又批判借鉴和吸收了海德格尔基础存在论的合理因素,创造性地将马克思主义的实践论、蒋孔阳的实践生成论与海德格尔后期的存在论等思想熔为一炉,以实践论融合存

---

① 朱立元:《马克思与现代美学革命——兼论实践存在论美学的哲学基础》,上海交通大学出版社 2016 年版,第 179 页。

在论,以生成论取代现成论,为超越思维与存在、主体与客体等二元对立的认识论美学思维模式,为继承和发展实践美学,开拓了新的道路,使实践美学谱系结构呈现出多元共存、多声部合唱的良好面貌,同时使中国当代美学尤其是马克思主义美学呈现出与时俱进、不断创新的蓬勃态势。

三、三派美学之争的意义、问题与启示

无论是"新实践美学",还是"后实践美学",都沿着"实践美学"已经初步建立起来的具有中国特色的美学体系"接着讲",或批判地继承和拓展(部分超越),或在继承中批判和创新(整体超越),求新求变,求同存异,从内外、正反两方面共同推动了"实践美学"的多元发展,打破了"实践美学"一统天下的格局,而且在论争中丰富和发展了马克思主义,真正实现了马克思主义美学的中国化,在"美学热"退潮之后,"沉寂和冷清"的美学界掀起了多元化地建设中国现代美学的新高潮,并有效地回应了多元化的社会实践与文化交往的现实。一直以来,学界也在不断反思这场论争的意义[①],这促使我们要更加深入地理解"后实践美学""新实践美学"与"实践美学"各自的历史意义、问题及启示所在。

首先,就"后实践美学"而言,以"生存""生命"为逻辑起点,以"超越""自由"为中心论题,着意突出审美情感的内在超越性,有利于人们在 20 世纪 90 年代以来日益严重的物质化的社会中保持独立人格,提升人生境界,实现人的自由解放,因而具有一定的现实意义。问题在于,它对"实践美学"存在着某种误读与误判,对"生存""超越""自由"等关键概念范畴的使用也往往存在主观性与片

---

① 张立斌:《实践论、后实践论与美学的重建》,载《学术月刊》1996 年第 3 期;阎国忠:《关于审美活动——评实践美学与生命美学的论争》,载《文艺研究》1997 年第 1 期;朱振海:《谈实践美学与"后实践美学"之争》,载《学术月刊》1999 年第 8 期;周均平:《关于实践美学与后实践美学论争(笔谈)》,载《甘肃社会科学》2005 年第 2 期;孙盛涛:《有关实践美学与后实践美学思维方式的思考》,载《甘肃社会科学》2005 年第 2 期;李世涛:《后实践美学与实践美学的批判与反批评——从对立、排斥走向对话、汇通之二》,载《甘肃社会科学》2005 年第 3 期;李世涛:《对实践美学和后实践美学的评价及其论争——从对立、排斥走向对话、汇通之三》,载《甘肃社会科学》2005 年第 4 期;林朝霞:《实践美学与后实践美学在论争中发展》,载《学术月刊》2007 年第 4 期;徐碧辉:《美学争论中的哲学问题与学术规范——评"新实践美学"与"后实践美学"之争》,载《学术月刊》2008 年第 2 期;谷鹏飞:《实践美学、后实践美学、新实践美学学派争鸣》,载《河北大学学报》(哲学社会科学版)2009 年第 1 期;等等。

面性。比如,杨春时在列举实践美学的十大缺陷时,仅以李泽厚实践美学为批判对象,无视 1990 年代以来实践美学多样化的新发展,忽视其他实践美学代表人物如蒋孔阳、周来祥、刘纲纪等人的实践美学新思想、新成果,再加上单一的批判模式,使得"这种批判并没有击中实践美学的要害,甚至是某种程度上的误读"①;潘知常把"实践美学"判定为一种"知识型的美学",认为其未突破主客对立的二元结构以及古典美学的理性主义窠臼,这显然没有真正理解马克思主义的实践观,简单化地把主客体关系混同于主客观关系;杨春时以对人类生存方式的三种划分("自然""现实"与"自由")作为"超越美学"的基础,由此来论证审美属于超越于现实的自由生存方式,但这一划分本身过于随意,存在着难以自圆其说的逻辑漏洞,"这种人为割裂现实与自由的思维方式看起来是对自由的极大崇扬,是把自由的地位提到了无比的高度,但实际上,把自由从现实中排除出去、把它架空于某种现实中不存在的'超越性'的境界中,实际上等于取消了自由"②。更何况马克思在其经典著作(如《资本论》)中表明,"自由王国"建立在"必然王国"的基础之上,而在必然王国里,"自由"体现为人们对必然规律的熟练、自由的掌握和运用,而非只存在于超越性的精神领域。

这些问题的产生,归根结底是由于"后实践美学"完全以西方现代和后现代的非理性主义哲学作为美学研究的指导思想而缺少深入辨析,努力杂糅现代现象学、存在论、解释学等各种西方思想资源而又食而不化,试图摆脱主客二元对立的牢笼,却又陷入二元对立的深渊之中,将理性与感性、物质与精神、现实活动与审美(自由)活动、"实践活动"与"生命活动"、"主体性"与"主体间性"等绝对地割裂和对立起来,片面强调非理性因素(如潜意识、直觉、情感、意志、体验等)在人的生存活动中的地位和作用,因而难免坠入空想的"审美乌托邦",难免被批评为"只是西方思想的变形,而不是中国自身的美学"③。作为旁观者的王元骧,对此作了相对公允的评价:"'后实践美学'从审美活动与审美经验的角度对于美,以及审美与人的追求自由、超越的本性联系起来进行探讨,对于推进中国美学研究从实践论维度向人生论维度发展是有积极意义的;但若是完全否定

---

① 彭锋:《从实践美学到美学实践》,载《学术月刊》2002 年第 4 期。
② 徐碧辉:《美学争论中的哲学问题与学术规范——评"新实践美学"与"后实践美学"之争》,载《学术月刊》2008 年第 2 期。
③ 彭富春:《"后实践美学"质疑》,载《哲学动态》2000 年第 7 期。

实践在人的社会生活中的基础地位,否定任何个人都是生活在一定社会关系之中,就其性质来说都是'社会性的个人',以脱离人的社会关系的所谓'生命''生存'作为美学研究的逻辑起点,那就很难突破非理性主义的思想局限。"①简言之,我们需要吸收现代"非理性主义"的合理因素来克服近代"理性主义"的思想局限,但不能从一个极端(理性主义)走向另一个极端(非理性主义),"实践美学"的历史功绩和不断丰富发展的现实无法终结或超越。

其次,就"新实践美学"而言,它是对"后实践美学"的批判性回应和修正,从某种意义上说,也是在马克思主义实践观基础上重建新的实践美学体系:这是其积极意义所在。而其内部的三种不同重建路径又呈现出各自的问题:邓晓芒、易中天的"新实践美学"试图重新阐释"实践"概念以摆脱"传统的机械唯物主义的束缚",但又从心理学而非历史唯物主义角度来理解实践,将其理解为个体性的生存活动和心理活动,从而将美的问题归结为审美心理问题,将美定义为"情感的对象化"。这种明显带有主观论倾向的美学观点,使其对肯定美的客观性的李泽厚美学予以批驳,而对主张"美是主观与客观的统一""移情说"的朱光潜美学倍加推崇。而朱立元的"实践存在论美学"强调马克思历史唯物主义"实践论"本身包含着现代存在论的维度,但似乎还需要更加充分的证明;而张玉能的"新实践美学"对实践的类型、结构、过程和功能等的分类学研究虽然非常细致,但其分类的理论依据则相对薄弱,在一定程度上存在着强行分类、泛化"实践"概念等问题。

最后,就"实践美学"而言,与其说危机来自"新实践美学"与"后实践美学"的批判,不如说来自其自身理论的模糊和不完善。比如,就其最核心、最基础的"实践"概念而言,便一直处于言人人殊、莫衷一是的尴尬处境。2004 年 9 月18~20 日,"实践美学的反思与展望"研讨会在北京第二外国语学院召开,李泽厚在提交的论文中将"实践"作了狭义和广义的区分,狭义是指使用—制造物质工具的劳动操作活动(即社会生产活动),广义是指"从生产活动中的发号施令、语言交流以及各种符号操作,到日常生活中种种行为活动,它几乎相等于人的全部感性活动和感性人的全部活动,其中还可分出好几个层次",并认为"要把这个概念应用到某个具体的审美对象上去,那是要经历很多层次的,是要经过

---

① 王元骧:《"后实践论美学"综论》,载《学术月刊》2011 年第 9 期。

转换的"。^① 这种看似明确的界定,要么过于狭隘,要么过于宽泛,至于"如何转换""经过哪些层次",又言之寥寥。为此,与会学者争论不休,在讨论中时常返回到"实践"的概念辨析、范围界定等问题上:这对于自成体系的理论而言,无疑是一种悖谬。而这次研讨会所设计的五个专题似乎也正暗示了"实践美学"的问题所在或有待于完善的五个方面:

1. 实践美学中的理性是否压倒了感性?

2. 实践美学中的哲学是否代替了美学?

3. 实践与生存是何关系?

4. 实践美学是否与当代审美文化脱节?

5. 实践美学的问题与前景(工具与符号的关系)?

无论如何,"实践美学"具有自身的理论优势和旺盛的生命力,但又确实存在着亟待修复和改进的巨大空间,正如李泽厚所认为的,"实践美学还没有开始,应该把它努力做起来,大可不必担心'被替代'之类的问题"^②。

综上所述,尽管"新实践美学"与"后实践美学"在论争中既彼此批判又相互吸纳,不断由对抗走向对话,甚至部分融合,以至界限不明,但总体上看,论争三方始终无法摆脱在哲学、美学基本概念使用上的自说自话,也无法规避自身在发展过程中必然遭遇的理论缺陷和思想局限,更无法达成某种集体共识。^③ 然而,三者的根本动力或者说终极目标又是一致的,那就是"建设现代中国美学"。换言之,"现代性"和"中国性"是参与这场论争的三个美学学派的共同诉求。而之所以会产生这种自由自觉的美学诉求,按朱立元所言,"一方面同我们国家改革、开放,特别同市场经济的发展分不开,因为正是改革、开放和市场经济催生了社会文化的重大转型,也带来了人们审美观念的深刻变化,这就呼唤着美学

---

① 王柯平主编:《跨世纪的论辩——实践美学的反思与展望》,安徽教育出版社 2006 年版,第 59—60、第 92 页。

② 同上,第 27 页。

③ 比如王元骧就将以邓晓芒、易中天为代表的"新实践美学"和以朱立元为代表的"实践存在论美学"都囊括进"后实践美学",而朱立元则表示反对。参见王元骧:《"后实践论美学"综论》,载《学术月刊》2011 年第 9 期;朱立元:《"实践存在论美学"不是"后实践美学"——向王元骧先生请教》,载《辽宁大学学报》(哲学社会科学版)2012 年第 3 期。

理论的现代性变革;另一方面也同 80 年代我国美学界接受西学的深远影响分不开,当时西学的大量引进,对中国学界从思想、观念到研究思路、方法等方面的启迪、影响是不可低估的"①。因此,进入 20 世纪 90 年代之后,这些深受社会文化和西学影响的中青年美学家纷纷利用西方现代哲学、美学思想资源,来打破或推动旧有学派尤其是"实践美学"学派的既定格局,实现"美学理论的现代性变革":这也是这场论争的根本意义所在。

当然,在如何理解和处理"现代性"与"中国性"的关系问题上,三者存在着根本差异:"实践美学"并非"后实践美学"所指责的属于古典美学,而属于现代美学。尤其是李泽厚的"人类学历史本体论"实践美学,通过融合中国古典美学传统和西方现代哲学、美学传统,以统一真、善的美学作为"第一哲学",由"工具本体""心理本体"走向"情本体",继而走向一种更为本源、更为基础的"宇宙存在论本体",建构起一种兼具现代性和中国性的一元论美学。"后实践美学"自称"继承了中国古典美学的主体间性传统,并与现代西方美学接轨",试图走一条"中国美学现代性的道路"。②但是,按上所述,"后实践美学"试图"超越"一方(现实、理性、物质、社会)而抵达另一方(超现实、超理性、精神、个人),这种割裂和对立实践(现实)活动与审美(自由)活动的"超越",虽然回归和继承了中国古典美学主体间性的现象学传统,但是它既"脱离中国古典美学的生命气质,背离了中国美学现代性建设中已成定格的真善美部分传统",又"完全使用西方美学现代性的单一意涵来谈论中国美学现代性,忽视了美学现代性所蕴含的一个美学地理学问题",③可以说,后现代美学所建构的是一种缺失了中国性又简化了现代性的西式美学;"新实践美学"试图兼取"实践美学"和"后实践美学"之长而力避其短,如朱立元"实践存在论美学"试图揭示出马克思的实践论本身包含着存在论内涵,以此为指导,来建构一种中西兼容的现代一元论哲学美学。可以说,"新实践美学"力图建构一种现代性与中国性相互融洽的马克思主义美学。

那么,究竟如何"建设现代中国美学"呢? 这场论争以及三派的得失给了我们这样三点启示:

---

① 朱立元:《走向多元化的 21 世纪中国美学》,载《文学前沿》2000 年第 1 期。
② 杨春时:《从实践美学的主体性到后实践美学的主体间性》,载《厦门大学学报》(哲学社会科学版)2002 年第 5 期。
③ 谷鹏飞:《实践美学、后实践美学、新实践美学学派争鸣》,载《河北大学学报》(哲学社会科学版)2009 年第 1 期。

一是立足本土,融汇中西。由上可见,论争三方主要凭借的都是西方哲学、美学(如马克思、胡塞尔、海德格尔、伽达默尔等)等思想资源,也都不同程度地存在着将"西方性"等同于"现代性"、以"现代性"压抑"中国性"的思维倾向,这使得这场论争仿佛是西方哲学、美学在中国主场的理论折射与实力比拼,相较于"实践美学","新实践美学"和"后实践美学"对中国古典美学资源的吸纳都显得较为贫乏。当然,这种追"新"逐"后"的美学发展模式既是中国美学现代性建设过程中不可避免的必经阶段,也是 20 世纪八九十年代中国第二次"西学东渐"文化思潮影响的必然结果。① 换言之,尽管"实践美学"确实存在着其他两方所批评的一些问题,但李泽厚、刘纲纪等人对中国古典美学资源和话语体系的发掘和阐扬,立足本土、融汇中西的意识与努力,是值得后学效仿和坚持的。

二是多元共存,平等对话。正如潘知常所言:"不同美学观点之间,应该是一种平等共存(而不是超越)和对话(而不是对抗)的关系。彼此都因为自己存在局限而被对方所吸引,又因为自己存在长处而吸引对方,从而各自到对方去寻找补充。在这方面,那种'谁胜谁负''定于一尊',甚至'唯我独尊'的意识,对于论争中的任何一方,都显然是不可取的。"② 这种平等对话、取长补短的态度是论争三方都共同遵循的,在此之下,他们贡献出了多元化的美学观点、多元化的美学研究方法等。事实上,这场论争本身就是刻意打破"定于一尊"的"实践美学",建设多元化美学格局的结果。比如其中"新实践美学"与"后实践美学"之争就是双方代表"具体策划"的结果③,二者以"超越"和"坚持""实践美学"的名义展开论辩,在主观上建立了自己的理论体系,在客观上实现了对"实践美学"的批判性改造,使其在内外两个向度都获得了更加多元化的发展。可以说,"多

---

① 这种追"新"逐"后"的发展模式在文学创作和文学理论领域,也同样表现得十分突出。比如在文学创作上,兴起了"新写实""新感觉""新乡土""新文化""新状态""新体验""新市民"等各种"新"文学;在文学理论和批评上,流行起"后启蒙""后国学""后现代""后殖民""后知识分子""后结构"等各种"后"理论。

② 潘知常:《生命美学与实践美学的论争》,载《光明日报》1998 年 11 月 6 日。

③ "1993 年 12 月在北京呼家楼宾馆召开的中华全国美学学会的一次会员大会上,受当时改革开放和解放思想的大好形势的影响,在西方后现代主义思潮蜂拥而至的条件下,张玉能、杨春时、曹俊峰在会议期间具体策划了在《社会科学战线》上开展实践美学与后实践美学论战的步骤,在《社会科学战线》1994 年第 1 期杨春时发表了《超越实践美学》的文章,接着张玉能在第 4 期上发表了《坚持实践观点,发展实践美学》,一场实践美学与后实践美学的论战就此拉开序幕。到 1995 年以后,这场论战就在全国蓬蓬勃勃开展起来。"参见黄健云、张玉能:《中国当代美学史上的又一次交锋——"实践美学与中国当代美学发展"学术研讨会综述》,载《河北师范大学学报》(哲学社会科学版)2013 年第 1 期。

元共存,平等对话"不仅是"美学大讨论"时期便已初步形成的优良传统(如"美学四派"),也是美学热时期"实践美学"能够成为主流学派的重要原因,还是"走向 21 世纪中国美学"的必然趋向。

三是面向现实,联系实践。这里的"现实"指当下现实生活,"实践"指当下的艺术创作和批评实践。虽然论争三方都试图将"美学"与"人生"相关联,但又往往围绕"实践""超越""生命""存在"等哲学概念、"逻辑起点"等进行往来论辩,没有摆脱黑格尔式的"体系"诱惑,没有跳出哲学美学的拘囿,都不免因缺乏现实的指涉而陷入"哲学的贫困"。在美学研究的具体对象问题上,他们虽然突破了传统美学学科的美论、美感论、艺术论三大"板块",开拓出"艺术审美""审美教育""审美文化"等新领域,但基本上还是美学框架中的理论推演,缺少与当代艺术创作和批评实践的对接。如果说,"理论是在生活中生长起来的。理论要解决生活中提出的问题,只有这样的理论,才是活的、有根的理论"[1],那么,生活现实就要成为美学理论产生的土壤,美学理论的研究就要解决当下美学中的问题,当代中国的美学实践就应成为引入西方话语时的选择标准。从这个意义上说,"美学大讨论"后期所提出的"应当避免从概念出发,而更多地从丰富多彩的艺术实践和现实生活出发,来讨论美学问题"[2],依然值得我们反思。

诚如有学者所言,"实践美学的最大特色和恒久魅力就是论争。论争是美学理论推进和学科范式转换的有效手段,通过论争这种直接的对话方式可以把问题的焦点展现出来。实践美学的生长发展历史就是一部学术论争史,这一点构成了实践美学的生命个性"[3]。正如"美学大讨论"在论争中形成了"四派",率先开启了多元竞争、共存发展的格局,上述"实践美学""新实践美学"与"后实践美学"的论争又再次生动地说明了这一点。

总之,在今天,只有摆脱将中国与西方、古典与现代、旧与新(后)等相对立并以后者为尊的"非此即彼"式思维,坚持立足本土、融汇中西、多元共存、平等对话、面向现实、联系实际的立场,才可能在"实践美学"的基础之上建立起超越"实践—新实践—后实践"这一格局的"现代中国美学",在中国乃至世界范围内掀起新的、更大的"美学热"来。

---

① 高建平:《从当下实践出发建立文学研究的中国话语》,载《中国社会科学》2015 年第 4 期。
② 新建设编辑部编:《美学问题讨论集》第 5 集,作家出版社 1962 年版,第 1 页。
③ 章辉:《实践美学:历史谱系与理论终结》,北京大学出版社 2006 年版,第 274 页。

第六章

科学主义潮流

在"科学的春天"呼唤下，20世纪80年代中期的美学界出现了科学主义批评的热潮，尤其以1985年文学批评的"方法论年"为突出代表。在已有的研究成果中，一般将这一时期的流行方法概括为"老三论"和"新三论"：所谓的"老三论"包括系统论、控制论和信息论，"新三论"包括耗散结构论、协同论和突变论。在当代中国美学研究中，由于其短暂的发展进程，过于积极求新的学术风气，这一段历史容易被评论家一笔带过。然而，在中国当代美学研究中的科学主义潮流中，它以"80年代"这个独特的历史为语境，以"方法论"这个具有永恒性的哲学命题为主题词，以人文学科的本体发展为价值追求，以文艺美学的独立性为最终的审美归宿，所有这些要素都使得这一段历史具有不可替代的意义，即使在今天看来也依然具有值得深入阐释的空间。

第一节　科学主义批评潮流兴起的历史背景

一、"科学"的词源考辨

从词源上来说,英文的"science"(科学)一词来源于拉丁文的 scientia,原来的意思只是指通过学习获得的知识而已。从古代到中世纪,自然科学知识和其他学科知识是共生在一起的,其动词 scire 即"知道",相当于英语中的 to know,在古希腊人那里就是"认识"(episteme)。德语中的"科学"(wissenschaft)来自动词 wissen,同样意为"知道",也与"知识"相关;法语的 science 和德语的 wissenschaft 含义较为宽泛,不仅指自然的知识,还包括关于社会的各门知识以及哲学。因此,在科学正式成为一个独立、健全的知识体系和学科之前,它一直被称为"自然哲学"(natural philosophy)。按照古典主义和人文主义传统,自然哲学一直被划定在人文的范畴内。在古代,"哲学"并不是一门学科,而是受到尊重的个人——智者意见的总和。从教父时代一直到 17 世纪,基督教文明统治着西方世界。只有到了 18 世纪的启蒙运动之后,追求清晰化的倾向在学科建制的体现是,形成了一个个分门别类的学科,自然科学才取代宗教成为思想生活的中心,而哲学成为我们现代意义上的学科,康德的研究为哲学奠定了基本的范式。"美学"也经过漫长的酝酿,在康德三大批判的哲学体系中最终建立起来。"科学"在此时形成了一个特别的含义,即指建立在数学与实验基础上的、对于自然和社会的专门研究,而这也是一个较为"晚近的概念"。据英国哲学家莱尔(1900—1976)的论述,在布拉德雷(1846—1924)进大学到莱尔本人进大学期间,不列颠群岛的知识界,特别是学院的知识分子的身份,经历了从绝大多数的教会人士到几乎全部变成来自世俗知识分子群体的转变。在布拉德雷的青年时代,大部分学院派的研究人员同时兼任教会圣职,很大一部分学生出身于教会家庭,并且注定将来要担任主教或牧师职务。当时活跃在理论界的人是神学家,或者反对神学的人,争论的主体也是在神学家与神学家之间,或者神学家与反对神学家的人之间进行。即使比较纯粹的哲学分歧的背后,一般也总有信仰和怀疑的分歧。

只是到了 19 世纪,科学家们才不再对哲学感兴趣,而只对实在的事物感兴趣,从而出现了科学与哲学真正的分离。1876 年英国出版《心灵》季刊,此后不久,成立了亚里士多德学会,哲学教师在学会会议上宣读并讨论许多文章,以后便在学会的年报上发表这些文章。穆勒、赫胥黎和史蒂芬曾在普通的《评论》上发表哲学论文,而布拉德雷、摩尔和罗素则在哲学家的专业机构或者哲学家的都市论坛的会报上发表论著。这种通过同行专家的批评来提出问题和进行辩论的新的专业实践,导致对哲学方法日益增长的关注,导致对追求推论的严格性日益增长的热情。雄辩的口才并不能使持反对意见的专家折服,而说教和训导也不能使专业研究人员心悦诚服,对任何一种大的"主义"的反对或支持,光靠一纸论文或者讨论文章是远远不够的。由于以上两方面的原因,超验的用语已经不适用,而逻辑理论和科学方法的术语在哲学家们的谈论中却不断得到增强。

到了 20 世纪中期,原本与宗教、哲学同宗同属的"科学"地位上升,与宗教、哲学分庭抗礼,罗素在他的《西方哲学史》中这样描述他眼中的哲学:

> 哲学,就我对这个词的理解来说,乃是某种介乎神学与科学之间的东西。它和神学一样,包含着人类对于那些迄今仍为确切的知识所不能肯定的事物的思考;但是它又像科学一样是诉之于人类的理性而不是诉之于权威的,不管是传统的权威还是启示的权威。一切确切的知识——我是这样主张的——都属于科学;一切涉及超乎确切知识之外的教条都属于神学。但是介乎神学与科学之间还有一片受到双方攻击的无人之域;这片无人之域就是哲学。①

继 19 世纪科学、哲学的兴起,并对思辨哲学提出了质疑,20 世纪的科学研究全面渗透到哲学的研究之中;作为哲学分支的美学,自然也体现了同样的趋势。19 世纪丹纳运用种族、环境和时代公式对文学和艺术的历史进行研究,克劳德·贝尔纳的《实验医学研究引论》启发了左拉的实验小说思想和自然主义文学观。20 世纪的美学心理学转向,也是在心理学的极大发展的刺激之下应运

① [英]伯特兰·罗素著,何兆武等译:《西方哲学史》上卷,商务印书馆 1963 年版,第 11 页。

而生的,如弗洛伊德的精神分析美学等。再如俄国形式主义及其后继者布拉格学派受到索绪尔语言学的深刻影响,英美语义学和新批评派文论则受益于逻辑实证主义哲学,它们都体现出冷静客观的文本分析方法与严肃的科学态度。在绘画领域,立体主义对原来视网膜艺术世界的破坏与自然科学对空间和时间的重新解释有着密切联系,像《从楼梯上下来的少女》等立体主义绘画与以达利为代表的超现实主义作品,与黎曼空间原理、非欧几里得几何空间解释之间有着异曲同工之妙。与这种美学向科学靠拢的趋势同时存在的,是科学技术强大的力量日益渗透到社会生活的每一个毛孔之中,追求利益和效益的最大化成为一种集体无意识,"科学技术是第一生产力"成为社会主导的声音,在这种情景下,美学与其他人文学科一道,也在不知不觉间越来越成为自然科学的补充和社会的零余者。

由此可见,"科学",特别是自然科学取代宗教和哲学成为社会发展的主导动力,也不过是到了 20 世纪才全面实现的事情,而且随着时代的发展,在科学研究的内部,也呈现出越来越多的"艺术化"或"美学化"特征,这种情况尤其在爱因斯坦的相对论取代牛顿定律之后尤为明显。我们知道,爱因斯坦相对论的提出,打破了牛顿经典物理学的时空观念,现代宇宙学及量子力学、时空量子化假说、时空弯曲、大爆炸、宇宙黑洞、时间可逆性等新的物理学知识对人类传统的时空认识产生了巨大冲击,产生了难以估量的影响。有关时间和空间的研究包含着对世界上一切生命组织原则的猜测,今天的科学家们根据地球和宇宙留下来的痕迹——时空烙印,利用化石、放射性元素、光、热等能量体的时空变化规律,来推测人类、地球和宇宙的过去,而这一切,都离不开在艺术创作领域的想象、推测和猜想。物理学中出现的新理论,从内部瓦解了科学是一种纯粹客观的认知模式的传统观念。再比如,海森伯著名的测不准原理认为,我们可以精确测量一个亚原子的位置或运动,但我们不能同时既测准其位置又测准其动量,也就是说,在一个系统中只能寻找一种语言的表达内容。换言之,在一个系统中存在着极大的多样性和不确定性,这样,科学符号就无可置疑地汇入了文学语言的层面,用诺贝尔奖获得者普里高津的话说,在某个层面上,科学与艺术一样可以被看作"虚构"(fiction)和对"现实的观念化"。[1] 科学也不能揭示事物

---

[1] Ilya Prigogine and Isabelle Stengers, *Order out of Chaos*, New York: Bantam, 1984, pp. 225 - 226.

的全部真理,只能在某一个系统内揭示局部的真理。而这一点,在纳尔逊·古德曼的著作中也反复被提到。当代著名的科学哲学家恩斯特·马赫在其《认识与谬误》中提出了"思想实验"(thought experiments)这一概念,即所有的认识主体都"想象条件,把他们的期望与条件联系起来,并推测某些结果:他们获得思想实验"①。从根本上说,一切知识,包括科学知识和人文知识都来源于感觉和观察,因此,思想实验是科学实验和人文虚构的本原。在这个意义上,人文科学与自然科学在内在的思想层面产生的"假设"将通过不同的途径具体化为外在的物质现实。

二、科学主义在 20 世纪 80 年代成为国家意识形态

科学主义批评之所以能够兴起,除了与 20 世纪迅猛发展的科学技术革命相关之外,在中国亦有其独特的历史文化背景。可以说,之所以在文学研究领域兴起科学主义批评的热潮,与中国社会发生在 80 年代的重要变革有诸多密切的联系。从社会文化语境而言,"文革"结束后,全国人民走出"文革"的思维方式和文化阴影并不是一蹴而就的事情,"两个凡是"依然成为禁锢社会思潮的枷锁。政治领域的激烈变革并不适应中国的国情,那么,在人文科学与自然科学这种距离意识形态较远的上层建筑中率先开始变革的尝试,当然要容易一些。因此,1977 年充当社会风气先锋的,是先于真理标准问题大讨论的形象思维问题。在"形象思维"讨论开始之后,紧接着在 1978 年 3 月,党中央和国务院在北京召开了全国科学大会,邓小平在会上为知识分子正名,提出"知识分子已经是工人阶级自己的一部分",令全国的知识分子大受鼓舞。郭沫若在会议结束前发表了著名的《科学的春天》演讲辞,让此次科学大会成为具有划时代意义的一次全国盛会,"科学"不仅成为与迷信、宗教等一切"落后"事物对立的事物,而且作为一种意识形态进入国家话语层面,凡事都要讲科学成为做事的通行准则。路甬祥在纪念《科学的春天》发表 30 周年时谈道:

在 1978 年的全国科学大会上,邓小平同志全面阐述了科学技术的社

---

① [奥]恩斯特·马赫著,李醒民译:《认识与谬误》,商务印书馆 2007 年版,第 204 页。

会功能、发展趋势、战略重点,以及科技人员的政治地位、人才培养、研究所实行所长负责制等重大主题,旗帜鲜明地提出了"科学技术是生产力""知识分子是工人阶级的一部分""四个现代化关键是科学技术的现代化""必须打破常规去发现、选拔和培养杰出人才"等著名论断。在"文革"阴霾尚未消尽的历史环境中,小平同志以政治家的勇气和高瞻远瞩从战略高度确立了我国新时期发展科学技术的指导思想,对我国科技界解放思想、拨乱反正、恢复正常科研秩序、落实知识分子政策等起到了巨大的作用,激发了我国广大科技工作者献身科技创新和现代化建设的热情,迎来了我国科学技术改革发展的历史时期,科学大会具有历史里程碑的意义。1988 年 9 月 5 日,邓小平进一步作出了"科学技术是第一生产力"的论断,揭示了科学技术的社会价值和本质属性,确立了科学技术在国家发展战略中核心地位的理论基础。[1]

　　本来,按照马克思主义对社会结构的划分,我们可以发现,"科学"本来并不属于观念意识形态领域,它应该是处在非意识形态领域的精神活动之中。马克思主义哲学把社会分为物质实践活动和精神活动两大领域,其中物质生活的生产方式是根本,它决定着更高层次的精神活动:"物质生活的生产方式制约着整个社会生活、政治生活和精神生活的过程……人们的社会存在决定人们的意识。"[2]在经济基础上则"耸立着由各种不同的、表现独特的情感、幻想、思想方式和人生观构成的整个上层建筑"[3]。那么,上层建筑就是由经济基础影响和制约的各种制度、情感、信念、幻想、思想方式和世界观的总和。在上层建筑中,意识形态是在一定经济基础上形成的,包括人们对世界和社会的有系统的看法和见解,哲学、政治、艺术、宗教、道德等是它的具体表现。意识形态是上层建筑的有机组成部分,在阶级社会中具有阶级性,也就是我们所说的观念意识形态。自然科学并不属于意识形态领域,而是可以为不同的经济基础服务的,属于非意识形态领域的精神活动。一个最简单明了的事实就是,无论是资本主义的美

---

① 路甬祥:《从科学的春天到建设创新型国家》,载《科学时报》2008 年 3 月 18 日。
② 〔德〕马克思著,中共中央马克思恩格斯列宁斯大林著作编译局译:《马克思恩格斯选集》第 2 卷,人民出版社 2012 年版,第 2 页。
③ 〔德〕马克思著,中共中央马克思恩格斯列宁斯大林著作编译局译:《马克思恩格斯选集》第 1 卷,人民出版社 2012 年版,第 695 页。

国,还是社会主义的中国,在面对自然科学问题时,需要遵循同样的原理,比如研究卫星上天都要克服地球的引力;而面对文化问题时,则可能是完全不同的。尽管"科学"与"意识形态"的关系在法兰克福学派的论述之中是一个非常复杂的问题①,但是,在这里,笔者更愿意使用阿尔都塞对科学技术的论述:"……科学建立在另一个基础上,它是以新问题为出发点而形成起来的,科学就现实提出的问题不同于意识形态所提出的问题。"②中国刚刚经历了 10 年的"文革",各方面建设的停滞不前成为全国面临的一个亟待解决的问题。"科学"从自然实验科学的领域进入国家话语意识形态之中,在"科学"这个能指之中,渗透进秩序、严谨和实践,跨越到国家建设的方方面面,当然也包括人文学科领域。

三、作为文学批评的科学主义来源

在文学批评领域兴起科学主义的潮流,也有一个历史发展的过程。早在科学主义潮流大行其道之前,在文艺美学的理论研究与文艺作品批评之中,全国热议的话题是"形象思维"问题。在这里我们并不是再次追述形象思维讨论的历程,而是需要看到这两次讨论之间的联系。从时间上看,形象思维讨论在1980 年之后逐步开始退潮,而提倡科学主义方法论的第一篇文章是王兴成发表于 1980 年《哲学研究》第 2 期上的《系统方法初探》一文。从理论追求来看,对形象思维展开讨论的主要目的,是要强调艺术不同于科学,科学要用逻辑思维,而艺术要用形象思维,由形象思维所隐含的指涉是对艺术本体论的追问;现在反其道而行之,艺术也要用科学的方法来研究,那么,这时学界对于艺术基本的哲学定位是什么?艺术还是否具有在形象思维讨论中所蕴含的那种独立性?而且,这两个阶段的讨论是否具有根本的联系?还仅仅是对前一次的否定与反驳?这不能不说是引人深思的问题。

1980 年,《中国社会科学》第 3 期发表了刘欣大的《科学家与形象思维》和沈

---

① 因强烈的批判性而著称的法兰克福学派,最早由霍克海默将科学技术视为启蒙运动以来工具理性的基础,马尔库塞则将科学技术看成是现代社会人的单向度化的重要根源,最后由哈贝马斯系统阐述了"科学技术即意识形态"这一思想。

② L. Althusser: *For Marx*, London: Verso editions, 1979, p. 78.

大德、吴廷嘉的《形象思维与抽象思维——辩证逻辑的一对范畴》两篇文章,在学界引起了广泛关注。刘欣大的文章《科学家与形象思维》论述了一个观点,科学家也同样离不开形象思维,这就把形象思维的适用范畴由艺术推向了科学。原来理论界讨论形象思维的独特性,蕴含着这样一个前提,即形象思维是艺术所独有的思维形式,而现在这篇文章显然要推翻这一前提,阐明"科学家与形象思维,结下了不解之缘"。沈大德与吴廷嘉的文章也同样包含这层意思。刘文在结尾部分提出,"毛泽东同志给陈毅同志谈诗的信公开发表一年半以来,被诸多原因阻断了十多年的关于形象思维的讨论又活跃起来了,很多同志热心探讨形象思维的特征,从多方面阐述形象思维的功能,但仍然囿于文艺领域"。于是,作者呼吁,"希望哲学家、心理学家、脑和神经系统研究工作者、作家、艺术家、文学史和文艺理论工作者通力协作"。沈大德与吴廷嘉在 1980 年 6 月下旬致信科学家钱学森,并附上了自己的文章。钱学森在 7 月 1 日回信,提出了在研究思维规律科学中一些值得重视的问题。钱学森在信中表示,他认同思维是一种实践,但并不认为思维仅局限于形象思维和抽象思维,还应该包括"灵感"。此外,研究思维的方法,不应该仅是哲学上的理论思辨,还应该包括实验、分析和系统的方法。可以说,1980 年的形象思维讨论文章,越来越具有(自然)"科学"的内涵,由此也带动了关于艺术与科学关系的思考。

在文学创作领域,1980 年前后也成为小说创作方法的探索热潮时期。80年代的中国文坛,受到西方哲学、美学影响甚为深远的是西方现代主义文学,尼采、弗洛伊德、萨特是对 80 年代文学影响最大的西方思想家,"上帝死了""力比多""他人即地狱""存在先于本质"等思想观念深深影响了 80 年代的创作。1980 年,由上海文艺出版社推出的《外国现代派作品选》(袁可嘉、董衡巽、郑克鲁选编)开启了 80 年代中国文坛引进西方现代主义文学的先河,一大批欧美现代派作家和作品引起中国文坛的强烈兴趣与热切关注。从早期茹志鹃的《剪辑错了的故事》、王蒙的《春之声》,再到后来刘索拉的《你别无选择》、徐星的《无主题变奏》等,都为文学创作突破现实主义,探索新的方法作出了贡献。

此外,科学方法论的国外理论影响来源同样不可忽视。发表于 1982 年《国外社会科学》第 2 期上的 A. 布明什的《文艺学的方法论问题》,以及发表于 1982年《国外社会科学提要》第 9 期上的马尔凯维奇的文章《现代文艺学的方法论问题》,对我国的方法论研究都有很大的启迪作用。[①] 1985 年,文化艺术出版社出版了上、下两卷本的《美学文艺学方法论》,比较集中地介绍了一些国外当代文艺美学研究方法的最新发展概况;书中还包括《历史唯物主义是分析审美活动的世界观:方法论基础》等章节,介绍了"西方马克思主义"的方法论。1985 年,上海人民出版社出版了由杨国璋、金哲等主编的《当代新科学手册》,介绍了第二次世界大战以来国内外社会科学中新科学、社会科学与自然科学相互渗透的综合性学科、边缘学科及分支学科共 140 门。从 1985 年起,时任中国作家协会书记处常务书记的鲍昌,开始主编一部《文学艺术新术语词典》,介绍了外国的文艺思潮、文艺理论和文艺方法,这部词典于 1987 年由百花文艺出版社出版。在出版领域,江西人民出版社在推动科学主义方法论的大潮中,作出了重要贡献。由江西省文联文艺理论研究室主编的《文艺研究新方法论文集》,是全国第一本关于文艺研究新方法论的文集,该书于 1987 年出版,收录了 1984 年 11 月份之前的新方法论方面的文章。1985 年 5 月,江西省文联文艺理论研究室又编订了《文学研究新方法论》和《外国现代文艺批评方法论》,组成了一套文艺研究新方法论丛书。1986 年 4 月,江西人民出版社出版了由傅修延、夏汉宁编著的《文学批评方法论基础》,对文学批评中各种方法进行了全面的介绍,既讲述基本原理,又分析批评实践,并对批评方法的体系、运用、嬗变作了较为详细的论述。这本书是我国第一部较为系统地阐述文学批评方法论原理的著作。在文学批评领域,现实主义加浪漫主义的批评方法统治了新中国成立以来 30 年的历史,现在,有必要以科学的方法来代替原来旧有的方法,因此,在文学批评领域兴起科学主义潮流也就成为顺理成章的事情了。

综上,20 世纪 80 年代中国文艺美学界兴起科学主义方法的探索,是一个综合的结果。从大的学术语境而言,20 世纪世界科技革命的深入,让科学成为世人膜拜礼遇的对象;转型时期的中国国情更让"科学"以雄健的姿态进入国家意识形态的话语之中;国外的文学翻译、国内的作品创作也为科学主义方法论的流行奠定了基础;在文艺美学领域兴起科学主义潮流的思潮,既有前期理论热点话题的铺垫,也是当时中国文艺理论界的自觉选择。

---

① 在这里的叙述参考了刘顺利:《科学方法论在文学研究领域的历险》,见高建平主编:《当代中国文艺理论研究(1949—2009)》,中国社会科学出版社 2011 年版,第 257 页。

第二节　系统论美学

一、系统论方法的概述

系统论与控制论、信息论一道，被称为"横向方法"。所谓"横向方法"一般是指自然科学与社会科学、人文科学之间的科学方法的借用。在 20 世纪 80 年代，我国的文艺美学研究和批评，出现了越来越多的横向方法移植，主要表现为系统论、控制论和信息论。这三论本来都属于系统论，都是把对象作为系统来考察，但这三种方法也各有侧重：系统论重在综合研究，控制论考虑的是如何调整系统活动来使系统活动达到最优化，信息论则是把系统作为一个信息变换过程来对待。"三论"的相关性本来是很强的，但为了讨论的方便，本章对"三论"分开讨论。

"系统论"的内涵可以从两个维度来理解，一个是一般系统论，一个是文学批评中的系统论。一般系统论的产生，与 20 世纪 20 年代中期生物学界的机械论与活力论的激烈争论有直接关系。美籍奥地利生物学家贝塔朗菲提出机体概念，他强调，应该把有机体看成一个整体或者系统来考察。1937 年，贝塔朗菲第一次提出一般系统论。1949 年，贝塔朗菲发表了专著《生命问题》，全面论证了机体论生物学和科学知识系统，阐明了一般系统论的原理。1968 年，贝塔朗菲的专著《一般系统论：基础发展和应用》在加拿大正式出版，被学界公认为一般系统论的经典著作。60 年代以后，一般系统论得到广泛认可，渗透到自然科学、社会科学和思维科学等一切科学知识领域和生产技术领域。系统论的基本原则可以概括成一句话，即世界上的一切事物、现象和过程，差不多都是有机整体，各个事物内部自成系统，同时事物之间又互相联系成为一个大系统。

具体来讲，第一，系统论崇尚整体性原则。贝塔朗菲说："普通系统论是对'整体''完整性'的科学探索。"①在研究时，人应该把自己的研究对象当成一个

---

① ［美］贝塔朗菲：《普通系统论的历史和现状》，见中国社会科学院情报研究所编：《科学学译文集》，科学出版社 1980 年版，第 314 页。

不可分割的有机整体,主张"整体大于部分之和",从整体当中分离开来的部分,已经失去了它在整体中的功能,或者即便能够发挥一些功能,也不是在整体中的功能了。因此,部分应当放在整体的系统中进行考察。在系统论的整体功能中,特别强调由各个元素结合在一起之后所产生的功能。整体性原则是系统论思想的核心,系统论的其他原则均由此派生而来。第二,系统论崇尚动态性原则。系统只有在运动中,按照一定的规律性进行整体与部分、部分与部分、整体与环境以及不同层次之间的信息、能量、物质的联系和交换,并且在联系和交换中保持整体各个部分的一定关系,系统整体才能体现为一定的系统特质,达到一定的整体效应。系统论的动态原则十分强调从系统的生成、演化、发展、运动等方面去观察和把握系统的属性。这条原则要求人们把研究对象看成是运动的、生成的,因而研究一个对象时,应该注意研究它的运动形式和运动过程。第三,系统论强调整体的结构性原则。任何系统所具有的整体性,都是在一定层次中形成一定结构基础上的整体性。仅有基本要素并不能构成系统,只有在一定的结构方式条件下,要素才能形成一个运动的有机系统。在这条原则之下,系统论要求研究系统各个要素之间按照某种方式排列和组合起来。一般说来,系统的有序性越高,结构也就越严密。如果说时间具有一维性,空间具有三维性的话,那么人的知识结构则具有多维性。第四,系统论遵守层次性原则,这个原则又叫有序性原则。任何有机整体都是按照一定的秩序和等级组织起来的。生物系统是分层次、按照严格的等级组织起来的。整个自然界犹如一座巨大的建筑物,各个层次的系统逐级组合,成为一个庞大的系统。在系统结构的无限层级中,一个小的系统相对于更高一级的系统,仅仅是一个要素;而一个要素相对于低级的系统而言,则可能是一个系统。层次原则要求研究者用辩证的视角来看待母系统与子系统之间的层次叠加关系。在此前提下,任何研究对象都具有二重性,既是系统又是要素。因此,层次性原则要求研究者从不同层次去考察对象。第五,系统论崇尚相关性原则。任何系统都处于一定的环境之中,需要与外界其他环境进行联系或物质、能量、信息等方面的交换。任何一个事物都是系统,但都不可能是一个孤立的系统。系统论的相关性原则,要求人们在研究对象时,需要把研究对象投入一个更大的更高层次的系统中去考察,也就是要求人们去考察被研究对象与周围系统的联系性。总之,系统论的方法原则是整体性、最优化和模型化。最优化是系统论要达到的目的,选择最优的系统方案,使系统处于最优的状态,达到最优效果。为了达到这一目的,就要运用模型化的手段,用系统模型来代替难以直接分析的真实系统。

二、系统论在文艺批评中的运用

根据系统论所提倡的原则,我们可以提炼出系统论文艺批评的主要观点。第一,系统的整体性原则要求研究者将文学作为一个系统来看待。具体来讲,我们可以将一部作品作为一个系统,或者将一个人物形象看成是一个系统,部分只能在系统中发挥作用。例如,分析文学作品时,需要将时代背景、作家生平、故事情节、人物形象等要素整合在一起进行研究。再如,对于文艺作品的价值——真善美,也不应该只知其一而忽视其他;过分强调某一部分只能造成认识的偏差。我国在文艺批评的标准问题上,曾经走过很长时间的弯路,就是过分强调了文艺为政治服务的善的功能,而忽视了文艺作品所应该具备的美的功能。第二,系统论强调动态的原则,在文艺批评的运用中同样具有重要的启发意义。例如,对艺术永恒魅力来源的阐释,这个问题仁者见仁智者见智,用系统论运动的观点来看,这个问题就比较容易理解了。除了艺术作品本身的魅力之外,作品作为一个系统与外界的交互运动,即一代一代的读者和艺术鉴赏者的审美运动过程,也是艺术魅力恒久的来源。再如,我们为什么要在已有文学史和艺术史的基础上再次撰写当代的文学史和艺术史,是因为时代的变迁带来审美风尚、评价标准、评价尺度等重要的艺术体制变化,当代的文学史和艺术史需要我们来续写,而古代的文学史和艺术史在新材料的支撑下,书写的立场、视角和结构等都可能发生重要改变,一代有一代之文学史和艺术史,原因也正在于此。第三,系统论的结构性原则要求我们关注文本本身,探索文学作品所具有的文学性。就当时而言,20 世纪 80 年代,国内学术界引入当时西方最新流行的结构主义原则和阐释方法,同时也使学术界开始关注文本语言、文学艺术的符号问题等,都是系统论对结构性原则推崇的结果。第四,系统论的层次性原则对文学史的写作具有重要的启示意义。将文学作品放置在历史的长河中,层次性原则可以启示我们将一个时代的文学艺术作品按照系统原则进行综合考察,探索这个时代文学作品之间的有机联系,从中发现某个特定时代作品的一些共通特性,形成系统的认识和评价。第五,系统整体的相关性原则启发我们对于文学作品的研究应该是与其他领域相互关联的,如文学与哲学、文学与社会、文学与心理学等等。这一点在文学理论的多样形态中已经有非常明确的划分,在系统性原则介入之后,我们可以引申出横向和纵向的研究方式,如将某个特定的文学类型作为一个系统,但它可能是更大系统的一个要素,进行纵向考察;也可以将之放置在横向的系统领域,在同时代的其他系统中进行研究。这是我们根据系统的特点生发出来的系统文学批评的可能角度,在实际的批评运用过程中当然不只是这些内容,系统原则在批评中的运用在 80 年代的中国取得了非常丰硕的成果。

系统论在文学批评中的运用始于苏联。20 世纪六七十年代以来,苏联的美学和文学批评界非常重视系统分析方法,鲍列夫、卡冈、赫拉普钦科、波斯彼洛夫等著名的文艺理论家都曾撰文,如鲍列夫的《对艺术作品的系统完整分析》、波斯彼洛夫的《对文学作品的完整的系统理解》、赫拉普钦科的《关于文学的系统分析的思考》等,足见系统论在苏联文艺界的重要地位。

1981 年,文艺理论界的年轻学者张世君推出了她的论文《〈巴黎圣母院〉人物形象的圆心结构和描写的多层次对照》,文章用结构主义分析的方法把习惯中的直线偏偏改变成为圆形,这篇文章被认为是方法论年的第一篇论文。1982 年,张世君的硕士毕业论文《哈代"性格与环境小说"的悲剧系统》按照系统论的方法,试图将哈代的四部小说《还乡》《卡斯特桥市长》《德伯家的苔丝》和《无名的裘德》整合为一个系统进行考察。作者在论文中探讨了人物构成的悲剧命运系统、环境构成的绘画系统、由情绪形成的音乐系统以及人物感受形成的认识系统。文章以系统论的全新方法,重新诠释了哈代"性格与环境小说"的艺术特色和特定含义,令人耳目一新。同年,曾永成的论文《运用系统原理进行审美研究试探》第一次将人类的审美活动作为一个系统性领域进行研究。这篇文章主要运用系统性的整体性原则,即系统各个部分并不是简单相加,而是组成该事物整体的各个部分(或因素)在一定结构和程序中相互作用和制约的结果,这就是所谓的系统质。文章分别在"自然向人生成"的系统运动中考察美的本质,在具体的关系系统中考察具体事物的审美性质,在审美主体和对象所处的系统中考察审美感受,以及在社会多系统的关系中考察审美关系的实现条件,该文对审美特质的探索确实提纲挈领,洞见深刻。

真正让系统论成为具有全国影响力的重要方法得益于林兴宅的《论阿 Q 的

性格系统》，这篇文章发表于 1984 年《鲁迅研究》第 1 期上。该文之所以能够写入文艺学和美学发展的历史，除了取决于作者自觉地运用了时代的热点方法，关键还在于作者成功地运用了系统论的方法。首先，作者将之前人们对阿 Q 研究的问题进行了深入系统的分析，这就将前人研究的缺憾以及引入系统论的方法在学理上得以确立，指出运用系统论的方法并非作者哗众取宠，而是确有必要。紧接着，作者非常独到地分析出阿 Q 性格的二元对立特征，揭示了性格内部结构的多种元素，这就为运用系统论奠定了基础。作者认为，阿 Q 性格的突出特征是两重人格、退回内心和泯灭意志，这三个突出特质构成了阿 Q 的奴性心理。这是作者从自然质的角度对阿 Q 性格自身固有的基本性质进行规定。作者随后运用系统论中的动态性原则分析了阿 Q 性格的功能质——半封建半殖民地旧中国失败主义思潮的象征，中华民族的国民劣根性的象征以及人类"史前时代"世界荒谬性的象征。这三种象征之间还具有层级递进的关系，由此推演出阿 Q 性格超越国别的世界性意义。这是作者运用系统功能质从历史角度来分析阿 Q 性格在不同时空条件下的典型意义。不仅如此，作者运用系统论的相关性原则，将阿 Q 的性格系统放置到社会这个大系统中进行考察，弄清它在各种社会精神文化系统中不同的系统质。作者的结论是，从社会学的角度看，阿 Q 是乡村流浪雇农的写照；从政治的角度看，阿 Q 性格是专制主义的产物；从心理学的角度看，阿 Q 性格是轻度精神病患者的肖像；从思想史的角度看，阿 Q 性格是庄子哲学的寄植者；从近代史的角度看，阿 Q 性格是辛亥革命的一面镜子；从哲学的角度看，阿 Q 性格是异化的典型。

这篇文章能够引起学界的普遍反响，并不是偶然的。首先，文章选择了一个普遍的难题，关于阿 Q 的性格，虽然已经有很多讨论文章，但依然存在很多问题。其次，从分析的方法来看，作者选用了具有前瞻意义的系统论方法。当然，这一点并不是最重要的，关键在于，作者用系统论的方法分析了人的性格。系统论分析方法由于重视系统内部要素以及系统与外部事物之间的有机联系，因此特别适合分析复杂的对象，这些对象的构成要素数量繁多，各要素之间又存在错综复杂的关系，与周围事物之间的联系又带有易变性和随机性特征，系统论分析方法可以有效避免简单化和片面化，能够较好地处理这些复杂性，而经典的艺术作品中的典型性格更是如此。这就是说，这篇文章不仅具有采用新方法进行文学批评的示范性作用，还具有方法论的意义，充分肯定了在文学批评中运用自然科学方法的重要意义。系统论一度成为热门的方法,渗透到人文研究的各个领域。就文艺和美学而言,上自神话研究,下至最新的文本分析,都可以看到采用系统论的方法进行研究的论文。《运用系统论对民歌进行研究的一些设想》①一文,将民歌研究分为主体研究部分与两翼研究部分,其中两翼包括民歌史与民歌搜集整理方法论两大系统。1985 年 12 月,闵家胤翻译的美国哲学家拉兹洛的名著《用系统论的观点看世界》一书由中国社会科学出版社出版。这本书论述了系统论的方法论特点、系统论的自然观和关于人的系统论观点,对于系统论的普及起到了良好的作用。

系统论在我国影响甚广,各个领域的研究几乎都出现了运用系统论的方法进行专业探索的论文。单就文学领域而言,无论是马克思主义的文学原理研究,还是中国古典美学的研究,都出现了此类论文。早在林兴宅论阿 Q 的文章发表之前,乔先之的《马克思主义与文学系统原则》②对马克思主义与文学批评原理作了初步的探索,作者力图在马克思主义文艺理论和系统论之间架起桥梁,认为马克思主义自觉地体现了系统原则。季红真的《文学批评中的系统方法与结构原则》③与乔先之的文章出发点类似,也是试图在历史唯物主义中引入系统论的视角,对复杂的文学现象进行综合的整体研究。刘烜的文章《文学的有机整体性和文学理论的系统性》④引入系统论的视角,对文学的有机整体性进行了考察,同时提出,在文学研究中正确处理系统论的方法和文学作为一种艺术所具有的特质。以上文章是对系统论在具体文学样式和文学现象中的运用进行梳理与反思。还有学者将系统论运用到中国古代文艺理论的研究之中,如张文勋的《从系统论和信息论看中国古代文艺理论研究》⑤,从系统论和信息论角度对中国古代文论的研究进行反思,并特别以《文心雕龙》在当代的研究成果来证明古代文论研究需要最新的方法。殷骥的文章《神话系统论——兼论中国上古神话不发达的原因》⑥利用系统论的原理,对中国的神话形成进行考察,颇

---

① 苗晶:《运用系统论对民歌进行研究的一些设想》,载《中国音乐学》1986 年第 2 期。
② 乔先之:《马克思主义与文学系统原则》,载《西北师范大学学报》(社会科学版)1983 年第 2 期。
③ 季红真:《文学批评中的系统方法与结构原则》,载《文艺理论研究》1984 年第 3 期。
④ 刘烜:《文学的有机整体性和文学理论的系统性》,载《文艺报》1984 年第 11 期。
⑤ 张文勋:《从系统论和信息论看中国古代文艺理论研究》,载《云南民族学院学报》1985 年第 2 期。
⑥ 殷骥:《神话系统论——兼论中国上古神话不发达的原因》,载《江西师范大学学报》(哲学社会科学版)1985 年第 4 期。

具综合视野；而且分析了神话系统之外存在的信息干扰源：历史、哲学、宗教等。文章的结论是，由于中国古代社会的早熟，使神话系统内诸要素的协同作用失调，因而神话层次进化缓慢，还在较低的层次上时，整个神话系统便瓦解了。再加上历史信息、哲学信息和宗教信息对神话系统不同强度的干扰，使许多神话历史化、寓言化和仙化，从而导致了中国神话系统的支离破碎。也有学者将系统论扩展到艺术领域的探索之中。如朱振亚的《艺术活动的系统分析》①把艺术活动（即艺术作品的创作过程、欣赏过程以及社会作用的总和）作为一个系统来加以考察。杨健民的《论艺术观察系统》②汲取系统论的基本原则，把艺术观察看作一个由自然质、功能质、系统质组成的大系统，这个大系统具有综合效应，是一个有机整体。肖君和的《关于艺术系统的分析和思考》③对艺术作了系统的综合性分析和思考。彭立勋的《从系统论看美感心理特征》④在一定程度上可以看成是新方法在美学热中的回响，文章对"美感"这一主观性感受的概念进行深入分析，具有明显的心理学研究的色彩。杨曾宪的《城市美系统论》⑤是较早对城市美学运用系统论进行探索的文章，将城市的艺术美、自然美与建筑美看成是城市环境美和文化美的构成要素，并剖析了三要素的关系，颇具当代生态美学的意味。

　　运用系统论对各种文艺思想、原理以及现象进行研究，是当时非常热门的文章选题，各大刊物也在有意识地推动这种潮流⑥，所刊发的文章当然不止上述的只言片语，仅择要而述。

三、对系统论在文艺美学中运用的反思

　　系统论对文艺美学的影响我们可以从两个方面辩证来看，以期总结经验，汲取教训，对未来的研究有所助益。

---

① 朱振亚：《艺术活动的系统分析》，载《当代文艺思潮》1984 年第 2 期。

② 杨健民：《论艺术观察系统》，载《福建论坛》（人文社会科学版）1984 年第 4 期。

③ 肖君和：《关于艺术系统的分析和思考》，载《当代文艺思潮》1984 年第 6 期。

④ 彭立勋：《从系统论看美感心理特征》，载《文艺理论研究》1986 年第 6 期。

⑤ 杨曾宪：《城市美系统论》，载《东岳论丛》1986 年第 3 期。

⑥ 在 1985 年前后，全国的学术刊物大都在推进着方法论话题的讨论，甚至刊登了一些并不是非常成熟的提要，例如，在 1987 年《文艺研究》第 1 期上，刊登了山东大学中文系研究生谢明仁的论文摘要：《试从系统论看汉大赋的兴盛和消亡》。这种现象在当代文艺学美学研究中还确实比较少见。

　　系统论最初的运用基本限定于文学研究的范围之内,之后逐步扩展到艺术领域,开始对艺术观察、审美感受等美学研究的概念与现象进行考察,进而逐渐上升为哲学的思考,如系统论与马克思主义美学的基本原则、辩证法的关系,系统论作为方法还是方法论的问题等,这些都使系统论在中国当代的文艺美学历史上写下了浓重的一笔,而不仅仅是一些空洞名词的搬运,在一定程度上也促进了当代中国美学的发展。

　　单从研究的一种方法来看,系统论所提倡的原则及其所带来的影响是不容忽视的。首先,系统论毫无疑问为当代文学与美学的研究提供了一种新颖的方法,很多问题在系统论的观照之下,的确呈现出新的探索结论,令人信服。由于它首倡整体性原则,能够使研究者打破学科领域的局限性,将文学研究与艺术研究置于更为广阔的学科环境之中。与整体性原则相联系的是相关性原则,这就要求人们不仅以整体的框架看待文学与艺术,而且要以综合的视野考察某个文学现象于外于内的相互关系,这不能不说是历史的进步。其次,系统论所倡导的动态性原则,要求研究者注意研究对象的生成、演化和发展过程,在很大程度上具有启蒙现代性的味道,号召学者们探索和建立属于自己的学术体系。虽然这不一定是一个能够在现实研究中完成的目标,但至少给人以动力。20 世纪80 年代中期,我国兴起对中国古典美学发展历史的研究,也受到了系统论这种动态性原则的影响。再次,系统论的结构性原则与西方 20 世纪的结构主义相辅相成,而当学界普遍掀起学习西方的热潮时,结构主义的方法、原则毫无疑问可以丰富我们的认识,扩充中国学人的视野。

　　作为一种具体分析方法的运用,系统论在具体的文本研究、门类艺术研究中只是一部分。随着对系统论的深入研讨,学者们逐步开始从哲学层面对系统论进行剖析。这一类论文也不在少数。例如陈志良的《关于系统论的哲学思考》[1]、周荫祖几乎同题的文章《关于系统论及其哲学思考》[2]等,这种思考甚至一度持续到 90 年代。关于系统论在方法论意义上的反思,首先就是要处理好系统论与马克思主义的关系。很多学者认为,系统论与马克思主义并不违背,很多革命导师自己已经开启了对系统论的探索。例如,冯瑞芳的《恩格斯晚年

---

[1] 陈志良:《关于系统论的哲学思考》,载《哲学动态》1986 年第 1 期。
[2] 周荫祖:《关于系统论及其哲学思考》,载《社会科学》1985 年第 1 期。

社会系统论思想初探》认为,"第一次对人类社会系统作出科学分析的是马克思和恩格斯……在一定意义上说,唯物史观就是关于社会系统及其运动的一般规律"。因此,系统论是符合马克思主义基本原理的。其次,由于系统论除了强调系统与外部世界之间的联系之外,也强调系统的相对封闭性,只有相对封闭,系统才能有边界和范围,也才能是一个确定的系统。与系统论相对立的是机械论,机械论几乎抹杀了文学艺术的独特性,只将文艺看成是一种反映,是意识形态。如果将文学艺术看成是一个系统的话,那么这个系统应该有属于自己的特质,这对探索艺术的特质而言,是大有裨益的。在80年代中期,对艺术独特性的探讨、走出认识论、对审美与情感的研究和讨论不仅是贯穿在第二次形象思维讨论过程中的关键词,也是时代主旋律的基本音符。系统论最早进入文艺理论学者的视野,正是在系统论的带动下,控制论、信息论等其他一系列方法论随之进入我国学者的研究范围,促进了对各种艺术现象和文艺理论本身的探索。在这个意义上说,系统论带给文艺特征的研究毫无疑问应该是新时期美学的重要组成部分,而且从哲学本体论的高度上肯定和推动了这些理论成果。最后需要补充的是,直到今天,系统论留给我们一个依然没有解决的问题,而且也依然是21世纪的学者们关注的话题,那就是艺术与科学的问题。相较于"老三论"中的其他两种方法,即控制论和信息论,系统论对于美学研究的适用性更好一些,但系统论毕竟还是属于实证科学研究的方法,在当时而言,的确存在为数不少的,只为搬运一些空洞名词的研究论文,今天看来不忍卒读。但是,在这个问题背后,其实隐藏着一个更大的问题,即艺术与科学的区别和界限如何来界定。随着科学技术的进步和在各个艺术领域的运用,比如电影、摄影,有太多的特技和特效需要借助科技的手段来完成,这个时候,对艺术这个系统来说,它的边界又在哪里呢?

第三节　控制论美学

一、控制论方法的概述

控制论古已有之,而且随着社会的发展而发展。在古希腊,柏拉图将"控制论"看作是驾船术或驭人术。19 世纪,法国物理学家安培将管理国家的科学叫作"控制论"。1943 年,美国科学家维纳(Norbert Wiener,1894—1964)、工程师毕格罗、神经生理学家罗森勃吕特联合发表论文《行为、目的和目的论》,首次提出了有关控制论的基本思想,这篇文章可以看成是控制论萌芽阶段的标志。[1] 1948 年,维纳出版专著《控制论》,提出了一整套完备的控制论理论,宣告了现代控制论的诞生,维纳成为现代控制论(cybernetics,control theory)的奠基人。维纳综合了经典控制理论、电子技术、数理逻辑、信息论、生物学、神经学等多种学科,将控制论定义为"关于动物和机器中控制和通讯的科学"[2]。1978 年,在瑞典的阿姆斯特丹召开了第四届国际控制论和系统会议,专题讨论了社会控制论。控制论的诞生,对工业技术和各个门类的具体科技都产生了巨大的影响。我国在 20 世纪 60 年代出现了对控制论的最早译介,对其的全面介绍和深入研究出现在 80 年代中期。[3] 在 1985 年的文学研究的方法论热潮中,控制论紧随系统论成为"老三论"的组成部分之一。

现代控制论认为,任何一个有组织的、有序的系统,总是同时具有某种不稳定性。受到热力学第二定律的启发,维纳认为任何系统都存在着熵增加的趋向。所谓"熵",指的是系统内的无组织、无序化的程度。控制论的根本任务是想方设法对系统加以控制,克服系统的不稳定状态,防止无组织、无序化趋向的增大,从而使系统稳定地保持或达到某种需求的状态,这是控制论的初衷。为了实现这个目的,控制一般要完成三个步骤:一是通过感受、接受装置,获取系统外与系统内的各种信息;二是通过中枢控制装置,对获取的信息予以分析比较、加工处理,作出判断决策,发出指令信息;三是通过执行机构对中枢控制装置发出的指令信息予以执行。在这个过程中,产生了对系统内外对象的控制机制。上述三个过程,涉及对象亦人亦物,实际上是在一个整体中完成的,因此,控制论、系统论和信息论可谓三位一体,有着密切的联系,根本原因也就在这里。

根据上述控制论原理,衍生出控制论方法(cybernetics method)。控制论方

[1] 傅修延、夏汉宁:《文学批评方法论基础》,江西人民出版社 1986 年版,第 262 页。
[2] 鲍昌主编:《文学艺术新术语词典》,百花文艺出版社 1987 年版,第 33—34 页。本章关于"老三论"和"新三论"的基本原理介绍,都参考了这本词典。
[3] 杨国璋等主编:《当代新科学手册》,上海人民出版社 1985 年版,第 18 页。

法的特殊之处在于,它既不是纯粹抽象的数理逻辑方法,也不是某个门类科学的具体方法,而是针对各种控制问题概括出来的一般方法。例如,可以通过建立模型,制定最佳控制方案的方法;运用数理逻辑手段或应用电子技术,来分析对象规律及预测方法等等。控制论方法已经超出工程控制范围,在生物学、心理学、经济学、社会学、管理学等多个学科领域都得到了广泛的应用。

与系统论类似,控制论也有一些最基本的原则,这些原则与控制论的基本方法是联系在一起的。控制论的最基本方法大体上可以分为信息方法、黑箱系统识别法和功能模拟法。

首先,信息反馈是控制论的重要原则。系统借助于信息的获得、传递、加工和处理,从而实现系统的运动。在信息变换过程中,存在着信息的输入与反馈,而且反馈信息会反作用于输入信息,并对信息的再次输出产生重要影响,反馈信息就成为一个中介。反馈是指系统的输出通过一定的渠道再次回到系统输入端的过程。反馈可以分为正反馈和负反馈两种类型。正反馈能够促进系统运动,加强输入对输出的影响,使系统变得不稳定,产生质变;负反馈与此正好相反,它的特点在于加剧系统偏离正在进行的目标,从而使系统趋于稳定。在控制论中,主要采用负反馈来使系统保持目前的状态,以达到控制的目的。

其次,重视黑箱系统辨识法。所谓的"黑箱",是指认识的主体由于某些条件的限制,暂且还不能认识一些对象,这些对象的结构和机理还不能直接观察,对于研究者来说,这个对象就是一个"黑箱"(black box,又译作"暗盒")。当这个黑箱可能被直接观察时,它就被称为"灰箱";如果完全掌握了这个对象的全部奥秘,那么黑箱就变成了"白箱"。黑箱辨识法主要是指通过考察和研究一个系统的输入、输出及其动态变化的过程,进而推断出系统行为规律的一种科学方法。黑箱方法是以控制论中关于控制系统行为方式理论为基础的一种科学方法,它是建立在哲学认识论理论之上的经验和理性相结合的一种方法。

再次,相对于系统论,控制论更注重对系统状态的控制。也就是说,要维持一个系统,关注系统整体的静稳是必须的,否则系统就会从一个系统变成了另一个系统;控制论更加注重对系统的运动、状态、行为和功能进行研究。在牛顿力学体系中,运动被定义为物体位置的变化,也就是"位移";牛顿力学体系属于机械力学。控制论对此恰恰是反对的,控制论视角的运动,是指随着时间的推移,对象或系统发生的一切变化。如果要保持系统的稳定性,那么控制的任务就是控制系统运动的指标,也就是"算子",使算子的行为受到约束,受控量和原定的工作状态就会保持不变,系统也就会保持稳定。控制论要想实现保持系统的目的,一个重要的途径是保持系统的结构稳定。于是,从控制论的角度来认识和研究系统中的结构,是控制论的重要切入点。那么,如何控制结构呢?那就要认识系统中整体和部分的关系。如果说系统论对结构的强调在于重视系统的物质结构和能量结构的话,那么控制论重点关注系统的功能结构。

二、控制论在文艺批评中的运用

与上述原则相联系,我们可以从三个方面来归纳控制论在文艺研究中的主要运用途径。

第一,从控制论注重负反馈的信息输入来看,在文艺研究中重视读者或艺术接受者的反馈信息是非常必要的。"这种反馈信息包括对作家世界观和创作方法、对作品思想和艺术各个方面的评价。它必将在某个角度、某种程度上影响作家信息的再输出,即作家的新创作。如果作家能够自觉运用反馈方法,分析、利用反馈信息,调整自己的创作,他的作品在思想、艺术上将会有更大的提高。"①这一点与接受美学的观点不谋而合。在 21 世纪的今天,控制论正在艺术创作的各个领域发挥着重要的作用,很多公共艺术设施在正式投入建设之前,都要在互联网上公布设计方案,听取民众意见,然后进行必要的修改;有时甚至提供多个选择方案,让民众来决定究竟采用哪一种。在电视台的节目制作、电影拍摄等视听艺术作品出台之前,往往要预先进行公众意见的调查,以便对节目的设计环节、故事的情节发展进行适当的修改,预测收视率和票房成绩。在这个意义上说,控制论注重反馈信息的主张与做法,在今天依然有非常重要的现实意义。

第二,黑箱识辨法其实与信息反馈是紧密联系在一起的。我们还没有深入了解的艺术现象、艺术问题都可以看成是一个黑箱。研究者可以通过观察和记录信息输入与输出的对比状况进行研究,最典型的莫过于对艺术反馈状况的调查研究。其实我们研究任何一个学术问题,都需要首先检索前人的研究成果,

---

① 程文超:《从反馈角度看陈奂生系列小说的创作》,载《当代文艺思潮》1984 年第 5 期。

这个文献梳理的过程,就可以看成是一个黑箱识辨方法的应用过程。我们输入需要检索的词,对比前人的意见,在此基础上综合整理,并提出自己的看法。这几乎可以说是每一位科学研究者的必需途径。具体到文艺研究领域,我们可以对古典诗词中朦胧的意象、多义的解读尝试进行黑箱识辨。综合比较前人的研究成果,提取前人的解读意见,然后再进行多方位的综合,进而得出我们自己的结论。如果说控制论对反馈信息的重视在接受美学兴起之后更加显示出其重要意义,那么黑箱识辨法甚至是更为古老的研究方法,在未来的科学研究中也是不可或缺的,更具有超越时代的意义。

　　第三,控制论对系统功能的重视要求我们通过动态的过程来考察文艺现象与文艺问题,这一点当然也是很多批评方法所提倡的原则。控制论的特殊之处在于,它运用很多理工科的方法,如模型来研究,而且有研究者得出了令人意想不到的结论,如生物、技术以至社会很多不同领域的系统在行为和功能方面,存在着很高的相似性和一致性。以此推论,在很多领域可以进行类比研究,这在以前看来可能是荒诞不经的,但在控制论的视野下,这样的方法是存在科学依据的。在当时利用控制论研究文艺影响较大的学者黄海澄,在《从控制论观点看美的客观性》一文中提出:"正是由于这种'不伦不类'的类比,许多以仿生学为基础的自动控制机……被源源不断地创造出来了。类比法是现代科学方法论中的一个重要组成部分。"[①]陈飞龙也提出,艺术创作和接受者的反馈过程,"……是可以用数学模型来进行功能模拟的"[②]。而这种类比,也指向了更高的脑科学与脑思维研究:"只玩弄类比的法术是不行的,而必需研究思维着的人脑的活动本身和它的形成方式。正是这一点始终是自然科学的高级任务。"[③]

　　控制论在苏联文学批评中的运用较为广泛,我国在 20 世纪 80 年代中期对控制论的运用主要集中在美学问题的讨论中,而在具体的文本批评方面,运用控制论的文章则相对较少。在美学研究中推进控制论运用的学者,首屈一指的是黄海澄。黄海澄先后发表了《从马克思主义和现代控制论观点看审美现

---

① 黄海澄:《从控制论观点看美的客观性》,载《当代文艺思潮》1984 年第 1 期。
② 陈飞龙:《文艺控制论》,见《马克思主义文艺理论研究》编辑部编选:《美学文艺学方法论》下册,文化艺术出版社 1985 年版,第 658 页。
③ [苏]鲁宾斯坦著,赵璧如译:《关于控制论之谜的一些简单想法》,载《外国心理学》1981 年第 3 期。

象》①《控制论的美感论》②《从控制论观点看美的客观性》③《从控制论观点看美的功利性》④《控制论与美学研究》⑤等一系列文章。这些论文的基本特点是从控制论的原则出发,结合美学研究的各种范畴,试图为控制论在美学研究中的合理运用探索一条合适的道路。从题目上我们就可以看到,控制论与"审美现象""美感""美的客观性""美的功利性"等问题关联起来,这些问题在"美学热"中,都是学者们所关注的话题。在《从马克思主义和现代控制论观点看审美现象》这篇文章中,黄海澄把控制论的一些基本原则运用于审美现象的研究中,着重论述了审美现象产生的必然性和它的发展及其历史作用。文章把审美定位为人类这个系统为了维持稳定的状态而必然产生的一种调节机制,审美机制的活动导致了审美现象的产生。从根源上来说,审美是人类系统活动本身的需求,因而带有必然性。《控制论的美感论》是美学研究走出认识论的一个重要信号,文章开篇的一句"美感是审美主体对于美的事物的情绪的或情感的反应",将原来的意识形态"反映论"定义为心理学意义上的"反应论",为美感的研究披上了一层心理学的色彩。文章遵循了控制论中人与动物类比的原则,将人类的动物祖先和人类都看作是自组织、自控制、自调节的系统,它的目的是向更高的社会形态、向更高的物质文明和精神文明迈进。作者认为,"只有把情绪和情感现象当作这些自控制系统的调节功能来看,才能认清它的本质和作用"⑥。文章还分析了艺术的功利性是对系统的,而非对系统内的个体的功利性。《从控制论观点看美的功利性》这篇文章的基本前提与前述几篇文章是一致的,都是将人类社会看成一个大系统,里面包含了各个级别的子系统。系统的运动、变化和发展需要调节,而美的功利性就在于使系统最佳的状态向它的高级的目标进发。黄海澄以控制论为根基,对美学研究中的概念与范畴进行考察,努力在美学研究中建构起一座控制论的大厦,"这种努力总还是值得赞许的"⑦。除却时

① 黄海澄:《从马克思主义和现代控制论观点看审美现象》,载《世界艺术与美学》第 3 辑,文化艺术出版社 1984 年版。
② 黄海澄:《控制论的美感论》,载《文艺理论研究》1985 年第 4 期。
③ 黄海澄:《从控制论观点看美的客观性》,载《当代文艺思潮》1984 年第 1 期。
④ 黄海澄:《从控制论观点看美的功利性》,载《当代文艺思潮》1984 年第 3 期。
⑤ 黄海澄:《控制论与美学研究》,载《青海社会科学》1986 年第 2 期。
⑥ 同②。
⑦ 傅修延、夏汉宁:《文学批评方法论基础》,江西人民出版社 1986 年版,第 275 页。

代对各种新方法热捧的因素,这些论文的美学意义还在于它们推动了美学研究走出认识论,并将美学研究的方法拓展到心理学领域,尝试用心理学的基础来沟通人类与动物的运行机制,显现出将美学研究带回到生活的倾向。这对于走出"文革"思维是大有裨益的。

在黑箱理论的运用中,作家祖慰在《试撬神秘的美的"黑箱"》(之一、之二)①中,尝试用黑箱方法来探索"美"。文章以爱因斯坦的"思想实验"为基点,将美学、心理学、生理学进行综合,得出了颇具自然实证科学特点的结论。首先,审美结果不仅由客观事物所决定,而且与审美干扰相关。同步干扰有害审美。前干扰会增强美感,后干扰则会影响回味,即反馈。其次,审美需要的强度、审美心情不仅与干扰有关,还与需要存在正比例的关系。再次,空间距离和向量会影响到视觉审美效果。最后,审美与光照相关。祖慰得出的结论与当代心理学认知美学的研究非常类似。认知美学是近年来逐渐发展壮大的美学新分支。它结合了实验心理学和思维科学的内容,以科学研究的方法探索人类的审美认知经验,为单纯的理论思辨美学提供了新的研究思路。王兴华的《写作控制论初探》②挖掘了写作过程中的控制论。文章提出,要掌握好写作的矛盾运动过程,可以在定向、定度、定势与定序方面实施相应的控制,从而实现写作过程的优化。文章不仅探讨了来自西方的控制论,更为可贵的是,作者在论述过程中结合了中国古代文论中有关写作的理论,试图在中西理论的对话中发现写作的奥秘,这种探索是令人敬佩的。

程文超的《从反馈角度看陈奂生系列小说的创作》一文,以反馈概念作为基本理论,分析了陈奂生系列小说为什么能够引起广泛而强烈反响的原因。文章立论的前提是将文学看成创作—欣赏、批评—创作这样一个系统,反馈是这个系统信息交换的重要内容。作者认为,高晓声在创作小说时,注意到读者的反应,并从这些反应中寻找到了启迪,进而调整自己的写作。如前文所述,这里的"反馈",可以说与接受美学的基本思想非常类似。接受美学注意从读者的角度来研究文学和艺术现象,反馈信息进入作家的头脑,其目的在于让作品"引起更多人的注意"。这样,作者对读者有期待,读者的反馈信息对作家产生积极影

---

① 祖慰:《试撬神秘的美的"黑箱"》,载《现代作家》1985年第1期、第2期。
② 王兴华:《写作控制论初探》,载《延边大学学报》(社会科学版)1984年第3期。

响,从而生成新的艺术形象。

此外,控制论在门类艺术中的运用更为广泛。当时,舞蹈界、音乐界与戏曲界等领域,如潘新宁的系列文章《戏曲艺术控制论系列论文》分析了戏曲的形成、发展和演变过程,以及主体的表现性特征,程式化结构方式,探讨了中国戏曲的当代前途和未来出路等戏曲美学问题。这些文章的时间跨度从 1985 年持续到了 1988 年。尽管对某些问题的论述显得有些牵强,但文章思考的内容也是我国戏曲发展中非常重要的问题,所以,这些研究成果在我国戏曲理论的研究中也是非常宝贵的财富。①

三、对控制论在文艺美学中运用的反思

控制论在文艺美学中的运用是以系统论为前提的,因为控制的目的在于促进系统向有利的方向运动。注重从运动的状态来把握研究的对象,是控制论的一个重要特点。有学者以控制论为基本方法来建构自己的美学大厦,从人类社会系统的运动中看到了美和美感所具有的特性,认为它们都是社会系统自我调节的有效手段。有的学者看到了作者与读者之间的互动,从反馈的角度来看读者对作者创作的影响,这在当时来说还是非常新颖的角度,为接受美学的中国接受起到了积极的推动作用。

除了关注系统的运动特质,在运动的状态下研究理论问题之外,控制论的一个重要结果是推动了心理学方法在美学领域的运用。作家祖慰的文章《试撬神秘的美的“黑箱”》与王兴华的《写作控制论初探》尤为典型。美学研究在 20 世纪的一个重要转向就是从心理学的角度出发来探索美的生成奥秘。随着科技的进步和发展,结合心理学来探索人类感知美和认识美的心理反应机制在 20 世纪已经变得越来越普遍。如鲁枢元的《文学家的艺术知觉与心理定势》②,对

---

① 潘新宁在当时发表了很多文章,如《从控制论和心理学的角度看新时期文学主潮流的变化》(《求索》1985 年第 5 期)、《综合与分化目的系统制导下的择优途径——从控制论观点看中国戏曲的形成、发展和演变》(《艺术百家》1986 年第 4 期)、《由确定转向随机——从控制论观点看中国戏曲的当代前途和出路》(《艺术百家》1987 年第 1 期)、《对历史与现实的双层超越——从控制论观点看中国戏曲主体性的表现特征》(《艺术百家》1987 年第 3 期)、《论作为戏曲组织结构的程式化》(《四川戏剧》1988 年第 2 期)。

② 鲁枢元:《作家的艺术知觉与心理定势》,载《文艺研究》1985 年第 2 期。

作家创作的艺术知觉与心理定势之间复杂微妙的关系进行研究,引证了大量的心理学知识。孙绍振的《文学家的心理素质》①结合作家的创作经验,以出色的心理学分析,揭示了作家的心理素质不同于常人的特殊之处。杨文虎的《创作动机的发生》②从发生学和心理学入手,对创作动机进行细致而深入的分析。再如前文所述,认知美学在这一方面所取得的进展是令人鼓舞的。如果说一个正在走向科学的美学是美学研究的分支,那么控制论所带来的对心理学研究方法的重视毫无疑问是这条路上的一个重要推手。

　　控制论是自然科学的研究方法,给美学研究带来机遇的同时,也对未来世界提出了很多的设想,如是否可以发明一种写作的机器,靠程序的编订来实现信息的输入与输出,从而完成写作,这种设想在 20 世纪 60 年代国外已有学者提到过③,在今天看来已经成为现实。在当今科技逐渐渗透进艺术之后,它的伦理问题更为复杂,如画家可以雇佣画工来进行创作,这其实是人对人进行控制的结果,签名不足以确定这件作品一定是艺术家本人完成的,而仅仅能够说明艺术家是这件作品的"通讯作者",那么古典美学中崇尚的艺术天才、艺术的神圣性从何而来? 再如,一件精致的刺绣作品很可能不是人的手工制作,而且在很多刺绣针法中,机器制品与人工制品根本无法区别,人控制了机器,那么谁又能来界定其间的美学伦理问题? 是艺术界,是美学家,还是一个事件? 当然这些都是更为深刻和复杂的问题,在今天看来,这些"制造"艺术的行为更具控制论的色彩,在这里不再展开。仅就当时控制论的运用而言,它也伴随着相应的问题,如有的论文所采用的方法过于驳杂,不乏作者生搬硬套这种并不成熟的方法。但瑕不掩瑜,对控制论在中国当代美学的探索从总体上应该予以肯定,它从一个新角度探索了很多美学问题,也启发了学者们从这个角度研究中国古典美学,我们今天不应该轻易否定,甚至忘记历史留给我们的宝贵遗产。

---

① 孙绍振:《文学家的心理素质》,载《当代文艺探索》1985 年创刊号。
② 杨文虎:《创作动机的发生》,载《上海文学》1985 年第 1 期。
③ [英]G. H. R. 帕京逊:《控制论对美学的探索》,载英国《哲学》1961 年第 1 期。文章引自《马克思主义文艺理论研究》编辑部编选:《美学文艺学方法论》(下册),文化艺术出版社 1985 年版,第 448—461 页。这篇文章以音乐为例,设想了发明一种可以自动进行创作的机器,进而引出了美学伦理学的很多问题。

第四节　信息论美学

一、信息论方法的概述

信息论是研究信息的本质,并用数学方法研究信息的计量、传递、变换和储存的一门学科。[①] 信息系统就是广义的通信系统,泛指某种信息从一处传送到另一处所需的全部设备所构成的系统。美国贝尔电话研究所的数学家克劳德·艾尔伍德·申农(Claude Elwood Shannon, 1916—2001)被认为是信息论的创始人。1916 年 4 月 30 日,申农诞生于美国密歇根州,与发明家爱迪生有远亲关系。早在 1938 年,申农就以布尔代数在逻辑开关电路中的应用为主题,撰写了题为《继电器与开关电路的符号分析》(*A Symbolic Analysis of Relay and Switching Circuits*)的硕士论文。哈佛大学的霍华德·加德纳(Howard Gardner)教授称这篇论文是 20 世纪最重要、最著名的一篇硕士论文。1940 年申农获得麻省理工学院(MIT)数学博士学位和电子工程硕士学位。1941 年,他加入了贝尔实验室的数学部,一直工作到 1972 年。申农在 1948 年 6 月和 10 月在《贝尔系统技术杂志》(*Bell System Technical Journal*)上连载发表了具有深远影响的论文《通讯的数学原理》。1949 年,申农又在该杂志上发表了另一著名论文《噪声下的通信》。两篇论文成了信息论的奠基性著作,宣告了信息论作为一门独立学科的诞生。在这两篇论文中,申农从理论上阐明了信源、信宿、信道和编码等有关通信方面的一些基本问题,创建了通信系统的模型,提出了度量信息的数学公式,初步解决了从信息接收端(信宿)提取由信息源发来的信息技术问题,提出了充分利用信道的信息容量,在有限的信道中以最大的速率传递最大信息量的基本途径,并着手解决充分表达信源信息,较好利用信道容量的有关编、译问题。1956 年,申农成为麻省理工学院客座教授,并于 1958 年成为该校的终身教授。

"信息"一词至今未有公认的统一定义。随着对通信问题的深入研究,产生

---

① 杨国璋等主编:《当代新科学手册》,上海人民出版社 1985 年版,第 6—13 页。

了三种影响较为广泛的定义。一种是"技术信息"概念，认为信息是物质属性的反映；一种是"语义信息"概念，认为信息是我们适应外部世界，并同外部世界进行交换的内容的标记；还有一种是"价值信息"概念，认为信息是具有价值性、有效性、经济性及其他特性的知识。现代自然科学把信息看作是物质和能量在空间和时间中分布的不均匀程度。信息论一般而言分成三种不同的类型，一是狭义信息论，主要研究信息量、信道容量以及消息的编码问题；二是一般信息论，主要研究通信问题，同时包括噪声理论，信号滤波与预测，调制与信息处理问题；三是广义信息论，不仅包括狭义信息论和一般信息论的内容，而且包括所有与信息相关的领域，如心理学信息论、管理学信息论，以及我们将要重点展开的文学信息论。

信息的特征是信息论研究者共同关心的问题。总体而论，信息可以通过感觉器官直接识别，也可以通过各种探测手段间接识别，要视不同的信息源区别对待。信息是可以转换的，例如，语言、文字、图像、图标等信息，与计算机的代码、广播、电视、电信的信号，都可以进行相互的转换。信息可以再生，计算机、移动硬盘收集的信息可以用显示器、打印机以及绘图等形式再次生成。信息也可以储存，进行运算处理，也可以进行传递。

信息论的主要研究内容是运用数学理论研究有关描述和度量信息的方法，探索传递和加工处理信息的基本原理。信息论认为，任何一个通信之所需要，就是因为接收终端在收到信息之前不知道发送的信息是什么，在这个过程中存在一个信息不对称的问题。接收终端对发送的信息具有"不确定性"。当获得信息之后，这种"不确定性"的多少就可以减少乃至消除。信息数量的大小可以用"不确定性"的多少来表示，事物"不确定性"的多少，可以用概率函数来描述。申农和维纳建立了一个公式，公式中的量是统计量，常常被称为是统计信息或概率信息。在信息论中，采用"熵"这个量，来刻画对象的不确定程度，用收到信息后熵的减少，来表示不确定性的减少，以此度量信息量的多少。那么，通信系统的效率就是传送信息量的效率。

二、信息论在文艺和美学研究领域的运用

在文艺研究领域运用信息论的方法，探索文学和艺术问题的交叉学科，在

我国称作"文艺信息学"①,而在欧美则称作信息论美学。无论名称如何,一般要遵循两个原则:第一,信息论把信息概念看成分析和处理问题的基础,从信息的角度去分析和考察控制系统中的信息联系、信息结构,以掌握系统行为和功能方面的变化规律;第二,信息论通过对信息的获取、转换、传输和贮存等过程的研究,来考察和掌握控制系统的运动规律。在欧美国家,这种研究方式在 20 世纪 60 年代左右,取得了颇有价值的研究成果。但是,这种研究方法也存在着天然的缺陷。因为信息是以基本符号出现的概率为基础的,而艺术信息出现的概率很低,使信息论美学中的重要概念"概念"几乎失去了意义。同时,实验的方法在美学研究中会遇到很多困难,比如将审美信息的有序水平进行分离,这是非常有难度的一件事。

在我国,相对于系统论、控制论,信息论最晚进入文艺研究领域。具体而言,我国文艺信息学包括两方面的内容。第一,研究文学艺术与信息的一般关系问题,比较偏重于理论的思辨,大体包括三方面的内容。首先,研究作家、艺术家与信源的关系。作家、艺术家被看作信息的信源,比如可能探索作家、艺术家为什么发出这样的信源。其次,文艺信息的信道研究。就文学而言,信道可以分为两种类型,声音符号(如朗读)与文字符号,它们都可以把文学的信息传递出去,那么这两种信道之间可以进行比较研究,也可以各自进行单独的研究。这里已经涉及符号学的内容,但在文艺信息学中采用信息论的方法。再次,文艺信息的反馈研究。读者或者观众对文艺作品的反应被当作反馈。文艺活动中的反馈要求快速、准确和深刻,这其实是文艺批评的要求。第二,研究文艺和美学理论与信息论的交叉问题,这方面一般对具体问题研究得多一些。首先包括对艺术作品的"高熵原理"研究。如前文所述,"熵"是指信息的不确定性,熵越高,说明不确定性越大。那么,在信息系统中,控制熵是非常重要的,这一点更多含着控制论的意味。其次,对艺术作品的可理解性研究。过于新颖的作品无法被读者接受,过于陈旧的作品又没有意义。文艺信息学在此的目的,是寻找到最佳的独创信息与可理解信息的结合点。再次,对艺术作品的信息噪声研究。信息论认为,信号=信息+噪声。艺术作品的"信息噪声"是指对作品的误解以及艺术家信息编码的误差。信息噪声认为,这种误差与人为因素有关,同

---

① 鲍昌主编:《文学艺术新术语词典》,百花文艺出版社 1987 年版,第 19—20 页。

时也与文化背景有直接关系。最后,文艺信息学研究"信息译解"。人面对信息,存在一个译解的过程,它依赖于头脑中积淀的信息储存或以此为工具的有效思维活动。译解时,人们会自觉遵守一种规则图式,它至少与某一特定门类的艺术相符。规则图式是某一时代、文化、民族或某一团体所特有的,从而形成特定的艺术风格、艺术流派。"文艺信息学的译解",就是人的头脑依据积淀的信息,识别出这些图式。此外,还有人提出研究文艺信息的独特性问题,即审美信息的特点。

从目前检索到的资料来看,虽然新中国成立初期对信息论的关注和研究比欧美国家相对滞后,最初的译介文献的数量并不是很多,但对信息论的关注除了 10 年"文革"之外,还是一直有所介绍的。最早接触到信息论的领域,并非人文社会科学,而是自然科学。1956 年,《电信科学》刊出 3 篇专题文章,以专题形式介绍了信息论,其中毕德显的《介绍信息论》[①]可能是新中国成立以来第一篇介绍这个话题的文章。此后关于信息论,我国一直有所关注,但每年刊发的文章不超过 10 篇。直到 1980 年,有关信息论的文章在年度文献检索中达到了 30余篇,信息论的研究波及各个行业,哲学层面的反思文章也相继出现。1981 年是我国系统关注信息论的一年。在《国外自动化》杂志中,分 5 期介绍了信息论的基础知识;[②]进而出现了在哲学层面对信息论进行反思的文章:《信息论、控制论、系统论在认识论上提出的一些问题》[③]《信息论的发展和意义》[④]《系统论、信息论、控制论给哲学提出了新课题》[⑤]等。1983 年,信息论第一次进入文艺研究领域,李欣复的《形象思维与信息论》[⑥]一文,用信息论来解释文学创作中的形象思维问题。作者认为,信息在形态上可以分为概念性和形象性两大类,而这两大类信息又存在于每一种思维之中。按照信息论原理,一切思维活动都是大

---

① 毕德显:《介绍信息论》,载《电信科学》1956 年第 5 期。同期刊出的文章还包括蔡希尧的《离散通信体系中的几个重要问题》以及童志鹏翻译的 A. A. 哈尔基维奇的《通信统论概要》一文。
② 王文、吴伟陵:《信息论》(一),载《国外自动化》1981 年第 2 期;王文、吴伟陵:《信息论》(二),第二讲"信源和信息量",载《国外自动化》1981 年第 3 期;王文、吴伟陵:《信息论》(三),第三讲"信道和信道容量",载《国外自动化》1981 年第 4 期;吴伟陵、王文:《信息论》(四),第四讲"编码定理",载《国外自动化》1981 年第 5 期;王文、吴伟陵:《信息论》(五),第五讲"信息处理",载《国外自动化》1981 年第6 期。
③ 傅平:《信息论、控制论、系统论在认识论上提出的一些问题》,载《哲学研究》1981 年第 7 期。
④ 王鼎昌:《信息论的发展和意义》,载《自然辩证法通讯》1981 年第 2 期。
⑤ 魏宏森:《系统论、信息论、控制论给哲学提出了新课题》,载《编辑之友》1981 年第 4 期。
⑥ 李欣复:《形象思维与信息论》,载《当代文艺思潮》1983 年第 5 期。

脑神经对各种信息进行感受、贮存、判断和组合。形象思维则是对形象性信息的反映和处理。作者在这里借用了信息论的原理,将信息分为概念性信息和形象性信息,从实质上来看,则是文与图之间的划分。作者对人脑信息的处理,还是定位在反映论的基础上,但是由于作者提出的文章观点的基础是人脑对于信息的处理,又使形象思维问题延伸出哲学思辨的范畴,而使其具备了认知心理学的特色。

1984 年,是我国文艺领域有意识运用信息论来研究专业问题成果丰硕的一年。《文汇报》8 月 7 日刊登了朱立元的文章《重要的信息的反馈器》,是用控制论、信息论的观点来研究文艺评论社会功能的文章。文章认为,文艺评论对文艺创作来说是一个重要的信息反馈器。陈伟的文章《文艺作品的符号是如何表达信息的》[1],从艺术符号如何表达信息入手,运用信息论来解释艺术符号在传递艺术信息方面的独特作用。作者提出,艺术符号是艺术信息的载体,有它的相对独立性。作者基于这个立场提出一个新的观点,认为过去的文艺理论将艺术作品分成"内容"与"形式"两部分是不恰当的,因为艺术符号不但传达了艺术家想要表现的艺术信息,而且体现着艺术家表达这种艺术信息的信息。那么,表达艺术家选择某种艺术信息的信息,应该属于内容范畴,但根据原来的文艺理论则属于形式范畴。这样就出现了解决不了的矛盾。因此,在作者看来,艺术作品应该分为艺术信息与艺术符号。鲁萌的文章《诗歌的信息系统概论》[2]运用信息论的方法,试图解释诗人、诗作和读者之间的关系,认为诗人是信息源,诗作是信息储存器,读者是信息接受者。张文勋在中国古典文论的研究中继续探索着新的方法,发表了《从系统论和信息论看中国古代文艺理论研究》[3]一文。此后,关于信息论的文学研究一直是信息论在文艺领域运用的一个重要分支方向。

除了文学研究之外,信息论美学的研究也是方法论年的一道非常靓丽的风景,而且是在 1985 年首次出现的年度关键词。姜国庆的《信息论美学及其发展》[4]是目前能够找到的有关信息论美学的最早评介文章。文章对信息论美学

① 陈伟:《文艺作品的符号是如何表达信息的》,载《学术月刊》1984 年第 4 期。
② 鲁萌:《诗歌的信息系统概论》,载《当代文艺思潮》1984 年第 4 期。
③ 张文勋:《从系统论和信息论看中国古代文艺理论研究》,载《云南民族学院学报》1985 年第 2 期。
④ 姜国庆:《信息论美学及其发展》,载《未来与发展》1985 年第 4 期。

在国外的发展现状与大体内容进行了介绍。文章说,信息论美学把一切美的现象都看成一种信息,例如把创作素材看成是信源,创作过程是编码,读者的感受系统就是信道,阅读过程是译码,作品最终的接受可以看成是达到了信宿。在这个意义上说,任何一种美的现象都可以被分离为由一连串符号组成的信息,然后可以对这些信息进行度量,从而确定这些信息所具有的特点。信息论美学与哲学美学的本质性区别在于,传统美学是思辨的哲理阐释,而信息论美学是定量的数学计算。数学计算当然无法解决美的本质、艺术的本质等哲理性问题,而只对对象进行具体的分析。最后,作者对信息论美学未来的发展提出了展望,认为信息论美学将促进整个美学学科的科学化,它的应用范围还将不断扩大,并对整个信息科学作出自己的贡献。金克木的《谈信息论美学》①也是在同年度中较早对信息论美学进行总体评介的文章。文章除了对信息论美学的理论要点作概述之外,引人思考的是作者本人对信息论美学提出的延伸性研究,体现出信息论美学的特殊性,或者说信息论美学要解决的很多困境。首先是层次。在一般的信息传递中,信息是比较容易区分出层次来的,然而在艺术信息的接受过程中,信息的分层是比较困难的。其次是艺术信息的审美特性。一般信息我们只要接收它的语义信息即可,但艺术信息显然不是这样,而且各种门类艺术的审美信息又各具特点。再如对接收者了解信息能力的限度问题。一个人对接收语义信息与审美信息可能会相互排斥,但也会相互综合。文章对信息论美学所面临的困境作了深入剖析,但并不是放弃对它的信心,认为信息论美学具有很大的理论意义和实践意义。李欣复的《论审美信息和审美系统》②在信息论的视角下,对审美信息的信源、特性等内容进行分析。作者认为,审美信息系统属于社会信息系统,它最大的特点是信息主体是有生命个性和精神意识的人。离开了审美信息主体是谈不上审美信息的。审美信息系统的信源包括自然界、社会生活以及文学艺术。文章将审美信息的特点归结为三个:一是感性愉悦的直接性同理性快慰间接性的辩证统一;二是形式和内容两方面都表现为新颖性与可理解性的辩证统一;三是审美信息内容含义的确定性与不确定性的辩证统一。此后,在 20 世纪 80 年代末乃至 90 年代,陆续还有学者关

① 金克木:《谈信息论美学》,载《读书》1985 年第 7 期。
② 李欣复:《论审美信息和审美系统》,载《学术论坛》1985 年第 11 期。

注信息论美学,如涂途的《信息论美学和"审美信息"范畴》[1]《信息论美学研究的几个问题》[2]等重要文章的问世。信息论美学也被运用到各种门类艺术的研究中,出现了以信息论的研究方法来探讨具体艺术现象的文章。与早期的思辨性文章相比,后来的文章更多地采用了真正意义上的信息论美学研究方法。

三、对信息论在文艺理论和美学研究中运用的反思

随着越来越多学者对信息论的关注,这种方法的运用也越来越深入,相应的研究文章也越来越多。1985 年到 1988 年,每年有关信息论主题的文章都超过 200 篇,在 1986 年甚至达到了 312 篇。[3] 由于信息论与系统论、控制论紧密联系在一起,这些文章与其他两种方法存在很多的交叉,因此,单纯以信息论命名的文章数量要少很多。从所发表文章的研究内容来看,与信息论相关的研究领域涉及了社会生活的各个行业,文学研究并不是信息论运用最多的地方。相对于系统论与控制论,信息论是一种实践性和操作性更强的方法,它对数学计算的要求更高,比如对某种词频概率的统计与计算,在计算机没有普及的 20 世纪 80 年代还是一件非常困难的事情。因此,信息论在文学与艺术领域的运用显得更为"慢热"。直到 20 世纪 90 年代,我们才可以更多地看到运用信息论的计算方法来研究文学文本与各个门类艺术的成果。

在信息论美学的扛鼎之作《信息论与审美感知》的最后结语部分,作者提出了这样的设想:"信息论可以被看成是起到基础科学理论的作用,它是具有方法论意义的学科,它带有综合科学的性质。"[4]这样,信息论美学当然应该在哲学方法论的层面上进行思考,它超越了单纯的计算方法而成为哲学的方法论。早在半个世纪之前,信息论美学的创始人莫尔斯的很多经验就值得借鉴。莫尔斯曾用信息论的方法对西欧各国 150 多位著名古典音乐家创作的作品进行调研,对各种演奏会上不同曲目引起听众的不同反映进行分析,进而从大量的数据中得

① 涂途:《信息论美学和"审美信息"范畴》,载《文艺研究》1988 年第 6 期。
② 涂途:《信息论美学研究的几个问题》,载《长沙水电师院学报》(社会科学版)1989 年第 3 期。
③ 这是在中国知网(www. cnki. net)以"信息论"为主题词进行检索得到的结果。
④ Abraham Moles, *Théorie de L'informationet perception esthétique*, Flammarion, éditeur, Paris, 1958. 此处参考了涂途:《信息论美学和"审美信息"范畴》,载《文艺研究》1988 年第 6 期。

出最受观众喜爱的作品的相应信息论系数，再以这个系数为基础，归纳出音乐美的基本规律；之后再将这些数据应用于其他艺术节目的编排之中，得到的结果非常令人欣喜。在互联网广泛渗透到社会生活的方方面面之后，信息论这种方法在未来应该有更加广阔的天地。

无论是我国的学者，还是信息论美学的创始人，都将"审美信息"看成是信息论美学的核心概念。关于这个概念的内涵，学者们的观点各有所长。莫尔斯认为，语义信息是人能够长久记忆的信息，而审美信息是随机性的，如同我们对某个形象感知后留存的记忆，它的储存时间取决于感知程度的深浅。马赫·本泽用存在论的视角来考量审美信息的特点，他所认为的审美信息就是艺术家从混沌自然的存在中，由于自己的个性化选择而产生的显示自己个性特征的信息。如前所述，我国学者关于审美信息的特点也提出了自己富有见地的论述。在这里，引人深思的是信息论美学关于审美信息的提问方式带给美学的重要意义。之前，我们在提到美学时，遵循唯物主义与唯心主义的阵营划分，立刻会想到，美是主观的还是客观的等本体论层面的问题。信息论美学建立的基础是"信息"，在创立者申农那里，并没有谈到信息究竟是物质的还是精神的，抑或是一种能量。这就给信息论美学下一步的思考开辟了一块不受主客观二元对立局限的理论天地。在这里，不需要首先回答这类思辨性问题，而是可以直接关注审美信息的特质，在这个问题背后，隐含着对于艺术独特性的追问，从而避开了学者们反复纠缠的主观与客观问题。既然存在艺术独特性，那么理论思考的视野应该是各种各样的艺术现象，生动活泼的门类艺术以及整个艺术链条上信息传递的过程，作为信源的艺术家以及作为解码的艺术接受者等。更为重要的是，信息论试图在一个统一的"信息"概念基础上，探寻一种超越科学与艺术界限的基础性学问，诗与艺术从理论根基上就站在了与自然科学同等重要的起跑线上。由于信息论美学对"信息"本身的重视，信息的载体"符号"也成为信息论美学关注的一个重要内容，使美学在一个广义的符号学的视角中打开了进一步深入研究的天地。很多文章在今天读来同样发人深省。特别是在当代的互联网大数据时代，信息的接受与传递构成了社会运转中的重要一环，对各种信息的采集和分析，在 21 世纪的今天才刚刚开始。虽然信息论美学并非完美没有瑕疵，20 世纪 80 年代参与信息论研究的学者对信息论美学的宏伟预言与所寄予的厚望，在今天看来可能才刚刚起步，但是，随着电子时代信息重要性的不断提升,以及自然科学方法对人文社会科学的不断渗透,我们有理由相信,信息论美学在 21 世纪应该可以发挥更为重要的作用,拥有更为广阔的天地!

第五节 "新三论"的美学尝试

在高建平主编的《当代中国文艺理论研究(1949—2009)》一书中,由刘顺利主笔的第十一章《科学方法论在文学研究领域的历险》[①]安排了两节,第一节的标题是"'老三论'在文学研究中的运用",第二节的标题是"'新三论'及其他科学方法论在文学研究领域中的历险"。这两节的标题颇有深意,"老三论"是"运用","新三论"则被称为"历险",由此可见,"新三论"以及其他科学方法对文学艺术研究的适用性和有效性是要打一个问号的。所谓"新三论",包括耗散结构论、协同论以及突变论。这些理论无论在观念层面还是方法层面,都是更加纯粹的自然科学方法,相对于"老三论"在我国风行时的盛况,"新三论"在文艺研究领域的运用可谓非常有限。本节分而述之。

一、耗散结构理论在美学领域的尝试

耗散结构(dissipative structure)理论是比利时物理学家普利高津在 1969 年发表的《结构、耗散和生命》这篇论文中提出来的。所谓耗散结构,是指系统在远离平衡态的非平衡条件下通过与外界进行能量交换和物质交换而形成的一种新型的有序组织状态。一个开放系统在到达远离平衡的非线性区域时,一旦系统内的某个参量的变化达到一定的阈值,通过涨落,系统可能由原来的无序状态变为稳定有序的耗散结构状态。耗散结构理论与熵定律正好相反。前文曾提到,"熵"指的是一种无序状态,按照熵定律,宇宙将逐步失去秩序,变为一片混沌,这就是"热寂"。而耗散结构理论指出,系统变化要经历从不稳定到稳定的状态,如几千人同时鼓掌,开始可能杂乱无章,但后来可以趋向稳定同

---

① 刘顺利:《科学方法论在文学研究领域的历险》,参见高建平主编:《当代中国文艺理论研究(1949—2009)》,中国社会科学出版社 2011 年版,第 256 页。

步,这就是"负熵"现象。但有些系统并不能形成耗散结构。耗散结构只存在于开放的系统中,而且系统内的负熵值要高于熵的绝对值。目前,耗散结构理论运用于化学、生物学、环境科学、社会学等领域。[①]

"熵"定律首先可以应用到文学艺术发展历史的研究中。耗散结构理论告诉我们,一个结构发展的历史是动态的,既有熵流体现,即某种文艺思潮的消失和流派的解散,也有负熵现象,如文艺信息量的总体增加和文艺手段的高级化。在耗散结构理论的框架下,艺术创新是艺术系统保持活力的必要因素。人类的艺术是一个开放的系统,它也处在不断的运动变化之中,需要不断地吐故纳新,进而形成一种以创新为机制的复杂耗散结构。艺术发展史同时也是艺术的创新史与信息和能量的交换史。罗艺峰的文章《论音乐中的增熵现象》[②],运用熵定律考察西方音乐发展史,认为音乐发展史是一个逐步组织化、有序化的过程。在 20 世纪前后,原来的音乐体系逐渐开始瓦解,增熵现象出现,但作者并不悲观,认为耗散结构可以自我调节,新的组织化系统也在这个过程中逐步形成。其次,在耗散结构理论视野下观照艺术家的创作,我们可以发现,艺术家的心理过程也要经历一个将所有原始信息整合成为艺术信息的过程,这个过程也可以看成是负熵效应的体现。一旦形成了艺术家独特的创作特性,也就形成了艺术家个人化的风格。再次,从一件艺术作品的视角而言,人物形象的展开过程,也存在类似于耗散结构的过程。刘再复的《论人物性格的二重组合原理》[③]一文,运用了熵定律的原理,论述了人物性格的多重组合关系。作者之所以重视性格,是因为性格的二重性与美感的二重性与马克思所讲的"莎士比亚化"是一致的。作者不仅分析了性格由于空间的差异性和时间的变迁性而产生的流动性,而且看到了性格的相对定向性、稳定性、一贯性和整体性,并结合中国古典美学的相应观点进行论证,也对高尔泰的论文《美是自由的象征》作出了评价。

耗散结构原理中的熵定律其实提出了一个艺术的创新问题,同时也是一个艺术终结的问题。为什么这样说呢? 因为一个系统作为一种耗散结构,必然要

---

① 鲍昌主编:《文学艺术新术语词典》,百花文艺出版社 1987 年版,第 34—38 页。本节中关于"新三论"的基本理论介绍,参考了这本词典。

② 罗艺峰:《论音乐中的增熵现象》上、下,载《音乐艺术:上海音乐学院学报》1983 年第 3 期,1984 年第 1 期。

③ 刘再复:《论人物性格的二重组合原理》,载《文学评论》1984 年第 3 期。

存在一个从平衡到不平衡再到新的平衡的过程。在这个过程中,旧有的平衡被打破,新的平衡建立,这个过程实质上是一个艺术的创新过程。而新的艺术诞生也意味着旧的艺术消亡与终结。在《耗散结构和艺术创新》一文中,作者丁宁实质上提出了这个问题,看到了"艺术的创新问题与耗散结构的辩证的发展观有着惊人的相通之处"。作者提道,"艺术的发展史就是艺术的创新史,它表明了艺术没有创新的品格就必然没有多少生命力······艺术创新的进程就如开放性的耗散结构,不断地吸引新质,又不断地耗散旧质。同时,正由于是一种耗散结构,艺术的发展又维持了一种特殊的有序稳定结构,使艺术鲜明地体现出阶段性以及时代性特点,并且成为自身进一步发展、创新的前提条件之一"①。耗散结构的负熵定律把艺术放置在社会这个综合的大系统之中,看到了艺术与其他社会相关因素之间的复杂关系,并且在这个关系中去考察艺术的风格、时代特点、流派特点等问题,既看到了艺术的创新,也看到了艺术的终结。这对突破艺术的陈旧与程式化,有重要的推动作用。可以说"推陈出新"是耗散结构原理运用到艺术研究中非常重要的成果。

耗散结构理论也并不完全适用于所有的艺术现象,因为耗散结构认为,一个系统还是要达到一种稳定的状态,以形成鲜明的风格流派,但是在艺术多元化的时代,短暂但具有非常惊艳的艺术效果的现象,很可能不足以引起足够的信息能量转换而成家立派,这种现象在互联网时代很可能更为普遍。此外,负熵定律也要求大量的数学计算,这也不是仅有人文社科学术背景的学者能真正在方法的层面运用起来的,而且平衡与不平衡,是否能够被称为一种风格,也还是多种社会力量博弈的结果。

二、协同论在美学领域的尝试

"协同"(synergetics)一词来源于希腊文,协同论是研究不同事物共同特征及其相互协同机理的新兴学科。1977 年,德国物理学家哈肯(H. Haken)在其专著《协同学导论》中提出一种新的系统科学理论,他将其称为"协同学"。哈肯认为协同学研究的系统是包含有大量子系统的复杂系统,这些子系统在性质上

---

① 丁宁:《耗散结构和艺术创新》,载《当代文艺思潮》1984 年第 6 期。

可以非常不同。例如，人是由大量的原子、分子、细胞组成的复杂系统，各子系统分别具有物理的、化学的、生物的、社会的等不同的性质。在一定条件下，各子系统从无序到有序发生演变时，呈现出非常相似的特征，遵从相同的发展规律。协同学就是研究这些基本规律的科学。协同学研究的复杂系统实际上是一个多维度的复杂系统，其间充满着各种确定的和不确定的因素。哈肯运用动力学和统计学等方法，把它们结合起来考察，从而探究系统从无序到有序的演变。哈肯认为，一个这样的复杂系统，会有许多个自由度，假如存在着一个或者几个不稳定的自由度，它们就会牵制着稳定的自由度，使整个系统内部发生变化，一直达到某个稳定的点。这个点就是系统的稳定状态，而其他的点都不稳定。这个稳定状态也可能不是一个点，而是一个振荡圈，它是这个复杂系统的目标。哈肯提出的这个协同学理论，阐明了复杂系统如何从无序走向有序，以及为什么具有目的性的问题。哈肯同时还提出，不仅开放系统如此，即使是封闭系统也是如此。

哈肯的协同学理论，以现代信息论、控制论和突变论为基础，已经被运用到许多学科之中。在我国 20 世纪 80 年代的文艺研究中，直接运用协同论进行研究的文章并不多见，现在被收录进《文学研究新方法论》[1]的文章仅见一篇，即《论审美趣味自组织的协同性》[2]。文章首先界定了自组织的概念。组织指的是在一组事物或变量从无联系的状态进化到某些特定状态的过程，而自组织则是指诸事物或一组变量之间自动发生的，不需要诸事物或该组变量以外的力量加以干预的组织过程。作者丁宁认为，审美趣味是一个完整的系统，其自组织形成的过程实际上也就是内部诸要素（子系统）之间的一种协同过程。文章的主旨是将审美系统看成一个特定的"场"。在这个场域之中，审美心理、定向性审美心理、认识观和价值观、深层社会意识等各种因素默契合作而产生综合的美感效应。在这些因素中，审美心理处于最表层，依次往下直到深层社会意识。其次，这篇文章分析了审美趣味这个自组织所具有的三个基本特征：一是审美趣味以情感为组织核心；二是它的亚稳定性，即审美趣味具有向各种不同组织形式发展的可能性；三是审美趣味的自组织过程具有不可逆的性质。再次，文

---

① 江西省文联文艺理论研究室编：《文学研究新方法论》，江西人民出版社 1985 年版。
② 丁宁：《论审美趣味自组织的协同性》，载《当代文艺思潮》1985 年第 2 期。

章讨论了系统支配参量在自组织协同过程中的重要意义以及系统各要素的相关效应所呈现的"放大"(amplification)现象。什么是"放大"呢？也就是系统内部的各个要素好像是自发地协同组织起来，从而使系统本身产生一种"宏观有用的行为"，出现一种整体性和新的质。作者并不认为某个因素会决定性地支配一个人的审美趣味取向，而是系统中各个要素相互协调的耦合度。

除了审美心理之外，我们可以发现，其他很多类似的现象也可以用协同论来解释，比如阅读经验期待视野、艺术的审美效果等等。因此，协同论的运用在当时来说仅是初步尝试，如果大规模地运用，特别需要注意避免简单机械地套用。直到今天，协同论主要也只是在社会学、教育学、管理学中运用比较多，在文学艺术研究中的运用还不是很普遍。

三、突变论在美学领域的尝试

突变论(mutation theory)是在 20 世纪 70 年代发展起来的数学分支，"突变"一词来自法文，原意是灾难性突然变化之意，它的创始人是乔治·居维叶(Georges Cuvier，1769—1832)。与达尔文的进化论不同，居维叶认为，新物种是在不连续的、偶然的显著变异中出现的。现代科学家发现物种的染色体畸变、基因畸变、细胞质畸变，都是物种发展过程中的突变现象。突变理论脱胎于生物学，在 20 世纪 70 年代由法国数学家雷纳·托姆引入数学研究领域。在出版于 1972 年的专著《结构稳定性和形态发生学》中，托姆系统地阐述了图宾理论，主要内容是考察某一过程从一种稳定状态向另一种稳定状态的跃迁现象。作者认为，任何一个事物都是一个系统，系统结构的稳定性是事物的普遍特性之一。事物本身、事物的运动、事物与事物之间的联系一般都是稳定的。这种状态可以用一组参数描述，即当系统处于稳定状态时，标志着该系统状态的函数值就是唯一的；当一个系统的函数值不止一个极值时，系统必然要处于不稳定的状态。这时，当不稳定的系统重新进入稳定状态时，就会发生突变。突变有三种形式，分别是飞跃式质变、渐进式质变以及结合前两种方式的飞跃式。雷纳·托姆将突变的飞跃形式总结为七种数学模型。只要改变控制的条件，就可以使突变飞跃改变成为渐变飞跃。研究突变理论的目的不仅是描述各种质变现象，更重要的是研究对于质变各种形态的控制。在这个意义上说，突变论与系统论、控制论都有密切的联系。

直接在题目中点明运用突变论进行文学艺术研究的文章为数寥寥，由于它与"老三论"之间的密切联系，有些研究文章是与"老三论"联系在一起的，例如研究一个时代的文艺思潮演变、流派分合、形式变化等，都以系统论为基础理论。这也说明单纯的突变论运用于文学艺术研究的确存在很大的困境。

方法论年的科学主义潮流主要体现在"老三论"的运用上，"新三论"中的耗散结构理论与协同论在文艺研究领域的成果要略好于突变论。科学主义潮流是自然科学强力发展而渗透进文艺研究的结果，也是我国时代背景使然。当时在发表的文章中，不乏生搬硬套之作，令人不忍卒读，但总体而言，科学主义潮流并不应该被轻易忘却，在这股潮流中，历史为我们留下了大量宝贵的财富，触及现代科学研究的很多方法，对于文艺走出旧有批评模式，探索新的批评方法，对于借鉴科学思维的方式，都有巨大的推动作用，促进了社会思潮的开放，开阔了人们的视野。科学主义潮流从根本上涉及的是艺术与科学的问题，这个问题直到今天仍具有现实意义，未来应该进一步探索，它有着更加广阔的空间！

第七章

门类美学研究

自 1746 年夏尔·巴托提出"美的艺术"概念至今,音乐、诗歌、绘画、雕塑、舞蹈、戏剧、建筑以及电影电视等新近加入的年轻门类共同构成了人类审美经验的一个对象群。在艺术史上,围绕这个群体形成了诸多定义和命题,从艺术即模仿、艺术即表现、艺术即创造、艺术即经验到后来提出的家族相似论、艺术界论、艺术制度论等,对艺术本质的不断追问,却始终没有一个确切的答案,从侧面说明了形态各异的门类艺术在各自鲜明的学科特征之下,很难以一个单一概念或标准模式来对它们进行界定或规约。不过,从社会发展的宏观视角来审视,我们会发现在一些特定历史时期,不同门类艺术的活动仍旧会被裹挟在政治、文化、经济的大漩涡中,呈现出共有的规律和特征,这一点在并不遥远的 20 世纪八九十年代显得尤为突出。

"文革"结束后的 20 多年间,在中国社会发生巨变的大背景之下,音乐、绘画、舞蹈、戏剧、电影等艺术门类也都于一夜之间苏醒过来,在百废待兴的形势下,艺术界充溢着探索求新的创作热情,各种新主题、新体裁、新形式、新手法等轮番上阵,崭露头角,并纷纷诉诸美学理论的言说以取得话语权,希望在思想纷争中能占据一席之地,这种自我变化、自我求证的争执风潮一直延续到 20 世纪末期才逐渐平息下来。从最初的热情高涨到后期的相对理性,20 多年间门类艺术的美学思潮转变呈现为三个明晰的阶段:

第一个阶段是"文革"结束到 80 年代初期。文化艺术界的活动集中表现为对"文革"进行回顾、反思与控诉,基本上与政治意义上的批判和清理同步,成为政治上"拨乱反正"、寻求思想解放的一部分。在具体的艺术理论中,反思"文革"、强调艺术主体性的"伤痕美学"与重现"十七年"艺术经典,回到民族艺术、传统美学的审美经验,这两条线路并行,形成了一个特殊时期的艺术创作及相关美学理论思索的小高潮。

第二个阶段是 80 年代初中期至 80 年代末期。在 80 年代"美学热"的浪潮中,一方面,具体艺术门类如绘画、音乐、舞蹈、戏剧等由于得天独厚的学科优势成为美学研究的新热点——自下而上的理论路径要求美学家就具体的艺术活动展开思考;另一方面,各门类艺术在突破传统、解除束缚的内在冲动下,希望借助美学话语寻求学术独立,谋求学科合法性。两方力量的合流让具体艺术门类如绘画、音乐、舞蹈、影视及戏剧的理论表达呈现这样一种特征:都以美学界的话语模式为依托,出现了大量关于具体门类的艺术本体、艺术功能、艺术观念的理论思考及争鸣。但是,杂陈着吸纳西方现代文化和因袭传统及旧有体制之间的矛盾和冲突,不少门类艺术中都出现了由于所执观念的不同导致彼此阋墙的问题。整体而言,这一时期的门类美学显得精进不足、躁动有余。

第三个阶段是进入90年代之后,在中国社会进一步开放,全方位解除思想束缚的大趋势下,各门类艺术活动在走向国际化的道路上继续寻求来自外部和内部的双重认可。对现代艺术观念的理解更加深入,并在重新发现传统文化精神及审美精神的意识驱动下,更加注重方法的更新以及对学术中理性精神的呼唤,使得在西方与东方、传统与现代两条脉络上的不同艺术观念逐渐被认可,在相互的接纳与融合中,艺术观念的多元共生格局初步形成。同时"美学热"的冷寂反而让门类艺术在关注自身的美学话语体系和学科系统建设的进程中向前迈进了一步。

第一节 新时期门类美学的发生动因

1978 年底,中共中央召开十一届三中全会,决定把工作重点转移到社会主义现代化建设上来,这意味着国家告别了以阶级斗争为主的政治时代,迎来了追求美好生活的现实主义时代。欢欣鼓舞的艺术家敏锐地捕捉到了社会变革的气息,一改往日配合政治需求进行创作的被动局面,主动创作了许多反思性的作品。艺术活动化身为疏解与释放社会情绪的最优选择,但是受长期以来的政治使命感驱动的惯性影响,艺术活动在寻求去政治化及自由创作时,还小心翼翼地保持了一定的限度,并没能迅速直接地进入审美层面,有了来自国家层面的肯定与支持,才更大程度地解除了对艺术观念的束缚。

1979 年 10 月,在十一届三中全会提供的思想解放大背景下,全国第四次文艺工作者代表大会在北京召开,这是一次自上而下解放文艺的政治及文化举措,更是推动文艺界变革的强力支持。邓小平在大会的《祝词》中不再用"文艺为政治服务"的提法,指出"艺术创作上提倡不同形式和风格的自由发展,在艺术理论上提倡不同观点和学派的自由讨论""文艺创作思想、文艺题材和表现手法要日益丰富多彩,敢于创新。要防止和克服单调刻板、机械划一的公式化概念化倾向""文艺这种复杂的精神劳动,非常需要文艺家发挥个人的创造精神。写什么和怎样写,只能由文艺家在艺术实践中去探索和逐步求得解决。在这方面,不要横加干涉"。[①] 在不同话语、不同价值标准、不同立场碰撞对立这样一种冷暖交替、错综复杂的历史情境下,这一调整无疑是一个重要的历史转折。此后,艺术活动开始展现异彩纷呈的景象。

艺术不再附属于政治,且在创作上提倡不同形式和风格的自由发展,在理论上提倡不同观点和学派的自由讨论,弱化艺术与政治的工具性关联和隶属关系,强调艺术本身的特质,这些信号的释放让文艺界开始了大胆反思。1979 年11 月,中国美协召开常务理事扩大会,会上就有人指出:"为政治服务具体化的结果就是写中心、画中心,一个政治运动还没有开始或刚刚开始,就强令去紧密

---

① 《邓小平同志代表中共中央和国务院在中国文学艺术工作者第四次代表大会上的祝词》,见《中国文学艺术工作者第四次代表大会文集》,四川人民出版社 1980 年版,第 1—8 页。

配合,必然导致主题先行,把文艺当侍女,听从主人的使唤。"①去除"政治中心主义",倡导自由创作的思想不能仅停留在喊口号、搞批判的层面,解放文艺创作思想亟须相关的学理支撑,作为与美学息息相关的"审美对象",门类艺术成为美学界普遍关注的研究内容。

一、"自下而上"的美学研究

在新的形势下,人们所关心的内容由政治化的艺术论题反身走向探索艺术的本体及其审美的独特规律,以批驳"文革"期间的政治化、概念化的艺术观,重新肯定各门类艺术自身的特性。将艺术本体视为美学研究的重要内容,对艺术进行哲学思考,并在美学领域重置艺术的学科地位等,成为美学界的热点话题。几位重要的美学研究者如蒋孔阳、李泽厚以及高尔泰等人还就美学是否研究艺术、如何研究艺术等问题展开辩论。蒋孔阳认为美学研究的中心就是艺术②;李泽厚则认为美学作为审美关系的科学,它的"对象就是研究美—美感—艺术这样一个总过程,它由抽象的哲学到具体的心理学和艺术学"③;他因此提出"美学——是以美感经验为中心研究美和艺术的学科",美学体系包括:"从哲学到心理学到艺术学,从美的本质到审美态度到审美对象。""美的哲学、审美心理学和艺术社会学是一个'统一整体'。"④高尔泰则在《美学研究的中心是什么——与蒋孔阳先生商榷》一文中表达了与李泽厚相似的观点。⑤ 无论大家争执的结果如何,将艺术作为美学研究的对象也好,作为一个过程中的重要阶段也罢,在当时那样一种忽然开放的现实环境下,美学开始走出纯粹抽象思辨的论争范式,转而关注具体的艺术实践与理论,更大程度地进入具体的门类艺术之中。

讨论美学中的艺术问题,并对门类美学问题进行大规模集中思考是在第一次全国美学会议上。会上学者们就"美的本质"、中国美学史编写及方法、"形象思维"、审美教育、几个艺术门类的美学(造型艺术美学座谈会)等专题举行了多

---

① 《总结经验、繁荣创作——中国美术家协会召开常务理事扩大会议》,载《美术》1979 年第 11 期。
② 蒋孔阳:《什么是美学? ——美学研究的对象和范围》,载《安徽大学学报》(社会科学版)1979 年第 3 期。
③ 李泽厚:《美学论集》,上海文艺出版社 1980 年版,第 187 页。
④ 李泽厚:《美学的对象与范围》,见《美学》第 3 期,上海文艺出版社 1982 年版。
⑤ 高尔泰:《美学研究的中心是什么——与蒋孔阳先生商榷》,载《哲学研究》1981 年第 4 期。

次报告会和座谈会。其中伍蠡甫提出在编写"中国美学史"时不妨和中国书法美学史、中国绘画美学史、中国建筑美学史等的编写同时进行。① 在论及关于中国美学史方法论的报告时,北京大学胡经之提出:一、要求历史和逻辑相统一;二、注意上面和下面的结合,美学的历史呈现出"自上而下"和"自下而上"两种趋势,前者思想家在论证自己的体系时,也论证自己的美学思想,这是从哲学体系出发,后者却是从具体的审美现象、艺术现象出发,概括出比较系统的艺术理论。会上也深入开展门类美学的思考,例如,王世仁的《建筑形象的艺术性和创作思维特征》、朱立人的《舞蹈的几个美学特征》、周来祥的《关于乐记》,绘画方面有郭因的《传神论的产生和发展》,另外,淮阴师专的肖兵呼吁美学界要开展雕塑美学研究。② 当然,会上也有质疑声,洪毅然就对是否需要搞各艺术门类的美学表示怀疑,他认为如果要搞"绘画美学""音乐美学"等,则不宜使之混同于各门类的艺术理论才好。③ 这次会议打开了门类美学的多向度探索空间之门。

到 1983 年中华全国美学学会第二届年会召开时,会议的一个重要议题就是"门类艺术美学"。这时的与会专家对美学与各门类艺术理论的区别及关系已经有了较为明确的意见和看法。其中佟景韩认为,艺术理论是美学的有机组成部分;徐书诚认为,美学和艺术理论对象免不了有重叠部分,同一个对象可以从不同的角度去研究;袁柏梁认为,艺术理论与艺术美学既有联系又有区别,艺术理论的任务是使人"知其然",美学的任务则是使人"知其所以然"。会上也有很多学者强调艺术理论与美学的区别。满都夫认为,艺术理论是艺术自身以理论方式认识自身本质的必然产物,它一方面表现为对艺术表现手段即艺术的美及其尺度认识的技术理论形态,另一方面表现为对艺术实践的经验总结和对艺术功用及其对现实美学等方面的理论认识。美学理论则是以这些方式对艺术认识、创作及实践规律的认识结果。邱明正认为,门类艺术理论是研究本门艺术的本质、特征和产生、发展、创造、构成、批评、鉴赏规律的科学;门类美学则是研究本门艺术中的美(包括美的本质、特征、产生、发展、构成)、美感和美的创造

① 《全国美学会议分别召开高校美学教学和造型艺术美学座谈会》,见《第一次全国美学会议简报》第 5 期,1980 年 6 月 8 日。
② 《全国美学会议继续举行学术报告会并对美的本质、中国美学史等问题进行座谈》,见《第一次全国美学会议简报》第 4 期,1980 年 6 月 8 日。
③ 邹其昌:《建国五十年美的本体论研究述评》,载《武汉交通科技大学学报(社会科学版)》1999 年第 3 期。

规律的科学。邵洛羊认为,美学是艺术哲学,带有深而远的哲理性,凡要上升入美学范围的艺术论点,必须具有哲理性。^①　此外,会上也有就电影美学、音乐美学、中国画与中国书法艺术的特殊规律及与其他各门类艺术美学的关系进行探讨的发言。^②

就学术会议而言,往往是对特定语境下的一些重大问题进行集中对话和探讨,代表着当时的理论焦点和问题意识。从两次会议的主题设定与讨论对象也能看出,在当时,门类美学已经成为美学中的一个重要研究领域。传统"象牙塔"内美学的分化和研究路向的反转在不断拓宽着美学的发展空间,很多理论家都主张"从具体到抽象""自下而上"的美学研究路径,如王朝闻、伍蠡甫、周来祥、刘纲纪、汝信等人都强调美学研究要从特殊走向一般,要对具体门类的艺术美学进行研究才能对整体的美学有一概括性认识。王朝闻提出只有通过掌握雕塑美、绘画美、戏剧美的本质等才能掌握总体的或一般的美的本质,因此他反对抽象地、形而上地讨论美的本质,认为基础理论研究要充分重视对具体艺术感性经验的把握。

> 中外美学史和群众的审美实践表明,作为意识形态的艺术,虽然不是美学的唯一对象,却是美学研究十分重要的对象。艺术的门类众多,每一大门类之中又有许多小门类。它们自身随着条件的变化不断变化,新的门类正在萌芽或者将要壮大……艺术美学不只要掌握各门艺术的共性,而且要掌握各种艺术的个性。经验表明:即使为了掌握艺术美学的一般规律,也必须掌握不同门类艺术美学的特殊规律。
>
> 包括以各种艺术为研究对象的各门类艺术美学,它们的存在价值决定于它们在学术领域中的地位和对艺术实践的指导作用。同时,艺术美学的理论形态可以是多种多样的,譬如说,具象的也可能就是抽象的,著者可以有寓论断于描述的自由,描述也可能具备理论的深度。^③

在王朝闻看来,一切艺术都是在一定时空条件下发生发展的,因此必然存

---

① 《中华全国美学学会第二届年会简报》第 2 期,1983 年 10 月 9 日。
② 赵捷:《中华全国美学学会第二届年会与福建省美学研究会年会综述》,载《福建论坛》1983 年第 6 期。
③ 王朝闻:《"掌握诀窍"——艺术美学丛书·艺术美丛书序》,载《艺术研究》1986 年春季号。

在着差异性与一致性并存的问题;而关于艺术的美的概念性把握就是要以微观的具体的不同艺术门类特点为基础,若仅着眼于各门艺术的一致性和稳定性,就会忽视它们的独立性和差异性,同时也无法准确把握各门艺术发展的运动性,因此,他提出:"即使从艺术美学研究自身的深化着眼,只要不是独立地对待某一门艺术,分门别类地对它体现着共性的个性作理论的探讨,在艺术美学的研究任务中也是非常必要的。"①他还以辩证法的论述方式提出,要从客观需要出发,在美学中不只研究美学原理,而且要研究门类艺术美学。美学与门类艺术美学两者相辅相成。

在艺术活动不断恢复生机的同时,美学研究由关于传统实践哲学和认识论立场的美学原理转变为对具体艺术的审美特性以及艺术作为"审美对象"的问题的探究。学界倡导将"自上而下"与"自下而上"两种路向结合起来,主动借助具体艺术的创作实践和欣赏等多方面的特性来探讨美学问题,并注重强调对美学分支进行自成系统的研究。受这些新路径的触动与启发,音乐、舞蹈、美术、戏剧戏曲等各门类艺术也开始从美学视角审视自身的理论发展。艺术研究与美学处在相互吸引、走向对方的并轨过程中,快速形成了一种朴素直接的、充满活力的理论上升态势。

二、"形象思维"带来的启发

新时期以来,整个社会政治风向的转变为文化艺术的自由发展带来了巨大的动力和广阔的空间,艺术创作在反思中逐渐恢复。同时,美学研究成为中国知识界冲破牢笼、解放思想的精神出口,并在特殊的政治、文化语境下成为推动社会变革的公共话语平台,整个社会都对美学充满了巨大的热情,作为美学研究主要对象的艺术自然不甘落后,艺术界也掀起了从美学视角审视自身的争鸣热潮。

美学研究将艺术活动深度地纳入自我系统,这种思潮反过来也渗透到艺术的各门类学科中,特别是代表一定政治风向标的关于艺术创作中"形象思维"问题的讨论,无疑是一个带有催化性质的爆破点。音乐、舞蹈、绘画、书法、电影、

---

① 王朝闻:《"掌握诀窍"——艺术美学丛书·艺术美丛书序》,载《艺术研究》1986 年春季号。

戏剧、雕塑、建筑等多个门类都受此启发,理论的复苏多从关于"艺术的形象"的讨论开始,进一步发展为对各自学科的一些核心内容,诸如本质、规律、审美特性、呈现方式等进行探究,从自身的艺术特性及规律出发,开始有意识地确立和构建相关学科体系。

如前所述,1978 年"形象思维"这一美学概念的重提暗含着十分重要的政治涵义和文艺指向。同年,李泽厚发表了《形象思维续谈》(1959 年李泽厚曾发表过《试论形象思维》),重申形象思维中的直觉、灵感等是文艺特有的思维方式,艺术不能以逻辑思维和现实生活为唯一标准:"因为光从模拟或狭义的认识出发,要求音乐、舞蹈等表情性艺术也去模拟现实对象,便违反了这些艺术的形象思维的要求和规律。"[1]李泽厚因此提出各门艺术都有其形式结构方面的要求,在创作中必须遵循艺术在形式上的规律;另外,他认为逻辑思维是形象思维的基础,其中包含对艺术形式结构方面熟练掌握的要求。

关于形式与内容的这些思考很快就形成了一种新的话语时尚,1978 年高凯发表《形象思维辨》一文,就艺术中的形式与内容问题进行了反复论证,他认为形象思维是艺术的普遍规律,是艺术创作必须遵循的方法;诗的规律在于用形象的描绘来反映诗歌的内容,这是整个文艺创作的规律,是艺术的形式和内容的关系问题:

> 艺术要讲究艺术的形式,离开了艺术的形式,艺术就失去了它的本质,就不成其为艺术。形式是具有一定内容的形式,内容是在一定形式下的内容,没有无内容的形式,也没有无形式的内容。在形式和内容的范畴中,二者的位置不是固定不变的,作为此一事物的形式的,于彼一事物则为内容,反之亦然。这里没有什么绝对的东西,而一切都是相对的。
>
> 艺术的基本形式或最高形式是形象思维,即通过艺术形象的塑造,寓示(从典型形象的深处揭示)真理。无此形式,便不成其为艺术。我们通常所说的艺术的形式,如文学、戏剧、电影、美术、音乐等,不是对艺术的最高形式而言,而是对能够寓示真理的具体形象的具体内容而言,而这些作为具体形象的具体内容的形式,对艺术的最高形式而言,则不是它的形式而

[1] 李泽厚:《形象思维续谈》,载《学术研究》1978 年第 7 期。

是它的内容了。当然,从艺术的最高形式以下,还会有若干中间环节的过渡,一直到典型形象这个基本内容。无此内容,便失去了艺术的意义。①

在这段论述中,艺术的形式与内容的关系以及艺术的形象思维问题被处理得高深而抽象,这套深奥的带有哲学意味的辨析与解读方式后来成为各艺术门类都乐于采纳的一套话语方式。相较之下,朱光潜的观念更为明晰而有针对性,他阐明艺术的思维主要是形象思维,文艺这种精神生产活动要注重艺术自身的形式与情感表现,希望在艺术活动中强调艺术自身本质规律性的纯粹形式,为此他引用了休曼的一段话来支持自己的观点。

> 德国大音乐家休曼的一段话时常在对我敲警钟:
> "批评家们老是想知道音乐家无法用语言文字表现出来的东西。他们对所谈的东西往往十分没有懂得一分。上帝呀!将来会有那么一天,人们不再追问我们在神圣的乐曲背后隐寓什么意义么?先把第五音程辨认清楚罢,别再来干扰我们的安宁!"
> 休曼在警告我们不要在音乐里探索什么隐寓的意义或思想,因为一般思想要用语言文字来表达,而音乐本身是不用语言文字的,它只是音调节奏的起伏变化的纯形式性的艺术。不过音调节奏的变化是与情感的变化密切联系的,所以音乐毕竟有所表现,所表现的是情感之类内心生活,不是某种概念性的思想。②

显然,朱光潜的提法更为直接和明确,那就是希望在理论探索中要思考各种艺术自身特性及内在规律——纯形式性。艺术要能回到自身纯形式性的部分,突出作者真实的情感表现,这不啻吹响了回归艺术本体的号角,也是对长久以来受政治意识形态管控的艺术的一场思想与理论的解放运动,对于多年来遵循"主题先行"的艺术创作产生了强大冲击力。在美学研究方面,这种关注艺术"纯形式性"特征的理论波及各门艺术的理论建设,在门类美学研究中掀起了一

---

① 高凯:《形象思维辨》,载《社会科学战线》1978 年第 3 期。
② 朱光潜:《形象思维在文艺中的作用和思想性》,载《中国社会科学》1980 年第 2 期。

场关于形式与内容的论争。

借助"形象思维"这个政治上正确、学术界认可的概念，艺术界找到了进入学科本体的话语依据和理论入口。为了能从认识论和艺术实践的角度肯定形象思维的存在价值与意义，艺术家和理论家们开始借助具体艺术的创作实践和欣赏等多方面的特性来探讨"形象思维"问题，从艺术创作过程中的学科特性来挖掘与形象思维相关的理论话语。在音乐界，钱仁康认为："在艺术中，形式的因素是很重要的。没有形式美，就不能引人入胜。形式有一定的独立性，但这种独立性是相对的，形式要服从于内容，而反过来，又对内容起积极的能动作用。两者是互相依存，互相渗透，不可分割的。"[1]舞蹈界关于舞蹈本体性的探讨在"文革"结束后不久就已经开始了，其中，形式与内容的关系也同时成为舞蹈学界的一个话题。1980 年，王元麟提出舞蹈动作正是舞蹈的审美本体，要通过舞蹈的"风格素材""舞蹈动作本身"这样的"纯然形式"来弄清舞蹈的美学特点；徐尔充、隆荫培认为舞蹈艺术的特性就是通过形式美来区别于生活原型，因此应当重视舞蹈艺术形式美，要不断丰富舞蹈的表现手段[2]。绘画界有艺术家们直接从自我实践的角度开始思索形式与内容的关系，吴冠中提出的"要大谈特谈形式美的科学性"[3]等言论在绘画界激起轩然大波，引发了长达 5 年之久的激烈论辩。这些关于本门艺术之形式与内容关系以及强调形式的重要性等的讨论为门类美学开启了理论研究的通道，后文详述。

在一个百废待兴的政治和文化语境下，各门艺术在马克思主义美学理论的基础上，通过形式与内容的讨论达到凸显本门艺术的本体价值和独立存在依据，其根本目的是让艺术摆脱政治功用的束缚，回归其内在规律。今天我们回过头来审视，处在这样一个时代背景下，艺术界关于形式与内容的讨论带有很多局限性，甚至与今天的艺术理论背道而驰，但我们不能就此否认形式与内容之争的历史影响力，恰恰是在这样一个显得较为幼稚而躁动的美学进程中，各门类艺术的学科意识被激活，压抑已久的艺术理论界在相对狭窄的学术视野下，通过美学这条路径，左冲右撞地开始走向学科的自觉，门类美学正式登上历史的舞台。

---

① 钱仁康：《音乐的内容和形式》，载《音乐研究》1983 年第 1 期。
② 参阅徐尔充、隆荫培：《试谈舞蹈艺术形式美》，载《文艺研究》1980 年第 5 期。
③ 吴冠中：《绘画的形式美》，载《美术》1979 年第 5 期。

第二节　绘画美学：观念的博弈与交锋

由于学科本身的先天优势,在对绘画作品的评判中总是更容易直接反映出整个社会对文化艺术的审美态度和心理趋向,因此绘画界的每一次观念激变都能触及甚至引领最新的文化思潮,从而影响着文艺观念的转变。整体来看,从改革开放初期到 20 世纪末,绘画美学的发展大致可以分为两大阶段。

第一阶段是从"文革"结束至 80 年代中期,这一时期主要是新中国成立以来确立的"政治艺术"与西方现代性的"纯粹艺术"之间的争执。其基本问题可以归结为艺术是应该为社会政治服务还是该遵循艺术自身规律。这个问题始终渗透在从反思"文革"、反拨极"左"到争取艺术主体性的多个艺术事件中。同时,由于受"艺术服务于政治"观念束缚已久,理论在围绕着某一艺术事件或观念展开讨论时总会不自觉地将言说者个人的意识形态立场、哲学观念、情感个性以及审美倾向夹杂在一起,因此这一时期理论的话语特征主要表现为针锋相对的批判和饱含激情的论争。

第二阶段从 80 年代中后期一直延续到 90 年代末期,其间尽管也有比较明显的时间上的断隔,但主要的问题都体现为西方现代艺术观念与传统艺术观念之间的对冲。在当时的情境下,面对现代艺术观念恣肆扩张与本土艺术意识逐渐崛起,有视西方艺术为通向思想自由的坦途而欢欣鼓舞者,也有视西方现代艺术为洪水猛兽,认为中国绘画穷途末路的忧虑之思者。因此,理论关注的问题基本可以归结为西方现代艺术之优劣和传统艺术在现代社会的延续与转型两大部分,话语的特征相对理性且注重哲思与辨析。

与音乐美学迅速在理论研究中树立学科意识、架构学科体系,并在后续的发展中不断确立并完善学科的发展路径不同,绘画美学在 20 多年的发展中更多地与艺术实践紧密贴合在一起,以批评的方式触动美学观念的生成。因此,这一时期的理论特征就是激荡交错着多种复杂的情绪和心理,它们在时代浪潮的最高点通过博弈和交锋推动着绘画观念以及文艺思潮的更迭,决定着学科的发展走向。但反过来说,正是这样的特征决定了其学科在学理性、系统性等方面都难以达到严格意义上的完整与明晰。

一、反思极"左"思潮与主体确认

在"文革"结束后不久，绘画创作就开始了反思之路，艺术家们从对阶级斗争的忠诚粉饰转为对"文革"的反思、质疑，进入对乡土的写实和对绘画自身特质的确认。可以想象，在这样一种蜕变过程中，必然会充满对所选择方向的怀疑，必然要经历走向独立征途中的挫折与反复。

（一）"伤痕美术"的反思之力

1978 年 8 月，上海《文汇报》发表了卢新华的小说《伤痕》，作品一改过去仅仅描写现实光明、社会宏伟的主题先行创作手法，以人的情感挫折来折射人生的悲剧性一面，引起人们对"文革"的艺术性反思，也将"伤痕"情结传播到各艺术领域。实践的艺术家比理论家们更早地捕捉到了这股审美倾向，先后出现了一大批伤痕风格的绘画作品。

1. 从社会伤痕到个人感伤

1978 年，《连环画报》邀请刘宇廉和陈宜明、李斌根据卢新华的小说创作了同名作品《伤痕》，揭露"文革"中个人生活及命运的悲剧性一面；1979 年，《连环画报》第 8 期又发表了连环画《枫》[1]，将个人在社会大动荡、精神世界空前扭曲中的命运悲剧呈现在画面中。这是绘画界开始进行反思的重要作品，人们重新思考艺术所应承担的社会责任："我不认为社会主义的艺术主要的是批判缺点和揭露黑暗。但，处在这样一个经历了剧变的时代，艺术责无旁贷地应该回答千百万人关切的问题。"[2]艺术创作仍延续着与社会生活之间的紧密联系，但是艺术的功能不能仅仅为政治意识形态服务，而应该有针对现实的批判能力，这在当时是十分难能可贵的一种艺术观。1979 年，闻立鹏创作的《大地的女儿——献给张志新烈士》、尹国良创作的《千秋功罪》等作品集中对现实中的英雄进行歌颂，对历史给予批评，带有深深的反思和审视意识，艺术家的社会责任感随着时代语境的转换变得更为真实。随后，伤痕的内容超越英雄人物和重大

---

[1] 《枫》是根据郑义同名小说改编的由 32 幅画面构成的连环画，以一种近乎自然主义的笔法描述了"文革"期间的恋人由于在武斗期间各执一派立场，最终相残致死的悲剧。

[2] 迟轲：《连环画〈枫〉的时代意义》，载《美术》1979 年第 8 期。

事件主题,转而聚焦于被卷入政治斗争漩涡中的个人命运与情感世界。1979年,在中国美术馆举办的"建国三十周年全国美展"上,高小华的《为什么》、程丛林的《1968 年×年×日雪》等一系列色彩灰暗、基调忧伤的悲剧性作品问世。作品抛开了过去红、光、亮的色彩和高、大、全的人物形象,采用一种没有明确效果意义或中心主题的手法描绘"文革"时期的武斗场面,用同情和哀伤的艺术氛围表达一种与之前截然不同的政治诉求。它们的出现彻底将伤痕美术作为一种崭新的审美风格确立起来。

最初的"伤痕美术"作品着力再现"文革"中斗争后的惨淡场面,但也有相当一部分作品开始弱化这种主题性的内容,更多转向个人的情绪表达。艺术的精神逐渐被引向了在迷茫中听从个人内心的驱使,从伤痕的社会主题演变为个人感伤的记忆,对个体存在方式及意义进行思索。何多苓 1982 年的作品《春风已经苏醒》、1984 年的作品《青春》等,进一步将感性诗意发展为对时代生存经验的形象象征。王川的《再见吧!小路》和王亥的《春》则是对知青经历的记忆再现。《再见吧!小路》表现一个女知青返城离开农村前夕,深情回望曾无数次走过的乡村小道;《春》则弥漫着女知青的忧郁而无奈的情绪。在谈及作品时,王川说道:"在这样一条艰深而苦痛的小路上,我感见了……一本陈旧历书,这里面有我们多少甜美的笑,又有多少悲伤的歌……但我仍感到了一个孤独的心灵的彷徨、悔悟。"[1]绘画进入个人的内在情感空间,遵从真实人性所指向的心理变化进行创作,迷茫、感伤、孤独、彷徨、忧郁、悔悟等个体情绪性的话语内容成为绘画要表现的主题。无论是表现迷茫还是追求光明,"伤痕美术"一改过去绘画用以粉饰社会、再现政治生活的虚假现实主义,将艺术对象变为个人的真实经历与情感,反而"以形象的真实性,证实了审美的现实性"[2]。

通过对"文革"时期的社会、民族乃至个人历史命运的反思与回望,理性揭示"文革"带给国家和个人的伤痛,重新寻找个体的感性存在,艺术家用艺术作品启动观众的情感闸门,引发观众的审美共鸣,在当时的社会引起了极大的反响。同时,感伤风格的"伤痕美术"从过去高度意识形态化的现实主义创作手法走向了个体的情感表现,进而以个人命运的不幸来暗示国家历史的悲剧性,促

---

① 王川:《期望着她走在大路上》,载《美术》1981 年第 1 期。
② 孔新苗:《二十世纪中国绘画美学》,山东美术出版社 2000 年版,第 384 页。

进了整个社会的审美意识和精神风貌的转变。

2. 对人道主义的讨论

1981 年初,罗中立的油画《父亲》获"第二届全国青年美展"一等奖。作为新时期美术的一个典型和象征,作品以深深的同情和写实主义手法刻画了一个底层农民的艰辛与贫困,将过去不愿意承认的一个国家的伤痕暴露在观众面前。在习惯了看红、光、亮,高、大、全的领袖巨幅画后,忽然看到这样一幅困苦麻木的农民头像,观众所感受到的视觉冲击和心灵震撼完全超出了以往的视觉经验,可以说正是这幅作品让"伤痕美术"走向了普泛意义上的人道主义精神关怀,受到了高度评价。1981 年,《美术》刊物特地刊发了罗中立谈创作动机的文章,成为这幅画的重要注解。文中,罗认为这个端着破瓷碗、满脸皱纹的驯良、老实巴交的"父亲"形象"不是某一个农民的父亲,是我国经过 10 年浩劫的 8 亿农民的父亲,也是当代中国农民的形象。这个形象所体现的力量,是撑持我们整个民族、整个国家从过去走向未来的伟大力量","'我要为他们喊叫!'这就是我构思这幅画的最初冲动"①。无疑,这幅作品反映的是作者心底最柔软的部分,打动人们的正是艺术中闪耀的人性之光。要为底层的普通人呐喊,艺术担起了准确再现社会真实的重任。

当然,面对《父亲》这样一幅暴露社会现实问题、揭示人民真实形象的艺术作品,争议是存在的。针对这种人道主义的同情立场,支持者认为"(这幅作品)说明艺术从天国向现世回复,无论它的作者是否自觉,它都反映了把被颠倒的历史重新颠倒过来的趋势,反映了现实主义的胜利和革命人道主义的胜利"②"他合理地继承了历史上有进步意义的美学观念,大胆地从现实生活中发掘美,他忠实于生活,从生活出发"③。作为一种全新的创作风格,《父亲》这幅作品以处在社会边缘或底层的农民肖像为主题,描绘社会的本来面目,在当时特定的历史语境中具有特殊的意义和价值,这一点是毋庸置疑的。

由于艺术观的分歧,作品在得到广泛赞誉的同时,也受到了以邵养德为首的很多人带有政治意味的批判。邵养德从艺术的社会效应视角切入,站在一种政治的立场上对作品进行价值判断。他在《创作·欣赏·评论——读〈父亲〉并

① 罗中立:《〈我的父亲〉的作者的来信》,载《美术》1981 年第 2 期。
② 西来:《青春的旋律》,载《美术》1981 年第 1 期。
③ 张少侠、李小山:《中国现代绘画史》,江苏美术出版社 1986 年版,第 330 页。

与有关评论者商榷》中提出,艺术家应比一般人看得更远些,要看到普通人看不到的东西,"如果说'守粪'是'苦差',那也不是为了地主和资本家,而是为国家、为集体、为个人,谈不上'吃亏'或'不吃亏'……应当为旧社会的农民不能为自己'守粪'而'喊叫',不要为新社会的农民为自己'守粪'而'喊叫'……农民在旧社会的'苦',没完没了,在新社会吃'苦'是为了未来的幸福",且"作者在他('父亲')身上没有注入任何崇高的革命理想,不知道他怎么会成为 8 亿农民的父亲""艺术创作要注意社会效果,艺术评论也要注意社会效果,不要言过其实"。[1] 其实,当时的艺术家和社会舆论风潮都已经对粉饰性、教化性的艺术活动极为反感,但是理论家在此时还是有些相对保守与迟疑,不能敏锐地把握到这种变化,因此才会站在为"新社会"辩护的立场上,以缺乏现实意义、没有理想等局限性来评判艺术作品,并要求艺术家创作能表达"幸福"的、有理想的面孔。

邵养德这种工具论式的原则概念创作理论招致了一片反对声。1981 年,《美术》杂志第 11 期上发表了邵大箴《也谈〈父亲〉这幅画的评价》,文章认为邵养德忽略了"原型"与"艺术形象"的不同,才会把罗中立的创作动机与构思过程混为一谈;为此邵养德又发表文章与邵大箴进行商榷,强调艺术创作的典型意义。在此之前,《美术》1982 年第 1 期上,不仅发表了李伟铭《也谈油画〈父亲〉——兼与邵养德同志商榷》一文,甚至还刊登了来自江苏沭阳县朝阳公社的一位农民郭祖祥的一篇声明《我们不会为"父亲"感到耻辱》和江苏泰县(现为泰州市姜堰区)一位教员王纲的文章《〈父亲〉与"高大全"》,以证明打破这种一贯以来僵化教条的美学观是从人民的主体意愿出发的,要求艺术必须符合历史发展需要,并与人民生活相统一。这种全民参与的美学思考,一方面说明了《父亲》这幅作品在全社会产生的巨大影响,另一方面也反映出 80 年代"美学热"的盛况,全社会各个群体都乐于对艺术进行批判和评断,艺术批评不是理论家独享的权力,也不是政治意志的从属品或显性承载者,任何人都可以参与艺术批评,都有权发表关于美、关于艺术的审美感受,且可以被视为进行审美判断的重要依据,这也是这一时期艺术理论耐人寻味的阶段性特征。

实际上,带着"文革"遗风的政治批判在这种审美经验的浪潮中陷入了深深的无力感,也从反面进一步说明了无论是对底层农民深切同情的表达,还是对

---

[1] 曾静初:《画什么·怎么画·美在哪里》,载《美术》1981 年第 3 期。

蹉跎岁月逝去青春的伤感回忆,都是社会变革后民众的真实情绪。加之这一时期多数人所拥有的伤痕记忆造就了观众对伤痕美学的强烈体认。"伤痕美术"改变了一贯的从主题立意出发对作品进行判断的话语模式,将艺术活动从歌颂式的创作中解脱出来,走向重新审视自我,更加注重真实的人性描绘。在争议与辩论中,绘画界逐渐开始抛弃了对艺术单一定式的、工具论性质的美学观念,在艺术家的积极引领下,重新开启了绘画美学的新空间。

(二)"星星美展"的反叛与突围

"星星美展"是由群众自发组织的一次社会活动。与专业画家那种相对理性的反思和伤感的气质不同,业余画家们组织的"星星美展"不论是展出形式还是视觉主题,都充满了遭受创伤后的冲动不安和咄咄逼人的气势,甚至由于他们有意识地干预社会现实的突围方式引发了整个艺术界的骚动,因而在美术史进程中留下了深刻的印记,拉开了中国现代主义艺术思潮的序幕。

1979 年 9 月 27 日,以王克平、马德升、黄锐等为代表的青年业余画家组织了一场非官方的艺术作品展——"星星美展",作品在中国美术馆东侧的公园栅栏上展出,150 多件油画、木刻、钢笔画、雕塑等作品参展。展览刚一亮相就由于其内容和展出形式引发了社会的强烈震动,第二天有关部门以影响群众正常生活和秩序为由[1]阻止了该展览,1979 年 10 月 1 日,"星星美展"的部分成员在北京进行游行抗议,"星星"与地方行政管理部门的对峙成为中国现代主义艺术史上的重要事件。1979 年 11 月 23 日—12 月 2 日,经各方协调后,"星星"作品在画舫斋展出。此次展出的作品共有 23 件,展览前言上写道:"过去的阴影和未来的光明交叠在一起,构成今天我们多重的生活状况,坚定地活下去,并且记住每一个教训,这是我们的责任。"[2]而王克平提出"珂勒惠支是我们的旗帜,毕加索是我们的先驱"。栗宪庭采访王克平、马德升、黄锐和曲磊磊的报道中记录道:"人们为什么对我们展览产生这么强烈的共鸣,如果不是人人共有的伤痕,只靠我们不成熟的产物是不够的,这也是我们热爱生活的产物,使我们敢于通过艺术语言把心灵的创伤,从曾经被塞住的嘴里喊出来。"[3]绘画艺术的本质,就

---

① 王克平:《星星十年》,汉雅轩 1989 年版,第 25—26 页。
② 转引自栗宪庭:《关于"星星"美展》,载《美术》1980 年第 3 期。
③ 同上。

是画家内心的自我表现,要把他生活中的感受,欢乐与痛苦画出来。这些宣告艺术要介入社会、表达真实的现代主义艺术口号,成为当时人们宣泄情绪的最好出口。

1980 年 8 月 20 日,第二届"星星美展"进入中国美术馆展出,展览一直到 9 月 7 日方才结束,据称有 8 万多观众参观了这次展览,这成了当时美术界的重要话题,各方意见纷纭。支持者吴甲丰撰文《看星星美展,漫谈艺术形式》为"星展"辩护称:"若谓'星展'作品一味模拟外国而没有自己的探索和创造,那也将是一种莫大的误会……他们的作品固然显得有点形式新奇,却也不是一味地'为形式而形式',而是试用一些新的'造型语言'表达他们的思想感情。"[①]但这些观念在当时招致更多的是反对声。高焰在《不是对话,是谈心——致星星美展》中反对"星星"作品抽象的形式,提出"艺术,毕竟是一种社会意识形态,有其社会功能,作品也要经得起社会实践的检验"[②]。子泉在《致星星美展作者们的一封信》中则就形式与内容问题对"星星美展"提出质疑,认为形式依附于内容,"美术作品是属于意识形态范畴的东西,应该把美术作品作为教育人民的一种手段,使人看了美术作品,潜移默化,从而提高共产主义道德、品格的修养"[③]。干预生活、注重对形式美的探索,"星星美展"的这些主题在当时那样一种社会语境之下无疑具有破冰的重大意义,但是反观理论界针对它的一些讨论,尽管涉及艺术的形式与内容、艺术的社会功能等多个主题,但显然都是带有一种"文革"的话语遗风,附带着一定的观念偏见或政治意图来表达一种功能性的美学观,并未形成深入严谨的理性对话,就这一问题来看,理论的滞后是显而易见的。

(三)关于形式的论辩

无论是"伤痕美术"还是"星星美展",其中都有一个重要的话题无法绕过,那就是关于绘画中形式与内容的关系。特别是"星星美展"中提出的"为艺术而艺术",在理论界引发了关于艺术形式与内容的争议,但所有这些问题最为明确的阐述来自吴冠中。当时,理论界还大量延续着文艺服务于政治主题的创作和

---

① 吴甲丰:《看星星美展,漫谈艺术形式》,载《读书》1980 年第 11 期。
② 高焰:《不是对话,是谈心——致星星美展》,载《美术》1980 年第 12 期。
③ 子泉:《致星星美展作者们的一封信》,载《美术》1981 年第 1 期。

学术惯性,讨论的话题仍旧集中在主题和题材等内容性方面,当很多人还是主张要从生活和人民中汲取经验,要为人民战斗事业而进行艺术创作时,吴冠中逆向而动,针对绘画美学的形式与内容问题发表了一系列言论和观点。

1979 年 5 月,吴冠中发表《绘画的形式美》。文章并不是纯然的理论思辨或推导,而是从自己的实践经历和感受出发,对绘画提出了自己的观点,"希望看到更多独立的美术作品,它们有自己的造型美意境,而不负有向你说教的额外任务""要大谈特谈形式美的科学性"[1]。由于坚持反对让美术作品一味承担说教功能,因此在第四次文代会座谈会上,他开诚布公地提出:"什么画种搞什么题材,我看这类框框要不得了!"[2]1980 年,吴又发表《关于抽象美》,提出"抽象美是形式美的核心""掌握了美的形式抽象规律,对各类造型艺术……都会起到重大作用"[3]。到 1981 年时,吴冠中更加笃信形式对于造型艺术的重要性,在《美术》第 3 期上发表的《内容决定形式?》一文开篇就质疑了数十年来"内容决定形式"这条不成文的法则,认为这种观念极大地束缚了美术创作,因此提出造型艺术中的形式不同于其他生产中的"形式主义",造型艺术的特性本身就是形式,形式就是美术本身,"造型艺术,是形式的科学,是运用形式这一唯一的手段来为人民服务的,要专门讲形式,要大讲特讲";因此,内容要依附形式而存在,"不是说不要思想,不要内容,不要意境;我们的思想、内容、意境……是结合在自己形式的骨髓之中的,是随着形式的诞生而诞生的,也随着形式的被破坏而消失,那不同于为之作注脚的文字的内容"。尽管当时美学界已经有了关于"形象思维"的大讨论,但在绘画界,在艺术观念刚刚解禁不久的中国,要碰触"内容决定形式"这条法则还是要有超前意识与莫大勇气的。吴的这些颇为激进的观念一出,就如同巨石入水,掀起的浩大波澜迅速将一大批理论家都卷入其中。

1980 年,洪毅然在《美术》第 12 期上发表《艺术三题议》,文中提出:"艺术形式的美,不能也不应当脱离其所表现的'艺术内容',而是要被其所表现之特定具体'艺术内容'决定的。可以提出艺术形式的美,而不是艺术的'形式美',以避免陷入形式主义的泥潭。"而冯湘一在《给吴冠中老师的一封信——也谈:"内容决定形式"》中则认为,吴冠中自己创作的画作就是内容在先,形式在后,形式

---

① 吴冠中:《绘画的形式美》,载《美术》1979 年第 5 期。
② 吴冠中:《我的感想和希望》,载《美术》1980 年第 1 期。
③ 吴冠中:《关于抽象美》,载《美术》1980 年第 10 期。

是为表现内容而服务的。邵大箴用一篇对话体文章来呼吁艺术不可以脱离政治而存在,他提出艺术的形式必须在一定的内容前提下而存在:"艺术史发展的经验告诉我们:艺术形式的发展不能靠艺术形式本身的探索去解决,艺术的发展要由社会,由人们的生活,由内容来推动和促进。"①更为集中的反对发生在1980 年年底,浙江美院文艺理论学习小组就艺术的形式问题召开了三次座谈会,集中声讨吴冠中的言论,会上提出:"形式美本身不应当成为艺术创作的目的……片面追求形式美,其结果必然是削弱艺术所应有的认识功能、思想教育功能和审美功能。"②艺术创作和评判所依据的标准到底是自身的规律还是其外用性的功能? 艺术是应该服务于社会、服务于政治还是应该仅仅根据艺术本身规律来创作? 文艺领域为一个新观点专门召开三次学术会议,这在今日看来是不可思议的,但考虑到时代的特殊性,我们会发现形式与内容二者在当时分别代表着两种意识形态倾向,就一个美学问题作出抉择实际上暗示着个人或团体的政治取向。表面上,这场争论是关于艺术形式与内容的辨析,实际上却演变成关于美术的功能问题的讨论,甚至附带有文艺是否为政治服务的立场性选择。

除了这种直截了当的反对之外,还有一种是希望能将形式与内容统一的论调。刘纲纪偏重于认可艺术形式的独立性,他认为把文艺与政治的关系问题作为根本性的原理来讲是不妥当的,那种政治第一、艺术第二的原则是他所反对的,在《关于艺术与政治的关系》一文中,他提出:"相反,有些作品,即使没有什么重大的、深刻的思想内容,甚至还包含有某些不正确、不健康的内容,但只要它能把这种内容表现在优美的、新颖的、精致的艺术形式之中,那我们还得承认它是难得的真正的艺术作品。"③因此在谈及绘画的形式问题时,他注重从关于形式美的本体论的层面来阐释绘画的形式问题,提出:绘画艺术中的形式美或抽象美,指的是把具体事物所共同具有的形状、线条、色彩和这些具体事物相对独立开来加以观察,感受它们所具有的美,并在绘画艺术中加以表现④。叶朗则主张将形式与内容统一起来,艺术形式美与艺术形象之间是一种辩证关系,形

---

① 邵大箴:《此路不通:为艺术而艺术——和一位画家的对话》,载《美术》1981 年第 6 期。

② 浙江美术学院文艺理论学习小组:《形式美及其在美术中的地位》,载《美术》1981 年第 4 期。

③ 刘纲纪:《关于艺术与政治的关系》,载《文学评论》1980 年第 2 期。

④ 刘纲纪:《略谈"抽象"》,载《美术》1980 年第 11 期。

式美应该融化在艺术完整形象之中,不露声色才是最高级的,形式美服务于一个整体的艺术形象:"艺术形式美不应该坚执着它与艺术内容的对立,这个对立应该达到和谐的统一,融合为一个完整的艺术美的形象。也就是说,当艺术的感性形式诸因素把艺术内容恰当地、充分地、完善地表现出来,从而使欣赏者为整个艺术形象(艺术意境、艺术典型)的美所吸引,而不再去注意形式美本身时,这才是真正的艺术形式美。在这里,艺术形式美只有否定自己,才能实现自己。"①

除此之外,詹建俊、钱绍武、沈鹏等艺术实践者也先后发表论文就形式与内容的关系阐发观点。例如,沈鹏认为:"艺术的内容与形式关系还有另一层更广泛的含意:就艺术作为上层建筑的一种形态而言,艺术是一种形式。社会的上层建筑除了政治制度,在意识形态中还有哲学、社会学、伦理学等多种形式。形式的不同意味着内容不相一致。""我认为,每一件具体的艺术作品的'内容'是被艺术作为意识形态的一种特殊'形式'制约的。艺术仅仅是人们再现生活和进行思想教育的一种手段,不能要求它代替一切认识生活和思想教育的手段。"②归结起来看,艺术受政治的约束,艺术应该有一定的教化功能,形式与内容的关系虽然不一定是内容决定形式,但形式一定要与内容联系在一起才具有意义,这种观点无疑是占据主流的。

在热衷于论述形式与内容的辩证关系之外,有一篇关于绘画形式技法的重要性的文章显得较为特别。在《父亲》这幅作品大获成功时,多数人热衷于对其所传达的人道主义关怀进行讨论,对其所呈现的技法与形式上带给当时绘画界的启示并没有太多关注,同为四川美术学院的张方震却通过这幅作品看到了在理论中探索形式技术法则的重要性,并发表了《要注重形式探索——从油画〈父亲〉的艺术成就看形式探索的重要性》一文。文章开篇指出:

在文艺创作中,内容决定形式是大家所熟悉的论点,但形式对于内容的反作用——完满、充分地体现内容或使内容受到歪曲与损害——理论家们则议论较少,特别在十年浩劫时期更是不敢触及的命题。近年来,我国

① 叶朗:《艺术形式美的一条规律》,载《文艺研究》1980 年第 6 期。
② 沈鹏:《相互制约——讨论形式与内容的一封信》,载《美术》1981 年第 12 期。

年轻一代的油画创作取得了可喜的收获,固然与他们熟悉生活、富于情感、敏于思考有关,但也不能不看到,由于他们对中外遗产的不抱成见的学习借鉴,对艺术形式的大胆探索和勤于实践,因而对形式技术法则的掌握与运用,也取得了较明显的成绩。①

张方震认为,罗中立的油画《父亲》在艺术上的成就就是一个辩证地运用形式技术法则、比较完满地体现作品内容的例子。为了进一步促进美术创作的健康发展,繁荣祖国艺坛,对在美术创作中起着极其重要作用的形式技术法则进行专门性而不是谈思想内容的附加成分的探讨是时候了。②

相较而言,张方震在关于形式与内容关系论辩的漩涡之中,冷静地对绘画中的形式技法进行了探索,特别是从四个方面分析了《父亲》这幅作品在形式技法方面取得的成就,"巨与细的辩证统一""详与略的对照关系""色彩与主题的关系""技法的运用与主题的关系",他充分肯定了技法、色彩等绘画的本体性、规律性知识及其表现技巧对于表现内容的重要性,并强调了创作中对形式的探索不亚于作者对生活体验和情感酝酿的重要性。将绘画技法问题提升到形式与内容关系的理论层面展开讨论,这是实践者对绘画美学回归本体的一次响亮发声。

从形式与内容的关系开始,感性的画家提出的问题虽然缺乏理论严密性,却具有现实针对性,是多年禁锢后的一次社会意识的审美逆袭,而理论界虽然声音多元,看法与态度大不相同,但多没有意识到绘画艺术处于社会变革中的深刻意义,多数理论家仍偏重于从反对形式主义、为现实主义辩护的二元对立角度对艺术观念进行价值判断,对新时期下的艺术与社会审美文化及意识形态之间的关系没有顺畅地接受。加之由于立论角度和逻辑轨道的错位,由创作需求而发出的个人审美观和由理论表述而呈现的美学话语并没有统一在一个对话的平台上,因此,来自不同领地的争论尽管表现为一种"百家争鸣"的局面,但由于受思维的局限,很难真正从学理上形成对艺术本质的清晰认识或建构起一个可以对此问题继续追问的理论起点。不过这场辩论让许多

① 张方震:《要注重形式探索——从油画〈父亲〉的艺术成就看形式探索的重要性》,载《美术》1981 年第 9 期。
② 同上。

中青年学者在美学研究领域凸显出来,成为后续绘画美学及批评领域的中坚力量。

随着时间的推移,这场辩论的基调在 1982 年前后发生了变化,虽然"内容决定形式"的声音还在继续①,但对于艺术形式及其审美功能的认识有了更为明确的肯定态度。贾方洲在《试谈造型艺术的美学内容——关于形式的对话》中提出:"艺术应该发挥多种社会功能,应该具有深刻的思想内容和丰富的社会内容,但这不应是对一切种类艺术的要求……审美内容却是一切艺术所必须具备的,而且在造型艺术的某些领域,审美功能是它们的主要功能。如果强求其表现思想内容和社会内容,甚至以这些内容来取代审美内容,只能造成对这些艺术样式的损害。尊重各门艺术的特殊规律,对于艺术理论具有不容忽视的意义。"②当时还在湖北宜城县(今宜城市)文化馆从事基层工作的彭德发表了《审美作用是美术的唯一功能》一文。文章在当时的美学话语之外引经据典,纵横捭阖,选取古今中外的重要美学理论来论述形式美的重要性,大胆提出美无关于教化、认识等功能,美术的唯一功能就是审美,只有先"为艺术而艺术"才能使美术为社会和人民服务的观点:"唯美主义经常被指控为对社会的逃避,是为艺术而艺术。与此相反,确认唯一性的根本动机是力求提高美术功能自身的社会价值,并必然以为人生、为社会、为人民大众服务的美术作品为归宿,使之能在实用的、科学的、道德的和政治的领域,充分施展它的威力。"③在文章中,彭德尖锐地批驳了将艺术的形式美、审美功能等与资本主义形式主义联系在一起而进行全面否定的观念:

> 流行的逻辑是,确立唯一论就会滑向唯美主义,强调形式美就会导致形式主义。这种悲天悯人的情绪,反映出传统偏见的深重僵化性,它笃信的是这样一种判断:唯一性和形式美的提法,或萌芽于资本主义的土壤,或为唯心主义思想家和艺术家所宣扬,因此必然是毒草和谬误。这种判断忘

---

① 例如,1982 年,郎绍君发表于《美术》第 7 期上的《两条借鉴之路——试谈中国画的出新》一文就主张国画的出新要始终围绕着形式,关键是旧形式如何成为新形式。但他也明确指出,形式出新的要求是由新内容提出来的,因此形式的出新永远不是纯形式问题,它归根结底为内容所左右。当然这与之前带有意识形态的内容决定形式论还不是一个概念。

② 贾方洲:《试谈造型艺术的美学内容——关于形式的对话》,载《美术》1982 年 5 期。

③ 彭德:《审美作用是美术的唯一功能》,载《美术》1982 年第 5 期。

记了一个基本常识:正是在资本主义土壤里,产生了达尔文的进化论、爱因斯坦的相对论和马克思主义;正是在唯心主义大师黑格尔和形而上学主将费尔巴哈那里,相继发现了辩证法和唯物论。既然这些划时代的思想能在旧的土壤中生根开花,美术有什么必然的理由会例外呢?①

在一片关于形式与内容的辩证统一、艺术与政治不可分割等观念论争中,彭德冒天下之大不韪,从本体层面肯定形式美,反对将形式美与意识形态联系起来进行判断的一贯作风,这种观点的提出是振聋发聩的。在论证审美作为美术的唯一功能时,他甚至正确预见了美术在未来的发展方向:"以审美作用为特质的美术功能,是一个历史的范畴,它在历史的洪流中携沙挟泥而逐渐异化,伴随历史的进步,它又向自己的本体逐渐靠拢并获得空前高级和充实的内涵。这个否定之否定的过程,在我国,随着人民群众精神文化生活的不断提高,终将成为拭目可待的事实。"②在充分肯定艺术自身规律和审美特性的基础上谈论艺术的功能,相较于意识形态斗争下的僵化的话语论调,这种学理性思辨为绘画美学带来新的活力,形式与内容的大辩论于此达到了理论的高度。

从"内容决定形式"的旧体制传统到形式与内容的和谐统一,再到肯定审美作为美术的唯一功能,显然,学界对绘画的认识从工具论开始转向本体论。

(四) 书法美学的活力重现

经历了"文革"时期的沉寂与萧条,20 世纪 70 年代末,借助于全国上下的文化艺术界的思想解放大潮,一夜之间书法艺术开始复苏。这种变化的直接表现就是出现了众多关于书法的专业画刊。上海书画出版社于 1977 年 10 月创办了大陆第一个书法专业刊物《书法》,1979 年又创办了《书法研究》,1982 年又推出了《书与画》杂志。在展览方面,《书法》杂志社于 1979 年举办了"全国群众书法征稿比赛";1980 年 5 月举办了"全国第一届书法篆刻展";1981 年 4 月举办了"历代书法展览"。影响最大的是 1981 年中国书法家协会正式成立,这是改变中国书法史的具有里程碑意义的重大事件,让中国书法的整个生态系统发生

---

① 彭德:《审美作用是美术的唯一功能》,载《美术》1982 年第 5 期。
② 同上。

了改变。此后，各省也相继成立了书法家协会，为当代书法事业的发展提供了组织保障。同时，对外书法交流也日益频繁，1984年，中国书协主席舒同访问日本和中国书法家代表团访问新加坡等活动，也使大家了解了国外书法发展的现状，形成了国内国际书法界的良性互动。但这个时期书坛注重的还是传统风格书法，一大批老书家如林散之、启功、沙孟海、王蘧常、吴玉如、陆维钊、萧娴、朱复戡、陶博吾、沈延毅、陆俨少等先生，都保持着旺盛的创作活力，且以风格各异的特点，基本延续了"传统风格书法"的特征。

伴随着书法组织的不断建立健全，对书法"观念"新变影响甚大的是20世纪80年代的"书法美学大讨论"。1979年，刘纲纪的《书法美学简论》出版发行，他将书法看作社会生活在人类头脑中的反映，并以此为出发点来论述艺术的本质特征，是一种反映论的书法艺术观。在刘的启发下，姜澄清、金学智、叶秀山、陈振濂、刘正成、邱振中、陈方既、周俊杰等一批中青年学者先后发表文章，阐述各自的理论观点，中国书法界掀起了空前热烈的美学大讨论。最有影响力的当属李泽厚将"书法"看作"线的艺术""造型艺术"，他认为书法并不依存于其作为汉字符号的文字内容和意义，它是"有意味的形式""自由的形象"，强调实践"主体"的创造性，从而极大地促进了艺术精神的解放。这场大讨论从中国书法的美学特征、本体特征、审美特征谈到书法的哲学形态、审美心理现象以及中国书法的美学精神等领域，强调中国书法艺术与西方艺术之最大不同之处，即在于它由一种具有高度抽象力和表现力的线条代替了一切具象的刻画和描绘。最终讨论形成了抽象性、具象性、表现性、表情性、表义性、造型艺术、线条艺术等几大美学范畴，虽然整体论述还缺乏对艺术本质的深入分析，但还是达成了一定的理论共识，基本认可了书法作为抽象符号的表现性特征，并形成了初具体系的理论成果。这场大讨论的影响延续了10年左右，此后的1986年，陈振濂出版《书法美学》，对书法艺术作了系统论述，提出了书法艺术的时空观等美学观点，在国内美学界产生了一定的影响。叶秀山于1987年出版的《书法美学引论》也强调书法可作为独立的艺术活动等。至此，这场讨论从中国汉字的起源去探究中国书法的本源形态，并以此来实现对传统的超越及现代书法的转型，涉及了多方面的书法美学问题，可谓是书法艺术家的思想启蒙运动，同时也确定了书法终究会回归传统的理论基调。

二、20 世纪 80 年代中后期：现代主义的冲击

在 20 世纪 80 年代中期,绘画界的美学观念有了明显的改变,最重要的事件莫过于针对绘画界保守、僵化的创作风格而召开的"黄山会议"与"85 新潮美术"。主流学者提出的观念革新与青年艺术创作者进行的大胆试验在艺术形式和观念上意外地上下合流,汇成一股强劲的变革之力,启动了中国现当代艺术这辆大车,也让绘画界的美学观念发生了彻底的改变。

(一) 体制内外的合力变革

1985 年是绘画思想史上一个极其重要的年份。由于 1984 年第六届全国美展所展览的作品普遍重题材、轻艺术形式,模仿流行,缺乏创新,被批评为"文革"艺术观念的再次蔓延,被定位为陈旧封闭艺术观的最后一次大检阅和终结之展,不满之余,理论界发出了绘画观念革新的呼声。

1985 年 4 月下旬,中国艺术研究院美术研究所、安徽美协、中央美术学院等单位联合在黄山召开"油画艺术研讨会",美术史上称之为"黄山会议"①。来自全国各地的老中青三代艺术家及理论家结合破除油画创作单一模式,批判"题材决定论",强调从艺术本体发挥创作个性等问题,提出了"观念更新"的口号。会议的议题涉及观念的更新、油画的民族化、艺术家与观众、艺术家与社会环境、油画的创新、油画的意象造型、油画的风格、油画艺术语言的个性、艺术批评、传统与现代、现代主义艺术、抽象绘画以及西方现代绘画的历史等多个话题,虽然会议上有人倡议艺术创作要多样不要一统化(有艺术家就自己的创作受到理论的束缚提出意见,认为理论逻辑越多越画不好画,反对用一种统一的理论和观念作为艺术作品的鉴赏标准②),但整体艺术文化气候的转变让大家在更新绘画观念,强调艺术本体的本质功能和艺术的自律性,提倡用艺术的方法研究创作问题等方面达成了高度的一致性。与会者一致认为艺术是一门强调个性创造的精神劳动,没有个性就没有创造,没有创造就谈不上发展。这是油

---

① 解淑智、张祖英:《"黄山会议的前前后后"访谈录》,载《中国油画》2010 年第 6 期。
② 参阅中国艺术研究院美术研究所现代美术研究室编:《油画艺术的春天》,文化艺术出版社 1987 年版。

画界自觉反思过去、主动寻求新世纪发展而组织的学术活动，涉及面广，对话坦诚而充满理想，理论的风向走出了"左"的思维定式。正如会后出版的论文集《油画艺术的春天》所昭示的那样，"黄山会议既是对 80 年代前期以关注形式美的感性创造而解构'文革'模式努力的总结，同时又是由'形式的'感性平面向'语言的'文化层面推进的宣言"①。自此题材决定论、内容决定论等政治统摄下的艺术观念彻底被否定，个性的观念表现得到认可，脱离传统的艺术形式，肯定西方现代艺术观念等都为"85 新潮美术"提供了来自官方的理论支持。

作为中国当代美术新阶段开始的信号，1985 年，"前进中的中国青年美术作品展览"在北京举办，由于其强烈的反叛意识和极端、激进的姿态，展览迅速在全国范围内，包括内蒙古、甘肃、宁夏、西藏、青海等边远地区都掀起了现代艺术的风潮。在没有任何纲领或统一策划的自然形态下，短短两年内共有 79 个艺术群体出现。这次展出同"星星画展"在组织方式上有一种承续的关系，也是在体制之外进行的可以自由发表观念的青年群体作品展。所有这些艺术群体的作品明显受西方现代艺术的影响，不追求形式、技法等，却充满了鲜明的批判意识和参与社会的激进态度。其目的就是：一要通过"非正式"的展览让其"先锋性"作品不需要通过体制内评委的审查就得以与大众见面；二要采用集体展出的方式来彰显个人，个人通过群体的力量来表达对社会的疏离和反抗，进而为激进的美学观念争取合理空间，肯定自我的存在。群体的体制外活动成为"85 新潮美术"的基本实践方式，也带动了之后青年艺术家在体制之外的空间内自由追求独立创作人身份的风尚。

理论界有不少人对"85 新潮美术"所带来的巨大活力和多元风格及其对后世的启示作用表示肯定。袁运甫如此评价："从这些青年人的作品中，真正感到了中国艺术的发展正在从一个面孔走向多元，各种艺术风格的追求开始拉大距离，并形成自己独特的面貌，看到这些作品由衷地感受到百花齐放的艺术春天到了。如果说，过去不少作品的倾向更多的是如实反映生活的话，那么青年人更多的是富有想象力地面对生活，思考、追求、表现是这些作品的明显特色。"②徐家康也发表了《感性形式里的理性世界——新潮美术启示录》，文章认

---

① 孔新苗：《二十世纪中国绘画美学》，山东美术出版社 2000 年版，第 422 页。
② 袁运甫：《评画印象记——谈"前进中的中国青年美展"》，载《美术》1985 年第 7 期。

为新潮美术探求了"美之为美的根源",对这种新的审美观念给予肯定。① 郎绍君则对它饱满的艺术情怀倍加称赞:"它(新潮美术)产生了强劲的冲击力和影响。当有的人正忙于用自己熟练的技艺和声名换取某些实惠的时候,这些无名小辈们在读书、思考、试验,进行着至少是十分严肃的艺术探讨。他们用青春的激情造成了一个新的艺术现实,而这个现实恰好与当代中国的开放、改革同步。"②新潮美术中对自由艺术、反叛精神的崇尚以及要求对艺术自身进行反思的行为使得这一时期的绘画美学研究中更多地加入了哲学性内容。

但是,由于理论的纯粹思辨与批评的话语系统并没有完全融合,因此关于绘画的审美现代性等还未成为理论的核心命题,而这时的理论界仍充斥着非此即彼的思维模式,不少人热衷于对现代艺术观念进行非理性的价值批判,引发了理论的混战,这场论战从"85 新潮美术"发生之初一直延续到 90 年代初期。杜键认为 80 年代中国新潮美术其实就是中国的现代派艺术,是我们借鉴西方文化的必然结果,他说,"由于西方人道主义传统精神的渗透而提出的正义、公平的思想倾向在现代派作品中也有反映",因此,"(新潮美术)是一种不可避免的历史现象"③。在当时反对全盘西化、反对资产阶级自由化倾向的文化语境中,这一言论很快招致更大范围的批判。反对者主张反思"85 新潮美术",反对西方的"垃圾艺术"进入艺术殿堂。如杨成寅就认为:"中国的所谓新潮美术,就其主导倾向来说,恰恰是反艺术规律性和反社会目的性的……在美术界有一小股不健康的暗流从 80 年代初就逐渐冒了出来,这股暗流在创作和理论上主要表现为:否定革命现实主义;否定革命文艺的成果;鼓吹西方现代美术诸流派,其中包括形式主义、抽象主义,说形式是美术的独生公主,说形式就是内容,说什么条件一旦成熟在中国必然会发展抽象主义,主张美术的本质是自我表现,等等。"④

蔡若虹在分析了杨成寅和杜键的两篇文章后,认为虽然杨和杜二人的分歧在于"两个作者的不同立场,杨成寅同志显然是站在保卫社会主义美术的立场上,而杜键同志,他寸步不离的却是保卫'新潮美术'的立场",但两人都没有意

---

① 徐家康:《感性形式里的理性世界——新潮美术启示录》,载《美术》1988 年第 8 期。
② 郎绍君:《论新潮美术》,载《文艺研究》1987 年第 5 期。
③ 杜键:《对〈"新潮美术"论纲〉的意见》,载《文艺报》1990 年 12 月 29 日。
④ 杨成寅:《新潮美术论纲》,载《新美术》1990 年第 3 期

识到"'新潮'理论造就了一批民族虚无、社会虚无主义的思想上的流浪汉,'新潮'作品造就了一批脱离科学艺术观、脱离人民群众生活的艺术上的游民"①。文中蔡若虹进一步将"新潮美术"的泛滥归结为三个原因:一是由于对学院派严格的写实主义的反拨,由严谨走向放荡;二是由于对"文革"时期极"左"思潮的过度反拨,由"无产阶级文化革命"的过分狂热走向资产阶级自由化浪潮的高涨;三是西方现代派绘画(复制品)在我国画家们面前不断地出现;特别是资产阶级自由化思潮的泛滥,对"新潮美术"的产生不仅起了催生作用,而且对"新潮美术"的繁衍与扩散,还起了极为广泛的传播作用。

之后,熊寥发表《新潮美术是一种不可避免的历史现象吗?——与杜键同志商榷》一文,他认为现代艺术与现代派艺术不同,杜键所推崇的现代派艺术并不是源自资本主义社会的进步艺术,而是与现实联系微弱、艺术家自己纯粹主观想象的产物,"西方现代派艺术不仅完全解脱了所谓内容对形式的束缚,而且在艺术形式问题上,又往往把其中某一种因素抽出来加以孤立、突出,甚至绝对化"。这种形式与内容的关系在熊看来是不符合社会主义美术功能、美术自身发展规律及是非标准的,因此"西方现代派艺术的变种——新潮美术于 80 年代在中国的泛滥,绝非出自社会主义中国机体内在需要,恰恰相反,它是在中国社会主体机体上出现的一种痛症!"②尽管有前文提到的"黄山会议"上达成的解放个性的自由创作精神,但对于"新潮美术"而言,理论界否定的声音远远超出我们的想象,意识形态之剑仍然高悬在艺术观念之上,并以学术性的话语方式隐在形式与内容的关系、艺术的功能等问题的论争中,约束着艺术创作及批评的思维习惯。

这一时期艺术创作者在现代性思潮的驱动下,不断运用西方的艺术观和价值体系来对旧有传统审美观进行清理、解析,甚至与其决裂,但理论界在保守绘画传统和抵御外来文化冲击的双重压力下,表达的语言内涵可能是政治的、审美的、个人的、情绪的,也势必造成既有的审美判断标准被质疑、复杂化,但这恰恰是在当时的社会语境下新旧艺术观念交替的一种必要过程。绘画审美观念就是在肯定和否定的相互冲击下不断向前发展的。经历了"星星画展""85 新潮

---

① 蔡若虹:《分歧在于不同的立场——对杨成寅、杜键同志两篇文章的意见》,载《美术》1991 年第 9 期。
② 熊寥:《新潮美术是一种不可避免的历史现象吗?——与杜键同志商榷》,载《美术》1991 年 10 期。

美术",一路走来的现代艺术在 80 年代末期走到了一个拐点。

作为非官方的民间学术机构举办的大型展览,1989 年在中国美术馆举办的"中国现代艺术展"从原则、身份、形式到内容都充满了争议和矛盾,展览中出现的装置、行为、波普等另类越界的艺术作品夹杂着枪击事件、爆炸威胁等"花絮",给当时的艺术生态甚至整个社会都造成了极大的冲击,这让中国当代艺术从最初温和的反叛者变成了充满危险的破坏者、反社会者。一时间审美层面的现代艺术形式变成了社会事件,现代艺术的影响力也达到了顶峰。但此次展览最大的软肋在于各种艺术观念混杂、审美认同不一,整体层次较低,徐冰作为学院派前卫艺术家曾感慨道:"中国的前卫艺术尚处于一个浅层次上,相比之下,自己过于书生气,太过于严肃。"王端廷也直接地指出:"中国没有现代艺术,现在是几个倒爷在搞'现代艺术'。"①由此可以看出,激进的艺术家们所推崇的现当代艺术在一种反艺术、反社会的思想引导下,尽管显得来势凶猛、火药味浓重,但由于普遍缺乏理论根基和自我艺术语言,因此有一种掩盖不住的虚败气象。之后在反对资产阶级自由化的政治批判和清理下,现代艺术受到来自美术理论界、文化界的多重攻击,一时间热潮消退,"新潮美术"所代表的现当代美学思潮的上升之势受到压制。

(二) 中国绘画研究的沉潜与危机

在现代艺术观念一步步挺进绘画特别是油画创作领域,试图扭转或击破中国特有的政治化、工具化艺术生产格局时,传统的中国画由于表达手法的特殊性,还没有被迅速纳入现代化的进程中。因此,新时期初期中国画研究的很多精力都集中在美学范畴及史论的理论建构上,出现了一大批颇有影响的绘画美学著作。

1. 传统书画理论研究

1982 年,郭因的《中国古典绘画美学中的形神论》一书出版,该书通过对中国绘画美学史的梳理,对形神的提出、发展、深化及演变作出了系统的分析和论述,充分肯定了形神论在中国古典美学中的地位,论述涉及中国古典艺术中的写形、传神,以及主观的禀赋、素养、个性、思想、想象、灵感等在绘画创作中的作

---

① 杭间、曹小鸥:《中国现代艺术展侧记》,载《美术》1989 年第 4 期。

用等一系列问题。此外,郭因还先后出版了《中国绘画美学史稿》《元明绘画美学》《中国近代绘画美学》《先秦至宋绘画美学》。这一系列的美学史研究,在社会巨变、群情激动的绘画界变革时期,显得有些格格不入,跟不上时代的脚步,但这也是这一时期中国传统绘画理论的显著特点,那就是于现代化风驰电掣的大车之旁踽踽而行,悄然间收获了不少理论著作。1985 年,伍蠡甫主编的《山水与美学》由上海文艺出版社出版,书中重点收录了蒋孔阳、朱光潜、蔡仪、王朝闻、张庚、宗白华等人关于自然与中国传统的诗、书、画美学关系的相关论述共34 篇文章;1986 年,伍蠡甫又出版了《艺术美学文集》(复旦大学出版社出版),凭借自己对西方美学知识的掌握和对中国古典绘画的深刻理解,对当时绘画界争执不休的形式、抽象、艺术想象、艺术直觉等几个美学命题进行了历史性的客观梳理,而不作过多的立场或价值判断,在将"形式"大争论的几个主题引入哲学思辨的同时起到了一种以正视听的作用。葛路的《中国绘画美学范畴体系》(漓江出版社,1989 年)为国内第一部完整梳理中国绘画美学范畴的著作,从中国绘画的特质和社会功能、审美标准、创作法则三方面对中国绘画美学中的诸多概念进行了梳理,在对风格和概念的理论化辨析中,展开了中国绘画美学思想形成和发展的过程。

一些重要的论文也对中国绘画精神及重要命题进行了整理。王宏建的《试论六朝画家关于现实美的思想》立足于唯物主义的现实观和反映论对六朝时期涉及的美学基本范畴进行解析,从艺术与现实的关系、社会美、艺术美、自然美、艺术的社会功能、美感与审美评价等角度解读戴逵、顾恺之、谢赫、宗炳、王微等人的美学观点。此外,王宏建的《试论宗炳的美学思想》,刘长久的《石涛美学思想初探》,严昭柱的《论自然山水美》,何新、栗宪庭的《试论中国古典绘画的抽象审美意识——对于中国古代绘画史的几点新探讨》,杨力行的《儒学与中国古代绘画的审美观念》,马鸿增的《北宋画论中的"类型"论》,刘汝醴的《南北宗绘画的美学对立》,陈三弟的《论文人画与禅宗》,殷杰的《中国绘画的独特性——论意象艺术》,徐书城的《再谈抽象美和中国画》,徐建融的《静——传统美学的一个重要命题》,胡德智的《宋代墨戏与禅宗》,黄坚的《中国古代绘画理论体系的构成初探》,王韬的《老子的哲学思想与中国画表现体系》等文章都对中国绘画精神进行了深入的阐释与解读。在现代主义之外,关注中国传统绘画精神及美学观念是当时的一个理论生发点,中国传统绘画的美学研究由于远离了现代主义思潮的影响,反而能集中精力对传统绘画精神及其美学理论进行深入思考,为之后绘画美学向传统回归作了充分的理论铺垫。

2. 中国画危机论

在西方文化思潮的强力冲击下,没有什么能幸免于难。在传统绘画理论取得不少成就的同时,中国画却恰恰由于固守传统没有进入现代化革新的队列而受到猛烈的批判。作为反传统的信号弹,1985 年,李小山提出"中国绘画已到了穷途末路的时候了""传统中国画作为封建意识形态的一个方面,它根植在一个绝对封闭的专制社会里""纵观当代中国画坛,我们无法在众多名家那里发现正在我们眼前悄悄展开的艺术革新运动的领导者"。[1] 中国画面临危机!赞同者认为,中国文人画的审美境界所体现的纯粹性和独立性根源只是为了排遣和释放内心的乡愁与孤寂感,获得精神慰藉,"但在我们这个时代中,退避现实的精神还乡显然也不宜再作为民族意识的本体,我们所需要的是'匈奴未灭,何以家为'的直面现实的大勇主义"[2]。以这样的要求来看,中国画确实难以适应当时的现代主义艺术需求。

不过上述的论调并没有成为主流话语,它们的出现更多的意义是促使人们开始将中国画放置在整个文化的现代化进程中进行考量。人们思索在文化突变时代,如何认识中国画这样的传统文化的基本特质与当代价值?中国传统艺术和审美趣味如何应对并与现代文化相对接?冯远认为"今天我们所推崇,并且一再加以肯定的中国画形式和理论体系,实际上是建立在文人画的美学原则基础之上的"[3]。因此,文人画的革新其实决定着整个中国画的现代化进程。梁江就认为:"表面上,人们看到的似乎仅仅是在外来文化碰撞冲击之下引出的,某些审美趣味争论的延续和扩展。实际上,从思想文化这一整体的高度而进行反思,进行再估价,其意义早已超出了一般意义上的文学艺术和狭义的文化的范畴,它必将影响到中国人的精神状态、价值尺度、思维方式、心理结构和审美观念,影响到整个社会的面貌和未来的前途。"此外,梁江在文中还提出:"我们许多热门的关于文化和艺术的题目,常常会出现阵势分明,针锋相向的不同看法,但热烈地争辩了一通之后,又经常发现不过是风马牛不相及地大战了一场,

---

① 李小山:《当代中国画之我见》,载《江苏画刊》1985 年第 7 期。

② 徐建融:《文人画的审美境界》,载《新美术》1986 年第 3 期。

③ 冯远:《并非背叛的选择》,载《新美术》1986 年第 4 期。

甚至连争论的是什么也并不清楚。同一措辞可以互有所指，中国的概念往往没有达到范畴的高度，其中常常夹杂着模糊性、异义性和很大的伸缩范围。有时，从逻辑的、思维的角度看一看某些争论，反而可以发现问题的症结。"①不仅是中国画的问题，整个绘画领域的思想交锋都存在着逻辑错位、概念不统一等问题，这是对先前激烈争鸣的相对客观的评论。但是，关于中国画是否面临危机的这场讨论也反映出学界对于传统文化在现代社会生存和承续状况的忧思和焦虑之情。这种心理和情绪一直到90年代关于"新文人画""笔墨等于零"等的论争中才一点点平复下来。

三、20 世纪 90 年代：审美的多元化

与20世纪80年代新观念、新流派即出就有异见针锋相对的态势不同，90年代的艺术观念及理论发展更为成熟，话语表述较为分散多样，大规模的论辩现象已不多见。在80年代，我们可以看到"伤痕绘画"、形式主义、现实主义、先锋派、新文人画派等不同的艺术流派，而在90年代之后，除了当代艺术逐渐走向国际市场，从不同角度切入当代生活的形式各异的创作风格淹没在整体混杂的多样性特征中，我们几乎很少再看到以不同的艺术追求来命名的某个流派能盘踞一时了。这一状况的益处在于，整体文艺环境进一步宽松，具有独特追求的画家"个人"审美经验更加得到彰显。特别是在1992年之后，随着改革开放的力度不断加大，绘画观念进一步解放，社会情境的巨大转变给艺术创作带来了极为有利的自由空间，艺术家们进行着各种试验，先后出现了新生代艺术家、波普绘画、新表现绘画、超级写实主义绘画、抽象绘画、装置艺术、女性艺术等多个流派，它们轮番上阵，你方唱罢我登场，一时间中国绘画界喧嚣热闹、气象万千，却很难再有明晰的主流脉络可循。

（一）后现代主义思潮下的绘画美学

20世纪80年代末期，一面是政治说教所坚持的保守态度的压制，一面是不断涌入的西方现代艺术观念的激荡，在两种观念的较量中，青年艺术家及理论

---

① 梁江：《历史的重负与现代的自觉》，载《美术》1986年第7期。

家们发现自己在旧有秩序衰退、新思想喷涌的时代,很难找到一个稳定的价值体系和清晰的历史观念来支撑自我精神世界,他们开始求助于哲学思考,一些理论家和艺术家开始普遍地通过新的思维方式,包括新的研究方法(例如曾经红极一时的系统论、控制论、信息论等),从西方哲学和历史的研究角度来论述艺术。当时,一些著名的近现代哲学家,尼采、萨特、海德格尔、柏格森、弗洛伊德、维特根斯坦都成为艺术家所追捧的精神指引,艺术家们在社会活动中扮演着哲学家的角色,借艺术作品来传达哲思并试图对社会现象以及中国绘画进行批评,形成深刻的洞见。在创作方面,艺术家更关心以个人经验为基础的人的生存问题,这样也迫使中国艺术家关心个人的命运,关心他周围的生活和社会环境,但受后现代主义美学的影响,所呈现的艺术形式又带有强烈的实验性、反社会性和解构意识,作品中喜欢采用挪移、拼贴、时空错位等手法彰显个性。张晓刚、岳敏君、曾梵志、方力钧、王广义、周春芽等人的作品,大多形成了艺术家特有的个性与符号。东村艺术家集体创作的“为无名山增高一米”、蔡国强在中国嘉峪关“延伸长城一万米计划”等行为艺术作品,表达了个人的感觉、个人化的生存境遇和意识。

后现代主义思潮下的这些多种多样的新艺术表达形式引发了新的理论热点,出现了不少对后现代艺术及后殖民主义、女性主义艺术等新问题、新概念的思考。但后现代主义到底是什么? 1995 年的《美术观察》杂志创刊号上还分别刊登了王瑞芸的《如何看待后现代主义艺术》,邵大箴的《后现代艺术之我见》,朱伯雄的《关于后现代艺术与后现代研究》,朱狄、碧湘的《后现代主义的来源及其困惑》,李一的《后学热与九十年代美术走向》等多篇文章。其中,王瑞芸认为后现代艺术是一种“态”,而不是一种“形”,是一场思想观念的革命;邵大箴指出后现代艺术就是否定“经典现代主义”,反对艺术的精英化,倡导大众文化,是一种多元化、多中心的艺术形态;朱伯雄认为“后现代既不是现代主义艺术的延续,也不是一种具体的艺术流派,它只具有广泛的文化时向性意义。创作者较之现代派艺术家更多地关心周边的政治、社会或文化问题”。[1] 正如李一所概括的那样:“1989 年后,面对日趋活跃的后现代文化现象,一批青年学者一方面翻译介绍后现代主义理论,一方面用理论武装后的批评策略展开研究。德里达的

---

[1] 朱伯雄:《关于后现代艺术与后现代研究》,载《美术观察》1995 年创刊号。

解构主义、拉康的精神分析、福柯对知识和权力的论述、杰姆逊的第三世界文化理论、利奥塔的元叙事以及哈桑、哈贝马斯、佛克马、罗蒂等理论家有关后现代研究的著述和观点在中国青年知识分子中引起强烈反响。以'后'打头的术语逐渐增多起来，'后学'在中国渐有显学之势。"[1]理论的热情再度被点燃，后现代主义与后现代艺术的相关话语占据了思想的舞台。此后，相关理论系统及艺术观念不断被引入，在绘画界掀起了一股强劲的西方理论话语风尚。

后现代艺术强调最大程度的自由，为绘画界的女性主义、实验艺术、后殖民主义等新兴艺术观念提供了可能的思想空间。由于后现代主义、女性主义、实验艺术等自身具有的思辨话语基因和反思精神，因此与此前关于绘画的大辩论场景相比，在这些相关的理论阐述中已经很少能看到情绪化的批斗遗风或者是带有政治说教立场的批判话语，取而代之的是哲思性的美学表述和对社会现实的忧思。例如，《美术观察》1997 年第 3 期上不仅刊登了多幅女性画家的作品，还发表了陶咏白的《走向自觉的女性绘画》、贺诚的《中国有没有女性主义艺术》、李移舟的《五十年代中国视觉图像中女性符号的创造》、蒋岳红的《女性主义在中国》等多篇涉及女性主义艺术的学术文章。关于实验艺术，最为中肯的评价当属巫鸿所指出的："在 90 年代中国当代艺术的所有分支当中，实验艺术最为敏锐地反映了环境的巨变——传统景观与生活方式的消失，后现代城市以及新型都市文化的兴起，人口的大规模迁移……其结果是出现了一大批以种种视觉艺术形式来表现自我的作品，包括绘画、摄影、行为、装置及录像等等，这些作品共同反映的是人们处于剧烈变化的社会中对于个性的迫切追求。"[2]这些流派纷呈的理论阐述为绘画美学引入了多个思想体系及研究视角，基本上确立了后来的绘画批评形式和话语表达方式，对今日的视觉艺术批评及理论产生了深刻的影响。

（二）现代书法的探索运动

如前文所述，西方艺术观念在 1980 年代初中期对当代美术和书法产生了重大影响，直接催生了 80 年代的"现代书法"思潮。1985 年 10 月 15—29 日，部分受西方艺术思潮影响的书画家在中国美术馆举办"中国现代书法首展"，同时

---

[1] 李一：《后学热与九十年代美术走向》，载《美术观察》1995 年创刊号。
[2] 巫鸿主编：《重新解读：中国实验艺术十年(1990—2000)》，澳门出版社 2002 年版，第 252 页。

宣布"中国现代书画学会"成立,这标志着"现代风格书法"从幕后走向了前台。这种极力解构"传统风格书法"、努力探索新书法的表达方式,先后共举办了 20 多次重要的"现代书法"展览。可以说,80 年代的"现代书法"在书坛上产生了重大的影响,出现了以谷文达、徐冰、洛奇等为代表的解构汉字、打破传统的后现代倾向。进入 90 年代后,这种倾向与后现代艺术思潮完全汇合,形成一股更加新奇而自由的创作方式。谷文达对汉字偏旁的重组具有水墨效果,且仍遵循了传统的笔法,因此作品的反叛充满了"温和色彩";徐冰在《天书》系列之后开始循着"中国"设计"新英文书法",自造自刻了许多"新英文",具有强烈的解构性质,也是书法创变的个体语言的典型代表。这种拆组、消解及融合外域文化的方式影响到整个 90 年代现代书法的美学走向,并导致了 90 年代洛奇倡导的"书法主义"的出现。"书法主义"主张"抽象书写",并对文字进行抽象式的拆解,从本质上对抗传统命题,否定书法的原义,成为现代书法在 90 年代最为重要的表现形式。①

当然,在现代书法不满足于"传统风格书法"的艺术模式,坚持宣称"笔墨当随当代"时,80 年代自然受到传统书法拥护大军的贬抑,并与传统书法在观念和形式方面形成对峙,但是进入 90 年代之后,这种对立状况得到改善,传统书法中也开始强调在传统之外发掘现代观念的价值,逐渐形成了"书法新古典主义"与"新文人主义""学院派"等书法流派,这种开放性的探索让传统书法在 90 年代艺术活动全面国际化的大背景下,仍能成为创作者及理论者关注的焦点。这一时期的主要理论著述有:陈云君的《中国书法美学纲要》,侯镜昶主编的《中国美学史资料汇编:书法美学卷》,萧元的《书法美学史》,金学智的《中国书法美学》(上、下),陈方既、雷志雄的《书法美学思想史》,陈振濂的《书法美学教程》,陈延祐的《书法学新探》,陈文的《明清书法美学探微》,毛万宝的《书法美学论稿》,尹旭的《中国书法美学简史》,郑晓华的《翰逸神飞:中国书法艺术的历史与审美》。这些理论成果奠定了书法美学的学科基础。

(三) 中国绘画美学的转型与崛起

1. 中国画的承续与转型

为了应对来自现当代艺术观念的挑战,同时反对部分现代水墨画派过于激

---

① 刘宗超:《中国书法现代史》,中国美术学院出版社 2001 年版,第 119—122 页。

进的做法，1989 年，中国美术馆举办了"新文人画展"。尽管有人认为新文人画的出现并没有扭转传统绘画消沉的局面，它可能也还是西方现代艺术观念冲击之下的一种妥协之举，但更多人认为，作为一个流派，新文人画是传统水墨艺术在现代转型中形成的一个特色含混的探索方式，是在经历过 80 年代新潮美术理论对文人画的批判后出现的，旨在显示传统艺术的生命力，超越简单激进的新旧论，以及现代与封建等对立概念。薛永年认为，新文人画注重强调"（中外美术）共同具有的审美娱情作用，则是实现人的主体精神的自由和本质力量的展现。这在紧张的峥嵘岁月过去之后，更是适应人类需要的一个重要方面"①。陈绶祥认为文人画是代表中华艺术精神的核心，它与西方绘画有根本性不同。文人画薄技法而厚精神，重在寻求自我、抚慰人生、展示文化精神，"我们很难将'文人画'当成某种特定风格流派的产物，也很难说出它们代表着某类作者或某些作品所表达出来的那些具体艺术追求。它们实质上是一种文化的诸多基因在一定时代条件下所表现出来的在绘画艺术上的认识与继承，是一种民族绘画语言中那些较高层次与较有个性的对文化理解认识结论在不同时代中的发展与阐释"②。因而，陈绶祥坚持 20 世纪的新文人画与中国文化的发展相对应，是一种绘画的主张和文化追求，新文人画是传统复兴的象征，从打倒到改造，从恢复到重建，是历史发展的必然③。与之持相似观点的还有林木，他认为，文人画虽然在今天已经失去了外在意义，但作为"具特定内涵的浪漫主义绘画思潮，在今天和将来，仍然会对中国画坛产生深刻影响"④，它曾经具有的垄断画坛的地位是历史发展的必然。

邓福星客观地解读了新文人画，认为它不同于其他当代水墨画和传统文人画，它是前卫派艺术刺激中国传统文化的结果，其最大的特点在于与现实保持距离。新文人画既区别于传统，又"与旧文人画有着最直接和最明显的继承关系，它们在最基本的艺术观念和创作方式上保持着一致性。新文人画是旧文人画在当代历史条件下的一种新形态"，"新旧文人画在创作目的上持出世态度，从题材到立意，都较少社会意义"。⑤ 这种观念也非常有代表性。同样，王鲁湘

---

① 薛永年：《大陆新学院派与新文人画的兴起》，载《雄师美术》1990 年 5 月号第 231 期。
② 陈绶祥：《文人画新论》，载《美术研究》1990 年第 1 期。
③ 陈绶祥：《新的聚合——新文人画经纬》，广西美术出版社 1998 年版。
④ 林木：《论文人画》，上海人民美术出版社 1987 年版，第 179 页。
⑤ 邓福星：《新文人画略说》，载《美术》1989 年第 4 期。

将新文人画的特点归结为,"轻视现代观念""反刍传统尤其是文人画传统""强化被现代工业文明破坏了的自然意境与古朴人生""笔墨多承南宗绘画潇散蓬松、飘逸轻灵一路""最重要的一点,他们的绘画是庄禅精神的当代表现"等[①]。因此,新文人画所追求的镇定、智慧、成熟三种精神品质是传统文化精髓在现代社会的体现,但是王本人也承认这是一种迟暮精神,并不符合现代社会的发展需求。封学文也认为作为一种新的艺术语言,新文人画必须减少中国画中的虚无一面,"中国画若没有雄强、阳刚之气为其支柱的话,是难以振作起来的""中国画必须重新构建自己的心理结构,延伸传统精神要立足于本民族现代意识的研究与开拓,在传统与现代、新与旧、东方与西方的碰撞、交融中,产生出一个崭新的艺术世界"。[②] 这些观念反映出当时人们对待传统绘画的一种矛盾和犹豫心理,既对在断裂之后能延续传统绘画方式和精神的新文人画欢喜不已,又对其无法满足或应对社会变革的需要而心有焦虑。

今天我们从中国绘画美学观念发展历史的角度来看,新文人画作为一个历史性的审美范畴和新的艺术形态,在当时社会其实有其存在的必要性和必然性。它的出现消解掉了使命感驱动下的批判式激进美学观,使艺术家以一种从艺术自身规律和画家自我生存体验的角度来进行创作,以平稳心态进行艺术活动,在多元文化共生的格局下,为传统绘画的审美趣味正名,一定程度上张扬了中国绘画的民族性与文化内涵。

2. 传统艺术精神的再发现

同样是关于中国画,90 年代吴冠中的再一次发声引起争论。1992 年,吴冠中在香港《明报月刊》上发表了《笔墨等于零》一文,1997 年,这篇文章被《中国文化报》全文转载,1998 年,《美术观察》第 2 期再次摘录了该文。文中吴直言不讳地指出:"脱离了具体画面的孤立的笔墨,价值等于零。"[③]吴的本意是要反对死守传统笔墨、不求创新的保守态度,此言论一出即被推到学术争论的风口浪尖,对当代美术产生了巨大的影响。不久张仃就"笔墨等于零"问题予以正面回应,发表了《守住中国画的底线》一文,文中从中西绘画的恩怨纠葛谈起,认为笔墨才是中国画的根本,是其底线,否定笔墨就是否定整个中国画,"它是认识中国

---

① 王鲁湘:《"新文人画"与"有教养的画"》,载《美术》1989 年第 4 期。
② 封学文:《新文人画的构架》,载《美术》1990 年第 11 期。
③ 吴冠中:《笔墨等于零》,载《明报月刊(香港)》1992 年 3 月。

画的最根本的立脚点,是中国画的识别系统";因此,"笔墨就是中国画的局限性,就是中国画的个性。现在,是到了积极地而不是消极地评价笔墨局限性的时候了"。①

围绕着吴张两位艺术家不同的"笔墨"观,一大批艺术家和理论家参与了这场讨论,使得这场讨论逐渐演变为美术界的学术论辩,产生了不同的论派。关山月认为笔墨当随时代,他认为,否定了笔墨中国画就等于零。郎绍君在分析了笔墨的形态、风格、格调及其与色彩、造型的关系后,提出:"笔墨在漫长的历史过程中积淀了中国文化与心理意识结构的特质,已非单纯的技巧制作。""传统绘画对笔墨格调及其与人品一致性的强调,正体现着中国艺术对真与善尤其是善的极大关怀。应该说,这正是中国艺术传统的本质特色之一。"②陈传席在《笔墨岂能等于零——驳吴冠中先生〈笔墨等于零〉之说》中指出,笔墨集中着画家的功力和情思,它自身就是一个主体。"传统中国画的最高价值,就集中地体现在笔墨中,中国画的灵魂也集中体现在笔墨中,笔墨岂能等于零!"③这场关于笔墨的纷争一直延续到21世纪,后世有学者将其归纳为四大阵营:口号派认为笔墨是根本,否定笔墨就是否定中国画;传统派通过反驳笔墨等于零的论点,对笔墨进行概念上的阐释,确立其在中国画艺术体系中的重要地位;客观派则重点分析吴、张二人思想中的合理与不合理成分,进行价值判断;革新派则强调笔墨的造型功能,积极思考中国画中笔墨的创新与发展④。

由于笔墨是集合中国传统艺术精神的典型性审美符号,因此,这场学术争鸣实际上更多是一种在全球化语境下对中国画转型困境的自觉反思,是中国绘画美学在东西方艺术观念相会相融时在存在方式和边界等问题上的一次清理,它对解决中国现代绘画美学发展所面临的"东方与西方""传统与现代"关系问题产生了深刻的影响,是中国探索现代绘画,走出一条符合自己的当代美术道路过程中的一次思想清理,对促成中国画审美风格的多元化发展起到推波助澜的作用。

---

① 张仃:《守住中国画的底线》,载《美术》1999年第1期。
② 郎绍君:《论笔墨》,载《美术研究》1999年第1期。
③ 陈传席:《笔墨岂能等于零——驳吴冠中先生〈笔墨等于零〉之说》,载《美苑》1999年第1期。
④ 刘凯:《二十世纪末美术界"张吴之争"分析与研究》,载《清华大学学报(哲学社会科学版)》2011年第3期。

(四) 绘画美学研究的理性回归

随着对外交流的日益频繁,社会科学方面的译介研究不断增多,人们对西方理论的掌握更加全面,加之对中国传统哲学精神的重新发现和继承,以及对中国传统画论研究的不断深入,理论家拥有了开阔的历史与思想视野,发现新经验、创造新美学的动力,让理论界从 20 世纪 80 年代的集体亢奋中形成的"百家争鸣"的氛围中走出来,逐渐形成了相对系统的绘画美学理论形态。

1. 海外学者的影响

历史厚重、传统社会特征鲜明的中国文化历来是西方学者关注的一个重要方面,特别是在改革开放之后,中西方文化交流通道不断拓宽,海外学者对中国艺术的研究和学术信息的交流也更加便利,20 世纪八九十年代在欧美涌现了一批包括罗樾、苏立文、高居翰、方闻等人在内的中国艺术研究学者,并一度形成了相应的谱系和流派,而这些研究也陆续被译介到国内,影响到八九十年代的中国艺术理论。例如,洪再辛主编的《海外中国画研究文选(1950—1987)》(上海人民美术出版社,1992 年),薛永年《书画史论丛稿》中的《美国研究中国书画史方法略述》(四川教育出版社,1992 年)均对此有所介绍。1986 年,方闻整理的有关中国绘画在美国的研究概况被翻译成中文发表①。在 1996 年出版的 *Possessing the Past* 一书中,方闻对中国画乃至整个中国艺术背后的文化现象进行讨论,在研究方法和学术专业性方面为中国艺术史研究作出了积极的贡献。

在众多海外中国艺术研究者中,苏立文是 20 世纪第一个系统地向西方世界介绍中国现代美术的西方人。从 20 世纪上半叶起,他就与众多艺术家有着密切的交往经历,掌握了大量的第一手资料,也更深入地理解了中国艺术家不同的艺术趋向,其史论叙述穿梭于中国古代美术与现代美术之间,他长于从社会学角度探讨中国美术与社会发展的关系,这也是当时国内许多艺术史研究者难以企及的。在八九十年代,苏立文的《东西方艺术的交会》《20 世纪中国艺术与艺术家》等著作出版,它们对中西方美术进行比较,特别是对 20 世纪中国美

---

① 方闻著,石守谦译:《西方的中国画研究》,载《故宫文物月刊》第 4 卷第 9 期。

术的现代性进程作出阐释并向国际学界传播中国美术，这些著作的贡献是历史性的。有学者准确地评价道："苏立文为 20 世纪中国美术所作的通观性叙述，为这 100 年来中国美术的丰富史实编织了相互关联的网状结构，而且突出了中国社会变革的现实与中国文化对美术创作的支撑，从而建构起中国美术自身发展的文化逻辑。"①

2. 走向成熟的中国绘画美学

进入 20 世纪 90 年代之后，中国绘画美学理论研究在西方艺术观念的恣意漫流中崛起，出现了一大批整理中国绘画美学理论脉络、强调中国绘画审美精神的理论著作，成为全球化大潮中发现本土精神的一次理性回归，也代表了绘画界在寻求他者认可的过程中，通过向传统文化精神的回溯来确立审美主体性的心路历程。这一时期的中国绘画美学研究蓬勃兴盛，内容繁多，本文仅选取笔者认为的荦荦大者按时间顺序进行简单介绍。1992 年，周志诚出版了《石涛美学思想研究》（漓江出版社），石涛的绘画美学思想融儒道禅为一体，有独到而完整的体系和鲜明的中国美学特色，是后世研究和理解中国画的重要理论基石，周志诚将石涛的《画语录》作为一个完整的美学思想表述，从中梳理出"艺术本质论""艺术创作论""艺术发展论"和"艺术家"四条脉络，系统地阐释了石涛绘画美学思想中的东方特色。1994 年，高建平的《画境探幽》（香港天地图书公司）出版，重点对中国古典绘画的美学与社会学问题进行分析。1996 年，高建平又于瑞典乌普萨拉大学出版社出版了《中国艺术的表现性动作（英文）》（中译本于 2012 年由安徽教育出版社出版），动作是隐含在中国传统绘画理论中的重要元素，是书法与绘画存在血脉关系的明证。高建平从线条、线条与线条之间的关系、动作在绘画中的具体表现等方面具体论证了中国绘画的特质。1998 年，朱良志在《扁舟一叶——理学与中国画学研究》（安徽教育出版社）一书中强调不能用西方的绘画观念来生硬地裁剪中国画的特质，中国画家尤其是宋元之后的中国画家用思想来绘画，因而作者从新儒学的角度来解剖中国画学和绘画创作的研究路径，力求走向绘画的背后，寻找在其中流淌的中国思想文化的一脉清流。此外，1998 年，樊波出版了《中国书画美学史纲》（吉林美术出版社），1999 年，徐志兴出版了《中国书画美学简论》（江苏美术出版社），1999 年，程至的出版

①《中国美术》编辑部：《苏立文与 20 世纪中国美术》，载《中国美术》2012 年第 6 期。

了《绘画·美学·禅宗》(中国文联出版社)等,这些都是中国绘画美学研究的重要著作。2000 年,王朝闻主编的《中国美术史》(北京师范大学出版社)出版,作品以中华民族审美意识的发生、发展和演变为纲统摄一切美术现象,提出了一整套有独到见解的绘画美学史观。

上述著作积极构建作为审美主体的中华民族及其所创造和接受的绘画美学体系,尽管这些理论研究在一定程度上是受西方美学研究方法的影响而作的,但更多是通过西方的学术思想来不断反思自己的问题,它们不仅仅是简单的美学观念或问题的解读与解决,而多试图从中国传统文化中抽绎出鲜活的思想,带动了中国绘画美学理论走向成熟和系统化。

第三节　新时期音乐美学发展状况

20 世纪初,伴随西方文化以及相关思潮,音乐美学作为学科概念进入中国,以萧友梅 1920 年发表《乐学研究法》以及之后青主 1930 年出版《乐话》、1933 年出版《音乐通论》等著述为起点,音乐美学学科建设在中国正式开启。1949 年,中华人民共和国成立,确立了马克思主义为中国国家意识形态,1959 年,中央音乐学院音乐学系起草第一份研究性教材提纲《音乐美学概论》(草案),1979 年,第一届全国音乐美学会议召开,1985 年,中国音乐美学学会成立等一系列重要历史事件,表明了中国音乐美学学科不断发展,其独立自主性不断凸显。尤其自 1979 年以来,在取得历史性、突破性发展的基础上,音乐美学在扩大领域、深入发掘的前提下,扎实稳步地向纵深发展,挖掘思想遗产,广采精华,融会贯通,通过对体验问题的认知关切、对感性问题的理性关切、对美学问题的哲学关切,进一步提升对音乐美学学科性质的深度认识,不断寻求并逐渐回归学科原位,对音乐美学学科何以安身立命的绝对尺度有了进一步的自觉认知与体悟。近年来,中国音乐美学学术共同体通过思想与作品研究,凸显音乐的艺术问题、美学问题和哲学问题,并不断接近音乐美学学科原位。老一代倾力开拓,中生代日益成熟,新生代层出不穷,学科谱系编织精致,学人风范绚丽斑斓,逐渐形成了中国音乐美学的当代学统。

一、重要学术活动与成果

新时期以来的音乐美学成就,集中体现在一些重要的学术活动与学术成果之中,本部分将分别论述之。

全国音乐理论工作座谈会于 1979 年 12 月 18～27 日在广州举行。这是"文革"结束之后第一次召开的全国性音乐理论工作座谈会。该会原本为全国音乐理论工作者座谈会,由于关于音乐美学问题的讨论受到会议的特别关注,因此,在会议期间被作为专题进行单独讨论,有鉴于此,在 1985 年于漳州召开的全国音乐美学会议上,有人提出将该会音乐美学专题讨论作为学科发展的一个重大事件予以追认,得到绝大多数与会者的响应,并得到漳州会议期间成立的中国音乐美学学会的确认。由此,把 1979 年在广州召开的全国音乐理论工作座谈会中的音乐美学问题讨论作为第一届全国音乐美学学术研讨会,按此顺序,把 1982 年在南昌召开的全国第一次音乐美学座谈会作为第二届全国音乐美学学术研讨会,把 1985 年在漳州召开的全国第二次音乐美学座谈会作为第三届全国音乐美学学术研讨会,之后的全国音乐美学会议,即按此后续排定。会议主题:在中共十一届三中全会精神的鼓舞下,进一步解放思想,畅所欲言,针对当时音乐评论、音乐美学、音乐创作等方面存在的问题进行讨论。关于音乐美学问题的讨论,主要涉及:音乐的形式功能与表现功能的美学问题,波兰音乐学家丽莎的音乐美学思想,艺术的阶级性问题,奥地利音乐美学家汉斯立克音乐美学思想。除此之外,还有关于社会生活问题、音乐美问题、音乐欣赏问题、音乐特殊性问题、一曲多用问题等。中国音乐家协会主席吕骥在全国音乐理论工作座谈会结束时作总结报告,会后以《用"百家争鸣"促"百花齐放"》①为题在《音乐研究》1980 年第 1 期上发表文章,就"十七年"音乐理论工作的经验、当前音乐理论中存在的问题、音乐美学、音乐刊物、音乐理论的规划 5 个问题发表意见。

第二届全国音乐美学会议于 1982 年 10 月 5～14 日在南昌举行。会议主题:以党的"双百"方针为指南,共同交流近几年来音乐美学研究的成果,并就我

---

① 吕骥:《用"百家争鸣"促"百花齐放"》,载《音乐研究》1980 年第 1 期。

国现实音乐生活中的美学问题以及音乐美学如何在建设高度的社会主义精神文明中发挥应有的作用等问题进行研讨。会议讨论的议题,主要涉及:理论联系实际、音乐教育及其审美教育、音乐的阶级性、标题音乐与非标题音乐、音乐形象问题,以及音乐美学研究的对象与内容、如何建立具有民族特点的音乐美学体系、对中国古代音乐美学思想和西方音乐美学思想的评介、音乐表现的特点、音乐的娱乐性等许多问题。与会者提交的论文大致内容包括:音乐的本质及其规律、音乐的内容与形式、音乐形象、音乐审美教育、中国古代音乐美学思想、音乐美学史等。座谈会一致同意,成立音乐美学研究组,隶属于中国音乐家协会理论委员会,并初步制定了今后的研究课题。数年后,人民音乐出版社于1987 年 12 月出版《音乐美学问题讨论集》,其大部分论文系参加该次会议所提交的论文或者会议上的主要发言。

第三届全国音乐美学会议于 1985 年 12 月 15~25 日在漳州、厦门举行。会议主题包括:对音乐的本质——音乐是否表现感情、如何表现感情——的探讨,有关"音乐形象"问题的思考,有关形式与内容关系的问题,音乐社会学角度的探索,马克思主义与新方法论的关系问题等。除此之外,还有对中国古代儒、道各家音乐美学思想的考察,对西方历史上一些音乐美学思想的评介,对音乐创作实践、音乐表演艺术实践中美学原则的分析,从价值论角度对音乐审美价值的探索,以及从未来学角度对音乐发展方向、趋势的畅想等。会议结束之前,在全体与会代表的表决下,中国音乐美学学会正式成立,隶属于中国音乐家协会理论委员会。

第四届全国音乐美学学术讨论会于 1991 年 4 月 9~13 日在北京平谷县(今平谷区)举行。发言涉及的内容十分广泛,如音乐美学对象和方法、音乐美学的哲学基础及其反映论与主体论问题、音乐美学论域、音乐的存在方式、中西音乐美学思想史、中西音乐美学观的比较研究、音乐创作本质、音乐感性鉴赏力的审美生成、音乐风格、音乐形象、意境、传统音乐中的美学问题、具体音乐型态中的美学问题、音乐与其他艺术的比较研究、音乐审美问题、音乐心理学、音乐审美教育,等等。会议形成的讨论热点主要有:1.关于音乐的主体性问题;2.关于传统音乐中的人文精神问题;3.关于音乐美学研究对象问题;4.关于音乐美学的哲学基础问题。中国音乐美学学会副总干事何乾三代表学会干事会作总结发言①，后以《上下求索，任重道远——在第四届全国音乐美学学术讨论会上的总结发言》为题先后在《人民音乐》1991 年 6 月号和《中央音乐学院学报》1991年第 3 期发表文章，文章指出，中国的音乐美学学科已经基本完成起步阶段，即将进入扩大领域、深入下去的发展阶段。

第五届全国音乐美学学术研讨会于 1996 年 5 月 8～12 日在山东淄博师专举行。会议把音乐存在方式确定为音乐美学的基本问题，在此总体框架内把具体论域限定在音乐存在方式的美学思考上，大致形成以下几个方面的切入点：1. 音乐以何种方式存在，构成音乐存在的基本要素是什么？ 2. 从基础理论、史论研究、比较研究、美育等不同视角出发论述音乐存在方式；3. 从音响型态结构的内在依据、形成音乐风格的外部条件、音乐风格体裁的综合分析、总体的音乐学分析等方面涉及具体的研究对象；4. 从音乐活动的不同环节——创作、表演、接受、批评、教学、传播、传承等触及音乐存在方式；5. 通过音乐存在方式的变易探究音乐审美价值的相对性和绝对性。其总体目的在于，弄清楚何谓音乐存在的关键因素，何谓音乐审美的真实意义，音乐艺术与其他艺术在存在方式上的根本区别何在。同时，通过对具体现象的分析以达到美学理论形态的升华。2008 年 6 月，依托上海市第二期重点学科，即特色学科"音乐文化史"，由上海音乐学院出版社出版了以《音乐存在方式》②为名的文集，由韩锺恩任主编，内容包括会议上提交的绝大部分论文。

第六届全国音乐美学学术研讨会于 2000 年 8 月 1～4 日在兰州西北民族学院举行。会议主题为以美学作为理论基点，立足世纪转换之当下，针对贯穿世纪发展的中西音乐文化关系进行回望与前瞻，并具体通过创作、表演、理论、教育等路径切入。研讨会之后，举行了中国音乐美学学会大会，会长于润洋作会议总结，并代表理事会作题为《1996—2000 音乐美学学科发展与学会工作的回顾与展望》的报告。他指出，中国的音乐美学研究正经历一个在不断扩大学科领域的基础上，稳步地向学科的纵深发展的阶段。报告从基础理论、历史研究、向新的边缘学科领域的扩展、音乐实践中的美学问题、介入现实、文献建设等六个方面进行了总结。

① 何乾三：《上下求索，任重道远——在第四届全国音乐美学学术讨论会上的总结发言》，载《人民音乐》1991 年 6 月号，《中央音乐学院学报》1991 年第 3 期。
② 韩锺恩主编：《音乐存在方式》，上海音乐学院出版社 2008 年版。

第七届全国音乐美学学术研讨会于 2005 年 11 月 21～23 日在广州举行。会议主题为"20 世纪以来音乐美学新发展、传统音乐美学研究、音乐美学学科建设问题研究"。中国音乐美学学会会长赵宋光在开幕词中指出：音乐美学学术研究和学科发展中面临五惑，即理论层面的疑惑、实践方面的困惑、非学术甚至反学术的诱惑、学术道路上的迷惑、音乐生活中有一些使人难以自制的蛊惑。他针对三种失语现象(民间音乐文化资源、先锋现代思潮、娱乐空间低俗泛滥)，提出从思辨转向诉求，并促成艺术门类各界专家携手联合。

第八届全国音乐美学学术研讨会于 2008 年 11 月 24～26 日在上海举行。会议主题包括：音乐美学与音乐哲学的关系、音乐感性体验与表达、20 世纪中国音乐美学研究及相关学科建设问题。会议主办单位上海音乐学院，依托上海市第二期重点学科"音乐文化史"特色学科建设项目，编辑出版 5 种(6 册)学术出版物提供给会议研讨：韩锺恩主编的《音乐存在方式》[1]，韩锺恩主编与导读的《中国音乐学经典文献导读》音乐美学卷[2]，韩锺恩主编的《音乐美学基础理论问题研究》[3]，韩锺恩主编的《二十世纪中国音乐美学问题研究》上下册[4]，韩锺恩、李槐子主编的《音心对映论争鸣与研究》[5]。研讨会后举行学会会员大会，韩锺恩会长作了《2005—2008 中国音乐美学学科建设与中国音乐美学学会工作报告》，通过对 3 年历史的重点回顾，给出这样的基本估计和总体评价：立足当下，以学科自觉姿态，通过深入发掘与注重内涵建设，不断寻求并逐渐回归学科原位。具体表现在以下几个方面：学科队伍素质愈益精良——由粗放到集约，学科意识指向愈益明确——由铺张到聚焦，基本进入有所为和有所不为的自觉转换——由学术泡沫到学科软着陆，特性研究与个性写作逐渐占据主位——规模一统性范式消解，通过研究生教学拉动产学研互动——学术共同体逐渐成型，通过问题驱动研究——当代意义愈益凸显。他还进一步提出中国音乐美学学科发展与中国音乐美学学会工作的未来方略：通过优化结构、合理配置、融资融智、乐学互动，去孵化与培育更多更成熟的学术共同体。

第九届全国音乐美学学术研讨会于 2011 年 11 月 25～27 日在西安举行。

---

① 韩锺恩：《音乐存在方式》，上海音乐学院出版社 2008 年版 。
② 韩锺恩：《中国音乐学经典文献导读》，上海音乐学院出版社 2008 年版 。
③ 韩锺恩：《音乐美学基础理论问题研究》，上海音乐学院出版社 2008 年版 。
④ 韩锺恩：《二十世纪中国音乐美学问题研究》上下册，上海音乐学院出版社 2008 年版 。
⑤ 韩锺恩、李槐子：《音心对映论争鸣与研究》，上海音乐学院出版社 2008 年版 。

会议主题包括：现代性进程、多元化语境、跨学科策略与当代中国音乐美学，音乐美学基本问题与相关实践问题，改革开放以来音乐美学学科的发展以及于润洋、赵宋光、蔡仲德、茅原、王宁一、张前等著名音乐美学家学术思想等。会议期间，西安音乐学院音乐学系、中国音乐美学学会编写的《1994—2004：谐和的同唱——西安音乐学院音乐美学硕士论文选》①，罗艺峰主编的《无穷的探索——音乐美学研究文集》②，罗小平、冯长春编著的《乐之道——中国当代音乐美学名家访谈》③，刘红庆的《耀世孤火——赵宋光中华音乐思想立美之旅》④等提供给会议研讨。韩锺恩会长就会议涉及的问题作了总结，对会议论题的关注焦点进行点评，并认为美学史有向思想史转移的发展趋向，应当注重对音乐历史文化内容的研究，注重对音乐表述问题、跨学科与多元化等问题的研究。

第十届全国音乐美学学术研讨会暨中国音乐美学学会成立 30 周年庆祝大会于 2015 年 6 月 18～20 日在北京举行。会议主题包括：学会成立 30 周年及学科发展近百年的历史回顾与前瞻，基础理论问题研究，应用理论问题研究（包括表演、教学、美育等），中国音乐美学史与中国音乐的美学问题研究等。会议分学科发展、中国音乐美学史、中国传统音乐的美学问题、音乐创作、作品与批评、音乐文化批评、聆听与理解、音乐与人文、基础理论问题研究、应用理论研究等主题，并设有青年论坛。

除以上所列十届全国性学术研讨会之外，自 1978 年至今，尚有若干具有影响力的学术活动也值得一提：1985 年 4 月 1～6 日，在北京中央音乐学院举行《乐记》《声无哀乐论》学术讨论会。1986 年 12 月 15～24 日，在北京中国艺术研究院音乐研究所举行音乐美学哲学基础、对象、方法读书研讨会。1993 年 4 月 5～7 日，在北京中央音乐学院举行"作为社会文化现象的流行音乐"专题研讨会。1993 年 9 月 3～6 日，在山东省东营市胜利油田举行"（当代/20 世纪）中国音乐美学志述"课题研讨会。1994 年 12 月 6～8 日，在香港大学举行中国音乐美学研讨会。2006 年 12 月 10～11 日，在上海音乐学院举行 2006 音乐美学专题笔会：20 世纪中国音乐美学问题研究。2008 年 5 月 19～20 日，在兰州西北

---

① 中国音乐美学学会：《1994—2004：谐和的同唱——西安音乐学院音乐美学硕士论文选》，太白文艺出版社 2009 年版。
② 罗艺峰：《无穷的探索——音乐美学研究文集》，太白文艺出版社 2010 年版。
③ 罗小平、冯长春：《乐之道——中国当代音乐美学名家访谈》，上海音乐学院出版社 2011 年版。
④ 刘红庆：《耀世孤火——赵宋光中华音乐思想立美之旅》，齐鲁书社 2011 年版。

民族大学音乐舞蹈学院举行 2008 音乐美学专题笔会:音心对映论争鸣。2009 年 10 月 17~19 日,在北京中国音乐学院举行 2009 音乐美学专题笔会:多元文化语境中的音乐审美价值。2010 年 11 月 19~20 日,在浙江师范大学音乐学院举行 2010 全国音乐美学学会高层论坛暨专题笔会:音乐美学教学问题研究。2012 年 12 月 2 日,在广州华南师范大学举行 2012 音乐美学专题笔会:音乐美学学科资源考掘与身体在音乐审美活动中的作用。2013 年 11 月 16~17 日,在南京艺术学院音乐学院举行 2013 音乐美学专题笔会:中国古典与传统音乐美学问题研究。2014 年 9 月 13~14 日,在长春吉林艺术学院音乐学院举行 2014 音乐美学高峰论坛:音乐的意义与价值问题研究、音乐的理解与诠释问题研究。

根据历年《中国音乐年鉴》中相关音乐美学研究综述记载,新时期以来音乐美学研究主要集中在以下几个方面:基础与对象、现象与本质、客体与主体、实践与应用、音乐美学基础理论、中外音乐美学史论、古典范式与传统程式的音乐美学问题、新方法新思潮的影响等。显而易见,这些研究主要还是处在常规性研究范围之内。从学科发展看,更加值得关注的是,自 1980 年代以来,相关研究逐渐由音乐美的本质向音乐审美经验、音乐存在方式、音乐意义、音乐感性体验与表达、音乐聆听与理解诠释、音乐美学学科语言问题扩展或者转换,并且在方法上通过汲取外来资源时有变化。一定程度上说,这 30 余年来的研究愈益接近音乐美学学科原位。

二、主要学科问题

(一) 学科渊源

总体而言,当代中国音乐的学科形成有多重结构渊源。首先是 20 世纪初,中国传统,包括古典范式音乐美学理论与传统程式音乐美学实践等,因新文化运动与西方扰动中断;其次是 1920 年,主要来自德国传统(里曼)的萧友梅的音乐美学理论,以及后来青主受德国思潮影响进行的论述,对形成具有现代范式、呈现理论形态的学科有相当的意义,但比较生硬、粗略,而且基本没有传承下去;再次是 1949 年之后,基本影响来自苏联与东欧,尤其是苏联意识形态的强制性输入,并成为学科重心;之后是 1978 年改革开放之后,西方现代与后现代思潮大面积席卷我国,造成一定程度的结构性消化不良,马克思主义统摄依然是重要事实,中国古典传统有所接续;接下来是 2000 年前后,知识更新与学科换代借资源配置进行格式化,并呈现明显的重新布局态势,中生代的自觉与新生代的自信逐渐凸显。

(二) 学科断代

整个 20 世纪中国音乐学科大致可依据以下四个方面来进行断代划分:音乐功能、音乐本质、音乐经验、音乐意义。这样的情况,基本类似于牛龙菲在《当代中国音乐美学的历史哲学反思》①中的描述,该文从历史哲学的反思角度,对 20 世纪中国音乐美学的学术范式转型与思维运动行程进行如下定位:当代中国音乐美学的初始要旨是关注创造实践之社会功能,当代中国音乐美学的难解之谜是关注客体作品之美的本质,当代中国音乐美学的热门话题是关注欣赏主体之审美感受,当代中国音乐美学的未来焦点是关注音乐艺术之存在方式。

除此之外,宋瑾的《论 20 世纪中国的音乐美学研究》②与杨和平的《感性的体验、理性的表达——新中国音乐美学研究 60 年》③,对历史的总体概括也值得关注。

宋瑾的《论 20 世纪中国的音乐美学研究》以历史时段划分为前提,对相关问题进行较为全面系统的概括:第一个时期,19 世纪末至 1949 年,包括实用主义音乐美学、音乐教育和音乐社会功能的中国古代音乐美学思想研究,几乎涉及音乐各个方面的研究;第二个时期,1950 年至 20 世纪 70 年代末,包括受苏联影响的音乐美学文论,配合政治发表的音乐批评,真正学术意义的音乐美学研究;第三个时期,70 年代末至 90 年代末,包括学科基本问题研究,理论联系实际的研究。其中,涉及基本问题的有:50 至 70 年代末,主要涉及音乐与意识形态的关系,革命现实主义与革命浪漫主义及民族化问题,音乐形象的问题;70 年代末至 90 年代末,主要涉及对音乐美学学科的界定,哲学层面的音乐美学研究,音乐美学中自律与他律观点的专门研究,音乐的内容与形式问题的专门研

---

① 牛龙菲:《当代中国音乐美学的历史哲学反思》,见《20 世纪中国音乐美学问题研究》上,上海音乐学院出版社 2008 年版,第 14—67 页。

② 宋瑾:《论 20 世纪中国的音乐美学研究》,载《黄钟》2006 年第 3 期。

③ 杨和平:《感性的体验、理性的表达——新中国音乐美学研究 60 年》,载《黄钟》2011 年第 4 期。

究等。

杨和平的《感性的体验、理性的表达——新中国音乐美学研究 60 年》,回顾了新中国音乐美学学科的发展历程,盘点了新中国音乐美学学科的丰硕成果,检讨了新中国音乐美学学科存在的缺失,展望了新中国音乐美学学科的未来前景:承续中构建——音乐美学学科发展的新视域(20 世纪上半叶至改革开放),瓦砾中崛起——音乐美学学科发展的新维度(改革开放至 20 世纪 80 年代中),融合中互补——音乐美学学科发展的新论域(20 世纪 80 年代中至 20 世纪 90 年代末),繁荣中开拓——音乐美学学科发展的新视界(21 世纪初至今),反思中检讨——音乐美学学科发展的新路径。

(三) 学科主体

当代中国音乐美学的学科主体,主要指基本问题与范畴两个方面。

值得关注的基本问题主要有:蔡仲德的《中国音乐美学史》[①]中所提到的情与德(礼)、声与度、欲与道、悲与美、乐与政、古与今、雅与郑六个关系。韩锺恩的《音乐美学基础理论问题研究》[②]中提出 21 个基本问题,其中属传统美学范畴的有:形式与内容、自律与他律、音响与情感、形态与风格、感性与理性;属工作美学范畴的有:结构与功能、功能与价值、声音与声音概念、情感与形式、有声与无声、感性与形式、作品与现象、感受与诠释、事实与实事、意向与意义;属思辨哲学范畴的有:经验与先验、存在与理式、时间与空间、语言与表述、艺术与美学、美学与哲学,以及在此之后又有补充的诗意与绝对、立美与审美。

范畴方面值得关注的主要有:蔡仲德的《中国音乐美学史范畴命题的出处、今译及美学意义》100 则[③];于亮的《琵琶"声"况、"情"况、"意"况研究》[④],文中提出声、情、意 3 况;杨赛的《中国音乐美学原范畴研究》[⑤]等。例如,杨赛在其著述中提到的范畴有:乐从和,大音希声,放郑声,非乐,乐者、乐也,天乐,与民同乐,声无哀乐,音乐是上界的语言等 9 个范畴。韩锺恩 2005～2006 年先后提出声、

---

① 蔡仲德:《中国音乐美学史》,人民音乐出版社 1995 年版。
② 韩锺恩:《音乐美学基础理论问题研究》,上海音乐出版社 2008 年版。
③ 蔡仲德:《中国音乐美学史范畴命题的出处、今译及美学意义》,中央音乐学院中国音乐美学史课程讲义,1999 年。
④ 于亮:《琵琶"声"况、"情"况、"意"况研究》,上海音乐学院音乐美学方向硕士学位论文,2008 年。
⑤ 杨赛:《中国音乐美学原范畴研究》,华东师范大学出版社 2015 年版。

音、乐、情、理、意 6 个范畴和声、音、乐、行、象、意、情、理、神 9 个范畴。后来韩锺恩又于 2009 年提出中国音乐美学 12 个具有核心意义的中国音乐美学原（根）范畴①。和乐：异物相杂阴阳相生和谐的音乐；礼乐：文质彬彬尽善尽美合乎礼仪的音乐；非乐：无利民生的奢靡的音乐；天乐：有别于令人耳聋的自然天成的音乐；至乐：依天生籁的使其自己咸其自取的音乐；艺乐：著意生象经由艺术作业的音乐；美乐：无涉感性或者情感评价的音乐；声乐：得意忘言去声存意并丝竹肉渐进自然的音乐；器乐：通过指弦及其音意形神德艺的音乐；情乐：发乎情性由乎自然的音乐；心乐：乞灵于内界产生于上界的音乐；官乐：通过音乐厅临响并直接面对音响敞开甚至于纯粹声音陈述的音乐。韩锺恩后来又在此基础上，将中国音乐美学元范畴提炼为 4 个：声、音、乐(yuè)、乐(lè)。再进一步，将其置于历史范畴之中，又钩沉出 4 个具断代意义的转型：1. 古代转型在乐象与哀乐，具音乐事项的艺术与美学指向逐渐明显；2. 近代转型在琴况，针对并围绕声音概念的描写以及相应的感性经验表述形成；3. 现代转型在上界，显然受西方影响以至呈现朦胧的纯理性问题；4. 当代转型在临响，在不排斥纯粹声音陈述的前提下复原感性直觉经验的本体存在。

三、对当代音乐美学发展的反思与前瞻

中国音乐美学问题的基本次第：首先是哲学问题先行，受中国传统的形而上者谓之道与形而下者谓之器思想的影响十分明显，这一点，和属西方传统的道成肉身理念以强调声音实体并围绕作品成型的审美体验非常不同；其次是美学问题若隐若现，主要表现在美学问题与艺术问题的界限不甚明确，一个典型的现象是，似乎用哲学方式研究音乐问题就成了音乐美学，以至于把音乐美学置于形而上学论域，而忽略了它作为所有音乐学最初进阶属形而下者的感性通道；再次是音乐美学问题逐渐凸显，尤其是近年来，感性问题被逐渐关注，针对并围绕与音乐作品相关的感性直觉经验进行描写与表述标示出学科的一个重要指向，但是，即便把默认音乐表达情感作为一个自明的理论事实，却依然面临如何通过诗意转换情感，如何通过文字语言描写与表述文字语言所不能表达的

---

① 韩锺恩：《一个存在，不同表述——中西音乐美学中的几个问题》，载《深圳大学学报》2012 年第 4 期。

东西这样一些音乐美学研究乃至音乐学写作的基本问题。这样三个基本特点，一方面可以看作是不同历史阶段的各自重心，另一方面也可以将此横架过来视为不同的研究类别，并作为进一步进行学科断代的一种依据。比如：重哲学者出于对音乐美学具有哲学性质的认识，重美学者出于对音乐美学具有特殊对象的认识，重音乐美学者出于对音乐中声音具有艺术特性的认识；再比如：重哲学者偏于理式，重音乐美学者偏于质料，重美学者则折中。

历史地看，前辈音乐美学家大部分都是有坚定信仰的学者，不管是马克思主义者还是人本主义者或者实践主义者，他们所持守的信仰是一种面对特定问题进行公开诉求并诉诸公众的古典代言，甚至于是意识形态的承诺。后辈学人应该在接续前辈思想的基础上，进一步去考虑在历史叙事与理论陈述的过程中强化学科自身意识和弱化意识形态承诺的可能性，不断凸显问题意识并旁及别界，以寻求更为广阔与深度的理论平台，为建构尽可能合理的规模结构、资源结构和方法结构而努力。

20 世纪对中国具有明显的转型意义，一方面，在此特定历史阶段，中国音乐美学的现代性特征不容忽略，其中，五四新文化运动以来西方哲学美学以及音乐美学理论对中国音乐美学产生了绝对的影响，一定程度上成为主流；另一方面，及至 80 年代音响结构形态的变异扩张以及当代音乐中存在的极端个性写作又在相当程度上对音乐美学形成挑战的态势。由此，当代中国音乐美学与中国古代音乐美学形成隔代关系，于是，如何在此转型前提下汲取外来资源又接续本土传统，将是未来发展的一大课题。在当代音乐美学论域，毫无疑问，对音乐的艺术问题与美学问题的关注开始成为核心。具体体现为针对音乐作品的美学指向逐渐明显，围绕声音概念的描写与相应感性经验的表述再度接续，与此同时，纯理性问题有所呈现，即在不排斥纯粹声音陈述的前提下复原感性直觉经验的本体存在。核心问题是：文化批判能否作为阶段性终端？进而，又能否面对特定问题进行公开诉求并诉诸公众？针对于此，关键就在于处理好这样3 个关系：1. 当代中国音乐美学与西方乃至世界音乐美学的关系，彼此汲取、互动共赢，谁也吃不了谁的共同发展应该成为主流；2. 当代中国音乐美学与中国古代音乐美学的关系，深入发掘、趋利避害，谁也离不开谁的错位发展应该成为主流；3. 当代中国音乐美学的自身建设，在相对文化价值与绝对历史演进之间的理论关系尚未确立，独断、怀疑、宿命环链依然扭结的前提下，在相对充裕的规模资源基础上，进一步通过方法资源的发掘去进行内涵建设和定位发展，优化丰富多样的结构资源，从而使当代中国音乐美学不断凸显出愈益增量升值的意义，以形成一种别人没有唯我独有的文化核心竞争力。

随着现代性进程的推进与全球化范围的扩大，当代中国音乐美学无论在整体结构方面还是在局部功能方面，都发生了极其深刻的变化，由此引发的当代问题日益凸显。为此，有必要在已有研究基础上凝聚新的理论焦点，包括：哲学性质、美学方式、人类学事实、艺术学前提、批评学干预、心理学边缘、社会学关切、价值学定位、历史学考掘、语言学关联、文化批判终结，以及其本身的基本问题、范畴、学科语言、to be 问题等。与此同时，再通过对当代音乐转型与换代研究实现学科扩张，以推进整体学科建设。

第四节　新时期舞蹈美学的发展

随着粉碎"四人帮"消息的传出，全国各地的舞蹈工作者和群众一起涌向街头，扭起秧歌欢庆胜利和光明的到来，因此，这个时期的舞蹈艺术的主调从一开始就充满着乐观、理想主义的色彩，舞蹈艺术也迅速走上了拨乱反正、重新复兴的道路。同文艺思潮一样，舞蹈也在探索、追求中度过了这一时期。所不同的是，它与新中国成立初期的政治主题相比，带有更多个体强烈的审美意识的介入与表现，因此，也更具有丰富斑斓的色彩。在此后的 20 年间，中国舞台上先后出现了古典舞、新古典舞、民间舞、新民间舞、当代中国舞、现代舞、芭蕾舞、爵士舞、拉丁舞等，各类流行舞蹈风起云涌；与此相呼应，舞蹈美学也得到了快速发展。

一、1977～1985 年：废墟上的重建工作

"文革"结束后，经历了异常曲折的舞蹈界面对要在近乎废墟的基础上进行重建的难题，如何发展，方向在哪里？谁也没有明确答案，于是乎在伤痛中复兴传统就成为最好的选择。人们心中对"文革"的抵触和伤痕记忆使得舞蹈的重建开始于对"文革"的反抗和反省。"新时期"舞蹈演出的内容就经历了从揭露

批判"四人帮"到扭起大秧歌;从恢复优秀传统剧目到创作新剧目的历史过程。

1978 年 6 月,中国舞蹈工作者协会恢复工作,专业刊物《舞蹈》则早于 1976 年 3 月恢复。随后重新排演"文革"时期被否定的民族舞蹈,《荷花舞》《飞天》《鱼美人》等一批优秀作品重新上演,承续了怀旧的民族舞风格,但是直到一些超越传统艺术思想和艺术观念的新创舞蹈出现,才形成了全新的历史样式和美学思潮。1979 年,甘肃省歌舞团在深入研究敦煌壁画乐舞的基础上创作了舞剧《丝路花雨》,该剧是"文革"之后在中华大地上出现的第一部历史舞剧,创造性地将中国民族民间舞、古典舞与敦煌壁画中的舞蹈形象结合在一起,其中大量的独舞段落,反弹琵琶舞、波斯舞、盘上舞等都是从未出现过的,特别是突出"S"形的动作体态,形成了敦煌舞蹈这种新的舞蹈形式。该剧一经演出就广受好评。1980 年,中国兴起音乐美学元范畴研究,《丝路花雨》在全国各地巡演 193场,在中国文艺界刮起一股强劲的敦煌艺术旋风,继而轰动国内外,在世界范围内引起强烈反响,为中国舞蹈剧开辟了新路,被誉为中国舞剧的里程碑,中国舞剧从此走向一个新的创作时期。《丝路花雨》为民族舞剧的复兴开辟了新的道路,引发了人们对民族民间舞蹈和中国古典舞蹈的丰富想象和理性思考。例如,降大任的《试谈圆的美》(《社会科学战线》,1980 年第 3 期)通过分析舞剧《丝路花雨》中英娘的动作特征,解读了中国舞中注重"圆"的审美特色。兆先的《〈丝路花雨〉的舞蹈语言》(《文艺研究》,1980 年第 2 期)分析《丝路花雨》对传统敦煌乐舞的继承与创新、优势与不足等。

之后,《文成公主》《铜雀伎》《编钟乐舞》《九歌》等作品陆续上演,形成了依托古代叙事来展示现代精神的一种"寻找古风"的创作风潮。这种将深厚的古典精神与现代舞蹈创新结合的趋向体现为中国舞蹈意识的苏醒和再造的时代特征。但由于这些舞剧的创作与中国传统戏曲、文学、戏剧有着很多交集和依赖关系,加之现代艺术观念的逐渐渗入,也让理论界在面对突然迸发的舞剧创作热潮时,发出了"什么是舞蹈"的诘问。作为新时期第一批舞蹈学理论工作者和新时期观念冲突的亲历者,于平在回忆新时期舞蹈书写轨迹时对第一次理论争鸣有过大致的梳理①,循着这条线索,很容易就找到了改革开放初期舞蹈界新观念的生发点:1977 年 4 月徐尔充发表了《舞蹈要有舞蹈》(《舞蹈》,1977 年第

---

① 于平:《舞蹈书写的轨迹——为纪念改革开放三十年而作》,载《中国艺术报》2008 年 2 月 29 日。

4 期),之后,王元麟、彭清一发表了《什么叫"舞蹈要有舞蹈"?》,苏祖谦发表了《舞蹈就是要有舞蹈》,等等。单从这三篇有同义语重复之嫌、让人眼花缭乱的文章标题就可以看出,当时那种辩论式的理论风气在舞蹈界也十分盛行,而迫切地想要证明自我门类的独立性和主体性也是当时舞蹈理论的鲜明特色。此外,唐莹在《浅谈舞蹈艺术的特性》(《舞蹈》,1978 年第 6 期)一文中提出舞蹈的特性是可视性、音乐性和造型性。汪加千、冯德的《关于舞蹈艺术的特性》(《舞蹈》,1979 年第 1 期)则认为舞蹈艺术的基本特性是动态性、律动性和强烈的抒情性、虚拟性、象征性。所有这些理论的目的都是要求舞蹈作品要克服单一的,受戏剧、文学、戏曲作品模式的影响局限,要呈现出舞蹈本体的特点,这是新时期理论界在追寻舞蹈本体时的一致呼声。

1980 年,文化部和中国舞蹈家协会联合举办了第一届全国舞蹈比赛,一些新创作品避开了戏曲化、公式化的创作手法,出现了诸如《金山战鼓》《水》《敦煌彩塑》《希望》等作品,将民族舞蹈和现代舞的表现形式进行改造、变形,突出一种舞蹈视觉表现中的形式美。与此同时,在理论界,形式与内容的关系也同时成为舞蹈学界的一个话题。徐尔充、隆荫培的《试谈舞蹈艺术形式美》(《文艺研究》,1980 年第 5 期)就认为舞蹈艺术的特性是通过形式美来区别于生活原型,因此应当重视舞蹈艺术形式美,要不断丰富舞蹈的表现手段。王元麟的《论舞蹈与生活的美学反映关系》(《美学》,1980 年第 2 期)提出舞蹈美学的内容指某一社会生活内容在某一动作上的特定风格反映,舞蹈的动作正是舞蹈的审美本体,作为舞蹈动作本身的舞蹈表现就是舞蹈界称为风格素材的纯然形式,舞蹈的纯然形式是弄清楚舞蹈美学特点的核心。此外,还有于平发表的《形式、形式美、形式感》(《舞蹈论丛》,1980 年第 6 辑),蓝凡发表的《试论中国舞蹈的形式美与民族性》(《上海师范大学学报》,1981 年第 2 期)等文章。但与美术、戏剧戏曲或影视艺术门类中的关于形式与内容的大争鸣局面相比,舞蹈美学中没有过多地纠结于形式与内容的关系研究,更多地将理论的重心放在了舞蹈美学的一些核心问题上。例如,兆先的《舞蹈的"造型性"与"流畅感"》(《舞蹈艺术丛刊》,1982 年第 4 辑),就舞蹈的美学特征、造型的独特性及统一性等问题进行阐述。

此时还有一个特别重要的舞蹈美学理论发展现象,就是出现了多篇整理总结中国舞蹈身段审美特征的文章。李正一、唐满诚、王萍、郜大琨、张强等人从舞蹈教学训练及创作的需求出发,不断总结中国古典舞蹈中的动势及其审美特征,并通过专业化的理论论述,探讨舞蹈者身体动作体系内所包含的规律,首次将中国戏曲中的动作与现代舞蹈发展趋势结合,扩展古典舞的动作数量,提炼出多种动势"冲、移、伏、靠、拧、倾、长""云肩转腰""出、收、扬、搭、绕、冲、背""提、沉、冲、靠、含、腆、移、旁提"等多种身韵动势,并总结出中国古典舞运动法则"平圆、立圆、八字圆"等,将中国古典舞蹈动作性格化,建构了富于艺术表现力和时代形象的古典舞身韵体系,影响了之后的古典舞蹈的发展。[①]

二、20 世纪 80 年代中后期:创作的巅峰与理论的探索

20 世纪 80 年代中后期,中国舞蹈在创作方面迎来了一个小阳春,一批富有创新精神的舞蹈,带着开放的、热情奔放的时代印记给中国的舞蹈艺术界带来了活力。

除了新时期初期确立的新古典舞风之外,中国舞蹈的另一大版块是民族民间舞。八九十年代,民族民间舞取得了飞速发展,最早盛行起来的是以各地方民俗风情作为集中表现对象的风情舞,其中最为出色的当属山西省歌舞团以张继刚为代表创作的黄河系列:《黄河一方土》《黄河儿女情》《黄河水长流》。该系列以山西民间风俗为基调,把民间传统表演艺术升华为歌舞剧的表现形式,将黄河儿女真挚、火热、质朴的性格特征与情感世界表现得淋漓尽致,作品纯朴生动、俏致有力,而又不离开舞蹈艺术的融合灵魂与躯体的精神内核,引领了中国舞蹈界寻找文化之根的创作风潮。民族舞蹈方面,杨丽萍的《雀之灵》、中央民族大学排演的《奔腾》、原南京军区政治部前线歌舞团排演的《黄河魂》等作品借助不同民族的舞蹈主题动作进行创作,极大地提升了民族舞的舞台品质。古典舞在 80 年代后期也有上佳的作品,《小溪、江河、大海》将从中国戏曲中提炼出的古典舞身韵贯彻到整个演出中,整个作品气韵连贯,动作清晰而流畅,从神到形完美地诠释了中国古典精神中关于水的意境想象。80 年代中后期,从舞蹈创作、传播媒介以及民众的接受程度等多方面看,都是舞蹈发展的黄金时期。

在舞台上充满活力与生命力的舞蹈作品并没有引起太多的理论关注,相反舞蹈理论界更多地将精力集中在本学科本体问题上。实际上,80 年代中后期人

---

① 冯双白:《新中国舞蹈史:1949—2000》,湖南美术出版社 2002 年版,第 141—145 页。

们不再过多地纠缠于"什么是舞蹈?"这个问题,更多的是从美学研究的视角进入,对舞蹈学科进行有意识的建构。隆荫培在论文《舞蹈美学的内容及其它》中主张:"舞蹈美学就是从审美的角度来研究舞蹈艺术的一门科学。它主要研究舞蹈美和舞蹈审美——包括舞蹈美的本质、舞蹈美的特点、舞蹈美的构成、舞蹈美的来源、舞蹈美的作用、舞蹈审美意识的本质、舞蹈审美艺术的表现形态和心理特征、舞蹈审美的阶段性时代性民族性、舞蹈审美的客观性和主观性、舞蹈审美的共同性独特性多样性等。这种对舞蹈美和舞蹈审美的研究,其对象就是客观存在的舞蹈。因此所谓的舞蹈美学的内容,也就是从审美的角度对舞蹈艺术本身进行研究。"①之后隆荫培又连续发表了《舞蹈美学思考提纲》[《舞蹈艺术》(丛刊)第 6 辑,文化艺术出版社 1984 年版]、《舞蹈审美创造规律的探讨》(《舞蹈论丛》1987 年第 4 期)、《舞蹈形象创造漫谈》[《舞蹈艺术》(丛刊)第 29 辑,文化艺术出版社 1989 年版]等,就相关问题展开讨论。

《舞蹈艺术》(丛刊)第 12 辑上发表了兆先的《舞蹈表演艺术的美学特征》,文中关于舞蹈美学的理论进行思索。《舞蹈艺术》(丛刊)第 13 辑上发表了赵大鸣、苏时进的《应当变革的舞蹈美学观念》,要求重新建立新的舞蹈审美标准,认识舞蹈中的美与不美问题。应萼定的《简谈舞蹈观念的更新》[《舞蹈艺术》(丛刊)第 13 辑,文化艺术出版社 1985 年版]则反对仅从外形动作出发去认识舞蹈,应该重视舞蹈语言的抒情功能,而不是叙事功能。胡家禄的《应重视舞蹈的独立价值》[《舞蹈艺术》(丛刊)第 13 辑,文化艺术出版社 1985 年版]也通过分析舞蹈与文学思维的关系,强调舞蹈的虚、实、形、神相统一的艺术规律及其独立的艺术价值。

之后,美学领域的形式美、造型美、形象思维等时尚话题纷纷进入理论家的视野,相关理论研究大量涌现,先后有黄宣德的《谈舞蹈艺术的个性美》[《舞蹈艺术》(丛刊)第 16 辑,文化艺术出版社 1986 年版],强调舞蹈艺术的外部形式美是舞蹈赖以生存的个性美之所在;冯碧华的《试论舞蹈形象思维》;宋今为的《试论舞蹈中人体动作的造型性》[《舞蹈艺术》(丛刊)第 18 辑,文化艺术出版社 1987 年版];田静的《浅谈"丑"的艺术美》[《舞蹈艺术》(丛刊)第 18 辑,文化艺术出版社 1987 年版];于平的《舞蹈美学探究》(《美学》,1987 年第 7 期);胡尔肃的

---

① 隆荫培:《舞蹈美学的内容及其它》,载《舞蹈论丛》1982 年第 2 期。

《舞蹈的"合流倾向"与美学观的更新》[《舞蹈艺术》(丛刊)第 25 辑,文化艺术出版社 1988 年版]等。

这一时期,受社会科学表述中引入科学思维的影响,美学研究曾一度热衷于运用系统论、信息论、控制论来开展美学研究,舞蹈界也有相关的研究内容出现,通过"三大论"来审视舞蹈美学特征,例如,殷亚昭的《从信息论看舞蹈美学特征》(《艺术百家》,1986 年第 4 期)。关于舞蹈心理、舞蹈鉴赏、舞蹈中的个体认知等问题也成为舞蹈美学讨论的主要话题。胡尔岩的《舞蹈表演心理谈》分为上中下三部分分别发表在《舞蹈艺术》(丛刊)第 8 期和第 12 期上,应用心理学家的研究成果,讨论了舞蹈表演中的下意识状态、想象等艺术创作的存在问题。胡尔岩又发表了《重新认识观众——舞蹈鉴赏心理漫谈》[《舞蹈艺术》(丛刊)第 13 辑,文化艺术出版社 1985 年版]。这些文章在当时,试图在理论资源相对匮乏的学术生态中,努力运用新兴的研究方法深入舞蹈美学,尽管显得含混不清、不够理性,但也不失为一次勇气可嘉的理论探索。

吴晓邦是近现代中国新舞蹈运动的开拓者,也是著名的舞蹈理论家,是现代舞蹈学学科建设的集大成者,他穷其毕生精力致力于学科构建的研究和探索。早在 1952 年吴晓邦就出版了《新舞蹈艺术概论》(三联书店),1982 年,该书的修订本由中国戏剧出版社出版;1984 年,他在《舞蹈艺术》(丛刊)第 8 辑上发表了《关于舞蹈基础资料理论分科上的一些问题》[1]一文;1985 年,其专著《舞蹈新论》由上海文艺出版社出版。吴的理论研究对舞蹈的实体、属性及其与其他艺术的关系,舞蹈美和舞蹈思想以及舞蹈学科的对象、方法,舞蹈的想象力和情感等方面均有涉猎。对舞蹈美的研究不局限在舞蹈艺术本身,而把舞蹈看作一种社会现象、一种联系社会的发展与需要而存在的艺术门类。

三、20 世纪 90 年代之后:主体意识的崛起

进入 20 世纪 90 年代,舞蹈创作更加注重强调主体意识的存在感。舞蹈舞台不断突破传统宏大叙事的观念束缚,强调舞蹈的表现性本质,注重对人的内

---

① 吴晓邦:《关于舞蹈基础资料理论分科上的一些问题》,见《舞蹈艺术》(丛刊)第 8 期,文化艺术出版社 1984 年版。

心世界的分析和挖掘等。正如冯双白所言："90 年代,中国当代舞蹈史上一个多姿多彩的时代,一个以突破、解构、分析为标题的时代,一个舞蹈之叙事性遭到严重怀疑而动作主体意识高涨的时代……"①

90 年代初,舞蹈界成就最为突出的当属编导张继刚。在民间风情舞黄河系列大获成功之后,张继刚的舞蹈编导并没有停滞于乡舞乡情的内容表现,而是进一步将现代主义的文化主旨纳入中国民族民间舞蹈之中,通过更加注重对单个人物或群体性格的深入刻画,展示作为主体的人在生存中的悲剧性以及人性光辉的闪现。他连续创作了《黄土黄》《一个扭秧歌的人》《好大的风》《母亲》等作品,这些作品或表现黄土与人互为生命的深刻哲理,或展示个人执着与奉献牺牲精神,或揭示男权社会下的女性悲剧与不屈精神,在舞蹈层面打破了语言的障碍,突出了大写的"人",不露声色地将现代性的主体意识代入民间舞蹈的叙述和表现中,悄然改变着中国舞蹈的审美走向。

如果说 20 世纪 80 到 90 年代初是中国本土传统舞蹈在新时期绽放华彩的光辉历史时期,那么 90 年代中期更加夺人眼球的是现代舞蹈的异军突起。早在 80 年代早期国门初开之时,在一些中外舞蹈交流过程中,中国舞者已初步认识并了解了欧美的现代舞。一些欧美的现代舞团来华访问演出时将超越人们常规认知系统的舞蹈表达方式介绍进来,带给中国观众深刻的记忆和巨大的心理冲击。之后,很多中国舞蹈家走出国门学习,再一点点将现代舞蹈传回中国。1987 年,北京舞蹈学院设立了第一个现代舞研究室;同年,广东舞蹈学校"现代舞实验班"成立。此后,在西方现代文化全方位渗入的态势下,现代舞以一南一北两个爆破点,在中国大地上以燎原之势恣肆发展,成为中国舞蹈艺术中的主流内容。但是由于现代艺术自身具有的反叛意识与对艺术本身的批评和思考,中国的现代实验舞蹈也开始了对舞蹈本体的反思与审视。

1995 年,"首届中国现代艺术小剧场展演"在广东实验现代舞团小剧场举行,作品《同居生活》《拥挤》《角落》《户外即兴》等充满了观念挑战,纯粹即兴的表演不断挑战着观众的心理极限。特别是演出结束后,组织方又立即在舞蹈现场举办了座谈会,通过对话将现代舞的主体意识与当时观众及艺术理论家对现

---

① 冯双白:《新中国舞蹈史:1949—2000》,湖南美术出版社 2002 年版,第 173 页。

代舞的认知之间的错位状况呈现出来,引发了一系列关于现代舞的争论和思考①。舞蹈到底是跳给谁看的? 跳自己的舞蹈需不需要观众的存在? 将现实生活元素真实地呈现给观众是否还是舞蹈? 舞蹈家沉浸在自我想象与体验中的这种表演是否合理? 审美观念上的分歧与争论也为这场实验性的现代舞蹈演出在中国现代舞蹈史上留下了鲜明的印迹。

作为中国文化改革的产物,1996 年北京现代舞团成立,以《红与黑》作为首演,先后推出了《向日葵》《贵妃醉"久"》《纯粹视觉》《九九·艳阳》《'99 国际电脑音乐节现代舞专场》《舞蹈新纪元》系列之一、之二、之三、之四等多种风格各异的作品及剧目。北京现代舞团自其诞生之日起就带有鲜明的时代特征并有着重大的标志意义,它延续着北方舞蹈一以贯之的厚重和富有力量的特征,强调一种回归路径中的出发意识,创作中强调用中国传统的写意手法来表现艺术的个性,更加强调和突出民族意识。在一定程度上看,它的演出又打破了所谓固定的西方的现代舞概念,将一种"跨界""开放"的理念灌入舞蹈创作中,因此其中大量地将传统元素与现代手法结合,表现出一种敞开、流动的现代舞意识,正如冯双白所评价的:"《四喜》绝不是照抄西方现代舞的作品,它的可贵之处,正在于在保持传统文化醇厚博大之意蕴的同时,探索了新变的可能性。"②

与现代舞创作及表演中强调自我情绪及关注内心世界相对应的是,20 世纪 90 年代的舞蹈美学界也出现了对主体内在情感的理论阐释。张丽凝的《舞蹈的审美特征》③认为由于舞蹈独特的审美经验要求,使得在新中国几次美学热的历史上,舞蹈研究都是个相对被冷落的角落,但也有不少理论家对舞蹈美学有过深入的思考,并由此提出自己的舞蹈美学观。张丽凝提出舞蹈是自然和情感的融合,二者构成舞蹈艺术特定的内容和形式,舞蹈是把人内在的、充实的生命活力在其特定的审美形态中直观外化,以舞蹈独具的审美形态,将人的无形情感予以形象自然的呈现。同时,受现象学哲学思潮影响,吴子连的《作为审美对象的舞蹈之"在"》试图区分作为客体的舞蹈和作为审美对象的舞蹈,也是在舞蹈

---

① 冯双白:《新中国舞蹈史:1949—2000》,湖南美术出版社 2002 年版,第 180—183 页。

② 同上,第 185 页。

③ 张丽凝:《舞蹈的审美特征》,载《西北师大学报(社会科学版)》1989 年第 6 期。

美学理论方面的一次尝试①。

四、舞蹈美学的学科建设

20 世纪 90 年代前后,舞蹈美学的学科建设取得了明显的进展,特别是在 90 年代后期,很多舞蹈美学的相关理论专著出现,关于舞蹈的美学思考渐趋成熟,在学科的自觉和本体确认等方面形成了基本的话语圈,初步勾勒出舞蹈美学学科研究的基本框架。

在 1989 年出版的《中国大百科全书——音乐舞蹈卷》中,叶宁担负了舞蹈美学条目的撰写工作,对舞蹈美学的内涵与哲学性质都作出了精准而明晰的阐释。叶宁推崇中国古典舞独有的审美特征,注重中西方舞蹈美学比较研究;1999 年,80 岁高龄的叶宁又出版了《舞论集》(中国戏剧出版社),其中亦收进了多篇有关舞蹈美学的文章,该书由季羡林作序,对其中美学论文给予了很高评价。朱立人在参与编辑《现代西方艺术美学文选》时,主编了《舞蹈美学卷》(春风文艺出版社,1990),他组织和收集了 20 世纪以来许多有关舞蹈美学研究的重要论文,从哲学、心理学和艺术社会学三个方面研究舞蹈的一般规律。1997 年,隆荫培出版了《舞蹈艺术概论》一书,对舞蹈的特性、种类、起源发展、传播、形式结构、语言及创作的审美规范等进行了全方位的深入解析,特别是对创建中国舞蹈学学科提出了自己的观点:"舞蹈学是以舞蹈艺术为研究对象,对舞蹈这种特殊的社会现象作全面的、系统的、历史的研究的一种科学。它的研究范围主要包括:舞蹈理论、舞蹈历史和舞蹈流传三大部分。"②可以说,隆荫培的这本书为中国舞蹈学学科理论建设提供了全面、系统、历史性的学术资料。袁禾的《略论中国舞蹈的美学特征》(《文艺研究》,1998 年第 5 期)一文通过对中国舞蹈的审美特征分析,提出了"回"的形态、"流"的过程、"韵"的内核为中国舞蹈之三大美学特征的见解。此外,还有雨石的《吴晓邦美学思想论稿》(中国舞蹈出版社,1991)、张华主编的《舞蹈美》(湖北教育出版社,1992)、王元麟的《王元麟论美》(舞蹈杂志社,1997)等都对舞蹈美学进行了理性的阐述。这些专著及论

---

① 吴子连:《作为审美对象的舞蹈之"在"》,载《学术论坛》1991 年第 5 期。
② 隆荫培、徐尔充:《舞蹈艺术概论》,上海音乐出版社 1997 年版,第 544 页。

述在并不丰厚的舞蹈美学史基础上,将美学理论与舞蹈创作实践连接为一个整体进行认知与表述,对舞蹈美学的发展作了有益的探索,对中国舞蹈美学的建立起到了拓荒作用,填补了中国舞蹈美学这一学科的空白。

在促进现代舞蹈的发展和西方现代舞蹈美学理论的引进方面也出现了一批理论著述。王耕夫的《西方现代派舞蹈美学思潮评述》(《舞蹈艺术》,1988 年第 25 辑)较早对西方现代舞蹈进行了详尽细致的介绍,影响颇大。在这方面贡献更多的是欧建平。欧建平从 20 世纪 80 年代末到 90 年代期间一直专注于西方舞蹈美学理论的译介与舞蹈美学的研究,有效地补充了中国舞蹈美学学科体系的不足,促进了中国舞蹈美学学科的不断完备。1988 年,欧翻译了道格拉斯·拉基的《动作理论与舞蹈美学》(《舞蹈艺术》,1988 年第 4 辑)、朱迪思·B.奥尔特的《科林伍德的〈艺术原理〉中包含了一些舞蹈理论吗》(《舞蹈艺术》,1991 年第 2 辑)、约翰·马丁的《芭蕾的审美理想》(《舞蹈艺术》,1991 年第 2 辑)等。1995 年,欧建平、宁玲合译了杰伊·弗里曼 1976 年和 1980 年出版的两部美学专著《舞者与观众:审美距离说》和《舞者与其他审美对象》,并以《当代西方舞蹈美学·第一卷》①为标题出版。该专著是从大量的观舞印象和美学理论中提炼而出的,多为杰伊个人的艺术活动和多年观察舞蹈和舞者的结果,是一种直观感受的理性表达。上卷围绕审美距离说,以生动的事例阐述日常生活与审美王国、舞蹈形象与演员自我等多重关系,对舞蹈的审美姿态、艺术表现力等在一定审美距离中所表现出的复杂性多有分析。下卷《舞者与其他审美对象》,从绘画、音乐、诗歌、散文、雕塑、歌剧、电影、摄影等多个艺术门类进入艺术批评。1996 年,欧建平本人出版了《舞蹈美学》(东方出版社)一书②,这是新时期以来第一部由中国学者撰写的以"舞蹈美学"命名的专业理论著作,通过对芭蕾舞、现代舞及东西方舞蹈美学理论的比较研究,从多个视角和层面来回答什么是舞蹈的本质,是一次难得的理论探索。这些理论的引入和介绍使中国舞蹈界可以了解西方舞蹈美学的发展状况,为中国舞蹈界的理论发展提供了新的声音和视角。

---

① [美]杰伊·弗里曼著,欧建平、宁玲译:《当代西方舞蹈美学》第 1 卷,光明日报出版社 1995 年版。
② 本书属叶秀山主编的《袖珍美学丛书》(东方出版社出版,1996)中的一册。该丛书于 1990 年出版第一版时并没有舞蹈美学的相关内容,1996 年再版前,欧建平在与叶秀山的通信中提出将《舞蹈美学》加盟该丛书,以尽量弥补艺术门类不全的遗憾,1996 年,《舞蹈美学》被纳入该套丛书出版。

第五节 新时期戏曲美学研究

1978 年年末的中共十一届三中全会对于中国的意义或许不亚于 1949 年 10 月 1 日天安门城楼上的开国大典,因为这两个时刻对于每一个经受过灾难的中国人来说都有着共同的意义——"新生"和"希望",于是"新时期"的提法不胫而走。"新时期"的"新"与 30 年前新中国成立伊始的"新"并不完全相同,在艺术领域,它意味着经历了"文革"的梦魇之后,人们重新反省政治与艺术的关系,人们重新修复被政治"暴力"冲垮的艺术格局。"拨乱反正"是这一时期众望所归的第一步。被彻底中断的整理传统剧目的工作陆续恢复,在"文革"10 年中被严重破坏的新编历史剧、地方剧种也渐次恢复,地方剧团开始活跃,而销声匿迹 10 年的传统戏更是出现了"井喷"。无论在物质方面还是精神方面都异常困厄的国人终于迎来了"第二次解放",关于"真理"标准的大讨论和"解放思想,实事求是"口号的提出,打破了曾经的一元话语体系,也让人们对外面的世界分外好奇。

一、关于"十七年"的重新评价:1977—1979 年的"拨乱反正"

"文革"结束后,重新评价"十七年"成为这一时期艺术领域的重点。无论是关乎历史的还是关乎社会建设的,无论是关乎文化的还是关乎戏剧的,"十七年"都是一个需要重新审视的关键点。在"文革"10 年,"十七年"创作剧目曾被彻底否定。而到了新时期,也正是以对"十七年"戏剧创作的恢复上演和重新评价为起点来实现戏曲的"涅槃"。

"文革"结束后的一两年,政治话语方式依旧占据主要位置,因此"文革"中遭遇了完全否定的"十七年"文艺政策理所当然地发生了 180 度逆转,从全面否定变成全面肯定,对"十七年"创作剧目的否定也变成了肯定。随着《逼上梁山》《十五贯》《杨门女将》等剧目的重新上演,大量对"文革"时期被彻底否定的剧目重新评价的文章纷纷现身,如郭亮的《重看〈杨门女将〉有感》、董健的《传统戏曲推陈出新的成功典型——祝昆剧〈十五贯〉重新上台》、郭汉城的《十年重话〈朝阳沟〉》、周扬的《重看豫剧〈朝阳沟〉》、俞为民的《重新评价〈海瑞罢官〉》、王朝闻的《尽情尽理——评〈春草闯堂〉》等。尽管此时的文章政治意味仍然十分明显，但是对"十七年"的美好回忆却溢于言表，对传统剧和历史剧的正确对待也提上了日程。当然，民间意义上的传统戏远非这些，"样板戏"的长期上演导致了人们对传统戏的极度饥渴，于是，先是经历了 1977 年到 1978 年地方剧种和古装戏的先行试探，到了 1979 年，传统戏"井喷"上演，一时间传统戏在上演的剧目中达 90％以上，新编历史剧和现代戏上演比例锐减，随之出现的是传统戏质量上的良莠不齐以及在经济利益驱动下传统戏制作粗糙低级的问题。传统剧目究竟应该如何"拨乱反正"，究竟应该如何继承和革新，成为彼时官方和戏曲界探讨的关键。1979 年，为期 1 年的国庆 30 周年献礼展演之后[1]，1980 年 7 月 12 日，戏曲剧目工作座谈会在北京召开。会议总结了新中国成立 30 年来的戏曲政策和经验，重申了"百花齐放，推陈出新"的根本方针和"两条腿走路""三并举"的剧目政策。而"推陈出新"更被视为这一时期传统剧目重新上演的重要原则，它也成了为新时期戏曲"出新"保驾护航的利器。

于是，"回到十七年"，准确地说就是回到那个戏剧政策曾经摇摆不定的年代中相对温和的状态，但是对"传统"和传统戏的把握依旧脱离不了漫长 10 年的既定思维。所以，此时对于一些在新中国成立后屡有争议的传统戏，如《四郎探母》《斩经堂》等是否能够重新上演的大讨论再次兴起[2]。这标志着刚刚进入新时期的破冰时刻，"非主流"的个体情感依旧还会被拿来质疑，对传统戏价值观的判定依旧脱离不了政治逻辑的阐释。不过，对抢救戏曲遗产的迫切呼吁最终还是为传统戏打开了大门。

二、戏曲危机：振兴与探索的 80 年代

进入 20 世纪 80 年代，抢救戏曲遗产的工作竟与传统戏的降温同步而来。

---

① 献礼展演上新编的历史剧有黔剧《奢香夫人》、越剧《胭脂》、川剧《卧虎令》、吕剧《姊妹易嫁》、绍剧《于谦》、京剧《司马迁》等；现代戏有京剧《南天柱》、秦腔《西安事变》、越剧《报童之歌》《三月春潮》、京剧《一包蜜》、柳琴戏《小燕和大燕》等；经过整理改编的优秀传统剧目有莆仙戏《春草闯堂》、豫剧《唐知县审诰命》、采茶戏《孙成打酒》。可以看出，剧目也大多是以新中国成立后的新编历史剧和现代戏为主，而新中国成立后经过推陈出新整理改编的传统剧目则相对有限。

② 1956 年、1962 年，波及文艺界、戏剧界的一大批理论家都曾经对《四郎探母》展开过大讨论。

"文革"十年不正常的文艺生态导致老艺人的技艺减退,老艺人相继离世导致表演艺术毁灭性的倒退,地方剧种"京戏化"也使得剧种的地方特色越来越模糊,"文革"10年间没有传统戏的上演导致年轻演员对"传统"显得极为陌生,而戏曲的受众也出现了断代。与之对应的是,80年代初在中国改革开放的大背景下,各种艺术形式,如小说、电影、诗歌、话剧、音乐等渐渐深入人心,戏曲这种中国传统艺术受到冲击,观众群进一步流失。于是,1980年到1984年,关于"戏曲危机论"的提法甚嚣尘上。

80年代初,刘厚生等戏剧理论家率先提出了传统戏曲可能消亡的警示,可谓新时期以来对戏曲的一次当头棒喝。于是,戏曲界人士纷纷献计献策,展开了对"戏曲危机论"的探讨。汪曾祺从京剧文学的角度指出在京剧中存在着陈旧的历史观、人物性格的简单化,以及结构松散、语言粗糙等缺点,认为京剧只有增加语言的文学性和哲理性以及可读性,才能引起年轻观众对戏曲的兴趣。[1] 而王蕴明、李准的《时代潮流和戏曲改革》则在对"传统热"变冷这一现象的思索下,认为传统剧目大多具有封建思想性质。因此,一是在剧目内容上,二是在艺术表现形式和手法上要做到顺应时代潮流,"推陈出新"就成了他们对"戏曲危机"的解决之策。[2] 这或许也代表了80年代对戏曲创作的一种主流思路。

对"戏曲危机"的讨论进一步扩大,在1984年《戏剧艺术》第3期特辟的"当代戏剧论坛"专栏中,众多戏剧界人士集体发声探讨"戏曲危机究竟'危'在哪里"。与前述理论家们将"戏曲危机"的症结落脚在思想内容上不同,署名文飞的文章《"戏曲"已近尾声》提出了戏曲在形式上不适应时代的问题,就很有代表性。当然,还有更多的理论家在正视危机的同时,依旧很乐观地认为"戏曲是不会消亡的",如俞康生的《审美心理与戏曲现状》、蓝青的《关于冲击波的思索——兼评"戏曲消亡论"》、王朴的《戏曲将随时代的变革而发展》等文。

对"危机"的觉醒,也许在戏曲领域并非坏事,步入新时期的戏曲从国家政治工具真正回归自身。人们开始看清楚戏曲之于观众的意义就是"戏"和"曲",就是娱乐和欣赏。这样,当演出不尽如人意的时候,当技艺大不如前的时候,自

---

① 汪曾祺:《从戏剧文学的角度看京剧的危机》,载《人民戏剧》1980年第10期。
② 王蕴明、李准:《时代潮流与戏曲改革》,载《戏剧论丛》1982年第1期。

然就与观众渐行渐远,"危机"也就不期而至。强烈的"危机"意识终于促使戏剧创作者重新思索:戏曲究竟将向何处去?

而此时话剧界,一场关于"戏剧观"的大讨论似乎也对戏曲界颇有启发。"戏剧观"的讨论使人们重新认识戏剧功能,并对戏剧中人性的探索,以及对戏剧表现形式横向借鉴展开探讨,与此同时,对人内心情感的丰富性和复杂性的探究也成为"戏剧观"大讨论下戏剧创作的直接结果。这些讨论不可遏制地弥漫到戏曲领域,但戏曲创作究竟是应该"戏曲化"还是"现代化"也成为那时创作的焦点,并在形式创新之余也焕发出创作者对"人"前所未有的关注。因此,新时期的前 10 年对戏曲的革新和探索,几乎是每一个创作者的目标。以《徐九经升官记》和《弹吉他的姑娘》为代表作的余笑予和以《易胆大》《四姑娘》《潘金莲》为代表作的魏明伦可谓是 80 年代前期和后期的两个重要探索的典范,而陈亚先、马科、尚长荣三位一体的《曹操与杨修》却为新时期 10 年的探索画上了完美的句号。

三、戏曲的探索:"戏曲化"还是"现代化"?

一个值得注意的现象是,20 世纪 80 年代初那场关于"戏曲危机"的讨论竟然是与大量戏曲佳作的产生如影相随的。从 1980 年起,新编历史剧创作进入高潮,出现了京剧《司马迁》(1979)、《徐九经升官记》(1980),莆仙戏《新亭泪》(1982),川剧《巴山秀才》(1983),越剧《五女拜寿》(1984),莆仙戏《秋风辞》(1985)等大批佳作。现代戏也脱离了曾经强烈的政治意味,产生出如川剧《四姑娘》(1982),花鼓戏《六斤县长》(1982)、《八品官》(1982),京剧《药王庙传奇》(1983),汉剧《弹吉他的姑娘》(1985)等优秀作品。但是,稍微注意一下,就可以发现这些作品虽然不及 80 年代中后期的诸多被命名为"探索戏曲"的剧目在形式和思想上步子迈得大,但是其创作宗旨无一不是抱着变革的明确目的,新编历史剧和现代戏就成为新时期"戏曲危机论"影响下"创新"的主导。同时,不可忽视的一股力量是话剧界彼时正热火朝天进行的一场关于"戏剧观"讨论的大背景,这场讨论对戏剧功能的重新认识,对戏剧中人性的探索,以及对戏剧表现形式的横向借鉴等迅速弥漫到整个戏剧创作领域,当然也包括戏曲领域。所以,话剧界的"探索戏剧"自 1982 年《绝对信号》始,开启了一段对西方现代派演剧理论大规模摹仿、"拿来"的亢奋期。与此同时,对人内心情感的丰富性和复杂性的探究也成为"戏剧观"大讨论下戏剧创作的直接结果。而戏曲,在受西方现代派理论浸染的大环境下,在其丰富而厚重的程式传统下,并不能像话剧那样自由地从时空到表演,从人性的深度刻画到剧作哲理性内涵作出大胆实验,但是,戏曲创作究竟是应该"戏曲化"还是"现代化"的探索也成为那时期创作的焦点。而在形式创新之余也焕发出对"人"前所未有的关注。80 年代前期戏曲的探索呈现出比 80 年代后期戏曲探索更大的内敛态势。

《徐九经升官记》是 80 年代前期戏曲创作的佳作,它的"佳"就体现在导演余笑予没有被"戏曲危机论"中质疑"戏曲形式不能适应时代"的理论家们吓倒,而是真正领悟到戏曲独特的形式对内容的制约作用。他对丑行艺术的大胆创造和发挥,对丑行大段唱段的铺排,无一不显示着戏曲行当与剧中人物性格的妥帖或制约。无疑,从余笑予对戏曲规律的遵循上看,他是"戏曲化"的身体力行者,但是,同时他也秉承"现代化"的创造手段,他提出了创造"当代戏曲"的追求。所谓"当代戏曲",他认为是"脱胎于传统戏曲的母体,又受当代文明的滋养,以当代观众的审美需求为出发点,它以鲜明的时代特色和独具一格的民族风采傲立于世界艺术之林"。①《徐九经升官记》中"苦思"一场,在梦境中徐九经"良心"和"私心"的斗争段落,导演用两个徐九经各自代表"良心"和"私心"进行相互角力,大胆吸取了西方戏剧内心外化的创作手段,可谓是对戏曲传统形式的突破。对戏曲形式美和技巧的重视是余笑予创作的着眼点,不过他也注意到观众在欣赏京剧、昆剧、汉剧时对表演技艺方面的热衷远远甚于对剧中情节的热衷这一现象。于是,余笑予的创作就从拆除观众与人物之间的那堵高墙开始,而着眼点就在于对"情"的推升,这就使导演在创作中力图对人物和情节进行塑造和编排。剧中,徐九经 70 多句"当官难"的 [四平调],唱来声情并茂,意趣跌宕,在体现人物内心的矛盾方面淋漓尽致,并将"情"的高潮和技艺很好地结合在一起。大多数传统戏曲作品在表现"情"方面似乎总有一定的局限性,而新时期的戏曲创作则开始注重美好情感与戏曲本体性的融合,这无疑是一个大大的进步。

其实,无论是"戏曲化"还是"现代化",或许在余笑予的心中并没有明确的

---

① 余笑予:《从当代观众的审美需要出发》,载《戏剧报》1985 年第 8 期。

界限,他曾说过,"戏曲化是基础,现代化是目标"①。不管是像《徐九经升官记》这样的新编古装戏,还是像《药王庙传奇》《弹吉他的姑娘》这样的现代戏,余笑予的创作宗旨始终谨守戏中剧中人物与当下人们情感的勾连,即对"当代戏曲"观念的追求。不过,在现代戏的创作中,在与现代生活紧密相关的现代题材下,余笑予依旧将民族戏曲观念和戏曲形式的把握置于重中之重。他在谈到《弹吉他的姑娘》的创作时提道,"戏曲特色不是体现在具体程式的运用上,而是体现在民族戏剧观的自始至终的贯穿上,换句话说,我们没有去照搬具体的传统程式,去迁就这种所谓的'戏曲化',却遵循着中国传统戏曲写意、传神、夸张、变形的基本规律""《弹》剧舞台环境的虚实得度,给演员的表演提供了自由的天地……'电话舞'得到了观众的欣赏,说明它是和谐统一的。这种统一不是在传统程式基础上的统一,尽管它运用了许多具体的程式动作,也不是在现代歌舞基础上的统一,尽管也有许多现代歌舞的成分。这是在新的基础上的和谐统一。它熔当代歌舞、古典戏曲动作、时代音调和戏曲曲调为一炉,呈现出当代戏曲特有的艺术魅力"②。

余笑予可谓 80 年代前期和中期对戏曲创新卓有成就的导演,他对"戏曲化"的重视,以及对"当代戏曲"观念的追求,在今天看来是取得了"戏曲化"和"现代化"的一个良性平衡。但是,1984 年关于戏曲的创新究竟该走多远,似乎并没有一个很明确的答案,而冲破"戏曲化"的束缚,强调大力横向借鉴,似乎在当时是更响亮的呼声。而编剧魏明伦就是打着"川剧现代化"和"现代戏戏曲化"两方面的旗号,一路高歌猛进而引起人们注意的。

魏明伦 1980 年创作《易胆大》,1982 年创作《四姑娘》,并明确提出前者是侧重对"川剧现代化"的探索,后者是侧重对"现代戏戏曲化"的探索。在他看来,"尤其是青年观众,他们不适应传统的一整套戏曲程式、'套子',认为紊杂、琐碎"③。于是"在《易胆大》的情节结构上,借用话剧的分幕式、多线头交织的矛盾冲突及快速推进的节奏,打破喜剧、悲剧、正剧、闹剧各立门户的样式,加强了综合性。戏的结尾,是有意学习外国电影的结构和韵味。在表演形式上,也借鉴

---

① 余笑予:《对"当代戏曲"的追求》下,载《戏曲艺术》1985 年第 4 期。
② 余笑予:《关于当代戏曲形式美的思考》,载《文艺研究》1986 年第 5 期。
③ 纪双鼎:《关于"现代化"和"戏曲化"的尝试——访〈四姑娘〉和〈易胆大〉的作者魏明伦》,载《中国戏剧》1981 年第 12 期。

了话剧的特长。如幕一拉开,艺人花想容在台上唱戏,麻大胆带着人从台下(也就是观众席间),骂骂咧咧地冲上戏台。这就把观众的注意力吸引过来。这种手法,话剧多见,我借用了。在唱腔上,打破川剧'一种声腔'的束缚,紧密结合急速多变的剧情,交替使用昆曲、高腔、胡琴、弹戏、灯调五种声腔。如易胆大怀念九龄童时唱高腔,花想容在茶馆唱弹戏,惊尸唱灯调,最后唱二黄,适应观众广泛的欣赏兴趣"①。魏明伦的"现代化"观念,不仅打破戏剧本身的类型,而且是对纯西方现代艺术最大化的横向借鉴,以适应年轻观众的审美需求。可谓是对"戏曲现代化"特立独行的大胆尝试。而在《四姑娘》这一根据小说和电影《许茂和他的女儿》改编的现代戏的尝试中,在注重"戏曲化的结构以外,我还注意戏曲舞台艺术的特点,充分发挥戏曲唱做念打的长处"②。魏明伦为了发挥戏曲之长,充分表现人物情感,注重意境的安排,让人物用大段的独唱、背躬对唱,充分抒发人物之间的关切、爱慕之情。

与余笑予不同的是,魏明伦在对戏曲"现代化"和"戏曲化"的尝试方面似乎更为割裂和极端,但是这也代表了当时戏曲界很多人对变革与创新的渴求。那就是,似乎步子不是太大,而是还不够大,这可以从1984年在上海召开的戏曲现代戏年会可见一斑。张庚曾在文章中描述了对年会的印象:会上"发言不约而同集中在'话剧加唱'这个问题上面,而且听起来意思似乎在说,现代戏之不能长足进步,乃是由于一些人提倡戏曲化束缚了创作者的手脚,只有搞'话剧加唱'的人才做出了真正的成绩,在讨论会的过程中,上海《文汇报》发了一条消息,说与会的代表提出看法:'要大胆冲破"戏曲化"的束缚,掌握时代信息,重视"横向借鉴",在戏曲表现形式上进行第二次革命。'提出:'"戏曲化"已成为传统化、程式化、繁琐化、老化、僵化的代名词,它似紧箍咒束缚了从事现代戏创作的同志的手脚,成为现代戏发展的障碍。'"③张庚显然不同意戏曲界一部分人对戏曲创作的偏执倾向。颜长珂更是对"冲破戏曲化的束缚"这一观点提出了质疑,他认为"'戏曲化'执着于艺术的民族性,强调对民族文化传统的纵向继承。它与戏曲的'现代化'或对横向借鉴的重视,并非决然对立、相互排斥,而应是互为

---

① 纪双鼎:《关于"现代化"和"戏曲化"的尝试——访〈四姑娘〉和〈易胆大〉的作者魏明伦》,载《中国戏剧》1981年第12期。

② 同上。

③ 张庚:《上海戏曲现代戏年会会后感》,载《戏剧报》1985年第3期。

补充、相辅相成的。在这两者之中,我们似乎没有必要非要作出非此即彼的判断不可"[①]。他更是对社会上人们对"传统"的漠视进而否定的态度感到不安。"传统的严肃的艺术缺少竞争力,这在当前似乎是一个带有国际性的通病……鉴于目前的处境,有些同志对戏曲'落后'的方面似乎特别敏感,革命热情高涨。主张大胆冲破'戏曲化'束缚,格外强调重视横向借鉴,就是这种情绪的反映。仿佛戏曲的前途只有依靠吸收外来营养才有办法,民族化、中国特色是不值一提了。这不能不说是一种片面性。"[②]但是,尽管如此,仍然有理论家对"戏曲化"创作不能认同,尚章霍就认为"在相当长的时期内,相当多的同志致力于'戏曲化',实践的结果是:不少作品可谓彻头彻尾、彻里彻外地'戏曲化'了,表现手段用的全是戏曲的东西,但广大观众偏偏不欢迎;有的作品吸收了许多新因素,突破了戏曲原有的规范,被某些行家指责为'不像戏曲','不像 * * 剧种',却场场爆满,久演不衰,深受青年观众的喜爱……'戏曲化'解决不了戏曲面临的困境,这是实践给人的启示"[③]。

在进入新时期后的 80 年代,确实存在着观众对"新"和"异"的盲目屈从以及对传统戏曲漠视的现象。这一方面是由于新观念的层出不穷,80 年代是西方思潮和现代观念大规模涌入中国的一个阶段,诸如:"多元体""现代性""哲理化""大文化"等新兴概念的迭出;另一方面是由于新鲜事物的大量涌现,如音乐、舞蹈、电视、电影等各种艺术都处于生长期,"新"可谓是那时最为繁荣的显学。

也正是因为如此,80 年代中后期,戏曲在探索方面的步伐没有丝毫的停顿,而相较于 80 年代前期的作品,在形式上的标新立异表现得更为明显,一大批明确被冠以"探索戏曲"的剧目也在此时不断涌现。可以说,以荒诞川剧《潘金莲》(1985)为始,以京剧《曹操与杨修》(1988)为终,以桂剧《泥马泪》(1986)、川剧《田姐与庄周》、中国音乐美学元范畴研究《红楼惊梦》(1987)、梨园戏《节妇吟》(1987)、湘剧《山鬼》(1987)、京剧《洪荒大裂变》(1988)等探索剧贯穿,为新时期头 10 年戏曲的"探索"画出了一条完美的轨迹。何为"探索戏曲"? 王蕴明在《戏曲探索剧目雏见》一文中,以数个特征进行概括:观念和表现形态的"超前

---

① 颜长珂:《"冲破戏曲化束缚"质疑》,载《戏剧报》1985 年第 2 期。

② 同上。

③ 尚章霍:《冲破"戏曲化"束缚——与颜长珂同志商榷》,载《戏剧报》1985 年第 4 期。

性"，从内容到形式的"变异性"，观念、技法、样态的"多元性"，为我所用的"开放性"，对传统超越的"继承性"等。① 可以看出，80 年代人们对"探索"的宽容和拥趸，而这可以从魏明伦的荒诞川剧《潘金莲》引起的巨大轰动说起。

在那个或许连戏剧理论家们还不一定明确何谓戏剧语境下的"荒诞"年代，一出"荒诞川剧"横空出世了，夺尽了各方人士的眼球。《潘金莲——一个女人的沉沦史》，在那个还不敢大胆谈情说性的年代，这个题目可谓超前。剧中让当时流行文化中走红的小说《花园街五号》中的吕莎莎和历史上的人物武则天、托尔斯泰小说中的安娜·卡列尼娜、《红楼梦》中的贾宝玉、传统戏曲中的七品芝麻官，以及现代女法官各色人物相继登场，对潘金莲这一自古就背负"淫妇"骂名的女人进行评判，在内容上可谓极具"开放性"；剧中将多种艺术形式杂糅，如川剧、昆腔、豫剧、俄罗斯民歌、当代流行音乐、迪斯科音乐等，在技法上可谓极具"多元性"；剧中结构完全打破传统戏曲一线到底的贯穿式，而是采取"戏中戏"结构，可谓既有"继承性"又有"变异性"。实际上，关于"潘金莲"的剧目在传统剧目中并不少见，但是固有的对潘金莲形象的塑造始终没有脱离"淫"和"荡"的道德判断，而魏明伦的《潘金莲》可谓在新时期解放思想的时代背景下，对这一传统女性的首度重新认识，同时也引发观众更多的思考。《潘金莲》的探索意义应该是达到了，就像魏明伦自己所说的，他写这个戏就是为了引起争论，此戏在 80 年代中期在多个城市巡演，所到之处无不轰动，由这个戏所引起的争论也持续了数年，甚至全国几十个剧种的 200 多个剧团对此戏进行移植，荒诞川剧《潘金莲》也成为整个 80 年代最为引人注目、惹人争议的戏曲剧目。

但是，当今天我们再次回望《潘金莲》这出"荒诞川剧"时，不得不为对它的定义不准、张冠李戴而感慨。"荒诞"在那个年代曾经是个多么模糊的概念，甚至被无数理论家囫囵吞枣地误读，"所谓荒诞，我以为可以理解为夸张变形幅度更大的一种'想象'。它对于我们多年来惯用的写实主义方法有'突破'的意义，而对于'非奇不传'的戏曲传统又可以说是一种复归"②。对"荒诞"这一西方现代派概念的完全误读，使得当时很多理论家认为魏明伦在剧中将中外古今人物跨越时空，跳进跳出，突破写实主义的舞台就是荒诞。而荒诞的实质却是一种

① 王蕴明：《戏曲探索剧目雏见》，载《地方戏艺术》1989 年第 2 期。
② 安葵：《戏曲的探索与发展趋势》，载《戏剧报》1988 年第 3 期。

与精神生活密切相关的形而上的痛苦。"人之所以陷入困境,是由于人的存在与其环境不协调而变得毫无目的之故。(荒诞的字面意思即为不协调)由于全部所作所为毫无意义……因此便产生了一种形而上学的痛苦状态,这就是荒诞派戏剧作家们的中心主题。"①看来,此"荒诞"非彼"荒诞",对"荒诞"概念的错误借用也可以窥测出在 20 世纪 80 年代追求"现代"仿佛成了戏曲界的一剂猛药,言必称"创新"的创作氛围,迎合的观念蓬勃迭出,剧作家们各出新招、异招、怪招、奇招,靠博取各方的眼球也赚得了满堂的喝彩。但就在评论界众声叫好,咸言"现代"即是拯救戏曲的最佳良方、传统戏曲需要大刀阔斧地革新和探索,并认为救赎之路就是从观念到形式最大化地借鉴西方姊妹艺术时,少数理性而清醒的评论家却"不合时宜"地唱出了反调。在对魏明伦的《潘金莲》一片叫好之声中,章诒和的《川剧〈潘金莲〉的失误与趋时》显得格外异类,作者清醒地指出,"有的戏,虽说在陈述遥远的历史故事,但从中开拓出时代的精神。有的戏从外观上是紧贴时势的,然而实质上作者并未站在时代的前列,充其量是一种'趋时'之作。加之,缺乏对当代社会的真知灼见(不在于运用了多少新名词、新概念),而具有一定的浅薄症与庸俗性,恕我直言,川剧《潘金莲》就是本色意义上的'趋时'之作,它与今天的时代精神貌合神离。在形式上非常现代化,但在观念上,体现的是带有某种庸俗性的市民心理意识"②。

这样的评判在当时自然迎来无数的反驳,但是以《潘金莲》在今天再也没有上演的可能性可以证明,对其"失误与趋时"的论断是不为过的。所以,对戏曲的探索,究竟是应该注重"现代化"还是"戏曲化"的探讨,从《潘金莲》的演出和之后的状况可以看出一二。显然《潘金莲》对于戏曲史理论层面的意义似乎远远大于对于戏曲舞台的"经典"意义。

而另一个 80 年代末的戏曲作品——京剧《曹操与杨修》恰恰与之相反。

陈亚先的《曹操与杨修》虽然在戏曲的"探索"背景下应运而生,但是被冠以"探索戏曲"似乎有些牵强,因为它并无意于形式创新,也无意于具备"超前性",它更无意于从内容到结构的"变异性"和"开放性",而是着意于其中人物的刻画和命运的冲突,也许正是因为《曹操与杨修》不够时尚和流行,决定了它经得住

① [英]阿诺德·欣奇利夫著,刘国彬译:《荒诞说——从存在主义到荒诞派》,中国戏剧出版社 1992 年版,第 1—2 页。
② 章诒和:《川剧〈潘金莲〉的失误与趋时》,载《戏剧报》1986 年第 10 期。

历史的考验，在 21 世纪的今天，依旧散发着隽永的魅力。

但是，又不能否认京剧《曹操与杨修》是一部具有极大创新性的作品。作为新编历史剧，自新中国成立以来，几次关于历史剧创作的讨论说明了戏曲界对历史剧创作的重视程度。历史剧的创作总不免陷入牵强附会、影射时弊的嫌疑中，毕竟对"古为今用"的理解人人都有自己的解释。但是，进入 80 年代，脱掉政治的外衣，抛弃主题先行的创作观念，新编历史剧的创作究竟该如何"古为今用"，究竟该如何对历史有更深刻的把握，究竟该对人性如何更深入地挖掘，究竟该对戏剧文学和舞台如何更合理地协调，《曹操与杨修》则是这些问题的最佳答案。同时，可以说，正是它的出现，彻底扭转了戏曲探索阶段形式标新立异，内容却经不住推敲的创作状况，为戏曲创作"现代化"和"戏曲化"的争论又增加了一个良好的例证。

说《曹操与杨修》符合戏曲的"现代性"创造，这首先体现在编剧上，陈亚先"力图写出曹操和杨修这两个主人公的伟大和卑微，透过这两个灵魂去思索我们的历史。过去，是今天的历史，今天又将是未来的历史"①。当剧作家意识到历史与现实的勾连时，他也就认识到了人、人性跨越历史、跨越时代的共通性。所以，陈亚先曾经说过"我就是杨修"，实际上这个"杨修"，既会有历史上那个杨修的影子，也会有陈亚先的影子，更会有天下所有有此种遭遇的人的影子，而曹操则是所有有"杨修"这种人格的人的强势对立面。历史与现实的勾连透过跨越千古人性的勾连来达成，"人"成了剧中所有外在呈现的根本，此时，它的经典性实际上也就奠定了。正如余秋雨所说，"从剧作者陈亚先开始，不经意地碰撞到了当代广大中国观众一种共同的心理潜藏。这种潜藏是数千年的历史交付给他们，又经过这几年的沉痛反思而获得凝聚的。我把它称之为正在被体验着、唤醒着的人文——历史哲理。戏中曹操与杨修间的互相周旋、觊觎、对耗，本是横贯中国历史的封建权势人格和文人智能人格之间难以调和的对峙结构，这个结构的悲剧性后果早已被日趋疲惫的民族机体苦涩品尝，并越来越引起全民性的内心惊觉"②。一对遥远的历史人物，唤醒了今天现实中无数人心底的惊觉，它的现代性不言而喻。更加重要的是，陈亚先作品中的"人"是真正的"人"，

---

① 陈亚先：《莫愁前路无知己——〈曹操与杨修〉创作札记》，载《解放日报》1989 年 1 月 26 日。
② 余秋雨：《成功索秘》，载《解放日报》1989 年 1 月 26 日。

而不是完美无缺的"神",人之真谛就在于人性的丰富性和复杂性,人如果是完善完整的,是彻底理想的人,是超凡入圣的人,实质上意味着人性的单一,所以,在人的美好中发现其弱点,对人之不够完美、不够完善的真实展现才是人性的真谛。曾经有人说,"比情节整一性的文体形式更为紧要的,是'人'的发现与解放,是创作的精神自由的状态,这是现代戏曲的精神内涵"①,显然《曹操与杨修》做到了。剧中的曹操雄心勃发、爱才惜才却又妒才,加之生性多疑,造就了他矛盾的性格。而杨修才智过人,却恃才傲物,锋芒外露,两种人格的冲突造就了这个千古悲剧话题的永恒魅力。

就是这样一个符合现代戏曲精神内涵的作品,却又没有丢失"戏曲化"的创作规律,这离不开导演马科的观念和主角曹操的扮演者尚长荣的人物塑造。遵循京剧艺术的美学原则,用舞台手段去表现生活,是马科导演的第一理念,但是,他又不忘把塑造人物作为舞台创作的最高使命。达到了"传统"与"现代"两相结合,"戏曲化"和"现代化"的相互协调。导演并不以形式上追求标新立异为目的,而是紧紧围绕着主题、人物、性格的需要来安排场面,并注重从表演、音乐、舞美各个方面为人物服务;不以传统戏曲单纯的唱念做打为表现目的,而是将京剧的表现手段与人物性格良好地结合,甚至打破行当壁垒,对程式进行借用或革新,以达到塑造人物性格的目的。导演统领全局,对戏曲美学原则的把握,加之尚长荣对曹操塑造时对传统的"拿来",使得《曹操与杨修》成为一部经得起时间考验的戏曲作品。传统在古老的戏曲作品中并不单单意味着技艺和程式,还意味着"对于每出戏、每一个极细微的动作都能说出个'为什么',也就是寻找人物的心理依据"。② 尚长荣创造曹操的手段一定是立足于传统,同时又"激活"传统的,依旧没有脱离"戏曲化"的创造。他为了演好"这一个"曹操,"不仅运用了自己花脸的艺术功底,而且还加了小生的潇洒、老生的持重""再以笑的表演而言,尚长荣在这出戏中用了起码不下于七种笑的方法"③,表现不同的心理,着实把传统程式中的"笑"用活了。

新时期的头 10 年,是探索的 10 年,这 10 年有很多优秀剧作家产生,有很

---

① 董健、胡星亮:《中国当代戏剧史稿(1949—2000)》,中国戏剧出版社 2008 年版,第 406 页。

② 尚长荣:《一个演员的求索》,载《光明日报》1995 年 12 月 12 日。

③ 陈云发:《新的求索》,见龚和德、黎中城主编:《京剧〈曹操与杨修〉创作评论集》,上海文化出版社 2005 年版,第 133 页。

多优秀的导演出现,更有很多优秀的作品横空出世,但本书用余笑予、魏明伦、马科这三个人所代表的作品来总体涵盖它的走向。当余笑予用《徐九经升官记》《药王庙传奇》《弹吉他的姑娘》诠释他对戏曲形式美和戏曲技艺重视的同时,不忘以"情"为支点,让观众领略内涵更为丰富的唱念做打,开启了新时期戏曲作品的第一步。而魏明伦以《易胆大》《四姑娘》《潘金莲》横扫整个中国,掀起阵阵话题的时候,意味着"探索"已然进入大胆创新的顶峰,社会对一切新异的宽容度、关注度已经进入一个新的层面,反之,对传统之根的重视也被推至边缘。而马科的《曹操与杨修》产生在80年代末期,或许有其偶然性,也有其必然性,观念的沉淀、思想的解放同步而行,注定了它将是80年代的集大成者,汲取80年代思想解放的精华,将对"人"的发现置于前景,却不遗忘传统的给予,将内容与形式完美融合,《曹操与杨修》的时代性和经典性自然难以泯灭,该作品成为80年代戏曲探索阶段的收官之作自然也不奇怪。

在话剧舞台上,1976年到1979年间,《南海长城》《豹子湾的战斗》等剧作恢复上演,新创作的《于无声处》《枫叶红了的时候》《报春花》《未来在召唤》等一批优秀剧目给人留下了深刻印象。但是,短短三四年后,话剧界和京剧界先后发出了"危机"的呼声,观众忽然对戏剧失去了兴趣,戏剧界霎时间呈现出一派萧瑟气象。其时,理论界最先发出了反思的声音,对戏剧自身的审美本质及社会定位的探讨,对戏剧实践中的新问题的争鸣成为理论界的两大板块。

1980年,曹禺发表了《戏剧创作漫谈》一文,就中国话剧创作长期唯斯坦尼斯拉夫斯基独尊的演剧模式造成的公式化、概念化、教条化积弊进行批评[1]。之后陈恭敏的《戏剧观念问题》一文针对中国话剧陈旧的戏剧观念和错误的创作倾向进行了尖锐而深刻的批评:"我国的话剧,从剧本到创作到演出形式,70多年来主要是恪守易卜生社会问题剧的传统。受镜框式舞台与三面墙的先知,追求'生活的幻觉',存在自然主义的倾向,缺乏深刻的哲理与诗意。形式呆板,手法陈旧。"[2]戏剧现代化,必须打破传统的戏剧观念,戏剧必须是现代的。之后,

---

[1] 1962年,黄佐临在"全国话剧、歌剧创作座谈会"上提出"戏剧观"这个理论概念。文中提出了三大戏剧观:斯坦尼斯拉夫斯基戏剧观、梅兰芳戏剧观、布莱希特戏剧观,三者之间的最根本区别在于对待"第四堵墙"的方式。斯氏戏剧观相信第四堵墙,布氏戏剧观要推翻这第四堵墙,而以梅兰芳为代表的戏曲传统讲求程式化,不存在造成生活错觉的第四堵墙。

[2] 陈恭敏:《戏剧观念问题》,载《戏剧》1981年第5期。

胡伟民发表了《话剧艺术革新浪潮的实质》[1]，直接挑战了传统戏剧观念所推崇的"第四堵墙"，推崇形式革新。在形式革新观念的引领下，陈白尘的《阿 Q 正传》(1981)等一批带有实验性的话剧出现，这些作品敏锐地抓住戏剧观念变革的动因，大量吸收了西方现代派的戏剧手法，突破了话剧传统的时间结构，拓宽了戏剧表现空间，探索新的戏剧观念，包括舞台观念，催生了整个实验话剧的创作潮。一时间追求多场次、多声部、假定性、剧场性、表现、象征、荒诞等种种新手段、新观念、新方法的话剧在舞台上逐一呈现，特别是胡伟民等人倡导的戏剧"假定性"概念，启发了一大批理论家就戏剧的基本概念进行热烈讨论。基于戏剧生存"危机"而自发兴起的关于内形式革新的理论大论战就这样在全国范围内轰轰烈烈地展开了，讨论最核心的出发点是希望通过"形式革新"或观念的"创新"来实现戏剧的"复兴"。

如此花样翻新的动力正是戏剧审美意识的觉醒，是基于戏剧家对戏剧本体而进行的思考，这一点值得肯定。但是在中国社会空前开放，走向伟大历史转折的转型期，这种观念的迅速转变不免带有各自的历史局限性和突然被解除束缚后的盲目性，用当时理论界自己的话说："外国戏剧在 90 年里玩过的主要花样，中国戏剧家在不到 10 年的时间里手忙脚乱地大致玩过了一遍。"[2]但驳杂新奇的手法，希望赋"自由戏剧观"予戏剧的形式革新并没有真正给中国戏剧和戏曲带来革命性的改观。正如田本相所言："看看我们的剧作，那些被尊为创新的剧作，其外在形式可以说极尽浮华矫饰、恣意雕琢之能事，而内骨子里，却是根深蒂固的概念化的一套。"[3]马也亦曾一针见血地指出："研究中国艺术的规律应该从其自身出发。引进外国理论无可非议，但即使在别国是正确的理论也不能以其代替戏曲自身的规律，更不能以其为模式来剪裁中国艺术。"[4]这场充满激情和气势的大论辩虽然在规模上前所未有，但多缺乏理论的深度和细致来推动话剧的美学研究。

---

① 胡伟民：《话剧艺术革新浪潮的实质》，载《中国戏剧》1982 年第 7 期。

② 廖全京：《当代戏剧的走向》，载《戏剧与电影》1987 年第 7 期。

③ 田本相：《中国 20 世纪 80 年代戏剧观念论争的回顾与思考》，载《戏剧文学》2004 年第 9 期。

④ 马也：《戏曲的实质是"写意"或"破除生活幻觉"的吗——就戏剧问题与佐临同志商榷》，载《戏剧艺术》1983 年第 4 期。

四、危机下的应对：市场经济大潮下的 90 年代

与 20 世纪 80 年代戏剧理论界的"危机论"和创作圈的"探索热"并行不悖不同，90 年代的戏曲创作面临的是方方面面的滑坡。就在人们心急火燎地探讨戏曲究竟应该如何发展，如何让戏曲跟上时代的时候，批评界李洁非的一篇对古典戏曲命运理性认识的短文却直言不讳地将戏曲的命运定格在"死与美"的框架中。在他看来绝响的命运丝毫不能毁损古典戏曲的美，戏曲的衰亡与戏曲本体无关，而与这个纷繁浮躁的时代有关，进而更提出戏曲为什么一定要跟上这个时代的论断。[①] 的确，一方面作为大众文化代表的电视传媒几乎抢占了一切欣赏群体，成为 90 年代大众娱乐的主体；另一方面，经过 80 年代的国营剧团生存状况愈加举步维艰，国家拨款经费越来越少，造成剧目创作无论是数量还是质量都在下滑，演出市场不断萎缩。戏曲的生存和院团体制的改革问题深深地纠结在一起，成为众多国营剧团不断思考的问题，而在这一问题的思考中，戏曲与市场的关系首先成了所有人都绕不开的话题。

陈多在《戏曲危机与文化市场》一文中指出，从文化市场角度来检视戏曲是一条重要途径，他认为曾经各朝各代戏曲兴盛衰败的更替都与对戏曲的群众性、娱乐性、通俗性的摒弃和重视有关，艺术作品就是文化市场的商品[②]。而将艺术的商品性拿上桌面，在新中国戏曲史的前 40 年是不可想象的，一度被人们遗弃的"市场"在 20 世纪的最后 10 年重见天日，更多的人将戏曲的成败，甚至戏曲进入 21 世纪的走向直接与市场相连。但是也有人担忧，完全市场化的选择，到底会是"汰精"还是"选优"？正如王仁杰所言，"艺术沦为商品，是人类心智的式微与退化，但也无人可以挽狂澜于既倒。就这样，庸俗的艺术及其相应的观众在这里相互作用，主宰一切"[③]。总之，是要"市场"还是不要"市场"，是全情投入地要，还是半遮半掩地要，是进入 90 年代后，理论家和戏剧工作者们时常纠结的问题。于是，90 年代初罗怀臻的《金龙与蜉蝣》打着"都市新淮剧"的招牌进军戏剧市场，90 年代末的陈薪伊则打着"乡土"与西递村民俗的卖点夺得人

---

① 李洁非：《死与美——对古典戏曲命运的理性认识》，载《上海戏剧》1993 年第 1 期。
② 陈多：《戏曲危机与文化市场》，载《民族艺术》1998 年第 2 期。
③ 王仁杰等：《面对当前文化市场——戏剧家心态面面观》，载《中国戏剧》1994 年第 3 期。

们眼球,而王仁杰则干脆超越市场,企图以《董生与李氏》对古典戏剧品格的坚守来征服观众。

面对市场,不仅创作者,而且处于困境中的国营院团也在努力求生。因此,关系着戏曲未来命运的院团体制如何改革,也是戏剧界讨论的重点。但是圈养已久的国家制院团,已经完全失去了市场竞争力,此时有人想到了古老的戏班。李洁非在《回眸戏班制》中认为戏班制具有激发艺术竞争,赢得市场的能力,更由于它本身必须具备的营利性而客观上促进了戏班的良性发展、人才更替,而演员的艺术实力和观众的选择是戏班运作机制中的关键点。[①] 作者将传统戏班制与当下剧团制相对比,希望引起人们对院团体制改革的思考。而傅谨在《文化市场发展与剧团体制改革》一文中更是通过对 50 年代演出团体所有制变革的回顾,对国营院团体制困境的分析,提出在市场经济大潮下民营剧团或许可以对国营剧团的改革给予一定的启示和参照。[②] 很多国营院团无法在市场中占得先机,只得转身寻求另外一个出路,即争取政府的财政拨款,排"政府戏",然而"政府戏"的尴尬在于,它完全与市场规律背道而驰,主旋律的创作取向和获奖的创作目的使得 90 年代的"政府戏"与观众之间存在着很大的距离。

虽然在市场化的浪潮中,戏剧戏曲演出情形起起伏伏,遭遇各自不同,但在理论界,关注的问题却比较集中,即西方写实与中国写意之间的选择。西方写实的舞台表演从进入中国之后就成为中国戏剧戏曲美学发展的一个重要参考,但是作为与西方戏剧写实性对应的"写意性"一词高度概括了中国传统戏曲的本质特征,也是对中国戏曲美学品格的论定[③],当时就有理论家在中国本土的戏剧戏曲理论中寻找出路。例如,吴功正的《戏剧美学综合机制论》(《艺术百家》,1989 年第 4 期)、游友基的《中国古典剧论中"趣"的美学范畴》(《齐鲁艺苑》,1993 年第 1 期)等。特别要提出的是,张庚作为老一辈戏剧理论家对新时期的美学理论建设卓有贡献:"他结合戏剧艺术实践,在戏曲史论、戏曲批评、戏曲美学理论等方面多有建树,特别是对戏曲现代戏和戏曲的现代化问题,作了积极的理论探索和总结,这是张庚先生在新时期对中国戏曲理论的最大贡献之

---

① 李洁非:《回眸戏班制》,载《上海戏剧》1993 年第 6 期。
② 傅谨:《文化市场发展与院剧团体制改革》,载《文艺研究》1998 年第 4 期。
③ 刘彦君:《取法乎西方——20 世纪中国戏剧观众的倾仄》,载《中华戏曲》2003 年第 2 期。

一。"①早在 1979 年张庚就发表了《论戏曲的表演艺术》(《戏剧艺术》,1978 年第
4 期)以强调戏曲的本体价值。之后,在八九十年代的研究中张庚逐渐形成了自
己对中国戏曲美学的系统论述,1980 年,张庚出版了《戏曲艺术论》,1984 年,张
庚、阿甲等出版了《戏曲美学论文集》(中国戏剧出版社)。张庚认为,继承与创
新必须遵从戏曲本身的艺术规律,戏曲现代化与戏曲创新都离不开对传统戏曲
的研究与传承,在 80 年代末 90 年代初他陆续发表了《戏曲规律与戏曲创新》
(《文艺研究》,1986 年第 5 期)、《戏曲美学三题》(《文艺研究》,1990 年第 1 期)、
《要解决对戏曲现代化的认识问题》(《剧本》,1991 年第 5 期)等文,就是希望在
探索中不断追寻"民族化"与"现代化"的命题,努力推动传统戏曲在新时代的
发展。

　　在发掘中国戏剧与传统文化关系方面着力较重的当属姚文放。在八九十
年代,姚先后发表了《李渔戏剧美学的古典倾向与近代因素》(《艺术百家》,1989
年第 2 期)、《中国戏剧美学与周易》(《艺术百家》,1994 年第 4 期)、《中国戏剧美
学的规范思维》(《江淮论坛》,1995 年第 2 期)、《中国戏剧美学的具象思维》(《江
海学刊》,1995 年第 2 期)等多篇文章。1997 年,姚文放还出版了《中国戏剧美
学的文化阐释》(中国人民大学出版社)一书,在中华传统文化的大背景下分析
戏剧艺术精神及其美学思想,以审美为中心,将戏剧放在儒家、道家、佛学、禅
学、理学等传统文化、宗教及哲学思想的坐标下进行审视,对中国戏剧的社会功
能、审美本质、存在方式、情感表现形式乃至悲剧意识等一系列基本范畴进行了
深入准确的剖析,以一种现代学术体系的架构将中国戏剧美学的价值意义阐释
得十分透彻,将中国戏剧美学理论研究向前推进了一大步。

　　戏剧美学的系统化最直接地体现在相当多著作的出现。这一时期较有影
响的著作还有吴毓华的《古代戏曲美学史》(文化艺术出版社,1994),书中系统
地整理和探索了中国古典戏曲美学思想及其发展规律,对我国历代有关戏曲美
学的观点、范畴、审美思想等都有系统的论述,对于戏曲美学史上的重要人物及
其美学命题的思想渊源和衍变历程等都作了细致阐述,是第一部研究戏曲美学
史的专著。此外,还出现了隗芾、詹慕陶等选编的《戏剧美学论集》(中国戏剧出
版社,1984)、余秋雨的《戏剧审美心理学》(四川人民出版社,1985)、朱立元的

---

① 何玉人:《张庚戏剧理论及其对 21 世纪戏剧艺术发展的期待与思考》,载《艺术百家》2012 年第 1 期。

《黑格尔戏剧美学思想初探》(学林出版社,1986)、中国戏剧出版社编辑部编辑的《戏剧美学思维》(中国戏剧出版社,1987)、吴乾浩的《戏曲美学特征的凝聚变幻》(中国戏剧出版社,1988)、曹其敏的《戏剧美学》(人民出版社,1991)、彭修银的《中西戏剧美学思想比较研究》(武汉出版社,1994)、牛国玲的《中外戏剧美学比较简论》(中国戏剧出版社,1994)、焦尚志的《中国现代戏剧美学思想发展史》(东方出版社,1995)、苏国荣的《戏曲美学》(文化艺术出版社,1995)、傅谨的《戏曲美学》(文津出版社,1995)、沈达人的《戏曲的美学品格》(中国戏剧出版社,1996)等。这些著作有力地推动了中国当代戏剧戏曲美学的发展。

第六节　新时期电影美学发展状况

从"文革"结束到 2000 年的中国电影,从其美学发展的意义上,可以说经历了三个阶段①:第一阶段是从"文革"结束到 1978 年 12 月中国共产党第十一届三中全会召开的这两三年,这是"文革"结束后的恢复时期,社会生活的方方面面及人们的心灵都处在艰难复苏的阶段。相对于这一时期文艺界其他领域的高歌猛进,"文革"中受钳制及迫害最深的电影界反应相对迟缓。这两年创作的 60 余部电影作品,也未能摆脱"文革"中盛行的虚假造作习气,其美学取向基本延续了所谓的"文革"美学,即一种革命理想主义和浪漫主义的糅合。第二阶段是 1979 年到 1989 年这 10 年,社会开始步入一个正常发展的轨道,宽松的政治氛围及大量引进的西方现代电影、美学理论,极大地提升了中国电影人的革新意识,这 10 年成为中国电影美学的重要转型期。以谢晋为代表的第三代导演接续了中国传统现实主义的血脉;张暖忻、谢飞等第四代导演是力图以现代性革新传统的一代,但总体而言,其革新流于形式,他们的作品更多体现的是对传统现实主义的深化;20 世纪 80 年代中期横空出世的第五代导演成为中国传统美学的真正"叛逆者",这一时期的作品是现代主义美学在中国电影中第一次较为完整的实践。第三阶段是 1989 年到 2000 年,这是中国社会全方位市场化转

---

① 本文从美学发展的意义上关于新时期中国电影的分期主要参考以下两本书——金丹元等:《新中国电影美学史(1949—2009)》,上海三联书店 2013 年版;钟大丰、舒晓鸣:《中国电影史》,中国广播电视出版社 1995 年版。

轨的时期,伴随而至的是大众文化的勃兴。后现代主义美学成为这一时期电影创作新的审美趋向,第五代、"后五代",以及第六代(又称"新生代")导演的创作都不同程度地体现了后现代主义的美学追求。不过,现代性意义上的批判意识、有关存在的思考,以及充满人道主义关怀的现实主义精神在他们的作品中也都不难觅见踪迹。事实上,这一时期,三代电影人都在不同方向上深化了现实主义的创作,第六代导演则在第五代前期创作的基础上进一步在"人"的主题上表现出对现代性更为深刻的认识。①

一、"后'文革'时期"(1976 年 10 月—1978 年 12 月):革命理想主义和革命浪漫主义的延续

从 1976 年 10 月"文革"结束到 1978 年 12 月中国共产党第十一届三中全会召开这两年多的时间,被称为"文革"后的"恢复时期"或"后'文革'时期"。这是一个过渡阶段,社会发展的步伐沉重而迟缓。不过,文艺界作为时代的急先锋,往往能够相对迅捷地作出反应。这一时期,"朦胧诗"暗潮涌动,话剧界、美术界也正酝酿着创新和突破,思想解放、艺术独立是艺术工作者普遍的心声。小说界以刘心武《班主任》(1977)为代表的"伤痕文学"则以真实、质朴的形式闯入了人性、人道的禁区,一时间,人性的觉醒、人道的启蒙成为全社会共同关注的议题,也决定了这一时期及随后新时期文艺创作整体的审美趋向。

相对于文艺界的其他领域,电影界在"文革"中受意识形态钳制、迫害最深,而"文革"后的复苏也尤为缓慢。直到 1977 年 10 月才开始反思对"黑八论"的批判②,陆续揭发"四人帮"扼杀《海霞》《创业》等优秀影片的罪行,大量老影片在重审后得以解禁复映,而新的故事片也快马加鞭投入了创作生产。但中国电影的传统血脉已被割裂,长期的政治高压、思想禁锢,极大地破坏了电影工作者的

---

① 文中所述的"中国电影"指的是不包括香港电影、台湾电影在内的中国内地/大陆电影。香港电影、台湾电影的发展轨迹、题材风格、精神意趣与大陆电影颇有相近之处,譬如 80 年代初期发起的台湾新电影运动,与大陆第五代导演的早期实践及第六代导演的个人化书写、作者倾向之间,便有着较为一致的精神追求和风格取向。下文会适当涉及,以作参照。

② 在"文革"期间,林彪、江青把新中国成立以来文艺理论方面的代表性论点归纳为"黑八论":即"写真实"论、"现实主义——广阔的道路"论、"现实主义的深化"论、反"题材决定"论、"中间人物"论、反"火药味"论、"时代精神汇合"论和"离经叛道"论,对之进行了批判。"黑八论"被列入《林彪同志委托江青同志召开的部队文艺工作座谈会纪要》。

艺术创造力。1977 年生产故事片约 18 部,1978 年生产了 40 余部,数量不少,但质量乏善可陈。

这几年生产、放映的电影从题材来看,主要分成三类:第一类是揭批"四人帮"罪行,反映人民群众与"四人帮"及其追随者作斗争的影片,这类影片约 10 多部,如《十月风云》(1977)、《严峻的历程》(1978)、《蓝色的海湾》(1978)。第二类是以革命历史为题材的影片,这类影片也有 10 多部,如以前被错误批判、禁止公开放映的故事电影《大浪淘沙》,重拍的革命经典《万水千山》,还有新拍的《拔哥的故事》(1978)、《大河奔流》(1978)等,相对前一类影片,这类影片内容相对丰富,艺术处理上也更自然真切些。第三类电影是惊险反特片,共有 7 部,其中相对出色的是《熊迹》(1977)、《黑三角》(1977)、《猎字 99 号》(1978),这类电影在"文革"期间曾被叫停,但在"后'文革'时期",反间谍、反特务的题材具有政治正确的基本立场,而这类电影对悬念、恐怖氛围的设置,也赢得了观众的喜爱,由此具有了特殊的生存空间。[①]

此外,值得一提的是谢晋导演的影片《青春》(1977),这部电影堪称这一时期银幕上的一抹亮色。影片避开了阶级斗争和路线斗争的僵化框架,将关注的焦点放在了对人性的思考和对个体生命的尊重上。描写了一个年轻的聋哑人哑妹,在女军医的治疗下恢复健康,成长为一名合格通信兵的故事。影片细腻抒情,哑妹的扮演者陈冲散发出的青春魅力赢得了观众的喜爱,呼应了人们要求回归真实、自然的审美愿望。当然,这部影片也不可避免地打上了时代烙印,没有摆脱歌功颂德的时代窠臼,但它复归人性的尝试在当时的情境下显然具有一种潜在的冲击力。

总体看来,这一时期的电影创作无论在内容上还是在形式上都无大的突破,其总体审美取向基本延续了所谓的"文革"美学,即一种"在极'左'政治意识形态下呈现出来的极致化了的革命理想主义和革命浪漫主义的相糅合"[②]。作为历史的产物,历史的宿命不可能一下子摆脱,"文革"后两年中国电影发展的滞缓是可以理解的。

---

① "后'文革'时期"生产的电影及其分类参见金丹元等:《新中国电影美学史(1949—2009)》,上海三联书店 2013 年版,第 228—234 页;钟大丰、舒晓鸣:《中国电影史》,中国广播电视出版社 1995 年版,第 141—143 页。

② 金丹元等:《新中国电影美学史(1949—2009)》,上海三联书店 2013 年版,第 235 页。

二、改革开放前 10 年(1979-1989 年)：传统现实主义的回归与现代主义初探

20 世纪 80 年代是冲破文化、体制藩篱，思想大解放的时代。新的时代氛围深刻影响了中国电影的创作及电影美学观念的建构，这一时期中国电影终于摆脱了"政治宣传工具"的沉重镣铐，而力图成为艺术家表达真实体验与思考、具有独立品性的艺术媒介。这 10 年，中国影坛群芳争艳，老(第三代)、中(第四代)、青(第五代)三代导演几乎同时活跃在电影第一线[第二代电影导演沈浮在这一时期还拍摄了他最后一部电影《曙光》(1979)]。电影理论界也是百家争鸣，各类专业或通俗类的电影杂志纷纷复刊或出刊，既为学者们的专业研究与争鸣提供了阵地，也接通"地气"，提供了与普通观众进行交流的平台；而这一时期翻译出版的一系列国外电影著作，如巴赞(André Bazin)的《电影是什么?》、克拉考尔(Siegfried Kracauer)的《电影的本性——物质现实的复原》、萨杜尔(Georges Sadoul)的《世界电影史》，也开拓了中国电影人的视野，从根本上促进了思想的解放、观念的革新。正是在这一起点上，中国的电影美学具有了自己的理论雏形，真正开启了学术性的思考。

借助各种学术平台，20 世纪 80 年代的电影理论界主要就电影语言的"现代化"、电影与戏剧的关系、电影与文学的关系、电影美学与电影民族化以及电影观念等问题进行了激烈论辩。这些论辩清理了"三突出"之类陈旧的电影观念，带来了新的电影理论和观念，为电影美学的理论探索积累了宝贵经验，同时也成为中国电影创作实践的指路明灯。总体来看，20 世纪 80 年代的电影论辩与创作呈现出回归、探索与重识"现实主义"的美学趋向及对现代主义的美学追求。从整体的美学追求来看，第三代导演谢晋的创作体现出对传统现实主义的回归；而以张暖忻为代表的第四代导演则在西方思想与现代电影观念的启发下，以"纪实美学"及散文化、诗化的风格表现寻求对传统现实主义的突破；如果说，第四代导演的作品已经出现了现代主义的元素和表现手法，如荒诞、幻觉、梦境、开放式结构、淡化情节等，那么直到第五代导演的出现，中国电影才真正显露出现代主义意识的萌芽。

(一) 谢晋电影对传统现实主义的回归

谢晋的作品大多取材于世人关注的重大历史、社会问题。《天云山传奇》(1980)是中国电影第一次艺术地、完整地对反右运动进行反思,《牧马人》(1981)描述了"血统论"给个体带来的命运波折,《高山下的花环》(1984)涉及对越自卫反击战,《芙蓉镇》(1986)则描绘了反右、反右倾,以及"文革"中的历次运动给人民生活和命运带来的深刻影响。谢晋电影的选材折射出他深重的忧患意识和历史使命感,这也是深受儒家文化浸染的中国传统知识分子共有的精神品质。

现实主义基本的审美原则之一是塑造出"典型环境中的典型人物"。谢晋电影之突出,不仅在于其影片题材的敏感及重要意义,还在于他对塑造人物的重视。回顾他的作品,可以看到一条极富光彩的人物画廊。《天云山传奇》中的罗群、冯晴岚、宋薇、周瑜贞、吴遥等,都是既有代表性又具备独特个性的人物;《高山下的花环》中善良、憨厚的梁三喜,性情急躁又好恶分明的靳开来,也是令人难忘的银幕形象;《芙蓉镇》中的胡玉音、秦书田、谷燕山以及流氓无产者王秋赦和"革命左派"李国香也都个个性格鲜明。谢晋影片中的大多数人物不仅体现着自身的个性,更深深打上历史、时代、政治的烙印,因此具有普遍意义。

在思想解放、充满创造激情的新时代,谢晋的创作也体现出新的探索。在新时期的第一部作品 1979 年的《啊! 摇篮》中,谢晋就力图在表现手法上有所突破;1980 年的《天云山传奇》则在整体结构上打破了传统的以时间为序的叙事方式,而以三位女性,即周瑜贞的回忆叙述、宋薇的内心独白、冯晴岚的来信结构全片。但总体而言,作为第三代导演的谢晋,其骨子里的传统意识远超过其创新意识。首先,其创作基本上没有脱离传统现实主义情节剧的叙事模式;其次,其作品对传统人伦、道德、人情的彰扬,在一定程度上冲淡了历史反思的力度和深度,有论者指出,谢晋影片以特有的方式提供了"一幅主流意识形态的'抚慰图景',为影片似乎直面的尖锐的社会矛盾或现实困境提供了一种'想象性解决'"①。谢晋电影中的忧患意识和"歌德"倾向,在某种程度上,与 20 世纪

---

① 戴锦华:《电影理论与批评手册》,科学技术文献出版社 1993 年版,第 99 页。

60 年代台湾的"健康写实主义"电影①有着相近的精神旨向,二者都与儒家的文艺观有着密切联系,体现了中国传统现实主义电影思想与精神的基本取向。

在思想大解放、现代思潮涌动的 80 年代,谢晋导演的电影引发了极大争议。首先对其提出诘难的是朱大可。1986 年 6 月,在上海市召开的城市文学、电影讨论会上,朱大可指出,"谢晋模式"是"中国文化变革进程中的一个严重的不谐和音,一次从'五四'精神的轰轰烈烈的大步后撤"。他认为,"谢晋电影是一种文化儒学,是封建伦理原则的动人具形,尤其是其中的妇女形象,更是集中表现了谢晋本人对传统道德的执着神往;同时,作为精致的俗电影,它往往利用感情扩张,将观众置于受摆布的地位,从而使其在情感昏迷中被迫接受了某些化解社会冲突的陈旧意识"②。随后他又在《文汇报》上发文,题为《谢晋模式的缺陷》,进一步阐发了自己的观点。朱大可的发言和文章在电影界内外引起了强烈反响和激烈争论。总体来看,支持谢晋、对谢晋的创作持同情性理解的还是占多数。如邵牧君在《为谢晋电影一辩》中指出,现代意识是有民族性和历史性的,以一种泛化的现代意识为标准将谢晋的电影斥为一种"儒电影",是有失公允的。他指出,"与中国的现代意识相悖的'儒电影',只能是宣传专制主义、人治传统、男权至上、伦理中心之类封建宗法和小生产者思想的电影",这显然与谢晋的电影挂不上钩。③ 而钟惦棐的《谢晋电影十思》,则从 10 个方面对谢晋电影作出了历史的、客观的评价。④

---

① 1950 年到 1963 年,台湾电影主要有三大类型:反共电影、闽南语片和武侠片。这些电影要么严重失实,要么粗制滥造,要么一味渲染血腥暴力。为扭转这种病态的局面,1963 年 2 月,台湾"中影"公司龚弘提出了"健康写实主义"创作路线,指出电影创作"必须应时代要求力予鼓舞",要"使社会振作,引导人人向善,走向光明"。这是当代台湾电影的第一次重要转型。"健康写实主义"电影观与 20 世纪 20 年代以及 80 年代初期大陆的电影观以及早期的香港电影,来自一个共同的思想源头,即儒家"文以载道"的文艺观和美学观。"健康写实主义"所追求的"健康"实则就是教化,由此其写实主义的表现是有限的。参见孙慰川:《1949—2007:当代台湾电影》,中国广播电视出版社 2008 年版,第 63—71 页。

② 张智华、史可扬:《中国电影论辩》,百花洲文艺出版社 2007 年版,第 332 页。

③ 邵牧君:《为谢晋电影一辩》,转引自张智华、史可扬:《中国电影论辩》,百花洲文艺出版社 2007 年版,第 335 页。

④ 钟惦棐的评价不偏不倚,既肯定了谢晋的成就和贡献,认为谢晋是"一个孜孜以求艺术与群众相结合的电影导演",其影片的"雅俗共赏、老少咸宜"是谢晋的功绩,也认为在电影观念的革新方面,谢晋在同代人中是具有"超前性"的;同时也不隐讳谢晋电影的不足,"社会思想多年停滞而陷入半睡状态的不足"。这不仅是谢晋一人的问题,而是历史在一代知识分子和艺术家身上刻下的烙印。对于朱大可的批评文章,钟惦棐一方面给予认可,认为"其表现了对整个社会的和文艺的责任感,不应以锋芒毕露和某些不当而忽视它的合理内核";同时针对在谢晋电影讨论中一些言辞过激的风气指出,批评不能"以鸣鞭为职业",写文章不能像写大字报,文学批评作为艺术科学,应该要考虑自己的文风和学风。参见钟惦棐:《谢晋电影十思》(原载《文汇报》1986 年 9 月 13 日),《钟惦棐文集》(下卷),华夏出版社 1994 年版,第 694—696 页。

关于谢晋电影的大讨论,真实反映了 20 世纪 80 年代西学东渐所引发的文化冲突与价值观裂变的思想现实,也引发了人们对中国电影传统模式的深思与探索。

(二)张暖忻、谢飞等第四代导演对传统现实主义的反思和深化

20 世纪 80 年代初真正开始对中国电影传统进行反思、力求革新的是第四代导演,他们的反思和革新主要从两个方面进行:一是以张暖忻、郑洞天为代表的关于"纪实美学"的探索,以及吴贻弓等散文化、诗化风格的创作,对传统现实主义过于倚靠"戏剧性"的表现方式的反拨;一是谢飞、吴天明等在新时期文学的基础上,其影片对"人"这一主题的丰富展现和较为深度的挖掘,拓展并深化了传统现实主义的精神旨趣和哲学意涵。

1. 1979 年,张暖忻和李陀发表了《论电影语言的现代化》一文,回应了同一年早期白景晟在《丢掉戏剧的拐杖》一文中的观点。文章指出,从世界电影发展的趋势来看,"戏剧式"电影在表现手法上已经"陈旧过时"了。文章进一步把白景晟"非戏剧化"的观点上升到电影语言"现代化"的层面,呼吁中国电影人应该尽快、自觉地变革电影语言。[①] 张暖忻和李陀的文章或许有"矫枉过正"之嫌[②],但在当时的语境下,他们的观点在促进电影自身意识的觉醒,打破戏剧式电影观念和电影模式上,起到了相当积极的作用。

张暖忻和李陀对"非戏剧化"的倡导,其根本的内在动力在于对"真实"的追求。对银幕"真实"的渴望是 20 世纪 80 年代人们的普遍心理;而以巴赞为代表的"纪实美学",追求影像写实,注重对生活原生态的呈现,则在理论层面给了他们直接启发,为他们的实践探索提供了颇具说服力的理论支持。1981 年,张暖忻执导的《沙鸥》和同年郑洞天、徐谷明导演的《邻居》堪称这一时期"纪实美学"

---

① 张智华、史可扬:《中国电影论辩》,百花洲文艺出版社 2007 年版,第 208—209 页。

② 张暖忻和李陀的文章,尤其是文中关于电影语言"现代化"以及电影语言"新陈代谢"发展特征的描述,很快引起了广泛争议。譬如邵牧君在《现代化与现代派》一文中就指出,"电影语言"并不存在一个张暖忻和李陀所言的"以新代旧、新陈代谢"的"淘汰式"发展过程,有的只是一个"不断创新""新旧并存"的"累积式"发展过程。中国电影就形式而言,最大的问题不在于表现手法的"陈旧",而在于"单调",在于远远未能充分利用电影艺术历来累积的技巧手段。应该说,邵牧君的观点是客观而中肯的。不过,7 年之后,在《中国电影创新之路》一文中,邵牧君反思了自己的观点,同时从"创新"的角度高度评价了张暖忻和李陀文章的意义。参见张智华、史可扬:《中国电影论辩》,百花洲文艺出版社 2007 年版,第 203—204 页。

探索的代表作品。在电影艺术表现上，张暖忻具有非常明确的个人意识：一方面，她追求巴赞的纪实美学，"要使银幕上的一切都如同生活本身那样真实可信"①；另一方面，她又力求影片在朴素、自然的姿态下，体现出哲理和诗意，"成为一种作者个人气质的流露和感情的抒发"②。这两方面在《沙鸥》中，都达到了相当的高度。一方面，影片呈现给观众的仿佛是女排运动员们真实的生活记录；另一方面，在某些段落，又合理地通过丰富而富有表现力的电影语言，营造出一种意境，传达出强烈的主观意念。《邻居》表现相对单纯些，影片以纪录片式的风格表现了一个狭窄的筒子楼里几家人的日常生活。真实的环境、真实的人物，配以自然的环境音响和有声源的音响效果，将城市居民迫切需要解决的住房问题真实呈现在银幕上，为老百姓提供了一条情绪宣泄的渠道。正如郑洞天所言："不管舆论上承认不承认，国产片的剧作、蒙太奇语言、表演、摄影用光、画面造型、音响音乐等各方面发生的巨大变化，都得益于纪实美学的影响。"③

　　值得注意的是，巴赞理论背后有现象学、存在主义等深刻的哲理基础，追求一种"纯信息"或"纯粹事实"，因此要求创作者持一种保持距离的客观冷静的观察姿态。而20世纪80年代中国的纪实电影更多只是汲取巴赞纪实美学的技法，譬如长镜头、非职业演员的选用等，却未真正领略其背后的哲学意涵，当然其中也有一种主动过滤的成分。80年代初期，郑雪来曾就巴赞理论发表过一系列冷静的、近乎苛刻的表述。他对巴赞理论的质疑主要在于，他认为，巴赞的纪实美学"导致无定形的创作，这种创作只是反映了艺术家模糊不清的无法解释的体验"，但排斥世界观在艺术活动中的作用从根本上是不可能的。④ 应该说，张暖忻等对巴赞理论的不完全贯彻及郑雪来对巴赞理论的质疑，其根本因子深植在中国现实主义的传统之中。中国传统的现实主义秉承的是儒家经世致用的规训，创作者的主观意旨是有必要呈现的，中国前三代导演践行的都是这样一种现实主义。张暖忻、郑洞天等第四代导演尽管受到西方现代理论的影响，但基于他们的生命阅历，从精神血脉上不可能割断与传统的联系。

　　在追求纪实风格的同时，还有一些第四代导演以对一种淡化或简化的诗意

①　张暖忻：《努力拍摄一部有追求的影片》，载《电影文化》1981年第3期，转引自钟大丰、舒晓鸣：《中国电影史》，中国广播电视出版社1995年版，第174页。

②　钟大丰、舒晓鸣：《中国电影史》，中国广播电视出版社1995年版，第174页。

③　郑洞天：《〈鸳鸯楼〉导演阐述》，载《当代电影》1987年第6期。

④　张智华、史可扬：《中国电影论辩》，百花洲文艺出版社2007年版，第223—225页。

或散文化风格的追求,在进一步摆脱传统现实主义电影的戏剧性表现方面展开了更为彻底的实践。吴贻弓1982年拍摄的《城南旧事》,以及胡炳榴1983年拍摄的《乡音》,正是其中突出的代表。这两部作品都摒弃了激烈的戏剧冲突,而着墨于那些日常所见的平淡细节。"淡"是二者共同的美学追求,但这"淡"中渲染着某种意境、传递着某种情绪和对生命、对世界的感悟。吴贻弓、胡炳榴两位导演对意境的追求,以及作品的具体表现手法,显示出他们对中国传统文化的有意识继承,然而这种虚实结合、意象合一的美学追求显然与现代美学是相通的。

除此之外,还有不少第四代导演在对传统现实主义表现形式的突破上,作出了自己独特的贡献。譬如张铮、黄建中导演的《小花》(1979)运用大量的闪回,将过去与现在穿插对比,打破了传统的线性叙事结构;杨延晋的《苦恼人的笑》(1979)运用大量的幻觉和梦境表现人物的心理活动,这些幻觉和梦境充满了现代主义的隐喻、象征、荒诞的意味,生动控诉了时代的荒诞,呈现出知识分子内心的痛苦与挣扎;滕文骥、吴天明导演的《生活的颤音》(1979)则大量运用高速、降格、定格、时空跳接、变焦、意识流等现代电影手法。影片最突出的尝试是整体的音乐构思,音乐与画面、与人物的内心情感构成了有机的整体;杨延晋的《小街》(1981)相对于他的《苦恼人的笑》而言,具有更为强烈的创新意识,影片以开放式、多重性的结尾,突破了传统的封闭式结构,在银幕与观众之间建立了一种新的联系方式,《小街》结尾的叙事方式,从世界范围来看,在当时也是不多见的;颜学恕的电影《野山》(1984)则将一个"戏剧性"很强的题材表现得自然平实,毫无"虚构""巧合"等人工痕迹,堪称现实主义传统与电影新发展完美结合的典范;而1985年的《青春祭》与《城南旧事》《乡音》一样追求淡化的诗意风格,彻底消融了戏剧性;1987年,女导演黄蜀芹的《人·鬼·情》则围绕一个"情"字,将"实"(人的世界)与"虚"(鬼的世界)两条线索巧妙交织在一起,构建了一个风格颇为独特的艺术世界。

2. 随着萨特《存在主义是一种人道主义》等西方有关"人道主义"的较新阐释传入中国,加上作为20世纪80年代思想先锋的中国美学界关于"人化的自然"、对人性正面价值的呼吁,以及对于"人体美"的肯定,中国文学艺术界和思想界对人性与人道主义的意涵有了更为全面而深刻的认识。到80年代中后期,以谢飞、吴天明等为代表的第四代导演的作品在有关人性主题的探索上,就有了很大程度的拓展与深化。

这一时期，中国电影在"人的问题"上认识的拓展主要体现在两个方面。首先体现在从单纯的人的社会属性中突围出来，大胆呈现了人的自然属性，包括人体之美及对人之生理性欲望的认识。譬如《良家妇女》（1985）、《青春祭》（1985）、《疯狂的代价》（1988）中都出现了裸女的形象，《疯狂的代价》中更有长达5分多钟的裸露镜头，尽管被处理得朦胧，但着实体现了一种开放的姿态；而《良家妇女》《寡妇村》中对人受压抑的情欲的表现，则体现了对人性的关注。

而颜学恕的《野山》（1985），谢飞的《湘女萧萧》（1986）、《本命年》（1989），吴天明的《人生》（1984）、《老井》（1986）等作品，则体现了这一时期在"人的问题"上的另一种突破，即超越了传统现实主义"历史、政治境遇中的人"的叙述框架，开始倾向于关注传统文化与人，以及现代都市中人的困惑与人的异化等颇具现代主义色彩的主题。《野山》涉及"换妻"这样戏剧性很强的题材，不过颜学恕遵循现实主义的创作传统，处理得相当朴实，而在人物塑造上又体现出现代性。譬如片中的桂兰，尽管是一个农村妇女，却渴望更广阔的天地，希望掌握自己的命运，这种女性觉醒的意识在当时是非常具有现代性的；《湘女萧萧》则展现封建礼俗对女性生理欲望的压抑，以及青春少女不可遏止的性爱冲动，从而对传统伦理作了有力批判；《本命年》中姜文饰演的主人公李慧泉是一个劳改释放的都市青年，影片展现了他进入正常生活后的茫然不适，没有回避人物鲁莽无知的弱点，也展现了他善良、义气的另一面，对他的性压抑，影片中也有几次隐讳的表现。《本命年》应该是第一部呈现都市边缘人生存状态的影片，对人的命运、人的尴尬处境的表现颇具存在主义的意味；《人生》《老井》则在传统文化、伦理道德与人的现代性追求的悖论之间展开了对人物命运的描写，塑造出高加林、孙旺泉这样复杂立体的农村青年形象。

不过客观而言，第四代导演的作品尽管有了现代意识的萌芽，但正如有学者指出的，基于自身和历史的原因，他们和以谢晋为代表的第三代导演一样，都属于"改良主义艺术家"，是"中国传统电影文化自觉的维护者"①，尽管他们的作品在内容和形式上都对传统现实主义产生了一定的冲击，但总体看来，变化还是局部的、小范围的，并没有完全脱离传统现实主义的轨道，他们的沉思更多还

---

① 陆绍阳：《中国当代电影史：1977 年以来》，北京大学出版社 2004 年版，第 29 页。

是"体制内的沉思"①。但在这样一个过渡时期,应该说第四代导演和第三代导演都很好地完成了他们的历史使命。真正脱离传统现实主义的表现轨道,让国人乃至世界震惊的是这一时期第五代导演的作品。

(三)第五代前期:现代主义初探

1984 年是中国电影史上不同寻常的一年。这一年,第五代导演张军钊的《一个和八个》、陈凯歌的《黄土地》、田壮壮的《猎场札撒》、吴子牛的《喋血黑谷》横空出世,在国内外引起了巨大反响。这些作品在思想及形式上充满自主意识的大胆创新,开启了中国电影史上的新纪元。随后田壮壮的《盗马贼》(1986)、陈凯歌的《大阅兵》(1986)及《孩子王》(1987)都延续了这种探索与叛逆的精神。1987 年,张艺谋的《红高粱》问世,其在国际上获得的声誉及在国内的口碑、票房上的成功,意味着第五代导演的电影创作达到了最高点。而在有些影评人看来,《红高粱》对主流意识形态及大众口味的有意无意的迎合,也标志着以"叛逆者"形象出现的第五代电影创作的终结。②

第五代前期的这些作品,题材、风格不尽相同,但它们在思想倾向及美学的追求上有着鲜明的共性。对人类的苦难和命运的关注是中国传统现实主义电影的基本特点,第五代导演的作品没有脱离这个基本轨道,譬如《一个和八个》《喋血黑谷》表现了对战争中人的苦难与命运的同情;《黄土地》则流露出对世世代代生活在黄土地上的人们真挚的情感和充满矛盾的思索,初步呈现出一种历史的悲剧意识;《猎场札撒》通过对大草原上猎场札撒(札撒即准则、规矩的意思)的表述,传达了艺术家的社会理想,表达了对人类命运的关注;《红高粱》也表现了战争中人类的苦难和生命的热烈。然而,第五代导演对苦难的表达、对命运的关注却又是不同于前人的。有学者指出,谢晋、吴贻弓等前辈导演在正

---

① 陆绍阳:《中国当代电影史:1977 年以来》,北京大学出版社 2004 年版,第 29 页。

② 在戴锦华、李奕明、钟大丰的《电影:雅努斯时代》(载《电影艺术》1988 年第 9 期)这篇对话录中,学者们较高评价了"文化反思热潮"中第五代电影创造的历史功绩,指出第五代导演的创作是自觉追求使电影成为"文化的载体",要"反叛"和"批判",不想成为"时尚的附庸",而想成为自觉的"社会象征行为"。不过,第五代导演终究抵挡不住消费主义的洪流,《红高粱》完成了对"民族神话的重写",让人们在潜意识中获得了"宣泄与满足",由此,它既象征着第五代电影的成功,同时也极好地表明了第五代电影的"终结"。第五代电影从一种"文化的叛逆"沦为"迎合主流意识形态、大众口味的时尚"。转引自张智华、史可扬:《中国电影论辩》,百花洲文艺出版社 2007 年版,第 367 页。

视人类苦难的同时,是希望以此苦难去"感化"人类的良知,由此流露出一种不可抑制的感伤情绪;而第五代导演正视的不仅是苦难本身,更是苦难之根源,他们力求以此去启迪人对自身的反省,在叙述这个根源时,往往"宣泄"着一股不可名状的愤懑情绪。在这种反省与宣泄中,第五代导演提炼出了"人的本质精神",并铸就了历史跨度较大的时代意识与超时代意识,这无疑是对正统的时代意识和民族精神的一种反叛。①

第五代导演在一种反叛的冲动中,对于"超时代意识"和"人的本质精神"的推崇和追求,在有些学者看来是剔除了"社会的急需内容"而囿于一种"抽象的理念",从而导致了与观众审美之间的落差。② 不过恰是这样抽象的、具有哲学意味的理念追求,体现了电影的美学属性和对电影美学现代性的自觉探索。而第五代导演的作品于有意无意间显露出的强烈的生命意识,也可以说是对以尼采哲学为代表的现代主义美学的回应。如田壮壮的《猎场札撒》《盗马贼》和张艺谋的《红高粱》。这三部影片在对一种民族生命之集体无意识的呈现中,流露出了现代主义美学所看重的个体生命意识,尤其是《红高粱》,更是将一种混杂着原始情欲的个体生命意识表达到了极致。生的热烈,死的悲壮,这种痛快淋漓的人生态度确实颇能让人联想到尼采的超人哲学。

除了思想主题上的现代性意味,第五代导演前期的作品更突出的成就表现在他们对电影形式的现代性追求。在传统电影中,形式与内容是二元对立的,形式附属于内容,为表达内容服务,正是在这个意味上,我们说张暖忻等第四代导演在电影形式上的探索其创新意义是有限的,因为其没有脱离形式与内容的二元对立,没有脱离传统现实主义的基本道路。不过,第五代导演的创作却在一定程度上化解了形式与内容的二元对立,形式本身具有了意味,形式也成了内容的一部分。在他们的作品中,"景物造型"不再只是作为环境或背景的元素,也不再只是满足传统意义上的托物寄意、借物抒情,而上升到影片"角色"的地位,成为影片"思想意蕴"的直接体现者;"色彩"也不再只是外部世界的简单还原,而被赋予了强烈的"象征涵义"和"主观意愿",使之具有"诗化"和"剧作"的功能;同时,"电影空间"也不再只是娴熟的场面调度的对象,而着力探索对空

---

① 陈恳:《第五代:穿透中国银幕的幽灵》,载《电影艺术》1988 年第 3 期,转引自张智华、史可扬:《中国电影论辩》,百花洲文艺出版社 2007 年版,第 366 页。
② 同上。

间环境的洞察力和揭示力,确立"在空间中展示动作,揭示思想意蕴"的意识。① 在第五代导演早期的作品中,《黄土地》在运用视听造型、语言表意方面尤具创造性和完整性。除了演员外,黄土地、黄河水、影片的色调、镜头角度、镜头的运动与静止、音乐与声响等,都深含寓意。中国传统的电影美学观基本建立在"电影之为影戏"的认识上,戏为电影之根本,影像则只是完成戏的手段而已,而第五代导演对影像造型表意功能的探索,丰富和深化了对电影美学本体论的认识,促成了电影思维从文学本体观向电影影像本体观的转化。这也是对 20世纪 80 年代中后期中国电影理论界有关"电影本性问题"的激烈论辩,在实践上作出的良好回应。

第五代导演前期的探索使得中国电影继第四代导演的"纪实美学"等探索之后,在现代性的道路上又进入了一个新的阶段,这显然是一个更具创造性的飞跃。尽管与第四代导演相比,第五代导演的创新更为彻底全面,然而,对于他们所传达的"超时代意识""人的本质精神"等现代性的哲学命题,他们的认识实际上还是缺乏深度的。而在下一个 10 年中,第六代导演的作品所凸显的个体人的彷徨、困惑或意识的觉醒,倒更切中以存在主义、精神分析哲学为代表的现代主义美学的本质。

三、20 世纪 90 年代到世纪末(1990—2000 年):现实主义、现代主义和后现代主义美学的交融

20 世纪 80 年代是思想解放、文化寻根的时代,到了 90 年代,时代氛围发生了根本变化,思想的激情退却,那种颇具现代性的启蒙意识、精英趣味逐步消隐在一种平面性、娱乐性,更符合大众口味的"后现代性"文化中。这种变化实际上在 80 年代中后期随着经济、文化向市场机制的转轨,便已初现端倪,到 90 年代初,随着市场经济的正式提出与确立,商业性的大众文化得到了更为迅猛的发展。电影是市场化转轨的先行实践者,加上 80 年代中期以来,电影界对娱乐片的价值、功能的多次探讨及对电影娱乐本性的重新认知,包括张艺谋在内的

---

① 任仲伦:《骚动的电影探索新潮——关于青年电影导演的群体考察》,载《上海师范大学学报》1987 年第 3 期。转引自张智华、史可扬:《中国电影论辩》,百花洲文艺出版社 2007 年版,第 360—361 页。

一大批导演在 80 年代后期就逐渐放弃了纯精英视角，转而拍摄更符合大众口味的娱乐性影片。而 90 年代初电影机制改革决策的正式出台，则彻底拉开了电影面向市场化改革的大幕。

电影市场化所带来的电影美学的新发展是"后现代主义美学"的兴起。[①] 1988 年，根据王朔小说改编的四部电影：《顽主》《轮回》《大喘气》《一半是海水，一半是火焰》，可以说是"后现代主义美学"在中国电影中第一次突出而完整的亮相。而到了 90 年代，中国电影便更加普遍而堂皇地放弃或淡化了启蒙、载道的精英宗旨，从表现内容到表达方式都广泛呈现出消解深度、抨击崇高、走向世俗、逃避历史、张扬私人化等后现代性特性。张建亚的《三毛从军记》（1992）、《王先生之欲火焚身》（1993）及冯小刚的贺岁片[②]，堪称这一时期电影后现代性表现的翘楚；而第六代导演尤其是其前期作品也非常突出地呈现了"不确定性""碎片""非规范化""反讽""混杂性""无序""组合"等后现代性表征；以张艺谋、陈凯歌为代表，前期高扬现代性追求的第五代导演在新的历史时期也自觉不自觉地开始了后现代的转向；黄建新、宁瀛等"后五代"导演以他们平民化的视角，在回归现实主义的同时，运用拼贴、戏拟等后现代表现手法，发出对存在的探寻与叩问，他们作品中普遍流露出一种化解生活苦痛的颇为轻松幽默的态度，在某种意义上，也正是后现代性的特征；后现代思潮的涌入，使得一贯以弘扬国家意志、坚持宏大叙事的主旋律电影，也开始在作品中添加一些后现代的质素，力求"在娱乐性和政治性之间寻找某种接合部和协作点"[③]。

不过 20 世纪 90 年代中国社会与文化的特殊性在于，在迎进后现代主义的同时，也提供了现实主义的土壤和现代主义的空间。加之，后现代性本身的复

---

① "后现代主义"理论在西方兴起于 20 世纪五六十年代"后工业社会"形成之始，80 年代初被介绍到中国，不过由于"太缺乏和本土文化的亲和力，使它始终如雾中月、水中花一样的漂浮不定"。而到 80 年代中期，由于后现代主义理论家弗雷德里克·杰姆逊在华讲学著书的推广，"后现代主义"以及"后现代主义"电影很快在电影界和理论界引起了广泛而深刻的关注，而这一时期中国市场经济的提出和确立、商业性大众文化的迅猛发展，无疑也为"后现代主义"在中国的勃兴提供了合适的土壤。参见张智华、史可扬：《中国电影论辩》，百花洲文艺出版社 2007 年版，第 388—391 页。

② 冯小刚 90 年代的贺岁片作品有《甲方乙方》（1997）、《不见不散》（1998）、《没完没了》（1999）。

③ 金丹元等：《新中国电影美学史（1949—2009）》，上海三联书店 2013 年版，第 353 页。主旋律与后现代的嫁接，这方面做得非常突出的有叶大鹰的《红樱桃》（1995）、《红色恋人》（1998），冯小宁的《红河谷》（1999）、《黄河绝恋》（1999）等，这些作品在弘扬主流意识形态的同时，运用明星效应、宏大奇观、猎奇式的情节等对作品进行了种种商业性的修饰、镶嵌，在商业上取得了成功，其电影也投射出人性光彩和人道主义精神。

杂性、其与现代性之间错综复杂的关系,以及现实主义精神在某种意义上的持久常存,90 年代的影像美学在后现代主义的蓬勃表象下,现实主义的脉络并没有中断,而现代性的追求在后现代主义的表征下也不难寻见。从这一时期仍在创作的第四代导演胡柄榴的《安居》(1997),谢飞的《香魂女》(1992)、《黑骏马》(1997)、《益西卓玛》(1999)等影片中,可以看到老导演们对人们现实生存、精神状态和情感关系的关注,折射出知识分子的忧患意识和社会责任感;第五代导演在商业化转型的过程中,其作品仍不时透露出现代性的批判与反思意识,田壮壮的《蓝风筝》(1993)、陈凯歌的《霸王别姬》(1993)、张艺谋的《活着》(1994)则以史诗般的气质,对民族创伤进行沉重反思,对人性充满悲悯与理性追问,充分彰显了经典现实主义的历史批判精神,体现了现实主义在中国电影中的发展与深化;李少红、宁瀛、黄建新等"后五代"导演的"新写实主义"作品,将关注的焦点对准了普通人的平凡人生,在开放性的、非戏剧的叙事中,体现了对普通人生存状态、现实境遇的关怀,其传达的美学意蕴又于不经意中契合了萨特的"现象即本质"等存在主义话语;在张元、王小帅等第六代导演作品的后现代性表征下也深蕴着现代主义的内涵,其作品中对"自我"存在的焦虑与追问,可以认为是"不成熟地实践着一种中国式后存在主义探寻"①,他们的作品真正确立了现代性意义上的个体存在。而贾樟柯的《小武》(1997)、《站台》(2000),以及随后出现的王超的《安阳婴儿》(2001)则是巴赞纪实美学从形式到精神的真正继承者,他们的作品渗透着强烈的人文关怀和人道主义的悲悯情怀,在明显的后"存在"的思考中,昭示着现实主义本质精神的回归。

(一) 第五代导演:现代意识与后现代意识的兼收并蓄、经典现实主义的确立

在大众文化、消费文化逐渐占据文化主导地位的 20 世纪 90 年代,第五代导演也被裹挟进时代的潮流中,自觉不自觉地开始了后现代转型。在第五代导演中,张建亚具有明确一贯的后现代主义追求。《三毛从军记》(1992)的问世被认为是第五代导演中后现代主义风格导演人才出现的标志。随后的《王先生之欲火焚身》(1993)与前者一样改编自漫画,影片把古今中外许多电影中的经典

---

① 金丹元等:《新中国电影美学史(1949—2009)》,上海三联书店 2013 年版,第 392 页。

场景巧妙地融汇在一起,同样呈现出强烈的后现代意味。即使在后来彰显主流价值观的主旋律电影《绝境逢生》(1994)、《紧急迫降》(1999)、《极地营救》(2002)中,张建亚也没有放弃他的后现代性追求,借鉴好莱坞类型电影的制作元素,在影片中运用电脑数码技术为观众呈现了各种视觉奇观。

与张建亚一贯的后现代性追求不同的是,张艺谋、陈凯歌、田壮壮等在90年代仍在一定程度上持守着现代主义的理性启蒙精神,对历史、现实、人性、传统文化作出理性的追问。当然,新的时代氛围仍然对他们产生了强烈冲击。张艺谋在1987年的《红高粱》中已经对大众文化的上浮有所意识,他新时期的电影形态也是最为复杂的。1989年,他和杨凤良合导的《代号“美洲豹”》以及同年由他主演的《古今大战秦俑情》开始走上了类型化电影的道路;《菊豆》(1990)、《大红灯笼高高挂》(1991)则回归到《红高粱》所开创的“新民俗电影”风格,“新民俗电影”以民俗奇观吸引了西方的注意,也获得了商业上的成功,不啻是中国电影在后工业化时代的一种商业策略,但商业化的外表下仍渗透着现实主义的精神和现代主义的先锋诉求;而《秋菊打官司》(1992)、《一个都不能少》(1998)又贴近了法国写实主义风格,以平实、朴素的纪录片式的手法传达了对底层民众生活和生命状态的关切;《有话好好说》(1996)则以反常规的人物形象、荒诞的情节设置、MV式的镜头语言呈现出强烈的后现代意味,以一种喜剧的方式揭露了都市人的生存状态,在一种诙谐的语调中实现了对都市生活的批判。

与张艺谋相比,陈凯歌转变的道路相对平缓些,《边走边唱》(1991)改编自史铁生的短篇小说《命若琴弦》,影片依旧延续了他早期民族寓言式的艺术主张和影像风格,在一种寓言式、象征性的视觉世界中,力图传达创作者对民族性格的思考,而原作对个体存在层面的哲思追问则相对被淡化了;随后的《霸王别姬》(1993)、《风月》(1996)、《荆轲刺秦王》(1999)逐渐显示出具有诗人哲学家气质的陈凯歌开始寻求艺术性与商业性之间的和解,以相对前期更为复杂的故事、人物塑造、情感关系追求可看性的同时,依然坚持着自己对于人性、历史、民族的理性表达。

田壮壮应该说是第五代导演中最为执守自己艺术理念的一个。1991年,由姜文、刘晓庆主演的《大太监李莲英》是田壮壮90年代的第一部作品,影片意不在展现宫廷秘史,而在于塑造李莲英这样一个充满复杂性的人物,传达了对人性的思考及对个体命运的悲悯,体现了一种超越历史评说的人道主义关怀;田壮壮的《蓝风筝》(1992)与陈凯歌的《霸王别姬》(1993)、张艺谋的《活着》(1994)一起,开启了中国电影现实主义创作的新篇章。这三部影片都具有宏大的史诗规模,在对历史的纵向书写中,不回避民族的历史伤痕,对人性、对历史、对传统文化作出了引人深省的反思与批判。这三部影片所体现出的历史批判意识与精神标志着经典现实主义的确立。

(二)"后五代"导演:新写实电影的后现代性和存在主义意涵

较之第五代导演对历史的兴趣,"后五代"更为关注当下现实,他们的创作构成了一种新写实主义的潮流。新写实主义总体来看,仍属于现实主义的范畴,不过在某种程度上却是对传统现实主义的一种反叛。传统现实主义或多或少都存在一种理性的思考,以塑造典型环境中的典型人物为核心,力图追求一种"本质的真实"。而在中国后现代语境中诞生的新写实主义电影,则受到这一时期以池莉作品为代表的新写实文学的影响,追求一种"本色的真实"。他们放弃塑造典型人物,日常生活中操劳庸碌的小人物成为影片的主要人物,为还原生活的本来面貌,大量平淡琐碎的生活场景取代了传统现实主义中人为的戏剧性情节,在一种日常审美化的影像中,他们的电影充满了平民化的关怀。"后五代"的"新写实主义"特色在宁瀛的《找乐》(1992)、《民警故事》(1995)、《夏日暖洋洋》(2000)中表现得最为突出。这三部影片被称为宁瀛的"北京三部曲",表现的都是当时北京普通老百姓平凡而琐碎的生活小事:《找乐》写了一群退休后的老人为打发生活的无聊空虚组建了一个业余京剧团而带来的喜怒哀乐;《民警故事》以老民警杨国力为中心,展现了普通片儿警工作、生活中的琐碎事情;《夏日暖洋洋》围绕出租车司机德子的生活,反映了一群都市青年在现代生活环境中的精神状态,尤其表现了他们对婚姻和爱情的无奈。宁瀛以接近纪实的风格真实呈现了当代都市中普通人的生活常态和生存体验,这种平实的记录中深隐着人道主义的关怀,让观众于不知不觉中感受到一种动人的力量。

夏钢的《遭遇激情》(1991)、《大撒把》(1992)、《无人喝彩》(1993),关注的都是都市青年的生活,他的作品一方面充满了生活化的细节元素,另一方面,又脱离了写实主义的轨道,而假以戏剧性的情节包装,从而呈现出一种非真实化的游戏特质,在满足观众娱乐要求的同时,也显现出后现代语境中都市青年人的迷惘与无奈。黄建新的作品则体现了一种更为丰富的杂糅状态。1986年的《黑炮事件》主体表现为现实主义和现代主义风格的杂糅，但在某些段落已带有后现代主义因子；1987 年的《错位》和 1988 年的《轮回》在体现他现代性追求的同时，也呈现出后现代的色彩；而 90 年代的《站直啰，别趴下》(1992)、《背靠背，脸对脸》(1994)、《埋伏》(1997)，被认为是"后五代"新写实主义的力作，这三部影片比较全面地展现了社会变革时期的都市人物群像，然而在呈现生活原生态的同时，影片又以诙谐的人物对话、非常态化的情节设置赋予了影片喜剧的特质，在一定程度上消解了真实人生的沉重，符合后现代社会观众的审美需求。

20 世纪八九十年代的新写实主义小说一个重要的原则是作家情感的零度介入，而"后五代"导演的新写实主义电影尽管在影像风格等方面表现出冷静的旁观者姿态，但他们在对生活原生态真实或戏拟的呈现中，依然有其明确的价值取向，在带有后现代色彩的新现实主义的探索中，"不自觉地出现了各种后存在主义式的叩问和质疑"①。"后五代"导演的作品尽管具体表现不尽相同，但基本上都属于这一形态的电影。他们的作品以对充满偶然性的生活流的展示或非真实化的情节设置，以及不时闪现出的带有几分幽默态度的荒诞细节，表达了城市普通人群的生存体验，借此引发观众关于当下生存的存在主义式思考。

（三）第六代导演：后现代主义表征下的现代性内涵、纪实主义美学的确立

20 世纪 90 年代出现在中国影坛的还有张元、王小帅、娄烨、贾樟柯等"第六代"电影人，这一时期第五代、"后五代"导演身上那种复杂的艺术面貌同样存在于他们的作品中。相对而言，第六代导演的创作呈现出更为鲜明的后现代主义美学表征。他们作品的后现代性首先突出地表现在对中国电影宏大叙事传统的颠覆。可以看到，"后五代"导演的新写实主义作品以及第五代导演的某些作品，已经将关注点对准了普通人的世俗生活，在题材上具有一种小叙事的倾向，但精神实质仍属于一种追求内在意义和目的性的"宏大叙事"，真正具有后现代性的小叙事出现在第六代导演的作品中。

第六代导演前期的作品大多聚焦于表现现代社会青年在物质与精神情感上的双重尴尬处境。他们影片中的主人公，无论是摇滚青年、青年画家、行为艺

---

① 金丹元等：《新中国电影美学史(1949—2009)》，上海三联书店 2013 年版，第 399 页。

术家,还是城市或小镇看似普通的青年都属于主流之外的边缘人物,这些人物的境遇也是创作者自身的青春体认,由此他们的作品呈现出一种私语化倾向,在一定程度上体现了中国电影中个体意识的觉醒。同时,这种私语化的倾向以及对个人命运、事件发展之偶然性或不可预测性的强调,又背离了宏大叙事的目的性和意义追求,而于有意无意中践行了后现代主义的"去中心""消解同一性和整体性""放逐元话语"等理论言说。譬如张元的《北京杂种》(1994)围绕着一群"社会的异己分子"——摇滚乐手、画家、艺术院校的学生、混在北京的浪子展开镜头,影像零散混乱却真实呈现了一种不被理解的边缘生活。姜文的《阳光灿烂的日子》(1995)颠覆了传统的叙述角度和话语风格,基于记忆的不确定性,在现实与幻想两条线索中游走,呈现了"文革"时期部队大院子弟的生活状态和青春期困惑。《长大成人》(1997)则是导演路学长这一代人带有鲜明时代印记的青春记忆或成人式。

在镜语风格表现上,拼贴、碎片式影像、间断的跳跃式解构等后现代主义的表现手法,在第六代导演的作品中也是随处可见。张元的《北京杂种》,五条线索插入六章摇滚乐,在结构上颇具无序、杂糅拼贴的后现代特征;娄烨的《苏州河》(2000)打破了叙事的常规,在不断切换的叙事视角和模棱两可的画外提示中,解构了事件的可信度,呈现出不确定、断裂和跳跃的叙事特征。而《苏州河》影像风格的碎片化特征更是鲜明,这些破碎的影像一方面消解了"宏大叙事",同时又准确传达了都市边缘人的生存环境和生存感受。

较之前代导演,第六代导演的作品尽管呈现出更为强烈的后现代色彩,然而在其后现代性的表征下,同样不乏现实主义的关怀和现代性的内涵。考察中国电影美学史,可以看到,无论是张暖忻等第四代导演 80 年代初的创新之作,张艺谋、陈凯歌、田壮壮等第五代导演 80 年代中期的寓言化创作,还是他们新时期的三大史诗性作品[田壮壮的《蓝风筝》(1992)、陈凯歌的《霸王别姬》(1993)、张艺谋的《活着》(1994)],以及宁瀛等"后五代"导演的新写实主义创作,其关注的主体仍然深刻着民族的、时代的或社会的烙印,一种先天具有的"宏大叙事"的情怀使得中国电影中几乎从未出现过一个纯粹个体意义上的人的形象。可以说,直到第六代导演的出现,一种纯粹的个体人的意识才得以确立。尽管他们没有完全脱离时代、具体环境展现人物,然而他们更注重的不是展现时代或历史中的人,他们无意挖掘个体身上的历史承载或时代意涵,他们更关注的是个体命运、性格形成的个人原因，及其事件发生的偶然性和不可预测性，同时，他们注重展示的不仅仅是人物的行动，而更注重其行动背后种种有意识或更多则是无意识的内在冲动，由此准确地也较为深入地切入了"存在主义对焦虑、空虚、茫然若失的个体生存的敞开，以萨特式的人道主义来凸显后现代境遇中的年轻人的'随意选择'及其盲动性"①。

在现实主义的表现层面，第六代导演也作出了突出贡献。张元的《妈妈》(1990)、《儿子》(1999)，贾樟柯的《小武》(1997)、《站台》(2000)，以及新世纪王超的《安阳婴儿》(2001)，朱文的《海鲜》(2001)，李杨的《盲井》(2002)，路学长的《卡拉是条狗》(2003)，在影像上均呈现出纪实主义的风格，在一种冷静客观的书写中流露出悲天悯人的情怀。这类影片预示着第六代导演已经从早期偏于自恋的"自我"情绪的抒发，转向了对自我之外他者存在境遇的关注，昭示着一种真正的人道主义及现实主义本质精神的回归。如上文所述，巴赞的纪实主义美学在20世纪80年代前期就对中国电影产生了影响，但是应该说，第六代的这些导演才是巴赞纪实主义美学从形式到内容上的真正继承者，他们的创作丰富了中国电影现实主义的表现。

总之，20世纪90年代的电影美学呈现出斑驳杂陈的复杂色彩，现实主义、现代主义以及后现代主义并存互渗，营构出这一时期中国电影美学的多元生态，这或许是中国电影，也是世界电影发展的必经之路。

---

① 金丹元等：《新中国电影美学史(1949—2009)》，上海三联书店2013年版，第389页。

第八章

外国美学理论的译介
及其影响

在中外美学理论交流史上,20世纪80年代无疑是一个极富戏剧性、理想性的时期,也是当代中国学术文化发展的一个重要阶段。这个时期,对外国美学理论著作的引进和研究,在数量和规模上都是史无前例的,更重要的是,这次大规模的翻译运动是作为整个社会的文化转型和价值重建的一部分出现的,因而,这场运动及其所带来的奇特文化景观有其特殊的历史意义。它所确立的思维模式、概念范畴、话语系统和批评方式,至今仍在持续影响着中国美学学科的发展走向。20世纪90年代的美学译介工作既在80年代译介成果的基础上展开并向纵深推进,又呈现出走向新世纪、寻求国际学术交流对话的新特点。

第一节 作为思想解放运动的美学理论译介工作

20 世纪 70 年代末 80 年代初,随着"文革"的结束,我国政治和思想文化领域开始正本清源、拨乱反正,着力清除极"左"思潮的负面影响。同时,改革开放使中国的国门重新打开,意识形态的禁锢逐渐被打破,中国美学界在重大历史机遇中谋求新的发展。

1979 年,全国第四次"文代会"召开,邓小平同志在《祝词》中明确表示:"党对文艺工作的领导,不是发号施令,不是要求文学艺术从属于临时的、具体的、直接的政治任务,而是根据文学艺术的特征和发展规律,帮助文艺工作者获得条件来不断繁荣文学艺术事业。"[①]这次会议发出了一个重要信号,它表明政治高层、知识界以及全社会在文艺与政治的关系问题上已经达成共识,整个理论界掀起了解放思想的潮流。

中华人民共和国成立之后到 20 世纪 70 年代末之前,中国美学界的主要理论来源是苏联式的马克思主义,几乎达到"一统天下"的程度。随着极"左"思潮的远去,苏式理论的权威性逐渐消失,理论界也开始反思其负面影响,在新形势下,它显然已不足以完成学术重建的任务。当在中国美学和文艺学界占主导地位近 30 年的旧理论体系被推翻时,首先面对的一个问题是:用什么样的理论资源建构新的知识谱系和价值系统? 邓小平同志在第四次"文代会"《祝词》中强调:"所有文艺工作者,都应当认真钻研、吸收、融化和发展古今中外艺术技巧中一切好的东西,创造出具有民族风格和时代特色的完美的艺术形式。"[②]这样一项要求为文艺学和美学界跳出以俄苏理论为主的旧知识框架,以开放的心态大规模引进、借鉴国外美学理论提供了基本依据。此时,西方美学理论迅速进入人们视野,并在"现代化"的诱惑之下,很快呈现强劲传播态势。这样一种选择主要基于以下几个重要背景:

其一,照搬苏联模式的失败成为引进西学的强大动力。中华人民共和国成

---

① 中共中央文献编辑委员会:《邓小平文选(1975~1982)》,人民出版社 1983 年版,第 185 页。
② 同上,第 184 页。

立后,中国的文艺理论和美学理论建设基本上沿着全面借鉴苏联理论的道路前行。苏联官方意识形态强调艺术的思想性、人民性、阶级性、党性和社会意义,中华人民共和国成立后,对这样一些原则的极端化继承和遵奉,在思想文化领域产生了极大影响,带来了惨痛教训。外国理论译介工作在文本选择上参照苏联模式,遵循政治标准和党性原则,带有很强的意识形态排他性,使得美学研究领域思想资源匮乏、视角狭窄、观点陈旧。对于长期浸淫于苏联模式的中国美学界来说,西方美学理论,尤其是现当代西方美学理论提供了全新的话语体系和研究理路。它既迎合了人们对于苏联理论的逆反心理,又为新时期美学研究带来了新的理论范式,开辟了广阔的空间。

其二,中国学界与国外学术界近半个世纪的隔绝状态增加了引入西学的迫切性。苏联对西方现当代美学理论采取排斥态度,用西方现代文学艺术创作方法(如"为艺术而艺术"原则、唯美主义等)创作的作品则被斥为市侩主义和庸俗趣味,认为它们是腐朽的、有毒的。这样一种否定态度对将苏联理论界思想原则奉为圭臬的中国学术界产生的巨大影响可想而知,欧美国家的美学和文艺理论一概被作为"资产阶级"的产物而遭到拒斥,中国学界对西方现当代美学理论有着很深的隔膜,甚至闭目塞听。虽然在 20 世纪 50—70 年代期间中国学界翻译了一些西方文艺理论和美学理论,主要为了供批判使用,但以古典和近代理论为主,而西方现当代理论则几乎没有涉及。中国与世界文明潮流长期隔绝,对国外学术界的动态和学科发展处于茫然无知的状态,显然不利于美学学科的发展,也不利于思想文化的繁荣,确实需要"补课"。

其三,引入西学为现代化的顺利展开以及在全社会进行思想启蒙奠定了良好的基础。如何使中国文化走向现代化,是 20 世纪 80 年代中国思想文化界面临的一个重要课题。西方理论资源成为跳出原本惯性思维框架的一个出口,同时也是与世界文明接轨的一个入口。理论界对西方美学理论的态度由 50 年代的拒绝、排斥、批判转向欢迎、吸纳、赞赏。通过译介国外理论著作,寻找新的生长点,改变中国美学理论封闭的局面,进入世界学术发展的前沿,融入现代文明的主潮,成为国内学人的共同希冀。

第四次文代会的精神受到知识界的积极回应,我国文艺理论界和美学界思想空前解放,各项活动空前活跃,西方美学理论的介绍和引进工作逐步开展。开始只是重新出版一些已经出版过的古典译著,如黑格尔的《美学》(第一卷)

（商务印书馆，1979；上海译文出版社，1979）、柏拉图的《文艺对话集》（人民文学出版社，1980）、亚里士多德的《诗学》以及伍蠡甫主编的《西方文论选》（上、下）（中国戏剧出版社，1986）等。同时，由于"文革"而中断的翻译工作也得以继续，如朱光潜所译黑格尔的《美学》（第二、第三卷，商务印书馆1979，1981）、莱辛的《拉奥孔》（人民文学出版社，1979）和《歌德谈话录》（爱克曼辑录，人民文学出版社，1979）、鲍桑葵的《美学史》（商务印书馆，1985），都得以陆续出版。商务印书馆1981年开始将过去以单行本刊印的译本汇编成《汉译世界学术名著丛书》，重新出版了一些60年代曾经出版过的西方美学著作。从书目可以看到，这些译著依然局限于对一些古典论著的介绍和研究。尽管如此，仍然可以从这些成果中看到新局面开始的曙光。

1980年，召开了第一届全国美学研讨会，李泽厚在这次会议上说了这样一段话："现在有许多爱好美学的青年人耗费了大量的精力和时间冥思苦想创造庞大的体系，可是连基本的美学知识也没有。因此他们的体系或文章经常是空中楼阁，缺乏学术价值。这不能怪他们，因为他们根本不了解国外现在的研究成果和水平。"这种情况在当时具有相当的普遍性，长期与外部世界隔绝，造成了话语体系的单一、学术视野的狭窄，没有必要的知识储备，而忙于闭门造车，虚构体系，显然无益于推动学科的进步。因此，"目前的当务之急就是应该组织力量尽快地将国外美学著作大量翻译过来。我认为这对于彻底改善我们目前的美学研究状况具有关键的意义，你搞一篇有价值的翻译比你写十篇缺乏学术价值的文章作用大得多"①。

1986年4月，中国作家协会、中国社会科学院文学研究所、外国文学研究所、天津市作协分会和天津南开大学在天津召开了一次"中外文艺理论信息交流会"。时任中国作协书记处常务书记鲍昌、书记韶华，中宣部有关部门负责人，天津市委宣传部领导等人出席并讲话，何西来、钱中文、王春元、袁可嘉、吴元迈、章国锋、陈辽、鲁枢元、林兴宅、孙绍振、杨匡汉、黄海澄、王逢振等知名学者参加并积极发言，都加重了这次会议的分量，使之成为一个里程碑式的事件。会议主张对西方的一些理论、观念、方法，先"统统拿来，然后加以咀嚼和消化"，并且，"当我们将它们'拿来'的时候，不一定先简单地给它们贴上这样或那样的

---

① 《美学译文丛书》每一本的"序"中都刊载了这段话。

'标签',匆忙地给它们'定性'。更不要先入为主地断定它们是错误的,便拒绝对它们分析研究",因此这次会议又被称为"拿来主义"会议。① 在将这次会议上提交的论文结集出版时,组织者发出了这样的宣言:"我们宁肯做一个有过失误的创造者,也不要做一个'永不走路''永不跌跤',对社会什么贡献也没有的碌碌无为者。一个有失误的创造者,比一百个总是重复前人正确理论的人更有价值。"②很明显,这次会议与李泽厚在第一次"全国美学研讨会"上提出的观点是一致的,甚至带有某种"宣言"的意味,以开放的胸襟和充分的自信引入西方美学和文艺理论,鼓励探索、创造,反对封闭、孤立,其中渗透了与改革开放时代相契合的变革意识、开放精神和现代理念。

随着思想的进一步解放,人们逐渐认识到,文艺界多年来奉行的理论体系和模式,已经跟不上文艺发展的步伐,不能对新的文艺和审美现象作出解释,因此,借助引入外国美学理论来推动方法论的变革和观念的变革,成为当务之急。1985 年,在厦门、扬州、武汉召开了三个学术研讨会,讨论文艺学研究方法,这一年被称为"方法论"年。信息论、控制论、系统论、皮亚杰的"发生认识论"、普里高津的"耗散结构论"等新的理论方法进入文艺学研究领域,对自然科学方法的借鉴,带来了新的思路和立场。自然科学方法强调价值中立,注重系统性、严谨性、精确性,这既符合"文革"后文学研究远离意识形态、排斥政治功利性的普遍取向,同时也推动了新的学术规范的确立。③

有了这几次重要会议的推波助澜,更重要的是迎合中国新时期中国美学学科建设的迫切要求,西方美学理论的译介工作迅速推进,而这项工作是作为当时"翻译热"的一个重要组成部分展开的。据统计,"1978—1987 年间,仅是社会科学方面的译著,就达 5 000 余种,大约是这之前 30 年的 10 倍"④。"翻译热"之所以会在这个时候出现,主要基于思想界的一个共识:中国社会各领域百废待兴,通过译书来了解西方、认识西方,成为第一要务。正因为如此,"翻译"的意

---

① 《中外文艺理论概览》,春风文艺出版社 1986 年版,序,第 2 页。
② 同上,第 4 页。
③ 对于"三论"是否可以用于人文科学研究,学界看法不一。但即便对"三论"持欢迎态度的学者也认识到,将自然科学方法移植到文艺学领域,要避免直接套用的做法,而应本着借鉴和启迪的原则,主要是借用其方法和理念,拓宽文艺学研究视野。
④ 王晓明:《翻译的政治——从一个侧面看 1980 年代的翻译运动》,见《印迹》(第 1 辑),江苏教育出版社 2002 年版,第 275 页。

义就不只是语言转换这么简单,而是指向一个更高的目标,即完成思想的启蒙,实现民族的伟大复兴,与国际接轨,走向世界。

由四川人民出版社在 20 世纪 80 年代初期出版的百余本《"走向未来"丛书》是当时广受欢迎的一套书,其中大部分是翻译介绍当今世界新的科技、人文、政治、法律等方面的著作,成为 80 年代文化标志之一。如丛书的"编者献辞"所说,该丛书志在迎接"一个富有挑战性的、千变万化的未来",使中华民族开始自己悠久历史中的"又一次真正的复兴"。编者还引用了弗兰西斯·培根的一段话以明志:"希望人们不要把它看作一种意见,而要看作是一项事业,并相信我们在这里所做的不是为某一宗派或理论奠定基础,而是为人类的福祉和尊严……"①正像丛书的命名所昭示的那样,该丛书的组织者希望通过倡导科学理性,来开启一条通向未来的光明大道。这个时期翻译活动的组织者们深信自己所做的工作对于中国学术,乃至整个中国社会的发展都将起到难以估量的作用。正如一位学者所言:80 年代的翻译者们"既不是从官方意识形态的需要出发,也不像 1990 年代许多人所主张的,从专业和学术建设的需要出发,而是从当时整个社会的思想和文化变革的需要出发,从他们对于自身作为知识分子的社会和历史使命的理解出发,投身到大规模的翻译活动的组织工作中去"②。因此,这场大规模译介西方理论活动的意义就不仅仅囿于学术领域,而是整个民族思想大解放运动的一个重要表征,同时也有力地推动了思想解放的进程。

这时的美学著作的翻译,是作为这项整体进程的一部分出现的,但是,它又带有一定的特殊性,即,当时思想界所普遍关注的人的价值、人的本质等问题,同时也是美学和文艺理论领域探讨的核心,美学可谓得风气之先,成为思想解放、引领社会思潮的学科,这也是 80 年代"美学热"出现的原因之一。如陶东风所说,"80 年代美学文艺学热,乃至整个人文科学热的根本原因正在于它与当时整个中国社会、政治、文化思潮的内在联系,在于它充当了当时思想解放(意识形态革命)的急先锋",因而"本质上依然带有强烈的功利性、意识形态性乃至于政治性"。③ 这样一种取向有两个方面的特点:一方面志在推动全民族的思想

---

① 李醒民:《走向未来丛书·激动人心的年代》,四川人民出版社 1983 年版,编者献辞。

② 王晓明:《翻译的政治——从一个侧面看 1980 年代的翻译运动》,见《印迹》第 1 辑,江苏教育出版社 2002 年版,第 278—279 页。

③ 陶东风:《80 年代中国文艺学主流话语的反思》,载《学习与探索》1999 年第 2 期,第 102 页。

解放,努力摆脱以前政治工具主义的影响;另一方面,高扬审美性、学术性,淡化政治性,但在它的背后,隐藏着一种更大的政治。

第二节　20世纪80年代美学理论译介情况概览

在"翻译热"的大势席卷之下,大规模引进西方美学理论,尤其是西方现当代美学理论成为学术界的一项重要活动。起初仅仅是以单篇形式散见于一些刊物或译丛中,但很快就形成一股强劲的潮流。这个时期,译介的力度和速度都是空前的,据统计,仅1983年9月间,介绍西方现代主义文艺思想和流派的文章就有400多篇,专著10余种,其中涉及现代主义文艺观念、艺术特点、艺术手法及其主要流派等。① 西方现当代各种思潮如潮水般涌入,成为中国美学理论和文艺理论建设的主要理论资源之一。这一时期影响较大的译文丛书主要有:李泽厚主编的《美学译文丛书》,中国社会科学院文学研究所文艺理论研究室王春元、钱中文负责的编译小组所编的《现代外国文艺理论译丛》,中国社科院外国文学研究所文艺理论研究室编的《当代外国文艺理论译丛》《二十世纪欧美文论丛书》,商务印书馆的《汉译世界学术名著丛书》。另外,还有中国艺术研究院马克思主义文艺理论研究所组织编写的《外国文艺理论研究资料丛书》、金观涛主编的《"走向未来"丛书》中的某些译著、甘阳主编的《现代西方学术文库》以及北京大学出版社《文艺美学丛书》中收录的一些译著等。除此之外,还有几种以翻译单篇文章为主的刊物性书籍,如由中国社会科学出版社出版的《美学译文》、文化艺术出版社出版的《世界艺术与美学》、四川省社会科学院出版社出版的《美学新潮》,等等;另有中国社会科学院外国文学所"20世纪外国文学评论丛书"编委会所编的《西方文艺思潮论丛》,以中国学者的评述性介绍为主;由复旦大学出版社出版的《美学与艺术评论》开辟了"美学书刊评介"专栏,也对西方现代美学理论进行介绍。80年代文艺理论和美学理论翻译全面繁荣,译丛、译著众多,本章只能择其要者加以介绍和分析。这一时期影响较大的丛书主要有

---

① 葛秀华:《从"西方化"到"中国化"——论20世纪末中国美学研究对西方学术资源态度的变迁》(硕士论文),2003年,第7页。

以下几种：

李泽厚主编的《美学译文丛书》，分别在中国社会科学出版社、辽宁人民出版社、光明日报出版社、中国文联出版公司等四家出版社出版。该译丛收录了西方 20 世纪重要的经典论著，如桑塔耶纳的《美感》（缪灵珠译，中国社会科学出版社，1982）、克莱夫·贝尔的《艺术》（周金环、马钟元译，滕守尧校，中国文联出版公司，1984）、克罗齐的《美学的历史》（王大清译，袁华清校，中国社会科学出版社，1984）、科林伍德的《艺术原理》（王至元、陈华中译，中国社会科学出版社，1985）、苏珊·朗格的《情感与形式》（刘大基等译，中国社会科学出版社，1986）、李普曼的《当代美学》（邓鹏译，光明日报出版社，1986）、康定斯基的《论艺术的精神》（查立译，滕守尧校，中国社会科学出版社，1987）、布洛克的《美学新解》（滕守尧译，辽宁人民出版社，1987）等，覆盖了符号学、形式主义、新康德主义、自然主义等流派的代表著作。切合"美学热"的大浪潮，该丛书共出版了50 多部，其中苏联作品只有 7 部，其余大部分都是西方现当代美学大家、名家的作品，大都堪称经典。

中国社会科学院文学研究所文艺理论研究室王春元、钱中文负责的编译小组所编的《现代外国文艺理论译丛》，由三联书店发行。在这套译丛的说明中，编译者写道："本译丛主要编译介绍现、当代世界各国文学理论和文艺学研究的重要成果……近年来……深感我们对最近数十年来国外文学理论研究的现状，知之甚少，有的甚至完全不知。这种状况，对于建设、发展具有中国特点的现代马克思主义文艺学的迫切要求，是很不适应的。"①这种论断反映了在理论界普遍存在的一种焦急心态，即尽快了解西方文艺理论在 20 世纪的新进展，并与西方学术界展开对话，在很大程度上带有"补课"的意味。在这套译丛中收录了很多具有代表性的对当时文艺学、美学学科发展起到巨大推动作用的译作，其中包括韦勒克、沃伦的《文学理论》（刘象愚等译，1984），斯托洛维奇的《现实中和艺术中的审美》（凌继尧、金亚娜译，1985），卡冈的《艺术形态学》（凌继尧、金亚娜译，1986），巴赫金的《陀思妥耶夫斯基诗学问题》（白春仁、顾亚铃译，1988），佛克马、易布思的《二十世纪文学理论》（林书武译，1988），今道友信的《东方的

---

① 王忠琪等译：《现代外国文艺理论译丛·法国作家论文学》，生活·读书·新知三联书店 1984 年版，现代外国文艺理论译丛说明。

美学》(蒋寅等译,1991)等 14 部作品。

中国社科院外国文学研究所文艺理论研究室编的《当代外国文艺理论译丛》,由吴元迈担任主编,1986 年出版第一辑。"主要编译介绍当代世界各国文艺理论批评领域中,那些具有新特点和新倾向的著作,供我国文艺理论工作者和爱好者参考之用。它既包括当代西方各国文艺理论批评领域中不同思想流派的著作,也包括苏联、东欧及其他国家有较大影响又有一定代表性的文艺理论著作。总之,力求结合我国文艺理论建设的需要,和尽可能比较全面地反映当代世界文艺理论发展的趋向。"①该丛书由中国社会科学出版社出版,收录了伊格尔顿的《当代西方文学理论》(王逢振译,1988)、奥符相尼科夫和萨莫欣编的《现代资产阶级美学》(涂武生、杨汉池译,1988)、艾布拉姆斯的《镜与灯——浪漫主义理论批评传统》(袁洪军、操鸣译,1991)、戈尔德曼的《论小说的社会学》(吴岳添译,1988)等 7 部作品,产生了广泛的影响。

甘阳等编的《"文化:中国与世界"丛书》(三联书店),主要译介西方近代以来的哲学和美学著作,如尼采的《悲剧的诞生》(周国平译,1986)、海德格尔的《存在与时间》(陈嘉映、王庆节译,1987)、萨特的《存在与虚无》(陈宣良等译,1987)、罗蒂的《哲学和自然之镜》(李幼蒸译,1987)、本雅明的《发达资本主义时代的抒情诗人》(张旭东、魏文生译,1989)、马尔库塞的《审美之维》(李小兵译,1989),等等,这套丛书强调哲学性、思想性、学术性,对翻译质量的要求颇高,在当时思想界引起了巨大的轰动效应。

随着译介工作的全面、深入展开,国内学术界开始陆续出现了介绍西方美学理论的教材。80 年代后期到 90 年代,复旦大学出版社出版了一套西方美学名著选编,包括蒋孔阳主编的《二十世纪西方美学名著选》(上、下册,1987),李醒尘主编的《十九世纪西方美学名著选》(德国卷,1990),高若海主编的《十九世纪西方美学名著选》(英法美卷,1990)。此外,伍蠡甫的《欧洲文论简史》(人民文学出版社,1985),汝信的《西方美学史论丛续编》(上海人民出版社,1983),缪朗山的《西方文艺理论史纲》(中国人民大学出版社,1985),胡经之主编的《西方文艺理论名著教程》(北京大学出版社,1986),胡经之、张首映的《西方二十世纪

---

① 中国社会科学院外国文学研究所文艺理论研究室编:《当代外国文艺理论译丛》,中国社会科学出版社 1986 年版,编辑说明。

文论史》(中国社会科学出版社,1988),杨恩寰的《西方美学思想史》(辽宁大学出版社,1988),等等,都产生了较大影响。张隆溪以"现代西方文论略览"为题,从1983年第4期开始在《读书》杂志上连续介绍20世纪西方文艺理论的主要流派,后结集为《二十世纪西方文论述评》(三联书店,1986)。这些教材和文选虽然偏重介绍国外文艺理论,但显然已经开始着力在消化吸收的基础上,尽可能清晰地梳理西方文艺理论的发展脉络,构筑较为完整的理论体系。与此同时,产生了一些高质量的研究性著作,如蒋孔阳的《德国古典美学》(商务印书馆,1980)、周国平的《尼采——世纪的转折点(上)》(上海人民出版社,1982)、阎国忠的《古希腊罗马美学》(北京大学出版社,1983)、凌继尧的《苏联当代美学》(黑龙江人民出版社,1986)、滕守尧的《审美心理描述》(中国社会科学出版社,1985)、杨春时的《系统美学》(中国文联出版公司,1987)等。

这个时期的外国美学理论译介活动呈现出速度快、范围广的特点,思想更为解放,一些在以前属于研究禁区的著作陆续出版,全面覆盖了现当代西方美学理论和文艺理论的主要流派及其代表人物,努力提供介绍新思潮、新方法论、新理论学派的第一手资料,景象异常壮观。

从编辑出版方面考察,可以看出,这些丛书的组织者,都是当时最活跃、影响力最大的学者,如李泽厚、钱中文、甘阳、吴元迈、金观涛等。他们是一批引导社会思潮的精英,对于学科和整个社会的发展,有着异常明确的目标。在国门打开之时,这些学者最先投入组织和翻译工作中来,从一个侧面反映了当时的学术界普遍认识到译介外国美学和文艺理论,尤其是西方现当代理论的紧迫性和重要性。由于迎合时代需要,市场前景广阔,出版社也非常积极地出版这些翻译著作。可以说,学界和出版界的紧密配合,是促成这一时期外国美学理论翻译工作迅速铺开的一个重要因素。① 与此相联系的另一个特点是翻译队伍的年轻化,与五六十年代"名家名译"的原则相比,20世纪80年代的译丛常常启用一些名不见经传的年轻人,其中很多人正是通过参与这些翻译工作而走上学术道路或建立学术声誉的。

从接受范围和效果来看,这些译作、译著的影响力并不限于学术界和思想

---

① 关于这种新的翻译主导机制的确立,详见王晓明:《翻译的政治——从一个侧面看1980年代的翻译运动》,见《印迹》第1辑,江苏教育出版社2002年版。

界,在普通读者中也有相当大的市场。中国社会经历长时间的思想封闭,每个人都有强烈的求知欲,各种外来思潮的大量涌入,直接影响并活跃了中国人的精神生活。由于切合"美学热"对于新鲜理论资源的需要,《美学译文丛书》最初的几部初版印数都在几万册,该丛书每本书的销量都达到上万册,甚至十几万册,例如,科林伍德的《艺术原理》在北京就刊印了 7.5 万册,《艺术与视知觉》几个月内便卖出了 6 万册。像尼采的《悲剧的诞生》、萨特的《存在与虚无》、海德格尔的《存在与时间》这样一些专业人士都觉得晦涩难懂的哲学著作,也有数万乃至数十万册的销量。当然,这其中不乏赶时髦的成分。在读者中有一些有趣的现象,即根据字面意思,或仅凭书名来决定是否阅读或购买一本书。如卡西尔的《人论》是一本难懂的符号学著作,人们望文生义,以为它是一本关于"人"或"人道主义"问题的书,这是当时最受关注的话题,结果这本书出版后一年内就印了 20 多万册,极其畅销。

伴随着思想解放的浪潮,在尽可能迅速地了解外来思潮的狂热气氛中,尼采、叔本华、弗洛伊德、海德格尔、萨特等在西方都只是在学术界范围内讨论的人物,在中国却受到很多人的热烈追捧。而与这种喧闹繁荣的景象相对的是,一些在西方学术界极受重视的重量级著作,翻译到中国来之后却石沉大海,并未得到中国美学界的积极回应,如李普曼的《当代美学》、沃尔海姆的《艺术及其对象》等。同样,我们的理论界对于 20 世纪中叶之后占据欧美哲学讲坛的分析美学重要代表作几乎没有引进,对于一些处于国际学术话题中心的重要理论也缺乏关注。出现这种情况,一是因为西方美学和文艺理论大规模地涌入,乱花迷眼,泥沙俱下,表面的活跃背后隐藏着一定程度上的混乱,在读者中有一种跟风而上、一哄而起的效应,而对这些外国理论缺乏认真的鉴别;二是由于中国长期与国际学术界失去联系,对国外同行正在做的工作及讨论的话题茫然不知,在文本的接受和选择上,尚存在一些盲点和误区;三是这个时期的人们迫切希望用西方理论来解决中国问题,因此钟爱更为宏大的叙事,而对于学术性较强、较为专门的著作缺乏兴趣。这些情况在外国美学理论的译介方面明显表现为严重的信息不对称。这也在一定程度上反映出中国美学理论和文艺理论译介工作的重要特点,即立足于现实的高度选择性和与文化思潮的紧密联系。

第三节　20 世纪 80 年代美学理论译介的"中国化"过程

　　不管我们是否意识到,是否承认,事实上,自从西方美学理论进入中国以来,它的本土化历程就从没有停息过。任何理论在进入一个不同于其发源地的文化语境时,都必然会出现"理论的旅行"效应,即当一种观念和理论从此时此地向彼时彼地流通时,往往会产生变异。这个运动的过程一般包含几个阶段:"首先,有一个起点,或类似起点的一个发轫环境,使观念得以发生或进入话语。第二,有一段得以穿行的距离,一个穿越各种文本压力的通道,使观念从前面的时空点移向后面的时空点,重新凸显出来。第三,有一些条件,不妨称之为接纳条件或作为接纳所不可避免之一部分的抵制条件。正是这些条件才使被移植的理论或观念无论显得多么异样,也能得到引进或容忍。第四,完全(或部分)地被容纳(或吸收)的观念因其在新时空中的新位置和新用法而得到一定程度的改造。"①这个理论,可以解释前文所述的 20 世纪 80 年代中国学界对西方美学理论的选择性译介,以及中国读者选择性接纳的状况。中国固有的"经世致用"的强大传统,决定了对于西方理论的态度必然是切合中国的现实需要和理论创新的要求,对之进行挪用、改造、变形、重构,使之成为中国美学理论的组成部分。制约着西方美学理论本土化的因素,主要源自几个方面:一是中国的现实理论需求,二是文化重建、价值重建的需求,三是中国原有的文化和美学理论传统。中国美学界和文艺学界对西方文艺理论的吸收借鉴始终立足于"中国本位"的选择,即从中国问题出发,借西方理论这一"他山之石",来对本土问题进行反思。

　　20 世纪 80 年代的历史特殊性使这样一种"理论旅行"效应更为突出。如程光炜所说:"'文革'的终结,绝不只是一段历史的告别,而在更深层次上潜伏着与之相关的历史叙述体系的总体危机,并内在地连带着知识者的精神失语。"②这样一

---

① [美]爱德华·W.赛义德著,马海良译:《理论旅行》,选自《赛义德自选集》,中国社会科学出版社 1999 年版,第 138—139 页。

② 程光炜:《一个被重构的"西方"——从"现代西方学术文库"看八十年代的知识范式》,载《当代文坛》2007 年第 4 期,第 42 页。

种接受心理,决定了在引进西方理论资源时必定会有很大的选择性,而西方理论在"化"中国的同时,也不可避免地要经历一个中国"化"的过程。例如,80 年代思想界的理论热点是人的生存状态,即侧重于人的生命价值、生命本质等问题。80 年代初的人道主义大讨论,是新时期文学观念变革的先驱。"文革"给人的精神带来了巨大的创伤,人的尊严和价值受到践踏,个体的生存状态受到忽视,人们处于焦虑、烦恼、困惑情绪当中,对于自身的存在有明显的"荒诞感",反思"文革"带来的灾难和危机,对生存问题的关注引起共鸣。周扬、胡乔木、王若水等有相当政治地位的人物的主导和参与,使得这场大讨论具有了更浓重的政治和历史意味,在整个社会范围内引起了一场思想风暴。与这场风暴相呼应,中国文艺学和美学界也在积极地将这种潮流推向高峰,而西方理论资源在中国学界的主体性重建的过程中发挥了积极的作用。如李泽厚的"主体性理论"主要来源于康德,同时也可以从中看到克莱夫·贝尔、荣格等人的影子。刘再复的"文学主体性"理论在很大程度上是受美国学者马斯洛的人本主义心理学和对马克思主义进行重新解读的影响,在此基础上提出的"性格组合论"则取自英国小说家福斯特的《小说面面观》,可以看作是对五六十年代以来仅从阶级性出发来塑造人物,造成类型化、脸谱化人物形象的文艺创作方法的批判,刘再复也因此被称为"中国的卡西尔"。

随后,"萨特热""弗洛伊德热""尼采热"轮番兴起,都绝非偶然之事,它们契合了当时中国社会普遍的社会心理状况,反映了主体意识长期受到压抑后的觉醒,触动了人内心深处的危机感。精神和心灵的绝对自由以及审美主体的主动性、积极性、创造性受到关注,如《悲剧的诞生》的译者周国平所说,尼采"在美学上的成就主要不在学理的探讨,而在以美学解决人生的根本问题,提倡一种审美的人生态度。他的美学是一种广义美学,实际上是一种人生哲学"。[①] 而尼采对"重估一切价值"的呼唤则暗自与人们对政治功利主义的反感、对人性的重新审视相契合。

除此之外,鲁道夫·阿恩海姆的《艺术与视知觉》中文本于 1984 年出版,运用格式塔理论对艺术作品各部分之间的张力关系作出了深刻分析,该书第一次印刷 3 万本,以后曾几次重印。苏珊·朗格的《情感与形式》中文本于 1986 年

---

① [德]尼采著,周国平译:《悲剧的诞生》,生活·读书·新知三联书店 1986 年版,译序。

出版,第一次印刷 4 万本。两本书都是"方法论热"在美学领域兴起的表现,在中国美学界都产生了很大反响。作为新康德主义美学的代表人物,苏珊·朗格著作的理论模式和思维方式使当时已受康德美学理论影响至深的中国美学界既感熟悉,又受到了新的启示。

朱立元指出:"虽然当时处在新时期文艺学美学发展的初探阶段,外国自然科学以及人文、社会科学等领域优秀成果大量译介、引进、借鉴居显要位置,但应当看到,选择、批判、消化和吸收等工作也同时在扎扎实实地进行着,不但引进、译介是有选择的,而且借鉴、应用更是有选择的、有批判的。"①例如,"接受美学"于 20 世纪 60 年代兴起,80 年代开始在中国译介推广。《文艺理论研究》在 1983 年第 3 期刊载了意大利学者弗·梅雷加利介绍接受美学的重要代表人物姚斯和伊瑟尔思想的文章《论文学接收》(冯汉津译)。继而,张黎发表《关于"接受美学"的笔记》(《文学评论》,1983 年第 6 期);张隆溪在《文艺研究》1983 年第 4 期上发表《诗无达诂》,将我国古代文论中的诗无达诂与接受美学相互阐释,接着又于《读书》1984 年第 3 期上发表《仁者见仁,智者见智》,对阐释学、接受美学和读者反应批评作了概述;罗悌伦以"接受美学简介"为题摘要翻译了德国学者 G. 格林的《接受美学研究概论》(《文艺理论研究》,1985 年第 2 期);章国锋在《国外一种新兴的文学理论——接受美学》(《文艺研究》,1985 年第 4 期)中,较为细致地介绍了接受美学重要学者姚斯、伊瑟尔、瑙曼的理论。这些介绍性的文章迅速引起学术界的反响,相应的翻译工作随之开展。如周宁、金元浦翻译的《接受美学与接受理论》,合并收录了姚斯的《走向接受美学》和霍拉勃的《接受理论》,该作被收入了李泽厚主编的《美学译文丛书》,于 1987 年由辽宁人民出版社出版。1988 年,霍桂桓、李宝彦翻译伊瑟尔的《阅读活动:审美反应理论》(中文译本书名为《审美过程研究》),由中国人民大学出版社出版。1989 年,刘小枫编选的《接受美学译文集》(三联书店)、张廷琛编的《接受美学》(四川文艺出版社)、中国艺术研究院马克思主义文艺理论研究所外国文艺理论研究资料丛书编委会编《读者反应批评》(文化艺术出版社)出版。相关译著的大量出版,也为接受美学理论研究的深入开展创造了条件。汤传民的《浅议接受美学中的反馈思想》(《学术研究》,1985 年第 3 期),程伟礼的《谈谈接受美学及其哲

---

① 朱立元、刘阳军:《1985:文艺学美学方法论年的文化记忆》,载《社会科学战线》2016 年第 1 期。

学基础》(《社会科学》,1986 年第 1 期),朱立元的《文学研究新思路——简评姚斯的接受美学纲领》(《学术月刊》,1986 年第 5 期),易丹的《接受美学:作品本体的毁灭》(《四川大学学报》,1987 年第 4 期),蚁布思、伍晓明的《接受理论的发展:真实读者的解放》(《文艺研究》,1988 年第 2 期),金元浦、周宁的《文学阅读:一个双向交互作用的过程——伊瑟尔审美反应理论述评》(《青海师范大学学报》,1988 年第 2 期)相继出版,1989 年朱立元的《接受美学》一书由上海人民出版社出版,并产生广泛影响。这些研究从不同角度对接受美学理论进行了深入的探讨。

尤为值得关注的是,此后的接受美学研究方法和理念迅速渗入中国古典美学研究,形成了一大批颇具影响力的本土研究成果。如钱锺书于 1983 年出版的《谈艺录》(补订本)将中国古代文论中的"诗无达诂"与接受美学相互阐释。叶嘉莹 1986—1987 年间应《光明日报·文学遗产》之邀撰写的"随笔"中的《三种境界与接受美学》一文以及 1988 年撰写的《对传统词学与王国维词论在西方理论之观照中的反思》一文都用了接受美学、阐释学等理论对王国维词论作了别具一格的阐发。此外,张思齐的《中国接受美学导论》(巴蜀书社,1989),蒋成瑀的《读解学引论》(上海文艺出版社,1998),陈文忠的《中国古典诗歌接受史研究》(安徽大学出版社,1998),董运庭的《中国古典美学的"玩味"说与西方接受美学》(《四川师范大学学报》,1986 年第 5 期),殷杰、樊宝英的《中国诗论的接受意蕴》(《华中师范大学学报》,1992 年第 3 期),王志明的《"诗言志""以意逆志"说和接受理论》(《文艺理论研究》,1994 年第 2 期),樊宝英的《中国古代诗论"出入"说的接受美学意蕴》(《文史哲》,1996 年第 5 期)等一批高质量的研究成果相继问世。[①]

接受美学理论之所以能在中国美学界受到广泛关注和接受,其重要原因是与中国古典美学传统的契合,即将接受者作为审美体验和艺术体悟的重要载体,并作为一种新的方法论直接推动了中国本土美学的研究,而中国独特的审美经验和实践又丰富并拓展了接受美学的维度。在此过程中,接受美学在中国既经历了有意识的"中国化"的选择和应用,也形成了中西美学的深层对话。因

[①] 周启超:《20 世纪 80 年代外国文化引介:回望四个镜头》,载《学习与探索》2015 年第 3 期;马大康:《接受美学在中国》,载《东方丛刊》2009 年第 4 期。

而，"新时期引进的许许多多文艺学新思维、新方法中，接受美学及叙事学在中国所产生的影响是最为深刻的，所取得的成绩也是最为丰硕的"①。其他如表现主义美学、符号论美学、阐释学美学、现象学美学等，在中国学界引起译介热潮，也是缘于类似的原因。

与此同时，另外一个值得注意的现象是，当我们引进西方美学理论和文艺理论时，出现了一系列的时空错位问题。有学者指出"当形式主义文艺思潮，如英美新批评派和结构主义已经日薄西山时，在中国学界却开始暴热走红；当西方学术开始从对文艺的'内部规律研究'走向'外部规律研究'时，中国学界却反其道而行之，从对文艺的'外部规律研究'转向'内部规律研究'；当西方学术的'非理性主义转向'后，中国的学界和文学创作界制造了大量的非理性主义的芜杂而又纷乱的本土化产品，但中国作为发展中国家最需要理性，特别是最需要启蒙理性和科技理性；当西方学术出现'文化转向'之后，中国学界虽然一部分人承接和跟进，而相当一部分精英知识分子却选择与文学研究相通的部分，对大众文化采取轻视乃至抵制的态度；当西方的新历史主义、后殖民主义、女权主义和新马克思主义勃兴和传播时，当代中国学者由于在西方出版的《东方学》的启发下，才开始意识到文学的政治诉求和重构文学的政治维度的重要性，但当时的中国学界，特别强调文学的自主性、自足性、独立性、审美自律性，公然宣称'文学与政治离婚'"②。这种错位，一定程度上可以理解为理论移植的时间性错位，而更本质的原因，则是中国本土的文化发展趋向和学术发展的现实需要使然。

例如，韦勒克和沃伦在20世纪40年代出版《文学理论》，成为"新批评"学派的经典著作。值得注意的是，"新批评"理论在20世纪70年代的西方理论界已经开始衰落，伊格尔顿的《文学原理引论》即是作为替代性论著而取代了《文学理论》在英美文学理论界的地位。但在中国，1984年出版的《文学理论》中译本（刘象愚等译，三联书店），很快成为该领域的研究必备书目和研究生的教科书，"新批评"的理论主张和分析方法受到热烈追捧。此后，杨周翰于1981年在《国外文学》上发表《新批评派的启示》，赵毅衡出版《新批评——一个独特的形

---

① 马大康：《接受美学在中国》，载《东方丛刊》2009年第4期，第33页。
② 陆贵山：《现当代西方文论本土化的成果与问题》，载《沈阳工程学院学报》（社会科学版）2008年第3期。

式文论》(中国社会科学出版社,1986 年)一书,张隆溪的《作品本体的崇拜——论英美新批评》对"新批评"的观念进行介绍,产生了广泛影响。① 自此,文本细读成为文艺研究领域的重要研究方法。《文学理论》对"文学的外部研究"和"文学的内部研究"进行了明确区分,认为文学研究的主要方式是"分析和解释作品本身"②。对文艺自身规律和形式特征的强调,也使中国的文艺美学研究从注重外部研究转向侧重内部研究。有学者认为:"'西方知识谱系'为八十年代中国学术提供的,不仅是用以表述自身状态的思想资源和知识表达方式,同时更是一个借重构'西方'来重构本国'学术文化'的理想化镜像。"③对"新批评"学派的热切接纳和回应也反映出中国读者和学界刻意去政治化的价值取向。文艺从属于政治、为政治服务,是从新中国成立后直到"文革"结束以前处理文艺问题的指导思想,它的弊端在 20 世纪 70 年代末已彰显出来。因此,80 年代美学理论建设的起点就是"去政治化",由此产生的另一个效应是对客观性、学术性、审美性的重视。这样一种取向既是对之前文艺思潮的否定性延伸,同时为这个时期的中国美学理论的重构扫除了障碍。

除了这种理论热点的时空错位之外,中国在 80 年代引入西方理论时,还存在一定程度的误译与误读现象。诚然,在两个不同的语言表意系统之间进行的意义转换,不可能是完全从一种语言到另一种语言的直接的等价互换。因为"翻译不只是简单地把一个原先不属于某个系统的概念安插到它中间而已,一个概念一旦在一个系统中被介绍、接受并获得合法性,它和那个系统都会因互相的作用而改变"④。输入西学与西学在西方的形成过程有着很大差异,西方理论是作为一种异质性因素输入中国的,而西学在本土的形成和发展有一定的时代、思想传承、文化传统的土壤。文化传统的隔膜、语言本身的系统性和结构性差异,在某种程度上造成了不可翻译性,而恰恰是这种非等价转换,为理论旅行时的"放大"效应创造了大量空间。

因此,也就不难理解程光炜所描述的这样一种现象:"尽管萨特和海德格尔

① 关于"新批评"理论在中国的译介情况,参见周启超:《20 世纪 80 年代外国文论引介:回望四个镜头》,载《学习与探索》2015 年第 3 期。
② [美]韦勒克、沃伦著,刘象愚等译:《文学理论》,生活·读书·新知三联书店 1984 年版,第 145 页。
③ 程光炜:《一个被重构的"西方"——从"现代西方学术文库"看八十年代的知识范式》,载《当代文坛》2007 年第 4 期。
④ 徐贲:《文化批评往何处去》,吉林出版集团有限公司 2011 年版,第 91 页。

几乎同时被介绍进来,而'萨特热'却为什么明显高过了'海德格尔热'？进一步说,当时人们的确更需要'接受'的是萨特'存在'之'虚无',而不是海德格尔'存在'之诗性的'时间',尽管两人最后都将对'荒谬'的态度转化为'反抗',寻找一种更有价值的'存在意义','文库'却对之做了'删节'和'偏离'。一定程度上,或许正是这些看似'微不足道'的'知识的偏离',型构了八十年代中国式的'存在主义'。"①译者有意识的引导和偏离,在某种程度上可以看成是配合当时的社会心态和社会需求的权宜之计。

从读者一方看,受原本的政治意识形态、文化批评的惯性所影响,常常会出现对文本的"误读"。如乐黛云所说,人们在接触另一种文化时,"他原有的'视域'决定了他的'不见'和'洞见',决定了他将对另一种文化如何选择,如何切割,然后又决定了他如何对其认知和解释"②。从这个意义上说,"误读"在所难免,翻译的"透明化"只能作为一种理想存在。对于读者来说,回到哲学史和思想史语境,在尽可能深入研究、正确把握基本思想内涵、理解作者原意的基础上,吸收外来文化资源,促进自身文化的发展和创新,是较为理想的境界。

第四节　20世纪80年代美学理论译介的意义与缺失

20世纪80年代,外国美学,尤其是西方理论资源的输入对中国美学学科建设的影响重大而深远,它不仅改变了苏联理论在我国美学界一统天下的局面,将美学和文艺理论话题的讨论纳入了新的问题框架,扩大了理论版图,更新了知识系统,而且,更重要的是,它改变了中国美学理论的总体格局。有学者指出,"假如与'五四'时期的中国文论相比,那么,新时期文论无论在方法更新、观念突破、学科重建、学人阵容与思潮规模上,都不是'五四'时期文论所能比的"③。80年代的美学理论和文艺理论译介工作呈现出一派繁荣景象,朝气蓬勃、绚丽多彩,并在以下几个方面推动了美学学科的发展。

---

① 程光炜:《一个被重构的"西方"——从"现代西方学术文库"看八十年代的知识范式》,载《当代文坛》2007年第4期。

② 乐黛云:《文化差异与文化误读》,载《中国文化研究》1994年第2期。

③ 夏中义:《新潮学案》,生活·读书·新知三联书店1996年版,前言,第3页。

一是丰富了美学研究的话语系统。这个时期美学研究领域出现了很多新的词汇,如阐释、期待视野、召唤结构、对话、细读、语境,等等,这些关键词几乎都来自西方美学理论。"召唤结构""期待视野"来源于接受美学,"细读"来源于"新批评","能指""所指"来源于符号学,"无意识""情结"来源于精神分析学说,等等,每个术语的背后都是一个新的美学理论体系和观念体系。

二是产生了新的方法论。文艺传播学、接受美学、现象学、解释学、符号学、阐释学、语义学、结构主义、发生学,甚至模糊数学、突变理论等都被中国的美学研究者所吸纳,甚至直接影响了艺术创作。例如,在诗歌理论领域,80年代初,谢冕发表了《在新的崛起面前》,孙绍振发表了《新的美学原则在崛起》,还有徐敬亚的《崛起的诗群》,这三篇文章的共同特点是都推崇现代主义文艺美学原则,强调自我表现和艺术革新,对过去尊崇的现实主义、古典主义原则构成了挑战。从此开始,"朦胧诗"获得肯定,象征、视角变幻、变形、直觉幻觉、通感、荒诞、意识流等手法作为新的创作方式大量出现于艺术作品中。方法的变革带来了艺术创作和研究观念的更新,有助于摆脱旧的思维方式和理论体系。

三是形成了新的问题意识。西方启蒙运动以来的一系列人本主义思想传统,如康德关于"审美无利害"的观念、存在主义对于人的生存状态的感受等直接接引国内学界关于"主体性"的大讨论以及之后的美学研究"向内转"倾向。

20世纪80年代特殊的社会环境和文化氛围使得外国美学理论译介工作处于一种矛盾状态之中,从某种意义上说,它的功绩同时也造成了它的缺憾,它们犹如一枚硬币的两面,无法割裂开来。具体说来,主要有以下几个方面:

第一,通过翻译引入新的理论、新的思想、新的观念,中国美学界和思想界逐渐摆脱了狭隘的意识形态模式的禁锢。在苏联理论模式笼罩下曾经讨论了几十年的话题显得陈旧枯燥,难以继续激起人们的兴趣。大规模输入西方美学理论资源本身基于对一种美好前景的预设,即通过引进西方理论,改变苏联理论一统天下的局面,中国美学界将迎来一个繁荣的春天。通过引进西方美学理论,拓宽了理论视野,80年代美学研究领域的所有理论热点都与引进西学有着直接关联。如理论界关于文学主体性的讨论、文艺与人道主义关系的大讨论、异化问题大讨论、方法论热、存在主义热、现象学热、解释学热、结构主义热、解构主义热、女性主义热、新历史主义热等一波又一波的浪潮,潮水般涌入的西方理论令人目不暇接。学界对于西方美学理论的大规模翻译、引进和介绍,推动了中国美学界知识体系、话语体系和理论模式的重构,直接导致了80年代中后期学术界研究热点的变换,形成了明确的问题意识。但是,这样一种缺乏时间顺序的进入,难免使人心浮气躁、眼花缭乱,一时难以理顺各种思潮之间的关系,对各个理论体系的发展逻辑线索缺乏清晰的认知。事实上,由于与西方学界长期失去联系和沟通,国内文艺理论界对西方当代文艺理论和美学的发展有很深的隔阂。因此,对这些外来理论的理解常常存在错位,较少还原这些理论的语境,也无法清楚地梳理其发展的逻辑线索,这在很大程度上造成了理解的浅表化,甚至导致误读。

第二,理论资源的调整带来了研究范式的转型。程光炜指出:"由于有《现代西方学术文库》《走向世界》等译介丛书的'西方知识'的示范性,明显更新了80年代文学批评、文学理论的知识结构和语言系统,从而促进了文学批评由感悟式批评向知识化批评的历史转变。"[1]西方美学理论的特点是有着严密的逻辑层次、条分缕析、环环相扣;观点新颖,富于独创性;重视个体的价值,充满人文关怀,等等,这对习惯苏联理论高头讲章式的批评和中国古典美学理论的感悟式批评的中国学者产生了巨大吸引力。通过这些译著,人们对西方文艺思潮和美学理论有了更全面、更深入的了解。在此之前,由于受意识形态的束缚,人们只是看到这些译著中的只言片语,就展开批判,难免产生误读。例如,在50年代对以杜威为代表的实用主义哲学的批判,常常根据字面意思,将之理解为功利主义、"市侩哲学",而事实上,实用主义只是批判从欧洲传来的传统哲学的那种不切实际的学院空谈之风,提出一个新的切入点。通过对实用主义代表著作的翻译和客观的研究解读,可以澄清误解,使人们更理性、更深刻地看待这个学派提出的问题,这有利于我们的文艺学和美学学科的建设。再如,对俄国形式主义、巴赫金的研究,在改革开放前受苏联影响,要么多有负面评价,要么不重视。而80年代后受到西方影响,多有正面肯定,某种程度上存在"跟风"心理,有学者称这种现象为对西方同类研究的"追尾"式跟踪。同时,新的理念和方法的引进,开辟了新的学科。举例来说,文艺心理研究在80年代以前几乎是一个无人问津的学科。一方面是由于对非理性、潜意识等心理层面的研究被苏联斥为"伪科学",如朱光潜的《悲剧心理学》《变态心理学》《文艺心理学》等早在20

---

① 程光炜:《80年代文学批评的"分层化"问题》,载《文艺争鸣》2010年第5期。

世纪三四十年代就曾出版,但在"文革"前都曾被当成资产阶级理论受到严厉批判,80 年代才得以再版;另一个原因则是缺乏可以借鉴的相应的理论资源。80 年代初诸多心理学译著的出版,带来了新的方法和观念,也为开辟文艺心理学这片处女地提供了可能。金开诚的《文艺心理学论稿》(北京大学出版社,1982),滕守尧的《审美心理描述》(中国社会科学出版社,1985),彭立勋的《美感心理研究》(湖南人民出版社,1985),吕俊华的《艺术创造与变态心理》(三联书店,1987),钱谷融、鲁枢元主编的《文学心理学教程》(华东师范大学出版社,1987)等相继出版,为中国文艺心理学的发展奠定了坚实的基础。

但是,80 年代的理论界对于纷繁的西方理论基本采取一种"拿来主义"的态度,刚开始还把西方现当代文艺理论当作反面教材引进,供国内学界研究、批判,但很快就转变立场和姿态,主要以"学习"和"补课"为目的。一般引入外来理论的过程是碰撞以后的吸纳和融合,但 80 年代的翻译缺乏"碰撞"这一环节,对于西方的理论观点基本是无条件接受,对西方现当代文艺美学理论的态度从五六十年代的全盘否定到 80 年代的全盘肯定。有学者指出,"在 1980 年代发表和出版的关于西方文论的大部分论文和著作中,以否定和批判精神为主题的少而又少"①。这种态度,造成了另一个误区,即从照搬俄苏模式转向套用西方模式,逐渐形成了一种对西方美学理论盲目崇拜的趋势,对外国理论缺乏认真审视和有效鉴别,这容易导致生搬硬套、囫囵吞枣,在分析研究时,仅停留于一般性介绍、泛泛而谈。当然,也有例外。但总的来说,80 年代我国学界对待西方理论的态度是:重吸收,轻改造;重学习,轻对话。

第三,在"美学热"和"文化热"的共同驱动下,对文艺理论和美学理论的介绍作为当时知识界全面了解西方的一部分,在思想界和整个社会范围内都有着异常强烈的需求。由于时间紧迫,为了使中国读者能够以最快的速度了解西方文艺理论和美学发展,翻译组织者大都非常重视翻译的速度。因此,很多丛书的翻译较为粗疏,甚至存在一些错漏。但从另一个角度看,这也许正是当时的目标使然。在《美学译文丛书》的序中,李泽厚指出:"值此美学饥荒时期,许多人不能读外文书刊,或缺少外文书籍,与其十年磨一剑,慢腾腾地搞出一两个完

---

① 周小仪、申丹:《中国对西方文论的接受:现代性认同与反思》,载《中国比较文学》2006 年第 1 期。

美定本,倒不如先放手大量翻译,几年内多出一些书。"①"定本"固然好,但是鉴于当时理论界的饥渴程度,相形之下,翻译速度更为重要。在这种需求的驱动下,这套丛书中的很多译作采用合译的方式,以便以最快的速度推出。李泽厚后来曾回忆说:"这套丛书原计划一百种,其中好些重要著作,如杜威的《艺术即经验》、杜夫海纳的《审美经验现象学》、阿多诺的《美学理论》以及海德格尔、维特根斯坦、贡布利希、本杰明等等有关论著,或因未找到译者,或因译者未译或未完成译事,以致均付阙如。已出版的原作水平也参差不齐,有的质量颇差因某些原因勉强收入。"②李泽厚所说的几本未能收入《美学译文丛书》的书现在都有中译本问世,但是他这里提到的某些译文的质量问题,的确是无法回避的。③

除此之外,还存在很多不合规范的地方,如"编译和摘译盛行;随意删去注释和参考书目;不注明原作的版本和出版时间;搬用台湾或二三十年代的陈旧译本,等等——但这些问题并没有引起太多的争议,不仅是因为那时候学风粗疏浮躁,不如今天那么讲究'学术规范',还因为在更大的使命感和整体性问题意识面前,这些所谓'学术规范'问题根本就不成其为'问题'"④。不过,这种情况随着90年代初中国加入《世界版权公约》,以及中国社会和法制建设进程的推进而基本结束。

80年代外国美学理论译介工作的意义在于重新建立起与世界美学之间的联系,为新时期的美学和文艺理论建设输入新的活力。由于选择翻译的文本本身大部分都是名著,无论在西方还是在中国都影响巨大,而这些译著所引发的话题,以及在这些译本的影响下产生的各种阐释、批判性的论著和论战的推波助澜,引起更多人对原著的关注和研读,逐渐形成了一种"滚雪球"效应,西方理论的影响力和辐射范围越来越大,成为一种强势话语。而其中有很多理论与中国思想文化和社会发展的实际状况之间仍然存在差距。中国学术界似乎更多停留于亦步亦趋的介绍和评述,而缺乏批判性的反思和独到见解,甚至使中国理论成为西方理论的注脚。

---

① 《美学译文丛书》每一本的"序"中都刊载了这段话。
② 李泽厚:《关于"美学译文丛书"》,载《读书》1995年第8期。
③ 翻译质量的问题,不可一概而论。80年代的文艺理论和哲学美学译著不乏好的译本。如《现代西方文库》出版的系列译本,由于是知识精英推动,如《人论》《存在与时间》《存在与虚无》等,翻译质量都是比较高的,海德格尔的入室弟子熊伟教授认为《存在与时间》的中译本丝毫不逊色于英译本。
④ 罗岗:《"韦伯翻译"与中国现代性问题》,引自中国当代文化研究网:http://www.cul-studies.com。

不可否认,80 年代在引入外来美学理论时,中国学界的确存在过于倚重西方理论话语,而缺乏立足本土理论创新的问题,但是不能将此单纯看成是本土意识的缺失。如果我们仅仅从"话语霸权"或"文化殖民"的角度来理解 80 年代的这种"西学东渐"带来的后果,那么我们就很容易把目光局限于问题的一面,而忽视出现这种现象的社会政治环境和文化需求。为什么当时中国学界能一呼百应,在翻译介绍西方理论问题上达到高度的共识? 为什么当时的人们,尤其是年轻人普遍表现出对西方美学知识的饥渴? 为什么这些译著的影响能迅速从学术圈蔓延开去,成为一项全社会积极参与的活动? 毋宁说,在迅速进入世界文明主潮和学术前沿的压力面前,本土意识只是作为一种潜意识,隐藏在后台,被暂时性地悬置和遮蔽了。当"补课"告一段落之后,它才走到前台。

事实上,当时的知识精英们对于当代中国学术文化的重建步骤是非常清楚的,如王晓明所言:"他们差不多一致认为,今天的中国人需要建立自己的思想和哲学,而这是一个系统的工程,因此,第一步应该是全面介绍西方的现代哲学思想,第二步是深入地评述这些哲学思想,然后就可以达到第三步:中国的学者建立起至少不亚于别人的思想框架和哲学论述。"[①]翻译是迈出的第一步,是中国学术和文化走向世界的坚实地基。当中国走向世界之时,旧有的美学理论体系已不足以与他国之间形成对话,在普遍性的学术准备不足的情况下,奢谈改造和构筑自身的新体系,无疑是不现实的。当译介工作取得阶段性成果之时,"如何对待西方美学理论,如何看待中国本土美学理论,如何创建新的中国美学"这样一些问题才有了讨论的平台,人们认识到,中国本土的美学学科建设仅仅依靠引进西方理论是不够的。但无论如何,关于"失语症"的反思说明中国学术界已经有了自觉意识,不再愿意继续做西方理论的附庸。从某种意义上说,对 80 年代的译介工作中存在的问题进行总结、反思甚至批判,是中国学界逐渐回归理性的必然逻辑结果。有学者提出,西方美学理论和文艺理论的中国化"绝不是简单的翻译介绍和引进,而是一种在吸收基础上的'内化','内化'基础上的'开拓','开拓'基础上的'创生'"。[②] 而回归、解构之后的重构、内化基础上的"开拓"和"创生"是更为艰巨的任务。面对中国美学理论和文艺理论的输出

① 王晓明:《翻译的政治——从一个侧面看 1980 年代的翻译运动》,见《半张脸的神话》,广西师范大学出版社 2003 年版,第 306 页。
② 毕日升:《20 世纪西方文论中国化道路论略》,载《燕赵学术》2011 年第 1 期。

与西方理论的引进之间存在的严重逆差,中国美学界开始了重建中国美学理论体系的努力。

第五节　20世纪90年代以来:从单向传播走向多元对话

进入20世纪90年代,中国美学研究领域出现了新的趋势。一方面加强学科自律性,回归美学学科内部研究;另一方面,加强美学学科与社会变革的关联性研究,推动美学的学科转型和文化转向,文化研究、日常生活审美化等话题成为美学研究的热点。这样一种向内深耕和向外转向的研究取向,使得外国美学理论的翻译和引进工作也呈现出不同于80年代的新特点。

首先,对于80年代的美学译介工作进行反思,对于西方美学理论的态度由全盘接受转为开始审慎甄别甚至是批判,本土意识开始逐步凸显。80年代,国内学界对待西方理论的态度更多的是横向移植,最常见的做法是用西方的理论框架来分析中国的材料,很多时候未能达到与中国本土文学和文艺理论的融会贯通,甚至与人们所熟悉的中国古代文论和马克思主义理论脱节。于是,到了90年代,一些学者开始对西方的话语霸权,甚至"文化殖民"提出质疑。例如,有学者指出,"在很长一段时间里,我们怀着一种崇拜的激情全盘照搬西方文论,把它生硬牵强地套用在中国文学研究当中,而忘记了语言文化的差异,忘记了中西文论有着两套根本相异的话语,随之而来的后果就是严重的消化不良和'失语症'"①。这种观点本身体现了经过积累和沉淀之后对80年代西方理论译介活动的批判性反思和突出的"本土意识"。中国学界对于外国理论资源的态度日趋理性:将西方美学作为参照系和评判标准的方法已无法解释当代中国的文化现状,译介借鉴是为了在有选择地吸收和创造性地改造的基础上,更好地建设中国美学。90年代中国美学研究形成了具有本土特色的诸多热点论题,都是契合当时社会思潮的发展状况,在综合运用中国古典美学、马克思主义美学和西方美学等理论资源的基础上,形成新的理论整合,如实践美学论战、生态美

---

① 曹顺庆、邹涛:《从"失语症"到西方文论的中国化——重建中国文论话语的再思考》,载《三峡大学学报》2005年第5期。

学、日常生活审美化、艺术终结等问题,虽然在某种程度上借鉴了国外的理论,但立足并解决的是中国问题。

其次,这个时期的外国美学理论译介工作更理性,也更系统,以梳理、阐释为主,带有更强的学术性,并且,不仅仅是停留在方法论、术语等表层,而是向纵深发展,有着较为明确的学科发展意识。对于 80 年代未来得及消化的各流派的思想和理论进行深入考察和系统研究,同时查漏补缺、填补空白,把一些重要的,但是仍未译成中文的学术著作引介进来。如上文李泽厚所提到的 80 年代未能翻译过来的几本书,这一时期都陆续翻译出版。杜威的《艺术即经验》由高建平翻译,2005 年由商务印书馆出版;杜夫海纳的《审美经验现象学》由韩树站翻译,1996 年由文化艺术出版社出版;阿多诺的《美学理论》由王柯平翻译,1998年由四川人民出版社出版。除此之外,门罗·比厄斯利的《西方美学简史》(原名《美学:从古希腊到当代》(高建平译,北京大学出版社,2005)也翻译成书。这本著作在国外是美学专业研究生的必读书目,多年来却由于种种原因一直未能与中国读者见面。值得一提的是,该书只写到了 20 世纪 60 年代,原作者也已故去,为了更完整地再现西方美学史的全貌,使中国读者更好地了解当代美学的新进展,中译本的第二版,加入了美国著名美学家柯提斯·卡特续写的当代部分《美学:从 1966 到 2006》,使之成为名副其实的当代美学史,堪称佳话。

除此之外,在 80 年代未引起充分重视,但在国际美学研究领域广受关注的一些重要著作也被译成中文出版。例如,法国著名现象学家梅洛-庞蒂,在哲学美学界的影响甚大,但他的著作在中国一直未有问世。直到 21 世纪初,他的一些重要著作,如《哲学赞词》(杨大春译,商务印书馆,2000)、《知觉现象学》(姜志辉译,商务印书馆,2001)、《眼与心》(杨大春译,商务印书馆,2007)等都被收入《当代法国思想文化译丛》,陆续有了中译本。再如,分析美学的代表人物阿瑟·丹托的《艺术的终结》(欧阳英译,江苏人民出版社,2001)(原名为《艺术对哲学的剥夺》)也译成中文,收入丛书,引发了中国美学研究界长达若干年的关于"艺术终结"话题的争论。此后,他的《美的滥用》(王春辰译,江苏人民出版社,2007)、《艺术终结之后》(王春辰译,江苏人民出版社,2007)相继译介过来,产生广泛影响。

再次,美学与当代社会思潮的发展紧密结合,理论热点发生变化。从 90 年代中后期开始,一方面,现代性理论、后现代思潮、后殖民理论等方面的译著数量迅猛增长；另一方面，西方马克思主义理论及文化研究理论开始勃兴。

早在80年代中后期，杰姆逊就曾在北京大学作"后现代主义与文化理论"的专题讲座，当时并未引起大的反响，主要原因是不符合当时的中国社会发展状况，中国刚刚开启现代化的征程，"现代性"在中国初露端倪，此时讨论"后现代"为时尚早。但是，到了90年代，随着中国与世界的思潮接轨，后现代理论迅速受到热捧。1991年，引进了佛克马和伯顿斯主编的《走向后现代主义》（王宁等译，北京大学出版社，1991），其他代表性著作，如杰姆逊的《后现代主义与文化理论》、利奥塔的《后现代状况：关于知识的报告》、福柯的《性史》《疯癫与文明》都曾出过多个版本。此后，霍兰德的《后现代精神分析》（上海文艺出版社，1995）、利奥塔的《后现代主义》（社会科学文献出版社，1999）、伊格尔顿的《后现代主义的幻象》（商务印书馆，2000）、默克罗比的《后现代主义与大众文化》（中央编译出版社，2001）等译著相继出版，中国学者相继跟进，此方面的论文和论著蔚为大观，美学界掀起了"后"学热。

西方马克思主义美学也在90年代成为显学。80年代时，陆梅林就曾编选《西方马克思主义美学文选》（漓江出版社，1988），其中节选了卢卡契的《历史与阶级意识》和佩里·安德森的《西方马克思主义探讨》等西方马克思主义美学的经典著作。但当时中国刚刚开启改革开放的历程，西方马克思主义文化批判的社会土壤还不具备，因此，在中国的接受度有限，并引发了很多论争，某种程度上存在理解上的误区。到了90年代，伴随着中国社会的急遽转型，市民社会中的消费主义、大众文化兴起，文化研究成为90年代的显学，西方马克思主义、伯明翰学派、法兰克福学派的相关译著陆续出版。如北京大学出版社出版了雷蒙德·威廉斯的《文化与社会》（吴松江、张文定译，北京大学出版社，1991），一些书刊如《文化研究读本》（罗钢、刘象愚译，中国社会科学出版社，2000）上也刊载了一些译文，如斯图亚特·霍尔和理查德·霍加特的文章。卢卡契的《审美特性》（徐恒醇译，中国社会科学出版社，1986、1991）、《历史与阶级意识》的不同版本（张醇平译，重庆出版社，1989；杜章智、任立译，商务印书馆，1992）、本雅明的《机械复制时代的艺术作品》（王才勇译，中国城市出版社，2002）、《发达资本主义时代的抒情诗人》（张旭东、魏文生译，生活·读书·新知三联书店，1989）、《本雅明文选》（陈永国、马海良译，中国社会科学出版社，1999）、马丁·杰伊的《法兰克福学派史：1923—1950》（单世联译，广东人民出版社，1996）也陆续出版。重庆出版社组织翻译了法兰克福学派的重要代表著作,如阿多诺、霍克海默的《启蒙辩证法(哲学片段)》(洪佩郁、蔺月峰译,重庆出版社,1990),阿多诺的《否定的辩证法》(张峰译,重庆出版社,1993),霍克海默的《批判理论》(李小兵译,重庆出版社,1989),哈贝马斯的《交往行动理论》(洪佩郁、蔺菁译,重庆出版社,1994)、《交往与社会进化》(张博树译,重庆出版社,1989)等。这些译介工作,直接促成了 90 年代文化研究热潮的兴起,法兰克福学派、伯明翰学派的研究论著也成为中国文化批评和审美批判的重要理论来源。

张一兵主编的《当代学术棱镜译丛》,内容主要集中在两个方面:一是 20 世纪 90 年代以来国外学界最新最重要的学术动态和热点问题;二是拾遗补阙,汇编名家经典,将一些重要的尚未译成中文的国外学术著述囊括其内。该译丛收入了很多西方马克思主义和文化研究领域的相关美学译著,如《麦克卢汉精粹》(何道宽译,南京大学出版社,2000)、马克·波斯特的《第二媒介时代》(范静哗译,南京大学出版社,2001)、鲍德里亚的《消费社会》(刘成富、全志刚译,南京大学出版社,2001)、约翰·菲斯克的《解读大众文化》(杨全强译,南京大学出版社,2001)、约翰·斯道雷的《文化理论与通俗文化导论》(杨竹山等译,南京大学出版社,2001)、伊格尔顿的《文化的观念》(方杰译,南京大学出版社,2003),等等。

这些译介活动反映了新世纪外国美学译介工作的重要特点,即立足于中国社会发展的现实状况和理论需求,回归学术本位,用专业精深的研究来回应并阐释当代中国社会思潮的变化。

复次,外国美学和文艺理论的翻译工作逐渐缩小译介的时间距离,致力于介绍最新的国际理论动态,日益呈现出"共时性"的特点。随着全球化进程的加剧,信息技术的进展,中国与世界其他各国都拥有同样的信息平台,各种学术交流日益广泛、频繁,当代西方的文艺理论和思潮几乎能够同步进入中国,并引起反响。例如,齐格蒙特·鲍曼的《全球化——人类的后果》,是根据波利蒂出版社 1998 年版翻译的,中译本出版时间是 2001 年,几乎没有什么时间差,反映出中国学术界对西方学者讨论的前沿问题反应迅速。

周宪、许钧主编的《现代性研究译丛》,收录了马泰·卡林内斯库的《现代性的五副面孔》(顾爱彬、李瑞华译,商务印书馆,2002)、彼得·比格尔的《先锋派理论》(高建平译,商务印书馆,2002)、戴维·哈维的《后现代的状况——对文化变迁之缘起的探究》（阎嘉译，商务印书馆，2003）、沃尔夫冈·韦尔施的《我们的后现代的现代》（洪天富译，商务印书馆，2004）等一些重要的西方学者关于现代性背景下的美学问题的论著。该译丛的立意非常明确："在中国思考现代性问题，有必要强调两点：一方面是保持清醒的'中国现代性问题意识'，另一方面又必须确立一个广阔的跨文化视界。"①新时代的中国不再遥遥地跟在西方后面奋力追赶，而应该有自己的问题意识，立足自身的实际，同时又把这些问题放在一个更高、更宽的平台上来思考。这反映出当代中国学术界对于自身的定位：中国已被纳入世界体系，一切国际美学前沿问题都与中国有关，中国应该在对这些前沿问题深入理解并思考的基础上，对这些问题的解决作出自己的贡献。

　　周宪、高建平主编的《新世纪美学译丛》，收录了当代国际美学研究的前沿成果：理查德·舒斯特曼的《实用主义美学》（彭锋译，商务印书馆，2002）、迪萨纳亚克的《审美的人》（户晓辉译，商务印书馆，2004）、诺埃尔·卡罗尔的《超越美学》（李媛媛译，商务印书馆，2006）、库比特的《数字美学》（赵文书、王玉括译，商务印书馆，2007）、理查德·舒斯特曼的《身体意识与身体美学》（程相占译，商务印书馆，2011）、埃克伯特·法阿斯的《美学谱系学》（阎嘉译，商务印书馆，2011）、《艺术与介入》（李媛媛译，商务印书馆，2013）。如编者所说："西方美学经过差不多两代学者的不懈努力，基本面貌已经发生了根本的变化。一些新的、有影响的美学论述出现了，一些新的理论框架产生了，美学上的论争开始在新的理论平台上进行。"契合这种新的发展趋势，该译丛的目的是"了解国际美学发展的现状，以我们自身的理论资源，参加到国际美学对话中去，这是新世纪中国美学的必由之路"②。

　　除此之外，王逢振和希利斯·米勒主编的《知识分子图书馆》、商务印书馆出版的《商务新知译丛》、北京大学出版社出版的《未名译库》、中国人民大学出版社出版的《20世纪西方学术思想译丛》等，都收录了部分外国美学研究的较新成果，致力于介绍国际美学研究动态。

　　以上译丛均体现了这样一种努力：经过80年代的积累、90年代的发展，中国美学界正尝试着通过与国际美学研究前沿的接轨，与西方美学界展开平等对

① 周宪、许钧主编：《现代性研究译丛》，商务印书馆2002年版，总序。
② 周宪、高建平主编：《新世纪美学译丛》，商务印书馆2002年版，总序。

话。中国学术界不再呈现学生的姿态,而有清晰的中国本位立场和国际交流对话意识,这不能不说是一种可喜的进步!

最后,进入国际学术前沿,展开多元对话。当代美国著名美学家托马斯·芒罗曾指出:"美学从未像其他更古老的科学那样,以概括世界范围的现象为基础来成为一门完全国际性的学科。作为一个西方的学科和哲学的分支,它长期以来的基础是选择了希腊、罗马和少数几个西方国家的艺术和思想。同时,它还力求去概括所有艺术,所有审美经验,所有人类社会中艺术的价值……而今天,我们还像在 18 世纪和 19 世纪初叶的人们那样,想过分依赖来自支离破碎的西方艺术知识中的基本概念……倘若西方美学家们想继续忽视东方艺术及其理论,就可能会更准确地给自己的著作冠之以'西方美学'的标题,而不会去佯装出议论全世界范围的样子。"①一种真正的国际美学的形成,不能仅囿于少数国家和少数人所创造的美学史,而应将目光投向全世界,重视所有文化传统的贡献,由单向传播走向多元对话。

进入 90 年代后期,这样一种交流已变成一种主动的选择。新世纪中国的美学理论建设正在逐渐跨越单纯的引介和挪用国外资源的阶段,思考如何形成中国自己的美学研究特色,以及如何利用传统美学资源,构造有独特学术个性的理论格局,在与世界各国美学的对话中掌握话语权。与此同时,很多西方学者开始把关注的目光转向东方,从中寻找新的灵感和发展契机。如意大利美学会会长马其亚努所言,"我所提出的为世界美学构造一种世界语或共同语的提议,就是想让人们知道在东方人与西方人的思维方式和感觉方式之间存在的富有意味的联系"②。我们看到,在中国美学界有意识地着手建构自己的美学和文艺学理论体系的同时,外国同行也积极地从中国传统文化中寻找灵感和学术资源,以走出西方美学的发展困境。因此,在 21 世纪,我们应该在有选择地借鉴国外先进理论成果的基础上,依托中国的传统美学及近现代以来的美学研究成果,建构有自身特色的美学理论形态,在与世界的平等而有效的对话中发掘中国美学的当代价值,为构建更加丰富多维的世界美学作出贡献!

---

① [美]托马斯·芒罗著,欧建平译:《东方美学》,中国人民大学出版社 1990 年版,第 4—5 页。
② [意]马其亚努著著,李媛媛译:《美学作为一种多界面理论的基础:东方的思想与感觉》,载《哲学研究》2003 年第 2 期。

第九章

美学交叉学科的新拓展

20 世纪的知识系统存在一个非常明显的趋势,即学科交叉。新时期之后,随着西学迅速参与中国思想界知识更新的进程,这些交叉学科也逐渐被引入,并引起中国知识系统的新一轮学科交叉的发展,进而在 80 年代,中国知识界逐渐兴起了一些新的边缘学科。与美学学科相关,并在中国知识界产生重要影响的,主要有如下几门交叉学科:符号学美学、文艺心理学、科技美学和审美人类学等。本章将结合这些交叉学科产生的具体历史和知识语境,逐一扫描它们在新时期以来的勃兴和发展,并凸显这些学科在本土的现实诉求下,在发展过程中所显露出来的突出特征、理论和现实意义等。

第一节　符号学对美学学科空间的拓展

美国当代美学家比厄斯利曾经说过："从广义上来说,符号学无疑是当代哲学以及其他许多思想领域的最核心理论之一。"①符号学并非自 20 世纪始,早在古希腊先哲那里,例如希波克拉底、亚里士多德等人,就曾作过讨论。现代符号学兴起于 20 世纪,这与 20 世纪以来哲学的语言学转向直接相关。现代符号学的主要创始人之一索绪尔,正是为哲学打开语言学视野那扇窗户的人。他的语言学知识背景导引了符号学中主要发展路径之一的语言学路径,即以语言为核心来探讨符号学基本规律。

何谓符号？索绪尔认为,符号就是能指与所指的二元关系组合。能指是语言符号的音响形象,所指是语言符号所表达的概念。因此,符号就是概念与音响形象的结合体。现代符号学的另一位主要创始人皮尔士采用的是三元关系理论。在他看来,符号包括表象（representamen）、对象（object）和解释（interpretant）三个成员,是一组关系。皮尔士主要从逻辑学角度来思考符号的意义。学界一般认为,尽管索绪尔和皮尔士发展了符号学的不同面向,但其实还是有相通之处的,毕竟他们讨论的是相同的对象,即符号。索绪尔语言学中的"能指"与皮尔士符号学中的"表象"有相通之处,其"所指"与后者观念中的"对象"有可沟通的地方,皮尔士相较于索绪尔,多出的是"解释"。那么,又何谓"符号学"呢？对此学术界至今尚无定论。在《普通语言学教程》中,索绪尔指出："我们可以设想有一门研究社会生活中符号生命的科学；它将构成社会心理学的一部分,因而也是普通心理学的一部分；我们管它叫符号学。它将告诉我们符号是由什么构成的；受什么规律支配。"②索绪尔所理解的符号学,很明显是指关于符号的构成和规律的学科,并且它属于社会心理学的一部分。这种理解与他把符号的能指部分定位为音响形象直接相关。董学文在《符号学美学》"译者前言"中指出："所谓符号学,按一般理解,就是研究符号的一般理论的学科。

① ［美］李普曼：《当代美学》,光明日报出版社 1986 年版,第 7 页。
② ［瑞士］索绪尔著,高名凯译：《普通语言学教程》,商务印书馆 1980 年版,第 38 页。

它研究事物符号的本质、符号的发展变化规律、符号的各种意义以及符号与人类多种活动之间的关系。"①这差不多是国内学界对符号学学科比较流行的一个定义。赵毅衡近 20 多年来,几乎一直致力于符号学与叙述学的研究,他为符号学提供的定义是"关于意义的学说"②。虽然关于何谓符号学以及它的研究对象包括什么,学界还没有取得共识,但以上所提供的几种定义,会有助于我们对这一问题的理解。

现代符号学诞生之后,迅速向其他学科辐射,文学、艺术、美学、广告、语言学等学科领域开始应用符号学基本原理对本领域的一些问题进行探索,于是产生了一些新的交叉学科。符号学美学就是符号学与美学交叉而形成的新的边缘学科。

一、符号学美学在 20 世纪 80 年代中国发展状况扫描

根据赵毅衡《中国符号学九十年》中的历史溯踪,中国最早提出"符号学"这一中文语词的学者是赵元任,他在 1926 年一篇名为《符号学大纲》的长文中提出了这一术语。"赵元任在此文中说,与他提出的'符号学'概念相近的词,可为 symbolics,symbology 或 symbolology。"③赵毅衡由此判定,赵元任是独立于索绪尔和皮尔士而提出符号学的学者。但由于当时这篇论文发表于科学杂志,因此并没有引起人文学科学者的注意。赵元任的独立提出,使符号学这一学科的命名与很多学科在中国的发展不一样,例如,美学这一学科的命名,先是日本学者中江兆民借用中国汉字来对译西方著作,再由日本传入中国的。而符号学,则是由赵元任这位本土学者直接提出的。新中国成立后,虽然偶尔在一些学者的引介文章中也会只言片语地提到符号学,如《现代外国哲学社会科学文摘》1961 年第 12 期发表的由吴棠摘译的《哥本哈根的语言理论》、《外语教学与研究》1962 年第 4 期上发表的桂灿昆的《索绪尔的语言学简述》等,但并没有引起学界的充分重视。直到新时期,符号学这个语词才再次进入学界视野。

---

① 〔法〕罗兰·巴特著,董学文、王葵译:《符号学美学》,辽宁人民出版社 1987 年版,第 5 页。
② 赵毅衡:《中国符号学六十年》,载《四川大学学报》2012 年第 1 期。
③ 赵毅衡:《跋:中国符号学九十年》,见唐小林、祝东:《符号学诸领域》,四川大学出版社 2012 年版,第 369 页。

当历史甫一跨入新时期,各大学术期刊刚刚恢复刊行,符号学就重新进入了中国知识界。马福聚发表于《国外社会科学》1978 年第 4 期的《第十二届世界语言学家大会》介绍了 1977 年 8 月在维也纳召开的世界语言学家大会的盛况,他指出大会为符号学设置了专门议题,"讨论了符号学和人性学""符号学和音乐研究"等非常繁杂的问题。方昌杰译,法国学者保罗·李科尔著《现代法国哲学界的展望》①中把符号学放在首要位置进行介绍。王德春译,苏联学者布达哥夫著的《符号—意义—事物(现象)》②中根据索绪尔语言学理论、皮尔士符号学理论对这三者之间的关系作了讨论。最具标志性的事件是 1980 年高名凯翻译的索绪尔《普通语言学教程》由商务印书馆出版,对此后国内语言学和符号学的发展都影响深远。

80 年代之后,有关符号学的论文和著作更是如雨后春笋般出现。从论文翻译来看,有王祖望翻译的《符号学的起源与发展》③《符号学的近况和问题》④,译著有卡西尔的《人论》(甘阳译,上海译文出版社,1985)、《语言与神话》(于晓等译,三联书店,1988)、《符号·神话·文化》(李小兵译,东方出版社,1988),日本学者池上嘉彦的《符号学入门》(张晓云译,国际文化出版公司,1985),法国学者罗兰·巴特的《符号学美学》⑤(董学文、王葵译,辽宁人民出版社,1987),英国学者霍克斯的《结构主义和符号学》(瞿铁鹏译,上海译文出版社,1987),法国学者吉罗的《符号学概论》(怀宇译,四川人民出版社,1988),美国学者罗伯特·司格勒斯的《符号学与文学》(谭大立、龚见明译,春风文艺出版社,1988),意大利哲学家艾柯的《符号学理论》(卢德平译,中国人民大学出版社,1990)等。中国学者发表的相关论文也很多,试举几例以呈当时盛况:童斌的《日本的符号学研究》⑥、金克

---

① [法]保罗·李科尔:《现代法国哲学界的展望——特别是自从一九五〇年以后》,载《哲学译丛》1978 年第 2 期。

② [苏联]P. A. 布达哥夫:《符号—意义—事物(现象)》,载《现代外国哲学社会科学文摘》1980 年第 6 期。

③ [苏联]谢拜奥克:《符号学的起源与发展》,载《国外社会科学》1981 年第 5 期。

④ [法]M. 阿里维:《符号学的近况和问题》,载《国外社会科学》1983 年第 2 期。

⑤ 该书原名应为《符号学原理》,到目前为止,该书共有如下中文译本:台湾南方丛书出版社 1988 年版,洪显胜译;三联书店 1988 年版,李幼蒸译(李幼蒸译本 2008 年后由中国人民大学出版社再版);广西民族出版社 1992 年版,黄天源译;三联书店 1999 年版,王东亮译。

⑥ 童斌:《日本的符号学研究》,载《国外社会科学》1982 年第 3 期。

木的《谈符号学》①、史建海的《符号学与认识论》②等。

由于 20 世纪下半叶以来,符号学与其他学科交叉趋势日渐明显,因此,新时期之后,在引进符号学的同时,与符号学有交集的交叉学科也几乎同步获得引进,其中特别突出的是符号学美学的引进。在这方面,金克木的《谈符号学》是一篇比较有代表性的文章。在这篇论文中,虽然作者对符号学的缘起、符号内涵、符号学与其他学科的交叉等作了简要评述,但同时他也对以文学艺术等为主要内容的符号学美学作了非常详细的介绍。他还指出:"美学性符号⋯⋯这是当前国际上正在发展的,关于人类文化中的文学艺术的一项科学研究。"③这些介绍以及对国外符号学走向的描述给国内知识界带来耳目一新之感。除此之外,还有很多学者也对国外的符号学美学发展作了引介工作。如李幼蒸的《结构主义与电影美学》④,武菡卿译、雅姆波尔斯基的《梅茨电影符号学述评》⑤,刘开济的《谈国外建筑符号学》⑥,霍军译、冈田晋的《电影与符号学》⑦,李春熹译、考弗臧的《戏剧的十三个符号系统》⑧等。在这种倾向指引下,国内很多学者也开始运用符号学理论来推进美学学科的问题建设:在论文方面,有艾定增的《符号论美学和建筑艺术》⑨、安和居的《"符号学"与文艺创作》⑩、于润洋的《符号、语义理论与现代音乐美学》⑪、徐增敏的《电影符号学与符号学——关于电影符号的若干性质》⑫、胡妙胜的《戏剧符号学导引》⑬、陈明的《戏剧演出中记号间的相互关系》⑭、程代熙的《罗兰·巴尔特的结构主义文艺观》⑮、周晓风

① 金克木:《谈符号学》,载《读书》1983 年第 5 期。
② 史建海:《符号学与认识论》,载《内蒙古社会科学》1984 年第 4 期。
③ 同①。
④ 李幼蒸:《结构主义与电影美学》,载《电影艺术译丛》1980 年第 3 期。
⑤ [苏联]雅姆波尔斯基著,武菡卿译:《梅茨电影符号学述评》,载《电影艺术译丛》1980 年第 3 期。
⑥ 刘开济:《谈国外建筑符号学》,载《世界建筑》1984 年第 5 期。
⑦ [日]冈田晋著,霍军译:《电影与符号学》,载《文艺研究》1985 年第 5 期。
⑧ [波兰]考弗臧著,李春熹译:《戏剧的十三个符号系统》,载《戏剧艺术》1986 年第 1 期。
⑨ 艾定增:《符号论美学和建筑艺术》,载《建筑学报》1985 年第 10 期。
⑩ 安和居:《"符号学"与文艺创作》,载《文艺评论》1985 年第 1 期。
⑪ 于润洋:《符号、语义理论与现代音乐美学》,载《音乐研究》1985 年第 3 期。
⑫ 徐增敏:《电影符号学与符号学——关于电影符号的若干性质》,载《当代电影》1986 年第 4 期。
⑬ 胡妙胜:《戏剧符号学导引》,载《戏剧艺术》1986 年第 1 期。
⑭ 陈明:《戏剧演出中记号间的相互关系》,载《戏剧艺术》1986 年第 1 期。
⑮ 程代熙:《罗兰·巴尔特的结构主义文艺观》,载《文艺争鸣》1986 年第 6 期。

的《朦胧诗与艺术规律——对于现代诗歌的一个符号学探讨》①等；在著作方面，有林岗的《符号·心理·文学》②、俞建章和叶舒宪的《符号：语言与艺术》③、何新的《艺术现象的符号——文化学阐释》④、杨春时的《艺术符号与解释》⑤等。在这种引进和构建中，符号学美学获得了长足发展，一时成为风潮，深刻影响了当代美学理论的发展构想。

二、20 世纪 80 年代符号学美学发展特质辨析

符号学美学在 20 世纪 80 年代中国的出现与繁荣，是与当时的社会语境直接相关的，是时代诉求通过这一学科的价值取向来表达的，因此，这一交叉学科在本土的生长，就有着特殊的价值和意义，呈现出超出其学科自身的特质。

首先，从这一学科在本土构建的过程来看，它并不是直接取源于索绪尔或皮尔士的符号学理论，将其符号学原理运用或延伸于美学之中，而是取源于西方学者的符号学美学著作，用西方既有交叉学科理论成果，开拓本土美学理论视野。在 80 年代，卡西尔的《人论》⑥、苏珊·朗格的《艺术问题》⑦《情感与形式》⑧、罗兰·巴特的《符号学美学》等先后译成中文，成为中国学者对这一学科最初设想的来源。从卡西尔的这部在 80 年代影响甚巨的著作名称就能够知道，人们关注的其实并不单纯是其对人的符号性定位，而是他对人本质的另一种视角的思考。苏珊·朗格的符号学与索绪尔的语言符号学关系不大，她的观点更多的是从罗素、卡西尔而来。她对艺术的符号学理解，可以说一定程度上触动了中国学者当时的学术神经，使他们获得了自己想要的东西。苏珊·朗格思想中有几个关键词——符号、形式、情感。在她看来，艺术是一种"不同于语

---

① 周晓风：《朦胧诗与艺术规律——对于现代诗歌的一个符号学探讨》，载《重庆师范学院学报》1987 年第 4 期。
② 林岗：《符号·心理·文学》，花城出版社 1986 年版。
③ 俞建章、叶舒宪：《符号：语言与艺术》，上海人民出版社 1988 年版。
④ 何新：《艺术现象的符号——文化学阐释》，人民文学出版社 1987 年版。
⑤ 杨春时：《艺术符号与解释》，人民文学出版社 1989 年版。
⑥ ［德］卡西尔著，甘阳译：《人论》，上海译文出版社 1985 年版。
⑦ ［美］苏珊·朗格著，滕守尧译：《艺术问题》，中国社会科学出版社 1983 年版。
⑧ ［美］苏珊·朗格著，刘大基等译：《情感与形式》，中国社会科学出版社 1986 年版。

言符号的特殊符号形式",是关于"情感生活"的形式。① "形式""情感"这些观念在新中国成立后,直至"文革"结束的美学和文学理论当中,某种程度上都是缺席的成员,而从符号角度来界定艺术,认为它是艺术的本质和衡量尺度,对于中国学者而言,是提供了不同于艺术的意识形态理解,这些应该说都是新时期以来,中国知识界迫切需要的美学运思方式,因此,朗格的思想很快在中国大地生根。罗兰·巴特的思想亦如是。他的符号学理论,最突出的特点在于对符号学基本原理的文化学泛化。虽然他的观点基础是语言学,这可以从他《符号学美学》一书的各层级标题中充斥着索绪尔语言学的术语上看出,但实际上他又把符号学进行了泛化,从而为其进入人文学科其他领域奠定了基础。"他(指罗兰·巴特)借用语言学一些术语、概念,搭设了符号学原理的基本框架,涉及了众多的文化社会现象和领域,他的论点,多具有举一反三的性质,带有符号元科学的特色。"②这也就是说,巴特已经把语言学意义上的符号泛化成文化符号,在转变其内涵指向的同时,也拓宽了它的适用范围。苏珊·朗格和罗兰·巴特对符号学基本原理的改造本身,一定程度上使他们远离了语言符号学。这种倾向也影响到中国学者对符号学以及符号学美学的理解。因为,这些著作是最早翻译到国内的,所以也成为中国学者最初可以接触到的符号学美学著作,因而也成为他们对这门学科最初的框架构想。

其次,符号学美学在中国的发展,结构主义倾向十分明显。符号学美学这门学科的命名,在中国源自罗兰·巴特的著作《符号学美学》。其实这本书原名为《符号学原理》,只是在最早的译本中译者董学文和王葵将其翻译成了"符号学美学",才被习惯性地接受下来。虽然在某种程度上,这是一种误译,但正是这种误译,使符号学美学在中国知识界被明确提了出来,成为一门学科。而罗兰·巴特本人的知识背景,也同时被中国学者理解成符号学自身的一部分。《符号学美学》③另一译本的译者在其"译者自序"中说:"一般认为,符号学作为一门学科研究是 60 年代在法国兴起的。这个研究的先锋是罗兰·巴特,他的

---

① [美]苏珊·朗格著,滕守尧译:《艺术问题》,中国社会科学出版社 1983 年版,第 120 页。

② [法]罗兰·巴特著,董学文、王葵译:《符号学美学》,"译者前言",辽宁人民出版社 1987 年版,第 25 页。

③ 正如前文指出,《符号学美学》有多个中译本版本,此处由于是探讨"符号学美学",因此我们统一采用"符号学美学"这一名称。

《符号学原理》的发表,标志着符号学正式成为一门学科,符号学理论开始形成。"①对罗兰·巴特的介绍,译者是这样说的:"罗兰·巴特是法国著名的语言学家、符号学家、文艺批评家。"②这些评述表明,巴特的这本书在当时被国内学者视为符号学观念的范本,巴特甚至被指认成符号学的先行者。然而,从学术谱系来说,巴特是法国结构主义和后结构主义的代表人物,他的符号学美学思想,主要可以划归于他思想的结构主义时期。虽然在西方,符号学作为一门涉猎广泛的学科,与人文学科中的很多领域都存在交叉,具体到美学和文艺领域,除与结构主义有着不解之缘外,它也与俄国形式主义、布拉格结构主义、新批评、解构主义等渊源甚深,是 20 世纪语言学转向的重要组成部分和突出表征之一。但由于在 80 年代受接受视野和传播途径的限制,符号学与结构主义之间的区别与联系并没有得到有效区分。李幼蒸在其《符号学美学》的另一翻译版本的"译者前言"中则从结构主义角度来定位罗兰·巴特,把他视为"法国结构主义人文思潮的主要代表人物之一"③。他对巴特的介绍相对比较准确。然而他的书名标题却恰好说明了国内对符号学美学研究的结构主义倾向。他所翻译的《符号学美学》与董学文本、黄天源本不同,是巴特比较有代表性的论文和著作的合集,其中最后一篇即为巴特的《符号学美学》,然而,他为全书起的名字是《符号学原理》,并加了一个副标题——"结构主义文学理论文选",这种书名的出现,就暗示出在当时中国学者的视野中,结构主义与符号学(美学)之间在某种程度上可以合而为一。

再次,符号学美学,最初在中国生根发芽,除作为解放思想时代诉求之美学工具外,其实也与当时具体的方法论热背景直接相关,应该说,这一学科在某种程度上是作为一种新的美学研究和文艺批评的方法被引入国内的。周宪在介绍罗兰·巴特在中国旅行过程的一篇文章中说,"巴特的初始镜像显然是结构主义符号学家,是创造性地将索绪尔语言学的方法运用于文学、文化和社会分析的方法论革新者。巴特的这种中国接受的期待视域表明,那时的学术研究需求是,如何引进新的学术方法论来改变政治控制严密的伪学术……形成学术研

---

① [法]罗兰·巴特著,黄天源译:《符号学原理》,广西民族出版社 1992 年版,第 2 页。
② 同上。
③ [法]罗兰·巴尔特著,李幼蒸译:《符号学原理:结构主义文学理论文选》,三联书店 1988 年版,第 1 页。

究的新局面"①。也就是说,巴特《符号学美学》的引入,是作为文学和美学研究新方法、新路径对待的。这一分析符合符号学美学观念进入中国时的学术背景。80 年代,中国学者曾大批量地引进各种方法,试图借此突破既有僵化地考察文学和美学的观念和思路,开拓美学、文学研究新视野。在当时,不仅人文社会科学领域各种方法被引入国内,甚至自然科学方法,如系统论、控制论和信息论等也被大量用于文学和美学领域。符号学美学正是在这一背景下被引入中国,因此在当时被看作是一种新方法不足为奇。稍后出现的一些方法论通论书籍,如赵宪章的《文艺学方法通论》,胡经之、王岳川主编的《文艺学美学方法论》都把"符号学方法"列为一章,作专门学理阐述。从 20 世纪西方文论和美学的发展状况来看,这种方法论读解方式也存在合理性。费希纳曾经说过,研究美学有两种方法,一种是自上而下,一种是自下而上。20 世纪一定程度上翻转了19 世纪哲学和美学研究的宏大叙事范式,转而研究具体的美学问题,因而更注重形而下的实践操作。从这个角度来说,20 世纪产生的众多对文学和艺术本体的理解,如俄国形式主义、英美新批评、结构主义、接受美学、解构主义等,都不是基于形而上的哲学演绎,而是形而下的对研究对象的操练,即具体的解读文学和艺术作品及现象的方法。现代符号学理论生长于斯,自然也具有这种特质。这意味着,从符号学自身来看,这种方法论读解方式也与其学科特质相吻合。并且,还需要指出的是,符号学强调学科交叉的横向联系,因为它本身就是多种学科的融合体,心理学、文化学、人类学等学科的思想都或多或少交汇于这门学科,从这个角度来说,它本身就是一门交叉学科,就是交融了多种学科的一门方法论。

三、20 世纪 90 年代以来符号学美学新气象

把符号学美学的发展分成 80 年代和 90 年代之后两个时期,是基于如下理由:学界一般认为,80 年代与 90 年代在学术旨趣上存在着很大区别,80 年代重思想,90 年代重学术。虽然这种划分存在简单化倾向,却有助于我们对这两个时段学术兴奋点的把握。我们可以在这种定位下来考察具体的符号学美学的

---

① 周宪:《罗兰·巴特的中国"脸谱"》,载《天津社会科学》2009 年第 5 期。

发展。在 80 年代,这一学科的出现和繁荣与当时的思想解放直接相关,学界迫切需要新知识来开拓视野,转换思路,因此,在当时,它的价值是外在的,对它的发展具有一定的片面性,应该根据本土现实需要来选择对其进行接受。到了 90 年代,随着思想上的激进主义遭遇挫折,中国知识分子进入了新一轮反思。在这一语境下,对学科自身的建设逐渐提上日程,而符号学美学的发展,也逐渐走出了受时代风潮左右的倾向,慢慢开始进入学科自身的构建和丰富的旅程。

90 年代之后,关于符号学美学的著作继续得到引进。卡西尔,这位在中国 80 年代有着重要影响的哲学家,他的与符号学有关的著作得到了更广泛的翻译。如《国家的神话》(华夏出版社,1990)、《人文科学的逻辑》①(沉晖、海平等译,中国人民大学出版社,1991)、《卢梭·康德·歌德》(刘东译,三联书店,1992)、《神话思维》(黄龙保、周振选译,中国社会科学出版社,1992)。罗兰·巴特的著作也被翻译进来,如《符号帝国》(孙乃修译,商务印书馆,1994)、《流行体系》(敖军译,上海人民出版社,2000)、《S/Z》(屠友祥译,上海人民出版社,2000)。除此之外,影响较大的相关译著还有很多:乌蒙勃托·艾柯的《符号学理论》(卢德平译,中国人民大学出版社,1990)、瓦尔特·本泽的《广义符号学及其在设计中的应用》(徐恒醇译,中国社会科学出版社,1992)、俄国学者波利亚科夫编的《结构—符号学文艺学》(佟景韩译,文化艺术出版社,1994)、法国学者高概的《话语符号学》(王东亮编译,北京大学出版社,1997)、池上嘉彦的《诗学与文化符号学——从语言学透视》(林璋译,译林出版社,1998)等。进入 21 世纪之后,有关符号学的美学著作仍在不断被引进,例如,四川大学出版社推出的"符号学名著译丛",四川教育出版社推出的"当代符号学译丛",南京大学出版社推出的"符号学丛书"中的译著部分,如《劳特利奇符号学指南》等。

在这段时期,更加突出的现象是中国本土学者对符号学美学的构建,在这方面,李幼蒸、赵毅衡等学者作出了重要贡献。根据赵毅衡对中国符号学发展的历史清理,1988 年 1 月,他与李幼蒸、张智庭等在北京召开"京津地区符号学讨论会"时,中国学者关于符号学方面的研究还很少,因此在那次讨论会上,他着重介绍的是西方学界的相关研究。然而到了 90 年代,中国的符号学研究则

---

① 此书最早中译本由台湾台北联经出版公司 1986 年出版,译者为关子尹。

出现"稳步前进"①的发展态势。赵毅衡曾经对符号学论文在 90 年代这 10 年的发表情况作过统计,发现共有论文 6 000 余篇,这一数字足以说明符号学在中国的繁荣状况。由于论文数量过多,我们在此主要关注的是著作。这一时期的著作大体可以列举如下:赵毅衡的《文学符号学》(中国文联出版公司,1990)、张振华的《第三丰碑:电影符号学综述》(湖南文艺出版社,1991)、张讴的《电视符号与电视文化》(北京广播学院出版社,1994)、周晓风的《现代诗歌符号美学》(成都出版社,1995)、孙新周的《中国原始艺术符号的文化破译》(中央民族大学出版社,1998)、王明居的《叩寂寞而求音——〈周易〉符号美学研究》(安徽大学出版社,1999)等。在这些著作中,门类美学符号学视野构建和传统文化的符号学体系构建特质比较明显。

进入 21 世纪之后,符号学美学的发展呈现多样化。有学者立足于对西方相关学者思想的研究,如吴风的《艺术符号美学:苏珊·朗格符号美学研究》(北京广播学院出版社,2004)。张杰、康澄的《结构文艺符号学》(外语教学与研究出版社,2004),康澄的《文化及其生存与发展的空间》(河海大学出版社,2006)这两本专著都是针对洛特曼的符号学美学思想的研究。有学者致力于用符号学思想阐释中国传统文化、美学以及西方美学现象,如辛衍军的《意象空间:唐宋词意象的符号学阐释》(辽宁大学出版社,2007)、龚鹏程的《文化符号学》(上海人民出版社,2009)、文一茗的《〈红楼梦〉叙述的符号自我》(苏州大学出版社,2011)、吴卫的《中国传统艺术符号十说》(中国建筑工业出版社,2011)、张新木的《法国小说符号学分析》(外语教学与研究出版社,2010)等。还有的学者选择了对符号学基本原理的构建,如黄汉华的《抽象与原型:音乐符号论》(上海音乐学院出版社,2004)、赵毅衡的《符号学原理与推演》(南京大学出版社,2011)、冯钢的《艺术符号学》(东华大学出版社,2013)等。

从这些著作的出版状况可以看出,90 年代之后,学界对符号学美学的研究出现了一些新动向。首先,80 年代学者普遍关注的卡西尔、苏珊·朗格等符号学家人本主义倾向思想的研究,在这个时候差不多都已淡出,反之,学者们更加关注的是这一学科自身的历史、主要观念、基础理论等。以罗兰·巴特为例,学界对他的研究不再局限于符号学,而是还原到他本人的学术理路和学源背景

---

① 唐小林、祝东:《符号学诸领域》,四川大学出版社 2012 年版,第 374 页。

上,即将其作为法国结构主义和后结构主义的代表人物来引介和研究。这种倾向表明,对符号学美学及其代表人物的研究,学界已经逐渐回归到学术自身,不再让其承载更多的社会诉求;其次,与 80 年代相比,90 年代之后的符号学美学研究,非常注重本土建构,这与这一时段的整体学术走向是一致的。在这一段时期,学者们并没有把更多的精力放在对西学的引进上,而是借用符号学基本理论进行本土传统文化和美学的整合,希望借这一新视角,为中国文化的解读提供新视野。再次,这一时期的符号学美学与叙事学关系变得异常密切,实际上这是符号学回归学科本位的必然结果。从两个学科的立论基础来看,它们都与语言学有着千丝万缕的联系。从学源背景上看,现代符号学和经典叙事学都与结构主义有着非常密切的关系。很多结构主义大家在符号学和叙事学方面,都颇有建树。例如罗兰·巴特、托多洛夫、普罗普等,甚至他们的结构主义思想就是由这些内容来支撑的。因此,当中国学者对符号学美学的研究回归学科本位时,就很容易发现这一学科与叙事学之间的勾连,从而自觉不自觉地会穿行于其间。例如赵毅衡,虽然他的研究重心在符号学,但他在叙事学方面的研究也是当下叙事学领域不能忽视的重要组成部分。

第二节　审美心理学对社会学美学的补充

新中国成立之后,对美学的研究,主要是社会学取向,强调审美的社会属性面向。20 世纪 50 年代"美学大讨论"时,学者们的关注点在于美是主观还是客观的问题,即美是一种社会现象还是来自心灵的问题,其背后是唯心主义和唯物主义之争,是国家意识形态在美学领域的构建、确立和收编。在这一过程中,唯心主义逐渐成为美学禁忌,进而与"主观""心"有关的一切理论探讨都成为禁区。但与之形成鲜明对照的是,现代美学自兴起之日起,就与心理学有着千丝万缕的联系,尤其是自 19 世纪后期开始,审美心理学在西方某种程度上已经成为突出的美学走向。在《西方美学史》中,朱光潜先生总结道:"近百年来德国主要的哲学家和心理学家中,几乎没有一个人不涉及美学,而在美学家之中也几乎没有一个人不论述到移情作用。"①这也就是说,很多哲学家和心理学家涉足美学理论,为美学理论提供心理学和哲学基础,与之相呼应,美学家们也会讨论心理美学问题,进而促成美学研究的心理学转向。移情作用是 19 世纪下半期以来的一个非常重要的心理美学命题,与之并峙的还有奠基于内省心理学基础之上的"心理距离说"、克罗齐的"形象直觉"说等,这些观念一起成了美学心理学走向的重要代表。在新时期,思想解禁之后,这一美学传统对恢复"心""主观"在美学中的位置非常有助益。而又由于探讨"心"在新时期伊始具有强烈的思想解放意味,因此,审美心理学在符合时代诉求的有利条件下,迅速发展起来。

实际上,在我们的学科建制中,审美心理研究,一般称作文艺心理学。这与这门学科在中国的独特发展历程有关。根据当代学者彭立勋的整理,早在 20 世纪二三十年代,"一些有影响的美学家和美学著作"就"把审美主体和审美心理的研究作为建构自己美学体系的核心。如 20 年代出版的范寿康的《美学概论》和陈望道的《美学概论》,几乎都是以里普斯的'移情说'作为主要的理论出发点的"②。这也就是说,在中国学者开始接触西方美学、构建现代美学学科之际,审美心理学就进入了他们的视野。1933 年,朱光潜在法国斯特拉斯堡大学出版社出版其博士论文《悲剧心理学》,它集中考察了西方美学中的悲剧心理理论。朱光潜曾经把这本书看作是他"文艺思想的起点",称它是《文艺心理学》的"萌芽"③。在某种程度上可以说,那是一本严格意义上的审美心理学著作。但中国学界一般把这门学科的建立归于朱光潜的另外一本著作,即写于 1936 年的《文艺心理学》。在那本著作里,朱光潜介绍了西方审美心理学方面的基本知识。在"作者自白"里,他谈到对这本书的命名"曾费一番踌躇",认为"它可以叫作《美学》",但为了与西方美学的另一支传统,即哲学美学相区分,他决定不用"美学"这一名称,而称之为"文艺心理学"。他认为这两个名称分歧不大,所谓的文艺心理学,就是"从心理学观点研究出来的'美学'"④。这说明,在他看来,文艺心理学与美学同义。然而,在这份自白中,朱光潜还谈到了文艺心理学与

---

① 朱光潜:《西方美学史》下,见《朱光潜全集》第 7 卷,安徽教育出版社 1989 年版,第 262 页。
② 彭立勋:《20 世纪中国审美心理学建设的回顾与展望》,载《中国社会科学》1999 年第 6 期。
③ 朱光潜:《朱光潜全集》第 2 卷,安徽教育出版社 1987 年版,第 2 卷说明。
④ 朱光潜:《文艺心理学》,见《朱光潜全集》第 1 卷,安徽教育出版社 1987 年版,第 197 页。

哲学美学之间的区别。"美学是从哲学分支出来的，以往的美学家大半心中先存有一种哲学系统，以它为根据，演绎出一些美学原理来。本书所采的是另一种方法。它丢开一切哲学的成见，把文艺的创造和欣赏当作心理的事实去研究，从事实中归纳得一些可适用于文艺批评的原理。"①他的这种区分，实际上与费希纳所提出的研究美学的两种方法，即自上而下和自下而上方法是一致的。但值得注意的是，朱光潜在这里对文艺心理学的定位，其实与我们当下的学科划分之间有细微错位。即从文艺的创造和欣赏中归纳出一些文艺批评原理，这在中国当代知识系统中，主要属于文艺学范围。这种模糊就使文艺心理学在新时期之后，实际上是在两个方向上发展：其一，是朱光潜《文艺心理学》中所开辟的自下而上讨论审美心理学的研究传统，这一传统重审美经验和审美心理；其二则是回到文艺心理学的学科意义，把它视为文艺学和心理学的交叉学科，或是借用文学现象证明心理学理论，或是运用心理学原理解释文艺现象。前者实际上才是"文艺心理学"这一短语的准确所指，后者严格来说，应叫作心理文艺学。但出于习惯，学界还是将之称为文艺心理学，并指定它为文艺学的分支学科。通过这段论述，我们试图表明，这种学科上的模糊是一个值得注意的现象，它影响到了文艺心理学在当下的发展特质。但由于学界一直把它们视为一体，因此在接下来的考察中，我们也会暂时将这种区别放在一旁，把文艺心理学和审美心理学放在一起，作为统一的文艺心理学学科对象来讨论。

一、新时期文艺心理学发展状况扫描

新时期的文艺心理学研究热是以一本书的出版为标志的，那就是金开诚教授的《文艺心理学论稿》②。夏中义曾经在反思文艺心理学学科发展的文章中提到自己初读这本书时的欣喜："当时我刚毕业留校。我至今仍记得《论稿》的出版，给又惊又喜、奔走相告的青年学子带来节日般欢畅的情景。甚至还没有阅读正文，我们都已从书名中'文艺心理学'几字读出来枯木逢春般的粲然笑靥。"③从这段回忆中我们些许能够感受到文艺心理学研究在新时期刚恢复时带

① 朱光潜：《文艺心理学》，见《朱光潜全集》第 1 卷，安徽教育出版社 1987 年版，第 197 页。
② 金开诚：《文艺心理学论稿》，北京大学出版社 1982 年版。
③ 夏中义：《思想实验》，学林出版社 1996 年版，第 65—66 页。

给学界的那种振奋。"文革"结束后,百废待举。文艺心理学并不是美学领域最早的弄潮儿。在美学领域,最早开始的破冰之旅是有关形象思维和"共同美"的讨论。到了 1982 年左右,这两个话题逐渐淡出人们的视野。就在这个时候,北大教授金开诚的《文艺心理学论稿》出版了,迅速吸引了学界的目光。相较于前两个美学话题,文艺心理方面的研究将会被未来的历史证明,它对中国美学和文艺学发展的影响更加深远。

早在 1980 年,金开诚就率先在北京大学开设文艺心理学课程,他的《文艺心理学论稿》是在讲稿基础上,修改整理出的其中一部分。除此之外,还有他新时期之后写作的一些与文艺心理学有关的几篇论文。在整本书中,他主要谈了三个方面的问题:"表象""思维"和"情感"。他在开篇《致青年读者》中自称,自己的思想主要来自曹日昌的《普通心理学》。曹日昌是一位著名的心理学家,《普通心理学》是他 1963 年出版的心理学教材。从这本教材的基本内容,如感觉、知觉、注意、记忆、思维、意识等观念能够发现,曹日昌的学术兴奋点主要在认知心理学方面。这在一定程度上影响到了金开诚,他的文艺心理学思想,基本上也是奠基于认知心理学。除此之外,在他论著的框架中,我们还能够发现当时学界正在讨论话题的影子,其中最突出的就是形象思维。从其学源背景和论著构成可以看出,尽管他是新时期文艺心理学研究的发起者,但与后来同道的关注点之间有很大分歧。这在一定程度上限制了他著作对时代的影响。夏中义也发现了这个问题。他也认为,从认知心理学角度进入文艺心理学,是金开诚心理美学观"专业不对口"的表现,因为"认知绝非是艺术的本体属性"[①]。但无论怎样,金开诚著作的筚路蓝缕之功是不能够抹煞的。

继金开诚之后,文艺心理学研究在接下来差不多 20 年光阴里一直是学界关注的重要内容之一。我们主要以著作为例,扫描这一学科的发展。除金开诚的《文艺心理学论稿》及其之后的《文艺心理学概论》[②]外,还需要重点提及的著作有:吕俊华的《阿 Q 精神胜利法的哲理和心理内涵》(陕西人民出版社,1982),《艺术创作和变态心理》(三联书店,1987);庄志民的《审美心理的奥秘》(上海人民出版社,1983);滕守尧的《审美心理描述》(中国社会科学出版社,

---

① 夏中义:《思想实验》,学林出版社 1996 年版,第 70 页。
② 金开诚:《文艺心理学概论》,人民文学出版社 1987 年版。

1985）；彭立勋的《美感心理研究》（湖南文艺出版社，1985），《审美经验论》（长江文艺出版社，1989）；鲁枢元的《创作心理研究》（黄河文艺出版社，1985），《文艺心理阐释》（上海文艺出版社，1988）；陆一帆的《文艺心理学》（江苏文艺出版社，1985）；郭振华的《文艺心理学探新》（内蒙古人民出版社，1985）；劳承万的《审美中介论》（上海文艺出版社，1986）；钱谷融、鲁枢元的《文学心理学教程》（华东师范大学出版社，1987）；高楠的《文艺心理探索》（辽宁大学出版社，1987），《艺术心理学》（辽宁人民出版社，1988）；黄鸣奋的《论苏轼的文艺心理观》（海峡文艺出版社，1987）；周文柏的《文艺心理研究》（中国人民大学出版社，1988）；许一青的《文学创作心理初探》（南京出版社，1989），《文学创作心理学》（学林出版社，1990）；卢燕平的《唐代诗人审美心理》（敦煌文艺出版社，1991）；胡山林的《文艺欣赏心理学》（河南大学出版社，1991）；杨恩寰的《审美心理学》（人民出版社，1991）；童庆炳的《中国古代心理诗学与美学》（中华书局，1992），《现代心理美学》（中国社会科学出版社，1993）；董小玉的《文学创作与审美心理》（四川教育出版社，1992）；刘煊的《文艺创造心理学》（吉林教育出版社，1992）；周宪的《走向创造的境界——艺术创造力的心理学探索》（吉林教育出版社，1992）；邱明正的《审美心理学》（复旦大学出版社，1993）；周冠生的《新编文艺心理学》（上海文艺出版社，1995）；朱恩彬的《中国古代文艺心理学》（山东文艺出版社，1997）；梁一儒等的《中国人审美心理研究》（山东人民出版社，2002）；户晓辉的《中国人审美心理的发生学研究》（中国社会科学出版社，2003）等。

除以上著作外，还有两套有关文艺心理学方面的丛书也值得注意：一是陆一帆主持的《文艺心理学丛书》，该丛书 1988 年在中山大学出版社出版两本，即《观众心理学》《笑的心理学》，1989 年在海南三环出版社出版了《悲剧心理学》《民族审美心理学》《文艺心理探胜》《艺术情感学》《音乐心理学》《喜剧心理学》《中国文艺心理学史》等。二是童庆炳主持的《心理美学丛书》，它包括童庆炳的《艺术创作与社会心理》，程正民的《俄国作家创作心理研究》，丁宁的《接受之维》，顾祖钊的《艺术至境论》，陶水平的《审美态度心理学》，杨守森的《艺术想象论》，李平的《创作动力学》，陶东风的《中国古代心理美学六论》，唐晓敏的《精神创伤与艺术创作》，李春青的《艺术情感论》，王一川的《审美体验论》，黄卓越的《艺术心理范式》，童庆炳、毛正天、李家杰等的《中国古代诗学心理透视》等，这套丛书于 1990—1992 年之间由百花文艺出版社出版。

从这些主要集中于 20 世纪八九十年代出版的文艺心理学著作能够看出，这个学科在那个时代的兴盛。学者们从心理视角，差不多把古今中外的文艺学和美学知识重新作了一次整合，并以这种方式推进了中国美学和文艺学知识的更新。

二、新时期文艺心理学著作评述

从上一节研究状况的扫描中，我们能够发现这一时段的文艺心理学研究蔚为大观，成果颇丰。本节我们希望通过对其中几部代表性著作的评述，来管窥这一领域研究的基本面向和主要特质。到目前为止，在众多文艺心理学著作中，学界常常津津乐道的是金开诚的《文艺心理学论稿》，滕守尧的《审美心理描述》，鲁枢元的《创作心理研究》，吕俊华的《艺术创作和变态心理》和钱谷融、鲁枢元主编的《文学心理学教程》，这几本著作差不多可以勾勒出新时期文艺心理学的发展实绩。由于金开诚的《文艺心理学论稿》在上一节我们已经作过简单评述，因此，接下来我们主要评述其他几本著作。

滕守尧的《审美心理描述》，主要立足于西方美学资源，虽然在行文中，他也希望能够对中国传统美学有所关注，例如，将庄子的"无为"与毕达哥拉斯的"旁观者"观念并举等，但总体而言，他的研究重心在西方美学，是对西方从古到今，尤其是现代美学中的心理美学部分的集中观照和运用。在他看来，"审美心理学研究的中心内容是审美经验"①。因此，他的这部著作基本上就是以审美经验为核心概念来结构全书的。在建构的过程中，他首先从微观角度对审美经验的要素和过程作了非常详细的描述。他指出，在审美经验中，感知、想象、情感和理解是基石，它们相互作用形成奇妙的审美体验。并且这种相互作用，构成了一种动态结构，对这一结构发生先后顺序的描述，就是审美经验的过程。滕守尧把审美经验过程分成初始、高潮和效果延续三个主要阶段，作了非常详细的分析。除了从其基本构成的角度来审视审美经验外，滕守尧还从多重维度考察了审美经验的特质，这包括形式、再现、表现、符号和意义。他最终把这些内容

---

① 滕守尧：《审美心理描述》，中国社会科学出版社 1985 年版，第 1 页。

都落实在审美快乐上,认为它是"审美的总体效果"①。在作者对这些内容的分析中,我们能够发现,首先,他对西方理论的引用和借鉴,并不是单纯的介绍,而是为我所用,即把新引进的心理学理论,如马赫条带,"格式塔"心理学,弗洛伊德、荣格、苏珊·朗格的符号学等,作为自己观点的立论支撑;其次,这部著作另一个值得关注的地方是其明确的体系建构意识,作者以审美经验为纲,试图构建一种审美心理学体系;再次,作者在这部著作中,还广泛吸收了当时的学界热点,并从审美心理学视角,对之重新进行整合,如符号学、美感、美育等,这些都体现出鲜明的时代特色。

鲁枢元的《创作心理研究》,在某种程度上可以说是新时期文艺心理学研究方面最有影响的著作。他在该书 1987 年版的《再版后记》中说:"《创作心理研究》一书于 1985 年 7 月由黄河文艺出版社出版后,不到 3 年的时间连续印行 3 次,这是我无论如何没有想到的。天南地北寄来的读者的热情洋溢的来信,更常常使我感动、使我感激。"②从他描述的有关该书的发行、读者反应热烈等情况,我们足以感受到当时这本书所引起的关注度。《创作心理研究》,书如其名,研究的主要对象是主体创作心理。在鲁枢元看来,虽然心理世界是物质世界的反映,但二者之间并不是机械的因果关系,也不是单一的同步对应关系,"外部刺激引起的心理反应,很大程度上是由活动主体的心理素质和心理品格决定的"③。因此,文学艺术的反映,最终要落实在主体身上,文学作品里的生活,是经过作家心灵折射的个性化体验式的生活。正是基于这一理解,鲁枢元才把作家的创作心理作为自己的研究兴趣点。虽然这本书在某种程度上可以说是一本论文集,其中大部分章节都是作者先在各大期刊报纸上发表,后经过少量删削才结集成书,因而这本书的体系性表面上看起来并不强,似乎每一篇都在说着各自的问题和观点。但是,如果我们细读文本,就能够发现,这些论文差不多触及了创作主体心理的方方面面。夏中义曾经对该书有过热情洋溢的赞扬:"《研究》所以不同凡响,因为它几乎囊括创作论的全部基本命题,而在阐释每一命题时又想努力提炼出一个相应的、心理美学色泽浓郁的独立概念。"④他的这

① 滕守尧:《审美心理描述》,中国社会科学出版社 1985 年版,第 304 页。

② 鲁枢元:《创作心理研究》,黄河文艺出版社 1987 年版,第 354 页。

③ 同上,第 3 页。

④ 夏中义:《思想实验》,学林出版社 1996 年版,第 84 页。

些充满情感的话语指出了鲁枢元在文艺心理学研究方法上的突出贡献,即在某种程度上他从心理角度对创作论作了比较完整的梳理,并提出或重新解释了至今被学界不断使用的概念,例如,"情绪记忆""情感积累""艺术变形""知觉定势""创作心境"等。如果说,滕守尧的《审美心理描述》以一种非常体系化的方式实现了他以审美经验为核心观念构建理论的诉求,鲁枢元则是通过篇章式的概念清理、个案分析,将创作主体的心理层面作了全面描述。

与鲁枢元的《创作心理研究》对创作主体的关注所不同的是,吕俊华关注的是艺术创作活动及作品中变态心理的种种表现,这构成了他的著作《艺术创作与变态心理》的主要内容。他对变态心理的理解是:"所谓变态心理,其最显著的特征就是虚实不分,真假莫辨,混淆现实与想象或幻想的界限,把想象或幻想当成真实,把心理的东西当成物理的东西。他们在内心里建立一个现实世界。"①从他的定义中可以知道,他所说的变态心理,只是变态心理中的一种表现,但这种表现,与文学艺术之间的关联又是最紧密的,因为文学本身的虚构性,那种假定其真实的特质,恰好与之可以吻合。也正是因为这一点,吕俊华对艺术的解读才更有说服力。实际上,早在 80 年代初期,他就用变态心理理论解读了鲁迅笔下的阿 Q 形象。在阿 Q 精神胜利法中所体现出的自我麻痹,以及通过虚构的优越感来超越现实处境的卑微方式,使吕俊华从中发现了其变态性格的存在。而 1987 年出版的这部著作,是进一步的理论提升。在他看来,人我不分、物我一体、幻觉和错觉等都是变态心理的主要表现,变态心理又是潜意识的表现形式,而潜意识是心灵中最本质的东西,具有创造性。在书中,围绕这些基本观点,吕俊华对原始思维与儿童思维、潜意识与理性之间的关系等都作了非常详细的分析。相较于我们评述的其他著作,这本著作的显著特点在于,它较早引进了潜意识等观念,并对其作了多方位的分析,但又没有过浓的欧化色彩。并且,他对潜意识的理解,没有当时流行的弗洛伊德主义底色,而是将其与自由、情感等联系在一起。他认为,情感是自发性的,是潜意识的,不能强迫其有,也不能强迫其无,它的自然流露,就是自由的表现。②虽然他的这些思考中还有许多需要进一步论证的地方,但对于当时的学界来说,提出变态心理、自

---

① 吕俊华:《艺术创作与变态心理》,三联书店 1987 年版,第 1 页。
② 同上,第 170 页。

由、潜意识等观念本身，又能够运用这些概念来解读艺术，无疑就已经具有了现实意义。该书值得注意的地方还在于，在变态心理作为一种极具包容性的概念这一语境下，吕俊华把病理学、生理学等与心理学有关的知识，也引入艺术心理的分析中，这无论是在当时，还是现在，都有着开拓性意义。直至今日，他的这本书仍然获得极高的评价。2009年，这本书再版，在《再版说明》里，编者对这本书的评价是："说这本书是经典，不仅因为它是中国新时期文艺变态心理学研究的开山之作，有着显赫的历史地位，更因为它至今仍然放射着学术光彩，至今还是从心理学角度了解、研究文艺的必读之物。"①

《文学心理学教程》是80年代教材建设方面的重要成果之一，它由钱谷融、鲁枢元两位学者主编。这一教材具有如下特点：第一，它有着明确的体系意识。作为教材，它在某种程度上是文学理论教材的心理学维度建构，包括作家论、作品论和接受论，这种构架以及其中选取的内容，如风格、意象等，甚至编排位置都与同时期徐中玉、童庆炳等学者主持编写的新文学概论教材框架相对应。第二，它又有着明确的建构意识。80年代，诸种心理学派别和学说涌入中国，对中国知识界产生了强烈震动。在编写教材的过程中，对它们如何取舍，又如何摆脱它们的强大影响，在这一基础上编出具有当代性和本土性的教材，是摆在学者面前不易完成的任务。然而，这本教材却能够做到这一点。它融合了古今中外的文艺心理学思想，却又超越于某一派别之外，采用了多元视角，对文艺心理学的研究对象作了全息透视。第三，这一教材中的很多概念和思想来自鲁枢元此前发表的论文，尤其是作家论部分和文学语言的心理机制部分，由于教材的编写工作由鲁枢元本人承担，因此很多都是其对此前思想的细化和进一步系统阐发。这本教材自诞生之日起，一直到今天，仍在不断再版，这足以说明其生命力和学术价值。

通过以上简单描述，我们发现，新时期以来，中国文艺心理学的发展，具有如下突出表现。其一，大量吸收国外心理学和文艺心理学研究成果。在翻译运动中，学界大量引进西方心理学理论资源，不仅弗洛伊德、荣格、马斯洛、阿德勒等20世纪以来的具有人本主义取向的心理学知识进入中国，而此前学界熟悉的作者，如柏拉图、亚里士多德、康德等，他们思想中的心理学内容也被重新发

---

① 吕俊华：《艺术与癫狂：艺术变态心理学研究》，作家出版社2009年版，《再版说明》。

掘。在这种影响下,很多学者的著作都有比较明显的外来痕迹,例如金开诚的《文艺心理学论稿》和《文艺心理学概论》,都带有明显的苏联心理学发展痕迹,对苏联社会文化历史学派的心理学观点借鉴较多,而滕守尧的《审美心理描述》,则从体系构建到话语生成,都存在明显的欧化色彩。其二,虽然受到西学的强大影响,但学者们的本土构建意识仍十分明确。滕守尧以审美经验为核心概念,结构了一部审美心理学,彭立勋在《美感心理研究》一书中以美感为聚焦点,从其自身特质、形态与感知、联想、想象、形象思维、情感之间的关系等各个角度对其进行透视和分析,鲁枢元用艺术现象重新充实了心理学概念,真正将后者带入美学领域中来。其三,充分开掘中国传统美学资源中的心理学内容。虽然在中国传统文化中,缺乏现代意义上的心理学学科,然而有关心理的讨论,却又极其丰富,这与中国哲学历来重视"心"有关。在美学思想中,"虚静"说、"物感"说、"童心"说、"性灵"说等,其中都含有无法忽视的心理学指向。在思想解放的潮流中,在"主观"与"心"重新回到人们视野的语境下,传统美学的心理维度获得了充分的展开,进入当代文艺心理学体系的构建之中。这在以上我们介绍的文艺心理学著作中随处可见。其四,文艺心理学教材建设也取得了长足发展。金开诚的《文艺心理学论稿》和《文艺心理学概论》,钱谷融、鲁枢元的《文学心理学教程》,陆一帆的《文艺心理学》等,至今仍是文艺心理学教学重要的参考教材,它们也为后来相关教材的框架构成打下了良好的基础。

三、文艺心理学研究对当代美学发展的意义

文艺心理学,同 20 世纪 80 年代很多学科发展一样,既是思想解放的产儿,又是后者的直接体现者。但也正是思想解放让人迸发出的那份激情,使 80 年代很多知识的传播与构建,都是浅尝辄止,很快成为激情燃烧后的灰烬。但文艺心理学的研究并没有如此,它真正走进了中国当代美学学科构建的纵深处,推动了中国美学向前发展。

第一,文艺心理学作为一门学科出现,超越了新中国建立之初从社会学维度理解艺术的本质、构建美学体系的局限,使对艺术本质的理解走向深入,同时也充实了审美关系中主体方向的研究。从中国当代美学知识体系来看,新时期

之前,中国美学主要行走在马克思主义社会学美学的框架之内,这种美学重艺术与社会、现实之间的关系,强调前者是后者的反映。但对于前者如何能够成为后者的反映,前者又以怎样的方式反映后者,在某种程度上是理论空白。这与当时时代提供的可能条件有关,对人的讨论、对主体的强调往往被视为政治立场上有问题,进而成为思想禁区,因而也限制了学界对美学中这一核心内容研究的深入。而新时期以来的文艺心理学研究,恰好填补了这一部分内容。学界常常会引用普列汉诺夫的社会结构因素五项式来为文艺心理学的合法性提供依据。

在《马克思主义的基本问题》中,普列汉诺夫指出:

> 如果我们想简短地说明一下马克思和恩格斯对于现在很有名的"基础"对同样有名的"上层建筑"的关系的见解,那么我们就可以得到下面一些东西:
>
> （一）生产力状况;
>
> （二）被生产力所制约的经济关系;
>
> （三）在一定的经济"基础"上生长起来的社会政治制度;
>
> （四）一部分由经济直接所决定的,一部分由生长在经济上的全部社会政治制度所决定的社会中的人的心理;
>
> （五）反映这种心理特性的各种思想体系。①

普列汉诺夫在这里发展的是恩格斯的"中间环节"理论。在恩格斯看来,经济基础对上层建筑的决定,并不是一种机械的、直接的决定,而存在"中间环节",这些环节才是影响上层建筑,并与上层建筑发生关系的直接要素。但对于它们是什么,恩格斯并没有作进一步阐发和明确。普列汉诺夫则把"社会中人的心理"加了进来,将其视为经济基础与思想体系之间的中间环节,从而明确了人的心理在社会结构中的位置和重要价值。我们把这一思想运用到艺术中来,就能够发现,艺术对现实的反映,其中间环节"人的心理"是非常重要的部分。艺术并不是对社会的机械复制,而是经由人心理的消化、吸收、转换,再诉诸固化形态

---

① ［俄］普列汉诺夫著,张仲实译:《马克思主义的基本问题》,人民出版社 1957 年版,第 57 页。

的艺术,因此,从这个角度来说,艺术是人心灵的产物。如果欲对艺术本质有更深刻的理解,对人心理的研究是非常重要的部分。反之,从人的心理出发来研究艺术,才是最靠近艺术的直接因素。从社会—艺术到社会—人的心理—艺术,这一公式的变化,表征了美学界对艺术本质体认的深入。不仅如此,当对人的心理开始重视时,在美学学科中,不仅开辟了文艺心理学一门新的边缘学科,还意味着将对主体的研究提上日程。美学的核心研究对象是人与对象的审美关系,由于此前受"左"倾思潮影响,在美学中,主体部分在某种程度上是被空置的,不可能作深入讨论。随着思想解放运动的开展,主体研究重新进入知识界的视野,文艺心理学无论是从创作维度来说,还是从接受角度来看,都是对主体心理的探究,或者说,都是对主体的研究。由于文艺心理学把注意力主要集中于主体,恰好能够弥补新中国成立以来对主体研究的缺失,进而对美学学科自身的健全作出卓越贡献。

第二,文艺心理学汇集了新时期伊始美学领域很多争论的成果,并把它们进一步向纵深推进。正如我们在本节开篇所言,文艺心理学并不是新时期美学之旅的出发点,在它之前,有关共同美、人性、异化和形象思维的大讨论等都已经开始。虽然金开诚的《文艺心理学论稿》出版于 1982 年,但文艺心理学真正的喷涌期是在 1985 年前后。这个时候,关于人的本质、形象思维等讨论已经逐渐淡出。但是,在某种程度上可以说,文艺心理学接过了它们思考的接力棒,继续对其进行思考。形象思维在讨论中被开掘出多个方向,其中心理学维度是其重要面向。在介绍金开诚的《文艺心理学论稿》时,我们曾指出,他把形象思维看作非常重要的艺术规律来研究,体现出时代知识背景对他的影响。在陆一帆的《文艺心理学》里,他也用了很大篇幅专门讨论文艺中形象思维的特殊性。例如,在他看来,此前学者对形象思维的讨论,还停留在一般形象思维特质上,没有看到艺术中形象思维的特殊性。艺术中的形象思维与一般形象思维既有共同点,又有区别。前者概括所得的是典型形象,而后者所得的则是一般形象;前者所获得的形象,不是纯粹客观事物的映象,而是主客体综合体,后者获得的形象,是纯粹客观事物的反映。① 从他的这些观点中能够看出,文艺心理学对形象思维的讨论是在承接既有成果基础上的提升。

---

① 陆一帆:《文艺心理学》,江苏文艺出版社 1985 年版,第 96—101 页。

对人的本质的讨论也存在类似情况，只是文艺心理学在这方面讨论的意义更加深远。在 20 世纪 80 年代初期，有关人性的讨论，主要的话语资源是马克思早期著作《1844 年经济学哲学手稿》，学者们的关注点也集中于对人的本质、异化现象的讨论。这种讨论主要还是在理性和社会层面对人的思考，异化仍然是在特定历史条件下人与社会关系的错位，以及人自身理性的分裂。对人本质的多层次性，却很少涉及。而 20 世纪以来，对人本质的理解，其理性与非理性、意识与潜意识的结构划分已经获得普遍认同。国内学界接触到这方面的知识，主要来自弗洛伊德思想在中国的传播。一个非常具有象征意味的事件是，新时期最早进入学界视野的是弗洛伊德和以他为代表的精神分析学派。《美国文学丛刊》1981 年第 1 期发表了美国学者研究弗洛伊德的文章《弗洛伊德与文学》，顾闻在《华东师范大学学报》1982 年第 2 期发表了《弗洛伊德文学思想中几个重要观点》一文，张隆溪在《读书》1983 年第 5 期发表了《谁能告诉我，我是谁?》一文，介绍精神分析和弗洛伊德的思想。弗洛伊德对人的本质，从欲望和非理性角度的规定，对于刚刚经历过“文革”的中国人的痛苦心理有着难以言说的抚慰，但其真正参与中国美学的建设，是文艺心理学作出的突出贡献。文艺心理学通过对创作主体心理的探寻，对作品中隐含心理现象的揭示，对接受者心灵的追问，论证了人性深处如冰山般的无意识的存在，从而使我们对人性的理解更深一步。这种探究，很明显是对 80 年代初期更多注重人性的社会属性面向的补正。

从艺术自身的属性出发，我们能够发现，从心理学维度对其审视，有着天然合法性。有论者曾经指出：“无论是把文学看作社会生活的外部刺激在作家头脑中反映的产物，还是把文学看作作家的记忆、志趣、感受、体验在语言文字中的自由表现，还是把文学看作人类个体之间进行精神交往一种生生不息、绵延不绝的再创造过程，文学活动都可以被看作一种心理现象，文学与心理学的关系就总是一个合乎逻辑的必然存在。”①这段话既适用于文学，也适用于艺术。作为人类重要表征的精神活动，作为艺术家心灵的灌注，艺术活动的确是一种心理现象。从心理维度探究艺术特质，构建美学体系，无疑是走在它应该走的道路上。

---

① 钱谷融、鲁枢元：《文学心理学教程》，华东师范大学出版社 1987 年版，第 1 页。

第三节　技术美学对美学领域的扩容

技术美学这一概念出现于 20 世纪 50 年代中期,由捷克斯洛伐克的佩特尔·图奇内提出。他"把生产劳动工具的艺术设计理论称作技术美学。他通过分析工具、机床和仪表的使用情况,以及劳动中的人体测量学因素、生理学因素和心理学因素,把技术美学局限于研究工具以及机床和仪表的操纵装置的质量和外观问题上"①。从中我们可以看出最初提出者图奇内对技术美学的理解,主要是指劳动工具的艺术设计。但在此后的发展中,其内涵发生了一定程度的变化。从图奇内规定的技术美学的内容来看,这是一门与我们在本章中评述的前两种边缘学科有很大不同的交叉学科。它是理论与实践、自然科学与人文学科、工业技术与美学观念的结合,这种学科跨度自然会使其在建构的过程中困难重重,存在着众多理论难点。甚至这一学科的名字,至今也尚未统一,除称之为技术美学外,还有工业美学、生产美学、科技美学等叫法。相对而言,在国内,"技术美学"是比较通行的一种称呼。图奇内也往往被国内外学者视为这一学科的命名者。

作为一门新兴美学学科,技术美学的命名虽然出现于 20 世纪 50 年代,但它的发展历史,需要从更早的时间说起。学界一般认为,19 世纪中期英国作家、工艺美术家、空想社会主义者威廉·莫里斯是技术美学的先驱。在《乌有乡消息》里,他构想了一个海上岛国"乌有乡"。那是一个理想世界。在那里,没有私有制,没有剥削,人们以劳动为乐,劳动和艺术、技术和艺术结合在了一起。他思想中的这些闪光点被后来者继承和实践,其中最著名的就是德国的"包豪斯"团体。严格意义上的技术美学兴起于 20 世纪三四十年代。"二战"前后,受 30 年代全球经济大萧条的影响,企业家们千方百计为其产品寻求出路,促成了技术设计革新和在工业生产中使用美学观念。1944 年 12 月,英国创立了第一个有关技术美学学会的组织。"二战"结束后,技术美学迅速在资本主义世界发展起来。1951 年,美国成立了技术美学组织,日本也在 50 年代初成立了工业艺术

---

① 眭平:《技术创新的横向研究》,清华大学出版社 2013 年版,第 162 页。

科学研究所等。法国在 1953 年国际工业美学会议上制定了工业美学宪章。1957 年,在日内瓦成立了国际技术美学协会,定期召开国际技术美学大会。[1]

中国技术美学研究起步较晚。在 50 年代,只有少量学者关注这一学科。如陈叔亮在《装饰》1959 年第 8 期发表了《为了美化人民生活》,王家树 1962 年在《人民日报》上发表了《工艺美术品适用性和审美性的统一》。在著作方面,上海万叶书店 1950 年出版了雷圭元的《新图案的理论和做法》等。到了 80 年代,这一学科才真正引起学界关注,报纸期刊上也开始出现相关论文。《〈技术美学〉丛刊》第 1 辑于 1983 年出版,这是"我国有史以来第一个技术美学出版物"[2]。1984 年 9 月北京市哲学学会美学研究会召开了技术美学专题座谈会,邀请涂途介绍技术美学基础知识。一些比较有影响的著作差不多都是在 80 年代中期之后出现的。如涂途的《现代科技之花——技术美学》,1986 年由辽宁人民出版社出版;徐恒醇的《技术美学原理》,1978 年由科学普及出版社出版,《技术美学》1989 年由上海人民出版社出版等。这些著作以及相关论文的发表,标志着中国技术美学的诞生。

一、对技术美学研究对象与范围的探讨

由于技术美学是一门新兴学科,因此,国内对其讨论主要还是围绕学科构建过程中的基本问题展开的。从这些问题中我们抽取出较为典型的几个,借此管窥 80 年代以来技术美学的发展景观。

技术美学的研究对象与范围,是该学科建设面临的第一个问题。只有这一问题得到明确,这门学科的特殊性才能够得到凸显。最早倡议科学技术与艺术、美学结合的,其实是老一辈科学家钱学森。在 1980 年的一篇文章中,他指出,从文学艺术的发展历史来看,艺术深受科学技术的影响,没有照相技术,就没有摄影艺术,没有电影技术,就没有电影艺术。同样,在科学技术当中,也不是没有艺术,例如建筑艺术,就介乎工程技术与造型艺术之间,人们日常生活中使用的物品,如钟表、杯、碗等器皿,也包含着艺术创造。因此他提出,现代科学

---

① 以上梳理参考了涂途:《现代科学之花——技术美学》,辽宁人民出版社 1986 年版,"技术美学简史"部分。

② 《技术美学》编辑部:《〈技术美学〉丛刊》第 1 辑,安徽科学技术出版社 1983 年版,第 10 页。

技术和文学艺术要结合起来。① 在这种结合中所产生的新学科,他认为应该是"把美学运用到技术领域中去的新兴科学""美术为科学技术的产品设计和制造服务"②。从中可知,他认为技术美学是研究美学在技术领域中的应用,是技术为主,美学为辅。

中国技术美学开山之作——涂途的《现代科学之花——技术美学》中认为,技术美学主要研究两方面内容:其一是劳动生产过程及其产品的美学问题;其二是"迪扎因",即现代艺术设计问题。劳动生产不仅包括工业生产,也包括农业、商业、运输、服务、科研等,是一种泛称。现代艺术设计关涉社会生活各个领域,从日常生活用品到人类生态环境等。③ 涂途对技术美学研究范围的理解,实际上比较宽泛,并没有将其限制在工业生产领域,尤其是把生态环境放到学科研究领域中来,对于今天都有很好的启示意义。并且他对技术美学学科的理解,与钱学森的观点存在很大差异,他认为应该研究的是劳动过程、产品和现代设计中的美学问题,这仍然是以美学为主,是对实践领域的美学提升。

徐恒醇也是新时期以来在技术美学领域建树颇多的美学家。在他的两本著作里,他对技术美学研究对象的规定存在细微差异,在这种差异中还能够看出其自身理论的推进,因此我们分别介绍。在《技术美学原理》中,他认为,技术美学"研究在物质生产领域中所涉及的各种美学问题",这"各种美学问题"包括"生产领域中与审美有关的范畴形态和人的与审美有关的心理"④。这也就是说,技术美学研究的是生产领域中产生的特殊的审美范畴和审美心理。从这里我们可以认为,徐恒醇与涂途一样,也是把技术美学的落脚点落在美学上,同样把技术领域看成是美学理论走向实践的场所。在《技术美学》中,他把技术美学规定成研究物质生产和物质文化中美学问题的一门学科。它的基本内容包括:产品是技术美学研究的逻辑起点;与产品相关的另一组范畴是功能—结构—形式,它是产品与人发生相互作用的不同方面;与产品构成相关的意识过程的是设计。⑤ 在这一理解中,他仍然认为技术美学的核心是美学问题,注重美学范

---

① 钱学森:《科学技术现代化一定要带动文学艺术现代化》,载《科学文艺》1980 年第 2 期。
② 钱学森:《对技术美学和美学的一点认识》,见《技术美学》丛刊第 1 辑,安徽科学技术出版社 1983 年版,第 5 页。
③ 涂途:《现代科学之花——技术美学》,辽宁人民出版社 1986 年版,"技术美学的研究对象"部分。
④ 徐恒醇:《技术美学原理》,科学普及出版社 1987 年版,第 2 页。
⑤ 徐恒醇等:《技术美学》,上海人民出版社 1989 年版,"技术美学的学科性质和内容"部分。

畴,则不再强调审美心理。并且,从他的这一新规定中,我们能够发现,他的着眼点主要在产品,是由产品所生发出来的体系,无论是其功能—结构—形式范畴系列,还是艺术设计,都是围绕着产品展开的。这相较于涂途对技术美学研究领域的规定,范围要小很多。

对于技术美学的研究范围,除以上三种观点外,还需简单提及一下其他学者的观点。张相轮、凌继尧认为,技术美学是自然科学与社会科学相结合的学科,它的研究对象是技术领域一切与美有关的问题,它研究人周围的环境,以及劳动成果的审美改造和艺术改造的规律。[1] 李泽厚认为,技术美学又可以称为科技美学,属于应用美学范畴,它的主要研究对象是科学美和技术美。[2] 宗白华虽然没有明确提出技术美学的研究对象,但从其《谈技术美学》中,可以发现,他认为技术美学要研究的就是现代物质生活和产品中隐含着的美学规律。[3] 学者张帆认为,"技术美学研究的范围应当同工业设计相一致"[4],他的这种观点与国外技术美学研究保持相通性,因为从西方技术美学传统来看,它主要是对"迪扎因",即工业设计的研究。

从以上陈述可以发现,对于技术美学的研究范围,实际上并没有定论。这与整个国际技术美学研究的状况相一致,由于技术本身的发展性,它所包含的范围会不断发生变化,因此,很难给出一个十分明确的定义。然而,一门学科的研究对象无法得到确定,必然会影响到它自身的体系建构和现实发展,也必然会招致对这门学科合法性的质疑。技术美学在发展中,需要面临和解决这一难题。

二、对技术美学范畴构建的研究

在技术美学的建设中,学者们提出了新的美学范畴,其中最有代表性的是技术美和功能美。技术美是技术与美学结合的产物,功能是技术追求的主要目的,因此技术与美学的结合,必然会产生功能与美学相结合的问题。这两个范

---

[1] 张相轮、凌继尧:《科学技术之光——科技美学概论》,人民出版社 1986 年版,第 166 页。
[2] 李泽厚:《谈技术美学》,载《文艺研究》1986 年第 6 期。
[3] 宗白华:《谈技术美学》,见《宗白华全集》第 3 卷,安徽教育出版社 2008 年版,第 620—622 页。
[4] 张帆:《当代美学新葩——技术美学与技术艺术》,中国人民大学出版社 1990 年版,第 7 页。

畴是技术美学的核心概念,因此受到学者们的普遍重视。

徐恒醇在《技术美学》中指出,"技术美学的中心范畴是技术美,是物质产品所具有的审美价值,是附丽于物质功能的美。技术美的主要成分是功能美"①。这段话明确了两个范畴之间的关系。技术美是技术美学的中心范畴,它的主要组成部分则是功能美。或者说,技术美主要是通过物品的功能美来体现的。他的这一观点差不多得到学界的普遍认同。

在徐恒醇看来,技术美作为技术美学的核心范畴,它是物质产品具有的审美价值,但又与实用有关,注重功能性。它与技术艺术不是一回事。技术艺术还属于艺术,因而是一种观念性存在,而技术美具有实体性,它是一种物质实在。他曾经以公园里一座雕塑和长椅为例,前者是艺术品,后者体现了技术美。"雕像是对人的形象的模拟。""它与人的这种联系是观念上的。而长椅则是一种技术产品,它的形式反映了它自身的功能。"②这也就是说,虽然雕像也存在物质形态,但就其所属领域来说,还是属于观念领域,是人心灵的灌注,但长椅不一样,它首先是作为供人休息的椅子存在,然后其审美属性才会被考虑。所以,对于技术美来说,其主要内容是功能,是有用,是在有用基础上的美化。於贤德认为,"功利性……成为人与客观事物建立审美关系的最根本的纽带",因此善的内容是美的本质的重要基础。同理,技术美的内在本质是善。真则是其存在形式,这种真包含两方面,一方面是实践主体把握到的规律性,另一方面则是指这种规律性需要通过技术实践而具有物质形态,它是把握技术美形式特质的前提③。许喜华认为,技术美主要在于产品的效用功能美,但除此之外,还有非功能的一面,如形式美、肌理美等。他把技术美分成五个方面:功能美、结构美、形式美、材质美和肌理美。虽然在技术美的内部构成中,它们并不是并列关系,但它们互相重叠交叉,体现出技术美的多层次性。④金亚娜从技术美与艺术美、自然美之间的区别中寻找技术美的特质。在她看来,相较于艺术美和自然美,技术美是一个独立的审美形态,它是产品功能显现时自然的力的美和工业设计所产生的人工美的综合,是艺术性和功能性的结合⑤。

---

① 徐恒醇等:《技术美学》,上海人民出版社 1989 年版,第 10 页。

② 同上,第 13 页。

③ 於贤德:《论技术美的本质》,载《浙江大学学报》(社会科学版)1991 年第 2 期。

④ 许喜华:《技术品美的构成》,载《浙江大学学报》(社会科学版)1991 年第 4 期。

⑤ 金亚娜:《论物质生产领域审美文化的本体——技术美》,载《求是学刊》1994 年第 2 期。

　　李泽厚认为,技术美是技术领域所表现出的美的形态,它属于社会美的重要内容。他从 80 年代提出的"美是自由的形式"观点出发,认为技术美集中体现了这一点。在技术美中,随着技术的娴熟、提高,就越能解决目的性与规律性的对峙,因而达到技术美。① 他还从"自然的人化"命题角度解释过技术美。关于这一命题,他曾提出过存在广义和狭义之分。狭义的"自然的人化"就是指人类借助工具改造自然界,他指出,这种狭义的"自然的人化"产生的就是技术美。② 陈望衡则从技术理性角度来理解技术美,他指出,技术理性是西方工业革命之后产生的一种重要文化观念,由于科学技术在人类生活中起到越来越大的作用,成为影响整个社会的、具有政治和伦理内涵的意识形态,并进而导致整个社会的理性化。技术理性特质影响到技术美:一方面,它是技术美在内在意蕴方面的抽象化;另一方面,技术美的审美效应企望是普遍的、大众的,所以从本质上来说,技术美是一种共同美。③ 杜书瀛、江业国对技术美的理解,主要是从其形态和构成要素来看。在他们看来,技术美的形态分为技术手段美和技术产品美。前者是指实践主体在改造对象世界过程中驾驭技术物质材料,改变事物形态和性能所表现出来的能唤起主体对人的自由自觉创造能力感到惊奇、愉悦、骄傲和满足的操作技能和技巧的美。后者是指合目的和合规律相统一的技术操作的结果(包括现象和产品)所表现的完整性、有用性和体验性相结合的形态美。④ 而无论技术美体现在手段上还是产品上,它的基本构成因素都由物质材料、内部功能、结构形式以及环境因素来构成。⑤

　　从这些学者的观点可以发现,除李泽厚、陈望衡外,大多数学者对技术美的理解基本上都是从技术成果的物质存在形态,即物品的角度,来定位它的特质。这种定位有其局限性。毕竟技术不仅体现在成果,还应该体现在过程中,但对这方面,学者们还是探讨不多。李泽厚与陈望衡的观点,美学形而上体系意味非常浓,而技术美学属于应用美学,二者之间如何融合,还是一个需要思考的问题。

　　关于功能美的讨论。当代可见文献中,最早提出功能美的,是在一位日本

① 李泽厚:《谈技术美学》,载《文艺研究》1986 年第 6 期。
② 李泽厚:《美育与技术美学》,载《天津社会科学》1987 年第 4 期。
③ 陈望衡:《"技术理性"与技术美》,载《自然辩证法研究》1999 年第 7 期。
④ 杜书瀛、江业国:《技术美的形态》,载《沈阳大学学报》1990 年第 1 期。
⑤ 杜书瀛、江业国:《技术美的构成因素》,载《广西师范学院学报》1990 年第 4 期。

学者竹内敏雄的中文翻译文章中。在文中,他指出,技术具有实用性,它的美需要以此为基础。在主体的劳动与客观的物质材料之间合规律性与合目的性的和谐一致中,美才能够产生。"这一切互相联系的价值因素的有机的统一形成了技术美的综合的结构。但是这种美的核心的特征,只能是存在于功能表现之中的美。"可以"把这称为'功能美'"。① 中国学者中对功能美倡导最力者是徐恒醇。在前面具体讨论技术美与功能美关系时,我们曾提到他的观点,他认为,功能美是技术美的核心,也是其根源。他主张把功能美与自然美、艺术美并列,作为美的三种基本形态。② 后来他还把功能具体细化为实用功能、认知功能和审美功能三个部分,认为这三个方面彼此联系,互相转化。③ 但与竹内敏雄不同,他并不认为功能美与技术美同义,而是主张二者存在质的区别。"技术美是从其审美价值的本源和构成形态上作出的界定,而功能美则是从其审美价值的表现和效用形态上作出的界定。前者是以合目的性(善)为中介对其合规律性(真)的观照,后者则是以合规律性(真)为中介对其合目的性(善)的观照。"④这也就是说,功能美和技术美,虽然都是合规律性与合目的性的统一,但统一的过程是不一样的,重点也不同,技术美更强调规律性,功能美更强调目的性。陈望衡在《科技美学原理》中对功能美也作了非常详细的分析。在他看来,从本质上来说,技术美在于功能美,但二者不能等同,技术美还有非功能性的一面。他对功能作了分析,认为不能简单把功能理解成实用,"如果把产品的功能仅仅理解为实用,或者认为实用是产品的唯一功能,而忽视产品应具有的与人的心理和谐协调关系中滋长出来的各种功能、产品与环境和谐协调的功能等,那么,将会导致人类的技术产品永远停留在低效能、低起点的设计水平上"⑤。因此,他提出对功能美的考察应该置于"人—产品—环境"这一大系统中。在这一理解前提下,他把功能美分成四个层面:效用功能、操作功能、审美功能和经济功能。在每一层面,都与美有着不同的联系,它们共同构成了功能美的多层次与多侧面。张帆认为,功能美是技术美的特质之一,它是指"功能的形态化所体现的

① [日]竹内敏雄:《论技术美》,见《技术美学与工业设计丛刊》第 1 辑,南开大学出版社 1986 年版,第 17 页。

② 徐恒醇:《技术美学》,上海人民出版社 1989 年版,"第七章 功能美"部分。

③ 徐恒醇主编:《实用技术美学——产品审美设计》,天津科学技术出版社 1995 年版,"第六章 产品的功能"部分。

④ 徐恒醇:《设计美学三题》,载《天津社会科学》1997 年第 2 期。

⑤ 陈望衡主编:《科技美学原理》,上海科学技术出版社 1992 年版,第 232 页。

美。这是社会目的性和客观规律性的统一或者说善取得了真的形式在生产过程和产品上的具体实际体现"①。功能和美结合,决定了功能美具有两方面含义:美的形式依附于功能,不能够离开功能而追求美;功能本身也并不直接构成美,不能认为"有用即是美"。功能美需要由其形式来体现。

从学者们对于功能美的讨论可以看出,他们基本上都把功能美作为技术美的集中表现,或者说核心部分来看,对于功能美的解释,也主要是从合规律性和合目的性的统一协调的角度来看。并且,学者们还普遍注意到了功能美与技术美之间的区别,讨论了功能美的结构、特征等。这些对于深入理解功能美、功能美与技术美的关系,进而对完善技术美学的体系都大有助益。

三、技术美学当代构建得失辨

对于技术美学在中国建设过程中得与失的问题,很多学者也注意到了。徐恒醇认为,当代技术美学发展取得了一定成果,引起国内工业设计和生产部门的兴趣和关注,但还存在三大误区:

第一,在学科性质的取向上,不是把技术美学当成美学,而是当成技术科学。针对有学者将技术美学分成工业设计、人体工程学和理论方法论三个部分的做法,他提出异议,认为它们属于综合性技术学科,既不回答美学问题,也非技术美学能够涵盖。第二,在研究对象和内容上存在泛化和混同。技术美学对工业设计和物质生产方式关注是理所当然,但如果要单纯罗列所有带审美因素的产品类型,那么技术美学就会成为"杂货铺"。因此,需要对形形色色的现象进行本质抽象,认识功利价值和审美价值的区别。他还认为,技术美学虽然研究范围广泛,但能否从审美感受性来谈到物质对象审美创造问题,是衡量是否属于技术美学的标尺。第三,在研究方法上存在割裂和孤立化倾向。这是针对很多学者推出色彩美学、材料美学、形态美学、功能美学的独立体系现象而提出的。在他看来,任何材料或环境,都有一定形态的物质组成,都是一个整体,都是在与人、环境相互作用中成为审美对象的,因此不能把各种形式要素和功能、

①　张帆:《当代美学新葩——技术美学与技术艺术》,中国人民大学出版社1990年版,第58页。

内容,把局部与整体等割裂开来审视。① 张博颖认为,20 世纪 80 年代以来,中国技术美学发展取得了可喜成果。从纵向来看,填补了国内在这方面研究的空白,研究数量多,质量也在不断提高;从横向来看,国外工业美学、技术美学研究的繁盛期在 20 世纪六七十年代,80 年代后相对比较冷落,而我国其时正方兴未艾,在理论探索方面具有一定的深度和广度,逐渐形成了中国特色。存在的问题则在于,从技术美学的基本理论构成来看,技术美学不仅要研究技术美本体问题,也要开展对物质文化、技术产品的美感或审美经验、审美意识的研究,国内目前这方面比较薄弱。从史学角度来看,有关中西方技术美学史的清理还有很多工作可以做,国内目前在这方面的研究还很少②。范玉刚在《技术美学的当代对话》中对该学科的当代发展作了反思,他认为,随着 80 年代"美学热"的余波,各种五花八门的现象都被冠之以美学,技术美学生长于这样的环境,因而存在很多误区。误区之一是把技术美学等同于美化论。审美仿佛"以太",既灌注于艺术之中,也充溢在制造、使用物品和伦理行为中,使人们真正感受到生活的美好,只有诉诸现实地改造环境的实践,生活"美化"不是肤浅意义上的"好看"的装饰,而是一个生活人化的问题。误区之二是把技术和艺术美割裂开来,借口对立而把技术美学排除在美学之外,把技术美学等同于迪扎因,即工业设计。误区之三是把技术美作形式化的简单理解。技术美学不是简单的技术加艺术,而是从技术角度切入审美,使技术审美化,扩大技术本身的艺术、审美内涵,也即劳动审美化。③

　　除以上学者提到的问题,站在今天反观技术美学发展的角度,还有如下问题需要讨论:

　　第一,技术美学在中国兴起的原因。技术美学与其他美学交叉学科存在很大不同,它是技术与美学、技术与艺术的结合。而回顾美学史可以发现,美学史的构建过程,其中的一条线索就是艺术从技术中独立出来。而技术美学是在二者分离之后的再结合,它们再结合的学理基础是什么? 现实条件如何? 在中国本土的发展,其特殊性在哪里? 这些其实都需要进一步讨论。从目前既有研究来看,涂途在《现代科学之花——技术美学》这部中国技术美学开山之作的开

---

① 徐恒醇:《当前技术美学研究的三大误区》,载《哲学动态》1999 年第 11 期。
② 张博颖:《技术美学研究现状及发展趋势》,载《天津社会科学》1994 年第 6 期。
③ 范玉刚:《技术美学的当代对话》,载《西北美术》1997 年第 4 期。

篇,注意到了这一问题。他的这本著作选择了独特的方式,不是从学科研究对象和性质进入,而是选择首先回答这门学科在我国产生的历史必要性问题。在他看来,技术美学成为一门独立的科学具有必要性。它之所以能够产生,首先,是因为它有其应该研究的独特对象和领域,即由于现代工业社会和新兴科学技术中出现了一些符合美学规律的现象,形成新的美学问题;其次,是因为随着现代文明社会的发展,对于劳动产品的审美需要日益普及和提高;再次,是因为现代产品质量观念发生变迁,以往生产的产品比较注重其牢固性、灵敏度、大小尺寸等实用方面的因素,如今审美要素也被考虑进来;最后,还有一个则是产生于劳动过程中的,即产品设计本身存在美学问题,现代设计追求艺术化,从而将技术设计和艺术设计结合在了一起。最终他得出结论说:"技术美学成为一门独立的学科绝非偶然。它作为横向交叉学科的诞生是现代科技发展的必然结晶,也是现代文明社会多种需要的结果。"①其他学者往往对这一问题只是稍稍提及,如在徐恒醇看来,技术美学的诞生是时代需求的结果。他也认为,随着现代科技的发展,人们对精神生活和情感生活的需求日益提升,要求人类重新审视物质与精神、实用与审美之间的关系,因而诞生了技术美学。② 但就总体而言,学者们对这一问题的讨论少而肤廓,还没有结合该学科自身逻辑、社会、时代、美学学科的发展需求等多元因素来深入探讨这一问题,并且学者们关注少,这表明其重要性尚未引起研究者重视。

第二,20 世纪末,日常生活审美化成为现实生活中重要的美学现象,因而也很快成为美学中一个非常重要的命题,得到讨论。这一美学现象的出现,是由多种因素促成的,如消费时代消费理念的变化因素,现代美学体系自身发展反拨因素,审美观念向现实生活转换因素等,但不争的事实是,它与技术发展有很大关系。麦克卢汉、鲍德里亚的相关讨论就是以技术在现代社会的重大变迁为基础的。这能否使这一命题与技术美学发生联系? 并且,日常生活审美化,涉及生活用品、人居环境、人自身等的审美化,这些面向与技术美学的研究对象之间有重叠现象,二者如何区分? 又或者,由于二者研究对象有重叠,那么,它们是否可以在相互补充中相互促进发展? 提出这些问题,是想弄清楚,技术美学

---

① 涂途:《现代科学之花——技术美学》,辽宁人民出版社 1986 年版,第 19 页。
② 徐恒醇:《技术美学》,上海人民出版社 1989 年版,"第一章　绪论"部分。

在今天,能否结合新的美学命题,获得新的视角和阐释。这些都是有待继续探究的课题。

第四节　审美人类学在美学发展新路径上的探索

与此前我们讨论的三门交叉学科不同,审美人类学并非出现在"美学热"背景下,而出现在 20 世纪 90 年代之后,尤其在新世纪之交,它成为当时美学领域的显学之一,引起广泛关注。

从字面义来看,审美人类学是美学和人类学交叉结合而形成的边缘学科。但由于美学和人类学这两门学科的研究领域都比较宽泛,因此它们交叉所形成的新学科的研究对象、方向、具体名称等都存在不同程度的模糊性。冯宪光、傅其林在梳理审美人类学形成的文章中指出,从审美人类学的形成过程来看,它存在着不同的内涵指向。他们指出,从词源来看,审美人类学最初出现在鲍桑葵 1892 年的《美学史》中,在书中,作者提到了"亚里士多德的审美人类学",在冯宪光、傅其林看来,从哲学人类学视角审视美学问题,可以为审美的生物学基础作出人类学解释。这一思路被后来的学者延伸到席勒和马克思那里。审美人类学另外一种典型形态是立足于人类学的完善和发展而建立起来的,是人类学家在自身领域内涉及美学和艺术问题,形成两个学科的互渗,彼此影响。还有一种是具有明确学科建制意义的审美人类学,它是 20 世纪后期出现的新兴学科,是随着传统人类学统一性研究范式的分化而出现的。① 这也就是说,存在着审美人类学发展的三大指向,以美学为基础的审美人类学,或者说人类学美学,以人类学为基础的审美人类学以及具有明确学科意识的审美人类学。董龙昌在其论文中,曾把国内审美人类学发展划分成六大取向:哲学人类学取向、文化人类学取向、文艺人类学取向、艺术学取向、美学/审美人类学取向和民俗学取向。②

从学者们的归纳总结中可以看出,审美人类学实际上存在广狭义之分。广义的审美人类学具有多个指向。狭义的审美人类学则是美学学科内部学者发

---

① 冯宪光、傅其林:《审美人类学的形成及其在中国的现状与出路》,载《广西民族学院学报》2004 年第 5 期。
② 董龙昌:《中国艺术人类学学科建构的回顾与前瞻》,载《民族艺术》2013 年第 1 期。

起的,在美学中引入人类学视角,从而拓展了美学学科空间的一门新兴边缘学科。如果把审美人类学的发展仅仅局限于狭义理解上,那么便无法观察到这一学科在中国发展的全貌。因此,本部分拟根据国内目前该学科发展的活跃情况,从相对宽泛的意义上来审视审美人类学,将其分成三个方面,即文学人类学、艺术人类学、审美人类学,来考察这一学科的现实发展。还要补充的是,由于这三个方面属于同一学科发展的不同面向,因此,它们彼此间的交叉是在所难免的。在具体分析过程中,我们会有意识地将它们分开来论述。

一、文学人类学发展状况扫描

将文学人类学放在我们要讨论的第一部分,是以时间为依据的。在我们要介绍的内容中,文学人类学在我国出现得最早。从渊源上来看,文学人类学在国外一般被追溯到 19 世纪人类学家弗雷泽在《金枝》中提出的理论和方法。《金枝》主要是对原始部落的宗教、神话、巫术、仪式、文化、思维等进行的人类学研究。他的方法被后学继承,出现了人类学中著名的"剑桥学派"。后来,心理学家荣格在其集体无意识和原型理论中发挥了弗雷泽的思想,把现代文明与原始初民的心灵、神话、仪式等联系在一起。这些观点又启发了加拿大文学理论家弗莱,他由此开创了神话—原型批评范式和方法。这种批评方法强调把作品个案放到历史系统中来考察和定位,使个别文学现象在整体中获得意义和理解。他根据自然的春夏秋冬循环模式把西方文学史符码化成与之对应的不同神话原型。他的这种做法被叶舒宪看作是"半人类学的"[①],因为他只是对西方2000 年来的文学发展历史进行考察,还没有包括非西方文学。此后,文学人类学还在其他方向上得到发展,如新历史主义的文化诗学、伊瑟尔的文学人类学理论等。中国学者最早用人类学方法解读文学和典籍可以追溯到 20 世纪二三十年代的茅盾、顾颉刚、闻一多等人。[②] 当时茅盾注意到神话研究,写作了《神话

① 叶舒宪:《文学人类学研究的方法与实践》上,载《中文自学指导》1996 年第 3 期。
② 对于中国文学人类学发生的时间,目前观点并不一致。有些学者主张从清末西方文学人类学观念进入中国,以 20 世纪初王国维、鲁迅的研究为标志;有的学者认为以茅盾、闻一多 20 世纪二三十年代的神话研究为标志;有的学者认为,用人类学方法研究文学,在中国古已有之。详细梳理请参阅代云红:《中国文学人类学基本问题研究》,云南大学出版社 2012 年版,第二章第一节"中国文学人类学的历史起点"。在这三种观点中,支持以茅盾、闻一多的研究为学科起点的学者相对较多,因此本文也采用这一观点。

杂说》《中国神话初探》等,闻一多在三四十年代撰写了 20 余篇论文,探讨伏羲、龙凤、高唐神女传说等,后收录于《神话与诗》。这些著作和观点可以视为文学人类学的先声。

文学人类学再度走进中国学者视野,是在 20 世纪 80 年代。根据方克强的总结,1985 年前后,一些与文化人类学、神话—原型批评有关的术语,如神话、图腾、禁忌、仪式、原型、自然崇拜、巫术、原始意象、集体无意识等,开始在批评文章中出现。一些用文学人类学视角阐释文学的文章也开始出现,如凌宇的《重建楚文学的神话系统》,方克强的《神话和新时期小说的神话形态》与《阿 Q 与丙崽:原始心态的重塑》,王斌、赵小鸣的《"神话"的再现》等。[1] 除此之外,我们还要补充的是,1981 年,列维-布留尔的《原始思维》中译本由商务印书馆出版,1987 年,弗雷泽的《金枝》(节选)中译本由中国民间文艺出版社出版,叶舒宪编译的《神话——原型批评》由陕西师范大学出版社出版,荣格的《心理学与文学》由三联书店出版,《探索心理奥秘的现代人》[2]由社科文献出版社出版,列维-斯特劳斯的《野性的思维》由商务印书馆出版等。这些著作为文学人类学的中国构建提供了理论资源。在 80 年代,较早注重神话与原型本土研究的学者是何新。他的《诸神的起源——中国远古神话与历史》[3]、《中国远古神话与历史新探》[4](《诸神的起源》改写本)、《神龙之谜——东西方思想文化研究之比较》[5]、《诸神的起源续集——〈九歌〉诸神的重新研究》[6]、《爱情与英雄——天地四季众神之颂》[7]等,为中国学者从神话原型整理和起源维度思考本民族文化与文学提供了很好的积累和思路。90 年代之后,中国学者在文学人类学方面的本土建设成果迅速显现出来,获得良好的学界影响。在此我们简单介绍。当时《文艺报》《文艺争鸣》《上海文论》《民族艺术》《文艺研究》等刊物都曾辟专栏探究文学人类学相关问题。1996 年,中国比较文学学会在长春召开第 5 届年会时,决定成立二级学会,即中国文学人类学研究会。这一时期学术上的收获表现为两套丛

---

[1] 见方克强:《跋涉与超越》,上海文艺出版 2007 年版,第 18—19 页。
[2] 该著作还有一个版本,名为《现代灵魂的自我拯救》,于 1987 年由工人出版社出版。
[3] 何新:《诸神的起源——中国远古神话与历史》,三联书店 1986 年版。
[4] 何新:《中国远古神话与历史新探》,黑龙江教育出版社 1988 年版。
[5] 何新:《神龙之谜——东西方思想文化研究之比较》,延边大学出版社 1988 年版。
[6] 何新:《诸神的起源续集——〈九歌〉诸神的重新研究》,黑龙江教育出版社 1993 年版。
[7] 何新:《爱情与英雄——天地四季众神之颂》,四川人民出版社 1992 年版。

书的出版。一是《中国文化的人类学破译》系列丛书(1991～2004)，先后由湖北人民出版社出版了《楚辞的文化破译》(萧兵著)、《诗经的文化阐释》(叶舒宪著)、《老子的文化解读》(萧兵、叶舒宪著)、《山海经的文化寻踪——"想象地理学"与东西文化碰触》(叶舒宪、萧兵著)、《庄子的文化解析》(叶舒宪著)、《史记的文化发掘》(王子今著)、《中庸的文化省察：一个字的思想史》(萧兵著)、《说文解字的文化说解》(臧克和著)等。二是新世纪之交，叶舒宪主持出版的《文学人类学论丛》丛书系列，由社科文献出版社出版了《文学与治疗》(叶舒宪主编)、《性别诗学》(叶舒宪主编)、《文化与文本》(叶舒宪主编)、《神话何为》(吕微著)、《神力的语词》(弗莱著，吴持哲译)、《英雄之死与美人迟暮》(孙绍先著)、《中国古代小说的母题与原型》(吴光正著)、《文学与人类学》(叶舒宪著)、《神话与鬼话》(俄　李福清著)等。新世纪之后，四川大学成立了文学与人类学研究所，所长徐建新主持了《文学与人类学论丛》丛书的编写工作，目前正在出版中。

在文学人类学研究领域，方克强、叶舒宪的研究在 20 世纪 90 年代比较引人注目。我们希望通过对这两位学者思想的扫描，庶几可以管窥文学人类学在中国的当代发展。

方克强对文学人类学是这样理解的："站在人类本位的立场上对文学现象作跨文化探究，力求在常识确认的差异性中寻找出其中的同一性与连续性……借用的是人类学(主要指文化人类学与思维人类学，而不是体质人类学)的理论方法及研究成果，故而我称之为文学人类学批评。"[①]从这段话我们可以看出，首先，方克强对人类学的理解，是从人的角度出发，这一"人"倾向表明其文化内涵。正是基于此，他才认为，文学与人类学相通，建立在"人学"的意义上。其次，他对文学人类学的理解，更强调其方法性，而不是学科性，是借用人类学理论方法来研究文学现象。这种倾向在其著作中随处可见，且从其代表作的书名也可以得到证实。他把自己 20 世纪 80 年代到 90 年代的论文结集成书，就是《文学人类学批评》，这种命名不见学科建制性，而方法论指向却非常明显。再次，他强调文学人类学的跨文化性。这种跨文化性体现在国与国、民族与民族之间，在其背后存在取消文化中心主义理论基础，这在 90 年代的价值取

---

① 方克强：《文学人类学批评》，上海社会科学院出版社 1992 年版，第 3 页。

向中,值得关注。国与国之间的文化比较,是 90 年代流行的中西文化比较学术倾向的折射,而民族与民族之间的文化比较,在某种程度上开启了对本土汉民族之外民族文化与文学的研究。在方克强看来,文学人类学主要包括两方面内容,即原始主义批评和神话—原型批评。原始主义"可以指人的追怀往古、返璞归真的天性,也可指怀疑文明、回归自然的文化思潮,还可以指用原始来对比和批判现代的文学创作倾向。这多种意指归结为一点,那就是以原始作为价值评判的准绳与理想"①。与原始主义有关的文学现象和作品,即为原始主义文学。而原始主义批评就是对原始主义文学的批评。神话—原型批评的核心概念是"神话"和"原型",它在操作上存在三个环节,其一是神话的概念和批评对象的选择,其二是原型的概念和批评方法的运用,其三是人类集体意识和集体潜意识的概念和批评目标的完成。② 以此为划分基础,他把自己当时发表的论文分成两大类,从原始主义角度解读寻根文学、新文学的中国梦等,从神话—原型批评角度解读《红楼梦》、新时期小说的神话形态等。

叶舒宪的学术发展与方克强有相似之处,同时又有很大不同。相似之处在于,他们都深受神话—原型批评的影响;不同之处在于,叶舒宪的学科意识更强。叶舒宪早年整理翻译了《神话—原型批评》一书,这本书的出现以方法论热为背景,但很显然,他对文学人类学的理解,是将其视为一门学科而不是一种方法。他曾多次指出,文学人类学是一门边缘交叉学科③。并且,叶对这门学科的理解,是从比较文学、民族文学的视角切入的。他曾说过:"如果从合并的逻辑上推测,比较文学加上世界文学,不就是人类的文学或'文学人类学'吗?笔者倾向于将比较文学看成各个民族国家从隔绝封闭时代走向开放交流时代的文学研究之大趋势;同时把这一趋势的前瞻景象描述为一种文学人类学。"④从这一定位可以知道,他对文学人类学的理解,除神话—原型批评的知识背景外,还有对跨文化研究知识的吸收。叶舒宪还提出了"三重证据法"和"四重证据法"。

① 方克强:《文学人类学批评》,上海社会科学院出版社 1992 年版,第 10 页。
② 同上,第 11—12 页。
③ 叶舒宪:《文化对话与文学人类学的可能性》,载《北京大学学报》1996 年第 3 期;叶舒宪:《文学人类学的现状与未来》,载《荆州师范学院学报》2001 年第 6 期;叶舒宪:《文学人类学:一个跨学科的研究领域》,载《郑州大学学报》2003 年第 6 期;叶舒宪:《文学人类学及其在中国的发展》,见高建平:《当代中国文艺理论研究》,中国社会科学出版社 2011 年版,第 229 页;等。
④ 叶舒宪:《文学人类学及其在中国的发展》,见高建平:《当代中国文艺理论研究》,中国社会科学出版社 2011 年版,第 224 页。

在 20 世纪 90 年代,他提出了"三重证据法"。在他看来,传统国学重考据,因此以文献为证,此为"一重证据",王国维提出以地下发掘的考古材料为证,可视之为"二重证据",郭沫若、闻一多、李玄伯、卫聚贤等人以民俗、神话、图腾理论等为证解读古代文学和典籍,新时期以来的文学人类学继承这一传统,可视为对"三重证据法"的发扬光大。① 这种方法从闻一多时起,就备受争议。但叶舒宪对此非常乐观,他热情洋溢地称赞道:"就其方法论意义而言,就在于将民俗和神话材料提高到足以同经史文献和地下材料并重的高度,获得三重论证的考据学新格局。"②新世纪之后,叶舒宪实现了自我突破,再次提出了"四重证据法"。用最简单的话来说,它是指"出土或传世的古代文物及图像资料",借助它,"探究失落的文化信息,以期获得直观性的立体释古效果"③。新世纪之后他的著作,如《熊图腾》《神话意象》就是运用"四重证据法"的实例。"三重证据法",其背后的立论基础是神话原型批评,"四重证据法",其背后的理论语境是世纪末的图像转向。从这两种证据法的提出,我们既能够看到时代对叶舒宪的影响,同时也能够看到他在发展中对文学人类学的坚持。

　　文学人类学在国内最初出现的语境是方法论热,它首先被视为一种方法,一种审视文学问题的新视角。因此,神话—原型批评方法是其立论的重要基础和来源。这从叶舒宪、方克强都深受该方法影响可看出。然而,从一种方法进入学科建设,这种延展关系需要得到清晰揭示,换句话说,二者之间的关系需要得到严密的逻辑论证。到目前为止,这一问题还有待进一步澄清。学者傅道彬的质疑非常有针对性:"我们所说的文学人类学,究竟是一种批评方法,还是一个新的学科? 如果它是一个新的学科,它到底是属于文学,还是属于人类学?"④其次,文学与人类学,是两门有着极大差异的学科,前者重文本,后者重实证,即田野调查,叶舒宪曾经在文章中指出,文学人类学,存在于文本与田野之间⑤,如何从田野到文本,即现实考察的证据如何进入虚构文本,二者之间的张力如何有效解决,这其实都是问题。

① 叶舒宪:《文学人类学研究的方法与实践》下,载《中文自学指导》1996 年第 5 期。
② 叶舒宪:《人类学"三重证据法"与考据学的更新》,载《书城》1994 年第 1 期。
③ 叶舒宪:《文学人类学的中国化过程和四重证据法》,载《社会科学战线》2010 年第 6 期。
④ 傅道彬:《文学人类学:一门学科,还是一种方法?》,载《文艺研究》1997 年第 1 期。
⑤ 叶舒宪:《文学人类学:田野与文本之间》,载《文艺研究》1997 年第 1 期。

二、艺术人类学发展状况扫描

艺术人类学与接下来我们要讨论的狭义审美人类学之间的交叉重叠现象，要比它们与文学人类学之间的更多。因为根据知识传统，美学的主要研究对象就是艺术。但我们把二者分开来论述，主要是因为，目前国内相关研究的学者，各自坚持自己的名称表述，即有的学者将之称为艺术人类学，有的学者将之称为审美人类学，这种表述一定程度上标示了他们对该学科存在不同理解，其次还因为，目前国内称作艺术人类学和审美人类学的两门学科各自研究重心也存在或多或少的差异。因此，将其分开论述，存在一定合理性。

艺术人类学在中国的滥觞，根据相关学者的梳理，可以追溯到 20 世纪初的蔡元培。1918 年，蔡元培曾经根据西方人类学资料，撰写了《美术的起源》。1929 年，凌纯声调查松花江流域赫哲族的风俗人情，从而写成了《东北松花江下游的赫哲族》，其中详细介绍了赫哲族歌舞器乐等艺术活动。他另外的几部著作《湘西苗族调查报告》《中国边疆民族与环太平洋文化》《畲民图腾文化研究》也对民间艺术有所关注。1937 年，岑家梧在借鉴西方原始图腾艺术研究成果和研究视角的基础上，写作《图腾艺术史》，归纳了中国古典文献中与图腾有关的巫风傩俗，他的《史前艺术史》《中国艺术论集》等被视为人类学家研究初民艺术形态的典范之作，林惠祥的《文化人类学》一书中也辟专章介绍原始艺术。[1] 但对艺术人类学展开规模研究，则是在 20 世纪 90 年代之后。

从学科建设上来看，1995 年，复旦大学开始开设艺术人类学本科课程，1998 年，招收该专业硕士研究生。新世纪之后，复旦大学成立了我国第一个艺术人类学博士点，设有艺术人类学理论与实践、视觉人类学、音乐人类学等方向。中国艺术研究院和复旦大学都成立了艺术人类学研究中心。云南大学、中央民族大学、华东师范大学等学校也相继开设相关专业，培养研究生。1999 年，中国艺术人类学研究会成立。2006 年，中国艺术人类学学会成立。

从著作情况来看，1992 年，易中天的《艺术人类学》出版[2]，这是新时期中国

---

[1] 王建民：《中国民族学史》，云南教育出版社 1997 年版；洪颖：《中国艺术人类学研究述评》，载《学术界》2006 年第 6 期。

[2] 易中天：《艺术人类学》，上海文艺出版社 1992 年版。

学者最早以艺术人类学为名的专著。该书由两部分组成,即发生机制和原始形态。发生机制部分从走出自然界、人的确证、图腾原则、原始冲动、实践思维、理性精神等角度探索艺术的原始发生。原始形态则从工艺、建筑、雕塑、舞蹈、绘画、诗歌、音乐等多种现代艺术形式维度回溯性反观艺术的初级性状。如果不以命名为标准,那么新时期最早的艺术人类学著作是朱狄出版于 1982 年的《艺术的起源》①,在这本书里,朱狄表达了这样的观点,即艺术的起源以人类的起源为前提,若想讨论艺术的起源问题,一定要借助考古学和人类学的知识与成果。他列举了大量艺术哲学家和人类学家对艺术起源的观点,引用了大量考古学和人类学资料,详细论述了艺术起源的多种解释、原始艺术的类型等。与易中天的《艺术人类学》差不多同时出版的郑元者的《图腾美学与现代人类》②,是在其硕士论文基础上修改而成的艺术人类学著作。该书以图腾美学为研究对象,具体包括图腾美、图腾的审美经验、图腾艺术和图腾的原始美育等四个部分。在这本书里,郑元者既指出研究图腾美学的价值和意义,同时还指出,这方面的研究,除了借用美学知识外,还需要借助古人类学、文化人类学、民族志、考古学、民俗学等学科的思维方法和材料。这种建议和实践本身就是艺术与人类学的交叉合作。在这些先行者的引领下,艺术人类学著作在 20 世纪 90 年代之后仿佛雨后春笋般出现。如郑元者、胡樱的《崇高之始——中国图腾文化》③,郑元者的《艺术之根:艺术起源学引论》④,刘其伟的《艺术人类学》⑤,王建民的《艺术人类学新论》⑥,王胜华、卞佳的《艺术人类学》⑦,高长江的《艺术人类学》⑧,安丽哲的《符号·性别·遗产——苗族服饰的艺术人类学研究》⑨,方李莉、李修建的《艺术人类学》⑩,方李莉的《艺术人类学的本土视野》⑪等。而周星主编的《中国

---

① 朱狄:《艺术的起源》,中国社会科学出版社 1982 年版。
② 郑元者:《图腾美学与现代人类》,学林出版社 1992 年版。
③ 郑元者、胡樱:《崇高之始——中国图腾文化》,沈阳出版社 1997 年版。
④ 郑元者:《艺术之根:艺术起源学引论》,湖南教育出版社 1998 年版。
⑤ 刘其伟:《艺术人类学》,雄狮图书股份有限公司 2005 年版。
⑥ 王建民:《艺术人类学新论》,民族出版社 2008 年版。
⑦ 王胜华、卞佳:《艺术人类学》,云南大学出版社 2010 年版。
⑧ 高长江:《艺术人类学》,中国社会科学出版社 2010 年版。
⑨ 安丽哲:《符号·性别·遗产——苗族服饰的艺术人类学研究》,知识产权出版社 2010 版。
⑩ 方李莉、李修建:《艺术人类学》,三联书店 2013 年版。
⑪ 方李莉:《艺术人类学的本土视野》,中国文联出版社 2014 年版。

艺术人类学基础读本》①则是对近些年学者发表的有关艺术人类学学科构建、研究方法以及专题性研究论文的合集。除此之外,还有一些丛书值得关注:宋耀良主持,上海社会科学院出版社出版的《艺术与人类学丛书》,包括宋耀良的《艺术家生命向力》、叶舒宪的《英雄与太阳》等;何明主持,社科文献出版社出版的《艺术人类学丛书》,包括何明主编的《仪式中的艺术》、洪颖主编的《田野中的艺术》等,目前还在编辑出版之中。再者,中国艺术人类学学会自成立以来,学术活动非常活跃,召开学术会议时都会有非常丰硕的成果结集,到目前为止,结集出版的有《艺术人类学的理论与田野》(上、下)、《艺术活态传承与文化共享》(上、下)、《非物质文化遗产传承与艺术人类学研究》(上、下)、《文化自觉与艺术人类学研究》等。

就总体而言,坚持以艺术人类学为学科名称的学者,其研究主要集中在三个方面,其一,该学科的学理构建与论证;其二,有关艺术发生学的人类学维度讨论;其三,田野调查,即对各少数民族的文化、艺术、习俗的实地考察研究以及门类艺术的人类学研究。在对艺术人类学学科构建的研究中,学者们的着眼点主要集中于人类学与艺术哲学之间沟通的可能性,人类学视野和方法的介入对美学和艺术哲学学科自身更新的价值,新的交叉学科的研究对象、方法、特质、发展历程等。例如,郑元者认为,在西方,人类学与艺术牵手早在 16 世纪就已经出现,但艺术在人类学中的位置在 19 世纪之前并没有得到公允对待,这种状况阻碍了艺术人类学建构和发展的进程。在他看来,西方 19 世纪之后发展的艺术人类学存在很大局限性,主要还是对无文字社会艺术的研究,但到了现代社会,尤其是当代中国艺术人类学的发展,应该有一种全景式视野,发掘一种全景式人类艺术景观图。因此,他对艺术人类学研究对象的规定是"全景式人类艺术景观",学科的目标与使命是"直面人的存在,直面艺术真理和人生真理"②。郑元者还有一个观点值得关注。即在他看来,中国艺术人类学学科建设和理论形态,应该以中国文化和艺术特性为本,在全景式的人类文化和艺术景观中揭示中国文化和艺术的特殊符码。③ 何明对艺术人类学对美学学科发展的价值表

---

① 周星主编:《中国艺术人类学基础读本》,学苑出版社 2011 年版。
② 郑元者:《艺术人类学与知识重构》,载《文汇报》2000 年 2 月 12 日。也见《艺术人类学的生成及其基本含义》,载《广西民族学院学报》2006 年第 4 期。
③ 郑元者:《"本土化的现代性追求:中国艺术人类学导论"述要》,载《文艺研究》2004 年第 4 期。

示关注。他认为，艺术人类学的含义远不是"艺术"和"人类学"的组合，它意味着知识学科视野和操作理念的更新和超越。西方当代美学，放弃了从理性、概念出发演绎抽象理论体系的学术模式，追寻对具体美学和艺术问题的解答。这种思路为人类学走进美学提供了契机。他认为，艺术人类学具有双重历史使命，一方面，它需要建设自身，使之成为独立学科；另一方面，它又要对美学的发展承担责任，起到美学转换视角和超越困境的策略功能。就其学科性质而言，它以美学和艺术哲学为潜在理论资源，以人类学的田野实证为具体途径，[①]在"异文化"和"本文化"、"简单社会"和"复杂社会"等并置中，开展对艺术文化的分析。[②] 王建民指出，艺术人类学诞生 100 多年来存在多次范式转换，每种范式有着不同的关注点。例如，古典进化论范式关注艺术发生学研究，功能主义范式强调艺术在维持社会结构中的功能，20 世纪 80 年代之后的反思范式，侧重点从非西方"小规模社会"中的艺术转移到当代文明社会中的艺术等。在归纳完艺术人类学不同发展范式后，王建民提出，当代艺术人类学应当在更加宏观的境界对艺术进行研究，从传统文化、民间文化的田野工作中挖掘丰富的材料，这是中国艺术人类学发展的必由之路[③]。

　　艺术发生学方面的研究。早在 1986 年，邓福星出版了他的博士论文《艺术前的艺术——史前艺术研究》[④]，他认为，艺术在形成与发展过程中，存在三种形态，即萌发期艺术、史前艺术和文明人的艺术，第一种属于形成中的艺术，后两种则是广义的艺术，采用这种划分方式，邓福星是有其目的的。在他看来，当前对艺术起源的理解，主要还是从史前艺术开始，忽略了萌芽期正在形成中的艺术。而对艺术的讨论，应该从萌芽期开始，它"是艺术发生的最基本的起点"[⑤]。这本书最大的贡献在于，它以大量考古文献为依据，较早地论证了艺术的起源与人类起源同步。郑元者在 20 世纪 90 年代末发表了一系列有关艺术起源方面的论文，并且将其博士论文修改后出版，即《艺术之根：艺术起源学引论》一书。在这些著述中，他指出，"起源"与"根源"不同，后者是本体论范畴，但起源则具有两方面含义，其一是指"开端"，就是事物出现的初始状态或最早时间，其

① 何明、吴晓：《艺术人类学的学科基础及其特质》，载《学术探索》2005 年第 3 期。
② 何明：《学术范式的转换与艺术人类学的学科建构》，载《学术月刊》2006 年第 12 期。
③ 王建民：《艺术人类理论范式的转换》，载《民族艺术》2007 年第 1 期。
④ 邓福星：《艺术前的艺术——史前艺术研究》，山东文艺出版社 1986 年版。
⑤ 同上，第 4 页。

二是指导致该事物发生的"动机"或"起因"。在他看来,艺术起源问题从逻辑上来说包括三个问题环:艺术何时(When)发生？艺术如何(How)发生？艺术何以(Why)发生？对艺术起源的解释,不能只偏重于其中某一个方面,而应该回到这三个问题,如此才能够获得对这一问题较为全面的解释。以此为立足点,他提出艺术起源的"图腾观念特化"理论假说。他认为,史前人类对图腾存在"依赖",这种依赖是自我灵性的体化物,反映了人在幻想的现实性中对自身存在的某种最初的、始基性的自觉,史前艺术作品的"先兆",是这些自觉的形象化写照。[1] 而他又认为,艺术的起源不是单数,而应该是复数的,因此,图腾观念特化原理也包含着多重内指,它们构成一个历史序列,即原初性图腾观念—巫术观念—灵魂观念—精灵观念与万物有灵观念—人的自我神化观念等。这些观念形成一个巨大的动力系统,是艺术发生的历史脉络。

田野调查与门类艺术人类学研究。人类学的基本研究方法是田野调查。艺术研究,参与人类学因子后,走向田野、注重实践就变成了一种重要的研究范式。在这方面,到目前为止成果众多。例如,方李莉的《陕北人的窑洞生活:历史、传承与变迁》[2]《安塞的剪纸和农民画》[3]《传统在现代化中的重构——景德镇田野札记》[4]等、曾澜的博士论文《地方记忆与身份呈现——江西傩艺人身份问题的艺术人类学考察》[5]、范秀娟的《少数民族民歌研究的艺术人类学意义》[6]、刘焱的《对藏族唐卡的艺术人类学阐释》[7]等。这些都是研究者深入当地调查,根据实际情况提出的问题与思考。如曾澜的博士论文,就是对江西傩艺人的实地考察,考察他们身份的转变以及这种转变与地方记忆之间匹配关系的质变等。在门类艺术人类学中,音乐人类学的成就最为突出。20世纪80年代,民族音乐的提法开始出现,2000年左右,音乐人类学的提法已经出现。2001年,萧梅的《田野的回声——音乐人类学笔记》[8]出版,此后,管建华的《音乐人类

① 郑元者:《艺术之根:艺术起源学引论》,湖南教育出版社1998年版,第88页。
② 方李莉:《陕北人的窑洞生活:历史、传承与变迁》,载《广西民族学院学报》2003年第2期。
③ 方李莉:《安塞的剪纸和农民画》,《文艺研究》2003年第3期。
④ 方李莉:《传统在现代化中的重构——景德镇田野札记》,载《装饰》2008年S1期。
⑤ 曾澜:《地方记忆与身份呈现——江西傩艺人身份问题的艺术人类学考察》,复旦大学出版社2012年版。
⑥ 范秀娟:《少数民族民歌研究的艺术人类学意义》,载《杭州师范学院学报》2006年第6期。
⑦ 刘焱:《对藏族唐卡的艺术人类学阐释》,载《康定民族师范高等专科学校学报》2009年第1期。
⑧ 萧梅:《田野的回声——音乐人类学笔记》,厦门大学出版社2001年版。

学导引》①及其编译的《音乐人类学的视界》②、洛秦编的《音乐人类学的理论与方法导论》③等也先后出版。除音乐人类外，其他门类艺术的人类学研究也在逐渐开展起来，如，马也的《戏剧人类学论稿》④、王胜华的《戏剧人类学》⑤、李永祥的《舞蹈人类学视野中的彝族烟盒舞》⑥、王昕的《综合与反思——舞蹈人类学理论方法探研》⑦等。在众多门类艺术人类学的研究中，方李莉的《中国陶瓷史》⑧有着良好的学术反响。在这本书的开篇，作者就指出，从艺术人类学视角写作工艺美术史和理论，是她多年的夙愿。而陶瓷工艺是她非常熟悉的领域，因而她选择从这里开始她的探索。在这本书里，作者非常重视艺术人类学的整体研究法，即强调在研究艺术的过程中，重视艺术产生、制作的文化语境、社会关系、社会语境等因素，反对把艺术看作孤立于文化、社会的东西。作者还借鉴了古典人类学传播学派的思想，考察瓷器在中国独立发明之后，在全世界的传播过程。这本书题记中的第一句话就是："这是一部以艺术人类学的视角和全球性的学术眼光完成的《中国陶瓷史》。"⑨正因为这样，有论者指出，"方李莉新的《中国陶瓷史》在研究视角和方法方面都对前面的陶瓷史来说是个突破"⑩。

三、审美人类学研究状况扫描

正如前文提到的，我们接下来要讨论的审美人类学，主要是指以美学学科的拓展为研究指归的新兴交叉学科，也可以称其为人类学美学。这一学科的发展早在 20 世纪 70 年代末 80 年代初就展露端倪。李泽厚在《批判哲学的批判》中，提出了"人类学本体论"哲学。在《美学四讲》里，他又明确提出"人类学本体

① 管建华：《音乐人类学导引》，陕西师范大学出版社 2006 年版。
② 管建华：《音乐人类学的视界》，南京师范大学出版社 2004 年版。
③ 洛秦：《音乐人类学的理论与方法导论》，上海音乐学院出版社 2011 年版。
④ 马也：《戏剧人类学论稿》，文化艺术出版社 1993 年版。
⑤ 王胜华：《戏剧人类学》，云南大学出版社 2013 年版。
⑥ 李永祥：《舞蹈人类学视野中的彝族烟盒舞》，云南民族出版社 2009 年版。
⑦ 王昕：《综合与反思——舞蹈人类学理论方法探研》，世界图书出版公司 2014 年版。
⑧ 方李莉：《中国陶瓷史》，齐鲁书社 2013 年版。
⑨ 同上，"题记"。
⑩ 安丽哲：《全球化下的学科融合与新历史观——方李莉〈中国陶瓷史〉研讨会综述》，载《南京艺术学院学报》2014 年第 5 期。

论美学"。李提出的"人类学"观念,针对的是两种现象,一种是西方哲学人类学,在他看来,它们的弊端在于脱离具体历史社会语境,或者存在纯生物学的取向,一种是过往对马克思主义美学的研究,这种研究主要在艺术的外围打转,只是关注作为上层建筑的艺术与社会、生活、政治等的关系,忽视人的主体性。因此,他提出"人类学本体论的美学"。这种美学强调主体的社会实践,关注主体在社会实践过程中的心理本体建设,关注人类命运。李泽厚曾指出,人类学本体论的美学与主体实践美学同义,如果是这样,那么所谓的人类学本体论美学,就是他的实践美学观。李泽厚对人类学美学的理解,与后来学者们对这一学科的构建、讨论存在一定差异,因为 90 年代之后,无论是本土美学发展,还是世界性的美学图景,都发生了深刻变化。但李泽厚从人类学立场来解释美学问题,重新解读马克思主义,无疑给后来者以很大启发,对马克思著作中人类学美学思想的开掘,也是 90 年代之后审美人类学领域的学者们突出的努力方向。

李泽厚提出这一观念后,一些学者开始尝试从此角度来解释美学基础理论、美学史以及马克思主义美学等。如宋伟的《审美之谜的人类学本质》①、尤西林的《审美的无限境界及其人类学本体论涵义》②、彭富春的《当代西方美学的人类学转向》③、邵建的《从人类学本体论角度论马克思主义文艺美学的建设问题》④、赖大仁的《马克思人类学美学思想略论》⑤以及潘知常的《人类学美学札记》系列论文等。审美人类学真正的繁荣,是自 20 世纪 90 年代末开始的。那个时候,中国美学发展的历史语境已经发生了深刻变化,审美人类学除了延续此前话题和思考外,更重要的是填充进了新的内容。从著作方面来看,有汤龙发的《审美人类学——环境与人的审美创造》⑥、覃德清的《审美人类学的理论与实践》⑦、王杰的《审美幻象与审美人类学》⑧、户晓辉的《中国人审美心理的发生

---

① 宋伟:《审美之谜的人类学本质》,载《锦州师范学院学报》1986 年第 2 期。
② 尤西林:《审美的无限境界及其人类学本体论涵义》,载《当代文艺思潮》1987 年第 3 期。
③ 彭富春:《当代西方美学的人类学转向》,载《中国社会科学院研究生院学报》1987 年第 2 期。
④ 邵建:《从人类学本体论角度论马克思主义文艺美学的建设问题》,载《文艺争鸣》1992 年第 2 期。
⑤ 赖大仁:《马克思人类学美学思想略论》,载《青海社会科学》1992 年第 1 期。
⑥ 汤龙发:《审美人类学——环境与人的审美创造》,广西师范大学出版社 1996 年版。
⑦ 覃德清:《审美人类学的理论与实践》,中国社会科学出版社 2002 年版。
⑧ 王杰:《审美幻象与审美人类学》,广西师范大学出版社 2002 年版。

学研究》①、覃守达的《审美人类学概论》②、傅其林的《审美意识形态的人类学阐释》③、向丽的《审美制度问题研究》④等。除此之外，还要特别提到的是《审美人类学丛书》系列，这套丛书由广西师范大学出版社出版，主编和副主编分别为王杰和覃德清，研究队伍主要由广西师范大学文学院文艺学教研室的教师及其研究生构成。到目前为止，已经出版《寻找母亲的仪式》《神圣而素朴的美》《天人和谐与人文重建》《民族区域文化的审美人类学批评》《自然美的审美人类学研究》《审美人格的批判与重构》《审美人类学与区域文化建设》《审美人类学视野中的民歌文化》《黑衣壮神话研究》《席勒的审美人类学思想》等 10 余本著作，在学界产生强烈反响。除此之外，在学术期刊方面，广西师范大学中文系主办的《东方丛刊》于 2001 年和 2003 年分别开设了"审美人类学"专栏。王杰主编的《马克思主义美学研究》也专设有审美人类学研究栏目。其他则散见于《文艺研究》《民族艺术》《广西民族研究》等刊物上。

　　至于审美人类学研究的具体状况，与文学人类学、艺术人类学相类似，很多学者对这门学科的基本问题，如学科成立的可能性、研究对象、理论旨趣、价值和意义等都作了非常有意义的探讨。如户晓辉在《审美人类学如何可能》一文中指出，传统美学，无论是西方还是中国，表面上从普适性角度来构建美学体系，但其背后都有其民族限定性，因而都有其局限性。审美人类学是以对传统美学的反思为基本特征和出发点的。它是一种生活世界的美学，同时也是一种经验研究的美学。这种生活性体现在它不是对博物馆艺术的研究，而是对人类生活的具体而又现实的情境的研究。它的经验性在于，它不是从抽象的先验哲学体系出发，而是从经验中归纳出的一种知识化美学。⑤ 户晓辉的这些理解，受到了迪萨纳亚克的影响。他曾经翻译了后者的著作《审美的人》。向丽认为，从严格意义上来说，审美人类学是一门新兴学科，兴起于 20 世纪 70 年代的西方，名称除审美人类学外，也有称之为人类学美学、美学人类学等。这门学科把对美和艺术的考察重点集中在特定的审美感知和活动得以形成的社会文化机制之中，亦即讨论人们在关于"什么是美""如何审美"等方面的观念是如何构建和

① 户晓辉：《中国人审美心理的发生学研究》，中国社会科学出版社 2003 年版。
② 覃守达：《审美人类学概论》，广西民族出版社 2007 年版。
③ 傅其林：《审美意识形态的人类学阐释》，巴蜀书社 2008 年版。
④ 向丽：《审美制度问题研究》，中国社会科学出版社 2010 年版。
⑤ 户晓辉：《审美人类学如何可能》，载《广西民族学院学报》2004 年第 5 期。

规范的。覃德清通过大量引证文献指出,蔡元培当年提出"以美育代宗教"的口号,就暗含了人类学与美学之间的相通,对宗教的研究是人类学的重要内容,美育和人类学在塑造和提升人的审美情感上存在契合点。而西方 100 多年来在审美人类学方面的探索,如马林诺夫斯基、博厄斯、本尼迪克特、列维-斯特劳斯等人类学巨擘也为当代这一学科的建设打下坚实基础,使美学人类学的学科轮廓愈加清晰。审美人类学将以人类学的理性精神,以科学意识和民间视角,补正经济至上、进步理念和繁荣梦想等现代性价值取向。这是该学科的逻辑起点。[①] 从学者们的观点可以看出,他们对这一学科的构建历史、研究旨趣与价值诉求等,虽然略有差异,但总体取向还是具有一致性的,即主要关注传统美学学科的局限性,试图用人类学方法和研究来补正。

在审美人类学的学科建设中,王杰是其中最有代表性的学者。自 20 世纪 90 年代以来,他一直在从事相关研究,为学科设计作出了很大贡献。我们接下来将从对他的研究入手,来考察这一学科在建设方面的一些突出表现。从实践操作层面来看,1998 年 4 月,王杰带领广西师范大学中文系教师申请了广西壮族自治区教育厅项目"审美人类学系列研究",并获得立项,这意味着"立足于广西各族群的社会文化实际传承形态,开展实地调查和研究,构筑适应 21 世纪学术发展趋势的审美人类学研究新范式"[②]的出现。在他主导下,10 余年间,这一团队编选和撰写了《审美人类学丛书》系列,在《马克思主义美学研究》《东方丛刊》《广西师范大学学报》《柳州师专学报》等刊物上开辟专栏,研究审美人类学基本问题和壮族特有的民俗艺术生态,其中关于漓江流域的审美习俗、黑衣壮、南宁国际民歌艺术节等富有地域特色的文化资源的人类学研究尤为引人注目。从学科的理论建设层面来看,王杰的研究主要体现在两个方面,这两个方面同时也是审美人类学发展中比较突出的两个面向:

其一,是对马克思主义审美人类学思想的开掘。王杰认为,虽然马克思主义与人类学从学科传统、研究思路到方法论基础都存在很大差异,但马克思主义美学又是一种人类学美学,从创始人马克思、恩格斯开始,一直到普列汉诺夫、卢卡奇、本雅明、雷蒙·威廉斯等,都大量运用文化人类学材料。与之相应,

---

① 覃德清:《审美人类学的理论与实践》,中国社会科学出版社 2002 年版,第二章。
② 覃德清:《中国审美人类学研究的回顾与反思》,载《柳州师专学报》2008 年第 2 期。

人类学家们,如列维-斯特劳斯、怀特等人也深受马克思主义影响。这些现象表明,二者之间存在沟通可能。他指出,马克思的人类学美学的主要观点可以从三个方面来理解,即马克思关于人的身体与审美需要之间的关系,古希腊神话永恒魅力问题以及审美活动与历史进步之间的关系。① 在王杰之前,汤龙发也在其《审美人类学》一书中对马克思的人类学美学思想进行过阐发,在那本书里,作者的立论基础是马克思《1844年经济学哲学手稿》中的思想,但就整体框架来看,作者还是尽量以人类学传统研究领域为基本考察点,以人类的审美建造活动为论述中心。王杰的马克思人类学美学研究,与其有着很大不同。首先,他更多是从理论维度探讨从人类学视角理解马克思主义美学的可能性、合理性及马克思人类学美学思想的基本内容等。其次,王杰非常注意马克思主义人类学美学思想中审美幻象、审美与意识形态、权力等之间关系的阐发,这种思路受到西方马克思主义美学家阿尔都塞、伊格尔顿、法兰克福学派等的影响。"审美幻象"是王杰在90年代攻读博士时提出的一个概念。在他看来,"审美幻象是一种意识形态的情感性话语实践"②,是"人类掌握世界的一种基本方式",是"个体与环境相互沟通、与群体相互交流的必要媒介"③。对审美幻象的理解,最初王杰是从意识形态维度来审视的,但随着研究的深入,他逐渐发现,这一概念与人类学之间有着密切联系。因为想象和幻象是人类的基本能力,对它们的解释,需要用人类学方法,从人的本性、人性的依据等维度来阐发。这种受伊瑟尔启发的思想,就使他早期的马克思主义美学研究、马克思人类学思想研究与90年代末的审美人类学研究勾连起来。

其二,是关于广西壮族自治区民俗文化的田野调查研究。冯宪光、傅其林在总结审美人类学当代发展时说道:"以王杰等为代表的广西师范大学学者形成的审美人类学研究群体在国内开创了另一种途径。这就是侧重于民族审美文化的审美人类学研究,这是一种侧重于人类学的美学研究。这就接近于目前国外人类学家的审美人类学研究,体现出审美人类学的跨国际整合的姿态,具有独特的价值。"④这种评价是非常中肯的。因为王杰等人的研究,出发点是超

---

① 王杰:《审美幻象与审美人类学》,广西师范大学出版社2002年版,"马克思的审美人类学思想"一节。

② 王杰:《审美幻象研究——现代美学导论》,广西师范大学出版社1995年版,第20页。

③ 同上,第4页。

④ 冯宪光、傅其林:《审美人类学的形成及其在中国的现状与出路》,载《广西民族学院学报》2004年第5期。

越传统美学自上而下的思路,为本学科寻找新的生长点,所以选择的方法是自下而上的、注重民族审美文化的人类学方法,因此,他们在这一学科建设过程中,探索出一条卓有成效的道路。自 1998 年以来,王杰等学者调查了漓江流域、南宁国际民歌艺术节和那坡县黑衣壮等壮侗民族聚集区的民俗审美文化,取得了一系列成果。在这一过程中,王杰提出了"地方性审美经验"的概念。他曾指出:"地方性审美经验是与文化全球化密切联系的理论范畴。"①段吉方在其研究王杰美学思想的文章中曾对这一概念作过归纳:"'地方性审美经验'是王杰在审美人类学研究中提出的概念,他尝试将少数民族审美文化经验与审美认同问题结合起来,并强调在全球化语境中来自少数民族文化的审美经验的特殊性审美功能,用'地方性审美经验'概括和指称全球化语境下非西方主流文化,特别是少数民族审美文化与经验,在审美维度上的存在方式和存在形态。"②在此基础上,我们希望强调的是,第一,王杰的"地方性审美经验"是以文化全球化为对照范畴的概念,因此,在这一观念中,包含了与"全球"相对应的"地方"含义,这一"地方"因此具有本土性的含义。从这一点来看,地方性审美经验与此前他所主张的中国审美经验存在一脉相承的理论关联。第二,这一"地方性审美经验",又是针对中国本土现实语境而言的。中国是一个多民族国家,除汉族外,其他各民族也有着丰富的审美文化和独属的审美经验。因此,王杰所言的地方性审美经验,其实又是与其中国审美经验相对的一个概念。如果相对于全球化,中国审美经验被视为一个具有同一性的整体的话,那么,地方性审美经验恰恰关注的是中国审美经验内部的异质性。王杰所试图构建的审美人类学,其关注点应该是在这里。第三,审美经验是一个心理学概念,它的特点是个体性和特殊性突出,不同的民族、地域、时代和个人,会有完全不同的审美经验。同时审美经验又往往不是抽象的,而是与具体的民族、地域、时代、个人的生活、文化相联系的,因此,把审美经验视作连接点,很容易有效地把抽象、思辨的美学观念与考察的民族、个体的具体生活联系在一起。也许正是因为这一点,王杰所代表的审美人类学的学科建设才能够产生如此良好的反响。

---

① 王杰:《地方性审美经验中的认同危机》,载《文艺研究》2010 年第 9 期。
② 段吉方:《投向现实的审美情怀——王杰美学研究的理论、方法与问题》,载《江西社会科学》2011 年第 5 期。

第十章

中国古典美学研究的
兴起和发展

20 世纪中国古典美学研究真正兴起于 80 年代,因此本章的讨论对象是这一时期促进古典美学研究兴起的若干因素,并重点分析王国维研究、宗白华研究在这一时期的历史意义。

第一节　20世纪中国古典美学研究兴起的动因及实践

"美学"并非是一门中国本土学科,在中国古代并没有现代意义上的"美学"一词。众所周知,美学是德国学者鲍姆加登在18世纪后期主张建立的一门以理性的方式研究感性的学问。对于这门学问,日本学者以"美学"二字翻译之,20世纪初中国留日学生又将这个词从日本引入国内,自此这一新兴学科才在中国理论界正式落户。而任何一门学科的形成、发展都不是一蹴而就的,这一学科在西方已经有了较为完备的学科建制,但面对中国崭新的文化环境,则必须寻找其能够赖以扎根的文化土壤,因此对中国古代艺术资源的重新反思和审视便是其必须选择的途径。在某种意义上,可以说美学在中国的落户过程也是中国古典美学资源再发现的过程。

一、学科化与文化寻根

古典美学研究是美学学科在中国"学科化"的结果,研究者为了增强学科意识而自觉地寻找中国古典资源。在这一过程中,美学这一新兴学科需要必要的本土资源来进行文化的合法性建构,同时中国古代的艺术思想也借以寻找到了彰显自身的途径,这两者实现了充分的良性互动。伴随对中国古代艺术思想的"回头看",20世纪80年代之后,各种古代美学史的研究成果逐渐涌现,并蔚为大观,"比兴""风骨""意象""意境"等中国传统艺术概念逐渐被以"美学范畴"视之,并焕发生机。这里需要澄清一个事实,其实在80年代之前很多研究者出于各种考虑,往往过分强调"美学的中国属性",而将之视为中国本来就有的一门学科,其中较具代表性的人物是朱光潜,1961年,他曾在《文艺报》上发表《整理我们的美学遗产,应该做些什么》一文,文中写道:"认为美学是一种新科学,我们自己仿佛还没有,必须由外国搬过来的看法是不正确的……认为我们自己没有美学未免是'数典忘祖'了。"①这一说法当然要考虑到当时意识形态因素的影

---

① 朱光潜:《整理我们的美学遗产,应该做些什么》,载《文艺报》1961年第7期。

响,其基本立足点是认为中国有上千年的文艺创作实践,这一过程便形成了丰富的文艺理论和美学思想,可以说这种美学民族化的良苦用心自然是应当给予肯定的,但朱光潜忽略了这样一个事实:之所以要整理"美学遗产",钩沉"美学思想",建构"中国美学",其理论前提恰是用"美学"这一既成框架和体系来审视中国艺术思想。相形之下,与朱光潜同时的宗白华则略显平和,其基本立足点也与前者存在差异,他并未在美学是中国的还是西方的这一问题上过于纠结,而是在强调中西美学差异性的同时,突出中国古典美学的理论资源,他认为:"中国古代的文论、画论、乐论里,有丰富的美学思想资料,一些文人笔记和艺人的心得,虽则片言只语,也偶然可以发现精深的美学见解。"①其与朱光潜的明显不同是,他并未决然地割裂西方美学体系来谈中国美学,对此有学者指出这种"中国与西方二元对立的图景,实际上仍是以西方为一极,以非西方为另一极的思维模式的体现"②。以西方既有的美学角度观照中国古典美学,进而追求对话的可能,或显现自身的独立性,或彰显两者的相似性,虽然有陷入二元对立模式的嫌疑,但毕竟在学科建构角度上潜在地承认了先有美学,然后才有"中国古典美学"这样的事实。

可以说,随着国内研究者研究的不断深入,到了 20 世纪 80 年代基本上已经没有学者武断地将中国古典美学研究与西方美学学科划清界限了,这在某种程度上是沿着宗白华的理论思路而发展的。事实上,80 年代以后的众多美学研究者如李泽厚、刘纲纪、叶朗、于民、敏泽、皮朝纲等人都试图将这一问题推向更为纵深的层面,即不再追问美学是西方的还是中国的这样已经形成共识的问题,而是在"美学"的基本框架下,努力探索中国美学的特殊性,在他们看来这才是更具挑战性的任务,比如叶朗在承认"美学是一门理论学科。它并不属于形象思维,而是属于逻辑思维"③的同时,指出:"中国古典美学有自己的独特范畴和体系。西方美学不能包括中国美学。不能把中国美学看作是西方美学的一个分支,或一种点缀。更不能把中国美学看作是西方美学某个流派的一个例证,或一种诠释。应该尊重中国美学的特殊性,对中国古典美学进行独立的系

---

① 宗白华著,林同华编:《宗白华全集》第 4 卷,安徽教育出版社 1994 年版,第 775 页。
② 高建平:《全球化与中国艺术》,山东教育出版社 2009 年版,第 32—33 页。
③ 叶朗:《中国美学史大纲》,上海人民出版社 1985 年版,第 4 页。

统的研究。"①诚然,这里所提到的"独立的系统的研究"是带有一定的臆想性质的,试图不以西方的概念体系来生硬地框定中国古代艺术思想,其基本立足点与前述宗白华的倾向如出一辙。因此,80 年代以后美学的"学科化"努力愈发明显,自觉地寻找中国美学的"特殊性"在某种意义上便是在建构中国特色的美学体系,然而既然称中国美学存在"特殊性",便是潜在地承认了西方美学体系的普泛性影响,在这一过程中,古典美学研究一方面是学科建设的需要,另一方面亦应看到在其背后存在的彰显民族文化自信的策略性诉求。正是基于此,20 世纪 80 年代以后中国古典美学研究开始迎来真正的春天。

在谈完"学科化"对古典美学研究的学理性诉求之后,我们还应看到 80 年代中期以来中国文艺界的寻根思潮对古典美学研究兴起的促进性作用。所谓"寻根",实际是在启蒙和现代性相互交织的语境下产生的,五四运动以来精英阶层的启蒙意识在这一时期以一种另类的方式体现了出来,启蒙的手段不再是西方的科学和民主,而是中国传统文化中的有益资源。所以,在某种程度上可以说,80 年代中期的文化寻根思潮并不单单是就古代研究古代的理论自觉,而是一种基于启蒙现代性基础上的文化钩沉。因此若从这一角度来重新审视文化寻根以及在这一背景下展开的古典美学研究,便会发现美学领域亦进行着殊途同归的探索和尝试,这可能是潜存在古典美学研究幕后的深层文化动因。叶舒宪说:"文化寻根是一场再认识运动。其主旨可以从人类学的角度概括如下:在后殖民语境下,如何重新审视长久以来在西方主流的霸权话语压制下的被边缘化和卑微化的事物之真相,重新发现各种本土性、地方性知识的特有价值。"②诚然,我们对"文化寻根"的认识以往可能仅限于文学层面,寻根文学无疑是当代文学史中需要浓墨重彩的一笔,韩少功 1985 年在《文学的"根"》③一文中指出我们应该努力追寻"深植于民族传统文化土壤"中的"文学之根",故此,民族传统文化便被视为一种带有本土性和反殖民性的资源进入了当时的文学领域。如果说韩少功、王安忆、张承志等文人在努力寻找"文学之根"的话,那么当时的众多美学研究者则试图从学术角度探求"美学之根",可以说,无论在创作实践层面还是在理论层面,他们都将寻根之源归结为中国传统文化。

---

① 叶朗:《中国美学史大纲》,上海人民出版社 1985 年版,第 2 页。
② 叶舒宪:《文化寻根的学术意义与思想意义》,载《文艺理论与批评》2003 年第 6 期。
③ 韩少功:《文学的"根"》,载《作家》1985 年第 4 期。

　　若以本尼迪克特·安德森《想象的共同体》一书的观点考察之,便会发现 1980 年代中期的文化寻根实际上是一种营构"民族国家"的尝试,而这一可行的途径便是对传统艺术思想的"现代重塑",对于中国古代艺术思想来说,已经在中国理论界逐渐扎根且初具雏形的"美学"当然是最佳的表现途径。因此,中国古代艺术思想便在启蒙、现代性、寻根等多重视角的契合下开始了"现代重塑"的旅程。这种"现代重塑"一方面符合文化寻根的基本思路,另一方面也很好地处理了美学的西学性质与本土资源的相互关系。可以说,对传统艺术思想的"现代重塑"不仅最大限度地发掘了中国美学的特殊性,而且也是在当时普遍的"西化"语境下探索"民族国家"未来美学走向的另一种可能的知识实践。除此之外,需要说明的是"文化寻根"不仅仅是一种单纯的基于启蒙基础上的外在诉求,在当时的美学研究领域亦存在或隐或显的内在渴望。李泽厚 1979 年出版了《批判哲学的批判》一书,书中他在以往的"凝冻""沉淀"等概念的基础上第一次提到了著名的"积淀说"。所谓"积淀说"即是探讨"积淀在人们的行为模式、思想方法、情感态度中的文化心理结构"[1]。其理论核心虽是主要探索主体审美心理形成的社会历史性和实践性,但其在客观上毕竟强调了传统文化对于这种审美心理的激发性作用。在其《中国现代思想史论》(1987)一书中,他更强调对传统文化的"转换性的创造","传统"在李泽厚看来是指向现在的文化存在形态,对待它不能重蹈五四时期覆辙,一味地否定批判而全盘西化,我们要做的"不是像五四那样,扔弃传统,而是要使传统作某种转换性的创造"[2]。事实上,李泽厚的这种基于文化传统的现代性向往,在 80 年代中期以后的美学界是存在诸多共识的。叶朗在其 1988 年出版的《现代美学体系》一书中便进一步彰显了这种带有时代性的美学诉求,在他看来,建构现代美学体系的重要原则不仅要将传统美学与当代美学贯通,而且要将东方美学与西方美学融合,这里他尤其强调东方美学当以中国美学为主,"将中国传统美学的一些基本概念和命题……作为建设现代美学体系的重要思想资料"[3]。至此,可以说 1980 年代兴起的古典美学研究潮流除了立足"学科化"基础上的"回头看"之外,还有深层的文化寻根动机,而研究者基于学理层面的对传统文化的向往,也与这种外在的

---

① 李泽厚:《中国现代思想史论》,三联书店 2008 年版,第 40 页。
② 同上。
③ 叶朗:《现代美学体系》,北京大学出版社 1988 年版,第 22 页。

寻根做法相互暗合。所以，如果说学科化是 20 世纪古典美学研究的起因的话，那么 80 年代的文化寻根思潮便充当了催化剂的角色。

二、权力话语及其渗透

下面谈一谈促进 1980 年代古典美学研究兴起、繁盛的另一个重要催化剂。这种繁荣的背后除了"学科化"的内在诉求之外，还必须提到权力话语的参与。从《在延安文艺座谈会上的讲话》之后，不论我们是否承认，受"政治标准"所左右的意识形态因素都潜在地对艺术领域有一定的规约性和指导性，因此在抽象地从学理层面讨论古典美学建设之后，亦应看到权力话语在其中扮演的角色。

毛泽东 1965 年 7 月 21 日在写给陈毅的回信中不仅谈到了后来在文艺界影响深远的"形象思维"的问题，也重点谈到了"比""兴"的问题，并将它们联系在了一起。陈毅写信给毛泽东，希望其对自己所做的五言律诗加以修改，在回信中毛泽东说："诗要用形象思维，不能如散文那样直说，所以比、兴两法是不能不用的……宋人多数不懂诗是要用形象思维的，一反唐人规律，所以味同嚼蜡。要作今诗，则要用形象思维方法，反映阶级斗争与生产斗争。"[1]信中毛泽东又以朱熹《诗集传》中的观点对赋、比、兴作了进一步解释。由于这封信在毛泽东生前没有发表，其影响是在 20 世纪 70 年代末才真正凸显出来的。对此，蔡仪在 1978 年先后写了《诗的比兴和形象思维的逻辑特性》《诗的赋法和形象思维的逻辑特性》两篇文章进行回应，明确指出："关于形象思维要能谈得实际一点，还是想从诗的赋比兴谈起。"[2]很明显，这两篇文章主要的讨论对象应该是"形象思维的逻辑特征"，文中运用了很多形式逻辑的方法对形象思维进行了解读，其主要考察对象并不是赋、比、兴等纯粹古代的艺术思想，它们充其量也只不过是解读形象思维的一个例证或注脚，但不可否认，这在客观上毕竟起到了为古典艺术思想张目的效果。进入 80 年代以后，形象思维的讨论持续升温，其表现形态也更为多元化，高建平认为 80 年代中期的"意象"研究热潮便是其中之一："从 20

---

① 中共中央文献研究室编：《毛泽东文集》第 8 卷，人民出版社 1999 年版，第 421 页。
② 蔡仪：《探讨集》，人民文学出版社 1981 年版，第 293 页。

世纪 80 年代中期到 90 年代,是中国古典美学大繁荣的时期,众多的古代文学概念,特别是影响巨大的'意象'研究,直接承续'形象思维'的讨论而来。"①可以说,形象思维对新中国成立后理论界乃至古典美学研究领域的影响,仅是主流话语参与文艺建设的一个显性个案,从总体上看类似现象是普遍存在的,这恐怕是任何国家的文艺发展都难以绝对摆脱的文化基因吧。

事实上,如果仔细考察这种影响的话,不仅"意象"如此,古典美学的很多观念、范畴都表现出这种痕迹,比如李泽厚 1957 年在《"意境"杂谈》一文中便将意境与"典型环境中的典型人物"相互勾连,进而认为意境也是"典型化"的结果,意境与典型"它们的不同主要是由艺术部门特色的不同所造成,其本质内容却是相同的。它们同是'典型化'具体表现的领域;同样不是生活形象简单的摄制,同样不是主观情感单纯的抒发;它们所把握和反映的是生活现象中集中、概括、提炼了的某种本质的深远的真实"②。将意境与典型、真实等概念相贯通,即便存在一定的合理性内核,但马克思主义的实践观、唯物论还是赫然存于李泽厚的思想深处的,并成为其讨论意境的基本指导原则,甚至在解读"韵外之致"时,他亦能密切联系实际,称中唐上与魏晋下与明末构成了中国古代三个"双白"时期③。

不过,值得注意的是,进入 20 世纪 80 年代以后,权力话语对美学研究的影响逐渐由显入隐。笔者认为 20 世纪 50 年代到 70 年代末这种影响是停留在显性层面的,比如上文提到的朱光潜对中国美学的看法以及蔡仪关于形象思维与赋比兴关系的看法,都属于这一范围。可以说,尽管这一时期在理论建设上存在诸多弊端,却对古典美学研究的兴起起到了较为直接的促进作用。80 年代以后,权力话语对美学研究的影响进入隐性层面。研究者不再先入为主地从既定的主题出发来探讨美学问题,而是首先以讨论学术问题为主,然后才策略性地加入一些流行成分,不妨以王运熙 1980 年发表的《魏晋南北朝和唐代文学批评中的文质论》一文为例,全文总体上在进行学术研究,只不过在文章的结尾处谈到胡应麟《诗薮》中的文质思想时,说:"所以把诗歌语言风格的质文变化,说成与政治上的所谓质文互变完全一致,这当然是片面的;不过,这却是一个鲜明的

---

① 高建平:《中国当代文艺理论研究》,中国社会科学出版社 2011 年版,第 166 页。
② 李泽厚:《美学旧作集》,天津社会科学出版社 2002 年版,第 301 页。
③ 李泽厚:《韵外之致——关于中国古典文艺的札记之二》,载《文艺理论研究》1980 年第 2 期。

例子,表明文论中'质''文'的含义,与政论中'质''文'的含义,有着怎样密切的联系。"①由此一例不难看出当时学术研究与主流话语之间的微妙关系,自此之后,学术的纯粹性进一步获得彰显,到了 80 年代中期以后已经很难在文中看到明显的主流话语的影子了。

实际上,在 20 世纪 80 年代初期,文学与现实的关系、文学与政治的关系是反复被涉及的问题,相应的,它们也成了很多美学研究者讨论美学问题所依凭的坐标,尽管随着此时"文艺与政治的关系是否有必要"之类的讨论逐渐出现,②在理论研究中也体现出较为澄明自由的学术氛围,一些以前被刻意回避的领域也被逐渐发掘,似乎意识形态的影子已经荡涤不见,但不可否认的是,它毕竟在新时期以后古典美学研究的源头处发挥了重要作用,借用"没有晚清何来五四"的逻辑,便可看到意识形态因素对今天蓬勃的古典美学研究的深远影响。所以主流话语的参与也在客观上为古典美学资源的重新被重视起到了推波助澜的作用,当我们重新审视 20 世纪 80 年代古典美学研究兴起的时候,除了从学理层面对之加以考察之外,权力话语层面的因素也应是我们考虑的重要维度。

三、王国维与宗白华的"被发现"

正是在上述"内"与"外"多种因素的作用下,中国古典美学研究开始形成并发展。其显在的表现是王国维、宗白华等人理论资源的再发现。可以说 20 世纪 80 年代以后,对他们理论中古典资源的介绍和深入解读,代表了古典美学研究的最初形态,随后,研究者的视角才逐渐打开,沿着他们的足迹将审视的对象扩展到整个古典美学领域。在这一过程中,对王国维、宗白华等人的重视便带有很强的策略性和历史性味道。

对中国美学而言,早在 20 世纪上半期,以王国维、宗白华为代表的学者便开始进行尝试性研究,只不过在他们的体系中仍然带有一定程度的西方美学的

---

① 王运熙、杨明:《魏晋南北朝和唐代文学批评中的文质论》,载《文艺理论研究》1980 年第 2 期。
② 比如 1980 年 4 月 22 日,《文汇报》刊载了古里木的《文艺与政治关系小议》一文,5 月 7 日,郑汶在《人民日报》上发表《对一种批评的反批评》进行论辩,同年,在《文艺理论研究》第 3 期中,进一步针对"文艺与政治"关系这一问题展开讨论,发表了丁玲、徐中玉、钱谷融、敏泽、黄药眠、白桦等人的文章,讨论的矛头直指文学政治化的弊端。

因子,或者说某种意义上是在西方美学的总体框架下展开的。王国维在康德、叔本华、尼采等人思想的影响下写就了《红楼梦评论》《人间词话》等著作,其中不仅将悲剧、优美、壮美等西方美学概念移植到中国艺术领域,同时也提出"境界"之类的概念,用于体现中国艺术思想的独特性,进而或多或少地彰显了中国艺术精神与西方美学思想的差异性特质。宗白华则较为自觉地在中西二元思维模式下讨论艺术领域的问题,早年留学欧陆的经历,使其西学功底不可谓不深厚,但他更愿意做的是采取一种脱离西方理论框架和言说体系的新方式来观照中国艺术和中国艺术思想,新中国成立后,宗白华陆续发表了《关于山水诗画的点滴感想》(《文学评论》,1961 年第 1 期)、《中国艺术表现里的虚与实》(《文艺报》,1961 年第 5 期)、《中国书法里的美学思想》(《哲学研究》,1962 年第 1 期)、《中国古代的音乐寓言和音乐思想》(《光明日报》,1962 年 1 月 30 日)等。这些文章中所体现的中国艺术精神便成了 80 年代之后宗白华被学术界普遍重视的内在原因。

如果说王国维、宗白华在中西大背景下开展的对中国古典艺术思想的钩沉,代表了一种西方美学中国化的尝试的话,那么真正使这种尝试发扬光大并将其推向纵深则是从 20 世纪 80 年代以后对王国维、宗白华的思想进行研究开始的。这里,我们需要厘清一下思路,王国维、宗白华研究中带有一定程度的古典美学因子,但在较长时间内两人这方面的成就其实并未得到应有的重视,直到 80 年代以后,两人的相关研究成果和学术思想才被逐渐推向前台,在某种程度上可以说王国维、宗白华的"被发现"对其后中国古典美学研究的兴起起到了非常重要的奠基作用,这种对研究的研究是当代古典美学研究的最早雏形。

其实对王国维的研究早在王国维在世时就已经开始了,傅斯年在推介《宋元戏曲史》专文中称:"近年坊间刊刻各种文学史与文学评论之书,独王静庵《宋元戏曲史》最有价值。其余间有一二可观者,然大都不堪入目也。"①陈寅恪在为王国维遗稿所撰序言中亦认为"其著作可以转移一时之风气",是将来为学问者之"轨则",足见对其人、其学的服膺之情。而在现代学术史上影响最大的评价则来自郭沫若,1946 年在《王国维与鲁迅》一文中,郭沫若称:"王国维的《宋元戏曲史》和鲁迅的《中国小说史略》,毫无疑问,是中国文艺史研究上的双璧。不仅

---

① 傅斯年:《宋元戏曲史》,载《新潮》1919 年第 1 卷第 1 号。

是拓荒的工作,前无古人,而且是权威的成就,一直领导着百万的后学。"①至此,王国维的学术地位获得了进一步确立,也为后来的研究者定下了总体基调。进入 80 年代,对王国维的研究变得空前繁荣,相较于之前一味地从文学角度研究王国维,这一时期逐渐向美学领域转型,这也为之后的古典美学研究起到了塑形作用。

1983 年,华东师范大学出版社出版了由吴泽、袁英光编选的《王国维学术研究论集》,这是王国维研究在 80 年代兴起的最早信号,虽然该集中除了佛雏的《王国维"境界"说的两项审美标准》一文之外,大多是集中在为史学和考古学方面的成就立论的,但毕竟使王国维研究经过"文革"之后重新进入理论研究者的视野。几乎与此同时,王国维研究开始逐渐繁荣,而从美学角度切入也渐趋从幕后走到了台前,李泽厚、刘纲纪在《中国美学史》绪论中称:"(王国维)对中国传统的文艺和美学有深刻的了解,所以他对西方美学的介绍是同对中国传统的文艺和美学的研究结合在一起的。"②而叶朗将之作为近代美学家置于《中国美学史大纲》倒数第二章进行介绍,将其著作以"美学著作"称之,将其艺术思想以"美学观点"称呼,较全面系统地介绍了王国维西学视野下的中国古典美学思想。其后,在学界影响较大的要数聂振斌的《王国维美学思想述评》一书,该书对这位中国近代美学的"第一个奠基者"自觉地以"美学思想"为考察视角进行研究,表明此时王国维研究的这种新动向已经逐渐被学界所接受,而且在谈到王国维美学思想来源的时候,将中国古代的道家思想放于首位,然后才是叔本华、尼采、康德的观念,认为对其美学思想发生影响的先是"国学",后是"西学"③。并在此基础上对王国维思想中的"美"及"审美范畴"进行了系统性介绍。与聂书相隔两年,卢善庆的《王国维文艺美学观》出版,与聂振斌不同,卢善庆一方面承认"西学"在王国维美学思想形成过程中的主导作用,另一方面,他也自觉地以西方美学为总体框架考察王国维,将其美学观从美的产生和来源、美的本质和作用、美的第一形式、美的第二形式、悲剧美、美的创造和欣赏、审美标准等方面展开考察,④带有明显的西式美学研究色彩。虽然聂振斌与卢善庆在国

---

① 郭沫若:《鲁迅与王国维》,载《文艺复兴》1946 年第 2 卷第 3 期。
② 李泽厚、刘纲纪:《中国美学史》第 1 卷,中国社会科学出版社 1984 年版,第 49 页。
③ 聂振斌:《王国维美学思想述评》,辽宁大学出版社 1986 年版,第 41 页。
④ 卢善庆:《王国维文艺美学观》,贵州人民出版社 1988 年版,第 1 页。

学与西学孰主孰从和研究角度方面存在差异,但他们的著作代表了 80 年代以来对王国维美学思想进行系统研究的最高成就,都注意到了王国维美学思想的中西汇通色彩,相应的,他们也采取了与这种学术风格相适应的研究模式。事实上,对王国维的研究不仅为系统地进行古典美学研究开辟了先河,也使人们透过这些研究,以王国维为中介更加系统地了解中国古典美学的独特魅力以及研究古典美学的方法。

如上文所述,80 年代对中国古典美学研究具有这种开启意义的不仅包括王国维的研究,还包括宗白华的研究。宗白华与王国维的最大区别是,后者是历史学家、考古学家兼美学家,而前者则属于纯粹的美学家,而且扎根传统吸收西方养料。宗白华成名于 20 世纪 30 年代,当时与邓以蛰、朱光潜齐名,但新中国成立后相当长的时间内则湮没无闻,在各种"热点"讨论中我们都无法看到他的身影,更不是被讨论的重点,在这一点上他与朱光潜是明显不同的。进入 80 年代之后,宗白华的地位和影响开始凸显,有学者将之与朱光潜视作"美学的双峰",甚至"翻检 20 世纪后 20 年中国的美学研究成果,我们就会发现,凡是研究中国美学、中国艺术者,几乎无有不引用,甚至直接承续宗白华思想话语的"①。由此不难看出宗白华对中国美学的影响。由于宗白华逝世于 1986 年,而其最为重要的文集《美学散步》(1981)、《美学与意境》(1987)、《艺境》(1987)、《宗白华全集》(1996)等都是 80 年代以后结集出版的,所以较之王国维,其对 80 年代以后中国美学研究的影响更为直接,可以认为中国古典美学的开展,他是在场的建构者之一。就是说,虽然大规模的宗白华研究是在 90 年代以后才出现的,但在这之前宗白华的直接影响已经相当突出了。

李泽厚在 1981 年为宗白华《美学散步》所作的序言可以视作 80 年代最早的研究宗白华的专论。文中他不仅将朱光潜与宗白华进行了对比,而且指出朱光潜的美学是近代的、西方的、科学的,宗白华的美学则是古典的、中国的、艺术的。1987 年,由宗白华的弟子林同华所著的《宗白华美学思想研究》一书出版,该书是辽宁人民出版社组织的"当代中国美学思想研究丛书"中的一本,丛书中还包括朱光潜、王朝闻、蔡仪、李泽厚、蒋孔阳、高尔泰的作品,由此宗白华才获得了应有的重视,正如李泽厚所说:"关于宗白华先生过去大家都不知道,现在

---

① 王德胜:《散步美学:宗白华美学思想新探》,河南人民出版社 2004 年版,第 1—2 页。

这种状况已经在改变了。为真理作出贡献的人迟早会被人们认识。"①自此之后对之进行研究的专著、论文如雨后春笋般一发不可收。也正是在这一研究过程中,宗白华的地位得以进一步确立,相应的,中国古代艺术思想也逐渐进入研究者的视野,并得到了应有的认可。

四、"被发现"的历史意义

结合上文,总体来说,20世纪80年代对王国维和宗白华思想的研究是一种时代的信号,预示着中国古典美学研究的开始,也预示着以他们为中介的中国古代艺术思想开始受到重视。概而言之,当时对王、宗思想进行研究的意义表现在两个方面:

首先,中西二元、中西比较的思维方式成为一种潜在的研究模式。通过上文的分析,我们知道无论王国维还是宗白华,其实他们的主要立足点是将中与西分开来看的,或者借西方谈中国,或者以中学为体,西学为用,但总体上他们的研究模式是有相似之处的。80年代王国维、宗白华的学术思想被更多人重视,其更为深远的意义在于他们的研究方式逐渐变成了一种潜在的研究模式,并在后来的实际研究中被确定了下来。

对这种影响,不妨以80年代曾对后来古代美学学科建构有重要意义的两部美学史为考察对象,首先来看李泽厚和刘纲纪的《中国美学史》,该书仍未完全摆脱对"美"的本质问题的追寻模式,当谈到"何谓美"这一问题的时候,其在论证美与感官快适的关系时便以西方观念为参照:"这从字源学上也可以清楚地看到。如德文的'Geschmak'一词,既有审美、鉴赏的含义,也有口味、味道的含义。英文的'taste'一词也是这样。"②并进一步结合《说文解字》对"美"的解释,认为中国美学中的"美"也是同味觉快感相联系的。除此之外,在后面的行文过程中,西方美学家如毕达哥拉斯、赫拉克利特、亚里士多德等人,更是多被援引,甚至会直接出现将孔子美学与柏拉图美学、亚里士多德美学相比较的章节(第三章第五节),而且西方的哲学(尤其是马克思主义)、心理学、伦理学也不

① 邹士方:《宗白华评传》,香港新闻出版社1989年版,第289页。
② 李泽厚、刘纲纪:《中国美学史》第1卷,中国社会科学出版社1984年版,第79页。

断被用来解释中国艺术问题,限于篇幅,不赘述。叶朗的《中国美学史大纲》一书较之李、刘的《中国美学史》,虽然直接援引西方美学家、美学思想的地方减少了很多,但这种痕迹仍较为明显,比如在对《易传》美学思想中的"阳刚之美"(壮美)和"阴柔之美"(优美)之间的关系进行言说时,便涉及了西方美学中崇高和美之间的关系,将壮美与崇高、优美与美相比附,并指出"在西方美学中,崇高和美是对立的。美是内容与形式的和谐的统一,崇高则是理性内容压倒和冲破感性形式。中国古典美学中的壮美……它和优美(阴柔之美)并不那么绝对对立,也并不互相隔绝。相反,它们常常互相连接,互相渗透,融合成统一的艺术形象"①。而且在叶朗看来,现代特色的中国美学体系,要不断地借鉴哲学美学、审美心理学、审美社会学、审美发生学、审美文艺学等学科的知识,可以说,这种自觉不自觉之间的中西对比和借鉴不仅在叶朗思想中经常体现,同时也构成了这一时期中国美学研究的基本思路,从此之后便深深地蕴含在 80 年代以后的整个研究领域。

尽管 80 年代中期以后的研究中"外来之观念"因素开始弱化,逐渐由显性层面的观念和思想对照转化成一种方法论和逻辑层面的吸收,但王国维、宗白华的中西比较视野,以及对中国古代"固有材料"的征引在客观上将古典艺术资源纳入中国研究者的视野,起到了拓展研究视域的关键性作用。事实上,80 年代初期的很多美学研究者也恰是受到王国维、宗白华研究路径的启发进行美学研究的,他们在研究过程中或者不自觉地拿中国艺术思想与西方的某些观念进行比对,刻意塑造所谓的中国特点,或者在思维方式和写作思路上体现出哲学性与艺术性的结合(前者恰源自西方美学)。

其次,将西式的哲学美学转化为中式的艺术美学。如果说王国维研究的意义更多地体现在中西互通的潜在研究模式的确立的话,那么宗白华研究的意义除了中西比较视野之外,更多的则是对真正艺术美学的回归,这一点无疑更符合中国美学的独特性。相较于王国维,宗白华对 80 年代中期以后的中国美学研究的影响似乎更直接一些,其自身的思想以及研究者对其思想的再开发,对美学史研究的开展形成了一种双重影响。

宗白华自觉地结合其他艺术门类进行跨学科研究,从而形成了符合中国美

---

① 叶朗:《中国美学史大纲》,上海人民出版社 1985 年版,第 80 页。

学特色的艺术美学研究模式。宗白华是较早进行撰写中国美学史尝试的人,虽然由其负责的《中国美学史》最终并未写成,但他写了一些围绕这方面的专论,如《中国美学史中重要问题的初步探索》《中国美学史专题研究:〈诗经〉与中国古代诗说简论》(初稿)、《中国美学思想专题研究笔记》,在这些文章中,他对中国美学史的构成、范围、研究方法、研究对象等问题都作了规定,其中一个重要的研究原则便是对除文学之外的其他艺术门类的关注,这些想法成了 80 年代中期以后撰写美学史的基本指导原则。

其实,这种艺术美学的研究原则在后来李泽厚、刘纲纪、叶朗的美学史中都有体现,而在叶朗的《中国美学史大纲》中体现得更为突出,原因在于叶朗 60 年代曾做过宗白华的助手,宗白华当年负责编写《中国美学史》,虽然由于各种原因计划最终流产,但据其弟子林同华回忆,宗先生最初的编写思路是要广泛结合其他艺术门类来进行,“汤(用彤)、宗(白华)两位先生都从艺术实践所总结的美学思想出发,强调中国美学应该从更广泛的背景上搜集资料。汤先生甚至认为,《大藏经》中有关箜篌的记载,也可能对美学研究有用。宗先生同意汤先生的见解,强调指出,一些文人笔记和艺人的心得,虽则片言只语,也偶然可以发现精深的美学见解”[①]。这种倾向势必会对后来的叶朗产生不小影响,所以其撰写的美学史也一定程度地关注了绘画理论、书法理论和音乐理论。在 90 年代对宗白华的研究中,研究者也都不同程度地注意到了这一点,并对这一思路给予了充分肯定,于是在进行中国美学研究时,尤其在撰写美学史时,都不约而同地开始关注音乐、舞蹈、绘画等方面的思想,并专辟“门类美学”加以讨论,这一现象是对 80 年代以哲学、文学思想为主的研究模式的超越,逐渐从哲学美学向真正的艺术美学方向发展,甚至在进入 21 世纪以后研究者又开始从审美意识、审美文化角度进行研究,这些更符合中国艺术史实际的做法,都不同程度地带有宗白华的影子,其影响是不能忽视的。

综上所述,中国古典美学研究是 20 世纪 80 年代以后开始盛行的,虽然它是多种复杂因素共同作用的结果,但笔者认为学科化、文化寻根、意识形态权力话语是其中最为显性的三个原因,美学的学科化是最根本的契机,文化寻根和权力话语不失时机地充当了催化剂的角色。除此之外,对王国维、宗白华的研

---

① 宗白华著,林同华编:《宗白华全集》第 4 卷,安徽教育出版社 1994 年版,第 775 页。

究是古典美学研究的最早实践,这一研究本身与其说是一种历史的必然,毋宁说是一种研究策略的体现,两人的研究方式构成了 80 年代古典美学研究的潜在模式。王国维、宗白华研究模式对古典美学研究的影响,是以 80 年代开始的对二人思想的研究为中介的。研究者试图以一种具体可感的在场意识切入美学领域,也试图通过对这两位对古典美学有精深研究的大家的研究,一方面摸索研究的路径,一方面也在研究过程中加深对古典美学的了解。但是问题依然存在,陈寅恪当年在总结王国维的治学原则时,其中一条是"取外来之观念,与固有之材料互相参证"①,虽然进入 21 世纪以后中国古典美学研究在努力肃清西方美学的思维方式和研究框架的痕迹,但成绩并不明显,不客气地说,直至目前这种模式似乎仍然隐性地存在着,很多学者一方面无法摆脱西方美学的思维方式,另一方面又缺少了王国维、宗白华学贯中西的知识视野,所以导致在研究领域自说自话、生搬硬套、一味求新现象十分明显,这无疑是一种"屋下建屋"的恶劣、浮躁学术生态的表现。

第二节　中国古典美学史的建构与突围

事实上,中国美学研究经历了一个从"美学"到"中国美学"再到"中国古典美学"的发展过程,第一个阶段的时间节点是 20 世纪初,蔡元培、梁启超、王国维是最早期的代表人物,三四十年代则以朱光潜、宗白华为承继者,而从"中国美学"到"中国古典美学"的情况则复杂一些。"中国古典美学"研究真正获得凸显的时间节点应该是 80 年代,此时美学在中国已经经历了大半个世纪的发展历程,尽管波折不断,但已经逐渐找到了与中国文化相处的方式,并渐趋水乳交融。正是因此,学界对美学的学科定位、研究方法、研究角度等方面的问题都更为明朗,于是在这种外在环境的推动下中国古典美学研究也开始告别 80 年代以前的感悟式研究模式(这在朱光潜、宗白华等人那里表现得很明显),而变得更为具体,且关注的问题更为多元,研究角度更为明确,研究层面更为明晰。我们认为"美学中国化"的过程最重要的组成部分便是对"中国古典美学"的重视,

---

① 陈寅恪:《王静庵先生遗书序》,见《金明馆丛稿二编》,上海古籍出版社 1980 年版,第 219 页。

这也是研究者在 80 年代的一种理论突围,具体来讲,80 年代以后的中国古典美学研究大致围绕三个方面展开:建构古代美学史、审美范畴研究、体系开拓与视角转化。本节主要梳理第一方面,古典美学史的建构。

一、美学通史的视角拓展

在某种程度上,中国美学获得学科合法性的过程是在挖掘本土理论资源的过程中完成的,道理很简单,任何学科的确立除了要有自己的概念体系、研究方法之外,更为主要的是要有丰富的理论资源作为理论支撑。正是基于这种考虑,20 世纪中叶以后,研究者便有了撰写中国美学史的考虑,早在 1961 年,宗白华便受当时的全国文科教材办公室的委托编写《中国美学史》,试图与朱光潜受命编写的《西方美学史》以及王朝闻主持编写的《美学概论》一道构成美学的教材体例,但可惜最终《中国美学史》未能写成,宗白华在编写过程中搜集的材料后来以《中国美学史资料选编》为名出版,算作该项目的副产品。到了 1979 年,《中国美学史中重要问题的初步探索》一文发表,在这篇文章中宗白华不仅对中国美学的特点和学习方法作了介绍,也对中国美学史上的重要时期(如魏晋)、重要美学典籍(如《考工记》《易经》《乐记》)、重要美学范畴(如"错彩镂金""芙蓉出水""气韵""风骨"等)、重要艺术门类(如音乐、绘画、雕塑等)作了较为精到的论述,可以说这篇文章对后来美学史的不同写作模式具有重要的奠基意义。同年,施昌东的《先秦诸子美学思想述评》由中华书局出版,该书属于断代史,也为后来同类美学史的写作建立了模板,该书主要特色集中在对先秦美学流派和诸子思想的梳理层面,其 1981 年出版的《汉代美学思想述评》仍然沿用了这一写作模式,施昌东的这两本书是国内最早明确以"美学"冠名的美学史著作。1981年,李泽厚的《美的历程》出版,该书虽然重在阐释审美趣味的历史性,且对各个朝代的论述有"以点带面"的倾向,但毕竟对从远古图腾、歌舞直到明清市民文艺的思想发展轨迹进行了简要梳理。到了 1983 年,中国美学研究继续向前推进并开始获得更多关注,这一年《复旦学报》编辑部编写的《中国古代美学史研究》出版,收录了 1980—1982 年相关论文 30 篇,内容广泛,涉及诗论、画论及各门类美学,人物涉及先秦至清代的文人 20 余人。同年 10 月,在无锡举办了中国美学史学术讨论会,此次讨论会由江苏省美学学会、《江苏画刊》编辑部、江苏省社科院文学研究所联合主办,也是国内第一次关于中国美学史的专题研讨会,来自全国各地的美学研究者 80 余人参会,学者们就中国美学的研究对象、方法、体系、范畴、中西美学比较以及历代有代表性的思想家的思想展开充分讨论,由于与会学者大多来自高校,所以此次会议对中国美学后来的学科建设具有非常重要的意义。①

1984 年至 1990 年间,美学史写作更为活跃,李泽厚和刘纲纪的《中国美学史》(1984—1987)、叶朗的《中国美学史大纲》(1985)、敏泽的《中国美学思想史》(1987—1989)等在后来颇具影响的美学史专著都是这一时期的产物,这些早期的美学史著作一定程度上构成了 90 年代以后同类写作的基本范型。纵观 20 世纪中国美学史写作从兴起到成熟的 20 年(指 80 年代以后),无论是在研究对象、研究方法、研究观念还是在写作模式、美学史观等层面都表现出历史的流变性,②下面便主要围绕美学通史、断代美学史两个方面对 20 年间的历史流变作概要的梳理,以便使读者从中窥得 20 世纪中国古典美学研究的大致轮廓,以及进展和不足。

就美学通史而言,从 20 世纪 80 年代到世纪末的 20 年间集中表现为研究视角的拓展。研究对象和视角的选择实质上代表了研究者的美学观,甚至某种程度上可以从中窥得研究者对"美是什么"这一命题的认识。80 年代的美学史整体上是从广义和狭义两个层面来看待美学史记述的对象的,这种提法首先见于李泽厚和刘纲纪的《中国美学史》中,广义的研究"就是不限于研究已经多少取得理论形态的美学思想,而是对表现在各个历史时代的文学、艺术以至社会风尚中的审美意识进行全面的考察,分析其中所包含的美学思想的实质,并对它的演变发展作出科学的说明"③。很明显,所谓广义的研究实际上是对"审美意识"的研究,而审美意识则既囊括精英阶层的审美趣味,也可包括市民阶层的审美理想,既体现在写成文字并成为经典的美学著作中,也渗透在普通百姓的行为方式之中,因此,将其作为美学史研究的对象虽然是最为准确的,但实际操

---

① 马增鸿:《中国美学史学术讨论会纪要》,载《哲学动态》1984 年第 3 期。

② 目前对这一问题进行反思的文章已经很多,其中较具代表性的有:张节末《中国美学史研究法发微》(《浙江大学学报》,2001 年第 4 期)、黄柏青《中国美学史研究三十年》(《甘肃社会科学》,2009 年第 2 期)、祁志祥《中国美学史研究的观念更新及路径创新》(《学术月刊》,2009 年第 7 期)、张弘《近三十年中国美学史专著中的若干问题》(《学术月刊》,2010 年第 10 期)等。

③ 李泽厚、刘纲纪:《中国美学史》第 1 卷,中国社会科学出版社 1984 年版,第 4 页。

作的难度是可想而知的,这不仅需要对各个时代的全面重塑,也需要丰富的史料作为支撑。所以,包括李泽厚和刘纲纪本人在内都未采取这一方式,而是"主要以历代思想家、文艺理论批评家著作中所发表的有关美与艺术的言论作为研究对象"[①]。事实上,李、刘二人对美学史狭义研究对象的认识,对后来研究者有诸多启发,这不仅表现在对理论性著述和著名美学家的深入勾连,更表现在方法论层面,因此很多研究者往往选取一个自己可以掌控的角度展开美学史的写作,叶朗的《中国美学史大纲》便是以审美范畴为红线串联整个美学史的,他认为"一部美学史,主要就是美学范畴、美学命题的产生、发展、转化的历史"[②]。从狭义层面观照美学史的著作还有周来祥与孙海涛的《中国美学主潮》(山东大学出版社,1992)、王向峰的《中国美学论稿》(中国社会科学出版社,1996)、陈望衡的《中国古典美学史》(湖南教育出版社,1998)等。

这里尤需提及的是陈望衡的《中国古典美学史》一书,该书实际上与叶朗的《中国美学史大纲》体系建构较为相似,即都是以自己的美学思想作为总纲来建构美学史,其将"意境"看成是中国美学的最高范畴,并以之为基点构筑美学体系。具体来讲,其美学本体论是由"意象""意境""境界"构成的体系,其美感论以"味"为核心范畴(如正味、兴味、神味、真味等),其艺术鉴赏论以"妙"为基本范畴,涉及概念如妙语、妙音、妙容、妙理等。该书以上述美学观念为指导,将中国美学分成奠基期(先秦)、突破期(汉代至魏晋南北朝)、鼎盛期(唐宋元)、转型期(明代)和总结期(清代),这种分期较之李泽厚、刘纲纪《中国美学史》的分期有一定出入,比如将汉代归入"突破期",而李泽厚、刘纲纪则将其与先秦同归入"奠基期",之所以会有诸如此类的出入,原因在于该书更倾向于概念范畴的勾连,且试图在行文中将美学思想、美学意识的痕迹表现得更为明显。这与上面提到的其固有的美学体系是分不开的。除了将中国美学史进行重新分期之外,该书的另一个特点是囊括的内容较丰富,除了对每个时期的总体审美风尚、美学思想和美学范畴进行介绍之外,还涉及书法、绘画、建筑、音乐、戏曲等诸多领域。

而上文提到的"广义研究"在80年代也并非绝对不存在,其中敏泽的《中国美学思想史》(1987)便有这种倾向,敏泽认为:"美学思想史研究的对象,最根本

---

① 李泽厚、刘纲纪:《中国美学史》第1卷,中国社会科学出版社1984年版,第6页。
② 叶朗:《中国美学史大纲》,上海人民出版社1985年版,第4页。

的一点,就是要研究我们这个伟大民族的审美意识、观念、审美活动的本质和特点发展的历史。"①尽管该书仍将研究的重点放在了"有关美学思想的理论形态的著作中",但其对各个时代审美意识的关注则具有一定的进步意义,尤其是其将史前时期纳入研究体系之中,并重点以彩陶、图腾崇拜、原始神话、钟鼎等为对象考察原始先民审美意识的产生、发展乃至成熟的过程,这种倾向在后续的章节中虽略显薄弱,但其在每一时期的开头都有意识地展示当时的社会文化风貌,这是难能可贵的。与敏泽的《中国美学思想史》同年出版的由郑钦镛、李翔德合写的《中国美学史话》一书则较之前者体现出更多的开放性,该书总体上较为通俗,且并非以理论家及理论典籍为基点展开,按照蒋孔阳的说法便是,"他们利用'史话'这一名称,而又灵活加以运用,把中国古代的美学思想,糅合种种神话、传说、故事等之中,从而写出一部自有特色的《中国美学史话》"②。事实上,80 年代包括现在的很多美学史往往倾向于从哲学著作和文学艺术中探讨中国美学的发展,从而忽视对社会风俗乃至市民生活的具体考察,导致很多美学史显得十分干瘪。该书从远古神话入手,探讨美与善的起源,题目诸如"女阴崇拜""以粪为美""审美光晕""大象无形""佛教之花"等,从具体美的现象入手勾勒了从远古到当下美学发展的总体轮廓。可以说,该书各章虽有"蜻蜓点水""浮光掠影"(作者自语)之嫌,却可以视为从审美文化的角度撰写古代美学史较早的尝试。

而 80 年代这种"广义研究"的尝试,到了世纪末则大放异彩,这可以从两个方面来看:一是,源于 80 年代以来的内在研究理路,广义的审美文化、审美意识研究虽未成为主流,却一直如游丝般存在;二是,90 年代中期以后整个中国美学发生了一次由人生论向文化学的大转向,此种思想背景导致研究者往往采取一种更为贴近生活实际的新历史主义视角审视约定俗成的历史,这一过程当然包括美学史。而较典型的著作便是由陈炎主编的《中国审美文化史》(山东画报出版社,2000),该书共四册,分"先秦""秦汉魏晋南北朝""唐宋""元明清"四卷,100 余万字,存有大量插图。编者试图将原来的条目性历史还原为鲜活的历史,从中华民族特定时代的"生产方式""生活方式""信仰方式"和"思维方式"等多

---

① 敏泽:《中国美学思想史》,齐鲁书社 1987 年版,序言。
② 郑钦镛、李翔德:《中国美学史话》,人民出版社 2011 年版,序言(该序言 1987 年版未及收入)。

重因素的渗透和影响来考察审美文化,其中对青铜器、陶器、纹绘、饮食等具体事物给予了较多关注。这种书写方式用陈炎自己的话说,其并非仅仅是美学史研究对象的扩大和丰富,"它标志着美学史研究形态的真正成熟"。该书的基本立场是"'审美文化史'既不同于逻辑思辨的'审美思想史',又不同于现象描述的'审美物态史',而是以其特有的形态来弥补二者之间的裂痕"①。也就是说审美文化是介于理论和实践两者之间并对二者有机包容的存在形态,在某种程度上,该书与郑钦镛、李翔德的《中国美学史话》在出发点上有相似之处,但较之后者则更为详尽且更具学理性,如果说《中国美学史话》是一种美学史写作的偶然行为的话,那么该书则更多地体现为一种观念和方法上的自觉,一方面与时代美学潮流相一致,另一方面也为21世纪的美学史写作打开了一扇新的窗户,与之同年出版的张法的《中国美学史》(人民出版社,2000)、许明的《华夏审美风尚史》(河南人民出版社,2000),以及21世纪后出版的王振复的《中国美学的文脉历程》(四川人民出版社,2002)、吴中杰的《中国古代审美文化论》(上海古籍出版社,2003)、周来祥的《中华审美文化通史》(安徽教育出版社,2007),在某种程度上都可视为这一倾向的具体展开。

二、断代美学史的深化

近20年的美学史研究除了在美学通史撰写方面呈现出研究视角由狭义到广义、由范畴到文化的拓展之外,还在其他方面有所突破,最主要的方面便是断代史研究走向纵深。下面具体讨论之。

断代史研究也始于20世纪80年代,如本章开头提到的,施昌东的《先秦诸子美学思想述评》(1979)和其后出版的《汉代美学思想述评》(1981)虽然由于特定时代的原因还带有"唯物主义与唯心主义、朴素辩证法与形而上学的对立和斗争"的痕迹,但其开创性意义是不容忽视的,这不仅体现为其以"美学"冠名美学史,还体现在对后来美学史写作的积极影响层面。于民的《春秋前审美观念的发展》(中华书局,1984)一书便是早期较具学术含量的断代史著作,而且该书的难度也较大,原因在于其研究的对象是春秋以前,作者试图对中国人审美意

---

① 陈炎:《中国审美文化史》,山东画报出版社2000年版,绪论。

识的产生和原始形态作本源性的探索,其基本思路是从物质存在层面反观文化乃至美学的特征,这一思路的哲学基础是物质生产与精神生产的关系,"我们知道,思想观念最初是直接与人类的物质生产活动、物质交换和与之相联系的语言的运用交织在一起。只是由于人类实践活动的逐步扩展与深入,与物质生产活动交织于一起的意识观念才获得逐步发展,直至成为一种独立于物质生产之外的活动,即精神生产活动"①。而审美意识和艺术观念恰是精神生产活动的重要组成部分。断代美学史研究除了对先秦美学给予重视之外,另一个研究重镇是六朝美学,较具代表者如袁济喜的《六朝美学》(北京大学出版社,1989)和吴功正的《六朝美学史》(江苏美术出版社,1994)。两者比较而言,前者更注重对审美范畴和审美命题的研究,介绍人物品评、魏晋玄学、佛教思想的目的是为归纳并剖析审美范畴和命题服务的,因此该书对"文气说""传神写照""隐秀""意象""形神论""虚静""神思""文笔之辩"等问题关注较多,相比之下吴功正的《六朝美学史》的重点则并不在此,该书具备两个特点:一是将六朝美学思想、美学范畴产生的历史动因归结为由庄园经济、哲学思潮、名士风流、隐逸情怀、佛国世界等构成的"合力";二是给予六朝的门类美学异常关注,对绘画、书法、乐舞、雕塑、园林、文学及其理论作了充分介绍,约占全书一半以上的篇幅。这些都有效地避免了美学史研究只关注理论家和理论著作的弊端,这也是吴功正美学史观的体现,他所理解的中国美学史"是由两大板块所构成的,即元美学和美学学双峰并峙却同归一脉"②,他的这一倾向在其《唐代美学史》(陕西师范大学出版社,1999)中仍然延续着,全书将唐代美学分成五段:初唐、盛唐、盛中唐间的交替、中唐、晚唐。基本写作原则总体上与《六朝美学史》一致,只是更突出对诗人个案进行研究,该书的另一个特点是着重从审美心理的角度剖析诗人,进而总结出某一时期的总体审美理想,他直言:"美学史就是审美心理结构史。只有从心理上才能了解和把握美的历程。"③事实上,对审美心理的重视是其基本的美学史观,在《六朝美学史》的绪论中,他就说:"全景全幅式的美学史应该涉及:审美主体的审美心理,审美客体的审美特征、风貌,美学理论中的审美范畴、规范,

---

① 于民:《春秋前审美观念的发展》,安徽教育出版社 2013 年版,第 56 页。
② 吴功正:《六朝美学史》,江苏美术出版社 1994 年版,第 4 页。
③ 吴功正:《唐代美学史》,陕西师范大学出版社 1999 年版,前言,第 4 页。

美学史心理结构的演变。"①由此可见,吴功正20世纪的两部断代美学史的写作理念是比较一致的。

　　事实上,相较于通史性研究,断代史的优点是可以对研究对象进行更为全面而细致的把握,但其缺点则是宏阔性不足,会出现审美意识的断裂。避免断代史研究弊端的有效途径是,研究者要以通史的意识写断代史,由点及面,最终形成一个断代史的序列,并以同一种思想倾向加以统摄,吴功正2007年亦出版了《宋代美学史》一书,因其不在本书论述范围,故不述。与吴功正的研究路径相似,霍然也有系列性的断代史著作。在霍然的《唐代美学思潮》(长春出版社,1990)中作者试图深入唐人审美文化的最底层,其选取的角度是社会审美心理,并剖析在文化大融合的特定时代人们审美观念的改变历程,寻找唐人心灵、情感、意趣的种种变化,可以说,这是一种十分有益的尝试,有效地避免了隔靴搔痒的弊端。所以,该书也可视为一部断代性的审美文化史和审美心灵史。除此之外,作者在书中还提到了一些很有见地的观点,比如他认为:"唐代美学思潮的源头,其实并不在偏安半壁的江南六朝。相反,那被历代文人学者有意无意间忽略冷落了的北朝,倒是唐代美学思潮真正的源头。"②对北朝文化的重视可以视为该书的基本倾向。这种宏阔的眼光也表现在他对西域文化尤其是西域乐舞的重视。其《宋代美学思潮》(长春出版社,1997)仍以分析审美心理的发展为线索。客观地说,这本书并未超越《唐代美学思潮》,且并未提出特别具有建设性的观点,不过该书将"市井风情"作为宋代美学思潮展开的重要部分来论述还是有一定开拓性的,试图从世风民俗的角度审视宋代独特的美学样式,"繁复多样的世风民俗,既为艺术作品提供了丰富多彩的内容,也给画师塑匠的精心创作与市民阶层的审美欣赏提供了相沟通的契机"③。但可惜作者并未在全书中将这种观念充分展开。另外,作者自己也意识到该书并未对辽金审美风尚给予关注,并未从民族文化融合的角度审视宋代美学,这一点也是逊色于《唐代美学思潮》的。

　　20世纪的断代美学史除了较多关注先秦、六朝、唐、宋之外,也有些研究者开始关注近代美学史。较具代表者是同在1991年出版的卢善庆的《中国近代

---

①　吴功正:《六朝美学史》,陕西师范大学出版社1999年版,第8—9页。

②　霍然:《唐代美学思潮》,长春出版社1990年版,第8页。

③　霍然:《宋代美学思潮》,长春出版社1997年版,第159页。

美学思想史》(华东师范大学出版社,1991)和聂振斌的《中国近代美学思想史》
(中国社会科学出版社,1991)。聂振斌在其美学史的绪论中便对近代美学的研
究对象、方法和历史分期等问题作了界定,在他看来,包括近代美学在内的中国
美学史应是"研究美学理论(或思想)的发展史,即研究对审美对象的认识的发
展史,而不是直接研究审美对象的发展史,如文学艺术史"①。所以该书主要是
以近代理论家为线索进行写作的,包括王国维、蔡元培、梁启超、鲁迅、吕澂、朱
光潜、宗白华和邓以蛰等人。在研究方法上,该书遵循马克思主义的辩证唯物
主义和历史唯物主义的研究方法,在历史分期上,将 19 世纪 40 年代到 20 世纪
初期的美学定义为近代美学。如果用今天的眼光来看,这本书的上述方面都并
无新意,甚至有些陈旧,但历史而辩证地看,该书作为第一批系统梳理近代美学
史的著作,其开创意义是巨大的。比较而言,卢善庆的《中国近代美学思想史》
与之则有诸多不同,该书虽然也是"一部以理论形态(论著)为对象、以人物为重
点的中国近代美学思想史"②,但在论著及人物的选取方面则与聂著出入较大,
将龚自珍、魏源、阮元等人归入"启蒙意义的美学思想"部分,将洪仁玕归入"太
平天国美学思想"部分,将曾国藩、刘熙载归入"古典主义美学的余绪和终结"部
分,将康有为、梁启超、黄遵宪、严复归入"改良主义美学思想"部分,将章炳麟、
柳亚子、蔡元培和早期鲁迅归入"民主主义美学思想"部分,基本上按照"以人代
派"的方式进行构建,除此之外,尚设"诗歌美学研究的新动向"和"文学、戏剧、
绘画美学思想"等部分,对陈廷焯、况周颐、陈衍、刘师培、林纾、吴梅等人的美学
主张作了全面展示。通过这些介绍不难看出,卢善庆的思想史较之聂振斌的思
想史更为全面、宏阔,且真正做到了近代美学与古代美学的勾连贯通,避免了断
代史的封闭性。

20 世纪较重要的断代性美学史除了上文所述的若干部之外,还有杨安仑、
程俊的《先秦美学思想史略》(岳麓书社,1992),彭亚非的《先秦审美观念研究》
(语文出版社,1996),张海明的《玄妙之境:魏晋玄学美学思潮》(东北师范大学
出版社,1997)等,限于篇幅,不赘述。总体来看,断代美学史写作取得了较大的
进步,表现为研究视角和研究方法更为多元,往往从微观层面的审美心理结构

① 聂振斌:《中国近代美学思想史》,中国社会科学出版社 1991 年版,第 3 页。
② 卢善庆:《中国近代美学思想史》,华东师范大学出版社 1991 年版,前言,第 1 页。

升华到对整体审美文化的考察，并且意识形态因素逐渐减弱，这些都是值得肯定的。但这并不意味着一点问题也不存在，最大的问题是研究时段存在明显的不平衡性。相较于先秦、两汉、唐宋，有的朝代还少有人涉足，如魏晋美学思想、元代美学思想、金代美学思想、清代美学思想等就还有许多空白点和盲点，而且对作为中华美学组成部分的各少数民族的美学思想也研究得不够。

需要补充说明的是，整个 20 世纪 80 年代以来中国美学史研究的成绩，除了上述通史性和断代性著作取得突破之外，另一个重要的发展是门类美学史研究获得了充分展开。所谓门类美学史，是指对音乐、舞蹈、文学、绘画、书法、园林、建筑乃至民间艺术等各艺术门类发展史的专门研究。无疑，中国古代有非常丰富的门类艺术理论资源，这些是建构门类美学史的基本质素。因在本书的其他章节还要作专门讨论，此处不再赘述。

第三节　中国古典美学范畴之建构
——"意象"的勃兴

20 世纪中国美学勃兴的最直接表现是古典审美范畴研究的勃兴，研究者都在努力发掘中国本土美学范畴，并有意识地对其进行探索，甚至有以之为基点构筑美学体系的考虑。蔡锺翔、陈良运在《中国美学范畴丛书》的总序言中指出："自 20 世纪 80 年代后期以来的 10 余年中，美学范畴日益受到我国学界的重视，古代美学和古代文论的研究重心，在史的研究的基础上，有逐渐向范畴研究和体系研究转移的趋势，这意味着学科研究的深化和推进，预期在 21 世纪这种趋势还会进一步加强。"[①]相较于西方美学中优美、崇高、悲、丑等核心范畴，中国古典美学中缺少与之绝对对应的概念体系。但中国美学研究者则针对中国古典美学实际，深入梳理并探索诸如淡、韵、情、味、风骨、兴寄、意象、意境、和、气、道等一系列范畴，构建本土美学范畴体系。相关研究专著如曾祖荫的《中国古代美学范畴》(华中工学院出版社，1986)、成复旺的《中国美学范畴辞典》(中国人民大学出版社，1995)、张皓的《中国美学范畴与传统文化》(湖北教育出版

---

① 蔡锺翔、陈良运：《和：审美理想之维》总序，百花洲文艺出版社 2001 年版，第 1 页。

社,1996)等,另有蔡锺翔、邓光东自 1987 年开始历时 13 年策划的《中国美学范畴丛书》,该项目收书共计 30 种。需要指出的是,20 世纪对审美范畴的关注源于王国维,其在《红楼梦评论》《人间词话》等著作中提出了"境界""古雅"等美学概念,在其后的三四十年代林语堂、梁宗岱、朱光潜等人陆续展开了对中国古典审美范畴的钩沉、研究。① 到了五六十年代伴随美学大讨论的兴起,学界对美学范畴的研究逐步开展起来,这一时期无论在关注的广度还是深度上都较上一时期进步许多,在众多美学范畴中被关注较多者是"雅"与"俗"的问题,如洪毅然的《"雅"与"俗"》(《新建设》,1957 年 12 月号)和"形"与"神"的问题,如李泽厚的《以"形"写"神"》(《人民日报》,1959 年 5 月 12 日)。除此之外,也对"情""景""风骨""兴寄""境界"等美学范畴展开讨论。进入 80 年代,一方面,承续了五六十年代的固有研究热情,逐渐对中国本土审美范畴进行深度挖掘,审美范畴变得异常丰富;另一方面,受到 80 年代美学热的影响,形成了从政府到民间都参与其中的空前研究局面,在某种意义上这一时期的研究热潮源于美学发展的自身走向固然不错,但这也不能脱离主流政治话语乃至文艺政策的推波助澜,早在 1981 年,周扬就提出要在马克思主义美学观的指导下进一步整理中国本土的美学范畴,构筑本土美学体系的构想,他说:"在美学上,中国古代形成了一套自己的范畴、概念和思想,比如兴、文与道、文与情、形神、意境、情景、韵味、阳刚之美、阴柔之美等等。我们应该对这些范畴、概念和思想作出科学的解释。"②限于篇幅,本书不能详细地梳理每一个范畴在 100 年中的演变过程,而是试图选取 20 世纪中国美学两个独特的美学范畴"意象"和"意境"作为考察对象("意境"将在下节具体讨论),从这两个具有鲜明古典色彩的美学范畴出发考察 20 世纪中国美学范畴研究的发展脉络。本节以"意象"作为考察对象基于两点考虑:首先,在众多美学范畴中,这一范畴最具生长性,很多研究者将其视为中国美学史的核心范畴,从而形成"意象本体论"来构筑美学体系。其次,在对这一范畴百年的研究历程中,经历了中西理论碰撞、时代思潮的洗礼,并进行了现代转化,可以将其看作是美学范畴研究的时代缩影。

---

① 林语堂《说潇洒》(《文饭小品》创刊号,1935 年 2 月)、梁宗岱《论崇高》(《文饭小品》第 4 期,1935 年 5 月)、朱光潜《刚性美与柔性美》(《文学季刊》第 1 卷第 3 期)。

② 周扬:《关于建立与现代科学水平相适应的马克思主义的中国美学体系和整理美学遗产问题》,载《美学》1981 年第 3 期。

一、"意象"理论的确立及深掘

意象在唐代以前是作为总体性概念出现的,是一种广义的观念象征。刘勰的《文心雕龙》将之引入文学领域,但在魏晋时期这一概念仅是偶然被用到,如蒋寅所言:"从意象的语源及其本义来说,它应该有两个基本含义:1.以具体名物为主体构成的象征符号系统的总体,源于《周易·系辞》'圣人立象以尽意';2.构思阶段的想象经验,源于《文心雕龙·神思》'独照之匠,窥意象而运斤'。"①意象真正作为美学范畴出现于唐代,这一点已经成为学界的普遍共识,王昌龄、刘禹锡、皎然、殷璠、司空图等人都是这一理论的重要建构者,自唐代以后,黄庭坚、李东阳、何景明、王廷相、王世贞、胡应麟等人都不同程度地对这一范畴加以运用甚至改造。沿着这一脉络一直延伸到20世纪,并仍然被众多美学家进行重新考量。这一范畴之所以能够历久弥新,笔者认为关键在于其深深植根于中国文化的最深层,在哲学层面其与儒释道都关系密切,在文学层面它是对文学形象的最本质概括,乃至在诗歌传统渐趋衰落的明清时期亦是如此,"其作品的情景表现,是有意象存在的,乃至更为宏观的喻象体系,如《西游记》《红楼梦》等作品,从根本上说依然体现着以意象为特征的中国艺术精神。至于戏曲,更是表意性很强的文体,其中的意象特征较小说也更为明显"②。

事实上,自五四运动前后到80年代初期相当长的一段时间内,胡适、闻一多、梁实秋、朱光潜等老一辈学者由于受到西方文学思潮的影响,普遍认为中国传统文学中并无"意象"范畴,该范畴是随着西方意象主义文学在中国的推广才进入国人视野的。即便在这些人的文章中偶有提及"意象"概念,但其与今天意义上的"意象"在内涵上也绝不相同。胡适到晚年才偶尔重视诗歌中"影像"的重要性,闻一多即便与胡适不同,一开始就关注"意象",但此"意象"更多的源自意象派,"闻一多从意象派的'信条'中找到了三种元素:意象、韵律、色彩"③,所以其在《冬夜评论》等文章中倡导的"浓丽繁密而且具体的意象"也并非是具有中国意味的意象。可以说,胡适、闻一多对意象的认识代表了五四运动前后的

---

① 蒋寅:《语象·物象·意象·意境》,载《文学评论》2002年第3期。
② 朱志荣:《中国文学艺术论》,山西教育出版社2000年版,第57页。
③ 罗义华:《胡适、闻一多与意象派关系比较论》,载《外国文学研究》2013年第2期。

一种整体观念,梁实秋、朱自清、刘延陵、徐迟等人对"意象"的认识基本未脱离这一总体框架,甚至这种影响被不断延续,40 年代诗论家唐湜在《论意象》一文中称:"意象当然不是装饰品,它与诗质间的关联不是一种外形的类似,而应该是一种内在精神的感应与化合,一种同情心伸缩的支点的合一。"①这一认识与意象派庞德的认识如出一辙,庞德宣称:"意象主义的要点,就是不把意象用于装饰。意象本身就是语言,意象是超越公式化了的语言的道。"②不仅如此,这一时期的诗人、理论家除了以意象派为参照之外,亦借鉴其他现代派诗歌理论来理解意象,同样是在唐湜《论意象》一文中他还十分推崇波德莱尔的诗歌,并借助《应和》这首诗来解释意象,他说:"是的,诗正是这样的自然,这样的神殿,那些活的柱子,那象征的森林正是意象,相互呼唤,相互适应以组成全体的音响体系的有机物。"③而这种认识在 20 世纪三四十年代到 80 年代的理论界是具有普遍性的,不仅如此,在理论建构层面很多西方理论家如克罗齐、弗洛伊德、荣格、立普斯、谷鲁斯等都相继被借鉴、引用,用以建构中国"意象"理论,这在朱光潜等人的理论中表现异常明显,将在下文讨论。

所以,很长一段时间内中国学界对"意象"的认识,是将其作为舶来品看待的,认为中国文化乃至新诗中的"意象"源自西方。而较早对这种认识提出质疑的应该是钱锺书,据敏泽的《钱锺书先生谈"意象"》一文回忆,1983 年他撰写《中国古典意象论》一文后请钱锺书修改,钱先生十分同意其将中国古典意象的源头上溯到《周易》和《庄子》的观点,并认为《文心雕龙》和《二十四诗品》中提到的"意象"范畴应属于不可拆分的"偶词",与文论史后期所说的"意象"并非完全等同,自此之后"凡是论述意象问题的文章,再没有人将它视之为西方文学的专利品了"④。由此,可以说钱锺书乃至受其点拨的敏泽为新时期中国古典意象的研究开辟了先河。事实上正如赵毅衡所言,西方意象派所提倡的"意象"实际上是从中国古典文学中"拿去"的,⑤而 20 世纪初的很多学者恰恰忽视了这一点。80年代以后,中国理论界对"意象"概念逐渐重视起来,并将之看作最能体现中国文学艺术特点的美学范畴之一。相应的,对它的理论探讨也逐渐增多并走向纵

① 唐湜:《论意象》,载《春秋》1948 年第 5 卷第 6 期,第 27 页。
② [英]彼德·琼斯著,裘小龙译:《意象派诗选》,漓江出版社 1986 年版,第 33 页。
③ 同1,第 28 页。
④ 敏泽:《钱锺书先生谈"意象"》,载《文学遗产》2000 年第 2 期。
⑤ 赵毅衡:《意象派与中国古典诗歌》,载《外国文学研究》1979 年第 4 期。

深,因此下文将对 20 世纪 80 年代到 20 世纪末的"意象"研究历程作适当的勾勒。

借助中国知网(CNKI)对这 20 年关于意象理论的研究文章进行的简单梳理(对具体诗人及其作品的意象分析不在此列),就会发现 20 世纪 80 年代到 90 年代相关文章约 100 篇,90 年代到世纪末相关文章 300 余篇,这表明对"意象"理论的探讨在 20 世纪的后 20 年中呈现逐渐蓬勃的态势。这些研究成果基本围绕以下几方面来展开:1. 艺术形象与意象之关系;2. 对意象的心理学探讨;3. 对意象之中国古典源头的探索;4. 中西意象理论对比;5. 挖掘意象的文艺美学肌理;6. 文学之外的其他艺术门类的意象问题(下文权称为"艺术意象问题")。上述六个方面代表了 80 年代以后 20 年的整体研究方向,当然除此之外,还包括语言与意象的关系问题、文学翻译过程中的意象问题,但相形之下这两个方面 90 年代之后才逐渐被提及,成果相对较少,并未成为主要研究方向。

上述六个方面表现出两种不均衡性:首先是数量的不均衡,如上所述 90 年代之后的理论文章明显多于 80 年代,几乎是前者的三倍之多。笔者认为这应该属于正常现象,任何一个有价值的学术领域、学术问题都会有如此表现;不均衡性的第二个表现,也是最为重要的,体现在对上述六个方面问题的关注度和开掘深度层面。在这六个方面中,无论 80 年代还是 90 年代,占据绝对研究主流的是对意象的文艺美学肌理的研究,其几乎可以占成果总数的一半以上,重点围绕意象的哲学基础、审美特征、美学意蕴、意象与意境之关系等问题展开。另外两个被研究者普遍关注的方面,一个是对意象的古典源头的探索,另一个是中西意象理论的对比。就第一个方面而言,自从 80 年代钱锺书、敏泽、叶朗等研究者将意象的源头上溯到《周易》《庄子》,并对刘勰、王昌龄、司空图以及明代前后七子的意象理论作了历史性梳理之后,基本上已将理论流变的脉络勾勒清楚,这便导致整个 90 年代尽管相关文章数量激增,但整体水平并未有明显提升。就第二个方面而言,90 年代的文章不仅数量明显多于 80 年代,而且表现为中西比较的领域逐渐扩大,其中英美意象派理论与中国古典意象理论的对比无疑是最受关注的,事实上,正是由于中国古典文学与意象派的密切关系,所以在"意象"问题上两者必将存在可以互作参照的空间。除此之外,研究者也逐渐从原型、神话、风格、修辞(如象征、比喻)等诸多层面进行对比。对于艺术形象与意象关系的探讨,90 年代以后逐渐式微,原因在于这一问题的提出本身就是存在现实背景的,或者说它在 80 年代是作为形象思维大讨论的副产品而被重视的,时过境迁,自然要归于沉寂,但笔者认为这一问题并非是伪问题,且存在继续讨论的空间。对于意象的心理学探讨,早在 20 世纪 30 年代朱光潜便有《文艺心理学》出版,从心理学层面讨论文学问题是一个重要的角度,对意象的研究自然也是如此,探索意象之"意"的来源和复杂性必然涉及创作心理乃至接受心理等诸多问题,因此,这一方面的研究虽未成为意象研究的主流,却一直向前推进着,在 90 年代突出表现为对意象思维的重视,这一概念几乎可以囊括从意象构思到意象接受的诸多心理问题。值得一提的是,90 年代以后艺术意象研究开始繁盛,这是对意象研究的新发展。包括音乐、绘画、书法、舞蹈、戏剧甚至是民歌、广告中的"意象"问题被不断论及,"语象""音象""乐象""戏剧意象""绘画意象"将 80 年代便已兴起的"审美意象"概念加以进一步细化。笔者认为就文艺美学而言,这种趋势是对以往单纯的文学意象研究的有效拓展,也最大限度地回归了中国古典意象范畴的最初内涵。

通过上面的分析,我们似乎可以得出这样的结论:20 世纪中国美学的"意象"研究经历了曲折的发展道路,世纪之初的几十年乃至世纪之末的 20 年,是其发展的较好时期。就世纪末的 20 年而言,随着"意象"范畴的凸显,其逐渐完成了从"美学在中国"到"中国美学"的转变,[1]不仅对意象的诸多特征、理论流变、中西异同进行了详尽探索,而且也对之进行了较为重要的理论拓展,甚至很多研究者将之作为中国美学的基本生发点来看待。同时也应注意到这一时期的理论发展也较为复杂,常常是拓展与倒退同时并存,因此在内在研究理路上存在不平衡性,这便导致我们不能以单纯的进化论思维衡量意象的相关研究。以上是笔者对 20 世纪尤其是 80 年代以后意象研究的总体状态进行的宏观勾勒,下文将主要针对其中对中国意象理论贡献最为突出的两个研究趋势进行微观描绘,进而达到考镜源流的目的。

二、"意象"之体系建构及泛化

20 世纪 80 年代以后,"意象"研究的重要发展是众多研究者将之作为中国

---

① 高建平:《全球化与中国艺术》,山东教育出版社 2009 年版,第 30—44 页。

美学的最核心范畴，在深入挖掘其内涵、勾勒发展过程的基础上以之建构整个中国美学体系，因此笔者称之为"意象本体论"潮流。在此过程中，出于现实性的考虑，"意象"的泛化也在同时发生。

真正使中国古典美学研究得以勃兴，并去除掉固有的意识形态因素影响的时期，是 20 世纪 80 年代中后期。此时，中国古典美学得到了较大程度的重视，这就比 80 年代前期又前进了一步。叶朗的《中国美学史大纲》(1985)便是在这种环境下完成的，"意象"是叶朗一以贯之的美学主题，并在其美学思想成熟的过程中逐渐得到凸显。在后来出版的《现代美学体系》(1988)一书中叶朗明确表明了"意象本体论"的倾向，该书总结出中国古典艺术研究的"四大奇脉"，即元气论、意象说、意境说、审美心胸说，并对"意象说"进行了重点论述，认为"艺术的本体乃是审美意象"①，并将审美意象分作三类：兴象、喻象和抽象。而叶朗对"意象"的推崇在 21 世纪之后的著作中则表露得更为明晰，《美学原理》(2009)一书可以说是在较成熟的"美在意象"观念指导下形成的，所以他着重从意象的角度切入古代乃至近现代美学家的美学思想，如提到朱光潜，他说："《诗论》这本书就是以意象为中心来展开的。一本《诗论》可以说是一本关于诗歌意象的理论著作。"②提到宗白华，他也称："宗白华美学思想的立足点是中国哲学……从中国古代这一天人合一的生命哲学出发，他也提出了美在'意象'的观点。"③不能不说，虽是原理或概论性质的著作，但其中的主观倾向性较明显。笔者认为叶朗提出"美在意象"的目的在于摆脱朱光潜以来从主客二分的角度思考美学问题的思维模式，摆脱将审美活动单纯看成认识活动的简单思路。所以他提出"审美活动是人的一种以意象世界为对象的人生体验活动"④，在这种意象世界中人与外物是相统一的，人与外物混融一体，从而有效地避免了主客二分的思维定式。

与叶朗几乎同时，皮朝纲也一度以意象或审美意象为基础构筑中国美学史。但皮朝纲的研究兴趣较为广泛，其理论体系从关注人生美学到关注审美心理学，再到禅宗美学，所以对意象的重视仅是其在特定时期的一种理论倡导，这

① 叶朗：《现代美学体系》，北京大学出版社 1988 年版，第 90 页。
② 叶朗：《美学原理》，北京大学出版社 2009 年版，第 7 页。
③ 同上，第 8 页。
④ 同上，第 14 页。

与叶朗一以贯之的思路是不同的。在《中国古代文艺美学概要》(1986)一书的下编,皮朝纲除了将"味"看成是具有主客观统一特性的范畴之外,亦认为"审美意象"是整个审美过程能够发生的关键,并据此总结出这些范畴的层次关系,这与其 1985 年出版的《中国古典美学探索》一书中的观点大同小异:"'味'(审美主体的审美观照及体验)与'悟'——'悟'与'兴'('兴会')——'兴'与'意象'('审美意象')——'意象'('审美意象')与'神思'——'神思'与'虚静'——'虚静'与'气'(文艺创造的推动力)……——'味'(审美对象的审美特征)与'意象'('艺术意象')——'意象'('艺术意象')与'意境'——'意境'与'气'(艺术作品的生命力)……"①从中不难看出其将"意象"("艺术意象")看成审美能够发生的必要保障,并且从中亦可看出"审美意象"是贯穿于其从创作到欣赏的整个过程中的,于是他进一步解释称:"因为在文艺创作(特别是艺术构思)中,文艺家的主要任务就是要营构'审美意象'(即意中之象),只有当'审美意象'形成之后,才能'窥意象而运斤'(《文心雕龙·神思》),把'审美意象'物态化为艺术形象;进行文艺欣赏,也要首先把文艺家所塑造的'艺术意象'转化为自己头脑中的'审美意象',才能进一步去领会和把握'艺术意象'(形象)的内在意蕴和文艺家的审美情趣。"②通过比较《中国古代文艺美学概要》与《中国古典美学探索》所描绘的范畴体系,可以发现"味"的核心地位未变,而"意象"和"气"两个范畴则成为这一范畴体系中的基本范畴。在距离上述两本著作 10 余年后出版的《中国美学沉思录》一书中,皮朝纲又将自己的意象本体论作了更明确的表达:"我们认为,艺术的本体是审美意象。"③

对意象本体的坚持,除了叶朗、皮朝纲两位早期的拥护者之外,在 90 年代还有夏之放、姜开成、朱志荣等人,限于篇幅,权作简要介绍。夏之放在 1990 年发表的《论审美意象》一文中便明确提出了"用审美意象作为文艺学体系的第一块基石"的观点,④后来又重申"应该理所当然地把审美意象看作是文学理论体系的逻辑起点和中心话语"⑤。姜开成与夏之放的观点非常接近,他是从对"形象"概念的批判引入"意象"范畴的,从 50 年代美学大讨论开始,文学便被看成

① 皮朝纲:《中国古代文艺美学概要》,四川省社会科学院出版社 1986 年版,第 11 页。

② 同上,第 9 页。

③ 皮朝纲:《中国美学沉思录》,四川民族出版社 1997 年版,第 247 页。

④ 夏之放:《论审美意象》,载《文艺研究》1990 年第 1 期。

⑤ 夏之放:《以意象为中心话语建构文艺学理论体系》,载《求是学刊》1995 年第 6 期。

形象、情感和想象的组合体,但到了 90 年代这种认识则有待商榷,姜开成认为将"形象"作为核心范畴,带有较大的片面性和局限性,所以他认为"传统文论中'意象'的内涵经革新后,可以取代'形象',这有助于全面、深入地把握文学的本质特征"①。朱志荣则认为意象论是古典美学雅俗论、风格论、文体论、语言论、鉴赏论的基础,其也将意象作为中国古典美学的最为基础的核心概念,"'意象'成了中国传统文学内蕴的一种标志……我将'意象'作为中国文学的艺术特征的核心内容加以探讨"②。本章节认为上述诸人倡导"意象"本体的潜在话语是对"形象说"的反拨,他们普遍认为将文学尤其是中国文学单纯认为是形象性的是有失偏颇的,试图以"意象说"加以转化。一方面,这种认识体现出 90 年代学者不断思考的科学精神,以求最大限度地摆脱意识形态以及反映论的影响,对"形象"的重视实际上是西方模仿论、再现论的翻版;另一方面,实际上这也是时代潮流的一种投影,文学形象问题是 80 年代"美学热"的核心和热点问题,而到了 80 年代中后期这种潮流则渐渐退去,在此种背景下研究者开始冷静地思考文学基本属性的问题,正如高建平所指出的,"从 1980 年代中期到 1990 年代,是中国古典美学大繁荣的时期,众多的古代文学概念,特别是影响巨大的'意象'研究,直接承续'形象思维'的讨论而来"③。

事实上,在叶朗、夏之放、姜开成等人极力倡导意象本体的同时,他们亦对这一问题有清醒的认知。因为毕竟这一范畴的产生土壤是古代艺术,五四运动以后特别是 80 年代中期以后的文学状况改变较大,因此要想使这一范畴重新获得有效性,对之进行适当转化便在所难免。在某种意义上,本体化的过程实际上与泛化的过程是同时存在的,对某一概念或理论的钟爱发展到一定阶段便试图赋予其包含一切的解释能力。这便涉及概念或理论的扩容和转化问题,意象问题也是如此。

当然还要提到叶朗,上文已经提到,他将意象分成三类:兴象、喻象和抽象,"抽象"意义的引入便为解释西方现代派文学中的形象留有了余地,他说:"可以看出现代派艺术在一定程度上丰富、扩大、深化了艺术的意象空间和意象构成

① 姜开成:《论"意象"可以成为文艺学的核心范畴》,载《浙江学刊》1997 年第 4 期。
② 朱志荣:《中国文学艺术论》,山西教育出版社 2000 年版,引言,第 16 页。
③ 高建平:《"形象思维"的发展、终结与变容》,载《社会科学战线》2010 年第 1 期。

方式,从而对艺术的发展作出了自己的贡献。"①事实上,其在《现代美学体系》中便开始以多元性的研究思路建设现代美学体系了,其基本原则在于一方面坚持传统美学与当代美学的贯通,另一方面坚持中国古典美学与西方美学的融通。在《胸中之竹——走向现代之中国美学》(1998)一书后记中,他有这样的总结:"10 多年来,我逐渐形成了一个基本观念,就是'意象'乃是中国传统美学的核心范畴,同时'意象'又是中国传统美学和西方现代美学的契合点。"②与之类似,上文提到的夏之放、姜开成等人眼中的意象也是具有现代含义的美学概念,夏之放将意象分为四种③:当下审美意象、象征性意象、想象意象和幻想意象,很显然后三种是具有极大包容性的。姜开成则主张对"意象"进行新的意义阐释,并以之代替传统的"形象"说,他认为应该将"意"与"象"的外延进一步开拓,使其不再局限于再现文学或抒情文学,而"应该尽可能适用一切文学"④。

可以说,各位研究者的上述态度是 1990 年代以后意象研究者的普遍共识,这种转变在当时的各种文学理论、美学教材中便有十足的反映。以新时期以来影响较大的童庆炳所编写的《文学理论教程》多个版本为例,可以发现一些很有意思的现象。在 1989 年版的教材中并未提及"意象"范畴,仅是提及了文学艺术具备形象性的特征,并在进一步论述文学形象的性质时提到了"意象性"的概念,但检阅全文,其对"形象的意象性"的解释却并未将意象作为本土概念来看待,反而以意象派代表庞德对意象的定义为重要依据。⑤ 这种情况在 1990 年代的教材中则转变较大,1992 年之后的版次中都无一例外地专列"文学意象"一节,明确提到:"意象是中国首创的一个审美范畴。"⑥并进一步指出文学意象作为审美意象具备哲理性、象征性、荒诞性、抽象思维的参与等特征,⑦从中不难看出,实际上童庆炳试图将西方现代派文学中难以用典型形象进行归类的格里高尔式的"符号性形象"归入意象范畴之下,由此可以说童氏的系列教材正是意象泛化潮流的真实映射。

① 叶朗:《美学原理》,北京大学出版社 2009 年版,第 153 页。
② 叶朗:《胸中之竹——走向现代之中国美学》,安徽教育出版社 1998 年版,后记。
③ 夏之放:《论审美意象》,载《文艺研究》1990 年第 1 期。
④ 姜开成:《"意象"说替代"形象"说之我见》,载《浙江师大学报》1997 年第 2 期。
⑤ 童庆炳:《文学概论》,武汉大学出版社 1989 年版,第 78 页。
⑥ 童庆炳:《文学理论教程》,高等教育出版 1998 年版,第 287 页。
⑦ 同上,第 289—292 页。

　　对"意象"范畴的泛化,除了上述诸位研究者最大限度地扩大其现实解释能力之外,还存在另一种趋势,便是将其进一步"细化"。事实上,这两种趋势是同步发生的,通过上文可知很多研究者在对"意象"解释能力进行扩充的同时已经普遍运用"审美意象"这一范畴了。

　　"审美意象"的较早提法见于朱光潜 20 世纪 60 年代出版的《西方美学史》,他在翻译康德的最高审美范畴"Asthetische Idee"时,依据希腊文将其译为"审美意象",是一种"理性观念的感性形象"①。20 世纪 80 年代,胡经之在其《文艺美学》(1989)中设有"艺术形象与审美意象"一节,专门讨论审美意象及其如何转化为艺术形象的问题。胡经之较之其他学者的不同之处在于,他明确地对审美意象与艺术形象进行了区分,他指出:"意象,这是思维化了的感性映像,是具体化了的理性映像。意象一旦得到物化,就可以转化为形象。但是,并非任何意象都可转化为艺术形象。意象,有审美意义的,也有非审美意义的。"②这里,所谓"有审美意义的"经过物化便可称为艺术形象,而"非审美意义的"最终则很难具有艺术价值。所以,胡经之的进步之处在于从艺术创作角度指出了"眼中之竹"到"手中之竹"的复杂转化过程,进而也看到了"意象"与"审美意象"的重要区别。并且,"审美意象"虽脱胎于中国古典美学,但在胡经之倡导的文艺美学的大框架下,它更多的是对艺术创作过程中所塑造形象的统称,这便将古典意义上较为广义的"意象"进行了细化和现代转型,其将"审美意象"定义为主体审美认识和审美情感的有机结合,且将其扩展到音乐、绘画、戏剧、书法、建筑、电影等诸多艺术领域。

　　胡经之对"意象"的另一个贡献在于从艺术思维的角度对意象进行了重新认识,并指出艺术中的思维不是概念思维,也不是通常意义上的形象思维,他创造性地提出"意象思维"的概念,"以意象为思维材料的思维,性质已不同于无概念的形象思维,应称它为意象思维,以区别于无概念的形象思维,又区别于概念思维"③。当然其对意象思维的界定和认识是与其对"意象"一词的充分体认以及对古典美学意义上的意象的现代拓展分不开的。在胡经之看来,意象的形成、深化和物化过程,便是意象思维和概念思维交替、结合的过程,从而看到了

① 朱光潜:《西方美学史》,人民文学出版社 1979 年版,第 391 页。
② 胡经之:《文艺美学》,北京大学出版社 1989 年版,第 200 页。
③ 同上,第 142 页。

艺术创作过程中感性与理性、形象与抽象相互扭结的性质。自从胡经之提出这一概念,并对之进行描述之后,研究者陆续对这一问题进行探讨,相关论文如褚兢的《意象思维略述》(1992)、高晨阳的《试论中国传统意象思维方式》(1993)、杨惠臣的《论意象思维》(1995)、邹建军的《"意象思维"的五大特性》(1998)、黄石明的《中国古代诗学的意象思维特征论》(1999)、彭景荣的《试论意象思维与意象艺术》(2000)等。而之所以从胡经之开始众多学者推崇"意象思维",本文认为其深层动因一方面是试图打破传统形象思维与抽象思维的二元对立模式,试图用这一概念将之整合,进而更好地表现艺术思维的特殊性;另一方面也有整合当时意象研究与心理学研究的考虑,诚如高建平在《"形象思维"的发展、终结与变容》一文中所言,1985年以后"形象思维"的讨论已经"化身为文艺心理学、文学人类学研究和古代文论中的'意象'研究"[1],而胡经之等人提倡的"意象思维"恰体现出了文艺心理学与"意象"研究的双重属性,或者说是这两种倾向的综合。

综上,如果说叶朗等人对意象概念的改造是将其应用于西方现代派文学之中,从而使学界对相应的符号化形象具备了区别于"典型"概念的理论称谓的话,那么胡经之等学者则是从文艺美学、文艺心理学的高度将这一概念加以拓展,从而使其具备了涵盖审美心理、审美认识、审美情感的泛性意义。但不可否认,无论是叶朗还是胡经之的上述扩界行为都是基于对"意象"概念的最核心认识,而这种认识无疑源于中国古典美学,所以这种"泛化"的尝试便与五四时期直到80年代初的意象观念决然不同,同时,也与下文将要提及的刘若愚、叶维廉等人比较美学视野下的意象理论建构相差甚远,叶朗、胡经之志在同化,而刘若愚、叶维廉则志在沟通。

三、"意象"与西方理论的对话

实际上,在中西对话的理论背景下观照、讨论中国美学问题是整个20世纪中国美学研究的基本底色,原因在于梁启超、王国维、蔡元培等美学先行者们都有十分深厚的西学渊源,他们无一例外地采取了一种世界性的眼光重新审视中

---

[1] 高建平:《"形象思维"的发展、终结与变容》,载《社会科学战线》2010年第1期。

国古典文化。对"意象"范畴的认识也是如此,这里尤其要提及者是朱光潜,其在《诗论》《谈美》等著作中试图从西方心理学角度审视意象范畴,《谈美》一书的开头即指出"美感的世界纯粹是意象世界"[①],这里所谓的"意象"既受克罗齐"形象的直觉"的思想影响较大,也是一种主体之意与客观之象的结合体,因此朱光潜将其视为沟通中西美学体系的首选媒介,在某种意义上"美在意象"的源头应该上溯到朱光潜这里。同时,他也对意象的内在机制进行了深层解释,他曾以人们凝神观赏梅花为例,即使你无暇思索关于梅花的现实境况,但"这时你仍有所觉,就是梅花本身形象(form)在你心中所现的'意象'(image)。这种'觉'就是克罗齐所说的'直觉'"[②]。在谈到意象与情趣的关系时,朱光潜又借鉴立普斯的"移情作用"(empathy)及谷鲁斯的"内模仿"(inner imitation)理论来剖析意象在主体心理层面的生成过程。所以可以说,朱光潜关于意象的认识是中国美学史上较早借鉴西方理论进行讨论的开创性成果。

在朱光潜之后,较早在中西比较诗学视野下观照中国古典"意象"范畴的应该是刘若愚。早在其1962年出版的《中国诗学》一书中,他就专门讨论了意象的性质和分类问题,其中不乏带有西方理性分析性质的深刻见解。在刘若愚看来,"意象"一词的英文是"image",源自拉丁文"imago",它不仅指诗人在诗中描摹的自然物象,而且是诗人表达抽象意念的媒介。可以说,单纯这一认识并不具有新意,但他的贡献在于针对西方学者对意象纷繁复杂而难以统一的认识,提出了自己的观点,主张按照意象的不同种类,分别加以界定。于是,他将中国古典诗歌中的意象分作两大类:简单意象(或单一意象)(simple imagery)和复合意象(compound imagery)。"简单意象(单一意象)是唤起感观知觉或者引起心象而不牵涉另一事物的语言表现;复合意象是牵涉两种事物的并列和比较,或者一种事物与另一事物的替换,或者一种经验转移为另一种经验的词语表现。"[③]前者指诸如云、水、柳、青山等仅包含一个意义的意象,后者则较为复杂。在他看来,复合意象可分为:并置意象(juxtaposition)、比拟意象(comparison)、替代意象(substitution)和转移意象(transference)四类,刘若愚主要以类似分

① 朱光潜:《谈美》,华东师范大学出版社2012年版,开场话。
② 朱光潜:《诗论》,江苏文艺出版社2008年版,第48页。
③ 刘若愚著,杜国清译:《中国诗学》,台北幼狮文化公司1977年版,第152页。

析合成词的方式,并按照本体与喻体之间的关系来分析诗歌中意象的构成,①除此之外,他还对意象与西方文学中象征的关系进行深入辨析,一方面承认两者在构造形式上存在相似甚至相通性,但另一方面则重点剖析了两者的不同,指出通常情况下意象中本体与情感之间的联系是相对固定的,而"一个传统的象征由于情况不同,其意义和情感方面的联系是可以有变的"②。早在《中国诗学》出版的前 1 年,刘若愚还撰写过《英诗中之意象》(1961)一文,所以刘若愚是站在中西文化的宏观角度审视两种文学各自的独特形象的,正因如此其对中国"意象"范畴的认识才会更为客观,且具有启发性。

与刘若愚比较文学视野相应,叶维廉对意象的认识也带有沟通中西的考虑,其在《比较诗学》一书的《语法与表现——中国古典诗与英美现代诗美学的汇通》《中国古典诗和英美诗中山水美感意识的演变》《语言与真实世界——中西美感基础的生成》等部分中都有相关讨论。叶维廉主要是从道家美学角度审视意象概念,并将之运用于解释庞德、威廉斯等人的诗作。在他看来,意象之"象"源自自然本有,"中国诗中的意象往往就是以具体的物象捕捉这一瞬的元形"③,而且就诗人主体来说也应以离形去智、心斋坐忘的心态看待自然物。在叶氏看来,意象是基于外在世界与人内在情感的深层同构关系而得以展现的,这无疑是对道家美学齐物观点的有效继承。而他之所以如此重视意象范畴,是与文学阐释的现代性困境密不可分的,在语言学转向的大背景下,对语言的过分倚重使得文学研究单纯成了由语言和意义两种元素构成的算式拆解,这不能不说是语言学转型的突出弊端,对形象的忽视极大地消解了文学的生命力。

叶氏对西方理论的另一个突破之处在于,很多汉学家、翻译家都将"形象"(image)翻译成"意象",而忽视了两种文化"模子"的差异,在他看来,西方人眼中的"意象"是存在本体和喻体、能指和所指之分的,且所指的意义相对单一、固定,本体与喻体之间往往也并非存在情感的同构性,这与具有鲜明道家特点的中国"意象"概念明显不同,比如在《中国古典诗和英美诗中山水美感意识的演变》一文中,他将王维和华兹华斯的山水诗进行了对比分析,认为:"王维的诗,

---

① 对四类复合意象的解释详见詹杭伦:《刘若愚:融合中西诗学之路》,文津出版社 2005 年版,第 198 页。

② 刘若愚著,杜国清译:《中国诗学》,台北幼狮文化公司 1977 年版,第 167 页。

③ 叶维廉:《叶维廉文集》,安徽教育出版社 2002 年版,第 88 页。

景物自然兴发与演出，作者不以主观的情绪或知性的逻辑介入去扰乱眼前景物内在生命的生长与变化的姿态，景物直现读者目前；但华氏的诗中，景物的具体性渐因作者介入的调停和辩解而丧失其直接性。"①所以叶维廉是以东方物我浑一思维纠正西方学者对文学形象乃至意象的认识，是对西方思维中主客二分逻辑的有效回避，在这一点上笔者认为这也是对刘若愚意象理论的修正和超越。

在中国内地，20世纪80年代之后很多理论家也陆续注意到西方学界对语言的重视，并开始了中国式的语言学转型，在此种背景下传统的"意象"范畴自然要被重新审视，相应的，在"言""象""意"三要素中，"言"这个在传统意象理论中被忽视的元素开始进入研究者视野。尽管他们中的一些人并非纯粹的美学研究者，客观上却扮演了深化"意象"这一美学范畴内涵的角色。较早涉及这一问题的应该是赵毅衡，赵毅衡在《新批评》一书中用"语象"②作icon和image的译语。在该书第六章第一节中他说："我们可以大致确定'语象'这译法与新批评派所谈的icon或image的意义比较能相应。"③但icon或image恰恰在他之前通常被译为"意象"，陈晓明在《本文的审美结构》中对语象进行了如下规定：1.语象建立在本文的本体构成意义上，也就是语象具有"存在性"；2.语象是本文的自在存在，它是本文的基本"存在视象"；3.语象只是呈示自身，不表明任何与己无关的意义或事物；4.语象是既定的语言事实，它与作者和读者以及其他本文无关。④总而言之，"语象"较之"意象"更加突出了"语言"和"文本"的基础性或本体性地位，兼顾形而下之"语言"，同时重视形而上之"象外之象"。可以说，即使如有的研究者所言，"语象"一词的中国化过程可能存在某种误读的事实⑤（其实很多西方概念都存在这种情况），但笔者认为这种误读是合理的再创造，因为它在某种程度上被中国学者赋予了新意，而这恰恰构成了对中国文学中一直以来的"形象"乃至"意象"概念的有效补充和拓展，我想这也是诸多著名学者愿意使用这一概念的初衷。

---

① 叶维廉：《叶维廉文集》，安徽教育出版社2002年版，第174页。

② 对"语象"一词的认识，目前学界仍有颇多争议，该词最早由赵毅衡在20世纪80年代引入，后经蒋寅、韩经太、王一川等人的不断延伸、借用，从而形成了一个能指更为丰富的概念。相关论文如蒋寅《语象·物象·意象·意境》（《文学评论》，2002年第3期），韩经太、陶文鹏《也论中国诗学的"意象"与"意境"说》（《文学评论》，2003年第2期）等。

③ 赵毅衡：《新批评》，中国社会科学出版社1986年版，第136页。

④ 陈晓明：《本文的审美结构》，花山文艺出版社1993年版，第92页。

⑤ 黎志敏：《语象概念的"引进"与"变异"》，载《广州大学学报》2008年第10期。

众所周知,在普泛意义上意象是"意"与"象"的有机组合,是主体将自己的主观感情投射到外在对象之上,使之在作品中带有超出纯粹客观的意味,依赖物象但又远远超出物象。但问题马上出现了,即不是任何文学作品都有这种带有深厚含义的形象存在的,即使在古代诗词中也并非决然如此,在新时期的文学作品中这种情况则更为突出,语言实验、叙事圈套、个人独白等新的叙事策略充斥着整个文坛,在这种背景下连鲜明可感的"形象"都难以索迹,更遑论"意象"了。而"语象"范畴的应用恰可弥补这一空缺,若从最通俗意义上来看待这一概念,"语象"一方面仍然承载着"象外之象"的基本内涵,但另一方面,也是最为重要的是它承认了语言的重要性,语言本身就是一种有意味的形象,只有发掘出语言的这一特性,才可以更深入地看待中国古典文学作品中的形象之美,这一点是传统美学理论、文学理论很少注意的方面。

在赵毅衡之后对"语象"概念进行拓展,甚至多少带有些极端意味的是王一川,他提出了"语言形象"的命题。"谈论中国文学,对我们来说,其实往往就是谈论汉语文学。而汉语文学的特点之一,是汉语本身就具有美的形象。"①事实上,王一川所倡导的语言形象是在语言学转向的现代性大背景下展开的,在他看来,文化现代性的重要组成便是语言现代性,新文化运动以后古典式语言或者是古典式语言写作渐渐淡出国人视野,白话语言和白话文写作成为百年中国文学领域的主流,伴随语言这一文学的首要因素的变革,其体现出的整体味道或者说其美学特质必然发生某种转变,如果说前现代社会文学语言以能塑造出含蓄隽永的"意象"为最高成就的话,那么伴随语言形式和文体形式的改变,此时文学语言所塑造的形象则与古典文学存在明显的断裂,"香草美人"与"丁香一样的姑娘"自然韵味不同,此种背景下考察古典"意象"在现代乃至后现代社会的存在样态自然十分必要。事实上,王一川从最初倡导体验美学到后来倡导语言论美学,再到 90 年代末倡导修辞论美学,这一发展过程也与中国文学理论80 年代以来的理论走向相一致。"语言形象"恰是伴随语言学转型而产生的副产品,但不管怎样,王一川不失时机地抓住了汉语文学的本质因素,并将其同社会文化紧密联系起来,这就打破了原有古典式的"意象"研究体现的精英疆域和封闭状态,语言形象不仅成了文学语言塑造的独特形象体系,更为主要的是从

① 王一川:《汉语形象美学引论》,广东人民出版社 1999 年版,第 3 页。

中可以看到意识形态、作家个性、美学理想等诸多内涵，"语言形象是文学的艺术形象系统的最直接'现实'"①。其在《中国形象诗学》《汉语形象美学引论》等书中的基本观点是将语言形象看作是由文学作品的具体话语组织所呈现的富有作者个性特征和独特魅力的语言形态，是文学作品艺术形象系统的组成部分，主要包括语音形象、文法形象、辞格形象和语体形象四个层面。

这里需要指明的是，王一川理论中的"语言形象"与传统意义上的"意象"不同，也与"语象"概念有所区别，因为无论意象还是语象都较为重视文学作品中的"形象"因素，两者的区别仅是对语言因素是否关注而已，而"语言形象"似乎走得更为彻底，相较前两者，它更突出语言自身的形式性因素，后来他甚至说"所谓语言形象，主要不是指由具体语言（话语）所创造的艺术形象（如人物形象），而是指使这种艺术形象创造出来的具体语言组织形态，或者说，是创造这种艺术形象的具体语言组织形态"②。从中不难看出，传统的"意象"范畴在 20 世纪末由于缺乏现实的解释能力，随着文学形态和文学观念的根本变革，其在进行着十分艰难的理论突围。

行文至此，有必要对刘若愚等人的理论作出适当的反思。上述诸位学者的理论贡献诚如所述，但其理论缺陷也是十分明显的。刘若愚实际上是以西方分析哲学的方法，以主客二分的西方传统思维来对意象进行了过于理性的探讨。叶维廉尽管在某种程度上避免了刘若愚的局限，但其研究中国古典意象的参照系是英美近现代诗歌，文化模式及时间上的双重错位加之其对中国古典诗歌的选择性提及，不免使其观点存在片面性。而赵毅衡、王一川对"语象""语言形象"的坚持，很显然其研究方法源自西方，"语象"概念是在英美新批评的理论框架下展开的，至于"语言形象"则明显已经超出了形象的范围，严格意义上说是对语言特征和语言个性的描述。

综上，纵观整个 20 世纪"意象"范畴的发展脉络，可以说其经历了理论自由、理论潜行和理论自觉三个时期。从五四运动时期到 40 年代是理论的自由时期，尽管将这一时期定位为西方概念，但整体的理论空气是澄明的，这也为 80 年代意象理论的重振、中西沟通奠定了坚实基础；40 年代至 80 年代是理论的潜

---

① 王一川：《汉语形象美学引论》，广东人民出版社 1999 年版，第 12 页。
② 王一川：《汉语形象与汉语形象美学》，载《浙江学刊》1999 年第 1 期。

行期,在社会环境、意识形态等多重因素的包夹之下,从《在延安文艺座谈会上的讲话》对文艺创作中"形象"问题的讨论到 80 年代早期对"形象思维"的高度重视,"意象"问题实际是被包裹在"形象"问题之下的。但不可否认,这些讨论无论在文艺心理学还是在文艺美学层面都为后来对"意象"深层肌理的挖掘作了必要准备;80 年代尤其是中期以后是意象理论的自觉期,这也是"意象"理论获得最充分发展的时期,上文论及的体系建构、泛化以及中西的理论沟通都发生在这一时期,通过意象本体化及泛化的努力,最大限度地扩大了意象的内涵和外延,最终使其成为具有现实意义的美学范畴。所以,笔者认为这一范畴是古代文论现代转化过程中最为成功的案例,事实上,目前在其他艺术领域中"音象""乐象""戏剧意象""绘画意象"等"意象"子范畴的提出恰好是这一观点的绝好印证。

第四节　中国古典美学范畴建构之尴尬
——"意境"的现代化困境

不可否认,中国美学学科的出现是西方美学中国化的产物,虽然"美学"学科在西方早已建立,但直到 20 世纪初才被引入中国。面对全新的文化环境,西方的"哲学美学"显然会出现水土不服的症状,因此如何将之改造成一种符合本土特点的理论形态便成了当时众多学人首先要解决的问题。事实上,纵观 20世纪以后的中国美学发展历程,我们的美学其实是沿着"艺术美学"的路径发展的,相较于"哲学美学",它更多地重视对艺术思想的总结、对美学范畴的钩沉、对现实问题的关注。其实,西方美学的本土化与中国美学的建立是一体之两面,在这一过程中中国古代艺术资源起到了不容忽视的重要作用。为了构建本土化的美学体系,中国古代的众多艺术思想、艺术范畴被重新整理,并被赋予了前所未有的重要性,中国古典美学的现代崛起便是在这一背景下开始的。而从另一个角度来看,20 世纪中国古典美学的崛起又似乎天然地带有某种非自觉性,或者说它是在一种外力推动的作用下展开的。正因如此,便决定了它在后续发展过程中必然要面临一种"寄人篱下"的困境,虽然父母是亲生的,房子却是别人的,因此要想过得安稳,获得永久的居留权,便要努力迎合房主人的好恶。甚至有时还要违心地改变甚至隐藏父母遗传给自己的脾气秉性,变得低三下四,而这一过程有时又吃力不讨好,最终自己改变了,却未得到房主人应有的尊重和认可,或者由于天性使然,自始至终便会同房主人磕磕绊绊。我想,用这个例子来说明中国古典美学现代崛起过程中所遇到的尴尬是十分合适的。由于这个话题过于笼统,因此下文将主要以"意境"这一公认的中国美学的核心范畴为考察对象,试图分析它的现代化旅程及面临的尴尬处境,以此管窥中国古典美学崛起的脉络及美学范畴建构过程中存在的问题。

一、"意境"的现代化旅程

"意境"是中国古代艺术思想中的重要范畴,20 世纪 80 年代以后形成了对之研究的热潮,到目前为止仅在中国知网(CNKI)中便收录相关论文 5 000 余篇,而实际的数字当然不止于此。这些论文中探索意境源流问题的占据相当比重,经过不断地挖掘、讨论,目前基本上认为"意境理论"发轫于先秦时期,孕育于魏晋南北朝,形成于唐代,盛行于明清之际。其中唐代是意境的成熟期,王昌龄、皎然、刘禹锡、司空图等人将这一理论在文学领域进一步拓展,后来如南宋的严羽,明代的谢榛、朱承爵,清代的叶燮、王士禛、陈廷焯、况周颐等人对意境理论都有所贡献,而成就尤为突出者则是王国维。上述观点,基本上代表了目前最为主流的意境发展史,而且这种认识也贯穿在众多的美学史和文学批评史中。当然,除此之外也有一些不同的声音存在,比如罗钢便认为"意境"说并不是中国传统美学和诗学本有的,而是德国美学以王国维、梁启超、朱光潜等人为中介在中国的具体化。[①] 可以说,这种观点具有一定的理论依据,因为尼采、叔本华、康德等人确实对上述理论家产生了重要影响,他们的理论体系也体现出鲜明的德国美学色彩。但据此便将"意境"纳入德国美学体系,似乎有些武断且牵强,因为包括德国美学在内的西方美学在意境现代化转化的过程中仅是起到了一种催化剂的作用,甚至即便在意境获得凸显的过程中,它们真的发挥了重要作用,但这种作用则并非是根本性的,忽视意境的中国本土色彩,单纯地强调外部因素的作用是不够客观的。

---

① 罗钢:《意境说是德国美学的中国变体》,载《南京大学学报》(哲学社会科学版)2011 年第 5 期。

"意境"范畴现代化旅程的肇始点是王国维 1904 年在《教育世界》中发表的《孔子之美育主义》,在文中他首次提到"境界"说。1907 年,在托名樊志厚发表的《〈人间词〉乙稿序》中,他正式提出"意境"概念,称:"原夫文学之所以有意境者,以其能观也。出于观我者,意余于境;而出于观物者,境多于意。然非物无以见我,而观我之时,又自有我在。故二者常互相错综,能有所偏重,而不能有所偏废也。文学之工不工,亦视其意境之有无与其深浅而已。"①虽然在 1908 年出版的《人间词话》中他仍然使用"境界"一词,但在 3 年后的《宋元戏曲考》中则又大量使用"意境"这一概念,至于为什么会发生这种术语的游移现象,估计这与"境界"范畴自身的缺陷不无关系,"第一,'境界'一词既曾屡经前人使用,有了许多不同的含义,因此当静安先生以之作为一种特殊的批评术语时,便也极容易引起读者们不同的猜测和解说,因而遂不免导致种种误会。第二,静安先生自己在《人间词话》中对'境界'一词之使用,原来也就并不限于作为特殊批评术语的一种用法而已,它同时还有被作为一般习惯用法来使用的情形"②。可以说,"境界"在王国维的理论体系中是一个总体性的概念,其具有批评术语和日常词汇的双重角色,相较而言"意境"则更为纯粹,所以在《宋元戏曲考》中才被集中运用。当然,无论"境界"还是"意境",在其体系中其实都带有鲜明的西学色彩,比如其将有我之境、无我之境与西方美学的优美、壮美相比附就是一个显例,若细加分析,尚有许多这样的例证,不赘述。

在王国维之后,朱光潜是继承并发展王氏"境界说"的重要人物。他在《诗论》中专列一章来讨论"诗的境界",此处涉及的"境界"便源自王国维,如其所述:"从前诗话家常拈出一两个字来称呼诗的这种独立自足的小天地。严沧浪所说的'兴趣',王渔洋所说的'神韵',袁简斋所说的'性灵',都只能得到片面。王静安标举'境界'二字,似较概括,这里就采用它。"③事实上,"意境"或者"境界"从唐代产生之后,并未成为直接的文学批评术语,甚至宋代至晚清之前都很少有人使用,其被使用的频次远远低于"兴趣""神韵""性灵"等其他范畴。到了近代,随着王国维、梁启超等人的提倡才得以重见天日,甚至将以往的"兴趣""神韵""性灵"等都纳入了"意境"的范畴之内,不能不说其中体现出明显的人为

---

① 谢维扬、房鑫亮主编:《王国维全集》第 14 卷,浙江教育出版社、广东教育出版社 2010 年版,第 682 页。
② 叶嘉莹:《王国维诗学及其文学评论》,河北教育出版社 2000 年版,第 165—166 页。
③ 朱光潜:《诗论》,江苏文艺出版社 2008 年版,第 46—47 页。

建构的痕迹。当然，王国维之后，朱光潜便成了这种建构过程的接力者。他仍然沿袭王国维的"境界"概念，并认为诗的境界是情与景、情趣与意象的融合，并用克罗齐的直觉说、费肖尔父子的移情说以及谷鲁斯的内模仿说对"境界"的创造和体验过程加以阐释。可以说，朱光潜一方面将王国维理论中歧义频出的"境界"概念落实到了"诗"（即文学）的范围，而且在这一过程中也对中国传统文艺中意义较为模糊的"意境"概念进行了带有现代意义的界定，使其内涵更为明确。虽然该书出版于 1942 年，但据序言可知其基本的纲要则成型于 30 年代初期，由此看来朱光潜无论在理论层面还是在实践层面都具有重要的承上启下作用。

与朱光潜齐名且对"意境"范畴的现代化作出重要贡献的另一位理论家是宗白华。其实早在 1920 年，宗白华在发表的《新诗略谈》中便涉及了"意境"："我想诗的内容可分为两部分。就是'形'同'质'。诗的定义可以说是：'用一种美的文字——音律的绘画的文字——表写人的情绪中的意境。'这能表写的、适当的文字就是诗的'形'，那所表写的'意境'，就是诗的'质'。"①需要指出的是，这段文字是宗白华针对写白话新诗而说的，因此，此处之"意境"便与王昌龄乃至王国维笔下的"意境"不尽相同，用他自己的话说，它更倾向于一种"感想情绪"。不过，其将"意境"看成诗歌必不可缺之"质"，在当时还是具有相当的进步性的。以此为契机，宗白华的意境论在 40 年代获得了充分展开，1943 年 3 月，宗白华在《时与潮文艺》创刊号上发表了《中国艺术意境之诞生》一文，这篇被视为宗白华"意境"理论奠基之作的文章意义非凡，"真正赋予了它（指意境）作为中国美学核心范畴的地位"②。总体上，宗白华是抱着一种对中国传统艺术思想"同情的了解"的情绪展开研究的，从而给予"意境"范畴新的评价和充实的界定，在他看来，"研寻其意境的特构，以窥探中国心灵的幽情壮彩，也是民族文化底自省工作"③。可以说，这种"自省"既是一种文化的钩沉和接续，更是一种基于热爱基础上的现代化努力，所以他笔下的"意境"获得了最为明晰的内涵。与朱光潜相似，在《中国艺术意境之诞生》一文中，宗白华也看到了情与景在意境建构过程中的意义，将意境看成是"情"与"景"的结晶，除此之外，他也看到了

---

① 宗白华：《美学的散步》，安徽教育出版社 2000 年版，第 172 页。
② 刘成纪：《重谈中国美学意境之诞生》，载《求是学刊》2006 年第 5 期。
③ 宗白华：《美议》，北京大学出版社 2010 年版，第 69 页。

"实"与"虚"之间的辩证关系,认为"化实景为虚境"是构建艺术境界的重要维度,而且在他看来,意境中的"虚境"又与佛教之"禅境"、道家之"道"(或"无")十分接近,艺术中大量存在的空白在某种程度上就是一种体现"禅境"和"无"的手段,可以说,较之王国维和朱光潜,宗白华对中国艺术意境的认识是最为深入的,也是最为全面的,而且也看到了意境范畴较之其他概念的形而上属性。无疑,宗白华是中国古代意境理论的集大成者,更是意境现代化过程的最主要践行者。至此,意境的情景交融、虚实相生以及韵味无穷的基本属性得到了最准确的挖掘和言说。

宗白华的贡献在于真正明确地使用了"意境"概念,并将之看成中国艺术的最核心范畴,虽然在具体讨论时他也经常以西方艺术作为参照,但较之王国维和朱光潜要自觉得多,不仅很好地处理了"境界"与"意境"相互混杂的使用情况,而且也很好地摆正了中西哲学、中西艺术之间的体用关系。

如果按照历时的顺序梳理"意境"现代化的过程,那么下面将要讨论的应该是李泽厚。由于他的"意境论"除了包含现代化的因素之外,还涉及意识形态的内容,且对 80 年代的相关讨论产生了复杂的影响,因此将之放在本节第二部分来谈。

二、"意境"与"意象"之博弈

如上文所述,在朱光潜、宗白华之后,使"意境"理论产生广泛影响的是李泽厚。其《"意境"杂谈》一文,发表于《光明日报》1957 年 6 月 9 日和 16 日。概而言之,这篇文章的第一个贡献在于,以现代逻辑推演的方式分析意境,而且对主观情意与客观景物又进行了细致的分析,从而脱离了古代感悟式的言说模式。在他看来,"意境"是"意"和"境"两方面的有机结合,同时"'境'和'意'本身又是两对范畴的统一:'境'是'形'与'神'的统一;'意'是'情'与'理'的统一"[1]。在"境"的方面,超越"形似"之上的"神似"往往是能体现中国艺术神韵的关键,其实这便是宗白华所说的"实"与"虚"的统一。在"意"的方面,艺术作品除了要充分地表达作者的"情感"之外,还要对这种情感进行节制,"理"既是一种社会规

---

[1] 李泽厚:《门外集》,长江文艺出版社 1957 年版,第 140 页。

范,更是一种逻辑思维。由这些分析,我们可以看出其相较于宗白华对意境的分析是有所进步的,宗白华虽然也试图将意境加以界定,但仍属于一种总体性论述,而李泽厚则从哲学分析角度对"意境"的构成进行了详细的论证,从而使"意境"的内涵愈辩愈明。

《"意境"杂谈》的第二个贡献,也是最为重要的方面是将之置于"形象思维"的时代文艺思潮之下来讨论(这一点并非属于对意境理论建设的贡献,事实上将"典型"与"意境"放在一起言说恰是十分牵强的,其贡献在于为我们展现了"意境"在时代话语影响下的另类现代化。时过境迁,今天看来李泽厚在这方面的努力是不成功的)。在《"意境"杂谈》中,李泽厚将"意境"与"典型"放在一起讨论,并指出了两者诸多方面的相通性,下面这段话被广泛征引:

> 诗、画(特别是抒情诗、风景画)中的"意境",与小说、戏剧中的"典型环境、典型性格"是美学中平行相等的两个基本范畴(这两个概念并且还是互相渗透、可以交换的概念;正如小说、戏剧也有"意境"一样,诗、画里也可以出现"典型环境典型性格")。它们的不同主要是由艺术部门特色的不同所造成,其本质内容却是相同的:它们同是"典型化"具体表现领域,同样不是生活形象简单的摄制,同样不是主观情感单纯的抒发;它们所把握和反映的是生活现象的集中、概括、提炼了的某种本质的深远的真实。①

"典型"问题之所以在新中国成立后的理论界备受关注,一方面与当时的现实主义文艺倾向有关,另一方面也与一直以来对形象思维的重视关系密切。李泽厚的上述认识便很好地展示出了时代的理论讯号,而其 1963 年 10 月发表在《新建设》上的《典型初探》一文又进一步重申了"意境"与"典型"之间的密切联系,甚至将"意境"作为"典型"在表现(抒情)艺术中的一种特殊形态来看待,他说:"'意境'的创造,是抒情诗、画以至音乐、建筑、书法等类艺术的目标和理想。'意境'成为这些艺术种类所特有的典型形态。"当然,他也看到了"意境"并非是客观的描绘,而是对主观情感的抒发。

若细加分析便会发现,实际上"典型"问题是"形象思维"讨论的副产品,李

---

① 李泽厚:《门外集》,长江文艺出版社 1957 年版,第 138—139 页。

泽厚将"意境"与"典型"相互勾连,便是试图从形象思维的角度看待意境,他亦曾直言"意境的基础首先是形象"。典型问题的提出与形象思维关系密切,而后者又与毛泽东《在延安文艺座谈会上的讲话》《给陈毅的信》等有内在关联,并成为左右中国 20 世纪 50 年代到 80 年代文艺界的潜在文艺话语。所以,李泽厚的"意境"理论是依附在"典型"论之上的,而对"意"与"境"的分析模式也是按照典型理论的分析模式展开的。可以说,李泽厚的上述观点在当时还是产生了不小影响的,甚至在 80 年代的教材中仍有体现,如 1985 年出版的十四院校《文学理论基础》修订本就认为,文学典型是一个内涵比较宽泛的概念,"在叙事性的作品中,所谓典型是指典型人物,或称典型性格。在抒情性的作品中,典型就是意境"①,"抒情性作品(主要是抒情诗)中的意境与叙事性作品(主要是小说、戏剧)中的典型人物,应该是一对平行的对等的概念……按其本质来说,则都具有文学(艺术)典型的特点"②。这种牵强的认识直到 90 年代才有所改变。

"形象思维"这个潜在指挥棒的存在,导致了"意境"理论的衰落,同时却促使了另一个美学范畴的崛起,并在美学领域取代了"意境",它就是"意象"。由于将"意境"与"形象"嵌合在一起有失牵强,便导致了意境在现代化的过程中遇到了巨大的阻力,并逐渐让位给"形象性"更为突出的"意象"。相较而言,"意象"更强调"象"的因素,更符合形象思维、形象问题的理论空气,所以在 80 年代以后便成为一个主流的美学、文论术语。从 80 年代初开始,对于"意象"的研究开始逐渐铺开,恰如本章第三节所述,"意象"在中国美学、文论中的凸显是有一个过程的,自五四运动前后到 80 年代初期相当长的一段时间内,胡适、闻一多、梁实秋、朱光潜等老一辈学者由于受到西方文学思潮的影响,普遍认为中国传统文学中并无"意象"范畴,该范畴是随着西方意象派文学在中国的推广才进入国人视野的。即便在这些人的文章中偶有提及"意象"概念,但与我们今天的理解也不尽相同。所以,20 世纪初的很长一段时间内中国学界对"意象"的认识,是将其作为舶来品看待的,认为中国文化乃至新诗中的"意象"源自西方。直到 1983 年,敏泽在撰写《中国古典意象论》一书时接受了钱锺书的意见,才重新将

---

① 十四院校《文学理论基础》编写组:《文学理论基础》,上海文艺出版社 1985 年版,第 13 页。
② 同上,第 18 页。

"意象"范畴正本清源,将其源头上溯到《周易》和《庄子》。① 自此之后学界便逐渐形成共识,认为西方意象派受到了中国意象式思维的影响,而其思想的本尊恰源自中国古典美学。到了80年代中后期,众多研究者便开始将"意象"作为中国美学的最核心范畴,试图在深入挖掘其内涵、勾勒发展过程的基础上以之建构整个中国美学体系,其中叶朗、皮朝纲、夏之放、姜开成、朱志荣等人便是代表。

正是由于众多理论者的积极参与,"意象"得到了最大程度的认可,并成为众多美学研究者钟情的对象,认为中国美学的发展史便是"意象"范畴的演变史,而且也将这种思想广泛贯彻于各种美学教材中,产生了巨大影响。与"意境"现代化的中途夭折相比,"意象"获胜的外因是其很好地借助了80年代仍然延续的"形象问题"讨论的余脉。因此,如果说20世纪五六十年代形象思维乃至文学形象的大讨论是借助"典型"问题得以彰显的话,那么到了20世纪80年代它则以"意象"为载体仍然滞留在理论领域。就"意境"研究而言,李泽厚将"意境"看作是"典型"的一种特殊形式,而叶朗则将其看成是"意象"的一种特殊形式,从中不难看出一直以来理论界的潜在话语是一以贯之的,只不过"意境"由于自身特质的限制,而与"形象"若即若离,并且逐渐在理论的聚光灯下渐行渐远。

所以,在新中国成立后尤其是在80年代构筑中国美学体系的过程中,存在一个潜在的"意象"与"意境"博弈的过程。最终导致"意境"败下阵来的原因较复杂:一方面,与权力话语的参与有关,任何文化建设与文艺思潮都无法决然脱离社会,处于真空状态的文艺思想是不存在的。新中国成立后对文学形象、形象思维问题的重视,使"意象"顺理成章地备受关注。另一方面,从学理角度来看,意象的可操作性较强,两者相比较,意象形而下色彩更为鲜明,它与文学的形象、想象等要素关系更为明朗,而意境虽然也是"实"与"虚"的统一,但更加强调后者,带有强烈的民族性,也仅仅局限在抒情文学藩篱之中,这也便潜在地限制了它现代化的步伐。虽然早在王国维那里就开始了"意境"现代化的潮流,如王一川所言,意境"适时地满足了现代中国人在全球化时代重新体验古典文化

---

① 敏泽:《钱锺书先生谈"意象"》,载《文学遗产》2000年第2期。

韵味的特殊需要""只有从王国维开始,意境才获得真正的现代性生命"①,而且新中国成立之后李泽厚等人将之与"典型""形象"等概念进行了逻辑性的比附,然而这一范畴自身的局限性,导致其并未成为文艺学、美学的最核心范畴。相较而言,"意象"则突破了中国抒情文学的限制,在文学领域,或者被认为是"文学形象的高级形态",或者被用来解释西方现代派文学的符号化形象,在美学领域,则成为建构中国美学的基石,从而产生了"意象本体论"(如叶朗)的主张。可以说"意象"的现代化扩容过程进行得相当顺利,相较而言,"意境"由于自身的过分抽象性,在古代诗词消亡的现代文学土壤中,则发生了明显的水土不服的现象。辩证地看,这既体现了这一范畴的独特性和准确性,同时在另一方面也必然限制了其自由发展的可能性。

事实证明,宗白华提出的"意境本体论"与后来叶朗的"意象本体论"形成了前后两个时期的对话关系,就目前来看,在"意境"与"意象"的博弈过程中"意境"败下阵来,其中既有权力话语的原因,也有理论自律的原因,更有文化传统断裂的原因。这就给我们提出了一个严峻的课题:中国古典的东西在面临现代化的时候,是将其看成一种机遇,还是看成一种挑战,是主动转化还是保持自律? 所谓的现代性转化是否是一厢情愿,抑或是否具有转化的普遍可能性?

三、"意境"的现代化之痛

在某种程度上,"意境"的现代化是中国传统艺术思想、艺术范畴现代化的缩影,其遇到的问题亦具有普遍性。不得不承认,受西方美学学科引入的影响,我们在相当长的时期内是抱着一种乐观态度的,并以西方美学的基本框架和思维方式重新审视中国古典艺术资源,因此我们梳理出了中国美学史,也钩沉出众多的美学范畴。进而,我们为了建构自身理论的合理性,广泛地征引、参照西方哲学、美学思想进行言说。虽然这种状况到了 20 世纪 80 年代以后开始由显入隐,但是不争的事实是,我们宣扬的所谓理论的世界化乃至理论的现代转化,暴露了我们的基本立场。

作为美学范畴的"意境",其现代化进程是不成功的,甚至是充满心酸的。

---

① 王一川:《文学理论》,四川人民出版社 2003 年版,第 268 页。

"意境"研究的蓬勃期出现在 20 世纪 80 年代以后,出现了数量众多的研究论文、研究专著,据古风的《意境探微》一书介绍,仅在 1978—2000 年间,"约有1 452 位学者,发表了 1 543 篇'意境'研究的论文;平均每年约有 69 位学者投入'意境'研究,发表 73 篇论文"①。这一时期的论文大多侧重对意境内涵、特征、来源的梳理,90 年代以后这方面的研究虽然在数量上有所增加,但有价值的研究只有有限的几篇,其中于民的《空王之道助而意境成——谈佛教禅宗对意境认识生成的作用》(《文艺研究》,1990 年第 1 期),顾祖钊的《论意境的称谓和渊源》(《文艺理论研究》,1995 年第 1 期),古风的《意境的"语象符号"阐释》(《学术月刊》,1997 年第 7 期),叶朗的《说意境》(《文艺研究》,1998 年第 1 期)、《再说意境》(《文艺研究》,1999 年第 2 期),蒋寅的《语象·物象·意象·意境》(《文学评论》,2002 年第 2 期)等是较具学术含量的专论。

除此之外,20 世纪 80 年代以后的"意境"研究也呈现出一些新的动向,笔者认为其中最具特色的是从"美学"角度切入的研究,学界开始有意识地将"意境"与"美学"相互勾连。或者将"意境"直接以美学范畴称呼,或者探索它的美学特征,或者分析其美学内涵,由此不难看出,研究者已经自觉地将其从古典艺术中进行提纯,并赋予其新的学科定位,这在某种程度上是对王国维、朱光潜、宗白华、李泽厚等人致力的"意境"现代化的延续。在这方面的研究中,张少康的《论意境的美学特征》较具代表性,该文对王国维乃至李泽厚从"文学形象"角度定义意境的做法提出了质疑,试图从"空间美""动态美""传神美""自然美"等层面对意境进行重新审量,其结论是:"我国古代艺术意境的基本特征是:以有形表现无形,以有限表现无限,以实境表现虚境,使有形描写和无形描写相结合,使有限的具体形象和想象中无限丰富形象相统一,使再现真实实景与它所暗示、象征的虚境融为一体,从而造成强烈的空间美、动态美、传神美,给人以最大的真实感和自然感。"②既然到了 80 年代"意境"的美学归属问题、美学特征问题得到了很好的解决,那么下一步就是要将这种中国美学思想在世界文艺园地中加以推广,从而使其具有普遍的解释能力。将"意境"范畴从美学角度加以审视,在某种程度上便是试图将其纳入现代学科体系,从而达到与西方话语的融合,

---

① 古风:《意境探微》,百花洲文艺出版社 2001 年版,第 16 页。
② 张少康:《论意境的美学特征》,载《北京大学学报》1983 年第 4 期。

沿着这一思路进行讨论,便会发现将意境"现代化"和"泛化"的努力似乎一直未曾中断过。20 世纪以来,王国维、朱光潜这些以西学解释意境的学者自不必说,即便是在相对平等地讨论中西艺术的宗白华那里,这种痕迹也相当明显,在《中国艺术意境之诞生》一文中,他在分析艺术意境的结构时说,"从直观感相的模写,活跃生命的传达,到最高灵境的启示"可分为三个层次:"西洋艺术里面的印象主义、写实主义,是相等于第一境层。浪漫主义倾向于生命音乐性的奔放表现,古典主义倾向于生命雕像式的清明启示,都相当于第二境层。至于象征主义、表现主义、后期印象派,它们的旨趣在于第三境层。"①由此不难看出,宗白华眼中的"意境"是具有普遍意义的,是可以涵盖一切西方文艺流派的。其实,严格意义上说,宗白华对意境的上述区分,已经超越了中国传统意境论的范畴,它更类似于一种艺术创作或艺术欣赏的境界,比如第一、第二两个"境层"其实属于实景或实情,并不具备"虚实相生"的属性,尚未存在"象外之象"。由此可见,宗白华对"意境"的认识虽然有泛化的嫌疑,但其宗旨是想使"意境"具有普遍的解释能力。

与宗白华相似,叶朗在《现代美学体系》一书中便开始涉及"意境的哲理性意蕴",并将之纳入"现代美学体系"之中,认为意境蕴含的文化内涵是多元性的,并不仅仅局限于道、禅的世界观之内,"承认'意境'蕴涵的文化内容的这种多样性,是把'意境'肯定为一个普遍的美学范畴的前提"②,足见叶朗带有强烈的将"意境"进行现代转化的动机。但是我们必须看到实际上他是将意境看成意象的一种"最富有形而上意味"的类型,这是基本的理论前提,因此与其说他是在谈"意境",毋宁说是在讨论"意象"的一种特殊形式而已。这种观点在《说意境》(《文艺研究》,1998 年第 1 期)一文中再次出现,除了仍然坚持认为"意境"是"意象"的一种特殊类型之外,更加强调了将意境世界化的方面,文章的最后一部分专门讨论了"西方艺术作品也有意境",对音乐和电影中的意境问题都作了举例。但相较于前面对"意象"系统性和学理性的论述,这部分明显让人感到力不从心,仅是现象层面的罗列且有以偏概全的嫌疑,像是后续的壁虎尾巴。

相较于"意境","意象"更加强调具体之"象",而大凡艺术品都必须具备形

---

① 宗白华:《美议》,北京大学出版社 2010 年版,第 77 页。
② 叶朗:《现代美学体系》,北京大学出版社 1988 年版,第 145 页。

象性,这就为之提供了不断生成和扩展的潜能,并且可以作为中国美学国际化的突破口。而"意境"则缺少这种潜能,原因在于较之"意象","意境"更具形而上色彩,更加侧重"虚""无"的层面,对它的认识只可意会难以言传,可以说,这既是中国美学独特性的体现,同时也限定了它的世界性。所以,笔者认为"意境"并不具备世界化或者国际化的张力,这是一个仅停留在中国美学体系中的核心范畴。而从另一个角度来看,我们亦没必要将之进行所谓的现代性、世界性的转型,这样做的潜在动机往往存在一种理论上的不自信,仿佛只有能融入西方体系才是合理的。无疑,这是西方中心主义在作祟,每种文化都有自身的独特性,其中孕育着只有在这种文化背景下才能理解的概念范畴,因此我们没有必要一味地以所谓的世界性为衡量标准。就好像,西方现代文论中的很多思想就只是存在于自身的文化、文学体系中,难以削足适履地嫁接到中国文学中一样,比如以形式主义、英美新批评为代表的语言—形式分析研究,便与中国文学存在天然的鸿沟,究其原因是西方美学、文学的语言学转向是以表音文字体系为基本理论土壤的。这便与中国文字系统明显不同,尽管它们的某些主张可以在中国文学中找到某些契合之处,但这种契合是十分有限的。即便如此,我们仍然承认这些理论主张在世界文论中的应有地位。以此类推,我们便没有必要因为"意境""风骨""神韵""平淡"等中国范畴不具备世界性潜能而徒劳地自卑了,因为没有任何一种理论或范畴是普遍有效的,只要能很好地解决自身所属问题域中的问题就可以了。

第五节　中国古典美学研究的体系建构与视角转换

实际上,20 世纪中国美学的发展并不是一帆风顺的,其间伴随着痛苦的"迷失"经历,马克思主义和西方其他哲学话语几乎占据着压倒性的优势,但这并不意味着中国的美学研究者便心甘情愿地安于现状,他们中的一些人选择了理论的突围。这种突围的共性是摒弃文化的不自信心态,努力在本土的理论资源中寻找具有原创性且同时具有生发性的美学范畴或思想,对之加以系统梳理,并以之为核心构建带有鲜明中国特点的美学体系。即便有的学者在体系的展开过程中可能会涉及西方问题或美学原理性问题(如周来祥、叶朗),但其哲学根基则是源于中国古代艺术思想,这恰是中国理论获得学术地位乃至国际地位的第一步。但是,亦应看到,本土理论的建构和开拓过程又并非一蹴而就,其间伴随着诸多问题,不争的事实是,研究者往往更倾向于对中国古代美学进行外在性研究和封闭式讨论,从而体现出研究的表面化趋向。

一、体系建构之尝试

周来祥是 20 世纪 80 年代古代美学研究者中较特殊的一位,其美学思想中蕴含着深沉的古典质素,如其所言:"我喜欢美学和文艺学,我更热爱中国的古典美学和古典文论。"[①]事实上,对和谐的推崇构成了周来祥基本的中国美学史观,其主编的《中国美学主潮》(山东大学出版社,1992)便是潜在地以这一美学史观为基本红线而完成的,该书的前两章集中梳理了中国和谐美的诞生及其基本雏形,并认为其构成了中国古代美学的哲学基础。但是周来祥的独特之处是并不仅仅停留在对中国古典美学的诠释层面,而是将"和"与"和谐"上升到了美学本体论层面,进而构筑了自己的美学体系,所以时至今日,当我们在提到周来祥的时候首先反应在头脑中的是他的和谐论美学。本书认为,这种从古典美学中发掘资源进而构建自己美学体系的行为恰是对中国古代美学的体系性建构。

可以说,周来祥并不是专门致力于中国古代美学研究的,其对中国古典美学和谐体系的梳理也是其整体美学框架下的副产品,但从上述分析可以看出,周来祥据以安身立命的和谐美学的思想源泉和哲学基础恰来源于古代,忽视了这一点其理论大厦便会失去根基。所以可以说,虽然周来祥主要精力并不在中国古代美学研究上,但客观上其对中国古代美学的梳理深化了学界对中国古典美学本质、性质、形态的认识,起码他的这些认识代表了 80 年代以后的重要一极,是一种十分响亮的理论声音。但是必须看到,周来祥对中国古代美学的研究并非其主业,所以很多问题往往点到即止,甚至有时流于表面,启发性有余但挖掘的深度不够。即使在《论中国古典美学》一书中,他的多数文字也是局限于与西方美学的比较,以及以优美、壮美、崇高为主线的逻辑分析上。

除了周来祥之外,还要提到叶朗,如本章第三节所述,叶朗提出了"美在意

---

① 周来祥:《论中国古典美学》,齐鲁书社 1987 年版,序言,第 1 页。

象"的命题,这一命题虽然在 21 世纪之后才明朗化,但实际上自 20 世纪 80 年代开始,"意象"便是其美学史观和美学体系的最核心因素。在这方面,叶朗受朱光潜的影响更为明显一些,或者说"美在意象"的学术源头是朱光潜,其在《谈美》一书的开头即指出:"美感的世界纯粹是意象世界。"[1]与朱光潜相似,叶朗"美在意象"的观点,既承认客观之"象",亦主张主观之"意"的重要性,就思维方式而言与朱光潜应属同一路径,只不过"意象世界"是一个有机的整体世界,是"象"与"意"混融一体的世界,这就有效地避免了朱光潜主客二分的思维模式。在 80 年代的文化背景下对意象本体推崇的目的在于摆脱朱光潜以来从主客二分的角度思考美学问题的思维模式,摆脱将审美活动看成认识活动的弊端,于是他提出了"意象世界"的概念。在意象世界中人与外物是相统一的,人与外物混融一体,从而有效地避免了主客二分的思维定式。这在某种程度上也是对中国传统美学中天人合一思维方式和物我一体世界观的回归。

　　与叶朗相类,对意象本体持肯定态度的还有皮朝纲、夏之放、朱志荣等人,这些人的观点已在本章第三节有所涉及,这里需要补充的是皮朝纲的美学体系建构。实际上 20 世纪 80 年代以后的 20 年,皮朝纲据以建构体系的核心范畴是有所转变的,具体而言,他早期的美学研究其实很大程度上是依赖于对古代审美范畴的梳理而完成的,在这些范畴中其最先关注的并非是"意象"而是"味",以此为核心将"悟""兴""神思""意象""情""理"等范畴连接起来,[2]构成由审美创作论和审美体验论组成的古代美学体系。后来,他对这套范畴体系又进行了调整,在保持原有体系框架的基础上,又重点突出了"意象"和"气"两个范畴的地位,[3]这在《中国古代文艺美学概要》(四川省社会科学院出版社,1986)一书中有较为集中的体现,全书分上下两编,上编为"中国古代文艺美学的重要范畴",重在对"味""悟""兴会""意象""神思""虚静""气""意境"等重要美学概念进行梳理,该书出版的时间正值"美学热"期间,对美之本质的追问在研究领域仍占据很大比重,因此皮朝纲对"味"的研究恰是此时美学潮流的体现。下编为"中国古代文艺美学思想发展梗概",是对先秦至明清时期的文艺美学思想发展的总体勾勒,每个时期选取几个较为重要的理论问题或理论家展开研究,以点

---

① 朱光潜:《谈美》,华东师范大学出版社 2012 年版,开场话。
② 皮朝纲:《中国古典美学探索》,四川师范大学出版社 1985 年版,第 31 页。
③ 皮朝纲:《中国古代文艺美学概要》,四川省社会科学院出版社 1986 年版,第 11 页。

带面,这一部分与叶朗《中国美学史大纲》的行文风格颇为相似。

二、建构之困境

但是必须承认,皮朝纲的美学体系远未达到周来祥和叶朗的圆融程度。表现为在对待"味"与"意象""气"的关系上存在模糊性。皮朝纲在 20 世纪 90 年代曾一度主张中国古代审美心理学研究,在《中国美学沉思录》(1997)一书中专设"开展中国古代审美心理学研究的构想"一节,认为古代审美心理学中的审美范畴和命题可分为五个部分:审美心理结构(文气、才力、养气等)、审美心理需要(物感说、发愤著书)、审美创作心理过程(澄怀味象、心游玄想)、审美作品心理分析(风骨、兴象、意境)、审美鉴赏心理法则(含英咀华、情迁感会)。其最终结论是:"中国古代审美心理学思想的各部分范畴与命题都是以'气'作为内在逻辑结构的。"①同样,该书还设有"中国美学体系的哲学思考"一节,在结尾处他说:"我们认为,艺术的本体是审美意象。审美意象是生命的形式,也是审美体验活动的中介和成果……'意象'是中心范畴;'兴象'则是'意象'的典型形态;'意境'是'意象'的序列、组合和升华,是主体与客体、心与物、神与形、意与境的相互交融,完美统一。"②除此之外,在这一节他还提出了构建"人生美学"的命题,"中国古代美学是人生美学。中国古代美学审美观念的确立,是以'人'为中心,基于对人的生存意义、人格价值和人生境界的探寻和追求,旨在说明人应当有什么样的精神境界,怎样才能达到这种精神境界,人应当怎样生活,怎样才能生活得幸福、愉快而有意义。换句话说,中国古代美学的思想体系是在体验、关注和思考人的存在价值和生命意义的过程中生成和建构起来的"③。事实上,在1999 年出版的《审美与生存——中国传统美学的人生意蕴及其现代意义》中,皮朝纲又系统地阐释了其人生美学的基本内涵,这本书也是其美学研究由范畴论美学向人生论美学、体验论美学转变的标志。从这些分析我们可以看到,皮朝纲在范畴论美学阶段其实是存在内在矛盾性的,"味""气""意象"甚至是"人生"在体系中频繁出现,且在不同层面都具有美学本体的地位和作用,尽管他曾反

① 皮朝纲:《中国美学沉思录》,四川民族出版社 1997 年版,第 57 页。
② 同上,第 247—248 页。
③ 同上,第 224 页。

复指出中国美学思想体系是"以'味'为核心范畴,以'气'与'意象'为基本范畴的美学思想体系",努力对其概念体系进行调和,但客观的事实是,他仍没能较好地解决"味"与"气""意象"之间的关系问题,并未对不同时期所提观点进行深层调和,从而呈现出两面性甚至多面性的状态。综上,本书认为皮朝纲的理论体系一方面存在不彻底性,另一方面,由于这种不彻底性,便使得其理论的生发性不强,对古代美学的很多问题往往入乎其内而缺少出乎其外的理论努力,这就与周来祥和叶朗的理论建构过程有所不同,仅仅停留在"照着说"层面而没有上升到"接着说"的高度,事实上这也导致了皮朝纲频繁地进行理论转向。

而20世纪90年代以来,以构建独立体系为目标但又陷入理论困境的并非仅皮朝纲一人。陈望衡与蔡锺翔的中国本土理论建构也带有这种特征。陈望衡在《中国古典美学史》(1998)等著作中较为明确地表明了自己的美学观,即将"意境"看成中国美学的最高范畴,并以之为基点构筑美学体系,学界通常将陈望衡的这一美学观称为"境界本体论"美学,可以说陈望衡的美学思想抓住了中国美学的一个非常核心的概念,具有一定的启发性,但这并不意味着其理论便无懈可击,突出的问题是其赖以建构美学体系的核心存在矛盾,在《中国古典美学史》中,他直言其本体论是"以'意象'为基本范畴的审美本体论系统"[1],这就意味着其美学本体是一个"体系",而在行文中他又进一步解说称"'象''境'以及由'象''境'组合而成的'意象''意境''境界'是中华美学的审美主体"[2]"在中国古典美学中,处于审美本体地位的是'意象'或'意境'"[3]。由此可见,陈望衡所谓的"美学本体"实际上是一种多元论,而从哲学角度来看,很显然这是有悖学理的。另外,从上述分析也可看出,实际上陈望衡是借用了西方美学中本体论、美感论、艺术鉴赏论的三维模式来审视中国美学的,这种方式固然可以用在审视西方美学包括某些西方后现代美学上,但完全拿过来套用中国美学则有削足适履之嫌,这也便导致了上述本体论的困惑。因此,西方美学的某些局部观念、局部方法是可以用来考察中国美学的,但生硬地融合在一起并人为地构筑所谓的圆融模式则会陷入一厢情愿的窠臼。

在构建自身体系的过程中,呈现出理论复杂性的研究者中,蔡锺翔是另一

---

① 陈望衡:《中国古典美学史》,武汉大学出版社2007年版,第17页。

② 同上,第20页。

③ 同上,第27页。

个代表。蔡锺翔认为"自然"是中国传统美学的元范畴或称核心范畴,而对"美在自然"的认可也是中国美学的理论支柱。虽然对自然之美的推崇与道家思想密不可分,但在历史的演变过程中对自然的青睐已经逐渐成为中国文化的底色,也成了中国人审美领域的集体无意识。在蔡锺翔看来,"自然"是最高的艺术品位,中国古代的诗论、画论、书论、乐论都无一例外地将其作为艺术水准高低的衡量标准,"道""真""本色""妙""逸""天籁""淡""意境"等范畴都无不以之为内在核心。但是蔡锺翔的美学观还是较为辩证的,在承认道家自然观(美在自然)的同时,也承认儒家和谐思想(美在和谐)的重要性,并认为两者共同构成了中国传统美学的两大理论支柱:"'自然'是中国传统的最高审美理想。这种观念的影响之深远,足以与'中和'相提并论。'中和'源于儒家的中庸哲学,'自然'源于道家的自然思想。'中和'之美表现为多样的和谐统一,'自然'之美表现为整体的浑然天成。"①由此不难看出,与周来祥等人略带极端式的理论观念不同,蔡锺翔是以较为客观的姿态看待中国传统美学的。事实上,蔡锺翔对"自然"与"中和"的双重认可仍陷入了哲学上的二元论,但需要指出的是这种二元论并非由蔡氏自身的理论推演所导致,而这恰是中国文化的基本特征。所以本书认为蔡锺翔的二元论与陈望衡的二元论还是有所区别的,主要原因在于陈望衡的二元论是由其理论体系的不严密导致的,试图机械地构建一元的美学体系,但在论证过程中出了问题。

　　除了上述诸人的美学体系之外,20 世纪另一个值得关注的中国美学体系是"美学即人学"。这一体系的特殊之处在于它不是一个完整系统,却一直存在。徐复观指出中国文化的特征是"在人的具体生命的心、性中,发掘出艺术的根源,把握到精神自由解放的关键"②。牟宗三亦曾指出:"每一个文化由于开端的通孔不同,所产生的文化、哲学也不同。中国文化在开端处的着眼点是在生命,由于重视生命,关心自己的生命,所以重德。"③文学是人学,美学也是人学,离开了人,美无论在抽象层面还是在具体层面都会失去依托,在西方文化语境下美学是作为理论形态的感性之学而存在的,在中国虽然从学科角度上与西方美学内涵不尽相同,但美学自始至终都是与人的现实生活乃至人的精神生活关系密

---

① 蔡锺翔:《美在自然》,百花洲文艺出版社 2001 年版,第 77 页。
② 徐复观:《中国艺术精神》,华东师范大学出版社 2001 年版,自叙,第 1 页。
③ 牟宗三:《中国哲学十九讲》,上海古籍出版社 1997 年版,第 43 页。

切的。事实上，在美学中国化的过程中将"审美"与"人生"相联系，最早发生于20世纪二三十年代，梁启超、朱光潜、宗白华等人都有这方面的论述，虽然他们对美学与人生关系的关注与西方哲学、美学的影响不无联系，但来自中国道家哲学的影响是不容忽视的。这种倾向，经过李泽厚、叶朗、徐复观等人的中间环节，在90年代变得蔚为大观。其中需要提及的是成复旺的《中国古代的人学与美学》（中国人民大学出版社，1992）一书，该书认为中国古代的审美实际上是与对人生的观照、对理性人格的欣赏密不可分的，"从根本上说，审美的意义与文化同。它们都是人的产物，因而也都是人的工具。你渴望什么样的人生，你追求什么样的人格，那么就请你从这样的需要出发去选择文化，选择审美"①。作者把中国古代的人学与美学相结合，从各种不同的人学思潮探索各种不同的美学思潮，其具体思路是以儒家、道家以及明中叶以后产生的启蒙思潮为基本线索，勾勒出美学与人学的关系。虽然成复旺对中国美学与人学关系的探讨终止于明代，但其恰好抓住了中国美学最为核心的本质因素，90年代又将这些观念重提绝不是旧瓶装新酒，相反，此时这一观念则具有了厚重的历史意义。

事实上，"美学即人学"更多地体现为对中国美学性质的描绘，尚不能完全将之看成一种可以构建美学体系的基石，但这反映了20世纪中国美学研究中一个非常重要的现象，就是本体性建构的先天不良。因此可以说，一个世纪以来中国美学研究中这方面的成就是不能令人满意的。究其原因，本文认为一方面源于五四运动和"文革"两次对传统文化的冲击，导致中华文化之流出现断裂，古典美学对现实的解释力相对减弱，此种背景下学者出于"现实性"的考虑往往忽略对元美学及体系建构的追求，加之固有诗性研究模式的限制，所以导致其理论体系往往陷入困境；另一方面，20世纪相当长的一段时间内，美学是在意识形态的包裹之下而存在的，在这种情况下对美学自身的探索就相对变少，而到了90年代，随着后现代反本质主义浪潮的兴起，对美学的本体建构也渐趋势弱。

三、视角转换与性质描绘

相形之下，多数传统美学研究者对体系建构采取回避态度，更多致力于对

---

① 成复旺：《中国古代的人学与美学》，中国人民大学出版社1992年版，第20页。

中国古代美学的性质进行描绘,不重视体系生发而重视静态刻画,研究者往往转移视角采取一种相对"讨巧"的方式关注中国古代美学。所以可以说,20 世纪的中国古典美学研究劣于体系建构,而长于性质探索。具体来讲,对古典美学性质层面的关注包括:中国美学的特征问题、历史分期问题、哲学基础问题、思维方式问题、审美心理问题、审美意识源头问题等。

对中国美学特征的探索在 20 世纪一直没有中断过,梁启超、王国维、朱光潜、宗白华等人都有大量这方面的研究,80 年代以后研究者更是乐此不疲,几乎每部美学史都会涉及这方面问题,较具代表者如李泽厚、刘纲纪的《中国美学史》,其认为中国美学的特征是"高度强调美与善的统一""强调情与理的统一""强调认知与直觉的统一""强调人与自然的统一""富于古代人道主义精神""以审美境界为人生的最高境界"等六个方面[1]。这些认识几乎概括了古代美学的总体特征,后来研究者基本未脱离这一基本认知。与对美学特征的探索扭结在一起的是对中国美学历史分期问题的讨论,在这一方面可谓仁者见仁智者见智,姑举数例:在《中国美学史》第 1 卷中,李泽厚、刘纲纪二人以社会形态的不同将中国美学分为五期[2]:先秦两汉(奴隶社会美学)、魏晋至唐中叶(前期封建社会美学)、晚唐至明中叶(后期封建社会美学)、明中叶至戊戌变法前(末期封建社会美学)、戊戌变法至"文革"前后(近现代形态的美学)。叶朗在《中国美学史大纲》中将近代以前的中国美学史分为三期[3]:先秦两汉为古典美学的发端,魏晋南北朝至明代为古典美学的展开,清代前期为古典美学的总结,加上近代(以梁启超、王国维、鲁迅、蔡元培为代表)共四期,并以李大钊的美学为现代美学的始点。陈望衡在《中国古典美学史》和殷杰在《中华美学发展论略》中也基本上是依据中国美学本身的逻辑发展来进行历史分期的。前者将中国美学分为奠基(先秦时代老子至屈骚美学)、突破(汉至魏晋南北朝)、鼎盛(唐宋)、转型(元明)、总结(清初至王国维)五期。后者亦分为奠基(先秦)、大一统(秦汉)、大解放(魏晋南北朝)、整合(唐宋)、分化(明清)五期。诸如此类。

对中国美学哲学基础的探索也是研究领域的热点问题之一。儒家与道家无疑是中国美学的理论基石,比如李泽厚侧重从儒家思想角度审视古代美学,

---

[1] 李泽厚、刘纲纪:《中国美学史》第 1 卷,中国社会科学出版社 1984 年版,第 23—33 页。

[2] 同上,第 34—48 页。

[3] 叶朗:《中国美学史大纲》,上海人民出版社 1985 年版,第 7—10 页。

叶朗侧重从道家思想角度解读古代美学,还有的研究者陆续开始重视佛教尤其是禅宗思想对中国美学的影响,除此之外,《周易》也被看作中国美学的思想来源之一,比如有的学者认为《周易》、元气以及阴阳五行是中国美学的理论基石,①还有的学者除了提到儒道两家思想之外,亦将明中叶以后出现的启蒙思潮看成是中国美学的重要原质。② 凡此种种,研究者虽然对中国美学哲学基础的认识各有侧重,但不争的事实是中国文化是一个浑然一体的有机体,绝难从孤立的一元来审视美学之源,这一点也是所有中国美学研究者的共识,所以尽管学者的观点各有侧重,但基本未脱离儒释道的整体框架。

对中国古代美学思维方式以及审美心理的讨论虽然一直存在,但其真正获得广泛关注是以文艺美学的兴起为契机的。中国传统美学的思维方式迥异于西方美学,西方美学是在经验主义与理性主义对立的模式下展开的,而尤以后者最为突出,而中国古典美学无论在流派、范畴、人物、文本等层面都表现出鲜明的"诗性思维"模式,这种方式构成了中国古典美学最为特殊之处。美学在西方的学科体系中隶属于哲学,是以理性的方式研究感性思维的一门学科,由此带有较强的思辨色彩和逻辑性。而中国古典美学中的"美学"含义则与西方美学概念不尽相同,其属于文学或艺术的领域,并且带有极强的感性和经验色彩,因此可以说时至今日两者还是以类似油和水的关系在研究领域并存着,"美学"一词与"中国"和"西方"的不同词组组合时含义是不同的,一为诗性美学,一为理性美学。总而言之,中国古典美学研究与时代的美学热潮乃至有意识的美学建构之间并无必然联系,诚然美学讨论作为整个时代的美学背景会对一些研究者产生这样或那样的影响,但就总体而言两者还是沿着各自的轨迹,沿着各自的理论路数向前推进的,古典美学研究有其自身的内在框架、范畴体系、研究方法。或者可以这样认为,带有西化色彩的美学热潮和讨论对中国古典美学研究的影响主要是在思维方式层面,即伴随西方美学的引入,中国学者开始以理性的思维方式观照古代的艺术观念和艺术范畴,并对之进行钩沉梳理。

对审美心理研究而言,其首先是作为文艺学范畴而被关注的,之后才将理论的触角伸入古典美学领域。20 世纪初,王国维便有意识地从心理学层面考察

---

① 韩林德:《境生象外》,三联书店 1995 年版,第 119—219 页。
② 成复旺:《中国古代的人学与美学》,中国人民大学出版社 1992 年版,第 24 页。

中国传统作品和作家,其《红楼梦评论》便是以叔本华的悲剧心理学来解读《红楼梦》的典范,另外在《人间词话》中又提出所谓的"境界"说,"境界"是一个涵容审美主体和审美客体的综合性概念,审美主体需具备"离形去知"的心理状态,并能够"入乎其内,出乎其外",最终进入对无我之境的观照。到了 20 世纪 30 年代,朱光潜的《悲剧心理学》(1933)首先在国外出版,同年,其《变态心理学》亦出版,1936 年,开明书店出版了其 1931 年便已完成的《文艺心理学》,这是中国现代文艺心理学研究的最早雏形。但有意思的是,文艺心理学研究并未承续这一良好态势继续发展,如童庆炳在《文艺心理学教程》序言中指出的那样:"三四十年代之后,中国现代文艺心理学沉寂了近半个世纪,直到八九十年代才迎来了中国文艺心理学的春天。"[1]80 年代的美学热亦使古典美学研究走向纵深,伴随"形象思维"的大讨论,学界开始关注古典美学中的形象思维问题,并以此为契机进一步拓展对古典美学中审美心理的考察,这种潮流甚至延伸到 90 年代,相关的研究成果如皮朝纲、李天道的《中国古代审美心理学论纲》(成都科技大学出版社,1989)、陶东风的《中国古代心理美学六论》(百花文艺出版社,1992)、童庆炳的《中国古代心理诗学与美学》(中华书局,1992)、陈德礼的《人生境界与生命美学——中国古代审美心理论纲》(长春出版社,1998)等等,在对古代审美心理的研究过程中,诸如心斋、坐忘、虚静、兴味、韵味、游心、感应等概念被逐渐挖掘,并获得了充分的阐释。

对中国古典美学性质层面的关注除了上述几个方面之外,还涉及对华夏审美意识源头的探讨,通过探索审美意识的产生、发展过程深入洞察中国美学的演变轨迹。相较于前述几个方面,这种研究难度较大,却具有重要的理论价值。早期的成果如于民的《春秋前审美观念的发展》(中华书局,1984)以及日本学者笠原仲二的《古代中国人的美意识》(北京大学出版社,1987)等。以笠原仲二为例,在他看来中国人审美意识的产生与日常生活和生理体验是密不可分的,"归根结底中国人最原初的美意识是起源于'甘'这样的味觉的感受"[2],并认为"美"所包含的最原初的意义是视觉的、味觉的、触觉的、经济角度的。他的这种认识与李泽厚的看法不谋而合,李泽厚认为中国人的审美意识源于氏族社会的巫术

---

① 童庆炳:《文艺心理学教程》,高等教育出版社 2001 年版,第 5 页。
② [日]笠原仲二著,魏常海译:《古代中国人的美意识》,北京大学出版社 1987 年版,第 2 页。

行为和图腾崇拜,并逐渐通过动物性的官能感受发展成最终的美感(即"羊大为美")。[①] 除此之外,80 年代的研究者更多的是从"劳动"的角度切入这一问题的,如敏泽便将中国审美意识的源头上溯到旧石器时代,认为原始人对器具形式和色彩的重视是最早的审美意识萌芽,在这一过程中劳动起到了至关重要的作用。[②] 到了 90 年代,研究的角度更为多元,如有的研究者从商周神话角度阐释审美意识的发生,[③]有的研究者侧重探索审美意识的深层机制,从哲学、美学、心理学等多个角度探索审美意识的实质,并对审美意识的作用进行讨论。[④] 凡此种种,不一而足。

综上,在 20 世纪百年的中国古代美学研究过程中,原创且具有生长性的内在体系建构并未取得令人满意的成绩,更多的研究者选择了宏观层面的现象描述和特征探索,潜移默化之中将研究的难度降低,转移了研究的视角。但这毕竟作为一种有益的尝试或者说作为一种理论声音,在西方话语横行的理论现实面前让我们看到了自己的身影。尤其在 21 世纪,当人们都在反思解构之后如何建构的世纪难题的时候,胸中仍会存有一丝温情的希望,而中国古代美学这个理论宝库存在被继续发掘的潜能,以诗性思维为基础的本土美学体系肩负着在复杂的背景下进行理论突围的重任,美学"中国性"的探究和确立将是我们努力的方向。

---

① 李泽厚:《华夏美学》,天津社会科学院出版社 2001 年版,第 8—20 页。

② 敏泽:《中国美学思想史》,齐鲁书社 1987 年版,第 5—7 页。

③ 毛宣国:《商周神话与中国古代审美意识的发生》,载《湖南师范大学社会科学学报》2000 年第 1 期。

④ 陈明:《审美意识价值论》,安徽大学出版社 2006 年版。

第十一章

审美文化研究热潮与
文化研究的兴起

审美文化研究热潮和文化研究的兴起是 20 世纪中国美学发展中值得深入总结的理论思潮,它与最近 30 年来中国当代美学研究的整体变革同步发生,既是社会文化变迁和审美话语转型的结果与表征,同时又深刻地融入这一话语变革的理论、问题与经验之中。在美学理论层面,审美文化研究热潮和文化研究的兴起极大地扭转了康德美学以来的经典美学话语在 20 世纪中国美学中的主导性地位,体现了 20 世纪中国美学研究不断融入现实审美文化领域,努力把握现实文化经验的理论发展趋向;在审美实践层面,则体现了中国当代美学研究与社会文化现实发展的一种结构性关联的趋向,从大众文化发展与日常生活变迁的角度体现了中国美学研究的理论新变。从 20 世纪 90 年代开始,审美文化研究热潮和文化研究的兴起激发了中国当代美学研究界最优秀的一批学者的理论思考,现在来看,尽管"文化研究"热和"审美文化"研究在学理逻辑和文化批评实践方面还有很多需要提升和总结的内容,在文化多样性语境中还难以避免"西方文化研究在中国"单向的理论旅行和理论接受的阐释困境,但它无疑极大地提升了中国当代美学研究呼应当代审美现实的能力和品格,这也是我们需要对 20 世纪中国美学发展中这一重要理论思潮进行反思和批判的地方。

第一节　审美文化研究的起源语境及其基本问题

审美文化研究的出场是中国当代美学研究努力向现实审美文化经验与现实开放的结果。在起源语境上,审美文化研究深刻地呼应了 20 世纪 90 年代中国当代社会大众文化崛起与消费文化勃兴的现实,是在中国社会现代化进程不断加剧、精英主义文化意识形态遭到无情拆解的过程中出现的。在这个过程中,审美文化研究不但体现了中国当代美学研究积极投身大众审美文化建构的努力和要求,而且展现了现代文化发展中美学研究的一种现实性的文化境遇,因此,在问题层面,审美文化研究的出现也是中国美学研究的现代意识逐步觉醒的标志。

一、审美文化研究:20 世纪中国美学研究的新课题

审美文化研究是 20 世纪八九十年代中国美学研究的一个新的理论热点,同时也是 20 世纪中国美学发展中值得进一步反思的理论课题。审美文化研究广泛涉及了中国当代美学研究中的美学理论视阈拓展、审美话语转型、美学研究跨学科转向、美学研究方法论变革以及美学学科发展转型等复杂的理论问题,同时也与中国当代美学研究的理论思维与价值观念变革紧密相连,对中国当代美学研究理论格局的拓展与理论观念的更新起到了重要的作用。20 世纪90 年代以后,随着西方美学理论话语的不断引入以及当代美学与文论的发展,美学研究进一步呈现多元化的理论图景,审美文化研究渐有淡出中国美学研究核心理论视野的趋势,但是,我们仍然不能忽视审美文化研究重要的理论启发,在近 30 年的审美文化研究进程中,它所提出的理论问题正是促使中国当代美学研究不断发展的思想和理论潜源,同时也以鲜明的理论研究成绩被纳入中国当代美学史和学术史视野之中。

审美文化研究贯穿了 20 世纪八九十年代美学研究的主要历程。从 20 世纪 80 年代以来,审美文化研究发展历程大致经历了三个阶段:80 年代中后期审美文化研究的理论倡导与初步发展,90 年代以来审美文化研究的理论高潮和

集中阐发,90 年代后期以来审美文化研究的理论发展和延续阶段。80 年代中后期是审美文化研究的理论倡导和初步发展时期。早在 20 世纪 80 年代早期,潘一的文章《青年审美文化研究纲要》就使用了"审美文化"的概念。[①] 但在文章中,"审美文化"并没有作为一个美学概念被提出,"审美文化"是在艺术社会学研究层面被使用的,强调的是艺术社会学研究中的"青年审美文化"概念,区别于后来美学研究中作为单独概念使用的"审美文化"概念。但在这时期的研究中,已经注意到了审美文化现象研究的必要性以及审美文化产生的条件,并认为"青年审美文化的产生正是文化分化和整合的某种成果"[②],很显然,这样的研究立论是恰当的,而且与后来美学研究从文化分化和去分化的理论视阈中探究审美文化的历史与根源有着重要的理论相关性。80 年代,较为明确地在美学研究领域提出审美文化概念的是北京大学的叶朗教授。叶朗在发表于 1988 年的《审美文化的当代课题》中首次将审美文化研究提升到美学理论研究的层面。在这篇论文中,叶朗指出了通俗艺术与严肃艺术的不同功能,批判了西方先锋派艺术的反传统、反艺术、反文学倾向,提出了"审美文化的两极运动律",并对现代科技与审美文化的关系作出了理论说明。[③] 叶朗同年出版的《现代美学体系》则进一步将审美文化的概念引向美学的高度,在《现代美学体系》中,叶朗构筑了一个包括审美形态学、审美艺术学、审美心理学、审美社会学、审美教育学、审美设计学、审美发生学、审美哲学八个理论分支的现代美学理论框架,[④]其中审美文化即包含在审美社会学的理论框架中,提出审美文化作为审美社会学的核心范畴,是指"人类审美活动的物化产品、观念体系和行为方式的总和"[⑤]。叶朗的《现代美学体系》最早是作为美学教材出版的,但在这部理论著作中,叶朗从美学研究的现代形态与方法等问题出发,超越了传统美学的理论观念,对现代美学体系的建立及其理论完善进行了深入的理论探索,至今仍然是美学研究中不可忽视的原创性理论著述。在 20 世纪 80 年代,《现代美学体系》的确给人耳目一新的感觉,他对审美文化的理论内涵、构成与特性的理论阐发也为后来蓬勃发展的审美文化研究提供了重要的理论准备。在 80 年代的中国当代美学

---

① 潘一:《青年审美文化研究纲要》,载《上海青少年研究》1984 年第 11 期。
② 同上。
③ 叶朗:《审美文化的当代课题》,载《北京社会科学》1998 年第 3 期。
④ 叶朗:《现代美学体系》,北京大学出版社 1988 年版,第 32—33 页。
⑤ 同上,第 260 页。

研究中,虽然有叶朗等前辈学者的理论倡导,但审美文化研究仍然处于零散状态,其中将审美文化概念用于区别美学和其他相邻学科的现象比较普遍,所以,审美文化研究还没有在学理层面进入美学研究的主导理论范畴。这个过程是在 90 年代完成的。

　　20 世纪 90 年代是审美文化研究理论高涨的时代,这主要体现在以下几个方面。首先,审美文化研究获得了美学研究领域众多学者的一致关注,在充分的理论共识和学术聚焦中,审美文化研究迅速成为美学理论研究的主要领域和崭新课题,并由此带动了一批专门性的学术研究机构的诞生。比如,1994 年成立了中华美学学会审美文化委员会,一些高校成立了专门的审美文化研究所,一些报刊辟出专门的版面作为审美文化研究阵地,学术界召开了多次审美文化研讨会。[①] 这说明,审美文化的研究价值不但已被学术界所认可,而且已经成为当时中国美学研究的学术前沿问题。其次,有关审美文化研究的论文、专著、研究辑刊等研究成果不断涌现,并集中在中国美学研究的一批优秀学者身上,如叶朗、聂振斌、夏之放、刘叔成、肖鹰、高建平、徐岱、周宪、陈炎、姚文放、陶东风、王柯平、王一川、王德胜等不断把研究目光聚焦于审美文化研究,不断在审美文化研究中作出学理上、观念上和方法上的理论提升和学术争鸣,真正形成了审美文化研究的理论高潮,并创作了一批有代表性的理论研究成果,如夏之放、刘叔成主编,肖鹰作为执行主编的"当代审美文化书系"(此书系也是国家"八五"规划重点课题"当代审美文化研究"成果,包括夏之放的《转型期的当代审美文化》、肖鹰的《形象与生存——审美时代的文化理论》、陈刚的《大众文化与当代乌托邦》、李军的《"家"的寓言——当代文艺的身份与性别》、邹跃进的《他者的眼光——当代艺术中的西方主义》)(作家出版社,1996)、周来祥主编的《东方审美文化研究》(广西师范大学出版社,1996)、林同华的《审美文化论》(东方出版社,1992)、王德胜的《扩张与危机——当代审美文化理论及其批评话题》(中国

[①] 20 世纪 90 年代,中国美学研究中以"审美文化研究"为主题的研讨会有:1994 年 10 月 21—23 日,汕头大学"当代审美文化研究"课题组与中华美学学会审美文化委员会于北京共同举办的"当代中国审美文化前瞻"学术研讨会;1996 年 7 月 28 日,中华美学学会审美文化专业委员会和云南省红河哈尼族、彝族自治州政府联合主办的"中国当代审美文化学术研讨会";2004 年 9 月 18—20 日,山东大学文艺美学研究中心、山东大学文学与新闻传播学院、曲阜师范大学文学院共同主办的"全国审美文化学术研讨会"在山东日照召开;2006 年 11 月 16—18 日,中国传媒大学、中华美学学会联合主办了"2006 年审美文化高峰论坛"等。

社会科学出版社,1996)、姚文放的《当代审美文化批判》(山东文艺出版社,1999)、聂振斌的《艺术化生存:中西审美文化比较》(四川人民出版社,1997)、陶东风的《社会转型与当代知识分子》(上海三联书店,1999)、徐岱的《艺术文化论》(人民文学出版社,1990)、周宪的《中国当代审美文化研究》(北京大学出版社,1998)、王一川的《张艺谋神话的终结——审美与文化视野中的张艺谋电影》(河南人民出版社,1998)以及汕头大学出版社的《审美文化丛刊》(1994)等,这些优秀的研究成果极大地促进了审美文化研究的理论发展。另外,大量的学术论文围绕审美文化概念的内涵、审美文化研究与美学学科的关系、审美文化研究的意义、审美文化研究与当代美学理论走向、审美文化与大众文化批判等问题展开了非常深入的讨论,也促使审美文化研究开始作为中国美学的学术主流话语进入美学理论史和思想史的视野之中。最后,在 20 世纪 90 年代,审美文化研究的高涨还带来了一种新的美学转向的出现,即通过审美文化研究促使美学研究进一步关注日常生活与大众文化,美学研究也进一步融入社会文化发展的大环境,实现了审美与生活的融通,审美文化也成为描述当代文化总体性特征的一个重要范畴。

20 世纪 90 年代,审美文化研究的高涨带来了美学理论的繁荣和复兴,这是继 80 年代"美学热"之后中国美学新的理论高峰时代,也带来了"美学的复兴"[1]。20 世纪末到 21 世纪初,中国美学界又产生了一批新的审美文化研究的理论成果,如陈炎主编的《中国审美文化史》(山东画报出版社,2000)、黄力之的《中国话语:当代审美文化史论》(中央编译出版社,2001)、王柯平的《中西审美文化随笔》(旅游教育出版社,2001)、陶东风的《社会转型期审美文化研究》(北京出版社,2002)、吴中杰的《中国古代审美文化》(上海古籍出版社,2003)、王杰的《神圣而朴素的美:黑衣壮审美文化与审美制度研究》(广西师范大学出版社,2005)、仪平策的《中古审美文化通论》(山东人民出版社,2007)、张晶的《当代审美文化新论》(中国传媒大学出版社,2008)、周均平的《秦汉宏观审美文化》(人民出版社,2007)、余虹的《审美文化导论》(高等教育出版社,2006)、徐放鸣的《审美文化新视野》(中国社会科学出版社,2008),等等。这些理论著作虽然出版于 2000 年以后,但有力地承续了 90 年代以来中国美学在审美文化研究方面

---

① 高建平:《"美学的复兴"与新的做美学的方式》,载《艺术百家》2009 年第 5 期。

所取得的理论成绩,特别是经过了一定的理论沉潜和思想提升之后,审美文化研究达到了一个新的理论高度,因此也是审美文化研究在 20 世纪 90 年代以来重要的理论延续,共同构成了 20 世纪中国美学发展史上审美文化研究理论发展与丰富的成绩。由于审美文化的内涵较为丰富,特别是审美文化研究涉及的中国当代美学研究的思想语境和社会背景较为复杂,审美文化研究的问题史和学术史的清理往往会淹没在众声喧哗的话语迷雾之中。这一点也正是 20 世纪 90 年代后期以来审美文化研究的主要问题,所以,虽然审美文化有着 90 年代的高涨,但随着社会文化语境特别是理论主潮的转移,审美文化研究也不断走向泛文化研究,特别是随着 20 世纪 90 年代以后西方文化研究理论与方法的大量引入,在美学理论研究中耕耘的审美文化研究日益被广义的文化研究所代替,这也正是从审美文化走向文化研究的中国美学的新的理论阶段。

二、什么是"审美文化"

从 20 世纪 80 年代审美文化研究开始在中国美学界被倡导,一直到 90 年代中国当代美学研究中审美文化研究的高涨,关于"审美文化"概念的界定一直是美学界认真探讨的问题,也是在很长一段时间内有着不同理论见解的问题。首先,在对审美文化概念界定的必要性上,学术界的看法不一。关于审美文化的概念,有的学者认为"根本不必管它什么是审美文化研究,什么不是。你做出成果就是了。""应该是先做起来,这样你才会知道它是什么东西"[1],但也有的学者认为,"如果真的把这一问题悬置起来不闻不问,我们研究的范围、对象将是漫无边际的,研究的目的、方向也将是模糊的"[2]。其次,在"审美文化"概念的学理来源上,学界也有不同的看法。有的学者把审美文化概念的历史追溯到了 18 世纪的席勒,[3]有的则从 19 世纪英国哲学家斯宾塞的有关论著中寻找审美文化概念的最早理论依据,[4]还有的学者认为,审美文化这个范畴是"一个现代概念",它"是在文化的现代化进程中突现出来的",体现了现代性的重要范

---

① 李泽厚、王德胜:《关于哲学、美学和审美文化研究的对话》,载《文艺研究》1994 年第 6 期。
② 聂振斌:《什么是审美文化?》,载《北京社会科学》1997 年第 2 期。
③ 肖鹰:《审美文化:历史与现实》,载《浙江学刊》1997 年第 5 期。
④ 王柯平:《西方审美文化的绵延》,载《浙江学刊》1998 年第 2 期。

畴。① 再次,在审美文化概念的本土理论依据上,有的学者积极从中国美学研究的传统和历史中寻找理论依据,也有的学者认为"'审美文化'这一概念不是土生土长的,而是中国学者接受了西方文化思潮,特别是后现代主义思潮影响之后提出来的""是改革开放以来,中西文化交流的产物,也是市场经济条件下新出现的文化现象"②。最后,最复杂的是在对审美文化概念的理解上存在不同的理论向度,学者们从不同的角度看待审美文化,因而有着各种各样甚至是截然相反的结论。诸多的争论说明审美文化还正处于不断进行理论探索和争鸣的过程之中,其完整的、系统的理论体系还没有形成,或许还需要一个相当艰难的过程。

在审美文化研究中,关于审美文化概念的界定既是一种初步的学术研究工作,同时又是一个严肃的美学理论问题。由于审美文化研究本身涉及了美学学科的理论传统与现代美学理论发展及其当代演进等复杂的理论问题,所以,审美文化概念的界定与理解一方面无法回避传统美学和现代美学理论话语的发展变化,另一方面又无法脱离美学发展的当代语境,特别是美学发展的当代语境有可能使审美文化的概念滑入泛文化理解之中,这种理论研究和发展态势有可能抹杀审美文化在美学层面的内涵,使其学理意义不突出,让审美文化与通常意义上的大众文化、通俗文化混为一谈。正是在这个意义上,在审美文化研究中,概念的明确、研究对象的清楚及理论共识的统一是必要的。在审美文化研究中,多数学者积极探索一个恰当合理的能够为大多数研究者所接受的审美文化概念。因此,在 20 世纪八九十年代的审美文化研究中,尽管学界对审美文化概念的界定仍然存在差异,但我们仍然可以发现其中的某些共同的理论指向。

首先,在审美文化研究中,关于审美文化概念的界定,学界已经充分考虑到审美文化现象的复杂性、审美文化研究领域的多面性以及审美文化研究的历史性和广泛性。在这个意义上,从事审美文化研究的学者首先强调的是"审美文化"是一个整体性的概念,并积极倡导它的价值属性,强调审美文化研究是对一定历史情境中的文化现状和美学主潮的理论概括和价值引导。其次,对于审美

---

① 周宪:《文化的分化与去分化——审美文化的一种解释》,载《浙江学刊》1997 年第 5 期。
② 聂振斌等:《艺术化生存——中西审美文化比较》,四川人民出版社 1997 年版,第 532 页。

文化的概念,学者们在整体性的立场上考虑到了"审美文化"一词与"审美"和"文化"这两个概念的关系,强调"审美文化"不是简单的"审美的文化"或"文化的审美",而是从审美现实的视角和文化态势的深度体现出来的掌握和改造世界的感性文化系统。这种审美文化概念的界定方式肯定的是从一定时期的文化现状和人们审美意识现实出发,促使人类按照"美的尺度"自觉地建造,日益丰富物质文化并不断提升人们的精神境界的文化模式,并最终对人类文明进程中的文化行为作出理智的思考。再次,在对审美文化概念的界定过程中,积极强调对审美文化的整体性描述,强调审美文化具有整合现实活动中人们审美体验方式的生产和消费功能,更充分地突出了审美文化研究的针对性和有效性。鉴于这种思考角度,在审美文化研究中,学者们对审美文化概念的理解充分考虑到了中西审美文化的历史与现实,更多地强调在比较研究的立场上融合中西方各自文化情势的演进与审美风尚变革,寻找审美文化概念的共同逻辑起源与价值支点,并作为当代审美文化研究的学理依据。这种研究方式对审美文化研究有非常重要的意义。中西方各自有着独特的审美观念和文化现代化历史,由此衍生出来的审美文化图景也就呈现出不同的色相,审美文化研究重视并深入探究不同的审美文化图景,其实也是强化了审美文化概念的理论内涵及其研究价值。最后,在审美文化概念的研究中,学者们充分突出了审美文化研究的问题性,那就是审美文化研究在根本上不一定强调那种宏观的学理建设,而是促使美学理论立足中国当代的审美文化现实,深入挖掘中国优秀的审美文化传统,并吸收西方审美文化经验中的合理成分,以发挥美学研究把握当代社会人们审美体验的基础性功能。这一点也正是审美文化概念和理论内涵的应有之义。

尽管审美文化概念的内涵较为复杂,不同的研究者从不同的角度和立场看待审美文化,但在 20 世纪八九十年代的审美文化研究中,学界对什么是审美文化能够达成基本的理论共识,那就是对审美文化概念的理解,我们既不能忽略西方绵延已久的审美文化传统,又不能脱离中国特有的审美文化现实,而应该采取一种宏观的、比较的视野来把握它的学理问题及其理论特征。审美文化是一个从人类文化整体内剥离出来的,体现了人类本身审美智慧和美学观念的感性文化形态,是伴随着人类自身的物质文化创造和审美观念变革而不断接近现实经验的文化现象和观念体系。由于审美文化具有这样一种学理和现象特征,所以审美文化研究不能脱离现实文化语境中的感性审美经验与现实,特别是对具体的审美文化文本的阅读和分析,从而实现美学研究的现实审美关怀,彰显美学理论把握现实的能力和品格,这也是审美文化研究对 20 世纪中国美学史发展的重要理论贡献及价值。

三、审美文化研究的起源语境与美学吁求

审美文化研究热潮的出现不是偶然的,在起源语境上,审美文化研究在 20 世纪八九十年代的出现既是中国特殊的社会文化发展现实决定的,同时也离不开西方美学理论的启发,更与中国当代社会文化与意识形态语境中的美学研究格局的整体变革有关。审美文化研究的出现首先是 20 世纪 80 年代以来中国当代现实文化语境促动的结果,也是 90 年代以来从事审美文化研究的学者们曾经经历过的一种社会现实。在审美文化研究过程中,学者们普遍设身处地地感到了 90 年代以来中国当代审美文化现实的新变化,特别是随着改革开放的深入和经济社会的转型发展,日常生活和精神生活中各种样态审美文化现象的勃兴给审美文化研究提供了重要的现实基础。朱立元在谈到审美文化研究时曾明确提出,迅捷走向大众化、世俗化的当代生活体现了审美文化研究的语境特征,他提出,在全球化语境中,90 年代初的中国社会文化发生、经历了历史性的重大转型,出现了"当代文学中经典文本的匮乏以及对'经典'的颠覆和消解;文艺关注和描写的对象世俗化、生活化;雅俗界限日趋模糊甚至消失"[①]等现象,王一川总结描述 20 世纪 90 年代中国当代文化发展现实时也强调:"一方面,'审美'不断向普通'文化'领域渗透,弥漫于其各个环节;而另一方面,普通'文化'也日益向'审美'靠近,有意无意地把'审美'规范当作自身的规范,这就形成两者难以分辨的复杂局面。在此意义上不妨说,当代文化实质上就是审美的文化。"[②]审美文化研究在起源语境上正是承续了 90 年代中国当代社会世俗化、大众化、消费化发展的现实,在这种起源语境中,审美文化研究将更多的目光聚焦于影视作品、传播媒介、流行音乐、大众文学、青年亚文化等各种新兴文化形式,

---

① 朱立元等:《迅捷走向大众化、世俗化——对 20 世纪 90 年代中国审美文化的几点反思》,载《海南师范学院学报》2001 年第 5 期;另见朱立元:《雅俗界限趋于模糊——90 年代"全球化"语境中的中国审美文化之审视》,载《常德师范学院学报》2000 年第 6 期。

② 王一川:《从启蒙到沟通——90 代审美文化与人文精神转化论纲》,载《文艺争鸣》1994 年第 5 期。

体现了美学研究对现实审美文化经验发展的一种理论的回应。

审美文化研究的出场还是 20 世纪 90 年代中国美学研究受西方文化研究理论影响的结果。从 20 世纪 80 年代开始，中国当代美学与文学理论从西方文化研究中汲取了丰富的理论资源和思想资源，其间的理论交汇和实践影响所产生的思想张力也对审美文化研究起到了重要的理论推动作用。审美文化研究在学理层面上首先受到的是雷蒙·威廉斯等英国文化研究理论的影响。在审美文化研究中，英国文化理论家雷蒙·威廉斯的通俗文化和大众文化概念给审美文化研究提供了非常重要的理论资源，同时，雷蒙·威廉斯等英国大众文化研究者的视角也为中国当代美学深入把握当代文化现象，提出审美文化学理研究提供了重要的方法论参照。其次，在西方美学理论中对审美文化研究有较大影响的还有法兰克福学派的文化工业理论。法兰克福学派的文化工业理论与雷蒙·威廉斯等的英国文化理论对大众文化有不同的理论态度，更多地坚持对大众文化的意识形态蕴含予以批判。在审美文化研究中，英国文化研究理论的大众文化研究的理论视野和方法与法兰克福学派文化工业理论的批判视角，可以说相得益彰地促进了当代美学研究的话语转向，也是审美文化研究理论重要的发展方向。

在一次访谈中，叶朗谈到他的《现代美学体系》时曾说，《现代美学体系》的编写，有感于这样一种现实，当时的美学教材"与改革开放之后我国的审美实践相脱节，没有研究新时期的审美实践、文艺实践的新成果、新经验和提出的新问题。这些缺陷，使得我们的美学教材显得陈旧、单调、乏味，缺乏时代感和现实感，越来越不能适应高等学校美学教学的需要，也越来越不能适应文艺实践的需要以及各行各业进行美育的需要。我们当时编写《现代美学体系》，就是希望能够克服这些缺陷"①。《现代美学体系》是中国美学研究中较早涉及审美文化研究的著作，早已超越了美学教材建设的原初理论设想，它对审美文化问题前瞻性的理论研究也极大地拓展了审美文化研究的理论发展。叶朗的说法在探讨审美文化的起源语境问题上较有代表性，审美文化研究的出场，除了现实文化语境的影响之外，还像叶朗说的那样，正是反映了中国美学界试图扭转当时美学理论研究陈旧单调、乏味现实的理论努力，可以说，在这方面，审美文化研

---

① 彭锋：《美在意象——叶朗教授访谈录》，载《文艺研究》2010 年第 4 期。

究体现了当代美学理论发展的一种内在吁求。这个美学吁求就是在走出或者经过了 80 年代的"美学热"之后,中国美学理论研究在 90 年代新的社会文化现实中,如何实现新的理论更新,如何走向新的超越与回归的理论道路的问题。在这个意义上,90 年代审美文化研究的兴起正是超越 80 年代"美学热"的结果。所谓超越,正像高建平说的那样,"是说要走出'纯'美学,也就是说,要挑战过去所理解的美学的一些基本前提,由此而作出一些新的研究"①。这种美学吁求既适逢其时,同时也体现了中国当代美学理论发展的某种深层次的理论格局的变革态势。所以,在某种意义上,审美文化研究的出场既是一种外在文化现实促动的结果,同时也内在地体现了中国美学话语理论突围的努力和成绩。

第二节 审美文化与中国美学话语的理论突围

审美文化的勃兴既是现代文化扩张中美学现代意识逐步觉醒的结果,又是当代文化现实中审美风尚突转的产物。当代审美文化研究热潮的兴起,体现了国内美学理论界强烈的危机意识和前瞻意识。危机意识萌发于传统美学的现实迷惑,提出审美文化研究,意在利用审美文化更接近人们日常体验的特性,推动美学研究向深层而现实的方向演进,从而促使美学能突破自身体系的封闭状态,走向自觉融合不同文化内涵和理论向度的完善境界;前瞻意识肇端于当代学者面对新的历史语境,思考美学研究如何在信息化、全球化时代,更深层次地观照现实文化经验与人们的日常体验,实现美学理论把握现实的应有使命。

一、关于美学学科定位的重新思考

在审美文化研究中,尽管在关于审美文化的概念、内涵、功能以及意义的探讨中人们会各抒己见,立足点和观念有一定差异,但核心的理论探究也有明显的一致之处,那就是随着 20 世纪 90 年代中国社会的文化转型以及在文化全球化以及媒介、生产、传播与消费文化话语逐渐生成的语境中,如何恰当准确地把

---

① 高建平:《美学的超越与回归》,载《上海大学学报》2014 年第 1 期。

握美学的学科定位问题。所以,当美学研究的理论形态及其话语方式发生一定变化之后,特别是在市场化的文化发展以及文化生产与消费迫使美学研究不断寻找理论的下行路向之时,关于美学的学科定位问题就成了审美文化研究在理论层面的核心主题。

美学学科的定位问题本身比较复杂。从近代美学的崛起时刻起,美学学科的定位问题就聚讼纷纭。美学学科的定位问题既影响着美学研究的方向与格局,也影响着美学研究的现实走向。从 20 世纪 50 年代开始,中国当代美学在学科定位中较多地受康德美学的理论框架影响,基本上是以本体论、认识论为主要哲学理论资源来看待美学的学科定位的,在这种学科定位中,美学研究基本上是以哲学美学的理论形态展现出来的。20 世纪 80 年代以来,中国当代美学在世界范围内美学话语转向的影响下,出现了价值论美学、实践论美学、语言论美学以及文化论美学等新的美学话语形态,美学的学科定位问题在这些新的美学话语形态的影响下也发生了新的变化。其中影响较大的是文化论美学,文化论美学受到西方文化理论的启发,强调文化是人类的一种符号表意行为,强调运用跨学科手段去综合分析各种文化现象,而不是像传统美学那样注重美学的元理论话语研究。20 世纪 80 年代,审美文化的兴起与美学的文化转向可以说是同时发生的,因此伴随着美学研究的文化论转向,关于美学的学科定位问题自然进入审美文化研究的前台。在审美文化研究中,王德胜曾经提出:"尽管'当代审美文化研究'的发生直接联系着以'美学学科定位'为目标的'美学话语转型'的努力,然而,实际上,当代审美文化研究的展开及其具体表现,却又无疑在另一个层面上做着另外的一件工作。换句话说,进入 90 年代以后,当代审美文化研究的出现不仅没有减少'美学学科定位'问题的难度,甚而也没有改变这一问题的存在维度。"①他的这一论断是客观的,可以说,所有致力于审美文化研究的学者都不由自主地触及了美学的学科定位问题,因为审美文化研究其主要的理论走向就是不再以本体论、认识论的美学理论形态为主要趋向,不再从哲学美学的学科定位角度看待具体的美学问题研究,而是将各种具体的审美文化经验、媒介与大众文化现实、审美与日常生活作为主要的研究内容与研究方向,因此产生对美学学科定位问题的新的反思与理论阐释也是自然而然的。

---

① 王德胜:《当代审美文化研究的学科定位》,载《文艺研究》1999 年第 7 期。

关于审美文化研究中的美学学科的定位问题,学界一开始也是看法不一,有的研究者强调:"着重研究审美现象的'文化'层面,用'审美文化'这个核心概念把握审美现象的本质和审美活动的规律。"①有的研究者则强调大众媒介在审美文化研究中的作用,认为:"在审美文化向消费文化的转型中,并不是说审美文化完全销声匿迹了,而是说它失去了赖以存活的历史语境之后形神涣散并已极度边缘化。"②有的学者则干脆强调:"'文化'与'审美'本来就有内在的一致性,'审美文化'凝结为一个具有浓郁的时代印痕的命题,则包蕴着太多的人文积淀,且开启了美学发展的新的路向。"③正是由于这些理解和阐释角度的差异,在审美文化研究中,美学的学科定位问题不一定是一个直接的研究内容,而更多地从具体的研究成果中看出理论研究的路向和理解方式,这也是审美文化研究对美学理论发展的一个特殊的理论贡献。

在审美文化研究中,触及与呼应美学的学科定位问题的基本有三种路向,一是立足于中国美学的传统资源,改变传统美学的思辨趋向,在思辨与实证相结合的观念上突出中国审美文化研究的理论资源与思想价值。在这方面,往往着眼的是中国审美文化的历史概貌,强调从审美文化历时性的角度与美学具体问题相印证,以学科重构的方式深入美学学科的定位问题。在这方面,陈炎主编的《中国审美文化史》(山东画报出版社,2000)是关于中国审美文化研究的典范之作,在审美文化研究方面,陈炎强调从中国传统审美文化发展的特殊的生活方式、思维方式与文化特性入手,在为中国审美文化研究建构特殊的文化结构与理论形态的过程中,实现对中国美学新的理解与阐释,较为明显地体现出对美学学科定位问题的深入理解。吴中杰主编的《中国古代审美文化论》(上海古籍出版社,2003)也是审美文化研究中的重要作品,在这部著作中,作者提出:"审美文化所要研究的,是人类文明发展进程中,审美意识的发展历史、它的逻辑规范及其在各个文化领域中的衍化。"④在这种思路下,作者的研究包括中国古代审美意识发展史、中国古代审美范畴研究、中国古代门类艺术研究三个部分,在完整系统的研究中体现出对美学学科定位的新的思考。此外,周均平的

① 李林:《美学研究的新思维:审美文化学》,载《广西大学学报》(哲学社会科学版)1991年第2期。
② 赵勇:《从审美文化到消费文化——论大众媒介在文化转型中的作用》,载《探索与争鸣》2008年第10期。
③ 张晶:《作为美学新路向的审美文化研究》,载《现代传播》2006年第5期。
④ 吴中杰主编:《中国古代审美文化论》,上海古籍出版社2003年版,第2页。

《秦汉审美文化宏观研究》虽说是一部关于秦汉审美文化研究的著作,围绕着秦汉审美文化的发展历程、理论资源与审美特点展开研究,但在精细的视角与系统性的架构中对中国古代审美文化的建构作了深入的探索,对在审美文化研究中如何确定美学的学科定位问题也有一定的启发。二是立足中国审美文化的纵向发展与横向阐释,强调中国审美文化的古今对比、中西审美文化的比较研究,在史论结合方面将审美文化问题置于美学研究核心,可以说在理论的外向形态上触及了美学的学科定位问题。在这方面,余虹主编的《审美文化导论》(高等教育出版社,2006)可作为一个理论代表,在这部作品中,余虹强调从审美文化的历史样态与审美文化的当代状况两个方面确立审美文化研究的理论框架,采用一种历史纵向研究与当代阐释相结合的理论方式,其中在关于审美文化的历史样态研究中,突出从审美文化角度介入中西美学发展史上的文学、艺术与文化个案研究,可以说以较突出的个案研究的方式深化了审美文化研究的理论成果,自然对美学学科定位问题也有重要的影响。三是立足西方审美文化理论发展与中国当代大众文化与审美文化语境,在大众文化、消费文化的个案探究中,强化对美学学科定位问题的反思性研究,突出的是审美文化研究现象层面与大众文化发展中美学话语的现实指向。比如,周宪的《当代中国审美文化研究》(北京大学出版社,1997)、徐放鸣等的《审美文化新视野》(中国社会科学出版社,2008)引入古今对比的视角,在审美文化发展的历史逻辑分析中对消费文化、大众传媒、新媒体艺术等审美文化现象作的个案研究,在令人耳目一新的同时对重新理解和评判审美文化研究中的美学学科定位问题有积极的意义。

　　审美文化研究中这三种理论路向或倾向于中国审美文化发展的纵向梳理,或强调审美文化现象与现实发展的文化诠释,或强调审美文化发展中的中西互补的个案阐释,均从不同层面推动乃至重新阐释美学学科定位问题,这种定位不同于20世纪中国美学发展中其他理论思潮的一个重要方面,就是关注现实审美文化的具体发展,从而有力地推动了中国美学话语的转型,同时也体现出美学理论发展本身的变革态势。审美文化研究既涉及了中国审美文化研究,也包含当代大众文化研究,更强调媒介、影视等具体的审美文化门类研究,但无论哪一方面的研究,如何在现象研究层面走向更深层次的学理建设,这也是审美文化研究着力要探究的另一方面内容。

二、向现实开放的美学:审美文化研究的理论走向

审美文化研究是中国当代美学继 20 世纪 80 年代的"美学热"以来的新一轮美学热潮,正像 80 年代的"美学热"促使中国美学研究在学理层面有一个本质的飞跃一样,审美文化研究也极大地促进了中国当代美学的学理建构。80 年代的"美学热"曾引发了中国美学理论的深入拓展与学科交融,不但实践美学、生命美学、体验美学、生态美学等新的美学理论思潮不断出现,而且出现了美学理论研究的纵深发展,康德、黑格尔与马克思、尼采、海德格尔等西方美学家的思想得到了深入阐释,宗白华、朱光潜、李泽厚、王朝闻等当代美学家的思想研究也在中国美学界充分展现,而且还出现了《文艺美学丛书》《艺术美学丛书》《美学译文丛书》等一批重要的美学理论著述,此外,电影美学、戏剧美学、绘画美学、雕塑美学、音乐美学等新的美学领域也得到了深入的拓展。从时间上来看,审美文化研究与 80 年代的"美学热"有重合之处,在 80 年代的"美学热"中已经出现了审美文化研究的趋向,但从内在的理论动向来看,审美文化研究与 80 年代的"美学热"的整体理论趋向仍有不同之处。首先,从理论内涵来看,80 年代的"美学热"其实是一种宽泛的描述,所谓"美学热"其实难以描述那个时期具体的美学研究的理论与问题,也很难指涉美学理论研究的方向,而审美文化研究则具有明确的理论指向,这种理论指向强调的就是美学研究进一步面向现实,走出美学研究踯躅于纯理论层面难以把握具体问题的理论困境。其次,从时间延续历程上看,审美文化研究显然持续得更久,而且在审美文化研究中没有完全延续 80 年代的"美学热"理论观念。最后,审美文化研究同样具有宽泛的领域,但这个宽泛的领域其实已经跟古典形态的美学研究不可同日而语,正是因为宽泛,在审美文化研究中已经包含了更多的非美学理论的因素,社会、经济和文化因素不断融入美学研究中来,因而大大拓展了美学研究的范围和领域,当然,这也让美学研究承载着美学泛化的危险。在这个过程中,审美文化研究在挑战了传统美学的学科定位之后,已经促使美学研究不断走向日常生活和现实文化,因此,不断向现实文化经验拓展的美学研究理路构成了审美文化研究主要的理论走向。在这个层面,审美文化研究无疑代表了 20 世纪中国美学在新的历史和文化语境中的思考。

首先，向现实开放的审美文化研究带来了美学研究边界的消解和变迁，审美文化研究明显的理论趋向在于拒绝纯粹的美的"意义"与"本质"，"传统审美文化的类型和规则，以及许许多多的禁忌正在或已经瓦解，新的游戏规则正在取而代之"①。审美文化研究在具体文化现象和审美文化个案研究方面取得的成果就说明了这一点，具体文化现象和个案研究已经不是为了说明和佐证纯理论问题，而本身就是研究的对象和目的所在，王一川在 20 世纪 80 年代持续关注张艺谋电影，在《张艺谋神话的终结——审美与文化视野中的张艺谋电影》中，他从审美文化的角度对张艺谋电影作了出色的文化研究，认为"张艺谋神话的终结，表明 80 年代的精英文化意义上的启蒙与个性神话已移位为大众文化意义上的商业神话"②，就说明了这一点。肖鹰在他的《形象与生存——审美时代的文化理论》中对先锋派文学作出了不同于以往的研究，也是着眼于先锋文化与经典瓦解的现实语境，表明"先锋已经实现它与现实的结构性缝合"③。此外，像周宪的视觉文化研究、陶东风的大众文化研究，其实都着眼于审美文化研究中的文化个案，从而体现出美学研究边界的文化泛化与变迁特征。

其次，向现实开放的审美文化研究还意味着美学研究方法论的变革，以及由方法论变革带来的对新的理论体系性问题的重新评估。在传统美学研究的理论格局中，理论的体系性建设是一个重要的理论研究方面，无论康德、黑格尔、费尔巴哈还是马克思，他们的理论研究均有突出的理论建构色彩。但随着美学理论的发展以及现实文化经验的发展，美学研究的体系性研究格局渐渐地暴露出它的偏颇。因为人们渐渐发现，美学日益脱离人类社会实践和人类生存状态的理论思辨特征，不但导致了美学研究的思维方式日益狭窄、美学话语日益空泛、美学原理极端抽象，而且还影响美学体系的封闭。在这种理论研究格局中，美学最初高声唱响的人文精神、崇高意识与终极关怀，正经历着曲高和寡的尴尬。随着审美文化研究的兴起，美学研究进一步向现实审美领域扩展，因而对美学的研究对象、研究格局以及理论内容方面予以强烈冲击，以至于有的研究者提出"流行歌曲、摇滚乐、卡拉 OK、迪斯科、肥皂剧、武侠片、警匪片、明星

---

① 周宪：《边界的消解与审美文化的变迁》，载《浙江学刊》1998 年第 4 期。
② 王一川：《张艺谋神话的终结——审美与文化视野中的张艺谋电影》，河南人民出版社 1998 年版，第 268 页。
③ 肖鹰：《形象与生存——审美时代的文化理论》，作家出版社 1996 年版，第 153 页。

传记、言情小说、旅行读物、时装表演、西式快餐、电子游戏、婚纱摄影、文化衫"都可以包括在审美文化研究之列。①

再次,审美文化研究努力向现实审美开放还体现了中国当代美学研究在现代文化扩张中的现代意识的逐步觉醒。美学现代意识的觉醒就在于突破以往的美学研究的思维方式与理论观念,不断在吸收新的理论资源及其现实养分的过程中,走向新的文化创造。这个过程既有特殊的社会历史背景的影响,比如商品经济觉醒给美学研究的现实性的刺激,从而使审美文化研究具有明显的时代症候,但更多的是当代美学研究在变革的时代大潮中人文关怀意识的体现,从而体现出美学话语转型的超越性影响。审美文化的出现,其本质就是一定社会的文化现代化的结果,是哈贝马斯所说的文化现代化发展中"认识—工具结构,道德—实践结构,以及审美—表现结构"的文化分化的结果。② 当代审美文化研究所面临的经典的消弭、大众文化的兴起、消费文化语境的生成、传媒文化的发展等,都是当代社会现代化进程不断加剧以及文化现代性语境不断凸现的表现。美国学者丹尼尔·贝尔认为,现代文化运动(或称文化倾向、文化情绪)是一个令人困惑的社会学问题。全面的现代化运动和现代主义的激烈反叛在制造了庞大的社会物质大厦和文化景观之余,更使人们普遍地进入一种自我生存根基整体性崩溃的无根无依的漂泊和分裂状态。因为"人们一旦与过去切断联系,就绝难摆脱从将来本身产生出来的最终空虚感"③。中国当代审美文化研究也面临着这样的理论及现实困惑,所以才走向深入的美学批判。在这个意义上,审美文化研究向现实审美领域开放正体现了当代美学话语转型中中国美学的当代人文关怀意识,也体现了美学研究强烈的危机意识和前瞻意识。危机意识萌发于传统美学的现实迷惑,提出审美文化研究,意在利用审美文化更接近人们日常体验的特性,以推动美学研究向深层而现实的方向演进,从而促使美学能突破自身体系的封闭状态,走向自觉融合不同文化内涵和理论向度的完善境界;前瞻意识肇端于当代学者面对 21 世纪,思考高科技、信息化、全球化时代,美学如何实现努力关怀人类文明发展和人类生存状态的应有使命,规避工

---

① 姚文放:《当代审美文化批判论纲》,载《北京社会科学》1999 年第 1 期。
② [德]哈贝马斯:《论现代性》,见王岳川编:《后现代主义文化与美学》,北京大学出版社 1992 年版,第 62 页。
③ [美]丹尼尔·贝尔著,赵一凡等译:《资本主义文化矛盾》,三联书店 1989 年版,第 97 页。

具理性和社会理性的话语造成的内在精神沦丧的异化历史,因此,在人们审美意识不断向生活的各个层面延伸的历史情境下,通过审美文化研究,建立一种以人的精神体验和审美观照行为为主导的社会感性文化形态,以消除和补充工具理性文化和社会理性文化所带来的对人类个体生存的某种限定和束缚,正是当代审美文化研究共同的价值追求。

三、审美文化研究的批判向度

在 20 世纪八九十年代的审美文化研究中,批判性的视角与美学的批判性反思是审美文化研究主要的研究思路和价值取向。批判性反思的内容与方向主要针对的是当代美学研究的困境与危机,审美文化研究试图走出美学研究的原有理论格局,特别是打破长期以来美学研究的本体论困囿,试图在面对复杂广泛的审美文化现实与经验的过程中实现美学的理论突围与价值重构,从这个意义上看,审美文化研究努力体现出来的正是一种美学理论"接地气"的理论趋向,其批判性理论的价值在今天看来仍然是一种重要的思想资源。

基于批判性反思的审美文化研究在深层次上也与 80 年代"美学热"所体现出的美学吁求有关,在 80 年代的"美学热"中兴起的实践美学、生命美学、体验美学等理论思潮已经体现出充分关注现实审美文化经验,特别是强调现实的人的个体生命体验的特征,只不过,在审美文化研究中,其理论方向和价值取向更加明确,美学理论研究的形而下走向更为明显,当然,它的理论调整的战略面临的现实文化经验的挑战也更加明显。高建平曾经谈到,如果说,80 年代的"美学热"让中国美学在争论中前行,那么到了 90 年代,显然美学实际上处在一个困境之中,出现了"建立中国美学体系的要求与满足这个要求的条件还不成熟之间的矛盾"[①]。也就是说,"80 年代的理想主义,那种'让思想冲破牢笼'的精神,那种勇于学习、勇于实践的学术气氛,造就了一种'新启蒙'的话语。到了 90 年代,学术气氛为之一变,来到了一个'后启蒙'时代"[②]。审美文化研究正是这种启蒙反思的结果。审美研究最值得重视的一种美学精神就是审美批判,审美批

① 高建平:《中国美学三十年》,载《四川师范大学学报》2007 年第 5 期。
② 高建平:《后文化研究时代的美学》,载《美育学刊》2011 年第 4 期。

判体现了中国当代美学研究对审美文化现实的理论把握方式,即美学研究积极深入当代审美文化现象中的一些具体的文化现实问题,如当代文化发展中经典意识的匮乏、经典文化边界的消失以及大众消费文化的崛起等,这种审美批判精神其实暗含了中国当代思想文化发展中的一种深刻的理论反思意识,它指向的是大众文化的崛起与"后启蒙"时代来临中的美学精神困境问题,审美文化研究正是"从启蒙走向了沟通"①。

审美文化研究的批判性反思在理论趋向上体现出努力向现实开放的理论精神和文化精神,它所强调的不仅仅是中西美学发展历程中复杂的美学理论资源,更主要的是阐释评判当代社会文化发展中的大众审美经验和文化现实,因此,从理论研究的范围和内容来看,基于批判性反思的审美文化研究还与中国当代大众文化的发展有密切的关系。在中国当代美学发展的视野中,大众文化的兴起也是 20 世纪八九十年代以来重要的文化现实,大众文化的兴起是 80 年代以来中国改革开放的文化语境、商品化发展的经济环境以及媒介变革的现实促成的。从本质上看,大众文化的兴起其实也是中国当代最重要的审美文化现象,在这个意义上,审美文化研究有着等同于大众文化的成分,因此,在审美文化研究中,强调审美文化与大众文化的区别是一种主要的理论趋向。很多学者旗帜鲜明地坚持审美文化不等于大众文化,滕守尧从英国文化研究的理论历史与状况出发,提出不能将大众文化与审美文化混为一谈;②朱立元也提出,在审美文化研究中,把审美文化等同于大众文化是考虑到了审美文化发展中的大众共享性的、媒介化的文化特性,有一定道理,但是,把"审美文化"直接等同于当代大众文化,其局限性也是相当明显的。朱提出,"首先,'审美文化'到底是否一个典型的现代概念,还难定论"。其次,"'等同'说对'审美的'(Aesthetic)一词的解释也存在片面性,它仅仅从形式上(即'形象游戏'的外表且'游戏'亦非康德的'自由游戏'之意)把当代大众文化的商业化、技术化包装上升为'审美的',却忽略了此词在西方文化传统中更为实质性的一些涵义,如'自由性''非功利性''超越性''愉悦性'等,这就把'审美'降低为一种纯粹低级的功利的感官享乐,也是对'审美的'一词的反传统新解。更确切地说,这是对'审美'一词

① 王一川:《从启蒙到沟通——90 年代审美文化与人文精神转化论纲》,载《文艺争鸣》1994 年第 5 期。
② 滕守尧:《大众文化不等于审美文化》,载《北京社会科学》1997 年第 2 期。

的反审美解释"①。

最后,审美文化研究的批判向度还表现在对大众文化和审美文化现象中的商业性和消费主义的批判。在审美文化研究中,很多学者对当代大众文化研究中的消费指向和趣味主义退避三舍,批判商品文化及消费文化成了审美文化研究的主要趋向。在审美文化研究中,自觉抵制、批判商品文化的现象极为明显,朱立元提出,迅捷走向大众化、世俗化是当代审美文化研究的主要特征,"当代文学中经典文本的匮乏以及对'经典'的颠覆和消解;文艺关注和描写的对象世俗化、生活化;雅俗界限日趋模糊甚至消失"②等,都使得审美文化出现世俗化的倾向。姚文放的《当代审美文化批判》从当代的哲学思潮、当代的社会心理、当代人的新宗教意识、传统审美文化、商品经济、科技以及地域、艺术形式变革、西方影响等方面全面批判了当代审美文化现实,特别是对商品经济、科技发展与当代大众文化发展现实作出了深刻的剖析,对审美文化发展中的商品化原则予以深入的批判。体现出批判商品文化的主要方向。林同华的《审美文化学》(东方出版社,1992)、李西建的《审美文化学》(湖北人民出版社,1992),也对审美文化中的消费文化持批判态度;陈炎主编的《当代中国审美文化》广泛涉及了当代审美文化研究中的文学、音乐、舞蹈、戏剧、电影、电视、网络、广告等新兴的审美门类,对审美文化研究的消费景观作了全景式的展现。

审美文化研究不可避免地要涉及消费文化与商业文化,可以说这是审美文化发展既定的社会语境,同时也是它面临的主要研究主旨。在这方面,中国当代审美文化研究批判消费文化和商品文化并非是单纯地反对消费文化,而是提出了一种新的理论阐释向度,即对新的美学语境中的消费审美文化现象的整体分析与解读,在这方面,章建刚的看法也是如此,他强调,我们不能将"审美文化研究"与"审美文化"混为一谈,审美文化研究既然诞生于审美文化现象的批判,但不能将审美文化研究简单地看作"审美文化现象的批判",他提出:"对于近年来所谓'审美文化'现象,人们完全有理由给予积极的评价。"③赵勇也提出:"在审美文化向消费文化的转型中,并不是说审美文化完全销声匿迹了,而是说它

---

① 朱立元:《"审美文化"概念小议》,载《浙江学刊》1997 年第 5 期。
② 朱立元等:《迅捷走向大众化、世俗化——对 20 世纪 90 年代中国审美文化的几点反思》,载《海南师范学院学报》2001 年第 5 期。
③ 章建刚:《何谓"审美文化"?》,载《哲学研究》1996 年第 12 期。

失去了赖以存活的历史语境之后形神涣散并已极度边缘化。"①可以说,在当代社会,消费文化无处不在,"我们处在'消费'控制着整个生活的境地"②,法国学者波德里亚如此论断并非夸大其词。"消费是个神话"③,在很多时候,人们不仅陶醉于它给我们带来的物质满足感之中,而且由于文化消费的广泛性与大众化,人们欣喜地庆贺自己轻而易举地成为文化与艺术的积极参与者,在有可能让我们的生活充满"审美化"和"艺术化"的设想中,人们更多地认同与"消费"结伴而行的娱乐逻辑和享乐主义。我们不能否认消费文化的内质中含有人生审美化的意义,我们也不否认当代消费文化追求休闲娱乐、崇尚所谓高品质的优质生活是现代审美文化的内涵之一,但是我们不仅是"娱乐至死的物种"④,更需要在重温生活中的感受和艺术中的激情之时获得真正的生命感动,正因如此,在消费文化、功利主义意识形态不断地侵蚀当代审美文化的现实空间,消费中的文化借"通俗"与"大众"之名面目全非之时,我们就该在"无边的消费主义"中"重拾艺术崇高论的话题",这正是需要我们对消费文化进行严肃批判反思的理由,也是审美文化研究给当代美学提出的重要的理论启发。

第三节 "文化研究"热与中国美学研究的理论进境

在 20 世纪中国美学发展过程中,审美文化研究热潮和"文化研究"热具有共同的起源语境,但就内在的研究性质而言,二者仍然有一定区别,审美文化研究更多强调对当代各种审美文化现象作批判阐释,而文化研究不仅仅满足于对包括文学在内的审美文化现象进行批判研究,还具有文学研究泛文化特点,文化研究不像审美文化研究那样从美学发展的内部孕育而生最终又走向美学,它与美学既存在联系又有一定疏离,并由此影响了中国美学研究的理论进程。

---

① 赵勇:《从审美文化到消费文化——论大众媒介在文化转型中的作用》,载《探索与争鸣》2008 年第 10 期。
② [法]让·波德里亚著,刘成富等译:《消费社会》,南京大学出版社 2000 年版,第 6 页。
③ 同上,第 227 页。
④ [美]尼尔·波兹曼著,章艳译:《娱乐至死》,广西师范大学出版社 2004 年版,第 4 页。

一、"文化研究"热兴起的原因

20 世纪的最后 20 年,中国美学的发展与"文化研究"热的兴起几乎是同步发生的,文化研究既是美学理论变革的表征,同时又深度融入这一变革之中并起到了重要的推动作用。中国当代美学与文学理论从文化研究中汲取了丰富的理论资源和思想资源,文化研究的实践性品格和跨学科优势也让中国美学研究发现了新的突围方向,文化研究的开放性旨趣和批判性精神也让美学研究增强了面向现实的勇气和力量。在当下,文化研究队伍不断扩大,文化研究的成果也不断丰富,文化研究的机构与平台不断发展,①文化研究和美学研究的理论交汇和实践影响所产生的思想张力对中国当代美学、文学理论等学科的方法观念产生了强大的冲击,并引发了相关学科的理论反思。

20 世纪 90 年代中国美学中的"文化研究"热的兴起既是西方文化研究理论与资源影响中国文学理论批评的结果,同时,更是中国当代美学在特殊历史文化境遇中出现的新现象、新趋势、新发展,体现了美学研究对当下审美文化发展的一种新的判断或描述。文化研究在中国美学界的发生发展,首先与西方文化研究理论的引进与译介分不开。从 20 世纪 80 年代中后期开始,最早介入文化研究的是一批从事文学理论与美学研究的学者,现在仍然是以这一批学者为主,他们借助文学理论与美学研究的学科优势把文化研究的理论与方法引入中国。西方文化研究中起过奠基作用的重要理论,如英国早期的"伯明翰学派"、德国的"法兰克福学派"以及以雷蒙·威廉斯、托尼·本尼特等为代表的英国文化研究理论是中国美学界最早接触的西方文化研究理论作品。英国早期"伯明翰学派"的理论家理查德·霍加特(Richard Hoggart)、斯图亚特·霍尔(Stuart Hall)以及英国文学理论家雷蒙·威廉斯(Raymond Williams)等人的《文化与

① 目前在中国学术界,文化研究产生了较为深远的影响,一些文化研究者建立了比较有影响的文化研究网站,如"文化研究:中国与西方"(http://www.culstudies.com/)、"当代文化研究网"(http://www.cul-studies.com/)、"左岸文化网"(http://www.eduww.com/)、"人文与社会"(http://wen.org.cn/)等;涌现出了一批文化研究的刊物,如陶东风、周宪主编的《文化研究》,童庆炳主编的《文化与诗学》,周启超主编的《跨文化的文学理论研究》,上海交通大学国家文化产业创新与发展研究基地主编的《中国都市文化研究》,顾江主编的《文化产业研究》,李凤亮主编的《深港文化创意参考》,陶东风主编的《文化研究年度报告(2010)》等。

社会：1780—1950》(*Culture and Society*：*1780—1950*，1958)、《关键词：文化与社会的词汇》(*Keywords*：*A vocabulary of Culture and Society*，1976)、《漫长的革命》(*Long revolution*，1961)，斯图亚特·霍尔的《电视话语中的编码和译码》(*Encoding and Decoding in the Television Discourse*，1973)、《文化研究：两种范式》(*Cultural Studies*：*Two Paradigms*，1980)等理论著作较早地被引入国内。正是对这些作品的理论译介，使得中国美学研究获得了文化研究的理论参照。除了直接的文化研究的理论著作之外，像马歇尔·伯曼的《一切坚固的东西都烟消云散了》、斯蒂芬·贝斯特等的《后现代理论：批判性的质疑》《后现代转向》、大卫·格里芬的《后现代精神》、约翰·多克的《后现代主义与大众文化》、芬伯格的《可选择的现代性》、马泰·卡林内斯库的《现代性的五副面孔》等著作也被中国学者所关注，这些理论著作强调进一步从哲学、美学的角度阐释西方文学理论的文化研究背景和特征，在传统文学理论研究与后现代主义的对话语境中展现出深广的哲学视野，这些理论著作或重在理论阐释，或重在思想批判，或重在对话分析，或重在思想建构与解构，体现出文化研究的理论范式对当代美学研究话语转型的积极作用，它们所揭示的相关理论问题也正是中国当代美学研究所要着重突出的理论观点。

　　文化研究的兴起还在于中国美学界对文化研究话语方式的认同和接受。所谓话语方式的认同和接受指的是中国美学研究在译介西方文化理论过程中，认同和接受西方文化研究理论的观念和方法，主动将西方文化研究理论范式作为美学理论问题研究的话语方式。中国当代美学最早也是从 20 世纪 80 年代开始引进西方文化研究理论话语的，20 世纪 80 年代，中国美学界曾经发生了深刻的理论观念和话语转型，比如，1985 年曾被称为"文学方法论年"，1986 年被称为"文学观念年"，并引发了人道主义的讨论、文艺学方法论的突破、文学主体性问题的论争，以及科学主义、人文主义探讨等，这些理论探讨体现了中国当代美学试图通过深入的理论论争建立自己的话语体系及其问题框架的努力。但在后来的理论发展中，特别是随着西方文论的整体引入及社会审美文化现实的深入发展，中国当代美学在把握自身理论问题的过程中开始受到西方文化研究理论话语的影响，并没有将这些理论论争的成果深入总结并贯穿下来，倒是有了一个对西方文化研究理论话语的大范围接受过程。其中，英国早期的文化研究理论以及"法兰克福学派"的文化理论是对中国美学理论话语影响最大的理论流派。英国早期文化研究理论著作,如雷蒙·威廉斯的《文化与社会》(1961),理查德·霍加特的《识字的用途》(1961),以及"法兰克福学派"学者的著作,如霍克海默、阿多诺的《启蒙辩证法》,马尔库塞的《审美之维》等,都不同程度地对中国当代美学研究产生重要的影响,他们对待大众文化研究的态度、从事文化研究的理论方法以及话语方式构成了中国当代文化研究的理论来源。无论雷蒙·威廉斯、霍加特,还是霍克海默、阿多诺,他们都重视大众文化的研究,大众文化研究孕育了他们的理论形式和范式。但是,对他们来说,大众文化既是研究对象,也是一种"问题式"的文本经验,特别是英国文化研究理论和"法兰克福学派",英国文化研究理论是直接从工人阶级大众文化中生长出来的,大众文化是它生发性的根,"法兰克福学派"则是从大众文化的批判中得出理论范式的,大众文化是批判性的生长点。无论是理论范式的生成还是批判性的生长点,它们都是在继承中发展的,是在广泛地回应现实文化经验的过程中实现理论的现实性的,这其实也影响了中国当代美学对文化研究的理论态度和选择,中国当代美学研究积极关注大众文化研究,正是从西方文化研究理论话语中汲取了丰富的理论话语资源。

文化研究的兴起还与中国当代语境中的文学现实与文学经验的裂变有一定联系,特别是当代文学发展中"文学性"的变革,促使文学研究在思维方式、研究方法、知识生产与知识建构等方面作出调整,从而使文化研究的理论范式逐渐渗入文学研究领域,导致了文学研究的泛文化转折。在当代语境中,伴随着经济全球化与文化全球化时代的到来,以娱乐和实用为中心的当代文学经验在"文学性"方面感官化和消费化的趋势日益明显。文学经验的感官化强化的是当代"文学性"理解上的非理性倾向,文学研究中的所谓"三还原"(感觉还原、意识还原、语言还原)、"三逃避"(逃避知识、逃避思想、逃避意义)、"三超越"(超越逻辑、超越语法、超越理性),"不及物写作""下半身写作""美女作家""身体叙事""肉身冲动"等,就是其集中的表现。文学经验的消费化则直接促使消费文化的崛起和文学接受的娱乐化倾向。市场和消费使文学变成了一种消费和感官享受的对象,也使"文学性"变成了"娱乐至死"的载体。文学经验的感官化和消费化进一步在社会文化生态中制造了文学经验中的实用主义和媚俗主义,也损伤了传统"文学性"方面所包含的经典意识和精英意识。文学与文化生产方式的变化,既产生了中国当代消费文化研究的语境、土壤和对象,同时促使美学研究不断面对文学和文化现实的复杂面向以及在实践过程中所产生的各种问题,因此,出现了各种文化研究的理论观念与研究内容,像媒介研究、视觉文化研究、日常生活审美化理论、图像研究等都与此种背景相关,因而引发了文化研究的抢滩登陆。

文化研究是当代美学理论研究中突出的发展趋向,同时也是当代艺术生产的新变化、新趋势,中国当代美学研究已经无法回避文化研究的影响,更需要对这一历史与现实语境作出呼应与判断,把握文化研究语境下中国当代美学理论发展的基本问题也正是中国当代文化研究的价值所在。

二、理论与经验:当代文化研究的理论立场及其学术路径

中国当代美学从 20 世纪 80 年代开始关注文化研究,30 年过去了,中国当代美学视野的文化研究及其引发的理论热潮仍在持续,文化研究和文学研究的理论交汇和实践影响所产生的思想张力正对当下的美学研究产生重要的影响,它所引发的美学研究的文化转向也受到了较多的理论关注,爬梳和整理当代文化研究的理论与经验,把握文化研究的理论立场及其学术研究路径,是探索中国当代美学研究发展历程的一个重要方面。就基本的理论发展和学术路径来看,中国当代文化研究的研究内容及其理论收获主要体现在以下几个方面,首先,对"文化研究"知识谱系、学术背景与实践形式有集中的探讨,梳理了西方文化研究的理论范式特征以及理论创新表现。由于中国当代文化研究较为明显地受到西方文化研究理论的影响,所以在中国当代文化研究的起始乃至较长的理论发展中,介绍、分析与描述西方文化研究理论谱系及其理论观念就是一项非常突出的理论工作。可以说,中国当代文化研究的一批领军人物,特别是有过西方学术研究、交流与合作背景与资源的学者更是走在前列。高建平、陶东风、金元浦、罗钢、刘象愚、周宪等一批学者是中坚力量,罗钢、刘象愚主编的《文化研究读本》(中国社会科学出版社,2000)是国内较早系统编译西方文化研究理论的著作,对从事文化研究的研究者们了解西方文化研究理论颇具参考意义,至今仍然是文化研究不可回避的文献;陶东风较早翻译介绍斯图亚特·霍尔、托尼·本尼特、葛兰西等西方文化研究理论家的著作,他的《文化研究:西方与中国》(北京师范大学出版社,2002)从批判性的角度出发,全面深入地探究了

西方文化研究理论的起源、背景及其理论范式特征，特别是强调在批判性的理论框架下展现文化研究中的知识分子研究问题，并对当代批判性知识分子尤其是中国批判性知识分子作出了历史性考察，其理论价值至今值得重视。此外，金元浦的《文化研究：理论与实践》(河南大学出版社，2004)，陆扬、王毅的《文化研究导论》(复旦大学出版社，2006)，汪民安主编的《文化研究关键词》(凤凰出版传媒集团、江苏人民出版社，2007)等也对西方文化研究理论及其相关个案研究作了集中的探索，这些理论著作，有些是理论编译，有些是文献整理，有些是研究教材，但都对中国当代文化研究的理论发展起到了重要的作用，对文化研究理论谱系的整理挖掘以及文化研究理论方法的把握更有重要的参考价值。

其次，中国当代文化研究受到西方文化研究理论的启示，积极尝试将文化研究的观念和方法纳入中国本土文学研究，同时，积极将文化研究理论引向文化实践和文化分析，试图跨越学院与学科的壁垒，在美学批评实践中凸显文化研究的理论转向。陶东风的一系列论文《日常生活的审美化与文化研究的兴起》《日常生活的审美化与文艺社会学的重建》《移动的边界与文学理论的开放性》等，提出当代文化视野中的日常生活审美化以及审美活动日常生活化导致了文学生产方式、传播方式及其意义存在阐释的多维度变化，因此，中国当代美学和文艺学研究应该"正视审美泛化的事实，紧密关注日常生活中新出现的文化/艺术活动方式，及时地调整、拓宽自己的研究对象与研究方法"[①]。他的观点引发了文艺学界的广泛争鸣，赞赏者有之，商榷者有之，有的研究者提出，陶东风等学者把西方文化研究概念移植到中国之后没有对它进行价值判断，"虽然不断指出要对这种现象进行分析，但取消了价值判断之后的分析有可能会让分析或所谓的文化研究变成一种话语游戏"[②]，陶东风就此观点进行了理论回应。此后，仍然有关于"日常生活审美化"问题研究的相关讨论，这些理论论争和讨论都是正面的，具有一定的问题意识，因此，对文化研究在中国的理论发展及问题研究的深入是有一定现实意义的。此外，金元浦的论文《阐释中国的焦虑——转型时代的文化解读》《文艺学的问题意识与文化转向》等也在文化研究与文学理论范式转化中作出了积极探索。罗岗、王一川等也借助文化研究全新

---

① 陶东风：《日常生活的审美化与文艺社会学的重建》，载《文艺研究》2004 年第 1 期。

② 赵勇：《谁的"日常生活审美化"？怎样做"文化研究"？——与陶东风先生商榷》，载《河北学刊》2004 年第 5 期。

的视角和思考模式,重视中国当代消费主义文化景观,以及媒介文化发展所带来的文学格局的变化,强调从当代审美/文化实践的现实出发,走向美学理论的文化研究。

再次,提出了文化研究与中国当代美学的知识建构问题,通过文化研究理论,反思了中国当代美学、文艺学知识生产与知识建构中的不足,试图借鉴西方文化研究理论推进文艺学的学科发展。文化研究的理论范式对中国当代美学、文艺学的理论研究带来不可忽视的理论影响乃至学科发展的冲击,因此,从文化研究的理论范式反思中国当代美学、文艺学的理论建构问题是中国当代美学研究的一个重要内容。高建平曾将文化研究视为中国当代美学的第三次理论高潮,文化研究"给美学提供着新的可能性"①,但他也看到了文化研究对中国当代美学、文艺学知识建构的消极影响,那就是"在文化研究这样一个模糊的概念下,人们研究着各种各样的问题。这些研究,本来都可以成为美学研究的补充,但实际上,却成为走出美学的大潮"②。这也正是文化研究给当代美学、文艺学学科带来的深刻影响,说明中国当代美学、文艺学面临着多种学术资源融汇与整合的压力,"在文学理念、思维形式、研究方法、话语体系、表达方式等方面面临着时代与自身理论生命力的双重挑战"③。在这方面,陶东风的论文《反思社会学视野中的文艺学知识建构》、李西建的论文《文化转向与文艺学知识形态的构建》、罗岗的论文《读出文本和读入文本——对现代文学研究和"文化研究"关系的思考》、余虹的论文《文学的终结与文学性蔓延》、段吉方的论文《中国当代文艺学知识建构中的焦虑意识及其价值重建》等都作了深入的分析。

最后,重视文学研究与文化研究之间的张力互补关系,从文学现象的复杂性和多面性出发,强调对文学研究的文化转向问题保持审慎的理性态度,深入批判文学研究的泛文化现象,廓清文学研究文化转向所导致的理论迷雾,对当代研究的文化转向作正本清源的思考,对当前美学的学科发展与建设作高屋建瓴的把握。曾繁仁在他的论文《当代社会文化转型与文艺学的学科建设》中曾经提出,面对全球化时代文化研究掀起的热潮以及文艺学学科发展现状,首先应该正视我们所面临的当代社会文化转型形势,才能正确地认识文艺学学科当

---

① 高建平:《中国美学三十年》,载《四川师范大学学报》2007 年第 5 期。
② 高建平:《美学的超越与回归》,载《上海大学学报》2014 年第 1 期。
③ 段吉方:《中国当代文艺学知识建构中的焦虑意识及其价值诉求》,载《文学评论》2009 年第 6 期。

前所出现的争论与今后的发展，由传统计划经济向社会主义市场经济，由农业社会到工业社会以及后工业社会信息社会，由印刷的纸质文明到网络文化，由知识阶层的经验文化到受众空前的大众文化的转变，分别代表了当代社会、文化转型的主要特征，而文艺学的学科转型则面临着当代理论的哲学形态的转变，"即哲学领域由古典形态到现代形态的转型，表现为由主客二分到有机整体、由认识论到存在论、由人类中心到生态中心、由欧洲中心到多元平等对话的转变等等"①。在这种语境中，文化研究的崛起，导致了对传统审美的内部研究方法的解构，这些挑战是一种冲击也是一种机遇，促使文艺学美学研究面对新时代，改造旧体系，充实新内涵。王元骧在他的论文《文艺理论中的"文化主义"与"审美主义"》中对中国当代美学中的文化主义和审美主义话语作出了深入的批判，他认为，以消费文化、通俗文化形式出现的中国当代大众文化与传统的通俗文化有本质的区别，二者在接受主体、艺术形式和文化土壤方面有一定的区别，因此，"把这种消费文化作为当今文艺发展的潮流和方向，并从根本上来否定审美文化，不仅不可能为现实所承认，而且也与我国的国情相悖"。无论从哪方面来看，文化研究都不可能是我国文艺理论研究的当代形态。② 朱立元也对由"日常生活审美化"研究所引发的文化研究与中国当代美学的学科发展提出了自己的意见，他认为中国当代文艺学、美学的学科危机并非是全局性的乃至关乎学科合法性的问题，批判地借鉴、吸收文化研究的某些思路、视角、思考方式、研究方法和合理成果，对于文艺学的学科建设十分必要，努力借鉴和引进当代西方文化研究的理论和方法，也是很有价值的，但对当前文艺学学科危机的性质、程度以及具体表现等问题的认识，离不开对新时期以来我国文艺学现状的基本估计与判断，"与日新月异的文学实践相比，我们的文学理论缺乏前瞻性，常常朝后看，因而跟不上文学现实的发展。这才是文艺学所存在问题和危机的要害所在"③。李春青也提出，中国当代文学理论的危机主要体现在"对象失控""失去依托""新的研究路向的出现"。其中新的研究路向的出现就是文化研究，但他不赞成文学理论让位给文化研究，提出我们今天的文学理论可以吸收西方文化理论的成果，建设新型的文学理论，主要措施包括打破狭隘的学科

---

① 曾繁仁：《当代社会文化转型与文艺学的学科建设》，载《文学评论》2004 年第 2 期。
② 王元骧：《文艺理论中的"文化主义"与"审美主义"》，载《文艺研究》2005 年第 4 期。
③ 朱立元：《关于当前文艺学学科反思和建设的几点思考》，载《文学评论》2006 年第 3 期。

限制,关注当下的具体问题,而不是空谈理论,坚持平民主义、平等的对话立场。① 可以说,这些研究成果拓展了中国当代美学、文艺学的理论研究视野,同时对中国当代美学研究的文化转向与文艺学研究的泛文化现象有较清醒的认识,对文化研究与中国当代美学、文艺学的学科发展也有较为明显的理论反思与理论把握,是中国当代研究中值得重视的理论立场。

以上的理论探究也说明,在当代语境中,中国当代美学研究面临文化转向所导致的话语转向的考验,甚至出现了某种理论发展危机的征兆,段吉方在他的论文《中国当代文艺学知识建构中的焦虑意识及其价值重建》中曾将这种理论的危机概括为四个方面:1. 随着中国当代审美文化向纵深发展,中国当代文艺学的知识话语、运思方式和理论思维正日益失去对现实文化经验的解析能力,文艺学知识生产和建构已不适合当代文化经验的突变,文学理论的思维方式和表达方式与人们现代文化体验间的距离日益明显,出现了"理论消亡论"的危机;2. 伴随着消费文化的崛起,中国审美文化现实快速进入了一个极度感性化、肉身化和平面化的历史时段,审美文化研究越来越体现出把握当下文化体验的优势,文艺学研究面临文化研究的挑战;3. 当代技术与传媒力量日益发达,传统的文学和文学理论面临着电子媒介的挑战,出现了所谓的"文学消亡论";4. 本质主义的思维模式影响了文艺学知识建构和传授方式,文艺学研究存在着"宏大叙事"的困境,文艺学知识生产和建构面临自身理论生命力的危机。② 可以说,中国当代美学、文艺学研究要突破理论困境,走出危机,就不能不对文化研究的出现所导致的美学研究种种学理上的分歧以及现象上的困惑作出反思与判断。从这个角度而言,文化研究与中国美学的当代建设既是一种同源语境中的思考,同时又是一个具有同一性的问题。从理论研究经验而言,在文化研究的促动下,中国当代美学文艺学研究出现了复杂的观念变革与方法变革,而且涉及了当代美学、文艺学知识生产与知识建构中的一些核心问题,比如知识格局的陈陈相因、知识体系的凝固封闭、知识培养与传授机制的困境、研究方法的陈旧与失效等,也体现了当代美学知识生产和知识建构格局的复杂性,这些问题正是需要我们在总结文化研究理论经验与价值的过程中认真面对的。

---

① 李春青:《文化研究语境中的文学理论建设》,载《求是学刊》2004 年第 6 期。
② 段吉方:《中国当代文艺学知识建构中的焦虑意识及其价值诉求》,载《文学评论》2009 年第 6 期。

三、"文化研究"的本土接受与本土化反思

从中国当代美学研究被引入文化研究以来,文化研究队伍不断扩大,文化研究的成果也不断丰富。但这并非意味着文化研究已经是一种成熟、稳定的理论形态,在某种程度上,文化研究呈现出的复杂面向以及在实践过程中所产生的各种问题,仍然是中国当代美学研究所要反思的内容。文化研究在中国有一个广泛的研究队伍,现在这个队伍仍然在不断扩大,但是,这个队伍也是庞杂的、混成的。从 20 世纪 80 年代中后期开始,最早介入文化研究的是一批从事文学理论与美学研究的学者,现在仍然以这一批学者为主,当年他们借助文学理论与美学研究的学科优势把文化研究的理论与方法引入中国,贡献是应该予以肯定的,但就文化研究来说,这既是优势更是短板。从文学理论与美学层面发生的文化研究也意味着它的理论与方法是在从文学研究到文化研究的移植过程中横向产生的,而不是真正从文化研究的核心观念、核心范畴、核心方法的内部产生的。从理论范式与方法理念来看,中国当代美学研究的文化研究仍然没有摆脱学理化、学术化、学科化的弊病,甚至在很大程度上还是以西方文化研究的理论转述及其理论旅行为内容的。所以,文化研究在中国美学中很大程度上仍然是一种理论描述的对象而不是学理建构的内容。正是由于这些因素,当我们面对当代文化研究种种成绩的时候,也应该注意到它也面临着本土化接受的困境。

其实,从文化研究在中国当代文学理论研究中开始出现的那一天起,它就面临着本土化的问题。所谓"文化研究的本土化",即文化研究是以一种什么样的理论方式与理论形式融入中国美学理论研究整体过程的问题,也是文化研究如何与中国文学、美学研究的基本经验与基本问题相契合进而实现理论的现实性问题。文化研究的兴起与西方文论的话语引进密切相关,在 20 世纪 80 年代,西方文论话语的引进是在中国美学面临一个深刻的历史与现实变化的时刻发生的,在文化研究开始引入中国的时候,中国当代美学研究已经经历了话语转型,但是,很多理论观念并没有得到深刻的消化,这时我们迎来了文化研究的高潮。如果说,在 20 世纪 80 年代,中国当代美学还有可能通过深入的理论论争建立自己的话语体系及其问题框架的话,那么随着西方文论的整体引入及社

会审美文化现实的深入发展,中国当代美学在把握自身理论问题的过程中无疑失去了恰当的机会。也正是由于这个因素,当我们面对文化研究的本土化问题时,我们应该追问的是包括文化研究在内的西方文论的整体移植到底在多大程度上影响了中国当代美学理论研究的经验意识与问题意识。目前,文化研究正愈演愈烈,美学理论研究的现实性与时效性也在接受种种质疑,在这个过程中,反思文化研究的本土化问题其实也正是一种重新定位与思考,在这里,首先涉及的就是如何继承作为一种思想资源的文化研究的问题。

在当下文化研究如火如荼的时候,如果再去考察"什么是文化研究"这样的问题,有可能会被视为一种多余的思考。在学理逻辑上,这样的问题应该时时具有它的先行判断和解释。我们不能说中国当代文化研究还没有拥有这样的答案,但至少需要更深入的反思批判。反思如何继承作为一种思想资源的文化研究问题,也正是面向这样一个问题的过程。继承作为一种思想资源的文化研究就是要继承文化研究的经验,从知识论与方法论的层面将经验研究与经验方法融入具体研究过程,并将经验作为阐释某些特定文化文本的方法与路径。在文化研究中,经验是一种理论的再生产,它意味着研究首先基于具体化的过程,其次才上升到学理化的原则。这就要求我们不能仅仅满足于阐释性分析的理论模式,而要真正将文化研究的理论经验融入中国当下的历史语境与现实经验,在文化经验分析与文化个案分析中实现文化研究的方法精神。

在文化研究刚刚引入中国的时候,学者们曾经担忧文化研究会取代文学研究。现在看来,这种担忧并不是一个严肃的学理问题。因为文化研究影响的是文学研究的内在肌理问题,是文学研究如何进行下去的问题,而不是文学研究能否进行下去的问题,所以,所谓的"取代论"只不过是一种浅表层的假象。无论在西方还是在中国,文化研究首先是在文学研究内部发生的,或者说文化研究是在文学研究的学术谱系上展开的,文化研究在学术传统上与文学研究本身就有着深刻的联系。特纳曾经明确提出,"文化研究起源于文学批评传统"[1],美国文化理论家理查德·约翰生也认为,"在文化研究史上,最早出现的是文学批评"[2]。"英国文化研究"就是随着英国文学学科的学术发展而发展的,它与英国

---

① [澳]格雷姆·特纳著,唐维敏译:《英国文化研究导论》,亚太图书出版社 2000 年版,第 2 页。
② 罗钢、刘象愚主编:《文化研究读本》,中国社会科学出版社 2000 年版,第 4 页。

文学研究的学术迈进有很大的联系,"英国文化研究"的理论家大多经过了严格的职业化的文学训练,如理查德·霍加特、雷蒙·威廉斯、斯图亚特·霍尔、特里·伊格尔顿,在走上文化研究道路之前,他们的身份都是文学理论家、文学批评家,甚至是作家。"法兰克福学派"的学者也是如此,霍克海默、阿多诺、本雅明等人都曾从事过严格意义上的文学研究,而且取得了很高的造诣。正是文学研究的学术训练和职业培养使这批文化理论家获得了深入社会文化文本所必备的经验。从方法论的角度看,文化研究就是文化个案批判,文化研究的理论就是文化研究的实践。这种方法论精神注重的是具体的文化经验的理解和分析,并试图走出学院化、体制化和制度化约束,所以,它的方法论追求不是为了取代文学研究,而是深化拓展文学研究,也可以说,它仍然有文学研究的理想与期盼。只不过这种理想的实现采取了不同的方式,跨学科、反学科、学科交叉、方法融合等都是文化研究的方法论原则,但在这些方法原则中,文学研究仍然是一个重要的内容。落实到具体的方法形式上,典型的如"英国文化研究"的"文化唯物主义"和"民族志"的方法,它们其实都包含着丰富的文学研究因素。"文化唯物主义"重视文化与生活经验的关系,"民族志"方法则把来源于人类学的方法运用于工人阶级文化经验的分析,这两种方法都是从最基本的经验、个案出发而不是从一定的理论体系和观念出发来考察文化个案、具体的文化经验在文化意识形成中的作用,这其实也正是文学研究的内容,它们在实现了文化研究的目的之后,更丰富了文学研究的内涵。在这个意义上,无论是文化研究,还是文学研究,都未必拥有一种永远不变的理论范式,像雷蒙·威廉斯、理查德·霍加特、托尼·本尼特等这些文化理论家,他们既在文化研究的理论与实践层面研究工人阶级大众文化、通俗文化、青年亚文化,并在这个过程中从事文化研究的理论建构与实践探索,但他们也重视文学批评的传统,重视文化与文学的经验研究,他们也研究英国小说,也从事马克思主义文学批评。他们的文化研究其实是立足于文学研究的宏观传统。立足于这个传统其实就是立足于人文学科的整个基础,在这种情况下,文化研究跨越文学研究的边界,文化研究拓展文学研究的范围,也是在另一种意义上复活了文学研究的当代价值。

　　既然文化研究不能取代文学研究,那么,在中国当代美学、文艺学研究中,片面强调以文化研究全然取代文艺学研究的策略也未必可取,以文化研究的眼光检视文艺学知识生产的缺陷也未必令人信服。在中国当代文化研究中,学者们希望进一步通过文化研究将美学、文艺学的知识生产和知识建构历史化、个性化与细节化,希望在当代文化生态与文化格局中拓展文学研究的具体问题。在这方面,中国当代的文化研究所提出的问题有深刻的理论启发和思想启迪,对当代美学与文学研究的接受语境也有深刻的理论思考。但是,就现实而言,文化研究在把握当代文学经验深层裂变的现实方面仍然存在一定的阐释"瓶颈"。当代文学经验的裂变是在媒介文化、视觉文化、消费文化导致传统文学研究的边界泛化与非经典化过程中造成的,文化研究在扭转传统文艺学研究的本体论思维和方法论观念方面有一定的冲击力,但在深入当代文学生产方式与文化属性问题上还没有找到合适的途径,在把握当代文学经验裂变的具体过程中还没有展现令人信服的实践。"文化研究"作为一种学科形态和研究视野,关注既定社会的文化构成与文化裂变,重视社会文化系统中的新兴文化事物与文化主体,这些对传统的文学研究构成挑战与压力也在所难免,但是这种压力是文化研究学科的学术研究辐射力的结果,无论是英国的"伯明翰学派",还是德国的"法兰克福学派",以及西方"马克思主义学派",他们的文化研究并没有取代文学研究。在文化研究层面,文学的本质特征、文学发展规律、文学的语言特性、文学批评原则等问题并非完全是一种理论的"虚构"。而经过了几十年的发展,中国当代美学研究早已形成了自己集中的问题领域,笼统地以文化研究挑战与颠覆传统的美学研究并不能够对这些问题有根本性的深入探讨,这正是在文化研究的本土化反思中需要我们认真面对的问题。

经过了半个多世纪的发展,无论西方还是中国,文化研究也经历着理论上的转折与挑战,挑战来自文化研究的学科化趋势,在文化研究刚刚开始的时候,西方文化研究理论家约翰生曾直言不讳地说:"文化研究就发展的倾向来看必须是跨学科的。"①特纳也曾经指出,"文化研究不仅是某种跨学科的领域,也是许多问题关切点和不同方法交互汇流的领域""如果有人将文化研究视为一种新的学科领域,或者将文化研究当作某种学科领域的排列组合,将会造成一种错误"②。但是,现在文化研究已经有了专门的研究机构和研究课题,文化研究也有了学科化的规划,已经形成了一种准学科的形式,当初坚决寻求从学院、学

---

① 罗钢、刘象愚主编:《文化研究读本》,中国社会科学出版社 2000 年版,第 9 页。
② [澳]格雷姆·特纳著,唐维敏译:《英国文化研究导论》,亚太图书出版社 2000 年版,第 4 页。

科、制度、规范中独立出来的文化研究，现在又面临着被再度学院化、学科化、制度化的危机。从跨学科的动力发展而来的文化研究曾经给文学研究带来了新的转折路向，如今文化研究重走学院化和学科化的路子，在这种情形下，文化研究要想全面把握中国当代美学、文艺学研究的理论问题，实现理论上的全盘胜利其实也就成了一个不现实的话题。但是，就在文化研究被引入中国当代美学理论的过程中引出的中国当代美学、文艺学的学科发展问题应该引起关注。在当下，美学研究的重要任务及其理论责任就是要尊重中国当代的审美文化现实，在充分把握审美文化现实经验的过程中实现理论对象化现实的能力和任务，这正是中国当代美学研究所要实现的理论责任。在当下，各种新兴文化经验的发展为各种异质文化因素的成长提供了可能，也为当代美学研究具体问题的接受语境缔造了感官化和非理性化的审美变异空间，但不影响包括文学经典在内的当代审美文化仍然可以深入人心的可能。文化研究的价值维度在于美学理论面向现实的精神，展现的是美学与文化理论研究融入现实经验、解决现实问题的实践主张，在当代语境中，我们强调文化研究就应该基于这样的立场。从学理的眼光来看，文化研究的出场体现了某种文学研究传统在一定历史现实中的裂变过程，同时也在这个裂变中折射出文学研究的当代选择。或如詹姆逊所言，"文化研究是一种愿望，探讨这种愿望也许最好从政治和社会角度入手，把它看作是一项促成'历史大联合'的事业，而不是理论化地将它视为某种新学科的规划图"[①]。中国当代文化研究也需要这样的理论定位，继承作为一种思想资源的文化研究，回到那种"问题式"的语境中，强调文化经验与理论建构相互作用的过程与形式，从而走出那种"理论化"的文化研究和文化实践的困囿，进而释放文化研究的理论价值，这正是中国当代美学研究应该重视的理论前行的方向。

[①] ［美］弗雷德里克·詹姆逊著，王逢振等译：《快感：文化与政治》，中国社会科学出版社 1998 年版，第 399 页。

第十二章

美学在世纪之交的复兴

20世纪的中国美学,经历了几次起伏,有世纪前半叶的引进和建构,也有后半叶的三次美学热潮。历史上一般将20世纪后半叶的三次美学热潮分别称为50年代中期到60年代初的"美学大讨论",70年代末到80年代中期的"美学热",到了20世纪末和21世纪初,经过了一段时间的萧条之后,美学复兴的迹象越来越明显。

世纪之交的"美学复兴",是多方面原因形成的,包括经济大潮后人文研究气氛的复苏,国际学术交流带来的对学科发展的新的刺激。当然,更为根本的是变化了的时代、社会和文艺对这个学科的现实需要。

第一节　中国美学界与世界的再次相遇

从 1978 年开始的"美学热",原本就是在多重因素的推动下而形成的。首先,这是一种"后文革"现象。"文化大革命"从"文化"始,也要以"文化"终。从批判《海瑞罢官》开始的"文革",以"形象思维"大讨论终结。选择"形象思维"话题来突破"文革"文艺思想体系,似乎有某种偶然性,"美学热"的出现本身却绝不是偶然的。思想上的革新常常以复古的形式出现,这一古老规律,这时再一次呈现出来。20 世纪 50 年代后期的"美学大讨论"从"美的本质"的讨论开始。当时,美学家们所关心的,是建立美学的哲学基础,或者更为确切地说,是试图在唯物主义的基础上建立新的美学体系。而随后兴起的对"形象思维"的讨论,则转向对艺术独特规律的关注。1978 年的"美学热",则走了一条相反的路:从"形象思维"讨论开始,再转向"美的本质"。先是用"形象思维"来克服"文革"时期的"三突出"理论,号召研究和尊重艺术创作的规律,进而反思 50 年代提出的美学基本理论问题。

然而,在 80 年代,美学研究者们很快就开始突破既有的对"美的本质"的探讨,寻找新的理论资源。50 年代中国美学研究的几大派,是在特定时代,在"百家争鸣"的大形势下,同时也是在相对封闭的学术语境中形成的美学派别。80 年代的"美学热",不可能只是 50 年代"美学大讨论"的简单重演。在改革开放的大形势下,中国的美学研究也再次打开了国门。1980 年 6 月在昆明召开的第一次全国美学大会,对于中国美学界来说,是一次具有里程碑意义的大会。此后回溯,许多重要的学术观点和主张,都是在那次会议上提出的。例如,那次会议的《会议简报》上说:"中国社会科学院哲学所李泽厚同志在发言中强调指出:现在有许多爱好美学的青年人耗费了大量的精力和时间苦思冥想,创造庞大的体系,可是连基本的美学知识也没有。因此他们的体系或文章经常是空中楼阁,缺乏学术价值。这不能怪他们,因为他们根本不了解国外研究成果和水平。"①

---

① 李泽厚:《美学译文丛书》序,见[美]鲁道夫·阿恩海姆著,滕守尧、朱疆源译:《艺术与视知觉》,中国社会科学出版社 1984 年版,第 1 页。

在改革开放的大潮下,出现了外国美学的翻译热,一些西方美学名著被译成中文,赢得了大量的读者。这些著作中的一些观点也融合到中国美学家的思想之中。例如,在 80 年代占据主流地位的李泽厚的美学思想,即后来被人们命名为"实践美学"的体系,就是吸收了古斯塔夫·荣格的"积淀"说、克莱夫·贝尔的"有意味的形式",以及"主体性"、"格式塔"心理学与让·皮亚杰的"发生认识论"等许多思想的要素,并加以改造而形成的。

一些舶来的概念,迅速被中国学界吸收并使用,融入中国美学家所创制的体系之中。然而,在引进国外的美学方面,80 年代还有一些局限性。首先是"美学热"经历的时间太短,实际上只是从 1978 年到大约 1985 年前后,此后,这股热潮就开始消退。在这短短的八九年里,所引进的国外美学论著,具有高度的选择性,受到重视的主要是康德主义线索的美学。当时所建立的体系,也具有草创的性质。到了 80 年代后期,一些翻译的美学著作销量就直线下降。李泽厚主编的《美学译文丛书》,据说原计划有 100 本,实际翻译出版 50 本,包括的内容也很广泛,但影响比较大的,仍只有 10 多本。人扭不过大势,形势比人强。在"美学热"过去以后,尽管美学家们仍然在努力组织翻译,但印数越来越少,出版也越来越困难。从 80 年代后期到 90 年代,尽管在一些高校里,还在开设美学课程,还在出版新的美学书,然而 80 年代初期美学所具有的那种社会影响力却不复存在。在社会上,出现的是经济大潮,许多学者作家下海经商,而在美学领域,美学家们在分化,一部分人继续走专业性道路,社会影响却越来越小;一部分人离开美学而走公共性的道路,在"文化研究"和其他一些学科中寻找公共平台。

到了世纪之交,美学迎来了新一轮的复兴。这一复兴,是多种原因促成的。

首先,经济大潮发展到一定程度,文化的需求重新呈现出来。社会本来就是需要协调发展的,片面的经济发展,必然会带来各种社会问题,需要文化的发展与之相适应。这就像钟摆一样,摆到一定幅度就会又摆回来。在经济大潮的鼎盛期,就开始有"人文精神"的讨论,有对"审美文化"的关注。终于,在 20 世纪末,美学全面复兴。社会需要美学,无论美学当时如何萧条,"美学热"时代留下的种子会重新长出新芽,在社会需要之时,显示出这个学科的力量。

其次,中国的"文化研究"原本具有"反美学"的倾向。在"文化研究"与美学研究并行发展时,文化研究者认为,美学研究不及物,过于哲学化;而美学研究者则认为,文化研究者将学术研究化为社会运动的诉求,从学术上看空虚而流于口号化。这种对立最终导致相互融合。在中国,从事美学研究和从事文化研究的人,属于同一个群体。他们之间的对话,最终形成的是相互的影响和吸收,实现了美学的文化学转向,同时也实现了文化研究的美学转向。美学在这时出现了复苏的契机。

再次,中国加入世贸组织,经济上的新一轮开放,也在推动学术和文化与国际接轨。世纪之交,中外学术交流日益常态化。中国的美学研究队伍,也在发生着变化,新一代美学研究者成为研究的主力。这一代人与前一代人有着不同的知识结构,也有着学术创新的活力,也更愿意接受新的知识。

我们可以从以下几个方面来描绘世纪之交外国美学对中国美学影响的情况:

第一,美学作品的翻译有了新的发展。20世纪80年代,李泽厚主编的《美学译文丛书》产生了巨大的影响。这一套丛书有多本,但真正有影响的,还是像克莱夫·贝尔、苏珊·朗格、鲁道夫·阿恩海姆等人的著作。除了这一套丛书以外,还有王春元和钱中文主编的文论丛书,以及其他一些哲学和社会学的丛书。

到了世纪之交所出现的新译丛,与此前一代人翻译的著作有所不同。

周宪与许钧合作,编辑了《现代性研究译丛》,其中包括了一些重要的与美学有关的著作。例如,特里·伊格尔顿的《后现代主义的幻象》、彼得·比格尔的《先锋派理论》、沃尔夫冈·韦尔施的《我们的后现代的现代》等。此后,周宪与高建平合作,编辑了《新世纪美学译丛》,集中收入了许多目前西方正在活跃的美学家的新作。这一译丛中有理查德·舒斯特曼的《实用主义美学》、诺埃尔·卡罗尔的《超越美学》、肯达尔·L.沃顿的《扮假成真的模仿》等著作。北京大学出版社由彭锋等人主持,组织出版了《美学与艺术丛书》,还出版了舒斯特曼等一些正处于创作活跃期的西方美学家的著作。此外,还有一些出版社组织了一些专题性的美学译丛,一些属于分析美学和后分析美学、新实用主义、现象学与存在主义、"法兰克福学派"的美学著作,以及环境生态美学的著作,都陆续被翻译出来。沈语冰主持翻译了艺术学的译丛,介绍了众多外国艺术学和艺术史学的研究著作。最近,高建平与张云鹏合作,在河南大学出版社出版了《新时代美学译丛》,第一辑收入5本译著,其中包括阿列西·艾尔雅维奇与高建平合编的《美学的复兴》、沃尔夫冈・韦尔施的《超越美学的美学》、柯蒂斯・卡特的《跨界：美学与艺术学》等。

这些世纪之交与新世纪之初出现的译著，选择的范围很宽泛。除了继续翻译一些西方古典美学的论著进行拾遗补阙外，更多的是选择西方一些现在仍活着的，与我们属于同时代人的，处于新思想建设期的美学论著。这些论著更具有当代性，面向并致力于解决当代问题，对当代中国也有着更多的可借鉴性。

第二，从世纪之交到新世纪之初，在中国召开了一系列国际学术会议。这些会议，对于推动中外学术交流，发展中国美学，起到了重要作用。

1995 年 11 月 15 日至 20 日，中华美学学会与深圳大学合作，在深圳召开了一次国际学术会议，"来自中国大陆、台、港等地区和瑞典、德国、芬兰、日本等国家的美学家和美育工作者共 90 余人参加了会议"[1]。这次会议围绕中西美学和美育问题进行了研讨。参会者除了一些境内外的著名学者外，还有一些来自美育第一线的大中小学教师。这是在中国召开的第一次国际美学学术会议。从某种意义上说，这是此前翻译和研究外国美学工作的继续，也是世纪之交中外学术交流条件得到改善的体现。

2002 年，中华美学学会、中国社会科学院、北京第二外国语学院合作，组织了一次规模盛大的美学会议，有近 100 人参加了会议。"这次会议是中外美学史上的一次盛会，吸引了分别来自英、美、德、意、日、韩、加、印度、荷兰、芬兰、希腊、土耳其、斯洛文尼亚、克罗地亚、澳大利亚和中国(包括台湾和香港地区)等17 个国家的近百名美学家。"[2]这次会议后，编辑出版了中英文对照的论文集《美学与文化・东方与西方》一书。

2006 年，国际美学协会与中华美学学会共同主办，四川师范大学承办，在四川成都举办了国际美学协会执行委员会会议暨"多元文化中的美学"国际学术研讨会。参加这次会议的有当时的国际美学协会会长、副会长、秘书长，各国美学组织的负责人。在这次会议上提交的论文，编入了英文版的《国际美学年刊》。[3]

在从世纪之交到新世纪之初的这几年中，中国学者周来祥和高建平，以及

---

① 徐碧辉：《深圳国际美学美育会议综述》，载《哲学动态》1996 年第 1 期，第 13 页。

② 高建平、王柯平：《新世纪美学发展的契机》，见高建平、王柯平主编：《美学与文化・东方与西方》，安徽教育出版社 2006 年版，第 657 页。

③ *International Yearbook of Aesthetics*：*Aesthetics and the Dialogues among Cultures*，Vol. 11，2007，ed. Gao Jianping.

中国香港的学者文洁华分别参加了 1995 年在芬兰拉赫底召开的第 13 届世界美学大会和 1998 年在斯洛文尼亚首都卢布尔雅那召开的第 14 届世界美学大会。

在卢布尔雅那大会上,中华美学学会提出申请,经国际美学协会执委会批准,正式成为国际美学学会的会员,从此开始了与国际美学协会的合作。尽管这两次会议参加的中国学者很少,但对于中国美学走向世界,融入国际美学大家庭来说,是重要的开端。

国际美学协会的历史可以追溯到马克斯·德索尔(Max Dessoir)于 1913 年在德国柏林组织的第一次世界美学大会。当时的名称叫国际美学委员会(International Committee of Aesthetics),是一个由欧美和日本等一些"美学强国"参与的封闭的国际团体。1980 年,在克罗地亚的杜布罗夫尼克召开的世界美学大会上,决定进行改组,实现开放和民主化,成立国际美学协会(International Association of Aesthetics)。从 1980 年以来,国际美学协会相继选举哈罗德·奥斯本、约然·赫尔梅仁、阿诺德·贝林特、阿列西·艾尔雅维奇、佐佐木健一、海因茨·佩茨沃德、约斯·德穆尔、柯蒂斯·卡特、高建平、亚勒·艾尔珍共 10 位美学专家担任协会主席,每位主席任期 3 年,不可连选连任。国际美学协会的宗旨主要有两条:一是加强国际间美学学术交流,发布最新研究成果;二是将美学的学科知识传播到美学不发达的国家和地区,帮助这些国家和地区建立美学组织,开展美学活动。

2001 年,在日本东京千叶召开了第 15 届世界美学大会,这是新世纪的第一次世界美学大会,也是世界美学大会第一次在亚洲召开。这次会议专门设立了亚洲美学系列圆桌,其中包括一个中国美学专题,会议邀请叶朗主持,参加者有高建平、彭锋、罗筠筠,以及来自德国的中国美学研究者卜松山(Karl-Henz Pohl)。除此之外,中国学者周来祥、陈望衡、蒋述卓、杨曾宪、文洁华等多人参加了这次会议。

2004 年,在巴西的里约热内卢召开了第 16 届世界美学大会。由于路程远,中国学者参会人数略有下降,但也有高建平、王柯平、杨曾宪等一些学者参加。

2007 年,在土耳其的安卡拉召开了第 17 届世界美学大会。中国美学界有多人参加这次会议,中华美学学会会长汝信率中国社会科学院的高建平、王柯平、徐碧辉、刘悦笛等人参会。北京大学彭锋、武汉大学陈望衡、复旦大学陈佳、华东师范大学朱志荣、西南大学代迅、四川外国语大学王毅、香港浸会大学文洁华等人参会。中国美学界参加世界美学大会的热情在不断升温。这种中外学术界的直接交流，逐渐成为常态，这打开了中国美学家们的眼界，对美学的发展，起到了潜移默化的作用。

此后，2010 年在北京召开了第 18 届世界美学大会。这是一次国际美学界空前的盛会，除了有约 400 名各国美学家参加这次会议以外，有大约 400 多名中国美学和艺术研究者与会。会议由北京大学承办，国内多所高校协办。从此以后，中外美学交流就走向了常态化，中国融入世界美学的发展之中。

除了国际美学协会这个平台以及定期召开的世界美学大会以外，从 20 世纪 90 年代末以来，在中国、日本和韩国轮流召开的系列"东方美学论坛"，对推动这三国的美学交流起到了重要作用。

第三，中国美学界对外国美学的研究，从 20 世纪 80 年代以来，也呈逐年上升的趋势。美学这个学科，从一开始就具有输入的特点。20 世纪初期美学在中国的兴起，与当时留学日本和欧美的学生的积极倡导有密切关系。美学的发展，曾经历了一个从"美学在中国"到"中国美学"的发展历程。当然，这并不是说，要把 20 世纪中国美学的发展分为两段，前一段是"美学在中国"，后一段是"中国美学"，而是指美学在中国，有一个从引进吸收，再到自主创造的发展过程。这是一个连续的过程，不能截然分成两段，前一段吸收，后一段创造。实际上，创造的活动早就开始了，从王国维到朱光潜和宗白华，都走在自主创造的路上；从另一方面看，吸收的活动到现在也没有结束。

外国美学对中国美学研究的影响，除了上述几个译丛以及召开的一系列重要会议以外，更重要的，还有中国学者对外国美学的研究。在 20 世纪 80 年代，随着克莱夫·贝尔、苏珊·朗格、鲁道夫·阿恩海姆、西格蒙特·弗洛伊德、古斯塔夫·荣格等人的著作被译成中文，中国学者在自己的著作中，融入了相关思想。到了 90 年代以后，"法兰克福学派"、英国文化研究以及一些法国的文化和社会研究的思想进入中国，使中国美学界出现了新的局面。这些美学观点的引入，对狭义的美学构成了冲击。现象学美学、存在主义美学、分析美学、实用主义美学，随着中外美学交流的扩大而在中国陆续有所发展。

从 20 世纪 80 年代起，一份集刊对外国美学的研究起到了很重要的作用，这就是《外国美学》。1985 年，《外国美学》在汝信先生的主持下问世。与当时的其他几份集刊不同,这份集刊出刊较晚。当这个集刊问世之时,已经到了"美学热"的末期。"美学热"初起之时,适应了当时的政治环境,有借美学这个平台推动改革开放,使中国人的政治和文化生活走向正常化的作用。到了 1985 年,形势有了很大的改变,美学逐渐走向学科化、专业化。"文革"以后上大学的新一代学者逐渐成长,陆续走到了学术研究的前台。这时出现的《外国美学》集刊,在学术上有着对外国美学进行专门化研究的追求,同时,对于培养新一代的美学研究者,也具有重要意义。许多学者曾深情回忆自己通过阅读该集刊和为此集刊撰稿,在美学研究道路上成长的历程。这个集刊从那时起,一直延续到2000 年,出版了 18 辑,此后,经历了短期的中断,2005 年筹备复刊,一直到今天又出了 10 多辑,影响越来越大,成为"美学热"时代硕果仅存的一份集刊。

第二节 美学的新流派和新思考

与其他人文社会科学相比,美学这个学科在中国一向有着争鸣的传统。这种争鸣在 20 世纪前期就表现了出来。20 世纪初,王国维所引入的"无功利"的静观美学,与梁启超关于文艺以"新民"的论述,就有着潜在的对立。蔡仪展开和发挥了从日本学到的以"客观论"和"典型论"为核心的马克思主义美学,与朱光潜所坚持的以"直觉""距离"和"移情"为核心概念的当时西方流行的美学之间形成鲜明的对立。如果说,这一切还是各说各话,在不同的领域和地域发出各自声音的话,50 年代的"美学大讨论",则将一些不同的观点集中到了一起。许多学者同时写文章,甚至在同一份刊物上发表,进行直接的、逐条逐句的相互批判。这种情况是过去没有的。对于"美学大讨论"的意义,现在学术界有着不同的评价。有人轻蔑地一笔带过,说这是苏联影响的结果,这是不对的。"美学大讨论"不应被看成是苏联影响的结果,正好相反,应该被看成是尝试克服苏联影响的结果。

1949 年以后,中国学术界,特别是文艺理论界,确实受到过苏联的巨大影响。在文艺理论方面,翻译出版了季摩菲耶夫的《文学原理》,请来了毕达可夫和柯尔尊授课。在此期间,先后引进了多本苏联的文学理论教科书。许多中国学者边学习边模仿,并且依照这些教科书的模式,写出了自己的教科书。但是,美学领域的情况则完全不同。历史上被称为"美学大讨论"的这场争论,是有意图、有领导、有组织地发动起来的。

"美学大讨论"正式开始于 1956 年 6 月朱光潜的文章《我的文艺思想的反动性》在《文艺报》上的发表。众所周知,1956 年 2 月,苏联共产党召开了第 20 次代表大会。在这次会议上,赫鲁晓夫作了批判斯大林的秘密报告。消息传到国内,中国人的反应是双重的:一方面,中国的领导人不赞成这种对斯大林的全面否定;另一方面,中国人也开始检讨此前一切向苏联学习,照搬照抄的做法。1956 年 4 月,毛泽东作了《论十大关系》的报告,其中谈道:"最近苏联方面暴露了他们在建设社会主义过程中的一些缺点和错误,他们走过的弯路,你还想走?过去我们就是鉴于他们的经验教训,少走了一些弯路,现在当然更要引以为戒。"①同月,毛泽东在中共中央政治局扩大会议上说:"艺术问题上的百花齐放,学术问题上的百家争鸣,我看应该成为我们的方针。"②这是中国人摆脱苏联影响,走自己道路的开端。"美学大讨论"正是在这一背景下出现的,是"百家争鸣"方针的试验田。

据朱光潜回忆:"在美学讨论前,胡乔木、邓拓、周扬和邵荃麟等同志就已分别向我打过招呼,说这次美学讨论是为澄清思想,不是要整人。我积极地投入了这场论争,不隐瞒或回避我过去的美学观点,也不轻易地接纳我认为并不正确的批判。"③

朱光潜的《我的文艺思想的反动性》一文发表后,规模宏大的"美学大讨论"开始了。正是这个背景,促成了美学上的派别之争的形成,也形成了当代中国美学的争论与积极建立学派的传统。20 世纪 50 年代所形成的美学上的四大派,即主观派、客观派、主客观统一派,以及客观社会派的争论,除了主观派声音比较弱,后来销声匿迹外,其他三派的争论一直在持续,由此形成了当代中国美学的传统。这种学派意识,在学界造成了一个错觉,要研究美学,就要发明美学的一个派别,提出一种对"美的本质"的观点,树起一面大旗。

到 20 世纪 70 年代末和 80 年代"美学热"发动之时,美学上的这四大派又

---

① 毛泽东:《论十大关系》,见《毛泽东文集》第 7 卷,人民出版社 1999 年版,第 23 页。
② 毛泽东:《在中共中央政治局扩大会议上的总结讲话》(1956 年 4 月 28 日),见《毛泽东文集》第 7 卷,第 54 页。
③ 朱光潜:《作者自传》,见《朱光潜美学文集》第 1 卷,上海文艺出版社 1982 年版,第 11 页。

重新出现。各派都在整理自己的观点，把过去的文章编成书，并在原有基础上发展完善。然而，在这时，相比之下更为活跃的，是以李泽厚为代表的客观社会派和以蔡仪为代表的客观派。这两派分别编辑了《美学》（俗称"大美学"，由上海文艺出版社出版）和《美学论丛》（由中国社会科学出版社出版）。"四大派"是在特定年代产生的特别现象，具有那个时代所特有的、不可复制的特点。

到了 90 年代，继"四大派"之后，不少人宣称，自己创立了"第五派"。这种"第五派"，不是一家，而是多家。谁是第五派？是和谐美学派、生命美学派，还是此后的生态、生活、身体神经美学等各派？实际上，"四大派"是一个历史的概念，是在 20 世纪 50 年代中国特定学术环境中形成的。此后的派别，都不能放在同一个层面上来论述。我们可将这些派别统称为"第五派"，但"第五派"并不是一个派，而只是一种现象。这种现象对于美学领域的学术创新，意义是双重的，我们也应该辩证地看。一方面，学派意识会带来论辩的深入，从而使研究者在论辩中得到提高；但另一方面，门派意识也会造成研究的非理性化，出现非理性的站队。

世纪之交，周来祥教授曾总结说："随着朱光潜、蔡仪、吕荧等老一辈的相继去世，随着美学探讨的发展，美坛上也由老四派发展为自由说、和谐说、生命说等新三派。"①他的这种表述表明，一些新的派别，不再是在原有的四派基础上再增加一派，而是既有学派在新的环境中的分化和发展。

这里的"自由说"，仍是德国古典哲学的余波。围绕着"自由"，李泽厚与高尔泰曾有过一个争论。高尔泰认为，"美是自由的象征"，而李泽厚则认为，"美是自由的形式"。他们关于"自由"的概念，都来自德国古典思辨哲学的传统。高尔泰所追求的，是对规律的超越，而李泽厚则强调对规律的掌握。当杨春时等人试图以李泽厚为批判对象，提出"超越"的概念时，他们实际上是从高尔泰等人的观点中受到启发，将现存的状况看成是"异化"，要从对它的"超越"所获得的"自由性"来定义美。

周来祥提出的"美是和谐"，是回到人与自然以及人与人的关系中去寻找美，这是一个很好的思路。但是，和谐可以成为美的一种特性，并不等于和谐就是美。美的对象不一定和谐，和谐的对象也不一定美。何况，和谐也有各种各

---

① 周来祥：《新中国美学 50 年》，载《文史哲》2000 年第 4 期。

样的,自然界有和谐,人与自然界有和谐,人与人之间有和谐。不同的民族、不同的文化、不同的时代,对于和谐又可以有不同的理解。

与一些从批判"实践美学"立论的观点相反,在美学界也出现了一些"新实践美学"的研究者。在这里,具有代表性的是朱立元的"实践生存论美学"。朱立元一方面继续坚持将美的本质建筑在"实践"概念之上,另一方面,试图对李泽厚的美学进行修正。第一,他认为李泽厚的"实践"主要指物质生产劳动,而他则强调包括精神实践在内的广义的实践。实践是去"做"什么,而离开操作性的人的精神活动能否被称为"实践"?这成为讨论的焦点。人去"做",在活动中产生感受,以至产生对这种活动的思考,从而改进人的活动,这是实践。这里的思考、感觉、情感等精神性活动,并不能被独立出来称为实践,而只是在成为人的物质性活动的一部分时,才被纳入实践中。第二,他认为,由于蒋孔阳提出了"美在创造",因此认定李泽厚的美学是"现成的",而他根据蒋孔阳的"创造"的思想发展出来的美学是"生成的"。实际上,当李泽厚说,审美的"文化心理结构"形成时,其中有一个从文化到心理的过程,心理是通过"积淀"而建构起来的,其本身就有生成的含义。第三,朱立元强调关系,提出了"关系生成论"。这种观点是从李泽厚和蒋孔阳关于"实践"和"创造"的观点生发而来,但在主动性方面还是有差异的。他强调"人生在世",并将之理解成"实践"。实际上,"实践"所要强调的,不是"存在"(being)或"生存",而是主动地去"做"和"创造"。

无论是李泽厚,还是蒋孔阳、朱立元,以及所有实践美学、新实践美学的拥护者,都从一个观点出发:劳动使猿变成了人。因此,人的本质在于能进行制造和使用工具的劳动。这本身是关于人的起源的一种哲学学说,但美学家们将之移植到关于美的本质的定义上来。人的本质被当成是人区别于动物之处,再从这种人与动物的差异来寻找美的来源。于是,最早的美就只能是在打制石斧的劳动中所形成的形式感,以及从最早的原始崇拜中所积淀下来的关于色彩和图形的"有意味的形式"。这种从概念上对动物与人之间差异的寻找和认定,并以此作为逻辑起点来定义美的本质,与从动物到人的连续进化过程的事实,显然是不符的。事实的情况是,动物也追求美,认定人才有美,动物不可能有美,是人类中心主义的遮蔽而产生的偏见而已。只要还原到进化论,克服神创论的立场,就可以扫除这种偏见。那种"超越说"将美诉诸"自由"概念,更是一种从逻辑概念出发而产生的结论,是一种对历史的逻辑限定和心理投射。

在当代中国美学中,还有一派也很有影响,这就是从"生态美学"到"生生美学"的美学观。生态美学在出现时,就在是美学的一个分支还是一种新的美学流派的冲突之间纠结和徘徊。它最初提出时,是致力于建立一个美学的分支。据曾繁仁讲,生态美学有狭义与广义两种理解。狭义的理解,是"从生态系统的角度来审视自然之美"。这是致力于对原来就有的自然美给予一种新的理解和阐释。关于自然美,此前有"自然的人化"的解释,落脚点在于人对自然的征服和改造。生态美学致力于从人与自然一体化的角度来看待自然之美,吸收了中国古代的天人合一的思想传统。对生态美学的广义理解,是指生态文明新时代的美学。这是给生态美学赋予了一个历史的概念,即属于一个时代的美学,而这个时代以生态文明来命名。这个命名基于这样一种对历史的认识,即在工业文明之后,有一个后工业的文明,这是一个"后现代"的生态文明新时代。

这种生态美学向本体论的进一步发展,就致力于走向一种更倾向于生命美学性质上的生生美学。困扰于这种美学的创立者心中的一个难题,是如何克服人类中心主义。生态学讲的生态是人的生态。环境美学也是如此,我们所说的环境友好型,所指向的还是对人的友好。生生美学,讲众生平等,万物生长,是对这种人类中心主义的克服,并以此与中国传统的哲学联系了起来。然而,众生平等还是不平等? 这个问题并没有解决。众生平等是反进化论的,但我们还是想守住"进化论"这条底线。人类高于动物,高于众生,又能友好地生活在世界之中,这种哲学观念,并不能从过去,更应从未来汲取理论资源。人是来自动物又高于动物,从动物到人,有着连续性。

除了以上这几组争论外,在美学界还存在着四个理论群组的争论,也都产生了一定影响。这四个理论群分别是:

第一,生命美学、生活美学和人生论美学。这三种理论各有其不同的理论来源,却由于种种机缘,在中国汇合到了一起。生命美学是在生命哲学影响下形成的。在柏格森、狄尔泰、齐美尔等人的哲学思想影响下,学术界在 20 世纪末出现一些讨论生命美学的文章。这些文章试图从一个新的视角,对美学的基本问题进行探讨。这些思想引起了一系列的争论,也活跃了学术气氛。除此以外,在杜威、韦尔施和费瑟斯通的理论影响下,中国美学出现了从"日常生活审美化"到"生活美学"的研究。研究者对美学的日常生活化持不同的态度,也因此出现了一些讨论。这一组理论中的第三种,即"人生论美学",既受生命美学和生活美学的影响,更受中国传统的审美人生观念的影响。从某种意义上讲,这更像是一种生活态度,在现有美学理论中起着补充作用。

第二,身体美学。在当今的中国,身体美学已经成为一个大家族,有众多的研究者。这个概念在一开始,很受梅洛-庞蒂的存在主义哲学影响,属于现象学和存在主义一系。自从 2002 年舒斯特曼的《实用主义美学》译成中文以后,实用主义线索的身体美学观在中国占据了更大的优势。舒斯特曼的理论出发点,是杜威的实用主义美学,特别是杜威关于经验的论述。杜威解释什么是经验时,曾说到,经验既是"受"(undergoing),也是"做"(doing)。是一种感受与操作的双向动作。据于此,在谈到身体时,舒斯特曼特别强调,他不要用 body aesthetics,而用 somaesthetics。Body 所指的身体,有尸体的含义。他所要强调的,是以活着的,活动过程中的人的身体的感觉来研究美学,不能离开处于经验中的人。这种理论来到中国,一些学者望文生义,展开对身体的研究,并为此多方寻找资源。这里有发展,也有种种误读。当然,误读也是发展。"被曲解了的形式"可以成为"普遍的形式",[①]借他人之酒杯,浇心中之块垒。舒斯特曼也曾多次指出这种误读,但后来,随着他的理论在中国影响越来越大,误读也越来越多,他感到无奈,似乎开始变得享受这种误读了。

第三,生理—心理的美学。现代中国美学有着深厚的心理学传统,这一传统至少可以追溯到朱光潜的《文艺心理学》。在这本书中,朱光潜综合了直觉、距离、移情、内摹仿等心理学说,运用大量中外文学艺术的例证加以说明,使之成为一本在 1949 年以前有着巨大影响的著作。在 20 世纪 50 年代的"美学大讨论"中,由于西方心理学受到了批判,美学中的心理学色彩有所淡化,但心理学的影子仍存在,一些重要美学家仍努力在研究中加入心理学因素,例如,有人在论述中使用巴甫洛夫的"第二信号系统"。到了"美学热"之时,心理学又大规模地进入美学之中。例如,鲁道夫·阿恩海姆的"格式塔"心理学,弗洛伊德、荣格的心理分析方法及其理论模型,以及皮亚杰的发生认识论等,都在中国产生了巨大影响。但是,从总体上讲,中国的心理学美学成果,主要还是引进的,原创的理论还不多。当然,近些年来,在这方面有一些努力。例如,李泽厚在他综

① ［德］马克思:《马克思致斐迪南·拉萨尔的信》,见［德］马克思著,中共中央马克思恩格斯列宁斯大林著作编译局译:《马克思恩格斯全集》第 30 卷,人民出版社 2001 年版,第 608 页。

合"有意味的形式""积淀""文化心理结构"等理论的基础上,尝试建构"感知""想象""理解"和"情感"四要素心理学假设。除了这些带着假设性的观点之外,有一些学者开始了神经生理的假设及其求证工作,他们的努力是重要的,也取得了一些成果,可惜的是,这些方法的实验条件还不具备,还缺乏神经生理学、病理学、医学等科学领域的合作,没有形成很好的科学实验团队并拥有相关的设备。如果条件具备,相信这种科学实验会取得一定的成果。

第四,进化论美学。这方面的研究,目前在中国比较弱,有一些学者尝试作了一些探索,但影响还不大。从 20 世纪 50 年代开始的美学上的"四大派",观点虽各不相同,但有一点他们是一致的,那就是将美与人联系起来,认为只有人才有美。在这几派中,只有蔡仪的客观论派,将美归结为物的特性,但这一派持"反映论"立场,认为美要获得美感,也仍然要通过人。持主观论立场的美学家认为美即美感,由于人的美感才有美。持主客观统一派的学者认为"在物为刺激,在心为反映",是物与心的统一,也是从人的角度来谈论美。持客观性与社会性统一的一派,则将美归结为人的社会性,美离不开这种社会性。

到了 80 年代,被称为"实践美学"的一派占据着主导地位。这时,美被归结为人的劳动实践。劳动使动物变成了人,也产生了美。从原始人打制石斧开始,就把人与动物区分开了,同时,也宣告了美的诞生。打制石斧,形成了人的最早的形式感,这种形式感的积淀,完成了外部世界对形式的追求和内部世界形式感的形成。于是,人的起源就同时成为美的起源,人的本质也同时成了美的本质。

由于这种人本主义力量过于强大,在中国一直占据着统治地位。学界也有人尝试对这种观点进行批评和挑战,但一直没有产生太大影响。直到今天,美学讨论还在纠缠是否"有人"。似乎"有人"就是好的,"无人"就不好,而没有对如何从"无人"到"有人"的发展过程作出说明。

最近一些年,一些国外学者的著作,例如沃尔夫冈·韦尔施的《动物美学》被译成中文,不断有一些人类学、进化论的美学观点被人们提起。达尔文、杜威等人关于"美"的起源的一些观点重新受到人们的关注。从动物到人的进化,原本是一个连续的过程,只是由于受一些传统哲学观念的影响,特别是德国古典哲学形成的"理性"传统的影响,学术界致力于从人与动物区分这一点来立论。达尔文和杜威在思考这个问题时,则正好相反,是从动物到人的连续性方面来思考美和美感的根源。

第三节　中国当代美学研究发展的趋势

世纪之交的美学处于建构期,这一建构,如果仅仅用这一时期产生了多少流派来概括,那将是片面的。正如前面所说,从 20 世纪 80 年代开始的美学流派建设,与 50 年代的几大派,在性质上具有不同的含义。50 年代的美学处于一个相对封闭的状态下,美学家们各自建立自己的体系,目的是寻找和建立马克思主义的美学理论体系。80 年代,许多重要的美学家都不再致力于建构大体系,带着一种"多研究问题"的态度,致力于学科基础的建设。在这一时期,从国外引入的分析美学、现象学美学和实用主义美学,也都具有回到问题本身,而不是树立一个学派的特点。分析美学致力于概念分析而不是建立一种新的本体论,现象学美学"悬置"本质而专注现象,实用主义美学超越美学本体论的争论,致力于在不同学派的研究之间架起桥梁。受这些思想的影响,在中国的美学界,超越学派间争论的立场成为主流。学者们不是致力于在不同学派间争出一个是非,也不是在学派意识比较强的代表人物之下选边站,而是努力回到问题本身。

80 年代"美学热"的另一个遗产,是在中国形成了一支实力强大的美学研究队伍,依托着大学的哲学系、文学系和外语系,这支研究队伍生产出了数量可观的美学著作。尽管在 80 年代后期至 90 年代初,美学学科显得萧条,一批研究者从美学学科出走,在别的学科中寻找出路,但在美学这个学科中,仍有一批人在坚守。这些美学学科的守望者们,除了上面所说的从事外国美学的译介,传统中国美学的再发现,以及对美的本质问题的新探讨以外,还组织团队,进行较大规模的美学编纂活动。这些组织活动形成了一批具有里程碑意义的成果,也通过团队的活动,在青年研究人才的培养方面起到了积极作用。具体说来,这方面的研究主要有以下几方面:

第一,编辑和出版美学史著作。继朱光潜的《西方美学史》之后,中国学者撰写了多种西方美学史研究著作。早在 20 世纪 60 年代,汝信就出版过《西方美学史论丛》①，后又在 80 年代出版其续编，②蒋孔阳 1980 年出版了《德国古典美学》③一书，对西方美学进行专题研究。90 年代，毛崇杰、张德兴、马驰合著了《二十世纪西方美学史主流》④一书。此后，蒋孔阳和朱立元合作主编的七卷本《西方美学通史》⑤，汝信主编的四卷本《西方美学史》⑥出版。这些大容量多卷本的美学史著作，以及其他如张法、牛宏宝、凌继尧、章启群、周宪等撰写的单卷本的西方美学史著作，各自体现了中国学者对西方美学的理解，其中有不少独特的见解。

在这一时期，一些西方重要的美学史著作也被译成了中文。例如，鲍桑葵的《美学史》⑦，克罗齐的《美学史》⑧，吉尔伯特、库恩的《美学史》⑨，除此以外，还有李斯托威尔的《近代美学史评述》⑩，门罗·比厄斯利的《美学史：从古希腊到当代》⑪等。这些国外美学名著的译介，拓展了中国美学研究者的视野。

中国美学史的研究，实际上与西方美学史的研究有着一种对应的关系。美学作为一个学科，从 20 世纪初期就开始被引入中国。但是，中国美学史的撰写，直到 20 世纪 80 年代才兴盛起来。在 80 年代以前，国内有中国文学批评和中国文学理论的史类著作出现，也有一些对中国古代美学经典的研究著作出现，然而中国美学史的撰写意识，却是在 80 年代才出现的。中国人开始写作中国美学史，一方面与美学这个学科在中国的兴盛，从而有历史追溯的要求有关，另一方面也与引入的和中国人开始撰写的西方美学史所起的示范作用有关。

20 世纪 80 年代，李泽厚和刘纲纪合作编写的《中国美学史》（共二卷）⑫、叶

---

① 汝信著：《西方美学史论丛》，上海人民出版社 1963 年版。
② 汝信等著：《西方美学史论丛续编》，上海人民出版社 1983 年版。
③ 蒋孔阳著：《德国古典美学》，商务印书馆 1980 年版。
④ 毛崇杰、张德兴、马驰著：《二十世纪西方美学史主流》，吉林教育出版社 1993 年版。
⑤ 蒋孔阳、朱立元主编：《西方美学通史》，上海文艺出版社 1999 年版。
⑥ 汝信主编：《西方美学史》，中国社会科学出版社 2005—2008 年版。
⑦ ［英］鲍桑葵著，张今译：《美学史》，商务印书馆 1985 年版。
⑧ ［意］克罗齐著，王天清译：《美学的历史》，中国社会科学出版社 1984 年版。
⑨ ［美］吉尔伯特、［德］库恩著，夏乾丰译：《美学史》，上海译文出版社 1989 年版。
⑩ ［英］李斯托威尔著，蒋孔阳译：《近代美学史评述》，上海译文出版社 1980 年版。
⑪ ［美］门罗·C. 比厄斯利著，高建平译：《美学史：从古希腊到当代》，高等教育出版社 2018 年版。该书于 2006 年以《西方美学简史》为书名，在北京大学出版社出版。
⑫ 李泽厚、刘纲纪主编：《中国美学史》，第 1 卷，中国社会科学出版社 1984 年版；第 2 卷，中国社会科学出版社 1987 年版。

朗著的《中国美学史大纲》①,这两本书开了一个很好的先河,在美学界产生了重要影响。随后,敏泽出版了《中国美学思想史》(三卷本)。② 到了 90 年代,许多学者都出版了各自的中国美学史著作,其中包括周来祥的《中国美学主潮》③、陈望衡的《中国古典美学史》④。

　　早在 1981 年,李泽厚出版了《美的历程》⑤一书,产生了巨大影响。他的这本书的写法,促成了许多效仿者出现。在世纪之交,有两套多卷本的著作,不仅限于"美学",而且还讲"审美风尚"和"审美文化"。许明主编的《华夏审美风尚史》(十一卷本)⑥、陈炎主编的《中国审美文化史》(四卷本)⑦这两套书的问世,在学界引起了广泛的注意。它们将视野投向了范围广泛的审美现象,以比《美的历程》大得多的篇幅,对中国人审美的历史作了全面扫描。

　　此后,21 世纪初,由叶朗任主编,朱良志任副主编,出版了三套大书:《中国历代美学文库》(共 19 册)⑧、《中国美学通史》(八卷本)⑨、《中国艺术批评通史》(七卷本)⑩。这三套书规模巨大,是这一时期中国美学研究的重要成果。曾繁仁主编了《中国美育思想通史》(九卷本)⑪,朱志荣主编了《中国审美意识通史》(八卷本)⑫。这些著作,显示出中国美学研究界具有巨大的科研生产力,这在世界范围内也是少见的。

　　第二,美学的范畴和概念史研究。20 世纪中期,在英国、北欧和北美,曾出现了一个重要的美学流派,即分析美学。分析美学最早是在维特根斯坦的语言哲学的影响下形成的,致力于用语言分析的方法来研究美学。从 20 世纪 50 年代到 80 年代,是欧美分析美学兴盛的时代,出现了许多重要的美学家,提出了不少重要的美学思想和方法。然而,在这一时期中国所出现的"美学大讨论"和

---

① 叶朗著:《中国美学史大纲》,上海人民出版社 1985 年版。
② 敏泽著:《中国美学思想史》,齐鲁书社 1987 年版。
③ 周来祥著:《中国美学主潮》,山东大学出版社 1992 年版。
④ 陈望衡著:《中国古典美学史》,湖南教育出版社 1998 年版。
⑤ 李泽厚著:《美的历程》,文物出版社 1981 年版。
⑥ 许明主编:《华夏审美风尚史》,河南人民出版社 2000 年版。
⑦ 陈炎主编:《中国审美文化史》,山东画报出版社 2000 年版。
⑧ 叶朗主编、朱良志副主编:《中国历代美学文库》,高等教育出版社 2003 年版。
⑨ 叶朗主编、朱良志副主编:《中国美学通史》,江苏人民出版社 2014 年版。
⑩ 叶朗主编、朱良志副主编:《中国艺术批评通史》,安徽教育出版社 2015 年版。
⑪ 曾繁仁主编,祁海文、刘彦顺副主编:《中国美育思想通史》,山东人民出版社 2017 年版。
⑫ 朱志荣主编:《中国审美意识通史》,人民出版社 2017 年版。

"美学热",与西方同时代分析美学并没有形成对话关系。思想体系不同,使用的方法也不同,学术研究的导向也不同。那一时期中国主流美学家们对分析美学都持排斥的态度,即使有个别分析美学的著作被译成中文,也不受重视。① 然而,到了世纪之交和 21 世纪之初,中国学界开始了对"分析美学"的引入,几部与概念史研究有关的著作,也在中国学界起着示范作用。这其中有美国美学家布洛克《美学新解》的再版(再版时改名为《现代艺术哲学》)②,以及波兰美学家塔塔尔凯维奇《西方六大美学观念史》的台湾译本在大陆出版③。同时,在文论研究中,也兴起了"关键词"研究热,对美学中的关键词研究起到了推动作用。许多学者仿照这两本书的做法,开始对中国美学中的概念进行研究。

在中国美学概念研究中,篇幅比较大的著作有成复旺的《中国美学范畴辞典》④,王振复主编的《中国美学范畴史》⑤《中国古代美学范畴丛书》⑥等。除此以外,还有一些学者围绕着"意境""意象""气韵""风骨"等概念,进行了专门的研究,取得了一定成就。

由于中国美学在历史上具有继承性,许多明清时流行的概念范畴都可溯源自先秦、两汉、魏晋时期,因此,概念范畴史的研究,成为中国美学史研究的一个很好的方法。这种概念和关键词的研究,对克服大体系的建构具有积极的意义。同时,除了对中国美学的概念范畴研究之外,还有一些人从事一项富有挑战性的工作,进行中西方概念和范畴的比较。这方面的尝试,会对美学研究的发展起到积极的作用。

第三,在世纪之交的中外交流大背景下,出现了一些在当代美学语境下研究中国传统美学和艺术观念的尝试。这些研究不是就古代来研究古代,而是努力挖掘这些研究的当代意义,同时以这些理论资源来进行国际对话。

20 世纪 90 年代,叶朗尝试用"意象"来克服主客二元对立的美学观,认为

---

① 例如,理查德·乌尔海姆(Richard Wollheim)所著的《艺术及其对象》(*Art and Its Object*)一书由傅志强和钱岗南译成中文,由光明日报出版社 1990 年出版发行。由于当时"美学热"已经过去,印数很少,没有受到关注。
② [美]H. G. 布洛克(Gene Blocker)著,滕守尧译:《美学新解》,辽宁人民出版社 1987 年版。
③ [波兰]塔塔尔凯维奇(Wladyslaw Tatarkievicz)著,刘文潭译:《西方六大美学观念史》,上海译文出版社 2006 年版。
④ 成复旺:《中国美学范畴辞典》,中国人民大学出版社 1995 年版。
⑤ 王振复:《中国美学范畴史》,山西教育出版社 2006 年版。
⑥ 王振复:《中国古代美学范畴丛书》,百花洲文艺出版社 2001—2009 年版,全书三辑共三十本。

"意象"既是主观之"意",也是客观之"象",又自成一个整体。此后,他努力将这种研究与哲学现象学结合起来,在现代哲学语境中思考这一命题。

在中西绘画观念的比较中,宗白华曾提出,中国绘画是"线"的造型,而西方是"团块"造型。中国艺术源于书法,而西方艺术源于建筑。因此,中国与西方在艺术方面有两种完全不同的起源。在这方面,高建平撰写了一本英文著作《中国艺术的表现性动作:从书法到绘画》①,这本书被列入《美学百科全书》中卜寿珊所著《中国美学:绘画理论与批评》词条的参考书目。② 这部著作讲述了在中国绘画艺术中存在着一种"看不见的身体",即身体动作所具有的表现性。绘画是静态的,但本身具有动态性。该书出版后,在国外的美学和汉学的权威学术刊物上出现了不少书评,对该书的一些学术观点给予肯定,同时,一些学者,例如,美国"格式塔"学派美学家鲁道夫·阿恩海姆和瑞士日内瓦大学汉学教授毕莱德都为该书撰写了书评,分别在《英国美学杂志》和荷兰《通报》上发表。

在世纪之交,有一种现象引起了美学界的普遍注意,这就是"图像转向"。这一转向最早从一篇文章的翻译开始,即阿列西·艾尔雅维奇的《眼睛所遇到的……》③。在此后,图像世界、图与文的关系等课题,吸引了众多研究者的注意。一些优秀学者对此作出了很有价值的研究,这些研究虽然不属于狭义的美学研究的范围,但作为"超越美学的美学"的一种,对当代美学的改造和构建具有积极的意义。

---

① Jianping Gao, *The Expressive Act in Chinese Art: From Calligraphy to Painting*, Stockholm: Almqvist & Wiksell International, 1996.

② Susan Bush, *Chinese Aesthetics: Painting Theory and Criticism*, in Michael Kelly, ed. *Enclyclopedia of Aesthetics*, New York: Oxford University Press, 1998, Vol. 1, pp. 368 - 373.

③ [斯洛文尼亚]阿列西·艾尔雅维奇著,高建平译:《眼睛所遇到的……》,载《文艺研究》2000 年第 3 期。

结语　回到未来的中国美学

20世纪的中国美学波澜起伏。从向西方学习，到与世界平等对话，从引入一些理论模式并采用中国人熟悉的例证来解说这些理论，到在中西结合的基础上进行理论创新，中国美学界的理论姿态在悄悄发生变化。

当然，中国美学所面临的问题还很多。在派别意识的引导下，有些著述显示出"立口号树旗帜"意愿大于实际内容，形式创新大于理论自身的创新等问题，这些问题又与学术体制方面的问题纠结在一起。

新世纪的美学如何发展？当然，理论创新是必不可少的。20世纪的美学处于不断创新之中，出现了众多新的流派，不断出现新的转向。那么，下一步的路该如何走？我们还是要从理论的反思开始，走"回到未来"之路。在不断出现新的理论之时，回望20世纪的各种理论创造，检讨其得失，温故以知新，在前人研究的基础上，在一些具体的美学问题、具体的概念范畴研究方面，作出扎实的贡献。

后　记

　　本书为 20 世纪中国美学史第四卷,系高建平先生主持的同名国家社科重大招标项目的第四子课题。

　　这一卷承担的内容是描述和辨析新时期以来中国当代美学的发展状况。在准备提纲、搜集资料的过程中,我和我们这一组的所有成员都感到了撰写这部分内容的困难:资料繁,话题多,变化快。还记得我最初接到这个任务时,在中国知网上下载相关论文,每日从早到晚,一干就是两个多月,当最后将这些论文标题都列出来时,已近百页。从话题更新来看,这个时期是各领风骚三五年的时代,每一个话题,在学界的主要视野中活跃的时间都不长。例如,形象思维在 1978—1979 年是最热门的话题,然而进入 80 年代之后,其热度很快就消退了。甚至"美学热"也就持续了七八年的光阴。这种话题多而又变化快的特点,给史论性的描述设置了无形的障碍。再加上,对历史的爬梳需要时间的沉淀,时间越长,其意义和价值才能够更加凸显。但我们这一卷,最远的也只是 20 世纪 70 年代末,有些话语甚至是"现在进行时"式的,如文化研究。这种情形让我们这些后学十分惶恐,在写作的过程中都尽可能地谨慎客观。

　　第四卷能够顺利完成,需要感谢参与的各位作者。在过去的几年时光里,我们多次聚在一起讨论章节的安排,内容的书写,有时也会通过电子邮件、微信、电话等方式进行沟通,在这一过程中有交流,也有交锋,当然更重要的是结下了深厚的情谊。在此,我愿意把他们的名字一一写下,以此表达我的谢意和敬意:

　　导论　张冰

　　第一章　安静

　　第二章　张冰(其中第四节胡经之部分由李健撰写)

　　第三章　李世涛

第四章　李世涛

第五章　江飞

第六章　安静

第七章　孙晓霞（其中第三节音乐美学由韩锺恩撰写,第五节戏曲美学研究由张之薇撰写,第六节电影美学由顾林撰写）

第八章　李媛媛

第九章　张冰

第十章　韩伟

第十一章　段吉方

第十二章　高建平

结语　高建平

本卷是众多作者集体劳动的结晶。文如其人,我们每个人都各有自己的性情,因此虽然在大方向上取得了一致,但具体行文以及细节思考上,难免会有差异。在校对时,我尽量作了协调,但挂一漏万,难免会有不一致之处,在此还请读者谅解。

张冰

2019 年 3 月

《20世纪中国美学史》后记

我于2020年1月初回江苏扬州陪老父老母过春节,适逢新冠病毒肆虐,不让出行,就困在了这里。跟踪新闻,为所发生的种种事焦虑,但也不能做什么,只能闭门著书校书。利用这个时间,把书稿读了一遍,作一些增删,又补了最后一章,今天终于完成。现在,疫情管控降级,又要出发去上班了。此文既为这次避灾,也为这套大书的工作画了一个句号。

这套书的故事,我在全书的序言中已经讲过。很早就发愿要著这套书。过去中国学者所写的美学史,不是西方美学史,就是中国古代美学史。20世纪的中国美学史,有人从事过断代的研究,却没有写出全貌。大约在2010年,江苏凤凰教育出版社的章俊弟先生找到我,说他们出版集团要报出版计划,要我报一项。于是,我就报了这套书。当时设计的纲要和规模大体就是现在这个样子。报告提交上去,也就开始忙别的事。过了一段时间,俊弟先生来信,说是批下来了。我吓了一跳。这样一套大书,不是说写就能写出来的;并且,如果要写,就要写好,写不好,还不如不写。当时我就想,还是申请一个国家社科基金项目吧。有了这个名号,名正才能言顺,也好组织团队。于是,设计、申请,最终在2012年获批国家社科基金重大项目。这套书有四大卷,每一卷的编者,就成为这个项目的子课题负责人。他们四位又分头找了许多人。总的原则是,发挥各人的特长,听说哪位学者在某个方面有研究,就去请。从那时起,开了许多次会,进行了许多次的调整。在这个过程中,克服了许多困难,真正体会到做成一件事的不易,终于在2016年完稿并顺利通过评审结项。书稿虽然结项了,我们的工作并没有完。我通读全书,提出了一些具体的修改意见,又要求各位参编者认真领会结项专家的意见,进行了一次彻底的修改。此后,这套书又经申请,获得了国家出版基金的资助。在此,我要对所有参编者,向所有支持过这个项目的专家表示衷心的感谢,也希望我们拿出的这一成果能使各位专家满意。

整理总结 20 世纪的中国美学史,这套书应该说是"规模空前"了。在设计这个课题时,尽可能完整地总结这一个世纪的历史,实现"全覆盖",是我们的初衷。书写完了,才发现这个初衷几乎是无法实现的。20 世纪的中国美学,内容极其丰富,也出现了许许多多重要的美学家,现在的这个稿子还有许多缺失。有些学者应该提到的,没有提到。有些学者应该多讲一些的,由于我们知识有盲点,没有讲全,没有讲好。这种现象,在各卷中都有,世纪初期的,由于时间久远,研究不够,出现缺漏。世纪后期的,由于涉及的人太多,篇幅有限,也有缺失。新世纪已经有 20 年了,美学界又有一代新人出现。我们将本书的时间下限定在 2000 年前后,对于当下的美学情况,也没有多讲。还有,书是多人写的,也反映了作者们各自的观点。我要求书中的观点,从总体上讲要相互谐调,但也允许各抒己见。读者如果细读,也可以看出其中的一些差异。对此,我的想法是,如果一套书一定要追求观点一致,就只能在参加者的观点中寻找公约数,就只能去掉各种原创的个人见解,使书变得单薄而单调。要想丰富多彩,就要让参编者发挥自己的个性和创造性。

书终于写完了,就交给了学界,成为一个公共的物,任人评说。请学界的各位朋友多提意见。希望能有再版的机会,那时可将各位的意见吸收进去。

高建平

2020 年 5 月 1 日